W0253643

Berichte des German Chapter of the ACM

Band 1: **Wippermann, PASCAL** 2. Tagung in Kaiserslautern
Tagung I/1979 am 16./17. 2. 1979 in Kaiserslautern. 204 Seiten, DM 34,–

Band 2: **Niedereichholz, Datenbanktechnologie**
Tagung II/1979 am 21./22. 9. 1979 in Bad Nauheim. 240 Seiten, DM 38,–

Band 3: **Remmele/Schecher, Microcomputing**
Tagung III/1979 am 24./25. 10. 1979 in München. 280 Seiten, DM 44,–

Band 4: **Schneider, Portable Software**
Tagung I/1980 am 18. 1. 1980 in Erlangen. 176 Seiten, DM 36,–

Band 6: **Hauer/Seeger, Hardware für Software**
Tagung III/1980 am 10./11. 10. 1980 in Konstanz. 303 Seiten, DM 54,–

Band 7: **Nehmer, Implementierungssprachen für nichtsequentielle Programmsysteme**
Tagung I/1981 am 20. 2. 1981 in Kaiserslautern. 208 Seiten, DM 38,–

Band 8: **Schlier, Personal Computing**
Tagung II/1981 am 12. 10. 1981 in Freiburg i. Br. 195 Seiten, DM 40,–

Band 10: **Kulisch/Ullrich, Wissenschaftliches Rechnen und Programmiersprachen**
Fachseminar am 2./3. 4. 1982 in Karlsruhe. 231 Seiten, DM 52,–

Band 11: **Langmaack/Schlender/Schmidt, Implementierung PASCAL-artiger Programmiersprachen**
Tagung II/1982 am 12. 7. 1982 in Kiel. 221 Seiten, DM 46,–

Band 13: **Schneider, Proceedings of the International Computing Symposium 1983 on Application Systems Development**
March 22–24, 1983 Nürnberg. 528 Seiten, DM 90,–

Band 14: **Balzert, Software-Ergonomie**
Tagung I/1983 am 28./29. 4. 1983 in Nürnberg. 422 Seiten, DM 72,–
422 Seiten, DM 72,–

Band 17: **Remmele/Schecher, Microcomputing II**
Tagung III/1983 vom 25. bis 27. 10. 1983 in München. 358 Seiten, DM 64,–

Band 18: **Morgenbrod/Sammer, Programmierumgebungen und Compiler**
Tagung I/1984 vom 2. bis 4. 4. 1984 in München. 293 Seiten, DM 56,–

Band 19: **Morgenbrod/Remmele, Entwurf großer Software-Systeme**
Workshop vom 8. bis 11. 5. in Grassau. 464 Seiten, DM 82,–

Band 20: **Gorny/Kilian, Computer-Software und Sachmängelhaftung**
Workshop am 29./30. 11. 1984 in Hannover. 208 Seiten, DM 48,–

Band 21: **Kölsch/Schmidt/Schweiggert, Wirtschaftsgut Software**
Tagung I/1985 am 26./27. 3. 1985 in Ulm. 318 Seiten, DM 58,–

Band 22: **Molzberger/Zemanek, Software-Entwicklung: Kreativer Prozeß oder formales Problem?**
Seminar am 20. 3. 1985 in Neubiberg. 176 Seiten, DM 42,–

Band 23: **Klopcic/Marty/Rothauser, Arbeitsplatzrechner in der Unternehmung**
Tagung II/1985 am 12./13. 9. 1985 in Zürich. 355 Seiten, DM 66,–

Fortsetzung 3. Umschlagseite

Berichte des German Chapter of the ACM 40

W. Coy / P. Gorny / I. Kopp / C. Skarpelis (Hrsg.)

Menschengerechte Software als Wettbewerbsfaktor

Berichte des German Chapter of the ACM

Im Auftrag des German Chapter
of the ACM herausgegeben durch den Vorstand

Band 40

Die Reihe dient der schnellen und weiten Verbreitung neuer, für die Praxis relevanter Entwicklungen in der Informatik. Hierbei sollen alle Gebiete der Informatik sowie ihre Anwendungen angemessen berücksichtigt werden.

Bevorzugt werden in dieser Reihe die Tagungsberichte der vom German Chapter allein oder gemeinsam mit anderen Gesellschaften veranstalteten Tagungen veröffentlicht. Darüber hinaus sollen wichtige Forschungs- und Übersichtsberichte in dieser Reihe aufgenommen werden.

Aktualität und Qualität sind entscheidend für die Veröffentlichung. Die Herausgeber nehmen Manuskripte in deutscher und englischer Sprache entgegen.

Menschengerechte Software als Wettbewerbsfaktor

Forschungsansätze und Anwenderergebnisse aus dem Programm „Arbeit und Technik“

Herausgegeben von

Prof. Dr. Wolfgang Coy, Universität Bremen
Prof. Dr. Peter Gorny, Universität Oldenburg
Ilona Kopp, Projektträger Arbeit und Technik, Bonn
Constantin Skarpelis, Projektträger Arbeit und Technik, Bonn

B. G. Teubner Stuttgart 1993

Herausgegeben für die Deutsche Forschungsanstalt für Luft- und Raumfahrt,
Projektträger „Arbeit und Technik"

Die Deutsche Bibliothek – CIP-Einheitsaufnahme

Menschengerechte Software als Wettbewerbsfaktor:
Forschungsansätze und Anwenderergebnisse aus dem Programm
„Arbeit und Technik" / hrsg. von Wolfgang Coy ... –
Stuttgart : Teubner, 1993
(Berichte des German Chapter of the ACM ; Bd. 40)

ISBN 978-3-519-02681-5 ISBN 978-3-663-01087-6 (eBook)
DOI 10.1007/978-3-663-01087-6

NE: Coy, Wolfgang [Hrsg.] ; Association for Computing Machinery /
German Chapter : Berichte des German ...

Gesamtherstellung: Präzis-Druck GmbH, Karlsruhe

Vorwort der Herausgeber

Mit der Arbeitstagung "Menschengerechte Software als Wettbewerbsfaktor" setzt der Projektträger "Arbeit und Technik" seine gute Tradition fort, Beiträge aus seinen geförderten Projekten vorzustellen, sie mit Erkenntnissen der Wissenschaft und der betrieblichen Praxis in diesen Wirkungsbereichen zu konfrontieren und über Entwicklungsleitlinien in der Software zu diskutieren.

Die bisher gute inhaltliche Zusammenarbeit mit Vertretern des German Chapter of the ACM und der Gesellschaft für Informatik konnte auch bei der Planung und Durchführung dieser Tagung genutzt werden. Die gemeinsame Durchführung einer solchen Arbeitstagung unterstreicht auch das Bemühen der Beteiligten um einen weitreichenden Dialog mit allen wesentlichen Vertretern im Bereich der Software.

Das Motto der Tagung "Menschengerechte Software als Wettbewerbsfaktor" unterstreicht die Tatsache, daß eine moderne Industrie- und Dienstleistungsgesellschaft ohne die Weiterentwicklung der Software, die in immer komplexeren Arbeitsfeldern und Anwendungsbereichen zum Einsatz kommt, nicht mehr konkurrenzfähig bleiben kann.
Dabei ist die Euphorie vergangener Jahre, daß man mit genügend EDV-Unterstützung alle Betriebsprobleme problemlos lösen könne, längst der Einsicht gewichen, daß die Einführung und Anwendung von EDV sehr viel komplizierter ist und ihr Erfolg von vielen Rahmenbedingungen abhängt.
Diese Rahmenbedingungen (z.B. Veränderung der betrieblichen Abläufe durch die Einführung neuer, EDV-gesteuerter Technik in einem Bereich, Qualifikationsbedarf, Auswirkungen auf die Beschäftigten u.s.w.) wurden in Vorhaben des Programms "Arbeit und Technik" untersucht mit dem Ziel, den Betrieben, insbesondere Klein- und Mittelbetrieben, bei ihren Bemühungen, sich für einen immer schärferen Wettbewerb zu rüsten , Hilfestellung zu geben.
Ebenso notwendig ist es aber auch, gemeinsam mit Softwareentwicklern darüber zu diskutieren, welche Hilfestellungen diese benötigen, um z.B. Forderungen nach einer benutzungsgerechten und aufgabenangemessenen Software erfüllen zu können.

Namhafte Wissenschaftler, Softwareentwickler, betriebliche Anwender

sowie Vertreter von Fach- und Interessenverbänden haben auf der Arbeitstagung über den Forschungs- und Entwicklungsstand in der Bundesrepublik Deutschland referiert, die vorliegenden Ergebnisse und deren Nutzen diskutiert und Empfehlungen zum Abbau der noch bestehenden Defizite erarbeitet.
Aber auch der Blick nach Europa war Gegenstand von Beiträgen und Diskussionen. Ein Beitrag über eine Curriculardebatte in den Vereinigten Staaten rundete das breite Spektrum der Inhalte ab.

Ein wichtiges Ziel der Arbeitstagung war auch der Austausch über anstehende Probleme, die dringend weiterer Forschungsanstrengungen bedürfen, um zu tragfähigen Lösungen zu kommen.
Aufgabe der Unternehmen ist es, rechtzeitig durch geeignete Maßnahmen ihre Wettbewerbsfähigkeit zu erhalten. Hierzu gehören auch und in immer schnellerem Wechsel technische Entwicklungen, bei denen die Software zunehmend die dominierende Rolle spielt.
Aufgabe des Staates ist es, hier durch Förderung von Projekten das erforderliche Wissen und modellhafte Lösungsalternativen bereit zu stellen.

Die Ergebnisse der Arbeitstagung lassen hoffen, daß wir gemeinsam auch weiterhin in gutbewährter interdisziplinärer Zusammenarbeit Beiträge erarbeiten und verbreiten können, die dem Anspruch an eine menschengerechte Arbeitsgestaltung in einer Wettbewerbsgesellschaft gerecht werden .
Wir danken allen Teilnehmern für ihr Engagement und denken, daß der auf dieser Tagung weitergeführte Dialog auf weiteren Veranstaltungen aufgegriffen wird.

Bonn, im Januar 1993

Wolfgang Coy
Peter Gorny
Ilona Kopp
Constantin Skarpelis

Inhaltsverzeichnis

Workshops

Workshop 1: Werkzeugentwicklung für die Softwaregestaltung, Teil 1

Workshop 2: Software für die Konstruktion

Workshop 3: Anwendung - Fertigungsnahe Vorhaben

Workshop 4: Werkzeugentwicklung für die Softwaregestaltung Teil 2

Workshop 5: Prozeßgestaltung der Softwareentwicklung

Workshop 6: Anwendung - Dienstleistungsnahe Vorhaben

Begrüßung im Aufrag des Bundesministers für Forschung und Technologie zur Arbeitstagung "Menschengerechte Software als Wettbewerbsfaktor"

J. von dem Knesebeck, Bundesministerium für Forschung und Technologie

Dieser Titel mit seiner Verknüpfung "Menschengerecht" und "Wettbewerbsfaktor" hätte vor 10 - 15 Jahren sicher Erstaunen erweckt. Ein derartiger Titel wäre von vielen Teilnehmern - und noch mehr natürlich von den Nicht-Teilnehmern - eher den Wunsch- oder Idealvorstellungen zugerechnet worden. Heute dagegen in diesen stürmischen Diskussionszeiten von Lean-production gehört ein derartiges Thema mit der Spannweite von Humanfaktoren zu Wettbewerbsfaktoren eher schon zur Normalkost auf Tagungen und zum Diskussionsstand in vielen Unternehmen. Die praktische Umsetzung der Erkenntnisse zur Bedeutung des Human-Faktors läßt aber noch da und dort zu wünschen übrig. Das mag an verfestigten Strukturen, an nur oberflächlichen oder gar keinem Bewußtseinswandel liegen. Das kann aber auch an noch bestehenden Forschungs- und Entwicklungslücken liegen; gerade auch für die Technikgestaltung müßten - so könnte man wohl sagen - neue Wege aufgezeigt werden. Auf dieser Tagung soll auch über derartige Forschungs- und Entwicklungslücken gesprochen werden. Das ist auch ganz natürlich im BMFT. Diejenigen, die hier vorsprechen, weisen natürlich lieber auf Lücken denn auf Ergebnisse hin. Auf BMFT-Seite lösen aber einfache Hinweise auf Forschungs- und Entwicklungslücken noch keine Förderreflexe aus. Der gewünschte und hoffentlich auch durch Forschung unterstützte Erkenntnis- und Bewußtseinswandel, das menschen- und nutzungsgerechte Technik auch wesentlich eine wirtschaftliche Komponente hat, bedingt zugleich, daß hier wesentliche Forschungsverantwortung an die Wirtschaft abgetreten werden kann - und angesichts der knappen staatlichen Ressourcen auch abgetreten werden muß. Diese Übergabe von Verantwortung für Forschung und Entwicklung ist ein ganz selbstverständlicher Prozeß, denn die Forschungs- und Entwicklungsförderung des BMFT soll Anstoßfunktion haben, ist also stets zeitlich befristet.

Es ist offensichtlich, daß die Entwicklung von Software zu einem immer bedeutenderen Wirtschaftsfaktor wird, für die Hersteller wie auch für die Anwender. Zugleich erfolgt immer mehr eine Internationalisierung des Softwaremarktes. Dieser enorme Bedeutungszuwachs und die Internationalisierung bedingen aber auch, daß Forschungs- und Entwicklungsanstöße schwieriger werden, weil sie den mainstream von Technikentwicklung gegebenenfalls nur noch schwer beeinflussen können. Eine kritische Würdigung, was hier mit Forschungsmaßnahmen - bei eng begrenzten Mitteleinsätzen - möglich ist, tut also Not.

Diese Tagung soll zu einer Zwischenbilanz beitragen:

- Was wurde bisher durch Forschung und Entwicklung sowie durch Fördermaßnahmen erreicht?
- Was ist für die Zukunftssicherung an Forschung erforderlich?
- Und was ist mit Forschungs- und Entwicklungsanstößen überhaupt möglich, was ist erreichbar?

Darüberhinaus soll diese Tagung selbstverständlich der Vorstellung von FuE-Ansätzen und von Ergebnissen und damit auch der Verbreitung und Umsetzung dienen. Ich freue mich über Ihr Interesse an dieser Veranstaltung. Ich danke den zahlreichen Referenten für ihr Engagement und die schon investierte Vorbereitungszeit und ich danke schließlich auch dem Projektträger "Arbeit und Technik" für die Vorbereitungen zu dieser Tagung.

Uns allen wünsche ich nun einen erfolgreichen Tagungsverlauf.

Benutzergerechte Gestaltung von Software - eine Herausforderung an den Industriestandort Bundesrepublik Deutschland

Hans-Jörg Bullinger

Fraunhofer-Institut für Arbeitswirtschaft und Organisation, Stuttgart

Universität Stuttgart, Institut für Arbeitswissenschaft und Technologiemanagement

Zusammenfassung

Software gewinnt zunehmend an Bedeutung als Wirtschaftsfaktor. Dies gilt sowohl für Software als Marktprodukt als auch für die Unternehmensinfrastruktur zur Unterstützung von Geschäftsprozessen. Benutzergerechte Softwaregestaltung hat in diesem Zusammenhang die Aufgabe, Softwareanwendungen besser mit den Benutzeranforderungen in Einklang zu bringen und somit Produktivität, Flexibilität und Qualität von Produkten und Dienstleistungen zu steigern. Ein ganzheitlicher Ansatz der Softwaregestaltung ist erforderlich, um diesen Herausforderungen Rechnung zu tragen. Die Förderung von Forschungsarbeiten zur Entwicklung und Umsetzung solcher Ansätze stellt deshalb im Hinblick auf die Leistungsfähigkeit unserer Wirtschaft eine lohnende und zukunftssichernde Investition dar.

Abstract

Software is winning more and more recognition as an important economical factor. On the one hand, this applies to software as a market product and on the other, the company infrastructure as a support for management. User-applicable software design, in this context, has the task of bringing software application into accord with user requirements, thereby increasing productivity, flexibility, product quality and service performance. An all-embracing approach to software design is required in order to meet such challenges. In view of the performance capabilities of our economy, the support of such research work is a very worth while and future-securing investment

Résumé

Le logiciel est reconnu toujours plus comme étant un facteur important de l'économie. Cela vaut pour le logiciel également en tant que produit du marché et, dans l'infrastructure de l'entreprise, en tant que soutien au management et à la marche des affaires. Dans ce contexte, la tâche de la conception du logiciel d'une façon conviviale est de mieux harmoniser les applications du logiciel et les exigences de la part des utilisateurs/utilisatrices augmentant ainsi la productivité, la flexibilité et la qualité des produits et des services. Par conséquent, il faut qu'on aborde la conception du logiciel d'une manière englobant tous les facteurs intéressés afin de satisfaire ce défi. Eu égard à la productivité et à la capacité compétitive de notre économie, l'encouragement et l'appui financier des recherches dans ce respect est une investition rémunératrice qui gagne l'avenir.

1 Wirtschaftsfaktor Software

1.1 Bedeutung der Software

Die Produktion und der Einsatz moderner Informationstechnologie ist für die Wirtschaft von zentraler und strategischer Bedeutung. Als Basis- und Schlüsseltechnologie für Anwendungen in den meisten Bereichen der Wirtschaft und Wissenschaft ist die Informationstechnologie zu einem der wichtigsten Wirtschaftsfaktoren geworden und darüber hinaus durch seine Auswirkungen auf alle Lebensbereiche auch zu einem bedeutenden gesellschaftlichen Faktor.

Dies hat dazu geführt, daß die Elektronik- und Informatikindustrie in kurzer Zeit große Bedeutung erlangt hat und den gleichen Rang einnimmt wie die traditionelle Großindustrie (z.B. Chemie, Kraftfahrzeugbau, Anlagenbau). In Europa liegen die Elektronik- und Informatikindustrie mit einer jährlichen Zuwachsrate von 15% in den achtziger Jahren weit über der Zuwachsrate der EG-Wirtschaft als Ganzes, die in diesem Zeitraum nur 3% betrug. Auch bei den Prognosen für die Mitte der 90er Jahre steht dieser Industriezweig mit einem jährlichen Durchschnittswachstum von 4,5% - 5% an der Spitze /EG 1991/. Auf die Elektronik- und Informatikindustrie entfallen in Europa heute schon 5% des Bruttoinlandsprodukts, in Japan sind dies jedoch bereits 5,5% und in den USA 6,2% /EG 1990/.
regionen im Jahre 1989. Zahlenwerte beschränkt auf Europa, USA und Japan. (Quelle: EIC)
Der Bedarf an Produkten und Dienstleistungen der Informationstechnologie ist in Europa höher als durch die eigene Produktion gedeckt werden kann. Das hat zur Folge, daß nach wie vor ein Großteil der Produkte importiert werden muß. Dies betriefft nicht nur den Hardwarebereich, sondern in verstärktem Maße auch die Softwsare. Durch den Preisverfall, die enorme Leistungsfähigkeit und den technnologiischen Fortschritt bei der Hardware liegt heute der Engpaß in der Informationtechnologie bei der Software und Dienstleistung. Der Bedarf an Software und die danan gestellten Anforderungen steigen schneller als durch die Produktivitätssteiergung und Qualiftätsverbesserung nachgekommen werden kann.

Verbrauch und Produktion der **Elektronik- und Informatikindustrie** nach Wirtschaftsregionen im Jahre 1989 (Mrd. Dollar)

	Verbrauch			**Produktion**		
	Europa	USA	Japan	Europa	USA	Japan
■ Hardware	62.000	78.500	37.500	45.200	78.100	50.200
■ Software ■ Servicedienste	27.600	58.800	14.700	26.200	63.200	14.000
■ Büro-automation	6.300	12.100	4.900	4.100	9.400	10.700
■ Automation	12.200	14.900	13.100	9.700	17.300	15.300
Gesamt	108.100 23 %	164.300 41 %	70.200 15 %	85.200 22 %	168.000 43 %	90.200 28 %
Quelle: EIC 1990	Weltweit: 391.900 Mrd. Dollar			Weltweit: 391.000 Mrd. Dollar		

Abbildung 1: Verbrauch und Produktion der Elektronik- und Informatikindustrie nach Wirtschaftsregionen im Jahre 1989. Zahlenwerte beschränkt auf Europa, USA und Japan (Quelle: EIC)

Somit hat sich in dem Bereich der Informationstechnologie eine Verschiebung von der Hardware hin zur Software ergeben. Während der Umsatz bei der Hardware weltweit stagniert, wachsen die Beeiche Software und Dienstleistungen im Bereich der Informationstechnologie überdurchschnittlich (Abbildung 2). Diese Entwicklung wird auch von der Technology Research Group (TRG) aus Boston bestätigt, die zusammenfassend feststellt "Was wirklich zählt, ist nicht, wer Hardware herstellt, sondern wer Anwendungen für Benutzer erstellt." /Welchering 1992/. Weltweit beträgt der Umsatz im Bereich der Informationstechnologie über 345 Milliarden Dollar /CW 1992/ und davon entfallen mehr als die Hälfte auf Software und Dienstleistungen.

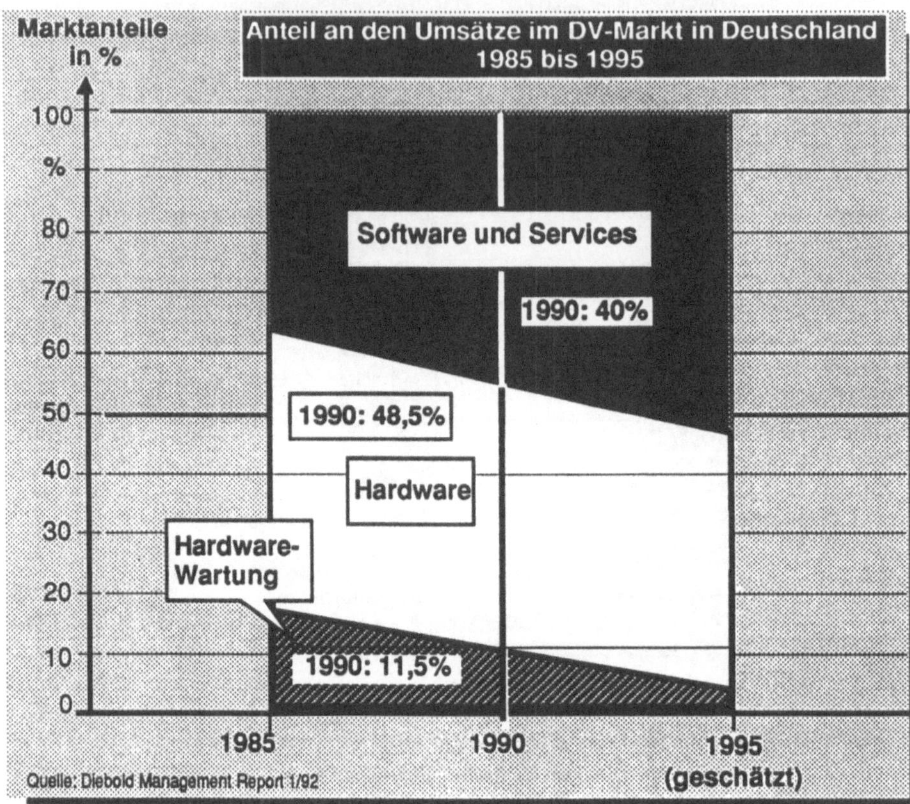

Abbildung 2: Umsatz im Hardwarebereich stagniert, während bei Software und Service starke Zuwachsraten zu verzeichnen sind.

Das Gesamtvolumen des europäischen Softwaremarktes betrug 1990 75 Milliarden DM. Deutschland ist davon einer der größten Einzelmärkte und bietet somit die Möglichkeit für einen attraktiven Standort für Produktion, Forschung und Entwicklung von informationstechnischen Produkten. Dies setzt jedoch die Stärkung der nationalen Wissenschaft und Industrie voraus, so daß sie als leistungsfähige und kompetente Partner am internationalen Wettbewerb teilnehmen können.

Der deutsche Softwaremarkt hatte 1992 ein Volumen von 52,8 Milliarden DM und diese wird nach Angaben von IDC bis 1997 um etwa 44% auf 76,1 Milliarden DM ansteigen. Auch hier wird das stärkste Wachstum in den Bereichen Software und Dienstleistungen zu verzeichnen sein. Nach einer Erhebung von Infratest Industria wurde im Jahre 1991 für 23,1 Milliarden DM Software intern erstellt und für 18,4 Milliarden DM Software hinzugekauft. Obwohl noch mehr Software in den Unternehmen selbst erstellt als hinzugekauft wurde, steigt der Marktanteil der gekauften Software wesentlich stärker an.

1.2 Auswirkungen auf die Arbeitswelt

Die hohe Innovationsgeschwindigkeit in der Informationstechnologie hat dazu geführt, daß in den letzten 5 Jahren 52% der Anwendungen neu entwickelt wurden /Hildebrand 1992/. Für die nächsten 5 Jahre bedeutet dies wiederum die Erneuerung der Hälfte aller Anwendungen. Erreicht werden kann das nur mit einer entsprechenden Infrastruktur, die zu Produktivitätssteigerungen und Qualitätsverbesserungen führt. Dies verlangt zum einen vermehrten Einsatz von Werkzeugen zur Software-Herstellung und zum anderen den Einsatz von Standardsoftware. Standardsoftware kommt bis auf wenige Ausnahmen aus den USA, so daß die dort herrschenden Arbeitsabläufe auch auf die Arbeit hier übertragen werden, ohne spezielle Gegebenheiten zu berücksichtigen, bzw. diesen nur durch einen großen Änderungsaufwand Rechnung getragen werden kann.

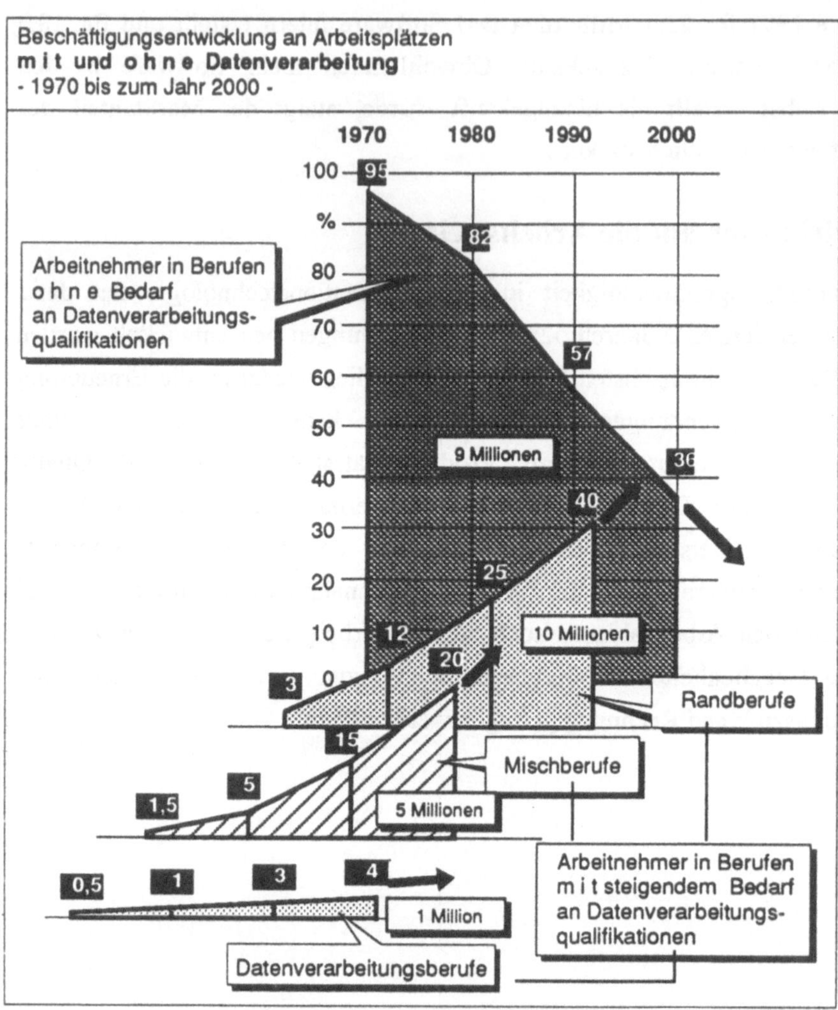

Abbildung 3: Beschäftigungsentwicklung an Arbeitsplätzen mit und ohne DV 1970-2000 (Quelle: Dostal, 1987)

Die Märkte für informationstechnische Produkte und Dienstleistungen lassen sich somit durch folgende Eigenschaften kennzeichen

- hohe Innovationsgeschwindigkeit,
- kurze Produktlebenszyklen,
- überdurchschnittliches Wachstum,

- hohe Forschungs- und Entwicklungsintensität,
- starke internationale Verflechtung.

Spätestens im Jahr 2000 werden etwa zwei Drittel aller Beschäftigten informationstechnische Arbeitsmittel nutzen /Bundesrat 1989/ (Abbildung 3). Dabei werden die Arbeitsplätze ohne DV-Einsatz immer weiter zurückgehen und die Randberufe, bei denen informationstechnische Arbeitsmittel zur Lösung der täglichen Aufgaben eingesetzt werden, stark ansteigen. Einen ebenfalls starken Anstieg verzeichnen Mischberufe, bei denen die Informationstechnologie fester Bestandteil der Arbeit ist. In den DV-Kernberufen dagegen ist nur eine geringes Wachstum zu verzeichnen. Somit stellt gerade die Informationstechnologie hohe Anforderungen an die menschengerechte Gestaltung von Arbeit und Technik. Bei relativ hohem Standard der Hardware-Ausrüstung an den Arbeitsplätzen wird deutlich, daß die Softwaregestaltung zum zentralen Faktor der Arbeitsgestaltung wird. Software wird zukünftig die Arbeitsbedingungen der großen Mehrzahl der Beschäftigten bestimmen.

Bereits heute zeigt sich, daß qualifizierte Mitarbeiter und die Kooperation zwischen Entwickler und Anwender die wichtigsten Voraussetzungen für den erfolgreichen Einsatz von Informationstechnologie sind /Reindl 1991/. Eine Benutzerbeteiligung bei der Software-Entwicklung gewährleistet die korrekte Umsetzung der Benutzeranforderungen und trägt somit dazu bei Wartungsaufwand, Kosten- und Terminüberschreitungen zu reduzieren /Strohm 1991/.

1.3 Anforderungen des Lean Management an die Softwaregestaltung

Gegenwärtig wird praktisch in der gesamten Industrie eine lebhafte Debatte über einen notwendigen Strukturwandel geführt, die unter dem Schlagwort des "Lean Management" verschiedene Aspekte der Unternehmensorganisation zusammenfaßt. Eine Verschlankung der Unternehmen soll es ermöglichen, eine stärkere Kundenorientierung zu erzielen, Kosten bei wachsender Qualität zu senken und eine erhöhte Flexibilität und Anpassungsfähigkeit zu erzielen.

Wesentliche Zielbereiche des Lean Management sind die Abflachung von Hierarchien, Abbau von Funktionsteilungen, verbesserte Kommunikationsbeziehungen und eine starke Betonung der Mitarbeiterkompetenz als zentrale Ressource der Geschäftsprozesse. Damit zeigt sich, daß grundlegende Komponenten einer humanzentrierten Arbeitsgestaltung auch gerade im Sinne des Lean Management essentielle Bedeutung erlangen.

Lean Management kann nun aber nicht bedeuten, daß einfach bestehende Strukturen ausgedünnt oder z.B. indirekte Bereiche aufgelöst werden, ohne an den Beziehungen zwischen den einzelnen Komponenten der Struktur etwas zu ändern. Ein solches Vorgehen ließe sicherlich drastische Konsequenzen im negativen Sinn erwarten. Das Entfernen von Zahnrädern aus einem mechanistisch zusammengefügten System beschleunigt nicht den Ablauf, sondern legt die Maschine still. Ziel muß hingegen sein, bei einem Abbau starrer Bereichs- und Abteilungsgrenzen die Gesamtheit der Kommunikations- und Kooperationsbeziehungen zu verbessern, die einzelnen Funktionen sehr viel stärker zu vernetzen und damit zu neuen, anpassungsfähigeren Organisationsstrukturen zu finden.

Ein solcher Übergang ist ohne verbesserte und neue Formen informations- und kommunikationstechnischer Unterstützung nicht denkbar /Bullinger 1992/. Lean Management stellt damit neue Anforderungen gerade auch an die Gestaltung der Software, die in hohem Maße die Art und den Grad der Kooperationsunterstützung bestimmen wird. Durch die zu erwartende zunehmende Komplexität der Systeme, die durch die genannten Anforderungen hervorgerufen werden wird, stellen sich auch neue Herausforderungen an die Benutzergerechtheit der Softwaregestaltung.

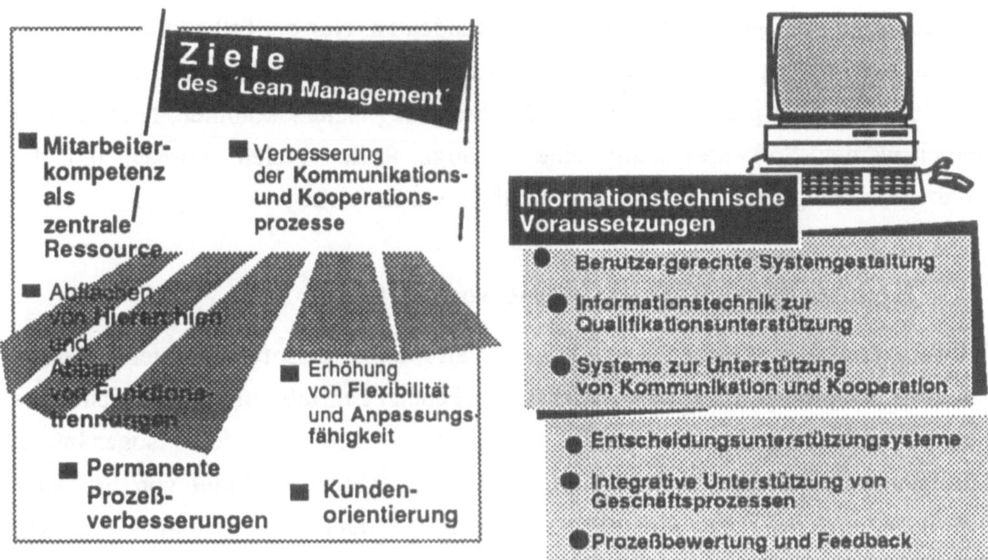

Abbildung 4: Aspekte des Lean Management und Anforderungen an eine informationstechnische Unterstützung

Durch die sich abzeichnende, integrativere Unterstützung der Geschäftsprozesse werden Benutzer mit umfangreicheren Funktionalitäten konfrontiert werden, als dies heute der Fall ist. Um die Mitarbeiterkompetenz im erforderlichen Umfang fördern zu können, müssen solche Systeme unter verschiedenen Aspekten der Software-Ergonomie optimiert werden. Hierbei wird die Informationstechnik auch eine zunehmende Rolle bei der Qualifizierungsunterstützung selbst spielen.

Als besonders wesentlich für die Unterstützung von Lean Management-Ansätzen stellen sich neue Arten von Systemen dar, die spezifische Leistungen hinsichtlich der Kooperations- und Kommunikationsanforderungen bereitstellen. Hier sind die Ansätze des Computer Supported Cooperative Work zu nennen, die versuchen, die Kommunikation nicht nur auf einer inhaltlichen, sondern auch auf einer organisatorischen Ebene zu unterstützen. In diesem Bereich sind wesentliche Weiterentwicklungen erforderlich, auch in Richtung einer verbesserten Integration mit konventionellen Systemen zur operativen Unterstützung der Geschäftsprozesse.

Schließlich ist ein weiterer Aspekt schlanker Ansätze zu nennen, der mit dem Konzept des Total Quality Management verbunden ist. Nur bei frühzeitiger und ausreichender Rückkopplung von Bewertungen des Geschäftsprozesses wird es möglich sein, dem Ziel einer permanenten Prozeßverbesserung näherzukommen. Nicht zuletzt hierbei werden Softwaresysteme eine wichtige Rolle spielen müssen, um die Wettbewerbsfähigkeit der Industrie zu erhalten und zu stärken

2 Benutzergerechte Gestaltung von Software

Softwaregestaltung ist Arbeitsgestaltung. Die Struktur eines Softwaresystems, das als Arbeitsmittel genutzt wird, hat einen weitreichenden Einfluß auf die Arbeitsinhalte und -abläufe, der keinesfalls auf den Bereich der sogenannten Benutzungsschnittstelle beschränkt ist. Benutzergerechte Gestaltung von Software muß in integrativer Weise alle Ebenen eines Anwendungssystems berücksichtigen, also von der organisatorischen Auslegung von Arbeitsaufgaben über die unterstützende Systemfunktionalität bis zur konkreten Realisierung in der Benutzungsschnittstelle reichen. Eine ganzheitliche Betrachtung der Aufgabenstellungen der Software-Ergonomie reicht also über das hinaus, was üblicherweise unter der Thematik der Mensch-Rechner-Interaktion zusammengefaßt wird. Es läßt sich feststellen, daß eine solche ganzheitliche Betrachtungsweise besonders in der deutschen Forschung in diesem Bereich ein bedeutendes Gewicht hat.

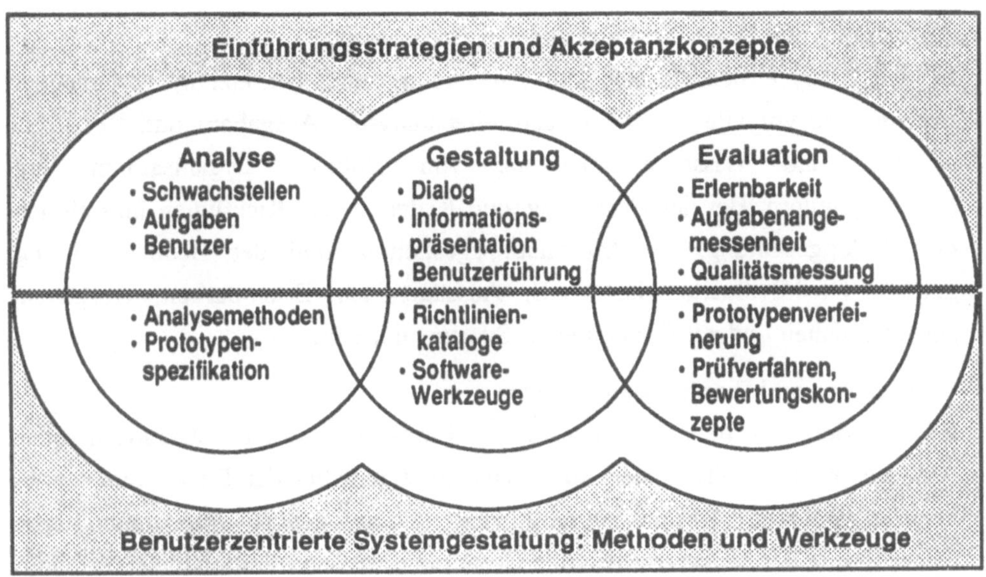

Abbildung 5: Benutzerzentrierte Systemgestaltung: Aufgaben, Methoden und Werkzeuge

Benutzerzentrierte Systemgestaltung muß sich an den Anforderungen und Fähigkeiten des Menschen orientieren und setzt eine Einbeziehung des Benutzers in den Gestaltungsprozeß voraus. Nur die Benutzer selbst verfügen im Normalfall über hinreichende Kenntnis der konkreten Arbeitssituation, in die das zu entwickelnde System bestmöglich eingepaßt sein sollte. Durch den Ansatz einer benutzerzentrierten Gestaltung eröffnet sich z.B. die Chance, eingefahrene und möglicherweise überholte Arbeitsabläufe auf ihre Effizienz hin zu überprüfen und entsprechende Veränderungen zu realisieren /Bullinger, Fähnrich, Ilg 1993/. Die Software-Ergonomie bietet die Basis für die menschengerechte Gestaltung von Software und ist somit verantwortlich für die Qualität der Mensch-Rechner-Interaktion. Sie analysiert, gestaltet und evaluiert die Beziehungen und Wechselwirkungen zwischen Aufgaben, Benutzern und Rechnern unter Berücksichtigung organisatorischer Strukturen /Bullinger 1990/.

Bei software-ergonomischer Vorgehensweise lassen sich generell drei

Aufgabenbereiche unterscheiden:

- Anwendung und Umsetzung vorhandener Erkenntnisse
  In der Analyse bezieht sich die Anwendung und Umsetzung vorhandener Erkenntnisse vor allem auf Schwachstellenanalysen, Aufgaben- und Benutzeranalysen und Wissensmobilisierung von Nutzern, Organisatoren und Schulungsleitern. Bei der Gestaltung sind Kriterien und Richtlinien hinsichtlich der Dialoggestaltung, der Informationsgestaltung und der Benutzerführung gefragt. Die Evaluation kann z.B. Aussagen zur Erlernbarkeit, Aufgabenangemessenheit und zur Qualität eines Systems machen.

- Entwicklung und Einsatz von Methoden
  Es sind Methoden bereitzustellen, die die Einbindung von benutzerspezifischen Anforderungen bereits in der Aufgabenanalyse und bei der Entwicklung eines benutzergerechten Designs ermöglichen. Dazu gehört die methodische Verknüpfung der benutzerzentrierten Gestaltung mit den traditionellen Verfahren der Software-Entwicklung. In der Gestaltung sind Methoden zur Umsetzung der Gestaltungsrichtlinien erforderlich. In der Evaluation werden Methoden zur Überprüfung und Bewertung der gestalterischen Maßnahmen im Hinblick auf Aufgaben und Benutzer benötigt.

- Entwicklung und Verfeinerung von Werkzeugen
  Es werden Werkzeuge benötigt, die Vorgehensweisen und Methoden zur aufgabenangemessenen und benutzerzentrierten Gestaltung umsetzen. In der Analyse werden Werkzeuge zur Aufgabenanalyse benötigt, die die Charakterisierung der Aufgaben und der Benutzer unterstützen. In der Gestaltung ist der Einsatz von Werkzeugen erforderlich, wobei Richtlinien und Standards die Rahmenbedingungen vorgeben. Iteratives Prototyping, Qualitäts- und Bewertungskonzepte und unabhängige Prüfverfahren sind unter diesem Aspekt Aufgaben der Evaluation.

Benutzerzentrierte Systemgestaltung ist ein ausgewogenes Zusammenspiel von Systementwicklern, Software-Ergonomie-Experten, Fachabteilungen und Endbenutzern. Sie müssen unter Einbeziehung bestehender Normen und Richtlinien, Industriestandards und Styleguides, entsprechender Analysemethoden, Prototyping-

Werkzeugen und ausgewählten Evaluationsmechanismen die Systemanforderungen definieren, Fachspezifikationen erarbeiten und daraus eine benutzerorientierte Systemgestaltung entwickeln und vornehmen.

3 Forschungsschwerpunkte

3.1 Felder der Software-Technikgestaltung

Aus den durch die benutzerzentrierte Gestaltung identifizierten Bereichen ergeben sich verschiedene Forschungsschwerpunkte in der Softwaretechnik und hinsichtlich der damit zu realisierenden Anwendungen. Der von der Softwaretechnik aufgespannte Raum umfaßt Entwicklungsprozesse und Werkzeuge, die zur Verwirklichung von Softwaresystemen in verschiedenen Anwendungsgebieten bereitstehen müssen.

Anwendungsfelder

Die heutigen Anwendungsgebiete verlangen nicht nur mehr einfache isolierte Hilfsmittel, sondern intelligente und integrierte Systeme zur Unterstützung komplexer Vorgänge. So werden in der Verwaltung und im Bürobereich Entscheidungsunterstützungssysteme gefordert und Planungs- und Steuerungssysteme in der Produktion und Fertigung. Alle diese Systeme müssen den neuen Organisationsstrukturen mit verstärkten Anforderungen an Kooperation und Kommunikation gerecht werden, z.B. durch Ansätze wie Computer Supported Cooperative Work (CSCW). Neben der Unterstützung dieser organisatorischen Strukturen muß eine Anpassung an spezifische Gegebenheiten und individuelle Bedürfnisse der Benutzer gegeben sein. Dieser Punkt der Anpassbarkeit und Adaptierbarkeit gewinnt insbesondere im Hinblick auf den vermehrten Einsatz von Standardsoftware an Bedeutung.

Die hohe Innovationsgeschwindigkeit und die Komplexität in vielen Arbeitsbereichen erfordern eine hohe Qualifizierung der Beschäftigten und eine laufende Weiterbildung. Neue Technologien z. B. Multimedia, bieten hier Möglichkeiten Information auf unterschiedliche Art und Weise darzustellen und zu vermitteln. Auf dieser Basis können neuartige Lern-, Hilfe- und Unterstützungssysteme für Ausbildung und Training verwirklicht werden.

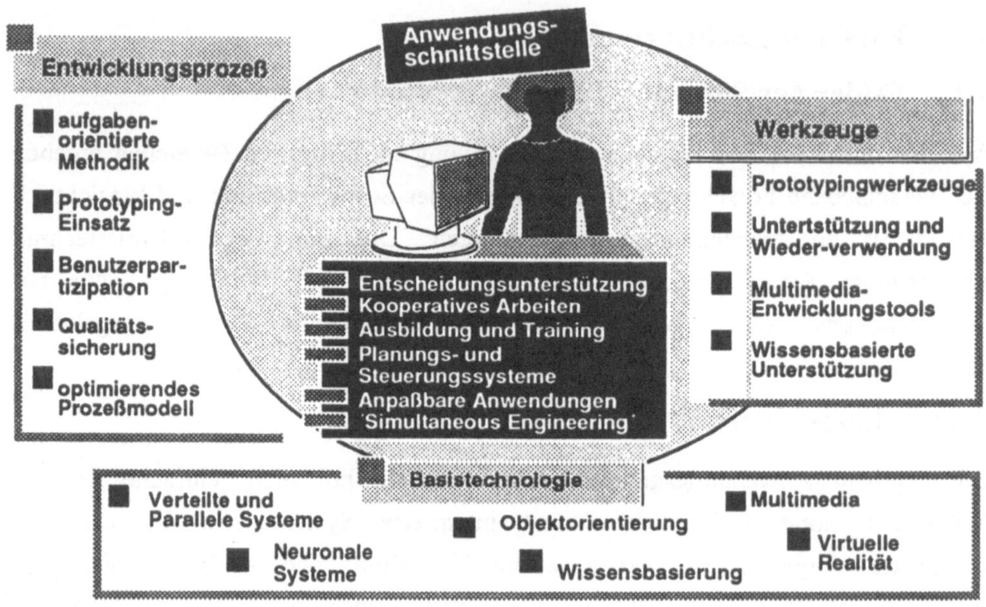

Abbildung 6: Forschungsschwerpunkte in Softwaretechnik und Anwendungen

Entwicklungsprozeß

In den skizzierten Anwendungsgebieten können nur dann benutzergerechte und effiziente Softwaresysteme eingesetzt werden, wenn der Entwicklungsprozeß die dafür notwendigen Voraussetzungen erfüllt und über entsprechende Werkzeuge für deren Umsetzung verfügt. Für die benutzergerechte Gestaltung von Software reichen die vorhandenen Software-Entwicklungsmethoden, die sich auch erst langsam etabliert haben, nicht aus. Sie müssen eingebettet sein in umfassende aufgabenorientierte Methodiken, die Konzepte zur Benutzerpartizipation beinhalten.

Die weite Verbreitung von Softwaresystemen stellt auch erhöhte Anforderungen an die Qualitätssicherung. Qualitätsmängel, die sich z. B. in schlechter Handhabbarkeit und Fehlfunktionen äußern, sind wie bei jedem anderen Produkt auch bei der Software nicht tragbar. Deshalb sind in der Software-Entwicklung Qualitätsmerkmale zu definieren und durch laufende Überprüfung deren Erfüllung sicherzustellen. Von einem Qualitätssicherungssystem vergleichbar mit anderen produzierenden Industriezweigen wie z.B. in der Fertigungsindustrie ist die Software-Entwicklung noch weit entfernt.

Werkzeuge

Ein Software-Entwicklungsprozeß ohne Werkzeuge ist heute nicht mehr denkbar. Die Vielfalt der angebotenen Werkzeuge reicht somit heute auch bereits von einfachen Editoren und Compilern über CASE (Computer Aided Software Engineering)-Werkzeuge bis hin zu integrierten Software-Entwicklungsumgebungen. Trotzdem reichen diese Werkzeuge nicht aus bzw. lassen nach wie vor Lücken im Software-Entwicklungsprozeß und der benutzergerechten Gestaltung offen. So bieten die meisten Werkzeuge zwar die Techniken, um Methoden zur Software-Entwicklung einsetzen zu können, bieten aber keine Unterstützung für deren Anwendung, z. B. durch Einsatz wissensbasierter Techniken.

Ein großes Defizit besteht auch bei Werkzeugen zur benutzerzentrierten Gestaltung. Dies gilt für Analyse, Gestaltung und Evaluation. Trotz vorhandener Gestaltungsrichtlinien fehlt noch immer deren Operationalisierbarkeit und Umsetzung in Werkzeuge. Insbesondere im Hinblick auf internationale Standardisierung und europaweite Normierung gewinnt diese praktische Umsetzung und Überprüfung dieser Vorgaben an Bedeutung.

Die Entwicklungsprozesse und Werkzeuge unterliegen auch einem fortlaufenden Wandel, um den weiterentwickelnden Basistechnologien, die aufgrund neuer technischer Möglichkeiten entstanden sind und in der Praxis einsetzbar werden, Rechnung tragen zu können.

Dazu gehören zum einen Werkzeuge, die die Wiederverwendbarkeit bereits erstellter und getesteter Komponenten fördern und unterstützen. Diese Wiederverwendbarkeit bezieht sich nicht nur auf den elementaren Programmcode, sondern vielmehr auch auf die Wiederverwendbarkeit von Komponenten aus der Analyse und dem Design. Zum anderen werden Werkzeuge für die Umsetzung neuer Basistechnologien wie z.B. Multimedia benötigt.

3.2 Entwicklung neuer Basistechnologien und benutzergerechte Systemgestaltung

Die Informationstechnologie ist durch ein rasantes Weiterentwicklungstempo gekennzeichnet, wobei sich bereits jetzt weitreichende Auswirkungen neuer Basistechnologien auf die Arbeitswelt der Zukunft erkennen lassen. Neben den notwendigen Arbeiten zur Abschätzung der Folgen solcher Technologien wird es wesentlich sein, frühzeitig sinnvolle Gestaltungsrichtungen aufzuzeigen, die sowohl zu verbesserten Produktchancen wie auch zur Wahrnehmung von Gestaltungspotentialen im Infrastrukturbereich der Unternehmen führen können /Ziegler, Harker, Eason 1992/.

Die im Folgenden aufgeführten Technologiebereiche erscheinen hinsichtlich ihrer absehbaren Auswirkungen auf Produkte und Arbeitswelt als besonders relevant, sodaß eine frühzeitige Entwicklung von Gestaltungsoptionen und -kriterien erfolgen sollte:

Multimedia-Systeme

Es ist absehbar, daß Computersysteme zukünftig eine sehr viel umfassendere Rolle spielen werden, als dies bislang der Fall ist. Ein entscheidendes Merkmal hierfür ist die zur Zeit stattfindende Integration unterschiedlichster Medientechniken mit konventionellen Aspekten der Daten- und Informationsverarbeitung. Der Rechner entwickelt sich damit von einem spezialisierten Werkzeug für die effiziente Verarbeitung großer, aber weitgehend standardisierter Datenmengen hin zu einem universellen Medium für die Informationsübermittlung, -verarbeitung und -speicherung. Diese Möglichkeiten werden erkennbar zu neuen Anwendungs- und Einsatzbereichen führen, die weit über den Bereich der Arbeitswelt hinausreichen.

Solche Bereiche sind z.B. Aus- und Weiterbildung, technische Informationssysteme, Marketing oder Unterhaltung. Die Vielfalt der Gestaltungsmöglichkeiten mit diesen Techniken erfordert eine intensive Auseinandersetzung mit den software-ergonomischen Implikationen. Die erforderliche Interdisziplinarität muß hier noch deutlich über das hinausgehen, was bislang in der Software-Ergonomie schon mehr oder weniger praktiziert wird, und z.B. Spezialisten für die verschiedenen Medienarten mit einbeziehen.

Virtuelle Realität

Die bisher gängigen Vorstellungen über die Arbeitsweise des Menschen mit einem Computersystem, die je nach Ansatz von den Bildern eines Werkzeugs oder eines Kommunikationpartners mit relativ beschränkten Interaktionsmöglichkeiten ausgehen, werden von der Entwicklung von Systemen nach dem Prinzip der virtuellen Realität auf spektakuläre Weise in Frage gestellt. Ermöglicht durch neue Visualisierungs- und Interaktionstechniken kann der Benutzer quasi selbst Teil einer im Rechner simulierten Welt werden und darin agieren. Die Kopplung zwischen Mensch und Rechner ist dabei wesentlich stärker als dies bislang vorstellbar war. Damit sind auch bislang kaum abschätzbare Risiken für die Nutzer solcher Systeme verbunden. Schon jetzt gewinnen Anwendungen der virtuellen Realität rasch an Bedeutung, so etwa in Bereichen wie Architektur und Medizin. Es ist absehbar, daß solche Systeme Einzug in unterschiedlichste Bereiche der Arbeitswelt halten werden. Die Forschungsaktivitäten in diesem Feld sind bislang ganz überwiegend rein technologie-orientierte Arbeiten. Es ist deshalb dringend geboten, solche Entwicklungen aus einer benutzer-orientierten Sicht zu untersuchen und Gestaltungsziele und -möglichkeiten aufzuzeigen.

Neuronale Systeme

Auch die Entwicklungsaktivitäten im Bereich neuronaler Systeme werfen eine Reihe software-ergonomischer Fragen auf. Ähnlich wie im Bereich konventioneller wissensbasierter Systeme ist hier die Frage nach Durchschaubarkeit und

Beurteilbarkeit des Systemverhaltens von großer Bedeutung. Weiter wird zu klären sein, in welchem Umfang und unter welchen Bedingungen solche Systeme autonom Aufgaben erfüllen sollen (also Automatisierungsleistungen erbringen) und wieweit sie in interaktiver Form den Benutzer unterstützen können. Dabei entstehen insbesondere bei neuronalen Systemen Probleme hinsichtlich der Erklärungsfähigkeit des Systems.

Ubiquitäre Rechner

Die schnelle Entwicklung im Hardwarebereich hat in den letzten Jahren zu kleinen, tragbaren und leistungsfähigen Rechner geführt. Mit diesen immer kleiner werdenden Rechner, wie z.B. Notebooks und Pen-Computer ergeben sich neue Wege zur Interaktion mit diesen Geräten bei denen konventionelle Tastaturen und Zeigeinstrumente nicht mehr ausreichend sind. In Zukunft werden Handschrift- und Berühreingaben relevante Interaktionsmechanismen sein. Eines der Entwicklungsziele dabei ist es, sich mit elektronischen Mitteln so weit wie möglich an die übliche Verwendung von Papier und Bleistift anzunähern. Dazu wird es notwendig sein, Gestik- und Handschriftenerkennung zu verbessern sowie neue Interaktionskonzepte für den Zugriff auf Information und Funktionalität zu entwickeln.

Die genannten Bereiche stellen einige Beispiele dar, bei denen informationstechnische Basisinnovationen absehbare Auswirkungen auf die Arbeitswelt haben werden. Der prospektiven Entwicklung von Gestaltungszielen und -optionen in entsprechenden Forschungsaktivitäten wird dabei eine wesentliche Rolle zukommen, um den Einsatz solcher Technologien menschengerecht und wirtschaftlich zu gestalten.

3.3 Softwaregestaltung im Programm Arbeit und Technik

Für ein Forschungsprogramm "Arbeit und Technik" muß die Softwaregestaltung angesichts ihrer hohen und ständig wachsenden Bedeutung für die Arbeitswelt eine zentrale Rolle einnehmen. Durch die enge Kopplung zwischen der Auslegung des Softwaresystems einerseits sowie der Arbeitsorganisation und den Arbeitsaufgaben andererseits sind Aussagen bezüglich der Arbeitsbedingungen ohne Berücksichtigung der Software kaum noch möglich.

Das Programm "Arbeit und Technik" bietet die Chance, den erforderlichen ganzheitlichen Gestaltungsansatz bei der Entwicklung und Anwendung von Software entscheidend zu fördern. Damit eröffnen sich Möglichkeiten, daß einerseits bei der Produktentwicklung die Benutzeranforderungen besser aufgenommen und umgesetzt werden und somit die Marktchancen des Anbieters verbessert werden, und daß andererseits die Entwicklung informationstechnischer Unternehmensinfrastrukturen zu Lösungen führt, die besser an die Erfordernisse der heutigen Wettbewerbsumwelt angepaßt sind.

Obwohl die Notwendigkeit, einen solchen ganzheitlichen Ansatz zu verfolgen, inzwischen immer breiter erkannt wird, entwickeln sich die Möglichkeiten zu entsprechenden Forschungs- und Entwicklungsaktivitäten z.B. auf europäischer Ebene aufgrund andersartiger Orientierungen nur langsam. Die ganzheitliche Ausrichtung auf die Forschungsfelder Entwicklungsprozeß, Werkzeuge und Anwendungen, wie sie in der Struktur dieses Workshops widergespiegelt wird, bietet deshalb ein besonderes Potential.

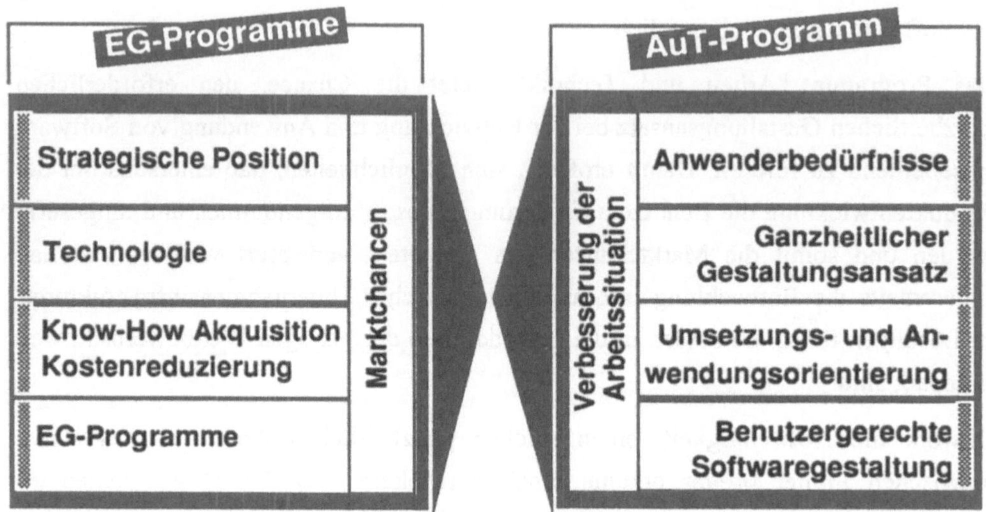

Abbildung 7: Grundlegende Zielsetzung der EG-Förderung im Bereich der Software-Technik im Vergleich zu Aktivitäten im Programm "Arbeit und Technik"

Bei dem Einsatz von innovativen Basistechnologien kann aus den Erfahrungen der Vergangenheit gelernt werden. Hier hat sich gezeigt, daß die späte Berücksichtigung von benutzerzentrierten Gestaltungaspekten zu einer Vielzahl von unangemessenen und schlecht handhabbaren Systemen geführt hat. Dies kann durch eine frühzeitige Berücksichtigung der Gestaltungsfragen bei der Anwendung neuer Basistechnologien vermieden werden. Das bedeutet, daß gleichzeitig mit dem breiten Einsatz dieser Technologien auch entsprechende software-ergonomische Gestaltungsanleitungen, sowie eine methodische und werkzeugorientierte Unterstützung dafür vorhanden sein müssen. Um dies zu gewährleisten, sind die neuen Basistechnologien im Vorfeld durch entsprechende Forschungsaktivitäten zu begleiten.

4 Ausblick

Die wirtschaftliche Bedeutung der Informationstechnologie wird zwar richtig eingeschätzt, jedoch wird die Schwerpunktverschiebung von der Hardware zur

Software erst jetzt erkannt. Ebenso werden die Schwierigkeiten der kleinen und mittelständischen Unternehmen unterschätzt, die benötigten Techniken für den eigenen Einsatz fortzuentwickeln und auf breiter Front effizient anzuwenden und zu nutzen. Dies ist insbesondere erforderlich, weil die kleinen und mittelständischen Unternehmen einen erheblichen Beitrag zur Gesamtwirtschaft beisteuern. Dies erfordert nationale Förderprogramme in Ergänzung zu den europäischen Programmen.

5 Literatur

/Bullinger 1990/
Bullinger, H.-J.: Wettbewerbsvorteile durch Software-Ergonomie. In: Bullinger, H.-J. (Hrsg.): Software-Ergonomie in der Praxis. Reihe T19 Forschung und Praxis. Springer-Verlag, Berlin, 1990

/Bullinger 1992/
Bullinger, H.-J.: Managing Lean Enterprises and Lean Software Development. In: Woda, H.; Schynoll, W. (Eds.): Lean Software Development. Proceedings of IPSS-Europa International Conference on Lean Software Development, 22.-23.10.1992, Stuttgart

/Bullinger, Fähnrich, Ilg 1993/
Bullinger, H.-J.; Fähnrich, K.-P.; Ilg, R.: Benutzungsoberflächen und Entwicklungswerkzeuge. In: Scheer, A.-W. (Hrsg.): Handbuch Informationsmanagement. Gabler Verlag, Wiesbaden, 1993 (in Druck)

/Bundesrat 1989/
Bundesrat Drucksache 586/89: Zukunftskonzept Informationstechnik. Verlag Dr. Hans Heger, Bonn, 1989

/CW 1992/
Wachstum nur mit Software und Service. Computerwoche Nr. 49, 04. Dezember 1992

/EG 1990/
Kommission der Europäischen Gemeinschaften: Die Europäische Elektronik- und Informatikindustrie: Situation, Chancen und Risiken, Aktionsvorschläge. GD XIII Telekommunikation, Informationsindustrie und Innovationen, 1990

/EG 1991/
Kommission der Europäischen Gemeinschaften: Panorama der EG-Industrie EG 1991-1992. Amt für amtliche Veröffentlichungen der Europäischen Gemeinschaft, Luxemburg, 1991

/Hildebrand 1992/
Hildebrand, Knut: Informationsmanagement - Statuts quo und Perspektiven, Ergebnisse einer empirischen Untersuchung. Wirtschaftsinformatik Heft 5, Oktober 1992

/Neugebauer 1992/
Neugebauer, Ursula: Der wirkliche Europäer stammt aus den USA. online 7, 1992

/Reindl 1991/
Reindl, E.: Kosten-/Nutzennachweis versus IT-Investitionen?.Computerwoche Extra 5, 13. Dezember 1991

/Strohm 1991/
Strohm, Oliver: Projektmanagement bei der Software-Entwicklung. In: Ackermann, D.; Ulich, E. (Hrsg.). Software-Ergonomie '91. Teubner, Stuttgart 1991

/Welchering 1992/
Welchering, Peter: Hausbau - Strategiedebatte um die Ausrichtung der europäischen Informationstechnik. ix Nr. 12, 1992, 90-94

/Ziegler, Harker, Eason 1992/
Ziegler, J.; Harker, S.; Eason, K.: Human Factors in the I.T. Software Design Process - The Way Forward. In: Galer, M.; Harker, S.; Ziegler,J.: Methods and Tools in User-Centered Design for Information Technology. Elsevier Science Publishers, Amsterdam, 1992

Benutzerorientierte Softwaregestaltung: Ein Erfolgsfaktor für Standardsoftware der 90er Jahre

E. Eberleh & U. Arend, SAP AG, Walldorf

SAP stellt integrierte betriebswirtschaftliche Standard-anwendungsoftware her, die den gesamten Mengen- und Wertefluß eines Unternehmens abbildet. SAP-Produkte werden seit über 20 Jahren hergestellt und heute weltweit in 14 Sprachen vertrieben. Die SAP AG nahm 1991 weltweit Rang 9 im Softwaremarkt ein - mit steigender Tendenz.

Wesentlicher Faktor für den Erfolg der SAP-Produkte war in den siebziger Jahren die frühzeitige Konzentration auf dialogorientierte Standardlösungen. In den achtziger Jahren stand der Aspekt der Integration von betriebswirtschaftlichen Lösungen (R/2-System) im Mittelpunkt, basierend auf Großrechner-Technologie mit Alpha-Terminals. Gegen Ende der achtziger Jahre sind entscheidende technologische Änderungen auf verschiedenen Gebieten eingetreten: in den Marktbedingungen und den technologischen Möglichkeiten sowie in den Paradigmen der Softwareentwicklung und der Geschäftsabwicklung. Als Antwort auf diese Änderungen und neuen Herausforderungen entwickelte SAP das R/3-System. Dieses System wird in der letzten Ausbaustufe die gesamte betriebswirtschaftliche Funktionalität von R/2 besitzen, allerdings auf einer völlig anderen Architektur (Client-Server) und mit einer Reihe neuer Eigenschaften. Unter diesen neuen Eigenschaften des R/3-Systems stellt die graphische Benutzungsoberfläche einen wesentlichen Teil dar.

Mit der Entscheidung, das gesamte R/3-System konsistent über die Motif, CUA, Windows und Macintosh-Benutzungsoberfläche zugänglich zu machen, greift SAP die technischen Optionen und die veränderten Kundenerwartungen auf. Die Gestaltung und Entwicklung der R/3-Benutzungsoberfläche stellt eine große Herausforderung dar, bedingt u.a. durch die Zahl der verschiedenen abgedeckten Oberflächenstandards, der komplexen Anwendungsfunktionalität und der hohen Zahl von Bildschirmbildern. Der Bedeutung und Herausforderung entsprechend, arbeiten 11 Software-Ergonomen zentral an dieser Problematik, zusammen mit einer Vielzahl

von System- und Anwendungsentwicklern. Software-Ergonomie hat bei SAP das Ziel, ein qualitativ hochwertiges, effizientes und menschengerechtes Softwareprodukt herzustellen. Dieses wird von den Kunden erwartet.
Um diesen Ansprüchen gerecht zu werden, wird eine umfassende Methodik eingesetzt, beginnend bei der Analyse (Technik, Aufgabe und Benutzer) über Kommunikation (mit Kunden und Entwicklern), bis hin zu Prototyping, Evaluation und interner Standardisierung. Bei der Anwendung der von der Wissenschaft bereitgestellten Methoden zeigt sich jedoch häufig, daß diese Methoden unter den ökonomischen und technischen Randbedingungen kommerzieller Softwareentwicklung nur mit Abstrichen einsetzbar sind. Vielfach fehlen jedoch überhaupt Lösungen für betriebliche ergonomische Fragestellungen, die dann eigenständig entwickelt werden müssen.
SAP hat die erste Phase in der Unterstützung graphischer Benutzungsoberflächen erreicht, indem die R/3-Oberflächen den CUA- und Motif-Standards entsprechen. In Diskussionen mit SAP-Kunden sowie in kontrollierten Evaluationsstudien zeigten sich konsistent und eindeutig die Vorteile der graphischen R/3-Benutzungsoberflächen bzgl. Akzeptanz und Leistung der Benutzer. SAP wird in den kommenden Jahren verstärkt die Erweiterung der graphischen Oberfläche um multimediale Komponenten anstreben, verbunden mit einer noch stärkeren Berücksichtung und Unterstützung der Arbeitsabläufe der Benutzer. Inwieweit dies gelingt, bestimmt zu einem erheblichen Teil den Erfolg von Softwareherstellern in den neunziger Jahren.

User-oriented Software Design: a Decisive Factor in the Success of Standard Software in the 1990s

E. Eberleh & U. Arend, SAP AG Walldorf

SAP produces integrated, standard business application software, which is capable of representing the entire spectrum of quantity-related and value-based transactions within a business. SAP software products have been on the market for 20 years and today are distributed worldwide in 14 different languages. In 1991, SAP AG was ranked number 9 among the world's leading software manufacturers - and still rising.

A major contributory factor to the success of the SAP software products during the 1970s was the early recognition of the potential of and concentration on dialog-oriented standard solutions. The 1980s saw the main emphasis shift towards the integration of business-oriented solutions (R/2 System), based on mainframe technology with alpha terminals. At the close of the decade, sweeping technological innovations dictated the pace and direction in many areas: in the market conditions and the technological possibilities, as well as in the software development paradigms and commercial transaction methods. In response to these changes, SAP embarked upon the development of the R/3 System. This system will, in its fully developed state, encompass the entire business-related functionality of the R/2 System, however on the basis of a totally different architecture (client-server) and with the addition of a series of new characteristics. Among these new features of the R/3 System, the graphical user-interface represents a major deviation from its predecessor.

With its decision to provide equal and consistent access to the entire R/3 System via the Motif, CUA, Windows and Macintosh user interfaces, SAP has taken up the gauntlet regarding current technical possibilities and changing customer expectations. The design and development of the R/3 user interface represents a significant challenge, dictated in part by the array of differing interface standards that are covered, the complex application functionality and the large number of screen windows supported. In keeping with the system's importance, and in order to meet and overcome the challenge posed, a team of 11 software ergonomists are working on the user interface - in combination with numerous systems and application developers. Software ergonomics at SAP is intended to achieve the objective of producing a high-quality, efficient and user-friendly software product. The customer expects nothing less.

Meeting these stiff requirements necessitates the application of a comprehensive methodology - beginning with the analysis phase (technology, task and users), involving extensive communication (with customers and developers) and extending to prototyping, evaluation and internal standardization. In applying the methodologies provided by academia, it is often found that these can only be implemented in the economic and technical realities of commercial software development after revision to a greater or lesser extent. More often than not, they also suffer from a total lack of suitable solutions for the commercial/ergonomic problems posed, with the consequence that customized solutions must then be developed.

SAP has achieved the first phase objective in its support of graphical user interfaces, in that the R/3 interfaces correspond to the CUA and Motif standards. Both discussions with SAP customers and controlled evaluation studies have consistently and clearly confirmed the benefits of the R/3 graphical user interface as far as user acceptance and performance are concerned. SAP will concentrate its efforts in the coming years on enhancing the graphical interface via multi-media components, in combination with an even greater appreciation of and support for the users' operational requirements. The degree to which this goal is achieved will determine to a large extent the success of software producers in the 1990s.

Des logiciels ergonomiques : un gage de succès pour les années 90

E. Eberleh & U. Arend, SAP AG Walldorf

SAP développe des logiciels d'application couvrant toutes les fonctions de gestion des entreprises. Après plus de 20 ans d'activité, SAP est présent dans le monde entier et ses produits sont traduits dans 14 langues. Déjà classé 9ème constructeur mondial de logiciels en 1991, SAP AG poursuit sa croissance.

Dès les années 70, SAP a assuré le succès de ses produits en proposant des solutions standards fonctionnant en mode dialogue. Dans les années 80, le développement de logiciels de gestion intégrés (Système R/2) dérivés des gros ordinateurs équipés de terminaux alpha a été le fer de lance de l'entreprise. A la fin des années 80, la conjoncture économique, les possibilités technologiques, les normes des logiciels et du marché ont connu des bouleversements décisifs. C'est pour répondre à cette évolution et aux nouvelles exigences du marché que SAP a mis au point le système R/3. Dans sa dernière phase de développement, le progiciel R/3 intègrera les mêmes fonctionnalités que le système R/2, avec une architecture totalement nouvelle (client-serveur) et une série de fonctions supplémentaires, dont une surface utilisateur graphique.

En décidant de rendre le système R/3 plus convivial grâce à la surface utilisateur

Motif, CUA, Windows et Macintosh, SAP propose de nouvelles options techniques et répond aux attentes actuelles de sa clientèle. La conception et le développement de la surface utilisateur R/3 est une gageure au vu de l'ensemble des normes régissant les surfaces de présentation, de la complexité des fonctions applicatives et de la grande diversité des écrans. Chez SAP, 11 spécialistes de l'ergonomie travaillent en collaboration étroite avec l'équipe de développeurs. L'étude des relations entre l'homme et le produit doit contribuer à mettre au point un produit de qualité, performant et adapté à l'utilisateur - un produit conforme aux exigences des entreprises.

SAP applique pour cela une méthode d'ensemble caractérisée par l'analyse (technique, application et utilisateur), la communication avec la clientèle et les développeurs, la création de prototypes, l'évaluation et la standardistion interne. Le fait est que les solutions théoriques sont rarement applicables dans leur totalité dans les conditions économiques et techniques des logiciels proposés sur le marché. Les solutions aux problèmes ergonomiques sont souvent insatisfaisantes et doivent ensuite être mises au point par l'utilisateur.

SAP a franchi un premier pas dans l'assistance de la surface utilisateur graphique puisque les surfaces R/3 sont conformes aux normes CUA et Motif. Des discussions avec des clients SAP et des études d'évaluation ont montré de manière irréfutable les atouts de la surface utilisateur R/3 du point de vue de l'acceptance et de la capacité des utilisateurs. Dès à présent, SAP travaille à l'extension de la surface graphique, avec pour objectif de proposer des composantes multimédia qui assisteront d'une manière accrue l'utilisateur dans ses opérations. La réussite de cette entreprise est un corollaire essentiel du succès des développeurs de logiciels dans les années 90.

Benutzungs- und aufgabengerechte Software: Bestand, Bedarf

Constantin Skarpelis
DLR - Projektträger Arbeit und Technik, Bonn

Zusammenfassung

Obwohl seit langem unter dem Stichwort "Softwarekrise" über Probleme der Softwareentwicklung und -anwendung diskutiert wird, beginnt erst in jüngerer Zeit der Sachverhalt deutlich zu werden, daß es hierbei um ein eher qualitatives als quantitatives Problem geht. Insofern erweist sich die bloße Unterstützung industrieller Software-Fertigungsmethoden als ein Irrweg, der bestenfalls die Lösung eines Teils der entstehenden Entwicklungsprobleme fördert und kaum Rücksicht auf die vorherrschenden Anwendungsprobleme nimmt. Lösungen für die angedeuteten qualitativen Probleme, die sich auf die methodische, verfahrensmäßige und instrumentelle Unterstützung des Abbaus jener Defizite konzentrieren, die bei der gegenseitigen Beeinflussung der Entwicklung und Anwendung der Software entstehen, werden im Rahmen von Vorhaben des Programms "Arbeit und Technik" erarbeitet. Darüber sowie über die prioritär noch zu behandelnden weiteren Bedarfe wird hier berichtet.

Abstract

Although problems of software development and application have been discussed under the catchword of "the crises of software" for long it has not become clear up to recently that the problem has a more qualitative than quantitative dimension. So the mere support of industrialized software-engineering methods will show itself as the wrong way that can at best solve part of the problem and does not take into account the dominating problems of application. Solutions for qualitative problems, which focus on methods, instruments and processes for the overcoming of ergonomic deficits are worked out by projects within the programme "work and technology. This contribution will inform about these projects and about future needs for promotion in the field of software design.

Résumé

Bien qu'on discute depuis longtemps sous la notion de la "crise du logiciel" sur des problèmes concernant le développement et l'application du logiciel, il ne se montre que depuis quelques mois plus nettement, qu'il s'agit là plutôt de problèmes qualitatifs que quantitatifs. Sous ce point le soutien seul de l'évolution du logiciel comme instrument/méthode de la production industrielle peut être considéré comme fausse voie qui peut tout au plus aider à résoudre une part des difficultés, mais qui ne tient guère compte des problèmes d'application prédominants. Résoudre les problèmes qualitatifs indiqués en soutenant méthodiquement et instrumentalement la réduction des déficits qui ressortissent de l'influence mutuelle du développement et de l'application du logiciel - c'est la tâche des projets de recherches réalisés au cadre du programme "Travail et Technologie".Ces questions-là et d'autres besoins de recherches urgents sont traités cidessous.

1 Einleitung:

Als wir vor genau zwei Jahren unsere Tagung in München unter der Überschrift "Software für die Arbeit von morgen" veranstalteten, waren wir etwas optimistischer als heute. Alles deutete darauf hin, daß die bis dahin gewonnenen Erfahrungen des Programms "Arbeit und Technik" sowie die in den geförderten Vorhaben erarbeiteten Ergebnisse ebenso wie auch die Ergebnisse und Erfahrungen der Wissenschaft, der Förderung in spezialisierten Programmen des Bundes und der Länder sowie der betrieblichen Praxis

- **erstens** sich nicht widersprechen,
- **zweitens** für verschiedene Schwachstellen Defizite abbauen helfen und
- **drittens** Wege skizzieren, wie vorhandene Chancen genutzt und Beispiele neuer, der Zeit entsprechenden Gestaltungsoptionen entwickelt und umgesetzt werden können.

Andere Ereignisse, die in jener Zeit eine immer größer werdende Konzentration des staatlichen Handelns deshalb forderten, weil sie eine sehr große nationale Bedeutung erlangt hatten, haben seitdem mit einer solchen Intensität auch die Forschungs- und Förderaktivitäten beeinflußt, daß selbst der Hauptteil der bereits im Januar 1991 feststehenden und mit Anträgen in konkrete Handlungsoptionen umgesetzte Planungen zurückgestellt werden mußten.

Zurückstellen in einem evolutionär zu bezeichnenden Förderbereich bedeutet eine Verspätung, die manchmal, mit erhöhten Bemühungen sogar nachgeholt werden kann. Zurückstellung im Kernbereich der mit enormer Geschwindigkeit und sich sprunghaft entwickelnden Informations- und Kommunikationstechnik kann einen für sehr lange Zeiträume nicht nachholbaren Rückstand bedeuten -wahrscheinlich auch eine Irreversibilität begründen. Sind wir also doch dazu verurteilt, **die Arbeit von heute** mit der **Software von gestern erledigen zu müssen** -wie sehr treffend Dieter Klumpp von der SEL in seinem Referat auf der bereits erwähnten Tagung fragte?

Nun, "Arbeit und Technik" ist nicht das einzige Programm, in dem Softwaregestaltung gefördert wird. Darüberhinaus tröstet uns die EG mit immer wieder neuen Förderangeboten. Letztlich läßt sich Forschung und Entwicklung keineswegs allein auf ihre staatlich geförderten Bestandteile reduzieren.

Nur: das Thema, das unser Programm zentral beschäftigt, nämlich die aufgaben- und benutzergerechte Gestaltung der Software sowie die Schaffung der hierfür erforderlichen Voraussetzungen, unter Berücksichtigung der technischen, arbeits- und betriebsorganisatorischen, qualifikatorischen, sozialen, wirtschaftlichen sowie der belastungs- und beanspruchungsrelevanten Bedingungen ihres Einsatzes findet man nicht in anderen nationalen und europäischen Konzepten. Soweit es die europäische Forschungsförderung anbelangt, wurden wir verschiedentlich, zuletzt in der öffentlichen Anhörung der Bundestagsausschüsse für Forschung, für Wirtschaft und für Post vom BDI-Vertreter Kreklau daran erinnert, daß es sich besonders gut zeigen lasse, daß eine **nationale Vorlaufforschung** mit Hinweis auf die **EG-Förderung** nicht ausreiche. Denn, so Kreklau weiter, wir müßten im nationalen Bereich stark sein, um international kooperieren zu können. Darüberhinaus sollte beachtet werden, daß anwendungsnahe Forschung mit zusätzlichen Erschwernissen zu kämpfen hat.

Bei allen Überlegungen zur Beantwortung der Frage, ob ein Förderbedarf im Rahmen des AuT-Programms existiert, und gegebenenfalls zur Konkretisierung eines solchen Bedarfes sollte man nicht übersehen, daß die kleinbetriebliche Struktur der deutschen Softwarehäuser, insbesondere dann, wenn deren Kapitalausstattung beachtet wird, nicht die ideale Brutstätte für die Initiierung, die Pflege und vor allem die ausschließliche Eigenfinanzierung einer solchen Forschung darstellt -jedenfalls dann nicht, wenn diese Forschung durch ihre präventive Orientierung der Zielsetzung dienen soll, **heute schon die Software zu gestalten, die die Arbeit von morgen** unterstützen soll **(vgl. Bild 1)**.

Die deutsche Software-"Industrie"

1. Unternehmen mit Umsatz über 200 Mio DM

Frankreich	11
Großbritannien	12
Deutschland	4

2. Umsatz der Software-"Industrie"

Frankreich	8,5 Mrd. DM
Großbritannien	6,6 Mrd. DM
Deutschland	3,5 Mrd. DM

3. Zitat:

Die deutsche Softwareindustrie ist im Gegensatz zu der in England und Frankreich -auch Italien- sehr mittelständisch strukturiert. Dies führt einerseits zu einer großen Fülle kreativer Problemlösungen...andererseits aber auch zu großer Unübersichtlichkeit des Marktangebotes und...Defiziten in Kapitalausstattung und Marketingausrichtung...Daß dieses unübersichtliches Angebot auch zu Zweifeln an Qualität und Langfristigkeit der Lösungsansätze Anlaß gibt, ist eine weitere Sorge... (d'Arcy, VDMA, 1992)

— Bild 1 ———— PT-AuT—

Warum aber fanden und finden wir weiterhin die Software so interessant, daß wir ihr so große Aufmerksamkeit zuwenden und selbst in solchen, nicht gerade für das Aufblühen der Forschungsförderung geeigneten Zeiten (staatsmännischer würde man hierzu den Euphemismus "Konsolidierungsphase" verwenden), mit Ihrer Hilfe den Versuch unternehmen, festzustellen, wie die menschengerechte Entwicklung der Software und die hierzu erforderlichen Verfahren auch mit den wenigen Mitteln des AuT-Programms nutzbringend unterstützt werden können? Hierzu gibt es mehrere Gründe.

2 Warum ist die Software so wichtig für das AuT-Programm?

2.1 Der Auftrag des AuT-Programms

Zunächst und vor allem muß auf den Auftrag des Programms Bezug genommen werden. Wie die meisten von Ihnen bereits wissen, beziehen sich die zentralen Ziele des Programms:

1. auf den Schutz der Gesundheit durch Abbau und Abwehr gefährdender Belastungen sowie
2. auf die menschengerechte Gestaltung von Arbeit und Technik.
3. Zugleich dient das Programm auch **weiteren betrieblichen Zielen**, wie die Verbesserung der Wirtschaftlichkeit, der Produktivität und der Anpassungsfähigkeit.

Im allgemeinen wird angestrebt, die **Ziele** gemeinsam bzw. unter Beachtung der zwischen ihnen existierenden Wechselwirkungen zu bearbeiten. Im Sinne einer **ganzheitlichen Betrachtung** soll ebenso allen vier **Zugangswegen** des Programms (vgl. **Bild 2**), d. h. der Gesundheit, der Technik, der Organisation und der Qualifikation die gleiche Aufmerksamkeit gewidmet und eine gleichrangige Behandlung gewährleistet werden. Schließlich soll eine Reihe von **Grundsätzen** beachtet werden, von denen die **Innovation** und die **Prävention** auch in der z. Z. im Endstadium der Fertigstellung sich befindenden "Mittelfristigen Handlungsfelder für die Durchführung des AuT-Programms" die wichtigsten bleiben.

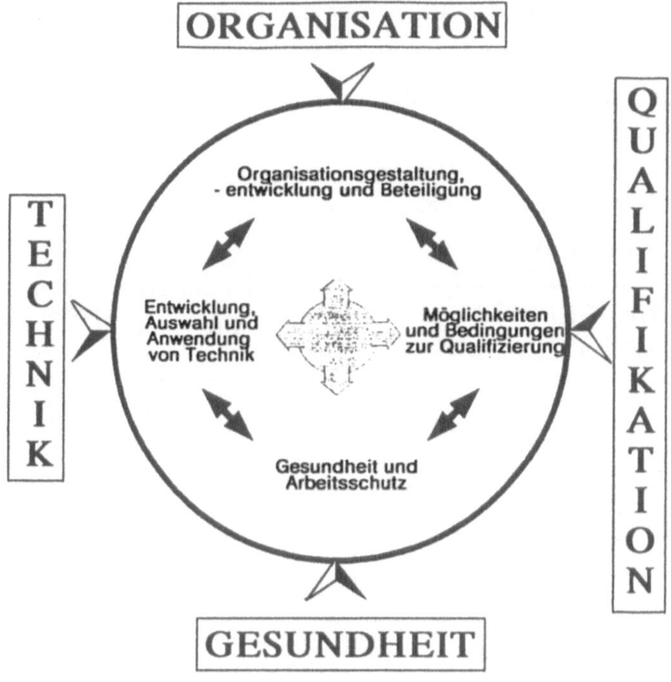

○ = Menschengerechte Gestaltung von Arbeit und Technik durch umfassende Innovation und Prävention

Zugangswege und Grundbereiche

— Bild 2 —— PT-AuT ——

Die Operationalisierung solcher Anforderungen ist auf Konzepte angewiesen, die wissenschaftlichen Ansprüchen genügen und zugleich die Konsensfähigkeit der im Arbeitsleben Betroffenen nicht über Gebühr beanspruchen. Im Bereich der Arbeitswissenschaft wurden nach einem langjährigen Dialog Kataloge und Kriterien entworfen, die einen Konsens über das möglich machten, was als menschengerecht bewertet werden kann. Als derzeitigen Abschluß dieser Diskussion können die von LUCZAK, VOLPERT und Mitarbeitern entworfenen **Konzepte der Arbeitswissenschaft** betrachtet werden, die zugleich auch deutliche Übergänge in Richtung der **ganzheitlichen Betrachtung der Arbeit und der Arbeitsbedingungen** vorsehen (vgl. **Bild 3**). Diskussionen, die eine entsprechende

Breite für sich beanspruchen, vor allem aber eine Einbeziehung der für ihre Führung erforderlichen Disziplinen, sind im Bereich der Informatik und besonders der Softwaregestaltung noch ohne eine entsprechende Tradition.

(nach:LUCZAK/VOLPERT, 1987)
BEWERTUNGSEBENEN DER ARBEITSWISSENSCHAFT UND DEREN BEZUG
Bild 3 — PT-AuT

Die logische Folgerichtigkeit und die Eindeutigkeit der einzelnen Ziele, Grundsätze, Zugangswege sowie der Konzepte der Menschengerechtheit, die ich hier nur in Ihrer verkürzten Form skizziert habe, kann zu einer erhebliche Kopfschmerzen verursachenden Komplexität - bis hin zu Widersprüchen führen, wenn sie miteinander mit dem Ziel kombiniert werden sollen, ein konkretes Vorhaben oder einen Arbeitsschwerpunkt zu konzipieren.

In diesem Gesamtkonzept spielt die Software eine herausragende Rolle. Sie repräsentiert nicht nur die Technik, sondern im Prozeß ihrer Erstellung und Anwendung beeinflußt sie mehr als jede Hardware die übrigen drei Zugangswege des Programms -und mithin der Gestaltung. Mehr als es in jeder Hardware möglich gewesen ist und war, ist in der Software Arbeitsorganisation enthalten. Durch sie werden Aufgabenzuschnitte festgelegt, Flexibilisierungspotentiale zugänglich gemacht, Qualifikationen beeinflußt, Kommunikations- und Kooperationsbezüge fixiert. Von ihr hängt entscheidend die Beanspruchungssituation der Benutzer ab - übrigens nicht nur deren psychische Beanspruchung. Es ist heute kaum denkbar, ernsthaft die Arbeitsgestaltung anzugehen, ohne zugleich die Software zu gestalten.

Bislang wurde begründet, daß die Software, wegen ihrer Einflußmöglichkeiten auf die Arbeitsgestaltung, gegenüber der Hardware eine erhöhte Beachtung finden sollte. Nur: Was ist erforderlich, um diese Aufgabe zu bewältigen? Auf diese Frage werde ich etwas später zurückkommen. An dieser Stelle sollte nicht unerwähnt bleiben, daß wir es bei der Software mit einer neuen Form, Struktur und Körperlichkeit, mit einer **anderen Art der Technik** zu tun haben. Bei der Gestaltung dieser Technik kommt es darauf an, etwas Immaterielles zu verbessern, zumal etwas, was man selbst als geübter Benutzer und Nicht Software-Fachmann in seiner Funktion nicht voll und nicht einmal ausreichend übersehen kann. Die übliche Wahrnehmung von Chancen und Gefahren muß hier versagen. Auch auf die Erfahrung kann in den seltensten Fällen rekurriert werden -jedenfalls solange nicht, wie die Entwicklungsmethoden im Software-Engineering, ihre interne Repräsentation und vor allem ihre Präsentation dem Benutzer gegenüber so apokryph bleiben, wie sie meistens heute noch sind. Für die Gestaltung der Software braucht man also ganz andere als die bislang bekannten Methoden und Instrumente, völlig unterschiedliche Vorgehensweisen. Die Denkmethoden, die die Behandlung dieser Probleme voraussetzt, sind verschieden. Wir haben es mit einem **anderen Paradigma** zu tun - nicht nur in der Wissenschaft, sondern auch in der betrieblichen Praxis. Letztere fängt heute erst an, ihre Erfahrungen zu systematisieren, die erlebten Defizite zusammenzustellen und Forderungen an die Forschungs- und Technologiepolitik zu formulieren.

2.2 Software als Wettbewerbsfaktor

Wenn heute von Software gesprochen wird, entsteht in den meisten Diskussionen die Assoziation einer spezifischen Technik, die sich im Katalog der anderen Techniken, wie z. B. Sensortechniken, Mikrosystemtechniken oder meinetwegen Gentechnologien einreiht. Es wird dabei übersehen, daß der ihr entsprechende Begriff eigentlich Hardware -oder verständlicher ausgedrückt - Maschinen und Anlagen ist. Dieses Mißverständnis erschwerte bislang erheblich eine wirksame Begegnung der Defizite im Softwarebereich -übrigens nicht nur in unserem Programm, auch nicht allein in der Forschungsförderung. Erst in den letzten beiden Jahren haben zunächst die technisch-wissenschaftlichen Organisationen, dann die Management-Fachblätter und allmählich die Verbände und die Einzelunternehmen begonnen, sich zunehmend mit dieser Problematik auseinanderzusetzen und den Förderungsbedarf zu artikulieren. Kennzeichnend hierfür war die bereits vorher genannte Anhörung der drei Bundestagsausschüsse im September letzten Jahres, in der sämtliche Experten aus der Wissenschaft, der Industrie, den Verbänden und den Gewerkschaften, mit nur einer einzigen Ausnahme, die bislang **sträfliche Unterschätzung der Rolle der Software** für die Wettbewerbsfähigkeit der deutschen Wirtschaft beklagten -etwas, was nicht wie üblich dem Staat oder der Politik allein angelastet wurde, sondern allen Beteiligten. Leibinger vom VDMA sagte während der Anhörung hierzu charakteristisch, daß **wir alle,** in der Industrie wie in der Politik, die Bedeutung der **Software-Entwicklung unterschätzt** haben .

2.3 Volkswirtschaftliche Dimension

Die Softwareproblematik liefe jederzeit Gefahr, in den Prioritäten unterzugehen, wenn sie allein ein Problem der Verfolgung von Zielen des AuT-Programms wäre. Doch es handelt sich um weit mehr. Es handelt sich schlicht um ein Problem der **Wettbewerbsfähigkeit**. Die Durchdringung von immer mehr Produkten und Produktionsverfahren durch die Mikroelektronik erweitert gleichzeitig den

Einsatzbereich von Software. Die **Wertschöpfung verlagert sich auch im Investitionssektor immer stärker zur Software** im weitesten Sinne. Der Wertanteil der Software im fertigen Produkt nimmt überproportional zu, und - nicht zu vergessen- auch der Aufwand für Wartung und Pflege der Software. Während die öffentliche Diskussion sich in Fragen der Förderung der einen oder anderen Hardware-Komponente verirrte, überschritten die Anteile der Software und des Services an den Gesamtumsätzen des DV-Marktes die Grenze der 50 Prozent (vgl. **Bild 4**) mit anhaltendem Aufwärtstrend. Der "shift" von Hardware und Software wird von verschiedenen Vertretern der Industrie unterschiedlich hoch geschätzt. Baur von Siemens bewertet die heutige Größenordnung mit **70% Software gegenüber 30% Hardware**, während noch vor einigen Jahren das Verhältnis umgekehrt war. Kircher von der IBM schätzte, daß in seiner (an sich Hardware-) Firma bereits heute 65% Softwareentwickler 35% Hardwareentwicklern gegenüberstehen. Software bekommt dadurch auch beschäftigungsmäßig eine beträchtliche gesamtwirtschaftliche Bedeutung und ist überdies längst -auch strategisch gesehen- zur Produktivkraft erster Ordnung geworden.

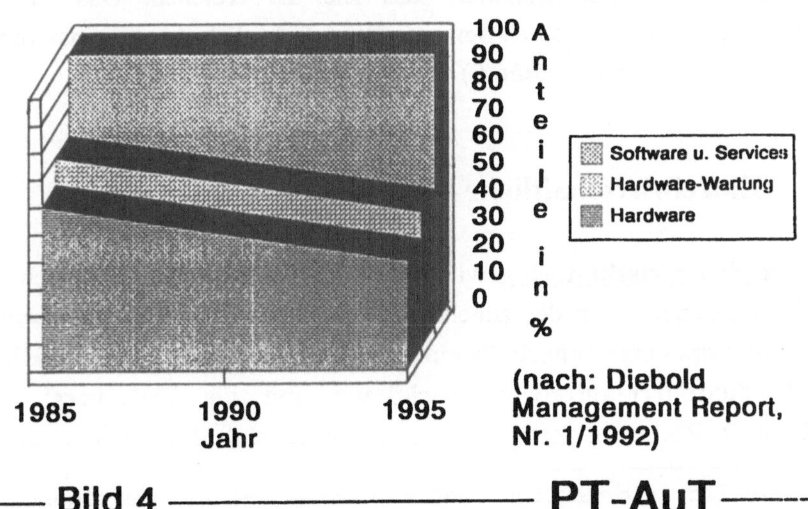

Bild 4 —— PT-AuT

Bild 5

Globale Wettbewerbsfähigkeit ist nur zu bewahren, wenn neben innovativen Produkten die Kunden wettbewerbsfähig sind. Auch hier ist nur durch eine Kooperation von Informationstechnik-Herstellern, Software- und Service-Anbietern und Anlagenherstellern das Ziel zu ereichen. Das Beispiel der Wandlung der Märkte beispielsweise im Bereich der Fabrikautomatisierung macht die Situation deutlich (vgl. **Bild 5**).

2.4 Einzelwirtschaftliche Dimension

Auch betriebswirtschaftlich gewinnt die Software an Beachtung. Nach Meinung von Unternehmern muß der zunehmenden **Relevanz der Software sowohl als Produktkomponente innerhalb einer Systemlösung als auch als Hilfsmittel, die Produktdurchlaufzeit zu verkürzen und die Lieferbereitschaft zu erhöhen**o), Rechnung getragen werden. Hierzu muß das Interesse der kleinen

o Hierzu ist erforderlich, daß man schon bei der fertigungsnahen SW-Entwicklung nicht die Fertigung allein in den Vordergrund setzt,

Software- und Systemhäuser geweckt werden, in der partnerschaftlichen **Zusammenarbeit mit anderen** Software- und System-Häusern und Hardware-Herstellern Synergieeffekte auszunutzen. Nach Untersuchungen von McKinsey **werden die Lösungen des Maschinenbaus in den 90er Jahren im wesentlichen von ihren Software- und Systemlösungen bestimmt**. **Software** ist sowohl in wesentlichem Umfang zum komfortablen und leistungsfähigen Betrieb als auch und vor allem **zur Integration in das Umfeld der gesamten Unternehmensstruktur** im informationstechnischen Sinn erforderlich. Ein weiteres Argument wird von Warnecke beigesteuert, indem er sagt, daß die IuK-Technik Bestandteil aller Produkte sei mit denen wir "glänzen". Dabei spiele die Software eine ausschlaggebende Rolle; denn sie entscheide praktisch über die Nutzerfreundlichkeit dieser Produkte, also darüber, ob der Anwender mit diesem Produkt einen sehr hohen Nutzen erreicht. Software, so fährt Neugebauer von Softlab fort, stecke in nahezu allen Dienstleistungen und in allen Produkten -auch in denen, die Deutschland exportiere. Nicht nur keine Bank und kein Betrieb könne deshalb **ohne Software** leben. Es können auch **keine intelligenten, exportfähigen Produkte** erzeugt werden. Der Vertreter der Telekom betonte schließlich, daß im Gegensatz zur Chipfertigung, für die wir -falls wir sie nicht produzieren können- Sorge tragen müssen, daß wir sie billig bekommen, wir bei der **Softwareseite auf die spezifischen Anforderungen** zu achten haben deren Nichtbeachtung uns die Chance einer gewissen Unabhängigkeit gegenüber dem Weltmarkt nehme.

Ich bin mittlerweile schon deshalb zuversichtlicher, als ich es noch vor einigen Monaten gewesen bin, weil die Realität nicht mehr lange übersehen werden kann: Auf der Gewerkschaftsseite wächst die Einsicht über die Notwendigkeit der Beachtung dieses Feldes -und manche der Gewerkschaftsvertreter, wie z. B. Klotz wissen sehr genau, wie lange sie auch hierfür haben arbeiten müssen. Es ist ein Umschwung in der Meinung in den Unternehmen festzustellen, der nicht allein im Stadium der Deklarationen bleibt, sondern auch mit konkreten Maßnahmen in den Unternehmen selbst, aber auch von Aktivitäten der Arbeitgeber- und der

---

sondern auch die indirekten Bereiche, wie technisches Büro, Vertrieb, Service u.s.w.

Fachverbände begleitet wird. Und wem die Erfahrung über politische Willensbildungsprozesse nicht vollständig abhanden gekommen ist, der wird angesichts dieser Entwicklungen auch optimistischer als bislang in die Zukunft blicken. Wenn dann die heutigen Prioritäten ohne große Verzögerungen den objektiven Bedarfen angepaßt werden -in der Politik sagt man üblicherweise "aktualisiert werden"-, dann könnte der Fehler vermieden werden, sich auf die Aufholjagd nach verlorenen Chancen zu beschränken, stattdessen können wir uns vor allem auf die noch vorhandenen komparativen Stärken besinnen und sie aufrechterhalten, zu festigen und ausbauen, wie sich Meyer-Kramer von FhG-ISI in dem zitierten Hearing wünschte. Wenn wir diesen Weg verfehlen, dann wird weiterhin ausländische und vor allem US-amerikanische Software importiert, sie wird zunehmend Standards bestimmen bis man eben erst in der Statistik zu entdecken beginnt, daß auch und vor allem hier die rechtzeitige Setzung wesentlicher Akzente der Stärkung der Innovations- und der Wettbewerbsfähigkeit verpaßt wurde.

3 Bestand, Bedarf

3.1 Software im Programm "Arbeit und Technik"

Planungen und Prioritätensetzungen in der Forschungspolitik sind, wie die Planungen sonst auch, nicht nur auf Prognosen, sondern auch auf Erfahrungen angewiesen. Auch ohne nennenswerte Vergangenheit wird irgendeine Zukunft nicht zu verhindern sein, man wird sie allerdings ziemlich sicher nicht gestalten können. Mit einem Satz: **die Zukunft braucht Herkunft**.

Im Programm "Arbeit und Technik" und in seinem Vorgänger "Humanisierung des Arbeitslebens" haben wir bereits 1982, d. h. noch vor der ersten Tagung "Software-Ergonomie" in Erlangen begonnen, die Softwareproblematik als künftig wichtige, innovative Themenstellung des Programms zu begreifen und versucht, erste Schritte zu ihrer Strukturierung zu machen. Wenn heute noch über Mißverständnisse gesprochen wird, dann versteht sich von selbst, daß in jener Zeit diese Einsicht keineswegs von allen geteilt wurde. Es dauerte drei Jahren, bis es eine elementare Akzeptanz möglich machte, unsere Absichten in der 2. Software-Ergonomie-Tagung 1985 öffentlich diskutieren zu lassen und schließlich, mit Hilfe einer Reihe von Gutachten, die die damaligen nationalen und internationalen Bestände und Bedarfe zusammenfaßten, 1986 ein Förderkonzept der Öffentlichkeit vorzustellen. Bullinger, Dzida, Fähnrich und Ziegler gehören zu den entscheidenden Unterstützern bei der Operationalisierung jenes Konzeptes.

Seitdem sind einige Jahre vergangen, in denen nicht allein die Förderung von wichtigen und weniger wichtigen Einzel- oder Verbundvorhaben aufgenommen wurden. Über einige Ergebnisse solcher Vorhaben sowie über immer noch bestehende Bedarfe wurde im Evaluationsbericht von Gorny und Viereck berichtet. Man sollte vielmehr hier auch an die nicht mehr vollständig erfaßbaren Vorstellungen und Diskussionen von Ergebnissen und Erfahrungen des Förderbereichs in eigens hierzu von uns oder von anderen Institutionen organisierten nationalen, bilateralen und internationalen Tagungen, Seminaren und Workshops erinnern. Das gilt für die GI-, für die ACM, für die VDI-, für die ITG-Veranstaltungen, aber auch für die spezalisierten Tagungen, wie Human-Computer-Interaction oder Software-Ergonomie. Auch operativ sind wir und unsere Projektnehmer in diesem Bereich tätig geworden, durch Beratungsleistungen und sonstige Beiträge für Fachverbände, Gewerkschaften, technisch-wissenschaftliche Organisationen, wissenschaftliche Institute sowie Normungs-, Regeln- und Richtlinien entwerfende nationale und internationale Gremien. Man ist in der guten Lage ohne Widerspruch behaupten zu können, daß die Arbeits- und Schulungsmaterialien von Verbänden und Gewerkschaften, die Überlegungen von technisch-wissenschaftlichen Organisationen und von Berufsgenossenschaften, die Arbeit an den Regelwerken von VDI, DIN, ISO u. a. ohne die öffentliche softwarespezifische Förderung im Rahmen unseres Programms wesentlich ärmer ausfallen würde. Belege hierfür können in den Arbeitsgruppen erbracht werden, bis zur Nennung von Richtlinien hin, die sich wie Ausschnitte aus Zwischen- und Schlußbericht unserer, noch vor der Richtlinienerstellung abgeschlossenen, Vorhaben lesen.

Mit einem die Arbeit extrem behindernden Widerspruch haben wir uns allerdings noch sehr ernsthaft und konzentriert auseinanderzusetzen. Während in der Fachwelt die Leistungen des Programms zur Weiterentwicklung der Erkenntnisse in diesem Bereich bis zur Gestaltung der erforderlichen Regelwerke hin unbestritten sind, werden diese Leistungen in der breiten Öffentlichkeit, auch bei den politischen Entscheidungsträgern, weniger wahrgenommen. Man kann zwar eine Reihe von mehr als plausiblen Begründungen hierfür zusammenstellen -das Ergebnis wird dadurch allerdings nicht wesentlich beeinflußt. *Ich bitte deshalb die Teilnehmer der Arbeitsgruppen, auch darüber zu diskutieren und uns zu beraten, mit welchen Mitteln wir oder andere diesen Widerspruch angehen können, mit dem Ziel ihn aufzulösen oder zumindest abzumildern.*

3.2 Probleme der Softwarenutzung, der Normung und der Evaluation

Bild 6 **PT-AuT**

Von den vier Schnittstellen (vgl. **Bild 6**), die hier unterschieden werden, d.h. von

- der Interaktions- (d. h. Ein- und Ausgabe-),
- der Dialog-,
- der Werkzeug- und
- der Organisationsschnittstelle,

kann man heute die Probleme der **Interaktionsschnittstelle** (Ein- und Ausgabe-Schnittstelle) als weitgehend geklärt betrachten, wenn auch nicht immer praktiziert. Hier konnte man teilweise auf Erkenntnisse der Hardwareergonomie direkt zurückgreifen. Die heute noch unvollendete Geschichte der Bestimmung und vor allem der Operationalisierung von **Kriterien der Dialoggestaltung** (vgl. verschiedene Konzepte im **Bild** 7) zeigt uns, wie beschwerlich für die Gestaltungsansätze ein solcher Weg sein kann. In der breiteren Diskussion werden fast ausschließlich die Interaktions- und die Dialogschnittstelle angesprochen, während die **Werkzeug- sowie die Organisationsschnittstelle** kaum behandelt werden. Auch hier müssen die **Gestaltungsansätze** zum Einsatz kommen und ausgebaut werden.

Beurteilungskriterien für die Software

Aufgabenangemessenheit
Selbsbeschreibungsfähigkeit
Steuerbarkeit
Erwartungskonformität
Fehlerrobustheit
(nach DIN 66234, Teil 8, 1988)

Kompetenzförderlichkeit
Handlungsflexibilität
Aufgabenangemessenheit
(nach VDI-Richtlinie 5005, 1988)

wie oben (DIN) +
Individualisierbarkeit
Erlernbarkeit
(nach ISO-Standard 9241 Part 10)

Transparenz
Konsistenz
Toleranz
Kompatibilität
Unterstützung
Individualisierbarkeit
Partizipation
(nach Ulich, 1986)

Bild 7 PT-AuT

In einer vom AuT-Programm geförderten Untersuchung zeigte sich, daß die bisherigen Erkenntnisse im Bereich der Software-Gestaltung noch nicht ausreichend sind, um selbst die Verpflichtungen zu erfüllen, die eine Umsetzung der Mindestvorschriften der EG-Richtlinie zur Bildschirmarbeit (vgl. **Bild 8**) in deutsches Recht erfordern würde (vgl. hierzu den entsprechenden Vortrag im Workshop 6).

Bild 8 — PT-AuT

Zur Gestaltung der Benutzungsschnittstelle sind in der Zwischenzeit eine Reihe von Normen, Richtlinien, herstellerabhängigen und -unabhängigen Leitfäden oder Checklisten entwickelt und oft eingesetzt worden. Diese Vielzahl von Gestaltungsrichtlinien widerspiegelt die Wichtigkeit der **Benutzungsschnittstelle**, die bei interaktiven Anwendungen zwischen **29 und 88 Prozent des zu entwickelnden Codes** allein für sich beansprucht. Die Operationalisierung der in diesen Regelwerken enthaltenen Kriterien bereitet allerdings immer noch Schwierigkeiten, die oft dazu führen, daß die Gestaltungsrichtlinien nicht zur Anwendung kommen. Hierzu ist es erforderlich, Methoden, Instrumente und Verfahren einer Evaluation der Menschengerechtheit der Software zu entwickeln, Vorhandenes weiterzuentwickeln und deren breite Anwendung modellhaft zu unterstützen. Solche Entwicklungen können nicht nur die prinzipielle Akzeptanz der Beschäftigten für die neuen Techniken fördern, die Einhaltung arbeitswissenschaftlicher Anforderungen sichern und die Motivation der Benutzer erhöhen, sondern auch das Rückgrat einer innovativen, produktiven und zugleich flexiblen, d. h. auch wirtschaftlichen Anwendung der DV-gestützten Werkzeuge bilden. Die Befriedigung eines solchen dringenden Bedarfes könnte zugleich auch die begrüssenswerten Ansätze der intermediären Organisationen unterstützen, die mit der erst jetzt möglich gewordenen sog. entwicklungsbegleitenden Normung bzw. den entwicklungsbegleitenden Richtlinien (z.B. VDI) ernsthafte Versuche für eine relativ früh ansetzende technische, organisatorische und qualifikatorische Regelung unternehmen.

Bisherige Versäumnisse wirken um so schwerer, als es bei der **aufgabegerechten Gestaltung der Software** nicht nur und nicht in erster Linie um eine Vermeidung von Risiken geht. Solche Risiken werden -sobald sie in der täglichen Praxis erkannt werden- zwar recht spät aber doch wirksam von den Beschäftigten selbst angemahnt. Falls sie nicht -mit recht großem Aufwand- abgestellt werden oder sich sogar als nicht abstellbar erweisen, werden sie mit Produktivitätsverlusten bezahlt und mit Demotivation der Benutzer bis hin zur Verschlechterung des Arbeitsklimas. Die **ungenügende Nutzung der Chancen** aber, die die Software mehr als jede Hardware bietet, um arbeitszufriedenheits-, qualifikations-, flexibilitäts- und produktivitätsfördende Sprünge im Leistungserstellungsprozeß zu erreichen, kann bei der heutigen Verbreitung der Informations- und Kommunikationstechniken in der Arbeitswelt als **volkswirtschaftlicher Schaden** kaum mehr quantifiziert werden. Es sollte eben nicht übersehen werden, daß die angemahnte Beachtung und adäquate Behandlung des Paradigmenwechsels beim Übergang von Hard- zur Software nicht lediglich darin besteht, Neues zur Erfassung, Bewertung und Gestaltung einer anders strukturierten Technik zu entwickeln, sondern auch in der innovativen Nutzung von **bislang nicht vorhandenen** Möglichkeiten und Flexibilitäten bei der Arbeits- und Organisationsgestaltung. Die vor allem von ULICH geforderte differentielle Arbeitsgestaltung (d.h. jene Gestaltung, die die interindividuellen Unterschiede berücksichtigt) und mehr noch, ihre Kombination mit der dynamischen Arbeitsgestaltung (die die Nutzung intraindividueller Unterschiede ermöglicht) wird erst mit Hilfe geeigneter Software-Anwendungen realistisch.

Das Vorhaben der Gemeinde Emstal "Entwicklung von DV-Anwendungssystemen durch Sachbearbeiter" kann in diesem Kontext als eine wichtige, **weiterverfolgungswürdige Fragestellung** angesehen werden. Es ist

u. a. für die Effektivität und Produktivität der Sachbearbeitung und der Sekretariatsarbeit und zugleich für eine aufgabenadäquate DV-Qualifizierung der Benutzer besonders wichtig.

Außerdem wurden die Probleme der **Individualisierbarkeit und** der **Flexibilität der Systemnutzung,** d. h. auch die Entwicklung und Überprüfung erster Ansätze zur Bewertung der **Adaptivität und Adaptierbarkeit** im Vorhaben der GMD "Menschengerechte Gestaltung von manuell und automatisch anpaßbarenr Software (SAGA)" behandelt.

Wie groß die Probleme der Softwarenutzung sein können, zeigt sich sehr deutlich bei speziellen, oft vorkommenden Anwendungsbereichen.

In acht größeren Arbeitspaketen des Verbundvorhabens "CAD-Referenzmodell - Gestaltung zukünftiger computergestützter Konstruktionsarbeit" werden mit gleicher Aufmerksamkeit die ineinander greifenden Probleme

- der Organisation des Konstruktionsablaufes,
- des Produktmodells,
- der anwendungsbezogenen Systemkonfiguration,
- des Modellierens,
- der Analysen im Konstruktionsprozeß,
- des aufgabenrelevanten Wissens,
- der Benutzungsschnittstellen, von der Ein- und Ausgabeschnittstelle über die Dialog- und Werkzeug- bis zur Organisationsschnittstelle hin sowie
- der internen und externen Integration

erarbeitet (hierzu vgl. auch die Beiträge des zweiten Workshops dieser Arbeitstagung). Eine Beschränkung der Aufmerksamkeit auf technische Probleme des Entwicklungsprozesses oder der Funktionalität des angestrebten Produktes würde kaum Beiträge zur Lösung der real entstehenden Probleme liefern können.

Entsprechende Fragen entstehen beispielsweise auch bei der Entwicklung von Softwaresystemen für die Leitstände oder für die werkstattgerechte CNC-Technik. Über ausgewählte Aspekte zu diesen Themen wird aus den entsprechenden Projektarbeiten im Workshop 3. berichtet.

Daß sich diese Probleme schließlich nicht nur auf das Umfeld der Produktion beschränken, zeigen auch die Beispiele aus dem Dienstleistungs- und Verwaltungsbereich, über die im Workshop 6. berichtet werde.

Besonders in Zeiten der (hoffentlich reflektierten) Umsetzung neuer Produktions- und Dienstleistungskonzepte gewinnt die benutzungs- und aufgabenadäquate Gestaltung von Softwaresystemen an Bedeutung. *Angesichts der sich dabei vollziehenden Umgestaltung der Tätigkeiten und des Aufbaus von betriebsübergreifenden Kooperationen wäre es sehr vernünftig, bei der Gestaltung von Softwaresystemen, die diese Entwicklungen unterstützen, rechtzeitig für spezifische, in wesentlichen Bereichen des Produktions- und /oder Dienstleistungsgewerbes anzutreffende, Anwendungen beispielhafte Vorgehensweisen zu entwickeln, in der Praxis zu überprüfen und ihre Umsetzung zu fördern.*

3.3 Die Erstellung von Software

Noch schwieriger als die Bestimmung und die Bewertung von Größen, die Einfluß auf die Funktionalität und die Aufgabenangemessenheit der Software in den Anwendungsfeldern haben, ist die Aufstellung von Prinzipien ihrer Gestaltung, die sich an die **Software-Entwickler** richten. KEIL-SLAWIK hat darauf aufmerksam gemacht, daß im Gegensatz zu einem Entwickler von Hardware, der fast immer an einer neuen Lösung für eine bereits bekannte Funktion arbeitet, der Software-Entwickler, zumal mit ungenügenden Instrumenten, erst die funktionellen Anforderungen an das zu erstellende Produkt erheben muß, bevor er an Gestaltungsaufgaben arbeiten kann. **Dabei ist er auf die Mitarbeit künftiger**

Anwender und Benutzer angewiesen, die in der Regel ohne ausreichende Qualifizierungs- und Beteiligungsmaßnahmen in den Beteiligungsprozeß einsteigen, ihre Vorstellungen über die Anforderungen an die künftige Technik nur in ihrer bisherigen Praxis erworben haben und zudem kaum Kenntnis über die Potentiale der neuen Technik haben.

Die Komplexität des skizzierten Sachverhaltes wird meistens unterschätzt. Es geht um die Erfassung und die Bewertung der Inhalte und der angewandten Vorgehensweisen des **Softwareerstellungsprozesses**, d.h. der Produktionsbedingungen des immateriellen Anteils der Technik. Hier möchte ich mich auf folgenden Hinweis beschränken: Bei der herkömmlichen, d.h. der Hardware- Produktion wird sehr wohl zwischen der Anforderungsermittlung, der Planung, der Entwicklung, der Konstruktion, der Arbeitsvorbereitung, der Fertigungssteuerung, der Qualitätssicherung, der Fertigung selbst und der Abnahme unterschieden. Alle diese Aufgabenbereiche werden als getrennt zu untersuchende und zu gestaltende Prozesse, mit oft spezifischer Ausbildung und noch öfter spezifischen Weiterbildungsgängen begriffen. Bei der Gestaltung des Software-Entwicklungsprozesses hingegen wird das Ganze als ein Arbeitsgang mit einzelnen Phasen, in denen wohl unterscheidbare Tätigkeiten vorhanden sind (vom Spezifizieren/Entwerfen über Codieren/Programmieren, Testen, Debuggen usw. bis zu den Reviews und anderen Qualitätsmaßnahmen hin) behandelt und mit Personal durchgeführt, das nur wenige unterschiedliche Spezialisierungen hat.

Bereits in früheren Untersuchungen wurden die **qualifikatorischen Defizite der Software-Entwickler** festgestellt. Sie betrafen

- software-ergonomisches und psychologisches Wissen,
- spezielle Informatikkenntnisse,
- anwendungsspezifisches Fachwissen (Einarbeitung in den Anwendungsbereich) sowie
- allgemeines wirtschafts- und organisationswissenschaftliches Wissen.

Unter diesen Voraussetzungen überrascht die Konzentration der Software-Entwickler auf die Lösung von Problemen, die sie beherrschen, d. h. die technisch-funktionalen Probleme, nicht. Auch die vielerorts verlangte Beteiligung der Benutzer am Designprozeß beschränkte sich im wesentlichen auf eine Vorstellung der Arbeiten, die mit der Software unterstützt werden sollen, sowie auf die Äußerung von Wünschen im Hinblick auf die Gestaltung der Benutzungsoberfläche. Die Ergebnisse der skizzierten Untersuchungen wurden in bestimmten Bereichen durch neue Untersuchungen im Rahmen unseres Programms spezifiziert.

In den Untersuchungen des Vorhabens "Interdisziplinäres Projekt zur Arbeitssituation in der Software-Entwicklung" (Kurztitel: **IPAS**), das vom Fachbereich Psychologie der Universität Gießen, dem Fachbereich Informatik der Universität Marburg und von der Sozialwissenschaftlichen Projektgruppe München gemeinsam durchgeführt wird, ist bei den untersuchten Entwickler-Teams (200 Mitarbeiter aus 29 kommerziellen Softwareentwicklungsprojekten, die in 19 Firmen durchgeführt wurden) aufgefallen, daß die erforderlichen sozialen Kompetenzen der Entwickler zur Bewältigung ihrer extrem ausgeprägten kommunikativen Tätigkeiten weder bei der Grundausbildung noch bei systematischen, betrieblich unterstützten Weiterbildungsmaßnahmen vermittelt werden. Dabei ist der zeitliche Anteil dieser Tätigkeiten, wie z. B. Austausch von Informationen, Sitzungen, Erhebungen, Diskussionen mit Anwendern und Benutzern ca. viermal größer als der Anteil der eigentlichen Programmierarbeit. Diese Defizite gepaart mit einigen anderen ungünstigen Rahmenbedingungen des Entwicklungsprozesses - dabei sind vor allem die jeweils zugestandenen beengten Entwicklungszeite zu nennen - führen dazu, daß die Beteiligung der Benutzer sehr oft als Streßfaktor erlebt wird.

Die wenigen betrieblichen Vorhaben, die wir in diesem Bereich der Herstellung haben fördern können, zeigen eindeutig, daß der Weg zur Erstellung aufgabenadäquater Software nur über eine vollständige Veränderung der Organisation des Gesamtprozesses der Software-Entwicklung zu realisieren ist. *Es braucht noch Ergebnisse von mehreren Vorhaben*, bis ein ausreichendes Verständnis darüber gebildet wird, daß es sich bei der beklagten **Softwarekrise** nicht primär um quantitative Probleme handelt, die mit Hilfe unreflektierter industrieller Softwarefertigungsmethoden gelöst werden können, sondern vor allem um Engpässe der Innovation und um eine Verkennung ihres auch sozialen Charakters. Dabei ist in der Zwischenzeit ausreichend belegt, daß der Doppelcharakter der Software-Entwicklung als Technikgestaltung und Arbeitsstrukturierung besondere **Anforderungen an die Gestaltung des Entwicklungsprozesses und an die Handhabung der Funktion der Projektsteuerung** stellt.

Die Vielzahl der Anforderungen und die prozessuale Komplexität des Entwicklungsprozesses, die vor allem durch ein **Spannungsverhältnis** zwischen der Notwendigkeit verbindlicher Zielsetzungen und Vorgaben und dem ständigen Bedarf nach Korrekturen bestimmt ist, **widerspricht ausschließlich ingenieurmäßig orientierten Projektplanungsstrategien**. Einerseits müssen die Entwicklungsverläufe durch Vermeidung einer strengen Vorausplanung offen gehalten werden, um die notwendigen Prozesse der ständigen Neubestimmung zu fördern. Andererseits erzwingen "die Entscheidungsfindung, die Bereitstellung personeller und materieller Ressourcen, die Steuerung und Kontrolle von Projekten ...Aussagen über Leistungen, Termine und Kosten von Projekten" und damit eindeutig eine Verbindlichkeit. Die **Schwäche der statischen Verfahren des Projektmanagements** ist in der Lösung des Spannungsverhältnisses zwischen Offenheit und Verbindlichkeit zugunsten der letzteren zu lokalisieren. Trotz einiger Veränderungen in den letzten Jahren, die deutlich machen, daß der Weg der Anwendung **neuerer dynamischer Verfahren** geöffnet wurde, zeigte die ausführliche Untersuchung der Arbeit in 46 Software-Entwicklungsprojekten die noch deutliche Vorherrschaft traditioneller Verfahren. Dabei konnte die Untersuchung die Einhaltung der in der Vorkalkulation festgelegten Kosten - dem meistens gebrauchten Argument für die breite Anwendung solcher Verfahren- keineswegs bestätigen. Es konnte nachgewiesen werden, daß der Wunsch nach berechenbaren Projekten offensichtlich der wesentliche Promoter für die Durchsetzung des Phasenmodells der Software-Entwicklung ist. Dabei nehme man billigend in Kauf, daß von vornherein feststeht, daß die Plandaten eher durch Zufall eingehalten werden können. Die gesicherte Erkenntnis, daß bei Software-Projekten für eine einigermaßen komplexe Arbeitssituation, die vollständigen Anforderungen nicht am Beginn des Entwicklungsprozesses erhebbar sind (wie es die "dogmatische" Form des Phasen- oder Wasserfallmodellsoo , d. h. die strikte Folge von Systemanalyse, Spezifikation, Implementierung, Test und Wartung vorsieht), sondern nur im Laufe des Fortschritts der Entwicklung, wird heute noch meistens zugunsten des Durchsetzungsaspekts der Entwicklung zurückgestellt, der auf dem vermeintlichen Vorteil des Phasenkonzeptes aufbaut, feste Aussagen über Zeiten, Kosten, Humanressourcen und Ablauf des Projekts machen zu können.

Während die Umsetzung solcher Befunde in **Gestaltungsmaßnahmen des eigentlichen technischen Entwicklungsprozesses** für einige Bereiche der Software-Entwicklung mit guten Ergebnissen bereits stattfand, bleibt die Auseinandersetzung mit den **Konsequenzen solcher Verfahren für das Projektmanagement** immer noch aus. Auch im Hinblick auf die Effektivität von Projekten wäre es in der Zukunft eine sehr interessante Aufgabe, Projektmanagementmodelle für die Software-Entwicklung zu entwerfen und in der Praxis zu evaluieren, die den Ersatz der einseitigen Ausrichtung **"statischer" Konzepte** durch eine ebenso einseitige Ausrichtung an Konzepten der "unbegrenzten" Offenheit vermeiden und die vorhandene gegenseitige Beeinflussung beider Dimensionen der Gestaltung, d. h. Technik und Arbeitsstrukturierung in neuen **"dynamischen" Projektmanagement-Konzepten** umzusetzen helfen. *Ein solcher Bedarf* wird verständlicher, je mehr vergegenwärtigt wird, daß schon wegen des arbeitstrukturierenden Teils der Software in umfassenden Entwicklungsprojekten, die erfolgreiche Beherrschung und problemadäquate Bewältigung konfliktbeladener Prozesse, wichtig wird. Solche Prozesse laufen zwischen den Teammitgliedern, zwischen Mitgliedern des Entwicklungsteams und solchen eines Qualitätssicherungs-

oo Vgl. hierzu auch das Referat "Phasenmodell ist OUT", im Workshop 5.

oder Inspektionsteams desselben Hauses während der Durchführung von Reviews in größeren Projekten, aber vor allem zwischen Entwicklern, Anwendern und Benutzern ab. Deren Beherrschung wird zur Voraussetzung für die Entwicklung einer menschengerechten Lösung.

Auch die Ergebnisse der IFAC-Workshops (International Federation of Automatic Control) zum Management von Software-Projekten deuten -trotz ausgeprägter Techniklastigkeit der Betrachtungsweise und ihrer Konzentration auf die interne Arbeit der Entwickler- auf einen solchen Bedarf hin. Ein Projektmanagement mit solchen Aufgaben, die vorher nur angedeutet wurden, würde auch und besonders bei den KI-Entwicklungsprojekten von großer Bedeutung sein. Zur Vermeidung der bekannten Artefakte würde ein solches Projektmanagement dafür Sorge zu tragen haben, daß von Anfang an die Sicht und der Nutzen der Anwender und Benutzer und somit deren Leitbilder im Vordergrund stehen und die hauseigene oder von außen besorgte KI-Kompetenz in der ihr zustehenden unterstützenden Rolle als eine von vielen Methoden in den Hintergrund tritt.

Weitere Themen, die in diesem Zusammenhang im AuT-Programm Interesse fanden, betreffen u. a.:

Die Beantwortung der Frage nach **der Messung der "Gebrauchstauglichkeit" der Software** (AuT-Vorhaben des Softwarehauses ADI-Software, in Kooperation mit dem Institut für Arbeits- und Betriebspsychologie der ETH Zürich "Benutzerorientierte Software-Entwicklung und Schnittstellengestaltung" (Kurztitel: **BOSS**)). Diese Frage ist selbst für die Erstellung von Standard-SW interessant. Im selben Projekt, wie auch im Gestaltungsprojekt der Firma MARCUS, zeigte sich, daß die Erstellung von benutzeradäquater SW eine andere Organisation des SW-Entwicklungsprozesses erforderlich macht.

3.4 Das Problem der Beteiligung

Das Problem der Beteiligung künftiger Benutzer bei der Technikentwicklung ist recht alt und wurde oft und nicht ohne Kontroversen diskutiert. Erst der massenhafte Einsatz von Software hat eine Annährung der Standpunkte bewirkt, schon deshalb, weil es sich erwiesen hat, daß ohne Benutzerbeteiligung nicht ohne weiteres produktiv einsetzbare Software entsteht oder entstehen kann. Diese Einsicht hat in der Phase der Entwicklung der ersten Expertensysteme eine deutliche Unterstützung erfahren. In diesem Bereich haben wir in einer Reihe von Vorhaben Instrumente entwickeln und überprüfen lassen, ohne behaupten zu können, daß wir die breit geforderten Hilfen in jedem Fall zur Verfügung stellen können.

Die Entwicklung und Operationalisierung von **Verfahren der** vielverlangten und oft auf Schwierigkeiten stoßenden **Benutzerbeteiligung** wurden beispielsweise in den Vorhaben **BOSS** und **SAGA** behandelt. Außerdem verdient hier das Verbundvorhaben "PROSOZ" schon deshalb eine Erwähnung, weil in diesem Vorhaben die Probleme und die Widersprüche, die während des Beteiligungsprozesses auftreten, ausgesprochen deutlich vorgestellt wurden.

Im Rahmen des **WEDA**-Projektes konnten HACKER und JILGE nachweisen, daß Gruppeninterviews sich als effizienter erweisen als die üblich vorgezogenen Einzelinterviews. Aber auch die Ergebnisse der Einzelinterviews können wesentlich verbessert werden, wenn eine mehrtägige Selbstbeobachtung der Tätigkeit vorangestellt wird.

Es ist nicht zu übersehen, daß nicht nur die wenigen Gestaltungsprojekte des AuT-Programms sondern auch die TA-Diskussion und -Untersuchungen zu dieser Thematik den Nebeneffekt hatten, **die Rolle des Fachexperten adäquat aufzuwerten** und seine bei der Entwicklung der Wissensbasen notwendige Einbeziehung teilweise auch auf die Entwicklung herkömmlicher Software-Systeme übertragen zu helfen. Dieses verhalf zugleich zu einer breiteren Nutzung fortschrittlicher Software-Engineering-Verfahren, die bis dahin wegen vermeintlicher Langwierigkeit selten in Anwendung kamen, ohne daß bereits heute von einem Durchbruch gesprochen werden kann. Diese Entwicklung ist allerdings nicht zu unterschätzen: Bedeutet sie doch, daß **die Einbeziehung des Benutzers, d.h. des Fachexperten bei der Entwicklung technischer Systeme**, die er zu seiner Unterstützung braucht, **bei den Software-Systemen und mehr noch bei den KI-Anwendungen größere Schritte gemacht hat, als in den letzten 50 Jahren der Hardware-Entwicklung**. Bereits heute können Benutzer von Informations- und Kommunikationstechniken trotz der noch nicht ausreichend entwickelten Werkzeuge ihre Technik in einem breiteren Spektrum an ihre Bedürfnisse besser anpassen als das bei der Hardware möglich ist. Betrachtet man gar beim traditionellen Begriff "Wartung" einen seiner Bestandteile, nämlich die nach Veränderung der Rahmenbedingungen des Technikeinsatzes erforderlichen Anpassungsleistungen, so können wir heute begründet feststellen, daß im Falle der Software durch die Aufhebung der Trennung zwischen Hersteller und Benutzer eine neue Dimension der Wartung sichtbar wurde.

3.5 Organisatorische und qualifikatorische Voraussetzungen

In diesem Bereich haben wir schon deshalb die meisten Vorhaben durchgeführt, weil die Materie es erlaubte, betriebliche Modellvorhaben mit einer Vielzahl von Zielsetzungen durchzuführen und deren Ergebnisse in die Bewertung des Schwerpunktes Software anstandslos mit einzubeziehen. Das bedeutet keineswegs, daß wir verzichtet haben, dort wo es erforderlich war, auch ausgesprochen softwarezentrierte Vorhaben zu fördern. Hier gebe ich nur ein paar Hinweise zu unserer Förderung.

Das Ineinandergreifen von Software-Entwicklung, fach- und EDV-spezifischer Qualifizierung der Benutzer und Arbeitsorganisationen war der Gegenstand eines integrierten betrieblichen Entwicklungs- und Qualifizierungskonzeptes, das im Rahmen des Vorhabens der Hamburger Hafen- und Lagerhaus Gesellschaft realisiert und angewandt wurde .

Die Behandlung des Problems "**aus Fehlern lernen**" und die Überprüfung des Prinzips der "**individuellen Komplexitätsregulation**" bei der Nutzung von DV-Systemen mit Hilfe der Entwicklung einer Fehlertaxonomie wurde im Vorhaben "Fehleranalyse zur Untersuchung von Software und Training" (Kurztitel: **FAUST**) des Instituts für Psychologie der Universität München und des TÜV Bayern behandelt. Die Entwicklung und Evaluierung eines "mitwachsenden" Bürosystems für Textverarbeitungs-, Datenbank-, Tabellenkalkulation- und Dateimanagementfunktionen war das Thema des Vorhabens "Multifunktionale Büro-Software und Qualifizierung" (Kurztitel: **MBQ**) des Fachbereichs der Arbeits- und Organisationspsychologie der Universität Osnabrück.

Dabei wird es zunehmend wichtig, zu wissen, wie man die Arbeit nicht nur zwischen den Beschäftigten sondern auch zwischen den Menschen und den Maschinen so sinnvoll aufteilen kann, daß die Stärken des Menschen sich entfalten und unterstützt werden können. Das ist eine zentrale Frage der Arbeitsorganisation. Hier wurde mit Hilfe des Vorhabens des Instituts für Humanwissenschaft in Arbeit und Ausbildung der Technischen Universität Berlin "Kontrastive Aufgabenanalyse (KABA)" ein Verfahren entwickelt, das die Möglichkeit gibt, Humankriterien zu bestimmen (vgl. **Bild 9**), die in ein Pflichtenheft übernommen werden können. Von der Seite sowohl des Förderers als auch des Projektnehmers wurde Wert darauf gelegt, das Verfahren in der betrieblichen Realität zu erproben, um es anschließend korrigieren zu können. Dieses wurde mit befriedigenden Ergebnissen in einer Stichprobe von 88 Arbeitsplätzen durchgeführt, die insgesamt 134 analysierte Arbeitsaufgaben umfaßten. Zugleich konnte hierdurch gezeigt werden, in welcher Weise Auswirkungen geplanter und eingesetzter Informations- und Kommunikationstechniken mit diesem Verfahren ermittelt werden können.

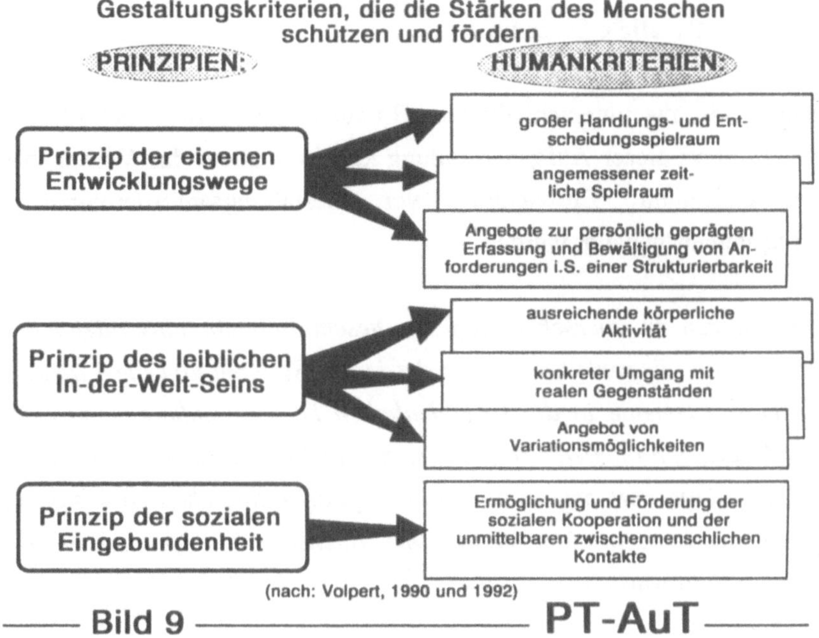

Bild 9

hierzu gehören auch das Verbundvorhaben von IBEK und Universität Würzburg "Entwicklung lernförderlicher Expertensysteme", über das im Workshop 4 berichtet wird sowie das Vorhaben von cls "Erschließung neuer Qualifikationsmöglichkeiten durch Entwicklung und Erprobung behinderternspezifisch gestalteter rechnergestützter Lernsysteme für Bürotätigkeiten".

In diesem Kontext soll in Zukunft auch das Thema der Telearbeit behandelt werden, das wir bislang, auch infolge der Einseitigkeit seiner reduzierten Behandlung in Form der Heimarbeit, nicht gefördert haben. *Die Fortschritte der Kommunikationstechnik und die Durchsetzung neuer Produktions- und Dienstleistungskonzepte erfordern eine ausführliche Betrachtung auch der bislang nicht befriedigenden softwaremäßigen Lösungen.*

3.6 Die Frage nach den Medien

- **Verteilte und Parallele Systeme**

Hierzu haben wir aus unterschiedlichen Gründen kaum etwas gefördert. Im mittelbaren Kontext dieser Aufgabenstellung kann vor allem das Vorhaben der Universität Dortmund "Entwicklung von Gestaltungsanforderungen bei vernetzten Systemen"genannt werden.

Es wäre vermessen zu übersehen, daß in diesem Bereich, einschließlich der Besonderheiten, die die ***verteilten wissensbasierten Systeme*** *und die Einbettung wissensbasierter Elemente in die herkömmlichen DV-Anwendungen aufweisen, eine große Anzahl von offenen Fragen besteht. Allein in diesem Zusammenhang entsteht eine Palette von organisatorischen, qualifikatorischen und sonstigen personellen Fragen, die in einer solchen Art, Intensität und oft auch Dramatik bislang nicht gestellt wurden.*

- **Neuronale Netze:**
  Trotz der Aktualität der Fragestellung und der darin enthaltenen Chance, rechtzeitig, d. h. präventiv hier tätig zu werden, haben wir keine Vorhaben gefördert.

- **Wissensbasierung:**
  Kaum hatte die begonnene Diskussion des Überganges von der Hard- zur Software erste, noch schwach ausgeprägte Ergebnisse gezeigt, ging zunächst in der Kongress-, der Forschungs- und sogar in der Politikwelt ein Phantom um. Das Phantom der KI und spezifischer jenes der Expertensysteme. Wunder sollten sie bewirken.

  Mythen bleiben in einer Informationsgesellschaft selten ohne Reaktion. Die Szenarien des Schreckens ließen nicht lange auf sich warten. Geistige Enteignung, Arbeitslosigkeit der Experten, Rennaissance des Einsatzes unqualifizierter Arbeit waren nur einige der gehandelten Überschriften. Die gesamte Szene geriet in

Bewegung.

Kann auch in diesem Fall die anspruchvolle Forderung nach einem Paradigmenwechsel geltend gemacht werden? Selbst nachdem sich in der Zwischenzeit die meisten Fachvertreter zurecht daran gewöhnt haben, daß bei den Expertensystemen auch mit Software operiert wird, sind die Grundprinzipien ihrer Erstellung zu unterschiedlich und die Vorgehensweisen zu verschieden, als daß hier allein mit den Konzepten der herkömmlichen Software-Entwicklung operiert werden kann. Dabei entspringt die Notwendigkeit des **Paradigmenwechsels** nicht primär dem Sachverhalt, daß die Expertensysteme unter Nutzung anderer algorithmischer Leitbilder, neu entwickelter Datenflußprinzipien oder veränderter funktionaler Architekturen entwickelt werden müssen. Es geht vor allem um das quantitativ und qualitativ veränderte Spektrum der Aufgaben, die mit Hilfe der genannten KI-Anwendungen bearbeitet werden sollen. Mehr als die herkömmlichen Softwaresysteme zielen die Expertensysteme auf den Ersatz geistiger Arbeit. Der **Ersatz der Experten** wurde angesagt und -nicht ohne Zutun auch der TA-Forschung- relativ schnell wieder verworfen oder zumindest sehr stark relativiert.

Die Gründe sind recht unterschiedlich: die Maschine hätte beispielsweise denken lernen müssen. Dagegen spricht allerdings, daß im maschinell gespeicherten Wissen die Kontextabhängigkeit und die Subjektgebundenheit, die Sozialgebundenheit und die Unterscheidbarkeit zwischen Theorie und Praxis entfallen(vgl. **Bild 10**). Abgesehen davon sollte bei der bekannten Begrenzung der Explizifizierbarkeit des Wissens gefragt werden, wie jemand ein solches Wissen zu extrahieren gedenkt. Nein, die Gefahr eines echten und -noch weniger-vollen Ersatzes des menschlichen Expertentums bin ich nicht in der Lage zu erkennen. Die breit geführte Diskussion der Alternative "Ersatz oder Unterstützung der Experten" scheint mir bereits zugunsten der Unterstützungsseite entschieden zu sein. Dieses wurde auch in dem Workshop des Projektträgers, der 1991 in Zürich im Rahmen der Software-Ergonomie ′91 durchgeführt wurde, von allen Seiten ausdrücklich bestätigt.

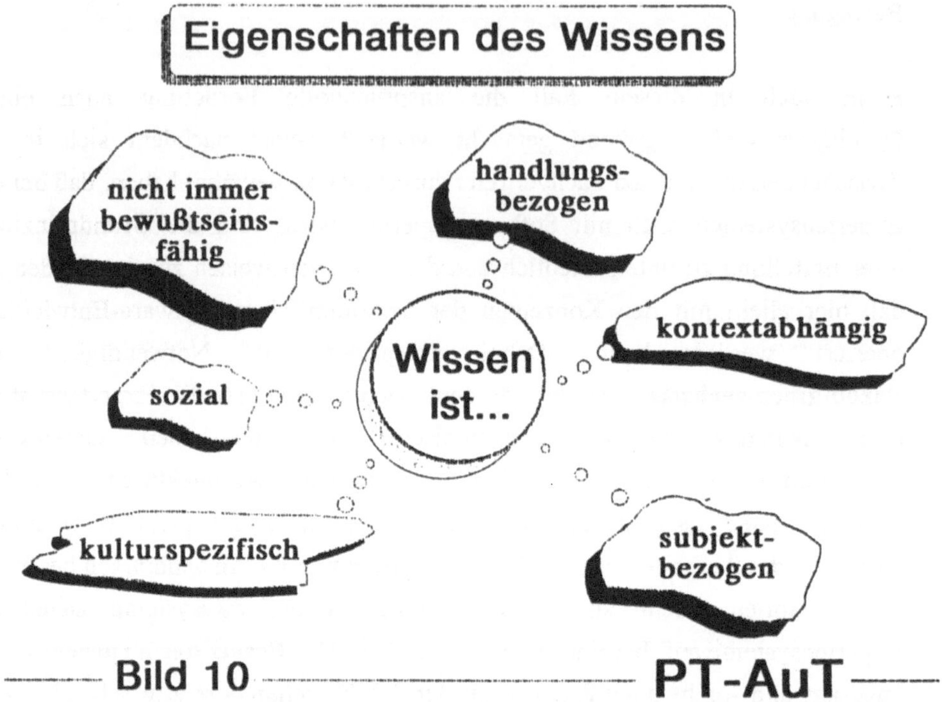

Eigenschaften des Wissens

nicht immer bewußtseins-fähig
handlungs-bezogen
kontextabhängig
Wissen ist...
sozial
kulturspezifisch
subjekt-bezogen

Bild 10 PT-AuT

Nach diesen Phantasie-Jahren der KI sollte die Aufmerksamkeit deshalb auf die durchaus reelleren Probleme gerichtet werden, deren Lösung noch Lange nicht in Sicht ist. Allen voran die Frage nach den Prozessen der **Wissensakquisition, -repräsentation, -pflege und -anwendung**, einschließlich deren Organisation und Planung. Und wer soll diese Tätigkeiten durchführen? Die die Diskussion prägende Instanz der ersten Jahre war die des **Wissensingenieurs**. Der Wissensingenieur, ausgestattet mit intimen Kenntnissen der Expertensystemtechnik, mit Fertigkeiten bei Wissensakquisition und -repräsentation sowie mit besonderen Kommunikationsfähigkeiten, sollte der Mittler zwischen dem Informatiker und den Fachexperten sein. Er stößt allerdings, sicher nicht immer zurecht, auf Ablehnung. Eine pragmatisch wichtige Argumentation sieht die Einmischung des Knowledge Engineers bei der Entwicklung von Expertensystemen und besonders seine Funktion, das Wissen des Experten zu "enteignen" als Gefahr für die Akzeptanz solcher Systeme. Wenn bedacht wird, daß sich die Entwicklung von Verfahren und Methoden zur Erfassung und Handhabung des Wissens von Experten, die in einem Unternehmen arbeiten, nicht nur auf Erkenntnisse der KI, sondern und vor allem auf Erkenntnisse **und** Erfahrungen der Arbeits-, Sozial- und Wissenspsychologie, der Industriesoziologie, der Betriebsorganisation sowie auf Kenntnisse im spezifischen Aufgabenbereich des oder der Experten stützt, dann scheint nach allen bisherigen Erfahrungen gesichert zu sein, daß eine solche Aufgabe selbst von ausreichend breit ausgebildeten Informatikern nicht allein in Zusammenarbeit mit Experten des Fachbereichs lösbar sein wird. Nein. Nicht die Integration des gesamten Wissens zur menschengerechte Gestaltung von Technik und Arbeit in einem einzigen (sei es auch Informatik-) Studium, was manche verlangen, kann die Lösung des Problems sein, sondern die Vermittlung der Grundlagen des zusätzlich erforderlichen Wissens während der Ausbildung, begleitet von Unterstützungsmaßnahmen, die analog zu den bei den Ingenieuren vor und während des Studiums absolvierten Praktika im realen Arbeitsleben sein können. Dadurch soll es dem angehenden Informatiker ermöglicht werden, erstens die bei seiner Aufgabenerfüllung auftretenden realen Probleme besser identifizieren zu können und zweitens die Fähigkeit zu entwickeln, mit den Fachwissenschaftlern der jeweils kompetenten Disziplinen zur Lösung der Probleme zusammenarbeiten zu können.

Hinter den Überlegungen über die Berechtigung der Existenz der Wissensingenieure stehen reale Probleme des Wissenshandlings, wobei sie sich meistens auf die Thematisierung des Wissens einzelner Experten beschränken. Die Problemlage wird noch komplexer, wenn die darüber hinausgehenden Fragen des Managements des betrieblich oder unternehmensintern verfügbaren Wissens gestellt werden, einschließlich des Problems der Sicherstellung des unternehmensinternen Wissenstransfers. Verschiedene Untersuchungen zeigten doch, daß selbst im Hinblick auf ihre Güte und Wirtschaftlichkeit als ausgezeichnet empfundene Lösungen eines betrieblichen Problems keineswegs ihre weitere betriebliche oder außerbetriebliche Umsetzung gewährleisten. Letztere hängen von anderen bestimmenden betriebspolitischen Bedingungen ab, von Imponderabilien individueller Karrieren, von personenabhängigen Veränderungen, von neuen Leitbildern, vom Stand des spezifischen Gestaltungsfeldes in der Konjukturtafel der betrieblichen aber auch überbetrieblichen Strategiediskussionen. *Auch dieses muß während der Akquisition, der Repräsentation, der Pflege oder der Verwertung von Wissen mit Hilfe von wissensbasierten Systemen mitüberlegt werden.* Selbst wenn die Betrachtung allein auf das beschränkt bleibt, was üblicherweise unter Expertenwissen verstanden wird, muß das Bild des Experten, der in einem Unternehmen oder in einer öffentlichen Verwaltung arbeitet, gleichsam das "Menschenbild", **zumindest** dem entsprechen, was in eben diesem Unternehmen von den Mitarbeitern für die Abarbeitung der anstehenden Aufgaben verlangt wird (und das ist noch nicht all das, was das Menschenbild insgesamt ausmacht). Das ist u. a. Kreativität, Flexibilität, das ist Handlungserfolg bei der Steuerung und Bewältigung nicht nur von unvorhergesehenen, sondern auch von unvorhersehbaren Situationen, das sind innovatorische Fähigkeiten, das ist die Erwartung, höhere Niveaus der Organisation zu entwickeln und anzuwenden.

Es ist zu vermuten, daß spezifische Gründe der realen Arbeitswelt (wie z. B. die wachsende Komplexität der künftigen Entwicklungs- **und** Anwendungsfälle, die zunehmend wichtiger werdende Forderung der **Beteiligung der Benutzer** bei der Entwicklung von KI-Systemen, aber auch die immer geringer ausfallenden Zeitbudgets von der Auftragsvergabe bis zur Realisierung sowie die drastische Reduzierung der Innovationszyklen) es als erforderlich erscheinen lassen, neben dem Fachexperten und dem breiter ausgebildeten Informatiker oder KI-Experten doch die gewiß noch zu spezifizierende Institution eines Wissensingenieurs (oder eben Wissenssozial-wissenschaftlers) zu etablieren.

HACKER schlägt als methodologische Konsequenz einiger der zuvor explifizierten Überlegungen einen **Paradigmenwechsel bei der Wissensgewinnung** vor. Demnach soll das bislang dominierende verbalisierende Reproduzieren von einem "Rekonstruktionsprozeß aufgabenrelevanter Leistungsvoraussetzungen mit individuellen und kooperativen Problemlöse- und Lernanteilen" ersetzt werden.

Er begründet das damit, daß die "Wissensgewinnung nicht lediglich als Reproduzieren fertig abrufbaren Wissensbesitzes und nicht auch nur als Wiederbewußtmachen möglich, sondern ...selbst eine Aufgabenbearbeitung und Problemlösung (ist), in der einschlägige Leistungsvoraussetzungen auch geschaffen werden. Sie ist auch Lernen". Wird ein solches Herangehen realisiert, so sieht HACKER die Chance, daß **die Wissensgewinnung aus dem Dilemma einer Wissensabschöpfung oder gar Wissensenteignung herausführt, die den Wissensbesitzer in die Gefahr bringt, "ärmer" zu werden**. Die individuellen Lernanteile werden insbesondere im wiederholten Verbalisieren und in der Nutzung der (hoffentlich) angebotenen Strukturierungshilfen lokalisiert, während die kooperativen Lernanteile im aufgabenbezogenen Informationsaustausch "als Einheit von Ermittlung und Vermittlung, also auch Lernen von Leistungsvoraussetzungen" gesehen werden. Es scheint deshalb plausibel, ja geradezu überprüfbar zu sein, daß solche Wissensgewinnungsprozeduren zu Leistungs- bzw. Effektivitätsverbesserungen selbst bei Experten führen. Der betriebliche Vorteil liegt dabei darin, daß, wenn eine derartige Wissensgewinnung auch die aus anderen Gründen erforderlichen Gruppenprozesse einschließt, die als Verbesserungs- oder Umgestaltungsprozeß organisiert sind, über den individuellen Gewinn hinaus auch ein betrieblicher Gewinn entsteht.

Gerade zu dieser wichtigen Thematik der Wissensakquisition, -repräsentation, -pflege und -anwendung wurde im AuT-Programm das Verbundprojekt "Wissensgewinnung, -modellierung und -darstellung und ihre Anwendung bei rechnerbasierten Unterstützungswerkzeugen" (Kurztitel: **WEDA**) gestartet, das vom Fraunhofer Institut für Arbeitswirtschaft und Organisation in Stuttgart, vom Fachbereich Psychologie der Humboldt-Universität in Berlin, vom Institut für Psychologie der Technischen Universität Dresden und vom Forschungsinstitut für anwendungsorientierte Wissensverarbeitung (FAW) in Ulm gemeinsam bearbeitet wird. Über einige seiner Aspekte wird in einer der Arbeitsgruppen berichtet.

Unter ganz anderen Aspekt der Systemnutzung wurden die Vorhaben der Firma

Dornier in Zusammenarbeit mit der Universität Ulm "Wissensbasierte Unterstützung von Arbeitsschutzaufgaben (EXAMULUS)" sowie der Forschungsstelle für Arbeitsphysiologie und Arbeitsschutz in Dortmund "Ergon-Expert" durchgeführt. Hier ging es um die Überprüfung der Machbarkeit einer Unterstützung des Arbeitsschutzsystems mit Hilfe wissensbasierter Hilfen.

- **Multimedia (erste Ansätze bei vorhandenen Anträgen)**
  Der Bedarf ist sehr groß. Wir fördern zur Zeit noch nichts.

- **CSCW, d. h. Computergestützte Kooperative Arbeit**
  Ein bereits 1991 konzipiertes bewilligungsreifes Vorhaben mußte im Zuge der bekannten Ereignissen zurückgestellt werden. Die im Rahmen von Vorhaben mit anderen softwarebezogenen Zielsetzungen gewonnenen Ergebnisse reichen nicht aus, um den Bedarf nach eigenständiger Behandlung des Themas zu befriedigen. *CSCW ist doch eine Thematik der Zukunft, die die Anwendung der sonst gewonnenen Erkentnissen zur Gruppenarbeit technisch unterstützen kann und muß.*

- **Virtuelle Realität**
  Wir haben bislang nichts gefördert.

3.7 Die Werkzeuge

Prototyping-Werkzeuge

Für das Prototyping als eines der Verfahren, die den Dialog zwischen Fach- und DV-Abteilung oder zwischen Benutzer und Entwickler unterstützen sollen, zeigt sich, daß richtig eingesetzt, sich die knappe Ressource "Software-Entwicklung" auch wesentlich rationeller nutzen läßt (vgl. **Bild 11**). Das Prototyping bietet gegenüber dem Phasenmodell ein Mehr an Flexibilität, die allerdings, je nach Ausrichtung, je nach Umfang und je nach Ansatz recht unterschiedlich ausfallen kann. Es ist allerdings nicht zu übersehen, daß die anfängliche Umstellung des Designprozesses auf Prototyping einen zunächst aufwendigen Prozeß voraussetzt, der allein in Hinblick auf die erforderliche Qualifizierung Maßnahmen nötig macht, die nicht nur den im Entwicklungsteam vertretenen Benutzer umfaßt, sondern auch die Entwickler selbst. Außerdem können bei bestimmten Arten des Prototypings bewußt "Wegwerfversionen" erstellt werden, die lediglich zur schnellen Realisierung der Benutzungsschnittstelle dienen und die anschließend nicht in das spätere Produkt eingehen. Das veranlaßt viele Entwickler, die vermeintlich entbehrlichen Implementierungskosten zu kritisieren. Das kann allerdings in anderen Formen des Prototypings dadurch vermieden werden, daß die jeweilige Version als Prototyp der nächsten verwendet wird, und dadurch der Implementierungsaufwand als ein Bestandteil der Software-Entwicklung verstanden wird.

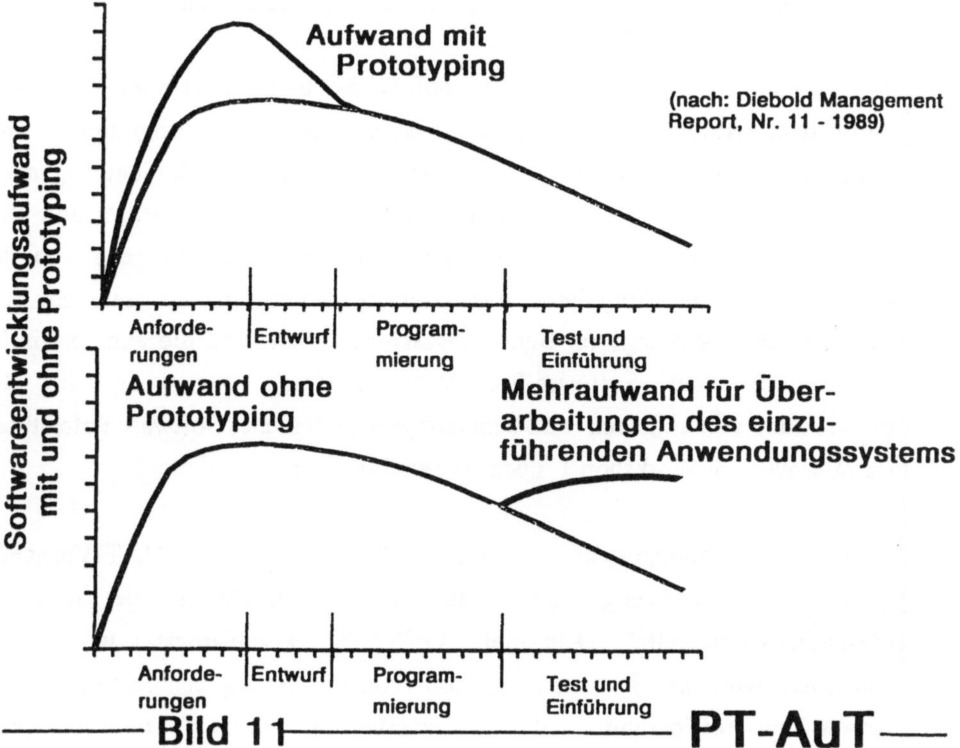

Bild 11 PT-AuT

Wie solche Entwicklungsstrategien ablaufen können, mit denen ein möglichst großes Maß an Benutzungsfreundlichkeit angestrebt wird, wurde im Rahmen des Vorhabens des Lehrstuhls für Psychologie der Technischen Universität München "Entwicklung von Methoden zur Herstellung und Bewertung von Prototypen für Benutzeroberflächen" (Kurztitel: **PROTOS**) ausgearbeitet und im Rahmen eines realen Software-Entwicklungsprozesses angewandt und dabei überprüft.

- **Unterstützung der Softwareentwicklung und Wiederverwendbarkeit der Software**

  Hier sind beispielhafte Lösungen erforderlich, die neben der Technik zeitgleich und vor allem gleichgewichtig die Komponenten der Organisation, der Qualifizierung und der Belastung behandeln, und die damit die technische und die wirtschaftliche Machbarkeit sowie die soziale Wünschbarkeit nachweisen.

Im Verbundprojekt "Technik der aufgaben- und benutzerangemessenen Software-Konstruktion" (Kurztitel: **TASK**) des AuT-Programms, das gemeinsam vom Institut für Arbeitswissenschaft und Technologiemanagement der Universität Stuttgart (IAT), und den Softwarehäusern Softlab und ISA durchgeführt wird, wird versucht, einen systematischen Übergang von der Anforderungs- und Aufgabenanalyse zum Systementwurf zu erstellen. Am Beispiel der Gestaltung von Benutzungsschnittstellen wird die exemplarische Realisierung einer Software-Produktionsumgebung angestrebt, die die Entwicklung von aufgaben- und benutzungsangemessener Software unterstützt. Darüber wird im Workshop 1. noch zu berichten sein.

Dieses Verbundprojekt wird durch das IAT-Vorhaben "Unterstützungswerkzeuge zur benutzergerechten Gestaltung der Mensch-Maschine-Schnittstelle" (Kurztitel: **GENIUS**) komplettiert. In diesem Vorhaben wird durch die Integration von Benutzungsschnittstellen- und Anwendungsentwicklung die Generierung von prototypischen Benutzungsschnittstellen aus den Ergebnissen der Analyse- und Designphase ermöglicht.

- **Multimedia-Entwicklungstools**
  Hierzu haben wir nur eine Reihe von Anträgen für unterschiedliche Arbeitsbereiche vorliegen.

- **Wissensbasierte Unterstützung des Entwicklungsprozesses**
  Über das Vorhaben der Uni Oldenburg und der Universität Rostock "Unterstützung des Software-Design-Prozesses durch EXPOSE" wird im Workshop 4 berichtet. Hierzu gehören auch das Verbundvorhaben von IBEK und Hochschule für Design in Halle, das sich mit dem computerunterstützten Problemlösen auseinandersetzt, und über das im Workshop 5. berichtet wird.

  Dieses sind nur einige wenige Beispiele, die die Unterschiede einerseits zwischen den TA-Ansätzen und den Gestaltungskonzepten und andererseits zwischen den Anforderungen der Hardware- und der Software-Gestaltung illustrieren sollen.

3.8 Das Problem mit den Dienstleistungen

Der Übergang von der Industrie- zur Informations- und Dienstleistungsgesellschaft darf nicht ohne Konsequenzen für unser Thema bleiben -auch nicht für die Forschungs- und Technologiepolitik insgesamt. Die Effektivität und die Konkurrenzfähigkeit des Dienstleistungs- einschl. des Verwaltungssektors ist einerseits eine unabdingbare Voraussetzung für die Wettbewerbsfähigkeit der Industrie und andererseits -ebenso wie anderswo auch- abhängig von der Qualität der dort vorherrschenden Arbeitsbedingungen.

Die Beachtung der Erfahrungen im Dienstleistungsgewerbe sind um so wichtiger, **je größer der Anteil der Informationen, der Software und sonstiger Dienstleistungen am Endprodukt** ist und je mehr die Struktur der Produkte und die Modalitäten ihres Vertriebs von anderen, eben nicht technisch bedingten Strategien und Gegebenheiten beeinflußt werden. Die EG-Studie "Gesamtwirtschaftliche und sektorale Analyse der zukünftigen Entwicklung von Beschäftigung und Ausbildung in der EG unter dem Einfluß der neuen IuK-Techniken" zeigte deutlich, daß die Änderung des technisch-ökonomischen Paradigmas, d.h. die Wandlung von "Produkten mit Service" in Richtung "Service mit Produkten" ein wesentlicher Grund für die als notwendig gehaltene Verschiebung des Ford´schen Modells in Richtung Integration im IuK-Zeitalter ist.

Die **Stärkung der Wettbewerbsfähigkeit** der deutschen Wirtschaft ist nicht vor allem eine F&E- sondern vor allem eine **wirtschaftspolitische Fragestellung**. Wenn man sie mit Hilfe der F&T-Politik unterstützen möchte, was nicht nur möglich sondern auch sehr vernünftig ist, dann muß man sich ein Bild der Rahmenbedingungen machen, unter dem eine solche Politik gedeihen kann. Nahezu sämtliche bekannten Studien zu dieser Thematik fordern uns auf, zu Kenntnis zu nehmen, daß **Ungleichzeitigkeiten bei der Entwicklung** wesentlicher Leistungsvoraussetzungen einzelner miteinander auf enge Kooperation angewiesen Sektoren **bzw. das Fortbestehen von Disparitäten** im Hinblick auf den Entwicklungsstand in den einzelnen Sektoren **hemmend** auf die Erreichung der angestrebten Zielsetzung, d.h. **auf die Verbesserung der Innovationsfähigkeit und der Wettbewerbslage** der gesamten Wirtschaft wirkt. Eine ganzheitliche Lösung dieses Problems macht die gleichzeitige und gleichgewichtige Befassung mit den Problemen des Produktions- und des Dienstleistungssektors erforderlich.

Aber auch die Art der Indikatoren, die den Bereich charakterisieren, zwingt uns in diese Richtung:

- Die **Zahl der Beschäftigten** im Dienstleistungssektor hat die Zahl der Beschäftigten in der Industrie längst überflügelt.
- Ca. 60% der **Bruttowertschöpfung** entfallen auf die Dienstleistungen.
- Die **IuK-Investitionen** im Dienstleistungssektor sind weit höher als die in den Fertigungsindustrien.

Es ist deshalb erforderlich, sich auch im Bereich der Software mehr als bislang Gedanken zum Abbau der vorhandenen Defizite in diesem Bereich zu machen. Unsere bisherige Förderung wird in anderen Abschnitten des Vortrages angesprochen. Hier beschränke ich mich auf den Hinweis, daß die Beherrschung der Komplexität der Prozesse, die charakteristisch für die Bewegungen der Güter, den Austausch von Informationen und die Erbringung von sonstigen Dienstleistungen entlang der Wertschöpfungskette sind, nicht nur eine breitgefächerte Qualifikation, eine ständige Anpassungsfähigkeit an ständig sich ändernde Bedingungen sowie eine große Kreativität der Beschäftigten erfordern, sondern auch komplexe, hochinnovative DV-Hilfen brauchen -und hierbei insbesondere Software.

3.9 Kleine und mittlere Unternehmen

Der wirtschaftliche Mittelstand, d. h. die Selbständigen in Handel, Handwerk, in den kleinen und mittleren Unternehmen der Industrie und in den freien Berufen, werden über Outsourcing und Modularisierung, über die Verknüpfungs- und Vernetzungsmöglichkeiten und -notwendigkeiten, kurzum über die neuen Produktions- und Dienstleistungskonzepte immer deutlicher zum Rückgrat der deutschen Volkswirtschaft. Unternehmen mit weniger als 500 Beschäftigten und einem Jahresumsatz von weniger als 100 Millionen DM

- beschäftigen 67% aller Arbeitnehmer,
- erwirtschaften 50% des Sozialprodukts und
- erbringen 80% der beruflichen Ausbildung des Nachwuchses.

Strukturell wird deren Bedeutung noch größer, wenn man berücksichtigt, daß erhebliche Teile der zukunftsträchtigen Produkte und Dienstleistungen in solchen Unternehmen erzeugt bzw. geleistet werden. Beispielsweise sind mehr als 80% der Anbieter auf dem Markt für Umwelttechnologie Unternehmen mit weniger als 100 Beschäftigten. Die mit der Softwaregestaltung zusammenhängende Problematik solcher Unternehmen ist verschiedentlich von unserem Programm aufgenommen worden. Das gilt

- für das Handwerk allgemein, beispielsweise durch das Vorhaben der Handwerkskammer Kaiserslautern "Entwicklung und Erprobung eines Weiterbildungsmodells zur menschengerechten Organisation und Nutzung von EDV-Unterstützung im Handwerk" sowie das Verbundvorhaben der Handwerkskammer Rheinhessen "Menschengerechte Gestaltung und Einführung von EDV-Systemen in Handwerksbetrieben",
- für das Speditionsgewerbe, wie beispielsweise mit Hilfe des Vorhabens der Universität Oldenburg "Neue Technik in kleinen und mittleren Speditions- und Lagereiunternehmen",
- für das Kraftfahrzeuggewerbe durch das Vorhaben der BMW AG "Wissensbasierte Unterstützung von Wartungs- und Reparaturtätigkeiten in KfZ-Werkstätten (WIBUR)" oder
- für die Klein- und mittleren Betriebe allgemein, wie z. B. durch das RKW-Vorhaben "Innovationsmanagement für eine integrierte Bürokommunikation und Informationsverarbeitung in Klein- und Mittelbetrieben".

Auch in anderen Vorhaben wurden Erkenntnisse erarbeitet, die von vornherein Module enthielten, die für die Übertragbarkeit in KMU's vorgesehen waren. Die Defizite, die noch bei der derzeitigen orkanartigen Entwicklung von Techniken und vor allem Organisationen existieren, sind noch nicht voll übersehbar. *Auch hierzu bitte ich die Teilnehmer der Workshops sich Gedanken zu machen und Vorschläge für die Prioritäten, der zu Behandlung anstehenden Themen zu unterbreiten.*

4 Abschluß

Die ersten Gestaltungsvorhaben, die wir mit den vorher angedeuteten Zielsetzungen gestartet haben, verdeutlichen die Weite des Weges, der notwendigerweise beschritten werden muß. Das darf nicht mit Forderungen nach sehr großen finanziellen Mitteln verwechselt werden. Solche Vorhaben sind im Verhältnis zu den

Projekten technischer Programme nicht teuer. Sie kosten allerdings Zeit. Zeit, die meines Erachtens gut investiert wird. Noch ist es Zeit, die neuen Arbeitssysteme unter Einbeziehung der Benutzer zu untersuchen, Anforderungen an Technik und Organisation zu entwerfen, sie im Rahmen von Modellversuchen zu erproben und zu korrigieren. Wenn dagegen die Anwendungen schon verbreitet worden sind, dann werden die Kosten der erforderlichen Umstellungen viel höher sein -wenn überhaupt eine Änderung noch möglich ist.

Wenn heute im Zuge der wiederholten Prioritätensetzungen und Finanzmittelbegrenzungen, die als Folge der Wiedervereinigung auf uns alle zukommen, teilweise derart geebnete Wege zugeschüttet werden, dann mag das zu Recht beklagt werden, stellt aber den legitimen politischen Willen dar. Meines Erachtens sollten allerdings gerade bei diesen neuesten Techniken, deren Verbreitungsgeschwindigkeit sicher nicht so schnell sein wird wie jene der Softwareentwicklungen der achziger Jahre, die Gestaltungschancen nicht verpaßt und die Wege des langsamen Fortschritts nicht voll zugeschüttet werden. Gerade in diesem Bereich gilt es, Versuche zu fördern, die eine effektive Basis für die Weiterentwicklungen schaffen. Die wenigen Vorhaben, die wir mit der Gestaltungszielsetzung gefördert haben, zeigten deutlich, wie wenig trivial die anstehenden Problemen sind, deren Lösung Voraussetzung für die Verbreitung und den menschlich und wirtschaftlich sinnvollen Einsatz solcher Techniken sind.

Das gilt besonders auch für die **Bedingungen ihrer Erstellung**. Die dabei entstehenden Probleme sind auch technische, vor allem aber soziale, qualifikatorische, arbeits- und betriebsorganisatorische, arbeitswissenschaftliche. Das haben zuletzt auch die Diskussionen über die lean-production, die Gruppenarbeit sowie über die anderen Produktions- und Dienstleistungskonzepte überdeutlich zum Ausdruck gebracht.

Die Lösungen solcher Probleme, wie ich sie beispielhaft vorher genannt habe, erweisen sich nach unseren Erfahrungen als recht komplex. Es wäre ein großer Irrtum, sie vorwiegend einer präferierten Wissenschaft anzuvertrauen. Die Lösung solcher Aufgaben sollte den jeweils für die Fragestellung richtigen Programmen und wissenschaftlichen sowie betrieblichen Partnern anvertraut werden. Man sollte dabei nicht übersehen, daß eine dilettantisch behandelte Organisationsfrage, die man öfter in technisch orientierten Projekten antrifft, sich keineswegs weniger schädlich auf das Ergebnis des Gesamtvorhabens auswirkt als das nichtprofessionelle technische Verhalten einiger wenig technikkundiger Gestalter. Vor Jahren hatten wir mit unseren Gremien als Zusammenfassung der Gestaltungserfahrungen in unserem Programm im Hinblick auf die staatlichen und unternehmensinternen Bemühungen, die Innovation zu fördern, die Sätze geprägt: "Innovation ist mehr als rein technisch bedingte Veränderung. Die Erfahrung zeigt, daß erfolgreiche Innovationen sich durch die Berücksichtigung technischer, wirtschaftlicher, organisatorischer, sozialer und humaner Aspekte auszeichnen".Eine problembehaftete wirtschaftliche Gesamtsituation sollte nicht dazu führen, die bis dahin gewonnenen Erkenntnisse über Bord zu werfen. Im Gegenteil.

Wettbewerbsfähigkeit

Norbert Baszenski, Arbeitgeberverband Gesamtmetall, Köln

Zusammenfassung
Zur Nutzung der Leistungsfähigkeit und der Leistungsbereitschaft der Mitarbeiterinnen und Mitarbeiter gehören u. a. auch EDV-Programme, die sich an den Anforderungen der Nutzer orientieren. Aufgrund der zunehmenden Verbreitung von Software wird dieses künftig noch bedeutsamer. Es werden einzelne Aspekte zum derzeitigen Kenntnisstand dargestellt und künftige Möglichkeiten und Notwendigkeiten einer Förderung durch das Programm "Arbeit und Technik" aufgezeigt.

Abstract
Among other things EDP-programs adapted to the requirements of the user are necessary for making best use of the employees capacity and readiness to work. In the future this will become more and more important due to the increasing spread of software. Some aspects of the present state of knowledge are shown and future promotion possibilities and necessities by means of the program "Work and Technology" are demonstrated.

Résumé
Pour mettre à profit la performance et la disposition à travailler des collaborateurs, il faut utiliser un software adapté aux exigences des utilisateurs. A cause de la diffusion croissante de software cette question deviendra encore plus importante à l'avenir. Quelques aspects particuliers des connaissances actuelles sont décrits et des futures possibilités et nécessités d'une promotion par le programme "Travail et Technique" sont montrées.

1. Bedeutung der Software-Ergonomie

Augenblicklich, jedoch bei aller Skepsis wohl nicht auf Dauer, haben die Unternehmen mit vielerlei wirtschaftlichen Problemen zu kämpfen. Das betrifft fast alle Industrie-Branchen und ist nicht auf Deutschland beschränkt. Auch die Unternehmen in den wichtigsten Konkurrenzländern müssen nachlassende Auftragseingänge und daraus resultierende Ertragsprobleme bewältigen. Um auf das Thema dieser Arbeitstagung zu kommen: Daran wird auch eine anwenderorientierte Software kurzfristig kaum etwas ändern.

Aber die Unternehmer denken über den Tag hinaus an die Sicherung der Wettbewerbsfähigkeit im nationalen wie internationalen Rahmen. Diese hängt entscheidend von den Arbeitskosten und der Produktivität ab. Da erstere wohl kurzfristig kaum auf das Niveau der internationalen Wettbewerber zu senken sind, müssen alle Anstrengungen darauf konzentriert werden, die Produktivität zu steigern. Dazu hat der Arbeitgeberverband Gesamtmetall für die Metall- und Elektro-Industrie ein Konzept vorgestellt, in dessen Mittelpunkt die Leistungsfähigkeit und die Leistungsbereitschaft der Mitarbeiterinnen und Mitarbeiter steht. Dazu sind diese Potentiale zu stärken und zu nutzen, und alles zu ändern, was deren Entfaltung entgegensteht. (siehe Gesamtmetall (Herausgeber): Mensch und Unternehmen, Köln 1992).

Um dieses Ziel zu erreichen, bedarf es auch einer menschengerechten Arbeitsgestaltung. Nachdem dieses Ziel früher umstritten war, hat sich heute die Erkenntnis durchgesetzt, daß humane Arbeitsplätze und Wirtschaftlichkeit sich nicht widersprechen, sondern sich gegenseitig bedingen müssen. Denn menschengerecht gestaltete Arbeitssysteme führen zu Arbeitserleichterungen und damit zu einer höheren Arbeitsleistung. Ein Bestandteil der Arbeitssysteme mit zunehmender Bedeutung sind sog. "programmgesteuerte Arbeitsmittel" und damit auch die dazu verwendeten Programme. Der Verbreitungsgrad von computergestützten Techniken wurde in verschiedenen Untersuchungen erhoben. Aus den Jahren 1986/87 stammt die vom Institut für Sozialwissenschaftliche Forschung e. V. (ISF), München im Auftrag des Rationalisierungs-Kuratoriums der deutschen Wirtschaft e. V. (RKW) durchgeführte repräsentative Betriebserhebung in der Investitionsgüterindustrie. Danach wurde bereits zu diesem Zeitpunkt in mehr als 90 % der erfaßten Betriebe mindestens eine von 21 erfragten Funktionen computerunterstützt erledigt (siehe Abb. 1) (Schultz-Wild, R.
u. a.: An der Schwelle zu CIM, Köln 1989).

Auf den Anteil der betroffenen Mitarbeiterinnen und Mitarbeiter stellte eine repräsentative Befragung von MARPLAN ab, die im Jahre 1988 im Auftrag von Gesamtmetall durchgeführt wurde. Der Frage, ob sie bei ihrer Arbeit mit elektronisch gesteuerten Maschinen wie
z. B. NC/CNC-Maschinen, Textverarbeitungs- oder Datenverarbeitungssystemen zu

tun haben, stimmten rund 45 % aller Befragten zu. Einer Befragung von EMNID vom Mai 1989 zufolge, hat rund jeder 4. Erwerbstätige mit einem PC an seinem Arbeitsplatz zu tun.

Und wie sieht die zukünftige Entwicklung aus? Nach Prognosen des Instituts für Arbeitsmarkt- und Berufsforschung der Bundesanstalt für Arbeit werden im Jahre 2000 rund zwei Drittel aller Erwerbstätigen EDV-Qualifikationen in mehr oder minder hohem Umfang bei ihrer Arbeit benötigen (siehe Abb. 2) (Materialien aus der Arbeitsmarkt- und Berufsforschung, Heft 2/1989). Das bedeutet, daß an und mit den EDV-Systemen nicht nur Computerspezialisten arbeiten, für die der Umgang mit dem Computer die eigentliche Arbeitsaufgabe ist, sondern mehrheitlich Mitarbeiterinnen und Mitarbeiter, für die der Computer nur ein Mittel zum Zweck (z. B. konstruieren, Werkzeugmaschinen programmieren, Texte erstellen und vieles mehr) ist. Daran muß sich folglich auch die Gestaltung der Software orientieren.

Die volkswirtschaftliche Bedeutung einer anwenderorientierten Software ergibt sich jedoch nicht nur aus dem Verbreitungsgrad von Computern und computergesteuerten Arbeitsmitteln. Die Aufwendungen, die für und im Zusammenhang mit Software getätigt wurden, haben 1991 ein Volumen von rund 41,5 Milliarden DM erreicht (VDI-Nachrichten vom 6. März 1992). Auch daraus ergibt sich die Forderung, daß die in den Unternehmen eingesetzte Software die damit verbundenen Kosten rechtfertigen muß. Und das heißt in diesem Zusammenhang, daß die Mitarbeiterinnen und Mitarbeiter bei der Erfüllung ihrer Aufgaben durch EDV-Programme bestmöglich unterstützt werden müssen. Die Betonung liegt hierbei auf Unterstützung, da auch (oder gerade) die Diskussion um künstlicher Existenz und Expertensysteme deutlich gemacht hat, daß die Effizienz der Technik sich erst dann zeigt, wenn sie von qualifizierten und motivierten Mitarbeitern als Arbeitsmittel genutzt wird.

Dabei ist zu berücksichtigen, daß Software einerseits zur betrieblichen Organisation eingesetzt wird (z. B. Produktions- und Programmplanungssysteme, CAD- und Textverarbeitungssysteme), andererseits aber auch als Bestandteil eines Produkts dienen kann (z. B. Programmiersysteme an und für CNC-Werkzeugmaschinen).

Gerade im zweiten Fall bekommt eine anwenderorientierte Software eine absatzentscheidende Funktion für das Basisprodukt.

Die Gestaltung der Software darf jedoch nicht isoliert von den übrigen Gestaltungselementen eines Arbeitssystemes betrachtet werden. Sie sollte den Schlußpunkt einer Kette bilden, die mit der Aufgabenanalyse beginnt, der danach die Arbeitsgestaltung, die Festlegung der Organisation, die Auswahl der Technik und deren Gestaltung folgen. Dieses setzt jedoch voraus, daß die Software den jeweiligen Verhältnissen im weiten Umfang anpaßbar ist. Der häufige und künftig wohl noch zunehmende Einsatz von Standardsoftware steht dem jedoch meist entgegen, da diese entweder kaum oder nur mit sehr großem Aufwand an die Bedürfnisse der Nutzer anpassungsfähig ist.

Als letzter Aspekt sei auf die besondere Struktur des Softwaremarktes hingewiesen. Dieser ist insbesondere bei den Standardprogrammen durch eine Dominanz US-amerikanischer Hersteller geprägt. Die deutschen Anbieter hingegen konzentrieren sich oft auf anwenderspezifische Lösungen, die auf dem europäischen oder sogar internationalen Markt kaum eine Rolle spielen. Von daher sind die Wirkungsmöglichkeiten des hier zur Diskussion stehenden Programms "Arbeit und Technik" und seines Schwerpunktes "Menschengerechte Softwaregestaltung" von vornherein sehr begrenzt.

2 Einzelaspekte aus Arbeitgebersicht zum derzeitigen Kenntnisstand

Es wäre vermessen, zu einem Thema einen kompletten Überblick zum derzeitigen Forschungs- und Kenntnisstand geben zu wollen, zu dem der Projektträger "Arbeit und Technik" Forschungsaufträge und nicht unbedeutende finanzielle Mittel vergeben hat. Insoweit sei auf die Ergebnisse des Vorhabens "Zwischenbilanz Menschengerechte Gestaltung von Software" von Prof. Gorny, Universität Oldenburg, verwiesen (Carl v. Ossietzky - Universität Oldenburg, Berichte aus dem Fachbereich Informatik, Nr. 2/92). Hier seien lediglich einzelne Bereiche aufgegriffen.

Zu Beginn der Diskussion um die Gestaltung von Computer-Arbeitssystemen standen hardware-ergonomische Fragen im Vordergrund. Aufgrund dessen liegen hier im Vergleich zur Software-Ergonomie auch die größeren Kenntnisse vor, die schon seit längerem Eingang in Regelwerke wie z. B. die "Sicherheitsregeln für Bildschirm-Arbeitsplätze im Bürobereich" (ZH1/618 vom Oktober 1980) gefunden haben. Obwohl die Diskusssion um Software-Ergonomie noch jüngeren Datums ist, haben zumindest software-ergonomische Grundsätze bereits Eingang in Vorschriften und Normen gefunden. Dieses sei an folgenden Beispielen verdeutlicht:

- In der DIN 66234, Teil 8 (Februar 1988) über Grundzüge ergonomischer Dialoggestaltung werden als Leitlinien für die Gestaltung von Dialogsystemen Aufgabenangemessenheit, Selbstbeschreibungsfähigkeit, Steuerbarkeit, Erwartungskonformität und Fehlerrobustheit genannt. Es wird jedoch auch darauf verwiesen, daß es derzeit noch nicht möglich ist, die Erfüllung einzelner der genannten Leitsätze objektiv zu überprüfen, da geeignet Überprüfungsverfahren noch fehlen.

- Ähnlich abstrakt sind die in der VDI-Richtlinie Bürokommunikation (VDI 5005, Oktober 1990) aufgezählten Kriterien Kompetenzförderlichkeit, Handlungsflexibilität und Aufgabenangemessenheit.

- In der sog. "EG-Bildschirm-Richtlinie" (Richtlinie des Rates vom 29. Mai 1990 über die Mindestvorschriften bezüglich der Sicherheit und des Gesundheitsschutzes bei der Arbeit an Bildschirmgeräten), die bis zum 31.12.1992 unter anderem auch in Deutschland in nationale Vorschriften hätte umgesetzt sein sollen, werden im Anhang zwar Faktoren genannt, die bei der Gestaltung von Software zu berücksichtigen sind (z. B. Benutzerfreundlichkeit, Übersichtlichkeit etc.), wie dieses konkret zu geschehen hat, wird jedoch nicht ausgeführt.

Ein anderer Bereich ist der Prozeß der Gestaltung von Software. Lange Zeit herrschte in Theorie und Praxis die lineare Vorgehensweise vor, bei der relativ klar voneinander abgegrenzt die Phasen Analyse, Gestaltung und Beurteilung aufeinanderfolgen. Nachträgliche Änderungen der so entstandenen Programme waren meist nur mit erheblichem Zeit- und Kostenaufwand möglich. Dabei spielten die eigentlichen Benutzer der Programme wenn überhaupt nur in der Analyse- und Beurteilungsphase eine (Neben-)Rolle. Zwischenzeitlich hat sich auf seiten der Theorie die Erkenntnis durchgesetzt, daß den Anwendern eine Schlüsselrolle bei der Entwicklung von aufgabenangemessener und effizienter Software zukommt. Dabei werden zunächst von Anwendern und Entwicklern gemeinsam Prototypen entwickelt, die nach einer Bewertung gegebenenfalls neu konzipiert werden. Dieser Zyklus wird so oft durchlaufen, bis befriedigende Ergebnisse vorliegen. In Einzelfällen wurde diese Vorgehensweise unter öffentlicher Förderung nicht zuletzt im Rahmen des Programms "Arbeit und Technik" realisiert (z. B. Projekt PROTOS, TU München).

Schließlich sei noch auf die Gestaltung von Programmiersystemen für computergesteuerte (CNC-)Werkzeugmaschinen hingewiesen. Lange Zeit dominierten hier Programmiersysteme, die aufgrund ihres Aufbaus für den Einsatz in der Fertigung durch das Werkstattpersonal kaum geeignet waren. Unter anderem der Trend zu kleineren Losgrößen hat die Entwicklung von sog. "werkstattorientierten Programmiersystemen" begünstigt. Durch Unterstützung aus den staatlichen Förderprogrammen "Fertigungstechnik" und "Arbeit und Technik" wurden und werden Projekte gefördert, die die Entwicklung von facharbeitergerechten Programmiersystemen für Werkzeugmaschinen und Industrieroboter zum Ergebnis haben. Wesentliche Kennzeichen sind:

- einheitlicher Dialog für verschiedene spanende Fertigungsverfahren
- graphisch-interaktive Eingabe ohne Programmiersprache
- grapisch-dynamische Simulation des Bearbeitungsprozesses
- Optimierung und Änderung von Programmen in gleicher Methode wie die Neuprogrammierung
- einheitliches System für Werkstatt und Arbeitsvorbereitung.

Aufbauend auf diesen Erkenntnissen wurden in laufenden Projekten unter anderem neue Eingabemedien (z. B. "elektronisches Handrad") und Bedienelemente (z. B. taktile Rückkopplung) zur besseren Unterstützung des Fachpersonals in der Fertigung erprobt.

3 Möglichkeiten und Notwendigkeiten weiterer Software-Gestaltungsprojekte

Nachdem bereits seit sieben Jahren eine Bekanntmachung zur "Menschengerechten Gestaltung von Software" innerhalb des Programms "Arbeit und Technik" bzw. "Humanisierung des Arbeitslebens" existiert, ist die Frage nach der Notwendigkeit einer Fortführung berechtigt. Dieses gilt umso mehr, als die finanzielle Ausstattung des Förderprogramm zur Schwerpunktsetzung zwingt. In den Ausführungen zum ersten Teil dieses Beitrages sollte die generelle Bedeutung der Software für die Arbeitswelt deutlich geworden sein. Daraus resultiert meines Erachtens auch die Berechtigung für eine weitere öffentliche finanzielle Förderung von Projekten auf diesem Gebiet. Besonderes Kennzeichen der im Programm "Arbeit und Technik" geförderten Projekte war und ist der überwiegend enge Bezug zu betrieblichen Anwendungen. Dieses manifestiert sich unter anderem in einer frühen Beteiligung von betrieblichen Anwendern auch bei grundlagenorientierten Vorhaben. Dadurch konnte bisher in vielen Fällen eine Umsetzung der Forschungsergebnisse in die Praxis sichergestellt werden. Allerdings sind die Ausstrahlungen solcher geförderter Vorhaben auf den nicht geförderten Bereich relativ gering. Künftig sollte also bei der Konzipierung solcher Projekte auf die spätere Übertragbarkeit und Übertragung der zu erwartenden Ergebnisse besonderes Gewicht gelegt werden.

Themen, die speziell unter dem Aspekt "Arbeit und Technik" aufgegriffen werden sollten, könnten sein:

o Nutzer-Beteiligung:
Bisher nur in Ansätzen existieren Erkenntnisse zum Prozeß der

Software-Gestaltung und der Beteiligung der späteren Anwender. Die Forderung nach stärkerer Beteiligung von Mitarbeiterinnen und Mitarbeitern an der Gestaltung ihrer Arbeit fällt aufgrund der aktuellen Diskussion auf fruchtbaren Boden. Während die bei diesem Prozeß zusätzlich auftretenden Aufwendungen z. B. für Qualifizierung und Beteiligung relativ gut bekannt sind, fehlen genauere Erfahrungen über den konkreten erfaßbaren Nutzen in der betrieblichen Anwendung.

- o Interdisziplinäre Entwicklungsprojekte:
  Während in der Mehrheit der bisherigen Projekte der Ausgangs- oder Schwerpunkt in einer Wissenschaftsdisziplin lag, sind Projekte, in denen z. B. Arbeitspsychologen, Arbeitswissenschaftler, Ingenieure, Informatiker und Wirtschaftswissenschaftler integriert ein Thema bearbeiten eher selten. Zur Stärkung der vorhandenen Ansätze einer interdisziplinären Zusammenarbeit gerade auf dem Gebiet der Software-Gestaltung bedarf es einer gezielten Förderung.

- o Adaptierbarkeit:
  Während das Konzept der individuellen Gestaltung des Arbeitssystems (differenzielle Arbeitsgestaltung nach Ulich) schon lange existiert, steckt dessen Umsetzung auf dem Gebiet der Software-Gestaltung noch in den Anfängen. Dabei ist die Frage der automatischen oder selbstgesteuerten Adaptierung nur ein Aspekt. In eine ganz andere Richtung zielt die Untersuchung der Akzeptanz und des Nutzens für den Anwender.

- o Expertensysteme:
  Auch wenn die anfängliche Euphorie im Zusammenhang mit künstlicher Intelligenz und neuronalen Netzen verflogen scheint, besteht kein Anlaß, die Entwicklung auf diesem Gebiet nicht weiter zu verfolgen. Unter engem Bezug auf praxisorientierte Anwendungen sollten bisherige Erfahrungen vertieft, komplettiert und Potentiale genutzt werden.

- o Simulation:
  Auf dem Gebiet der Programmierung von Maschinen in der Fertigung hat die Simulation von Bewegungsabläufen bereits große Bedeutung erlangt. Diese Erfahrungen sollten auch für andere Bereiche insbesondere im Zusammenhang mit Prototyping genutzt und vervollständigt werden.

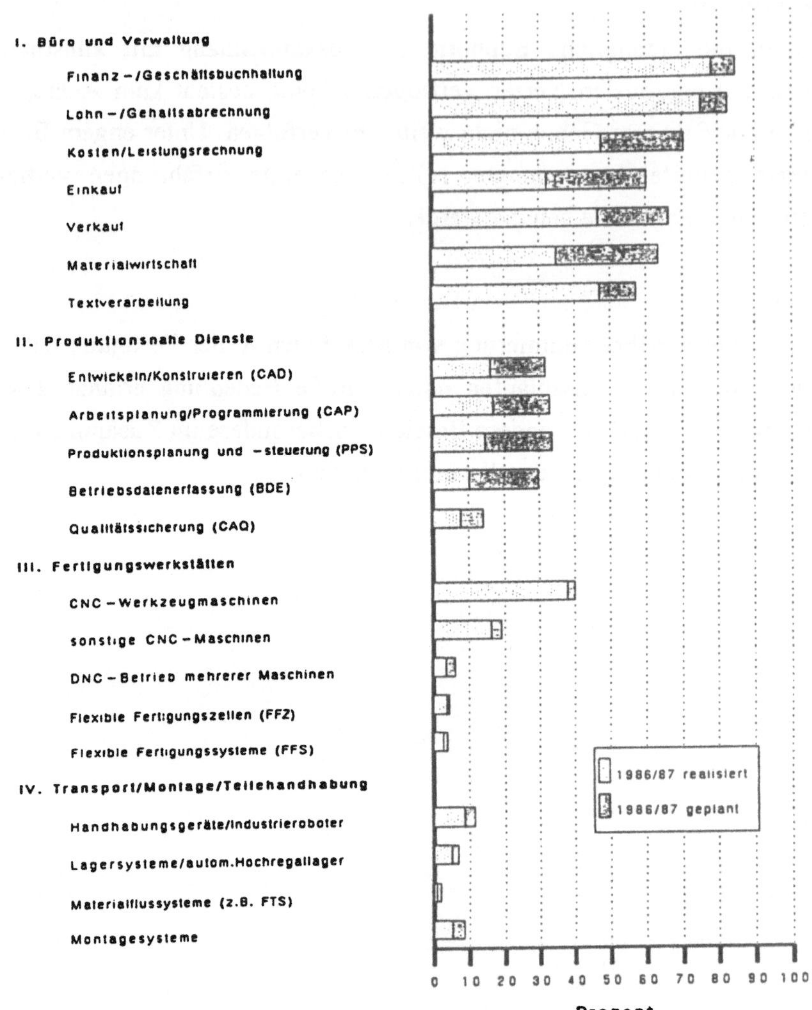

Abbildung 1: Verbreitung computergestützter Techniken
Quelle: Schultz-Wild u. a., 1989

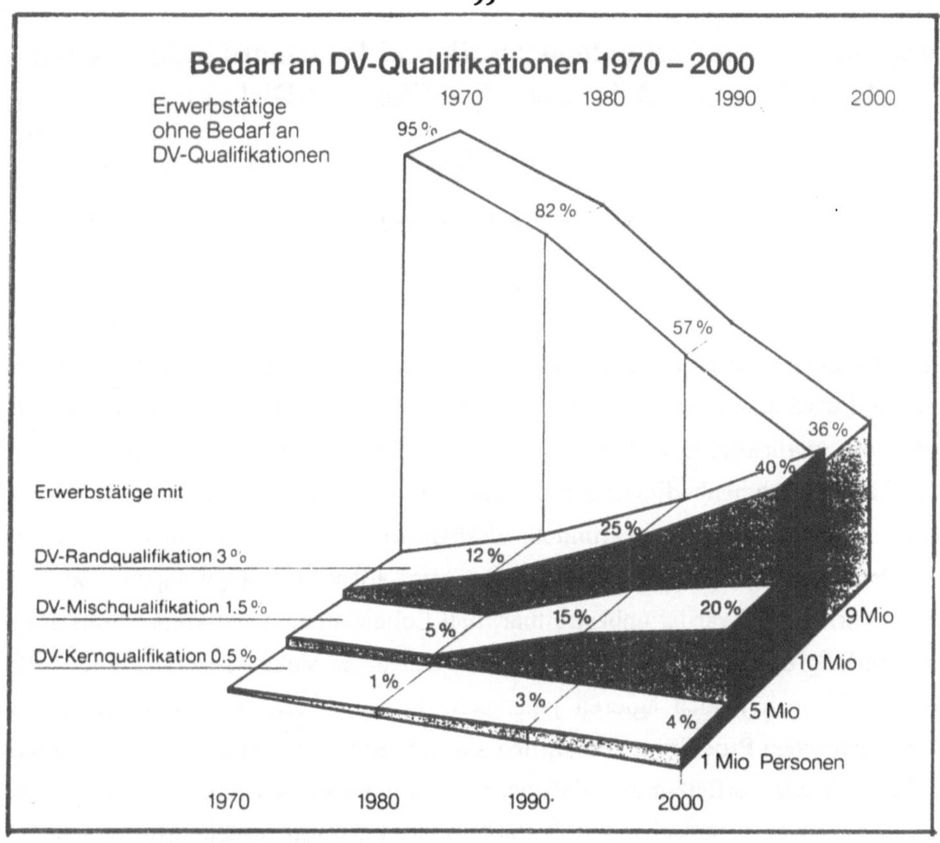

Abbildung 2: Bedarf an EDV-Qualifikationen
Quelle: Materialien aus der Arbeitsmarkt- und Berufsforschung, Heft 2/1989

Software als Wettbewerbsfaktor

Perspektiven von Technologiepolitik und Informatikindustrie vor dem Hintergrund der aktuellen Standort-Diskussion

Ulrich Klotz

IG Metall, Frankfurt am Main

In der seit einiger Zeit erneut aufgeflammten Diskussion über den Industriestandort Deutschland wird mangelnde Wettbewerbsfähigkeit noch immer vorwiegend auf das Kostenniveau zurückgeführt. Jedoch wird zunehmend unverkennbar, daß die auf wirtschaftlichen Rahmenbedingungen basierenden Erklärungsschemata zu eindimensional sind, um plausibel zu begründen, weshalb in strategisch bedeutsamen Bereichen deutsche und europäische Unternehmen - vor allem gegenüber Japan - laufend an Boden verlieren. Zwar ist unbestreitbar, daß Lohnkosten, Arbeitszeiten und Steuern als Einflußgrößen für die Konkurrenzfähigkeit einer Volkswirtschaft eine Rolle spielen. Inzwischen jedoch agieren japanische Unternehmen an europäischen und nordamerikanischen Produktionsstandorten ähnlich erfolgreich wie in ihrem Heimatland. Dadurch wird offenkundig, daß gängige Standortklagen am Kern der Sache vorbeigehen und die japanischen Erfolge auf andere Faktoren zurückzuführen sind.

Wettbewerbsfaktor 'Human Capital'

Der Schlüssel für die Innovationsfähigkeit, Flexibilität, Qualitätssicherheit und Produktivität der japanischen Industrie liegt in der systematischen Förderung der einzigen Ressource, über die der rohstoffarme Inselstaat traditionell verfügt: dem sogenannten 'Human Capital'. Anstatt den menschlichen Faktor durch überkommene Automatisierungsstrategien zu eliminieren, zielt die langfristig angelegte und konsequent auf Innovation setzende industriepolitische Strategie Japans darauf ab, die Humanressourcen zu stärken und effizienter zu nutzen. Während man bei uns lange Zeit der Auffassung war, daß das fernöstliche Erfolgsgeheimnis in erster Linie ein hoher Automatisierungsgrad sei, hatte man in Japan früh erkannt, daß unter sich verschärfenden Wettbewerbsbedingungen Unternehmen nur überleben können, wenn sie vor allem auf die Kreativität, Kompetenz und Motivation ihrer Mitarbeiter bauen und dem Menschen eine neue Rolle im Produktionsprozeß zuteil werden lassen.

Das Fundament für die Wettbewerbsfähigkeit einer Volkswirtschaft ist - auf Dauer gesehen - weniger die Produktivität als vor allem die Innovationsfähigkeit ihrer Unternehmen. Nun ist Innovation kein technischer Vorgang, sondern ein sozialer Prozeß und die Quelle der Innovationskraft einer Organisation ist immer der einzelne Mensch. Angesichts der stetig wachsenden Bedeutung von Innovationsfähigkeit - aufgrund sich grundlegend wandelnder Marktgegebenheiten - werden somit die Humanressourcen immer mehr zum ausschlaggebenden Produktions-, Wettbewerbs- und Engpaßfaktor. Nicht mehr Boden und Kapital sondern das Wissen und der Einfallsreichtum der Menschen werden zum alles entscheidenden knappen Gut und zur einzig sicheren Quelle für dauerhafte Wettbewerbsvorteile. An diesem qualitativen Faktor wird sich die Zukunft von Industriestandorten entscheiden und nicht an der Ziffer, die bei den nächsten Lohnabschlüssen vor dem Komma steht.

Paradigmenwechsel im Management

Im Kern zeitgemäßer und erfolgreicher Managementkonzepte steht deshalb ein grundlegend gewandeltes Menschenbild. Darin wird menschliche Arbeitskraft nicht mehr als Kostenfaktor angesehen, den es zu minimieren gilt, sondern als wertvolle Ressource betrachtet, deren Nutzen es zu maximieren gilt. Dieser Paradigmenwechsel wird langfristig zu einer Abkehr von überkommenen Anschauungen über Arbeitsteilung, Produktionstiefe und Spezialisierung führen und insbesondere in Bereichen mit hoher Innovationsdynamik die Ära des Taylorismus beenden.

Natürlich darf man nicht darüber hinwegsehen, daß die effizientere Nutzung des Faktors Mensch eine durchaus zweischneidige Sache ist, denn die Erfolge fernöstlicher Unternehmen beruhen - vor allem in den entlegeneren Bereichen der Zulieferketten - auf für uns bisweilen kaum vorstellbaren Formen von Ausbeutung und Selbstausbeutung. Auf der anderen Seite läßt sich aber auch konstatieren, daß in japanischen Managementkonzepten so manches weiterentwickelt und verwirklicht wurde, was hierzulande in den siebziger Jahren Gegenstand der Debatte um die Humanisierung der Arbeitswelt war.

Ganzheitliches Management, das den Menschen als Individuum, als Mitarbeiter und Kunden, in den Mittelpunkt stellt, knüpft im Grunde an typisch europäischen Stärken und Traditionen an. Im japanischen Verständnis des Unternehmens als einer 'lernenden Organisation' werden abendländische kulturelle Werte und Tugenden - wie Kreativität, Flexibilität und Persönlichkeit - wiederbelebt, denen beim 'Scientific Management' à la Taylor kaum Gewicht beigemessen wird. Somit bestehen - jedenfalls im Prinzip - für Europa ausgezeichnete Chancen, im weltweiten Wettbewerb führende Positionen zu erlangen, wenn die inzwischen allerorten diskutierten 'Lean Management'-Ansätze nur konsequent genug in innovative Unternehmensstrukturen umgesetzt werden.

Japanische Konzepte kapieren statt kopieren

Allerdings müssen die hinter den 'schlanken' Methoden liegenden Denkweisen verstanden werden, um diese erfolgreich auf europäische Verhältnisse übertragen zu können. Denn die hektischen Umorganisationen, die zur Zeit in zahllosen Unternehmen stattfinden, zeugen vor allem davon, wie sehr man 'Lean Production' mißverstehen kann. Allerorten redet man von 'schlank' und meint 'mager' oder übersetzt 'lean' mit 'straff', wodurch selbst die Sprache erkennen läßt, daß sich hinter den neuen Vokabeln nur die altbekannten tayloristischen Denkmuster und Methoden verbergen, die vormals Rationalisierung, Kosteneinsparung und Kapazitätsabbau hießen. Ohnehin ist bezeichnend, daß man meist von 'Lean Production' (statt von 'Lean Management') spricht und dabei einseitig nur das sichtbare Ende des Produktionsprozesses, nämlich die Fertigung, im Blickfeld hat.

Wer aber die vielgepriesene 'Lean Production' lediglich als neue Methode begreift, um Produktionskosten und Durchlaufzeiten zu senken, läuft sogar Gefahr, seine Wettbewerbsvorteile zu verspielen. Denn es geht weniger um Kosteneinsparung im herkömmlichen Sinn als vielmehr darum, die Kosten der Bürokratie zu vermeiden. Wenn aber Bürokratien beginnen, Kosten zu sparen, kommt dabei häufig nur noch mehr Bürokratie heraus, weil dies dann auf bürokratischem Weg geschieht. Wer also - wie derzeit zahlreiche Unternehmen - versucht, japanische Methoden 'von oben' anzuordnen, begibt sich auf einen Weg mit zweifelhaften Erfolgsaussichten.

Lean Production ist dort - wo sie erfolgreich praktiziert wird - stets das Ergebnis eines langwierigen und komplizierten Organisationsentwicklungsprozesses, der nur unter spezifischen kulturellen und mentalen Rahmenbedingungen stattfinden kann. Eine schlichte Imitiationstrategie ist vor allem deshalb zum Scheitern verurteilt, weil der andersartige sozio-kulturelle Hintergrund Japans - der für das Wirksamwerden dieser Methoden unabdingbare Voraussetzung ist - nicht mit übernommen werden kann. Der Glaube, man brauchte die japanischen Managementprinzipien - wie Kanban, Just-in-Time, Total-Quality-Management oder Quality Circles - nur zu kopieren, führt auch deshalb in die Irre, weil 'Lean Production' weder ein neues Produktionskonzept, noch eine Rationalisierungs- und Kostensenkungsmethode ist, sondern eher ein Führungs- und Organisationsprinzip, hinter dem sich erheblich mehr verbirgt als dessen hierzulande diskutierte Facetten - wie Gruppenarbeit, Hierarchieabbau, Simultaneous Engineering usw. - erahnen lassen.

Wettbewerbsfaktor Organisation

Angesichts der verbreiteten Mißverständnisse kann man dem Vorstandsvorsitzenden der Deutschen Aerospace AG, Jürgen Schrempp, nur beipflichten, der kürzlich vorschlug, schleunigst "vom Begriff des 'Lean Management' wegzukommen, denn er hat Schlagwort-Charakter, der nur ablenkt. Ich verwende lieber die Idee der 'lernenden Organisation'." In der Tat trifft dieser von dem amerikanischen Managementguru Peter M. Senge geprägte Begriff weit eher das, worauf es tatsächlich ankommt: Nämlich darauf, daß Organisationen Wissen nicht nur zur Steigerung der eigenen Effektivität nutzen, sondern auch zu ihrer eigenen Umstrukturierung.

Die Flexibilität von Organisationen ist - neben der 'Ressource' Mensch - der zweite Wettbewerbsfaktor von zentraler Bedeutung. Denn qualifizierte und kreative Mitarbeiter sind zwar ein Schlüssel für wirtschaftliches Überleben. Aber das allein genügt nicht. Wie ein Schlüssel ohne Schloß, so bleiben Phantasie und Wissen wirkungslos, solange die hieraus erwachsenden Ideen nicht zu Innovationen umgesetzt werden (können). Damit aus einer neuen Idee veränderte Realität - also eine Innovation - werden kann, muß sich das neue Wissen zuerst in der Unternehmensorganisation durchsetzen. Es genügt also nicht, daß der einzelne lernfähig und kreativ ist - die Organisation als ganzes muß ebenfalls lernfähig sein. In dieser Frage der Lernfähigkeit von Organisationen liegen die Wurzeln für fast alle ökonomischen und politischen Probleme, die uns in wachsendem Maße Kopfzerbrechen bereiten.

Um herauszufinden, wie es um die Lernfähigkeit der meisten Organisationen bestellt ist, bedarf es keiner wissenschaftlichen Methoden. Denn wohl jeder hat es selbst schon einmal auf die eine oder andere Weise erfahren: Neue Erkenntnisse, Vorschläge und Innovationen werden innerhalb von Organisationen häufig als unangenehme Störung und nur selten als Chance begriffen. Denn jede Innovation, jedes neue Wissen hat immer auch Veränderungen zur Folge, durch die zumindest Teile des alten Wissens entwertet werden. Weil aber hierarchische Organisationen auf dem traditionellen Herrschaftsprinzip 'Wissen ist Macht' basieren, greifen Innovationen immer in bestehende Strukturen und somit in die Machtverhältnisse im Unternehmen ein. Innovationen werden deshalb oft nicht nur als unbequem sondern vielfach sogar als Bedrohung empfunden.

Damit zusammenhängend lautet eine zentrale Erkenntnis der Erforschung wettbewerbsfähiger Unternehmensstrukturen: Innovationen kann man nicht erzeugen, man kann sie nur fördern, indem man Behinderungen abbaut. Zahllose Beispiele aus der Industriepraxis belegen, daß die überwiegende Anzahl nicht realisierter Innovationen auf hierarchiebedingte Blockaden und Managemententscheidungen zurückzuführen ist.

Was also nottut, ist die die Entwicklung einer 'Kultur des Wandels' auf allen Ebenen von Management und Politik. Dies käme einer Kulturrevolution gleich, die allerdings zur Zeit noch wenig wahrscheinlich erscheint. Bereits in der Vergangenheit stießen die Modewellen der verschiedenen 'Management by xxx'-Ansätze regelmäßig überall dort, wo bestehende Strukturen und Verfahren wirklich grundsätzlich in Frage gestellt wurden, rasch an ihre Grenzen.

In der aktuellen Diskussion um 'Lean Management' scheint sich dies erneut zu bestätigen: Eine im 'Handelsblatt' veröffentlichte Umfrage unter westdeutschen Führungskräften ergab, daß 45% der Befragten mit diesem Begriff Kostensenkungen assoziieren. Ebenso erhellend ist, daß nur 0,8% der Manager eine Verringerung ihrer Entscheidungsbefugnis durch 'Lean Management' erwarten. Genau darauf kommt es aber an, wenn man es ernst meint mit einer 'Schlankheitskur' im Sinne einer Steigerung von Innovationsfähigkeit und Flexibilität. Denn wer Kreativität erhofft und Leistungsbereitschaft fordert, der muß Vertrauen entwickeln, Autonomie gewähren und Verantwortung delegieren - mit anderen Worten: er muß Macht abgeben.

Weil aber persönliche Interessen häufig vor sachdienlichen Argumenten rangieren, ist die mangelnde Bereitschaft und Fähigkeit zur Veränderung gewachsener Strukturen - also eine Schwäche in der Offenheit für neue Wege - ein durchgängiges Phänomen, das in allen gesellschaftlichen Gruppen festzustellen ist. Auch dies erklärt, warum es sich nicht wenige in der Standortdiskussion derzeit ziemlich einfach machen und die Ursachen für die gegenwärtige Misere nicht bei sich selbst, sondern zunächst woanders suchen: etwa bei der Tarif-, der Steuer- oder der Umweltschutzpolitik.

Die damit einhergehende Überbetonung volkswirtschaftlicher Standortfaktoren lenkt aber in Wahrheit von den entscheidenden Ursachen mangelnder Wettbewerbsfähigkeit ab. Indirekt liefert allerdings die Hartnäckigkeit, mit der in der Standortdebatte sattsam bekannte Argumentationsmuster gebetsmühlenhaft wiederholt werden, durchaus Indizien für die zentrale Ursache einer - inzwischen kaum mehr zu leugnenden - fundamentalen Bedrohung des Industriestandorts Deutschland: Eine gravierende Innovationsschwäche - von manchen Beobachtern sogar als 'Innovationssklerose' bezeichnet - insbesondere in technologischen Schlüsselbereichen.

Innovationsschwäche beim Wettbewerbsfaktor Technologie

Bereits heute zeigt die Industriestruktur Deutschlands eine bedenkliche Schieflage, denn sie hat ihre Stärken vorwiegend in Bereichen, deren Mengenwachstum gering oder sogar rückläufig ist und die künftig industrielle Vollbeschäftigung nicht mehr sicherstellen können. Da Deutschland bei den sogenannten Zukunftsindustrien bislang nur schwach vertreten ist, diese aber zugleich Schlüsselrollen auch für die traditionellen Branchen innehaben, droht uns langfristig eine industrielle Verödung, wie man sie aus Großbritannien und Teilen der USA ('rust belt') kennt. Insgesamt gesehen, kann man Michael E. Porter, dem renommierten Wettbewerbstheoretiker der Harvard Business School, nur unumwunden zustimmen, wenn er konstatiert: "Eine echte Bedrohung für viele deutsche Branchen ist die Unfähigkeit, innovativ zu bleiben, was auf den Mangel an Qualifikationen und Fachwissen auf neuen Wissensgebieten wie Halbleiter, Computer, Software und Biotechnik zurückgeht."

Allerdings darf man sich von solchen Äußerungen nicht zu falschen Schlußfolgerungen verleiten lassen: Die Innovationsschwäche - vor allem in den sogenannten High-Tech-Sektoren wie der angewandten Informatik - ist keine Folge technologischer Defizite. Vielmehr ist es genau andersherum: Die Defizite in wichtigen Basistechnologien sind Ausdruck und Konsequenz der Tatsache, daß die Bedeutung der sogenannten 'Soft-Factors' (Kreativität, Motivation, Qualifikation, Verantwortungsbereitschaft, Selbstbewußtsein u.ä.) hierzulande lange Zeit unterschätzt wurde (und noch immer wird). Erst allmählich setzt sich die Erkenntnis durch, daß sich mit technischen Lösungen allein die Wettbewerbsfähigkeit nicht sichern läßt und daß z.B. die massive Schwäche unserer Informatikbranche im Grunde weniger technischer Natur ist als vielmehr Indiz und Folge unzureichender Anstrengungen im Bereich der Humanressourcen, wie sie sich in unzeitgemäßen Arbeitsstrukturen, Organisationsformen, Managementkonzepten und Führungsstilen widerspiegeln.

Als ein Zwischenergebnis läßt sich somit festhalten: Zur Sicherung des Standorts Deutschland ist primär ein Umdenken des Managements erforderlich, denn der überragende Grund für die Wettbewerbsvorteile der japanischen Industrie ist die soziale und technische Organisation des Arbeitsprozesses.

Zweifellos wäre es zu einfach, allein das Management für die Rückständigkeit in technologischen Schlüsselbereichen verantwortlich zu machen. Vor solchen Neuauflagen wenig hilfreicher einseitiger Schuldzuweisungen sollten sich im übrigen gerade

Gewerkschaften hüten, da sie - wie auch der Staat - als Unternehmer (Gesellschafter) in den meisten Fällen versagt haben.

Das Schicksal staatlicher Unternehmen zeigt exemplarisch, daß große (politische) Systeme den Flexibilitätsanforderungen auf Gebieten mit hoher Innovationsdynamik kaum gewachsen sind. Statt - wie angestrebt - Entwicklungen politisch zu gestalten, werden in vielen Bereichen staatliche Institutionen eher zu Zaungästen, die auf Trends lediglich reagieren - wenn nicht gar hoffnungslos hinterherhinken. In strategischer Hinsicht hat diese Trägheit schwerwiegende Konsequenzen, denn folgenreiche Defizite im Bereich von Zukunftsindustrien sind unter anderem auch Resultat von Versäumnissen und strukturellen Mängeln der staatlichen Forschungs-, Technologie- und Bildungspolitik. Wobei - um dies vorwegzunehmen - die positiven Möglichkeiten staatlicher Einflußnahme auf die Technologieentwicklung oft überschätzt, deren negative Auswirkungen hingegen häufig unterschätzt werden.

Technikzentrierte Forschungspolitik führt in eine Sackgasse

Statt auf Strategien zur Entfaltung der 'Soft-Factors' zu setzen, konzentrierte sich die F+T-Politik der vergangenen Jahrzehnte auf die tradierten 'Hard-Factors' - sie ist durchaus als technikzentriert, kapitalintensiv und auf große Einheiten bzw. spektakuläre Großprojekte fixiert zu charakterisieren. Symbolträchtige Namen wie 'Schneller Brüter', SUPRENUM, JESSI, HERMES, COLUMBUS aber auch die klassischen CIM-Ansätze und ähnliches stehen nicht nur für beträchtliche Fehlinvestitionen, sondern auch für Denkweisen, die überholt, wenn nicht gar von Anfang an fehlgeleitet waren. Im aktuellen Sprachgebrauch ist die bisherige F+T-Politik keine 'Lean Policy', sondern eher eine 'Fat Policy', die sich sowohl strukturell als auch inhaltlich überlebt hat. Denn in ihrem Kern steht sie noch immer in der Denktradition Taylors und Fords, die ihr Heil in immer mehr Technikeinsatz, immer komplexerer Automatisierung und immer größeren Einheiten suchten.

Lediglich in dem Anfang der siebziger Jahre begonnenen Programm zur 'Humanisierung des Arbeitslebens - HdA' (und dessen Nachfolger 'Arbeit+Technik') spielt die systematische Erforschung und Entwicklung der ausschlaggebenden Wettbewerbsfaktoren Humankapital und Organisation eine gewisse Rolle. Gemessen an den vorwiegend technikorientierten Förderbereichen wurden diese humanressourcenorientierten Ansätze allerdings nur marginal gefördert - was auch damit zusammenhängen dürfte, daß 'Humanisierung' meist nur im Sinne des Arbeitsschutzgedankens verstanden und infolgedessen die industriepolitische Relevanz dieses Programms überhaupt nicht erkannt wurde. Daß die Entwicklung menschengerechter Arbeitsformen zugleich der Keim einer erfolgreichen Industriepolitik ist, ist eine Erkenntnis, die sich in der Ministerialbürokratie erst noch durchsetzen muß. Denn statt endlich - angesichts der aktuellen Diskussion über Hintergründe japanischer Arbeitskonzepte - aus den Fehlern der Vergangenheit zu lernen, ist man im BMFT sogar dabei, überholte Orientierungen fortzuschreiben. Wenn ausgerechnet bei dem einzigen Programm, das (unter anderem) zukunftsweisende Arbeitskonzepte zum Gegenstand hat, immer wieder Mittelkürzungen erwogen werden, so ist dies durchaus ein Indiz für verheerende industriepolitische Kurzsichtigkeit aufgrund behördentypischer Anachronismen, die man leider auch dem BMFT attestieren muß.

Nicht zuletzt anhand dieser Sparmaßnahmen wird deutlich, daß sich die einseitigen Orientierungen in der F+T-Politik heute sogar auf doppelte Weise rächen. Weil in den siebziger Jahren beträchtliche Summen vor allem in großtechnologischen Feldern der Atomenergietechnik etc. investiert wurden, engen die damals errichteten Großforschungseinrichtungen als ererbter Ballast auch heute noch die forschungspolitischen Handlungsspielräume weit über Gebühr ein.

Staat als Moderator des Innovationsdialogs

In Anbetracht der finanziellen Engpässe und angesichts wachsender Vorsprünge der japanischen Industrie sind auch und vor allem in der F+T-Politik neue Prioritätensetzungen geboten, die sich an den veränderten technologischen und ökonomischen Gegebenheiten orientieren müssen. Unter industriepolitisch-strategischen Gesichtspunkten gilt es, den sich abzeichnenden Übergang in eine Ära nach Taylor mit einem arbeitspolitisch orientierten Programm zu forcieren, welches den künftigen Schwerpunkt staatlicher Innovationspolitik bilden muß.

Die notwendige radikale Umschichtung der F+T-Mittel zugunsten humanressourcen-orientierter Zukunftsvorsorge muß durch einen an die japanischen MITI-Erfahrungen angelehnten gesellschaftsweiten Innovationsdialog zwischen Staat, Wirtschaft und Gewerkschaften begleitet werden. Darin hat der Staat als Moderator und Plattform den notwendigen Diskurs über die immer weitreichenderen technologiepolitischen Weichenstellungen zu organisieren. Wie bedeutsam und fruchtbar derartige Konsens-findungsprozesse sein können, läßt sich ebenfalls am japanischen Beispiel ablesen. Allerdings sollte man nicht versuchen, die mitunter sehr rigide japanische Konsens-Kultur zu imitieren. Aussichtsreicher ist es, dem japanischen Modell eine eigenständige Industriekultur entgegenzustellen, die an den europäischen Traditionen von Individualität und Vielfalt anknüpft weil dies - im Sinne evolutionärer Entwicklung - auf Dauer ungleich erfolgversprechender sein dürfte. Innovative Vielfalt kann auch dadurch gefördert werden, daß stets ein gewisser Prozentsatz der jeweiligen Etats für sogenannte 'freie Forschung' an alternativen Konzepten zur Verfügung gestellt wird.

Als das Herzstück einer langfristig angelegten Industriepolitik muß sich F+T-Politik gezielt auf strategische Schwerpunkte konzentrieren, von denen unsere ökonomische und ökologische Überlebensfähigkeit in besonderem Maße abhängt. Dabei ist es ratsam, sich auf die eigenen Stärken zu besinnen und vorrangig in diejenigen Zukunftsfelder zu investieren, in denen die deutsche (und europäische) Industrie mit vertretbarem Aufwand Wettbewerbsfähigkeit halten und/oder erreichen kann.

Die Strukturkrise im Maschinenbau ist symptomatisch

In einer gängigen Argumentation wird in diesem Zusammenhang stets die besondere Bedeutung des Maschinenbaus - und speziell des Werkzeugmaschinenbaus - als Rückgrat der deutschen Industrie und Motor deutscher Exporterfolge hervorgehoben. Wenngleich diese Argumentation für die Vergangenheit und Gegenwart zweifellos einige Berechtigung hat, so ist auch zu fragen, welche Faktoren zum Erreichen dieser Wettbewerbsposition beitragen und ob diese Argumentationskette auch in Zukunft Bestand haben wird.

Die Erfolge des Werkzeugmaschinenbaus sind unter anderem darauf zurückzuführen, daß im Vergleich zu den bei Standard-Maschinen äußerst wettbewerbsfähigen Japanern die deutschen Anbieter mehr differenzierte, kundenspezifische Lösungen realisieren konnten. Wenn der Maschinenbau das Rückgrat unserer Industrie darstellt, so ist das Rückgrat eben dieser Branche ihre erfahrene, qualifizierte Facharbeiterschaft gepaart mit einer soliden Ingenieurtradition - zwei Schlüsselelemente, um die uns derzeit noch alle Welt beneidet. Die bisherigen Erfolge des Maschinenbaus sind also ein Spiegel unseres Ausbildungssystems und Beleg dafür, daß (Aus_)Bildung einer der wichtigsten Wettbewerbsfaktoren ist.

Mittlerweile spricht der VDMA vom stärksten Exporteinbruch der letzten 40 Jahre. Still und stetig haben japanische Maschinenbauer ihren Anteil am Export westlicher Industrieländer seit 1970 rund verdreifacht (auf knapp 20%). Deshalb sind die derzeitigen Schwächeerscheinungen im Maschinenbau nicht allein Folge von konjunkturell bedingten Auftragsrückgängen in anderen Sektoren, wie etwa der Automobilindustrie. Vielmehr handelt es sich unverkennbar um Anzeichen struktureller Veränderungen - um Indikatoren dafür, daß im Maschinenbau der Informationstechnik eine Schlüsselrolle zuwächst und nicht wenige der deutschen Maschinenhersteller diesen konsequenzenreichen Trend und die damit einhergehenden Chancen erst spät erkannt haben. In immer mehr Maschinengattungen gewinnen elektronische Steuerungen und Regelungen eine zentrale Schlüsselrolle, da sie die Flexibilität und das Anwendungsspektrum der Maschinen in hohem Maß beeinflussen.

Bezeichnenderweise waren es übrigens Projekte aus dem winzigen HdA-Programm und nicht aus der milliardenschweren Informationstechnikförderung, mit deren Hilfe Ende der siebziger Jahre deutsche Maschinenhersteller elektronische Steuerungen entwickelten, die sich aufgrund ihrer vergleichsweise guten Facharbeiterorientierung erfolgreich vermarkten ließen und Teilen des hiesigen Werkzeugmaschinenbaus zeitweilig zu Spitzenstellungen verhalfen. Weil aber diese Entwicklungen hierzulande bei weitem nicht so konsequent weiterverfolgt wurden, wie es etwa in Japan geschah, beginnt sich im Maschinenbau das Blatt mittlerweile zu wenden.

Die Tatsache, daß in wachsendem Umfang mechanische Aggregate mit informationstechnischen Komponenten zu neuen hochflexiblen Maschinensystemen verschmolzen werden, hat zur Konsequenz, daß ein wesentliches Geheimnis des deutschen Exporterfolges, nämlich die Fähigkeit, flexibel und gezielt auf individuelle Kundenwünsche einzugehen, partiell in die Software - und zum Softwareproduzenten - verlagert wird. Wohl auch deshalb ist seit geraumer Zeit zu beobachten, daß sich japanische Maschinenbauer verstärkt auch zu hochwertigen, maßgeschneiderten Spezialprodukten hinwenden, wobei ihnen die traditionelle Basis im Serienmaschinenbau schnellen Zugriff auf ausgereifte Standardkomponenten zu niedrigen Preisen bietet.

Diese Entwicklung ist nicht nur deshalb so brisant, weil sie allmählich und schleichend unseren wichtigsten Standortvorteil zu entwerten droht. Sie ist es auch deshalb, weil sie - wie es im Sektor der Werkzeugmaschinensteuerungen exemplarisch zu erkennen ist - eine Achillesferse unserer Industrie bloßlegt, deren Bedeutung für unsere Zukunft kaum hoch genug eingeschätzt werden kann. Denn ökonomisch gesehen ist Deutschland dabei, auf dem Gebiet der Informationstechnik, insbesondere der Software, vom zweitklassigen Mitbewerber auf, wie es Konrad Seitz nennt: den Status einer drittklassigen 'Technokolonie von Amerippon' herabzusinken - von einzelnen Ausnahmen abgesehen.

Informationstechnik in der Schlüsselrolle

Aus einer Vielzahl von Gründen besteht inzwischen kaum mehr ein Zweifel daran, daß die Techniken zur Verarbeitung von Informationen die Arbeits- und Lebensbedingungen ähnlich tiefgreifend verändern wie der Übergang von der Agrar- zur Industriegesellschaft. Bereits heute haben bis zu dreiviertel der Belegschaft eines Unternehmens nichts mehr mit der Be- und Verarbeitung von Material im physischen Sinn zu tun, sondern ausschließlich mit der Erfassung, Verarbeitung und Auswertung von Informationen in irgendeiner Form. Noch vor Ablauf dieses Jahrzehnts werden mehr als zwei Drittel aller Beschäftigten neue Anwendungen der Informatik als Arbeitsmittel nutzen. In Anbetracht ihrer strategischen Schlüsselrolle mit weitreichender Multiplikatorwirkung in allen Wirtschaftsbereichen birgt ein Verlust der technologischen Kompetenz auf dem Gebiet der Informatik die Gefahr, langfristig Wettbewerbsfähigkeit auf breiter Front einzubüßen. Im Hinblick auf die Schieflage unserer Industriestruktur muß man sich auch vergegenwärtigen, daß vom weltweiten Umsatzvolumen her gesehen, die Informatikindustrie bereits vor geraumer Zeit die Automobilbranche hinter sich gelassen hat.

Einseitige Orientierung der F+T-Politik

In der Informationstechnik spiegeln sich die strukturellen Defizite der Technologie- und Bildungspolitik unverkennbar wider. Auch hier wurden spektakuläre und kapitalintensive Bereiche, die über eine entsprechende Lobby verfügen, eindeutig bevorzugt. In Verkennung grundlegender Zusammenhänge und Perspektiven wird vom BMFT seit Jahren Informationstechnik weitgehend gleichgesetzt mit Mikroelektronik (und Telekommunikation). Die offenkundige Erfolglosigkeit der staatlichen Fördermaßnahmen ist unter anderen ein Resultat der Konzentration auf Hardware und hardwarenahe Bereiche. Zwar ist deren strategische Rolle nicht zu leugnen, jedoch ist ihre Bedeutung- gemessen an anderen Bereichen - rückläufig und inzwischen eindeutig nachrangig. Diese Einschätzung sollte allerdings nicht als Konstruktion eines falschen Gegensatzes zwischen Hard- und Software verstanden werden, weil natürlich das eine ohne das andere keinen Sinn macht. Jedoch ist es an der Zeit, den Funktionszusammenhang und vor allem die industriepolitische Bedeutung von Soft- und Hardware vor dem Hintergrund knapper Forschungsetats nüchtern zu analysieren.

Software entscheidet über Wettbewerbsfähigkeit

Software verhält sich zu einem Computer (oder anderem IT-System) wie der Text zu einem Buch. Bleibt man in diesem Bild, dann entspricht die Hardware etwa dem Papier. Wenn nun argumentiert wird, daß Halbleiterbauelemente notwendiger 'Rohstoff' sind, so ist dies zwar richtig, aber unvollständig. So wie ein Buch erst durch den Text einen (Markt-)Wert erhält, so verhält es sich mit allen Arten informationstechnischer Systeme: ihre Software entscheidet über die Wettbewerbsfähigkeit, nicht umgekehrt. Wie Bücher des Textes und nicht des Papiers wegen gekauft werden, so ist Software der Grund, warum Computer gekauft werden - nicht umgekehrt.

Aufgrund dieses Zusammenhangs von Information und materiellen Trägermedium ist auch die verbreitete Argumentation, daß produktspezifisches Know-how zum Halbleiterproduzenten verlagert würde und dadurch neue Abhängigkeiten entstünden, etwa so richtig wie die Behauptung, daß das Wissen von Buchautoren zu den Papierfabriken wandert - sie ist insbesondere für den Bereich der Speicher- und Mikroprozessorchips schlicht falsch, weil hier anwendungsspezifisches Wissen irrelevant ist. Die Anwendungsneutralität dieser Bauelemente ist ja gerade der Vorteil, der die Informationstechnologie zur universellen Schlüsseltechnologie macht.

Anwendungsspezifische Informationen spielen lediglich bei ASICs eine gewisse Rolle, diese werden jedoch in der Regel mit Verfahren hergestellt, die auch hierzulande und von kleineren Unternehmen beherrscht werden. Gleichwohl ist dies ein Bereich, der förderpolitisch besonderes Augenmerk verdient.

Ohne jeden Zweifel wäre es von Vorteil für die europäische Industrie, wenn sie über das Know-how und die Kapazitäten verfügen würde, um die jeweils fortgeschrittensten Halbleiterbauelemente selbst zu entwickeln und zu fertigen. Angesichts knapper Ressourcen ist aber auch zu prüfen, ob die erheblichen Investitionen, die erforderlich sind, um in der Halbleitertechnik Schritt zu halten, aus strategischen Gründen zu rechtfertigen sind. In der kontroversen Diskussion dieser Frage kommt man nur weiter, wenn man die unterschiedlichen Einschätzungen mit der industriellen Praxis und der tatsächlichen Entwicklung am Markt konfrontiert. Stellvertretend für die beiden gegensätzlichen Positionen kann auf der einen Seite das im Auftrag des BMFT erstellte IFO-Memorandum "Mikroelektronik und Innovation" und andererseits die Argumentation der Technology Research Group (TRG/Boston) (3), der UBM Consultants (4) und der Gartner Group Inc. (5) herangezogen werden.

In dem IFO-Memorandum wird die Beherrschung des jeweils neuesten Standes der Halbleiter-Prozeßtechnologie als unverzichtbar erklärt, weil Gerätefunktionen zunehmend in die Chips integriert würden und man andernfalls auch auf anderen Gebieten des Innovationswettbewerbs wenig Chancen hätte. Diese Argumentation ist in ihren Grundzügen kennzeichnend für die BMFT-Politik der vergangenen Jahre - wie auch für das kürzlich präsentierte aktuelle BMFT-'Förderkonzept Informationstechnik 1993 - 1996', auf das noch einzugehen sein wird.

Während sich das IFO-Memorandum im wesentlichen auf Vermutungen stützt, ohne die Thesen im einzelnen durch die Praxis zu verifizieren, gelangen sowohl die Monopolkommission als auch bezeichnenderweise das IFO selbst (nämlich im Rahmen seiner Strukturberichterstattung für das BMWi) anhand einer Analyse von Marktdaten zu ganz anderen Schlußfolgerungen. Doch statt nun die Debatte darüber zu vertiefen, was es wohl bedeuten mag, wenn ein- und dasselbe Forschungsinstitut in zwei Studien für zwei Ministerien zu entgegengesetzten Aussagen kommt, ist es fruchtbarer, sich eingehender mit der TRG-Analyse zu beschäftigen.

Die Autoren der Technology Research Group betrachten den Anwendungsbereich der Mikroelektronik, der die höchste Innovationsdynamik aufweist und in dem sich Fortschritte der Halbleitertechnik stets besonders rasch bemerkbar machen: die Computerbranche. Anhand einer differenzierten Faktenanalyse kommen sie zu der Schlußfolgerung: "Die erheblichen Investitionen - notwendig um bei einer Hardwaretechnik Schritt zu halten, deren Leistungsvermögen schon jetzt deren Nutzungsmöglichkeiten weit übersteigt - lassen sich weder aus betriebswirtschaftlichen noch aus strategischen Gründen rechtfertigen. Was wirklich zählt, ist nicht wer Hardware herstellt, sondern wer Anwendungen für Benutzer schöpft." Aufgrund fundamentaler Veränderungen und "einer neuen Dynamik in der Halbleiterprozeßtechnik kommt es auf die Eigenfabrikation als Hauptgrund von Wettbewerbsvorteilen weniger an" - vielmehr zeichnet sich im traditionellen Kernbereich der Computerbranche sogar ab, daß die eigene Hardwarefertigung eher zum Handicap wird. TRG konstatiert: "Darüber zu bestimmen, wie Computer eingesetzt und nicht wie sie hergestellt werden, das schafft in den nächsten Jahrzehnten effektiven Wert - und damit Marktmacht, Arbeitsplätze und Wohlfahrt." Da die Hardwarekomponenten reine Massenartikel werden, die nur marginale Beiträge zur Wertschöpfung leisten, resümiert die TRG: "Über den Nutzungswert konkurrieren, nicht über die Leistungsstärke ... Konsequenz: Investitionen konzentrieren auf Softwareentwicklung, Systemintegration, Vermarktung und Schulung."

Keine Krise der Computerindustrie

Ein Vergleich der Bilanzdaten in der Computerbranche bestätigt die TRG-Analyse auf ganzer Linie: Während einerseits die etablierten Hardwarehersteller Massenentlassungen und Verluste in Milliardenhöhe verzeichnen (z.B. IBM und DEC) oder sogar schon beim Konkursrichter sind (z.B. Wang), erzielen andererseits Softwarefirmen und mit ihnen diejenigen Computerhersteller, bei denen der Anwendernutzen im Vordergrund steht, Jahr für Jahr Rekordumsätze und -gewinne (z.B. Microsoft, Hewlett-Packard, Apple Computer, Sun Microsystems sowie zahlreiche kleinere Hersteller). Angesichts der Tatsache, daß die gesamte Informatikbranche noch immer Wachstumsraten verzeichnet, die deutlich über dem Industriedurchschnitt liegen, kann im übrigen von der vielbeschworenen 'Krise der Computerindustrie' überhaupt keine Rede sein. Vielmehr ist ein fundamentaler Umbau der gesamten Branche in vollem Gange, für den die Umstrukturierung des IBM-Konzerns nur ein Beispiel unter anderen ist.

Die Computerbranche als ein Bereich, der an Dynamik, Komplexität und Brutalität des Wettbewerbs inzwischen kaum mehr zu überbieten sein dürfte, liefert besonders aufschlußreiches Anschauungsmaterial für die Bedeutung der maßgeblichen Wettbewerbsfaktoren 'Humankapital' und 'Organisation'. Denn vor allem hier - wo der Lebenszyklus von Produkten nicht mehr Jahre, sondern inzwischen nur noch Monate beträgt - zeigt sich die überragende Bedeutung von Innovationsfähigkeit und Flexibilität: Nicht die Großen fressen die Kleinen, sondern die Schnellen überholen die Langsamen. Anhand der Gegensätzlichkeit verschiedener Firmenschicksale ist der Zusammenhang von Managementkonzept, Unternehmenskultur und Innovationsfähigkeit geradezu bilderbuchartig abzulesen. Die erfolgreichen Branchenvertreter stehen allesamt für eine veränderte Kultur, in der das Management der zwischenmenschlichen Beziehungen großen Stellenwert hat und ein offenes Diskussionsklima Spielräume für Entfaltung und Selbstverwirklichung bietet - weil Mitarbeiter als schöpferische Individuen und nicht bloß als ausführende Werkzeuge gesehen werden. Hingegen sind die verlustreichen Firmen allesamt Vertreter des alten tayloristischen Stils, in denen patriarchalische Führungsstrukturen eine evolutionäre Weiterentwicklung behinderten. Charakteristische Fälle sind insbesondere die Firmen Nixdorf und DEC, beides Unternehmen, in denen autoritäre Firmengründer gezwungen wurden, das Heft aus der Hand zu geben, als nicht mehr zu übersehen war, daß unbewegliche monolithische Systeme mitunter unerwartet rasch durch das Leben bestraft werden.

Sogar in dem außerordentlich dynamischen und hochgradig technologiesensitiven Markt der Laptop/ Notebook-Computer bewahrheiten sich die Einschätzungen der TRG: "Die Herstellung von Halbleitern ist derart fortgeschritten und kann Chips mit einer solch gesteigerten Leistungsfähigkeit bereitstellen, daß die zugrundeliegenden Ansprüche an die Chips weit zurückbleiben. Konsequenz: Die meisten Anbieter von Hochleistungsrechnern brauchen keinen eigenen Zugang zu allermodernsten Fertigungsstätten." Daß es bei der Informationstechnik in der Tat weniger auf die Halbleitertechnologie als auf andere Faktoren ankommt, wird nachdrücklich durch die Tatsache belegt, daß auf dem anspruchsvollen US-Markt (immerhin rund die Hälfte des Computer-Weltmarkts) der japanische Marktanteil bei Laptops/ Notebooks in den vergangenen vier Jahren von rund 40% (1988) auf fast die Hälfte (25% in 1992) geschrumpft ist. Selbst auf auf dem japanischen Markt bringen einige erfolgreiche US-Computerfirmen die einheimische Industrie inzwischen derart in Bedrängnis, daß einige der japanischen Elektronik-Giganten erstmals Verluste verzeichnen oder sich sogar gänzlich aus dem Computergeschäft zurückziehen (z.B. Kyocera). Dies zeigt: Die Beherrschung der 'intelligenten' Strukturen - Computerarchitektur und Software - ist in der Informationstechnik wettbewerbsentscheidend und weniger die Beherrschung der 'kleinen' Strukturen.

Führungsrolle

Was für die Computerbranche gilt, läßt sich früher oder später auch auf viele andere Branchen übertragen, denn sie hat in gewisser Weise Pilotcharakter für zahlreiche Industrien. In dem Maße, in dem informationsverarbeitende Komponenten in nahezu sämtlichen Arten von Konsum- und Investitionsgütern integriert werden, werden in immer mehr Anwendungsfeldern der Informatik - von der Unterhaltungselektronik über den Maschinenbau bis hin zu Verkehrssystemen - die Kaufentscheidungen in wachsendem Maße von der verfügbaren Software beeinflußt. So wie heute die Software der Grund ist, weswegen Computer gekauft werden, so werden künftig viele andere Industrieerzeugnisse wegen ihres via Software definierten Anwendungsnutzens und nicht wegen ihres (hardware-)technologischen Leistungsvermögens erworben werden. Wegen dieser Rolle als branchenübergreifender Wettbewerbsfaktor ist auf lange Sicht gesehen der Softwaresektor ein strategischer Schlüsselbereich für eine zukunftsorientierte Industriepolitik, dessen weitreichende Bedeutung kaum hoch genug eingeschätzt werden kann.

Die Schlüsselrolle der Software betrifft nicht nur die Anwendung beim Kunden, sondern auch alle Stadien des Produktionsprozesses - von der Forschung über Design, Entwicklung, Fertigung bis hin zur Qualitätssicherung und Wartung. Auf sämtlichen Ebenen und Stufen wird neben dem 'Human Capital' die Verfügbarkeit von Informationen durch leistungsfähige Anwendungssoftware immer stärker zum Engpaß- und Erfolgsfaktor.

Im EDV-Kernbereich haben die Umsätze mit Software+Services erstmals im Jahr 1988/89 die Hardwareumsätze überholt. Rechnet man den in die Größenordnung von Billionen DM (weltweit) gehenden Wert der anwenderintern erstellten Software hinzu, so wird klar, daß auch aus ökonomischer Perspektive betrachtet, Software die Hardware längst hinter sich gelassen hat. Überdies hat mit der Ablösung proprietärer Systemkonzepte durch standardisierte offene Hardwareplattformen ein ruinöser Verdrängungswettbewerb eingesetzt, den - längerfristig betrachtet - ohnehin nur die Hardwarehersteller überleben werden, die auch über ein solides Standbein im Bereich der Software verfügen.

Verlust der Technologieposition

Bei nüchterner Betrachtung führt heute kein Weg mehr an der Feststellung vorbei, daß in einigen besonders umsatzträchtigen Marktsegmenten der Mikroelektronik (hochentwickelte Standard-Halbleiterspeicher) und bei anderen Hardwarekomponenten (z.B. LCD-Displays, Drucker, Diskettenlaufwerke, optische Speicher, Monitore) japanische Unternehmen inzwischen ähnlich konkurrenzlos auf dem Weltmarkt agieren wie im Bereich der Unterhaltungselektronik oder der Fototechnik. Die auf einigen Gebieten hochentwickelter Produktionsverfahren erreichten Vorsprünge Japans sind kaum mehr aufzuholen, nicht zuletzt, weil viele der technologiepolitischen Weichenstellungen, auf die sich die heutige Dominanz japanischer Industrien gründet, schon in den sechziger und siebziger Jahren vorgenommen wurden.

Die erforderlichen Aufwendungen für Entwicklung und Produktion von höchstintegrierten Halbleiterkomponenten (insbes. Speicherchips) haben inzwischen eine Größenordnung erreicht, die das Leistungsvermögen selbst der größten europäischen Elektronikunternehmen übersteigt. Die soeben geschlossene Kooperationsvereinbarung zwischen IBM, Siemens und Toshiba erhellt, daß der geschätzte Entwicklungsaufwand für die übernächste Speicherchipgeneration sogar Dimensionen erreicht, die ohne weltweite Zusammenarbeit nicht mehr zu meistern sind. Damit wird deutlich, daß die vielbeschworene Gefahr einer Abhängigkeit von der 'Japan AG' in bestimmten Technologiefeldern zu relativieren ist.

Die Tatsache, daß in der Halbleiter-, Computer-, Unterhaltungselektronik- und zugehöriger Ausrüstungsindustrie ein Verlust der Technologieposition auf breiter Basis zu verzeichnen ist, ist ein historisch neues Phänomen am Standort Deutschland. Dabei handelt es sich um eine nachhaltige und teilweise irreversible Niederlage, wie es die UBM-Consultants in einer Standortanalyse betonen: "Ist die Technologieposition in einer Industrie erst einmal verloren, sind auch staatliche Förderprogramme von zweifelhafter Effizienz; es fehlen die Unternehmen als Innovationsträger. Der Verlust der Technologieposition ist eine schwerwiegende langfristige Bedrohung des Standorts Deutschland. Einer Erosion der Innovationsfähigkeit und der industriellen Basis kann auch durch massive finanzielle Anreiz nicht ausreichend begegnet werden, wie das Beispiel Großbritannien belegt." Mit anderen Worten: Weil - zumindest in den genannten Technologiefeldern - die Erfolgsaussichten gegen Null tendieren, wächst die Gefahr, daß bei einer Fortsetzung unseres technologiepolitischen Kurses schlechtem Geld nunmehr gutes hinterhergeworfen wird.

Das 'Abfackeln' von Forschungsgeldern

Genau dies wird aber stattfinden, wenn das soeben vorgelegten Konzept des BMFT zur künftigen Förderung der Informationstechnik in die Tat umgesetzt wird. Denn mit dem IT-Programm 1993 - 96 wird eine förderpolitische Linie fortgeschrieben, die sich schon in der Vergangenheit als wenig erfolgreich erwiesen hat, weil sie mit ihrer einseitigen Orientierung an den Marktrealitäten weitgehend vorbeigeht. Betrachtet man demgegenüber vergleichbare Strategiepapiere - etwa des US-Council of Competitiveness: "Technology Priorities for America's Future" - so wird deutlich, daß das

BMFT-Konzept im Grunde genommen nahezu sämtliche zentralen Aspekte des Themas "Informationstechnik" ignoriert. In Bezug auf einen einseitig hardwarefixierten Blickwinkel fällt das neue Programm sogar noch hinter seine Vorgänger zurück. Erneut wird der Forschungswettbewerb ausgerechnet in den Feldern gesucht, in denen deutsche bzw. europäische Positionen mittlerweile recht schwach sind und zusehends schwächer werden.

Das aktuelle BMFT-Programm - das sich über weite Strecken eher wie eine Sammlung populärwissenschaftlicher Abhandlungen liest, deren Redakteure allerlei optimistische Prognosen und Orakel für bare Münze genommen haben - legt ziemlich schonungslos das grundlegende Dilemma offen. Denn, wie skizziert, erfordert die komplexe und hochdynamische Situation der Informationstechnik beträchtliche Fachkompetenz und Flexibilität, so daß inzwischen selbst erfahrene Konzerne unverkennbar Mühe haben, mit dem rasanten Wandel Schritt zu halten. Was soll da eigentlich noch eine öffentliche Institution ausrichten können, in der an den entscheidenden Stellen noch nicht einmal Fachleute, sondern in der Regel Berufspolitiker sitzen?

So gesehen, kann es kaum verwundern, wenn in dem BMFT-Konzept manche Formulierungen fatal an die Mikroelektronik-Forschung in der ehemaligen DDR erinnern, in der ein Politbüro angesichts eigenproduzierter Chips den angeblichen Anschluß im Technologie-Wettlauf feierte und auch zuletzt noch nicht wahrhaben wollte, daß die staatlichen Planer in Wahrheit Milliarden in den Sand gesetzt hatten. Auch bei uns behaupten Beamte im aktuellen BMFT-Programm allen Ernstes: "Die Informatikforschung in der Bundesrepublik Deutschland und alle ihre wichtigen Anwendungsrichtungen erfreuen sich eines hohen internationalen Ansehens, das sie zu wesentlichen Teilen der nachdrücklichen Forschungsförderung durch BMFT und DFG in früheren Jahren verdanken." Solch geradezu groteske Fehleinschätzungen sind bestenfalls ein weiteres Indiz für das speziell in öffentlichen Einrichtungen gepflegte 'Management by Potemkin'. Das BMFT-Konzept enthält neben einer bemerkenswerten Ansammlung von Gemeinplätzen so manche erhellende Formulierung, die tieferliegende Gründe für die gegenwärtige Misere erkennen läßt. So ist im Eingangskapitel über die Bedeutung der Informationstechnik zu lesen: "Sie (die Informationstechnik) ist Quelle von Innovationen im wirtschaftlichen und kulturellen Bereich." Angesichts derartiger Verkennung von Ursache und Wirkung läßt sich erahnen, weshalb seitens der Politik die wirkliche Quelle von Innovationen bislang so sträflich vernachlässigt wurde.

Bei alledem ist man geneigt, dem Staatssekretär im US-Handelsministerium, Robert M. White, zuzustimmen, der freimütig offenbart: "In den Vereinigten Staaten sind wir uns keineswegs so sicher, daß der Staat bzw. die Regierung für die Sicherung der Zukunft bestimmter Industriezweige besonders gut geeignet ist." Wie berechtigt Zweifel an der technologiepolitischen Rolle des Staates sind, wird noch deutlicher, wenn man sich auf die EG-Ebene begibt. Denn was für die deutsche F+T-Politik im Bereich der Informationstechnik gilt, läßt sich uneingeschränkt auf ihr europäisches Pendant übertragen. Frank Sempert, Leiter des deutschen Ablegers der Gartner Group, einer der international renommiertesten Analysten der Informatik-Branche, meint dazu: "Mir ist bis heute nicht ein einziges EG-Projekt im EDV-Bereich bekanntgeworden, aus dem auch nur ein einziges marktfähiges Produkt hervorgegangen wäre. Die staatliche Förderung ist - entgegen allen anderslautenden Beteuerungen - kein Motor für die Innovation, sondern ein Kostenpuffer für die diejenigen Großunternehmen, die üblicherweise die Gelder einstreichen. ... MITI und Pentagon sind nicht so dumm, ihre Gelder ohne Gegenleistung zu verschenken. ... Doch bis das technologische L'art pour l'art, bemäntelt als Grundlagenforschung, finanziell auf Grund läuft, wird wohl noch mancher Forschungs-ECU sinnlos abgefackelt."

Gefährliche Abhängigkeiten - aber nicht bei den Speicherchips

Die offenkundige Erfolglosigkeit unserer bisherigen F+T-Politik im IT-Sektor darf allerdings keinesfalls zu der inzwischen hier und da geäußerten Schlußfolgerung verleiten, daß jegliche staatliche Einflußnahme von Übel und deshalb prinzipiell abzulehnen sei, wie es etwa in der UBM-Standortanalyse herauszulesen ist: "Der Sinn und Nutzen der staatlichen F&E-Förderung muß daher grundsätzlich in Frage gestellt werden. Trotz hoher Budgetmittel, zahlreicher Forschungsprojekte und einer staatlichen Großforschungseinrichtung (GMD) verlor die deutsche EDV-Industrie in den 70er und 80er Jahren ihre Wettbewerbsfähigkeit." Denn andererseits - wenngleich die Rolle des sagenumwobenen MITI auch vielfach überschätzt wird - ist doch so mancher Erfolg der japanischen Industrie zumindest in Teilen durchaus auf staatliche Maßnahmen zurückzuführen. Und wer sich mit Hintergründen für die überragende Stellung der US-Computerindustrie beschäftigt, stößt unweigerlich immer wieder auf die staatlichen ARPA-Forschungsprogramme der sechziger Jahre, in denen alle wesentlichen Wurzeln für die heutige amerikanische Dominanz im Computersektor gelegt wurden.

Gerade die erfolgreichen Beispiele staatlicher Einflußnahme zeigen aber auch unmißverständlich, daß das BMFT - nicht zuletzt in Anbetracht der finanziellen Engpässe - mit einer neuen Prioritätensetzung besser beraten wäre, die sich mehr an den veränderten technologischen und ökonomischen Realitäten und weniger an politischen Hoffnungen oder Subventionswünschen von Lobbyisten orientiert. Denn wenn beispielsweise inzwischen japanische Hersteller schon Prototypen von Entwicklungen präsentieren, für die hierzulande noch die Forschungsprogramme formuliert werden, kann man - zugegebenermaßen überspitzt formuliert - eher von Erhaltungssubventionen für Altindustrien als von zukunftsweisender Forschungspolitik sprechen.

In diesem Zusammenhang ist allerdings auch die industriepolitische Argumentation ernstzunehmen, nach der die eigenständige Produktion von Mikroelektronik-Bauelementen eine 'nationale' bzw. 'europäische' Aufgabe sei, weil es - koste es was es wolle - eine bedrohliche Monopolstellung Japans zu verhindern gelte. Aufgrund der hohen Durchdringung mit der Querschnittstechnologie Mikroelektronik wären heute in der Tat weite Teile der gesamten europäischen Industrie nahezu schlagartig lahmzulegen, wenn man ihnen plötzlich den 'Mikrochip-Hahn' zudrehen würde.

Mit einem solchen Horrorszenario in der Hinterhand gelang es den verbliebenen europäischen Herstellern von Speicherchips (Siemens, Philips, Thomson) in Brüssel erhebliche Subventionsmittel für die Aufholjagd gegen ihre japanischen Wettbewerber lockerzumachen. Mit Hilfe von acht Milliarden DM des EG-Forschungsprogramms JESSI soll die Lücke geschlossen werden. Doch noch früher als in den anderen Fällen zeichnet sich ab, daß JESSI nur ein weiteres Glied in der langen Kette öffentlich finanzierter Flops werden wird. In ihrer Standortanalyse argumentieren die UBM Consultants anhand der Fakten plausibel gegen eine staatliche Industriepolitik bei Halbleitern:

"Bereits während der Anlaufphase des JESSI-Programms wurden die zuvor vehement vertretenen industriepolitischen Ziele ad absurdum geführt: Zuerst gab Philips die Entwicklung einer neuen Generation von Speicherchips auf, kurze Zeit später verkündete Siemens, die geplante Entwicklung des 64-MB Chips nicht innerhalb des JESSI-Projekts, sondern in Kooperation mit IBM zu entwickeln: Der Traum einer unabhängigen europäischen Halbleiterindustrie zerbrach, das JESSI-Projekt verlor seine politische Zielsetzung und ist heute lediglich eine willkommene Finanzierungsquelle zahlloser kleiner Forschungsinstitute. Mit JESSI scheiterte wahrscheinlich auch der letzte Versuch, eine nationale oder kontinentale Industriepolitik mit Hilfe von F&E-Subventionen zu verfolgen. Die Entwicklungen der letzten Jahre sprechen gegen eine Industriepolitik für Halbleiter:

- Die Zeit des Blockdenkens Japan, USA, Europa nähert sich dem Ende. Die Allianz zwischen IBM, Toshiba und Siemens zur Entwicklung und Fertigung des 256_MB Chips ist das prominenteste Beispiel zahlreicher interkontinentaler Koalitionen in F&E und Fertigung. Siemens sichert sich damit den Zugriff auf die neuesten Technologien zu einem akzeptablen Preis und ohne staatliche Subventionen.

- Mit Korea (Samsung, Goldstar) greift ein globaler Mitspieler die dominante japanische Position bei Speicherchips an.

- Der 64-MB Chip wird aus wirtschaftlichen und technologischen Gründen von keinem europäischen Hersteller produziert werden. ... Der Zugriff auf die hochwertigen Chips muß auf anderen Wegen, als die der Eigenproduktion gesichert werden.

- Für die Abnehmer am Standort Deutschland ist nur ein Segment der Halbleiter, die ASICs, von strategischer Bedeutung.

- Durch den Verlust der EDV-Industrie und von Teilen der Unterhaltungselektronik fehlen Europa die wichtigsten Abnehmer für Hochleistungsprozessoren und Speicherchips. Der Bedarf der in Europa starken Telekommunikationsindustrie, der Industrieelektronik oder der Automobilhersteller ist aber zu gering, um die Investitionen für Produktionslinien in Höhe von 1-2 Mrd. DM zu amortisieren.

- Die These, daß nur Unternehmen mit eigener Speicherchip-Fertigung auch bei anderen Halbleitern, vor allem ASICs, erfolgreich seien, wird inzwischen selbst von Siemens nicht mehr vertreten. Die Wettbewerbsverhältnisse auf dem ASIC-Markt widerlegen diese These mit Fakten: Die japanischen Top-Hersteller von Speicherelementen wie NEC, Toshiba und Hitachi konnten ihre Position weder bei Prozessoren noch bei ASICs wesentlich verbessern."

Insbesondere in dem bei uns als 'Technologietreiber' im Zentrum der Diskussion stehenden höchstintegrierten Speicherchips sind keinerlei Indizien für eine mögliche Beeinträchtigung der Versorgung erkennbar. Ganz im Gegenteil, hier herrscht weltweit ein erbitterter Preiswettbewerb zwischen den führenden Anbietern, der durch den Markteintritt Koreas noch angeheizt wird. Im Übrigen: Während hierzulande noch die meisten industriepolitisch Interessierten wie das Kaninchen auf die Schlange Japan starren, haben sich, für viele Beobachter überraschend, die USA inzwischen den Spitzenplatz in der Halbleiterindustrie zurückerobert. Der japanische Weltmarktanteil liegt nach kräftigem Rückgang nunmehr bei 38% (1992), hingegen kann die US-Halbleiterindustrie wieder mehr als die Hälfte (53%) der weltweiten Umsätze für sich verbuchen.

Die aktuellen Entwicklungen im Mikroelektroniksektor sind aber nicht dazu angetan, europäische Informationstechnikanwender zu beruhigen. Ganz im Gegenteil, die Trends verweisen vielmehr auf ein grundlegendes Manko unserer Standortdebatte: auf die Tatsache, daß hierzulande das Potential der US-Informationstechnikindustrie chronisch unterschätzt wird. Denn es sind in erster Linie US-Unternehmen, die mit hochgradiger Monopolisierung zum Leidwesen vieler Anwender außerordentlich gefährliche, ja in manchen Fällen sogar existenzbedrohende Abhängigkeiten geschaffen haben. Denn ungleich brisanter als bei den Speicherchips ist die Situation auf dem Gebiet der Mikroprozessoren und vor allem bei Betriebssystemen, Software-Tools,

Anwenderschnittstellen, Datenbanken, Standard-Applikationen und Netzwerk-Systemen. Alle diese Technologiefelder - strategisch ähnlich bedeutsam wie die Beherrschung der Halbleitertechnologie - werden klar von US-amerikanischen Firmen kontrolliert, die - zumindest in einigen Bereichen - praktisch konkurrenzlos agieren. Schon heute klagen bei uns Entwickler aus dem Maschinenbau und anderen Branchen über die verspätete Offenlegung von Schnittstellenspezifika durch weltmarktbeherrschende US-Softwarefirmen, die sich und ihren Partnern hierdurch erhebliche Wettbewerbsvorteile auf den unterschiedlichsten Anwendungsfeldern verschaffen. Inzwischen hat sogar die US-Wettbewerbsbehörde Federal Trade Commission nach 30-monatiger Prüfung ein Verfahren gegen den weltgrößten Software-Hersteller Microsoft angestrengt, dem sie in einem umfangreichen Gutachten wettbewerbsschädigendes Verhalten und unfaire Praktiken nachgewiesen hat.

Welch immense strategische Bedeutung die Software innehat, kann man im übrigen am deutlichsten anhand der Aktienbörsen ermitteln, einem sensiblen Instrumentarium, das sich in der Analyse von wirklich bedeutsamen Wettbewerbsfaktoren und in der Prognose von grundlegenden Trends gegenüber der Politik seit jeher als überlegen erwiesen hat. Die Börse honoriert die überragende Bedeutung des Wettbewerbsfaktors Wissen - in Form von Software - schon seit langem. Beispielsweise erreicht das Softwarehaus Microsoft bei einem Umsatz von 1,8 Milliarden $ (1991) einen Börsenwert von 22,9 Milliarden $, das ist mehr, als der Autogigant General Motors trotz seines fast hundertfach größeren Umsatzes erzielt. Auf der Marktwertskala rangiert das junge Unternehmen Microsoft schon auf Platz 2 hinter IBM und übertrifft den Marktwert von DEC, einem EDV-Unternehmen mit der zehnfachen Größe, um 70%. Angesichts dieser unmißverständlichen Fakten stellt die TRG kurz und bündig fest: "Die erfolgreichsten Computerfirmen sind inzwischen die, die überhaupt keine Computer mehr bauen ... Unternehmen und Länder, die Märkte kontrollieren, besitzen damit Macht-, Profit- und Beschäftigungsvorteile gegenüber jenen, die bloß Technologien kontrollieren."

Während hierzulande das BMFT in Pressemitteilungen anläßlich des neuen IT-Programms in enthüllenden Formulierungen noch immer den Erkenntnisstand der siebziger Jahre reproduziert: "Information ist in der heutigen Verpackung des CHIP zu einem entscheidenden Produktionsfaktor geworden" lauern in Wahrheit in der Konzentration der wissensintensiven US-Industrien Gefahren für die industrielle Zukunft Europas, die der japanischen Herausforderung mindestens ebenbürtig sind und die bislang sträflich unterschätzt werden.

Während die Entwicklung und Herstellung von Mikroelektronik-Komponenten immer gigantischere Investitionen erfordert, sind in dem bislang vernachlässigten Softwaresektor allerdings die Voraussetzungen, Rahmenbedingungen und Erfolgschancen ganz andere als im Hardwarebereich - auch für die staatliche Förderpolitik. Für die erfolgreiche Entwicklung und Vermarktung von Software und den Aufbau einer leistungsfähigen Softwareindustrie sind weit weniger infrastrukturelle Voraussetzungen zu erfüllen als in anderen Hochtechnologiefeldern. Für erfolgreiche Software-Entwicklung ist vor allem eines erforderlich: 'Human Capital', d.h. kreative, qualifizierte und motivierte Menschen.

Was im Softwaremarkt möglich ist, demonstrieren zahlreiche erfolgreiche Neugründungen, die, obgleich erst vor zehn oder allenfalls fünfzehn Jahren gegründet, binnen weniger Jahre zu milliardenschweren Konzernen heranwuchsen. Beispiele wie Microsoft, Novell und ähnliche belegen eindrucksvoll, worauf es in diesem Terrain ankommt. Was für den Maschinenbau unser solides Berufsbildungssystem ist, ist für die wissensintensiven Bereiche Software-Engineering, Computerarchitektur, Mikroprozessor- und Netzwerktechnologie das überragende Niveau einiger US-Universitäten, die essentiell dazu beitragen, das diese Kerngebiete der Informatik noch immer unangefochtene Domäne amerikanischer Firmen sind. (Wobei für die erfolgreiche Umsetzung von Forschungsresultaten in vermarktbare Produkte die jenseits des Atlantiks besseren Möglichkeiten der Wagniskapitalfinanzierung ebenfalls bedeutsam sind.)

Nicht nur industriestrategisch sondern auch arbeitsmarktpolitisch ist die Software von großer Bedeutung - wenngleich für den Bereich der Software im Grunde genommen keinerlei brauchbare statistische Datenbasis existiert, denn zum weitaus überwiegenden Teil wird Software in Unternehmen produziert, die in keiner Software-Statistik auftauchen. Eine ausschließliche Betrachtung der explizit als Softwareproduzenten ausgewiesenen Unternehmen führt insofern völlig in die Irre. Hier liegen auch die Wurzeln für chronische Fehleinschätzungen seitens der Politik: Nämlich in den Tatsachen, daß Software im Grunde keine eindeutig identifizierbare Industriekategorie ist und sich darüber hinaus Software als immaterielles Produkt dem Verständnis von Fachfremden vielfach entzieht. Software als sehr abstrakter 'Gegenstand' erweckt bei weitem nicht die Faszination wie die Fortschritte in der Mikroelektronik - obwohl gerade zeitgemäße Softwaresysteme inzwischen eine Komplexität repräsentieren, die in der Industriegeschichte ohne Beispiel ist.

Stärken nutzen statt über Schwächen jammern

Statt bei jeder Chipgeneration erneut und erfolglos über technologische Defizite zu lamentieren, ist es an der Zeit, die Realitäten anzuerkennen, daraus die notwendigen Schlußfolgerungen zu ziehen und sich vorrangig auf angestammte Stärken und Potentiale der europäischen Industrie zu besinnen. Frank Sempert konstatiert hierzu: "Wir von der Gartner Group meinen, daß der Technologie-Zug für die deutschen und europäischen (EDV-)Hersteller im Großen und Ganzen unwiderruflich abgefahren ist. Kalifornische Softwarehäuser sind in der Regel einfach kreativer als niederrheinische. Und die Labors von Fujitsu, IBM und HP sind den Europäern oft um Jahre voraus. Diese Gesamtsituation gibt jedoch keinen Anlaß zum allgemeinen Lamento. Trübsal blasen nur diejenigen, die den Knackpunkt 'Spitzentechnologie' auch hierzulande als alles entscheidenden Wettbewerbsfaktor ansehen. Wir hingegen regen an, den Blick einmal nicht auf den Anfang, sondern auf das Ende des Technologieprozesses zu lenken. ... Während 'Technologie' kein Standortvorteil mehr für deutsche und europäische EDV-Anbieter sein kann, liegt in der schlichten geografischen und kulturellen Nähe zu den Anwendern, also in der Kundennähe ein großer Wettbewerbsvorteil der hiesigen DV-Industrie gegenüber außereuropäischen Anbietern."

Die wichtigste Stärke, die wir den anderen Industrieländern der sog. Triade voraus haben, ist ein breiter und unersetzlicher Schatz an solide gewachsenem Erfahrungswissen auf den unterschiedlichsten Gebieten. Auf der Grundlage dieses Erfahrungsschatzes kann man darangehen, das seit langem beklagte 'Knowledge Gap' zwischen Systemwissen und Anwendungswissen zu verkleinern. Auf vielfältigen Gebieten kann das Erfahrungswissen in praxisgerechte Anwendungs-Software einfließen, die dann gewissermaßen eine integrative 'Kleisterschicht' zwischen Anwendungen für Endbenutzer und zugrundeliegender Basistechnologie bildet. Im Gegensatz zu systemnaher Standard-Software, deren im globalen Wettbewerb stehende Elemente längst an amerikanische Unternehmen verloren wurden, läßt sich kundennahe, funktional anspruchsvolle Anwendungs-Software nicht 'off-shore' realisieren, weil dies neben gründlichem Verständnis der Anwendung stets intensive Zusammenarbeit mit dem Kunden erfordert. Es gilt also, unseren historisch gewachsenen Standortvorteil endlich zu nutzen und an der Nahtstelle zwischen 'alter' und 'neuer' Technologie an bisherige Erfolge auf den Gebieten traditioneller Technologien anzuknüpfen, indem man diese auf ein zeitgemäßes technologisches Niveau transformiert.

Daß dieser naheliegende Gedanke nicht schon längst auf breiter Front in die Tat umgesetzt worden ist, hat Gründe, die vor allem mit dem Faktor 'Human Capital', genauer: mit der Ausbildung in angewandter Informatik, zusammenhängen. Ein wesentliches Handicap ist die Tatsache, daß an unseren Universitäten, Fachhochschulen aber auch in vielen Unternehmen professionelles Software-Engineering als profanes 'Handwerk' praktisch nicht vermittelt wird, bzw. überhaupt nicht existiert. Ohne die Kenntnis leistungsfähiger Methoden und Werkzeuge ist jedoch das fundierteste Anwendungs-Know-how ziemlich nutzlos, man kann es dann nämlich nicht - oder nicht effizient genug - in informationstechnische Anwendungen übertragen. Unsere mangelhafte, teilweise hoffnungslos antiquierte Ausbildung in angewandter Informatik spiegelt sich in praktisch allen Branchen als wachsende Wettbewerbsschwäche wider - es mangelt an allerorten an Problemlösungen und Software ist nun einmal die Form geronnener Problemlösung, die der Informatisierung unserer Wirtschaft entspricht. Der Zeitpunkt, zu dem man klarer erkennen wird, daß tiefere Ursachen der Probleme vieler Branchen im Bereich der Software zu suchen sind, dürfte allerdings nicht mehr fern sein.

Ausbildungsdefizite sind auch maßgeblich für eine speziell in Deutschland ausgeprägt "konservative Haltung der deutschen Anwender, die den Aufbau einer wettbewerbsfähigen Standardsoftware-Industrie behinderte, weil der Einsatz von PCs erst mit zweijähriger Verspätung vorangetrieben wurde und Großunternehmer bis Mitte der achtziger Jahre Individualsoftware präferierten" wie die UBM Consultants völlig zu Recht kritisieren. Ähnlich stellt auch die Gartner Group fest: "Den Unternehmen fehlt es an Technologie-Totengräbern, die die Rentabilitätsgrenze einer Technologie feststellen und sie entsprechend ausrangieren." Im Hinblick auf die notwendige 'schlanke' organisatorische Modernisierung von Unternehmen ist dieser Mangel außerordentlich bedeutsam, da in zahllosen Fällen veraltete zentralistische Softwarekonzepte die überfällige Umgestaltung von bürokratisch-schwerfälligen Verwaltungsapparaten mehr behindern als fördern (vgl. 8).

Für die notwendige Reform der Ausbildung in angewandter Informatik ist unter anderem auch von Bedeutung, daß in Forschung und Lehre, in Aus- und Weiterbildung moderne Informatiksysteme zu den selbstverständlichen Arbeitsmitteln zählen sollten - anstatt öffentliche Einrichtungen, Universitäten und Schulen noch immer auf die Anwendung von Computern 'Made in Germany' zu verpflichten, wodurch die bestehenden Rückstände geradezu zementiert werden. Nicht zuletzt die Tatsache, daß einheimische Unternehmen lange Zeit recht bequem Aufträge und Fördermittel der öffentlichen Hand erhielten, trug mit dazu bei, daß unsere Hard- und Softwarebranche den Trend zu Personal Computern, Workstations und Netzwerken verschlafen hat und dadurch ihre internationale Wettbewerbsfähigkeit inzwischen weitgehend einbüßte.

Interdisziplinäre Kooperation fördern

Angesichts der Wechselwirkungen zwischen dem 'Human Capital' und dem Gestaltungspotential der Software sollte man sich vordringlich auf den Bereich der Schnittstellen zwischen Mensch und technischem System konzentrieren. Immer komplexere High-Tech-Produkte - egal ob Konsum- oder Investitionsgüter - werden auf Dauer nur dann akzeptiert und gekauft werden, wenn ihre Schnittstellen auf die Bedürfnisse und Fähigkeiten der potentiellen Benutzer hin optimiert sind. Produkte, die Menschen nicht bedienen können, sind bekanntlich die teuersten und auf Dauer nicht vermarktbar. Die derzeitigen Schwächen im Werkzeugmaschinenbau - aber auch in anderen Branchen - rühren genaugenommen auch daher, daß dieses Gebiet bei uns völlig unterentwickelt ist. Dies liegt nicht nur daran, daß - verglichen mit den USA - dieser strategisch entscheidende Bereich bei uns bislang nur mit marginalen Beträgen gefördert wurde. Sondern es liegt auch daran, daß hierzulande noch immer eine 'ingenieurmäßige' Perspektive dominiert, die auch andernorts den Blick auf die entscheidenden Herausforderungen der Zukunft verstellt. Hier ist es dringend geboten, die Kooperation und interdisziplinäre Zusammenarbeit zwischen der Informatik und verschiedenen Anwendungsgebieten, aber auch den Sozialwissenschaften, zu fördern und zu forcieren. Denn wer sich der Mühe unterzieht, einmal die tieferen Wurzeln der US-amerikanischen Dominanz auf dem Gebiet der Computertechnik zu ergründen, kann anhand zahlreicher Beispiele feststellen, daß genau in solchen disziplinübergreifenden Projekten die bedeutsamen Fortschritte erzielt wurden, von denen die gesamte Branche heute profitiert.

In den USA hat 'Human-Factors Engineering' ein lange Tradition und inzwischen befaßt sich eine neue Berufsgruppe, die 'User-Interface-Designer', systematisch mit der menschengerechten Gestaltung technischer Systeme, insbesondere dem Design von Software. Verschiedene Indikatoren deuten darauf hin, daß mittlerweile auch in Japan die strategische Rolle solcher F+E-Aktivitäten erkannt wurde. Im Hintergrund dieser Anstrengungen steht die Erwartung, daß mit der Verschmelzung von Informationstechnik, Unterhaltungselektronik und Telekommunikation ein gigantischer Massenmarkt entstehen wird, der langfristig sämtliche Bereiche von Produktion, Dienstleistung und Ausbildung durchdringen und tiefgreifend verändern wird. Ob man nun die aktuellen Umsatzprognosen von 3 Billionen $ im Jahr 2000 (lt. Business Week 7. Sept. 1992) für überzogenen Optimismus hält oder auch nicht: Tatsache ist, daß in den USA und Japan derzeit Unternehmen und Staat immense Mittel aufwenden, um in den Zukunftsfeldern Software-Engineering, Multimediasysteme, Human-Computer-Interaction aber auch Neurocomputing oder Fuzzy-Logic mit von der Partie zu sein.

Zusammengefaßt heißt dies: Künftig sind neue Förderschwerpunkte auf dem Gebieten innovativer Arbeitsstrukturen, Führungsstile und Managementkonzepte mit Anstrengungen im ohnehin humankapitalintensiven Softwarebereich zu verzahnen. Maßnahmen im Bereich der sogenannten 'organizational technologies' und der Qualifizierung sind die Voraussetzung, um in den 'alten' Branchen wettbewerbsfähig zu bleiben und zugleich in künftigen Schlüsselfeldern der Informationstechnik Fuß zu fassen. Auf einer soliden Basis in der Software- und Fertigungstechnik läßt sich die derzeit vielbeschworene Gefahr einer künftigen Erpreßbarkeit Europas mindern. In weltweiten Kooperationen unter annähernd gleichwertigen Partnern könnten die inzwischen irreparablen Technologie-Defizite durch internationalen Schlüsseltechnologie-Austausch kompensiert werden.

Die aktuelle Häufung von Krisensymptomen enthält allerdings die kaum mehr zu überhörende Mahnung, daß es mittlerweile höchste Zeit für die skizzierte Neuorientierung unserer Technologiepolitik ist. Das bisherige Versagen in den Zukunftsindustrien zeigt eines nur zu deutlich: Technologiepolitische Weichenstellungen, die erst dann erfolgen, wenn der Zug industrieller Anwendung schon durchgefahren ist, nützen allenfalls der Konkurrenz.

Literatur

(1) Michael L. Dertouzos u.a. (Hrsg.): Made in America. Regaining the productive Edge. Cambridge, Mass., 1989.

(2) Council on Competitiveness: Gaining New Ground - Technology Priorities for America's Future. Washington DC, 1991.

(3) Andrew S. Rappaport und Shmuel Halevi: Chip- und Softwaredesign: Das Eldorado der Computerbauer. In: HARVARDmanager, 2/1992.

(4) UBM Unternehmensberatung (Hrsg.): Der Industriestandort Deutschland im Wandel des internationalen Wettbewerbs. München 1992.

(5) Frank Sempert: Die Chancen der europäischen DV-Anbieter liegen nicht in den Labors ... die Chancen liegen beim Kunden. In: ComputerMagazin 3/1992.

(6) John Verity, Neil Gross und Gary McWilliams: The Japanese Juggernaut that isn't. In: Business Week, 31. Aug. 1992.

(7) Belady, L. A: Software Engineering too Must Become Interdisciplinary. Vortragsfolien, 4. International Conference on Software-Engineering and Knowlegde-Engineering. Capri 1992.

(8) Ulrich Klotz: Die zweite Ära der Informationstechnik. In: HARVARDmanager, 2/1991.

SOFTWAREERSTELLUNG ZWISCHEN FORMALEN METHODEN UND ARBEITSORIENTIERTER GESTALTUNG - EINE CURRICULARDEBATTE -

Lena Bonsiepen und Wolfgang Coy, Universität Bremen Informatik [3]

Vor rund fünfzehn Jahren diskutierte die *Association for Computering Machinery,* wie sie ihr Akronym erhalten und dennoch den Fakt ausdrücken könne, daß die riesige Mehrzahl ihrer Mitglieder sich keineswegs als Vetreter einer Rechenmaschinenindustrie verstehen, sondern arbeitende Informatikerinnen und Informatiker sind. Die Diskussion verlief ergebnislos. Als ähnlich resistent scheinen sich die Begriffe »Computer Science und Computer Engineering zu erweisen. Dies ändert freilich nichts an der Tatsache, daß die inhaltlichen Bestimmungen dessen, was in der wissenschaftlichen Ausbildung der Informatik relevant und zukunftsträchtig ist, ständig überprüft werden müssen. Die typische Form einer solchen zwischen Lehrenden, Studierenden und den betroffenen Organisationen abzustimmenden Aufgabe ist der Ausschuß, eine Arbeitsgruppe, die auf Vorschlag einer Organisation, die sich für zuständig hält, gebildet wird. Die ACM übernahm diese Aufgabe, indem sie eine *Task Force on the Core of the Science of Computing* einrichtete. Ergebnis dieser Studie, die in Kurzfassung in den*Communications of the ACM* veröffentlicht wurde [6], ist die Aufforderung, statt von "Computer Science" oder "Computer Engineering" künftig von "Science of Computing" zu sprechen, und ein Moderat modernisierter Curricularvorschlag, des radikalste Neuerung in der Anerkennung der Arbeit an grafisch gestalteten Bildschirmen liegt. Eine sanfte Reform wurde nahegelegt, wesentliche Themen, wie der Anteil der mathematischen Ausbildung oder die Verankerung in Naturwissenschaften oder Ingenieurfächern wurden ebenso wie die Aufnahme von Themen aus dem Bereich "Informatik und Gesellschaft" übergangen. Um den Gestaltungsaspekt und software-ergonomische

---

3 Dieser Aufsatz ist in geringfügig veränderter Form zuerst im Informatik Spektrum 15:6 (Dez. 1992), S. 323-326 erschienen.

Themen in die Lehre zu integrieren, empfiehlt der Ausschuß eine Öffnung der Informatik zur kognitiven Psychologie und Farbenlehre.

Die 1988 gemeinsam von ACM und IEEE Computer Society gebildete *Joint Curriculum Task Force,* die 1991 ihre Empfehlungen veröffentlichte [12], übernahm die Grundstruktur der currikularen Vorschläge der älteren Arbeitsgruppe, erweiterte aber deren Themenkatalog explizit um das Fach *Sozialer und Professioneller Kontext,* das ethische, soziale, juristische und kulturelle Aspekte der Informatik sowie ein Verständnis ihrer historischen Entwicklung umfassen soll.

Von diesen Empfehlungen ausgehend begann in den USA eine heftige Debatte, die inzwischen weit über die ursprünglichen Ziele einer Revision der *Computer Science* und *Engineering* Lehrpläne hinausgeht und in äußerst kontroverser Weise Grundfragen des Selbstverständnisses des Fachs Informatik aufwirft.

Im Dezember 89 veröffentlichte die *Communications of the ACM* den Beitrag "On the Cruelty of Really Teaching Computer Science" von E. W. Dijkstra, dem die Kommentare von sieben Kollegen gegenübergestellt werden (4).

Dijkstras Ausgangspunkt ist die These von der radikalen Neuheit des technischen Artefakts Computer, dessen Komplexität die aller bisherigen technischen Artefakte übertrifft. Programmierer finden sich in der Zwangslage, diese Komplexität mit "einer einzigen Technik", eben dem Programmieren, beherrschen zu müssen. Zudem sind Computer die ersten digitalen Geräte in großem Maßstab. Der Zusammenhang von Ursachen und Wirkungen ist bei digitalen Maschinen nicht mehr kontinuierlich. Kleine Änderungen haben große Auswirkungen, ohne daß es ein sinnvolles Maß für deren Zusammenhang gibt. [4]

---

4 Diese Eigenschaften sind allerdings nicht auf den Computer beschränkt: Das Telefonnetz mit weltweit bald einer Mrd. Anschlüssen ist von größerer Komplexität; auch in analogen Systemen sind dramatische Wirkungen kleiner Änderungen an manchen Stellen bekannt.

Die Offensichtlichkeit radikaler Neuheiten wird nach Dijkstras Beobachtungen üblicherweise ignoriert; vorherrschende Strategie der Verleugnung ist es, das Neue mit bekannten Begriffen zu beschreiben. Im Umfeld des Computers entdeckt er vertraute wenngleich inadäquate Termini für den Umgang mit der neuen Technik: Engineering Maintenance, Tool, selbst Artificial Intelligence. Aus der Unangemessenheit dieser Begriffe und der damit verbundenen Methoden kann man so Dijkstra erkennen, daß Computer tatsächlich radikal neue Gebilde sind. Mit alten Termini ist die neue Qualität des Computers nicht zu erfassen; sie sollen nur den Eindruck erwecken, daß es sich um eine bekannte und beherrschbare Technik handele.

Die adäquate Methode des Umgangs mit der Komplexität und Diskretheit des Computers sieht Dijkstra in einer radikalen mathematisch-logischen Orientierung der Ausbildung und der Profession. Das einzige, was Computer wirklich können, ist die Manipulation von Symbolen. Sie tun dies mittels Programmen, abstrakte Symbol-Manipulatoren, die zu konkreten Manipulatoren werden, wenn sie auf einem Computer ablaufen So betrachtet sind Programme maschinell ausführbare Formeln. Aufgabe der Programmierer bleibt, die Formeln durch die Manipulation von Symbolen herzuleiten. Informatik befaßt sich also mit dem Wechselverhältnis von maschineller und menschlicher Symbol-Manipulation. *Computing Science* ist am besten in der Welt formaler Mathematik und angewandter Logik anzusiedeln., mag diese jedoch letztlich hinter sich lassen, da die Informatik vor allem an der Effizienz interessiert ist und Größenordnungen modelliert, die weit über dem liegen, was Logik und Mathematik heute behandeln.

Als Konsequenz für ein Informatik-Curriculum wünscht Dijkstra eine stringent mathematisch-logische Ausbildung, beginnend mit einem Einführungskurs, in dem ohne jedwede Verwendung von Computern die formale Manipulation einer einfachen imperativen Programmiersprache gelehrt wird. Ziel dieser Grundausbildung ist die Fähigkeit, korrekte Programme zu schreiben, d. h. gegebene Spezifikationen in korrekter Weise in maschinell ausführbare Formeln umzusetzen.

Alles, was nicht mit der Technik mathematisch-logischer Formalisierung und Umformung erreicht werden kann, die sogenannten frühen Phasen der Software-Entwicklung alle Anwendungsfragen, alle Gestaltungsfragen bis hin zu den Fragen gesellschaftlicher Wechselwirkung und Folgen, gehört nicht in diese Informatikgrundausbildung. Es sind Aspekte eines "Pleasantness-Problems", der Anpassung der programmierten Maschinen an ihr gesellschaftliches Umfeld und ihre Nutzung. Nach Dijkstra wird es von großem Nutzen sein, dieses "Pleasantness-Problem" von dem Korrektheitsproblem scharf zu trennen.

Dijkstras Aufsatz wird von einer illustren Reihe von Informatikwissenschaftlern kommentiert, unter ihnen der Komplexitätstheoretiker Richard M. Karp, David Parnas und Terry Winograd. Es gibt in unterschiedlichem Maße Zustimmungen zu Einzelaspekten des Papiers, wenngleich fast alle Kommentatoren vor der "radikalen Neuheit" von Dijkstars "Grausamkeit" zurückzuschrecken scheinen. Aber es gibt auch eine klare Front der Kritik, die im Kern zwei Argumentationssträngen folgt.
So faßt z. B. Winograd ein generelles Unbehagen zusammen, wenn er sagt, Dijkstras Kritik, wenngleich koharent und interessant, beruhe auf falschen Prämissen: Dijkstra irrt bzgl. des Charakters von Computern und bzgl. der Tätigkeit von Programmierern wie Ingenieuren. Computer sind Geräte, die bestimmte Funktionen innerhalb menschlicher Tätigkeitsbereiche erfüllen. Im Kern mögen sie nichts anderes tun, als Symbole zu manipuliercn, aber dies ist Mittel zum Zweck. Ziel der Ausbildung muß sein, künftige Computerfachleute zu befähigen, Geräte, Programme und Prozesse zu spezifizieren und zu entwerfen, die den gestellten Anforderungen genügen. Ingenieure suchen "hinreichend zuverlässige Konstrukte zu aktzeptablen Kosten mit akzeptablen Aufwand." Gesucht sind nicht die optimalen und perfekten Lösungen, sondern die akzeptablen.
Fast alle Kommentatoren weisen auf die reale Produktion großer Programmpakete hin. Die Schwierigkeiten scheinen dort weniger im formalen Umgang mit den bereits entstandenen Spezifikationen und Programmen zu liegen, sondern in den frühen Phasen: Wie kommt man zur Spezifikation?[5]

---

[5] Ähnliches gilt für die späten Phasen, möchten wir ergänzen: Wartung und Erweiterung von Programmen steht vor ähnlichen Problemen, wenn die Spezifikationen nicht mehr überprüfbar sind oder sich angesichts des praktischen Einsatzes als fehlerhaft oder obsolet erwiesen haben. Die Erweiterung einer früheren Spezifikation ist ebenfalls nicht ohne Probleme.

Mit diesem Aufsatz ist der Grundlagenstreit der Informatik, die Frage nach der Bedeutung des Formalismus, erneut voll entbrannt und dieses Mal heftiger als in den siebziger und achtziger Jahren, wo das Ende der Debatte durch Frederick Brooks Aufsatz "No Silver Bullet" [2] vorerst beendet schien. In Brooks Aufsatz ist die Position der "Intuitionisten" (wenn man diesen Ausdruck dem Grundlagenstreit der Logiker entlehnen will) oder vielleicht besser ausgedrückt, der "Realisten" präzise formuliert. Keine der bisher entwickelten formalen Methoden, von algebraischer Spezifikation über formale Verifikation bis zu KI-Methoden und der Geistbeschwörung mittels "automatischer Programmierung" hat zu einem bedeutenden qualitativen Sprung in der Software-Erstellung geführt oder wird zu einem solchen Sprung führen. Kontinuierliches Wachstum ist die einzige Hofnung, die wir hegen können - silberne Kugeln, mit denen der Werwolf der Komplexität der Software-Produktion zu erlegen sei, wird es nicht geben.[6]

1991 greift David Gries [10] Dijkstras Argumentationslinie erneut auf. Indem er eine mathematisch-logische Orientierung der Disziplin einfordert, konstatiert er in der Software-Produktion einen Mangel an Professionalität, der sich durch miserable Qualität von Software zeigt. Informatik als Disziplin verfolgt die Herausbildung von professionellcn Standards wie sie in anderen Ingenieurdisziplinen selbstverständlich sind nicht mit dem nötigen Nachdruck. Gries hält eine mathematisch orientierte Informatikausbildung für geeignet, die Defizite der Disziplin zu überwinden - Hoffnungen, die er bereits in seinem Standardwerk "The Science of Computing" [9] vertreten hat. Auch in dieser Debatte ist der Formalismus vor allem durch die Hoffnung auf die Zukunft markiert, einer Hoffnung, die die Niederungen der Gegenwart nach Möglichkeit ignoriert.

Nicht formalistisch, aber keineswegs weniger radikal, hat David Parnas Anfang 1990 [15] in der Debatte eine dritte Grundsatzposition neben Dijkstra und Brooks aufgebaut. Parnas vergleicht wie Gries die Informatik mit Ingenieurwissenschaften,

---

6 Auch Cox bzw. Harel behaupten in ihren Antworten auf Brooks [3, 11] letztlich nichts anderes: Durch das Zusammenwirken allmählicher Verbesserungen kann es zu synergetischen Effekten kommen. Keine Einzeltechnik ist die ersehnte silberne Kugel. Wie weit der Synergismus beobachtbare Sprünge der Qualität erzeugt, bleibt eine offene Diskussion.

kommt aber bzgl. der Art der mathematischen Ausbildung zu einem ganz anderen Schluß. Informatiker arbeiten de facto wie Ingenieure, weil sie technische Artefakte herstellen doch ihnen fehlt eine Ingenieurausbildung. Informatikern sind im Unterschied zu Ingenieuren fundamentale Methoden wie Zuverlässigkeitsanalysen komplexer Systeme weitgehend fremd. Die Ursache der defizitären Informatik-Ausbildung sieht Parnas in der mehr oder minder zufälligen Entstehung der Informatik-Curricula: In den 60er Jahren begeisterten sich multidisziplinäre Wissenschaftlergruppen für das neue Fach, das aus Mathematik, Ingenieurkursen und etwas Wissenschaft vom Computer *(Computer Science)* bestehen sollte. Vor allem war man neugierig auf das "Neue". Mathematische Grundlagen und Ingenieurfächer wurden in wenigen Grundkursen zusammengepfercht; Gebiete, die damals aktuelle Forschungsinteressen widerspiegelten wie Programmier-sprachen und Compilerbau bildeten vorrangige Bestandteile der Curricula des neuen Ausbildungsgangs. Das Ergebnis ist heute, so Parnas, daß Theoretiker der Informatik nicht viel von Mathematik verstehen und Praktiker nicht viel von Ingenieurwissenschaften. "As I look at CS departments around the world, I am apalled at what my younger colleagues those with their education in computing science don't know."
Parnas' Vorschlag für ein Curriculum ist die Rückkehr zu einer klassischen Ingenieurausbildung, ein altmodischer aber dauerhafter Ansatz, bestens geeignet zur Vorbereitung für die Arbeit in einem so dynamischen Gebiet wie der Informatik. Die Grundausbildung soll im wesentlichen aus mathematischen und ingenieurwissenschaftlichen Kursen bestehen, nur weniges in spezifischen Informatikkursen scheint von so fundamentaler Bedeutung, daß es im Grundstudium gelehrt werden muß. Hier trifft er sich mit Dijkstras Forderung, die Programmierung realer Maschinen im Grundstudium weitgehend zu ignorieren .

Auch Peter Denning, der zuvor als Sprecher der ACM Task Force signierte, äußerte sich Anfang 91 unter dem Titel "Beyond Formalism" [5] erneut zur Curriculardebatte. Unter Bezugnahme auf die hier skizzierten Positionen seiner Kollegen stellt er eine Gemeinsamkeit sowohl der mathematischen wie der Ingenieurperspektive fest: Auch wenn sich die beiden Seiten resp. deren Vertreter über die Relevanz formaler Methoden der Software-Entwicklung streiten, sind sie sich doch einig in der Überzeugung, daß die Anforderungen an ein Software-System eindeutig formuliert werden können, daß die Übereinstimmung mit der Spezifikation ein geeignetes Kriterium für die Bewertung von Software ist, und daß wenig Interaktion zwischen Nutzern und Entwicklern von Software notwendig ist, nachdem man sich über die Spezifikation geeinigt hat.

Diese gemeinsame Überzeugung hält Denning für einen gemeinsamen Irrtum. Ihre Liebe zu eindeutigen Spezifikationen teilen die Software-Ingenieure mit Management -Theoretikern. Management ist im Kern eine "Disziplin der Kommunikation", die aber insbesondere unter dem Einfluß der wissenschaftlichen Betriebsführung F. W. Taylors und seiner Adepten als System formalisierter Handlungsanweisungen, Anordnungen, Ablaufschemata und Aufgabenbeschreibungen interpretiert wird. Die Kommunikation ist in dieser Sicht eine einseitige: die Manager ordnen an, ihre Untergebenen führen aus. Die Grenzen formalisierten Managements liegen in seiner Unfähigkeit, auf ständig wechselnde Anforderungen und unerwartete Situationen zu reagieren.

Für die Entwicklung von Software-Systemen gelten dieselben Grenzen, solange man Software als Mittel betrachtet, welches Organisationen zur Erfüllung ihrer Aufgaben dient. Spezifikationen erfassen häufig genug veraltete Anforderungen und verhindern so die rasche und flexible Anpassung an die sich ständig ändernden organisatorischen Strukturen und Aufgaben.

Ein wichtiger neuer Ansatz der Software-Entwicklung ist in Skandinavien unter Bezeichnungen wie "user-centered design" bew. partizipative Software-Entwicklung entstanden, der mittlerweile in Europa und auch in den USA Aufmerksamkeit erhält. Im Zentrum dieses Ansatzes stehen die alltäglichen Aufgaben von Menschen, die die Software nutzen werden. Software-Systeme sind Bestandteil einer funktionierenden Organisation, der Entwickler muß deshalb den sozialen Kontext des Arbeitsplatzes, die Aufgabenverteilung zwischen Mensch und Computer innerhalb des Arbeitsprozesses verstehen lernen. Denning hält den skandinavischen Ansatz für geeignet, Software-Systeme zu entwickeln, die einfach, benutzbar und arbeitsunterstützend sind. In dieser Hinsicht ist er der formalen Software-Entwicklung überlegen. Unbeantwortet muß freilich das Problem der von Brooks und anderen thematisierten inhärenten Komplexität von Software bleiben.

Die amerikanische Debatte holt so eine ältere skandinavische ein [1, 7, 8, 13, 14]. Eine ähnliche Entwicklung war schon bei der Aufnahme des 1986 erschienenen Buches "Understanding computers and cognition" von Winograd und Flores [16] zu sehen; auch hier sind viele skandinavische Diskussionen in die USA transportiert worden und haben dort durchaus eigenständige Formen und Wirkungen hervorgerufen.

In Deutschland ist diese Debatte bisher nur schemenhaft angekommen. *Es* ist an der Zeit, daß erfolgreiche arbeitsorientierte Projekte im Bereich "Arbeit & Technik" als Material zur Diskussion innovativer Softwareentwicklung zur Kenntnis genommen werden - und sei es auch als Reflex auf eine amerikanische Debatte.

Literatur

[1] Bjerknes, G., P. Ehn & M. Kyng: Computers and Democracy A Scandinavian Challenge. Aldershot (England) et al.: Avebury 1987

[2] Brooks, F.P.: No Silver Bullet Essence and Accidents of Software Engineering. IEEE Computer *April* 1987, 10-19 (1987)

[3] Cox, B.J.: There is a Silver Bullet. Byte *Oktober 1990,* 209-218 (1990)

[4]Denning, P. J. (ed.): A Debate on Teaching Computer Science. Comm. of the acm 32(12), 1397-1414 (1989)

[5] Denning, P. J.: Beyond Formalism. American Scientist 79 (Jan.-Feb.), 8-10 (1991)

[6] Denning, P. J., D.E. Comer, D. Gries, M.C. Mulder, A. Tucker, A.J. Turner & P.R. Young: Computing as a Discipline. Comm. of the acm 32(1), 9-23 (1989)

[7] Ehn, P.: Work Oriented Design of Computer Artifacts. Stockholm: Almqvist&Wiksell 1988

[8] Floyd, C., W.-M. Mehl, F.-M. Reisin, G. Schmidt & G. Wolf: SCANORAMA. Werkstattbericht Nr. 30. Ministerium für Arbeit, Gesundheit und Soziales des Landes Nordrhein Westfalen: Mensch und Technik Sozialverträgliche Technikgestaltung 1987

[9] Gries, D.: The Science of Programming. Berlin-Heidelberg-New York: Springer 1981

[10] Gries, D).: Calculation and Discrimination: A more Effective Curriculum. Comm. of the acm 34(3), 45-55 (1991)

[11] Harel, D.: Biting the Silver Bullet. IEEE Computer (Januar 1992), 8-20

[12] Tucker, A.B. & B.H. Barnes: Flexible Design: A Summary of Computing Curricula 1991. IEEE Computer (November 1991), 56-66

[13] Naur, P.: Programming as Theory Building. Microprocessing and Microprogramming *15*, 253-261 (1985)

[14] Nygaard, K.: Program Development as a Social Activity, in H. Kugler (Hrsg.): Information Processing 86 Amsterdam: Elsevier 1986

[15] Parnas, D.L.: Education for Computer Professionals. IEEE Computer, Jan. *1990*, 17-22 (1990)

[16] Winograd, T. & F. Flores: Understanding Computers and Cognition: A New Foundation for Design. Norwood, New Jersey: Ablex Publ. 1986, dt. Maschinen Erkennen Verstehen, Rotbuch, Berlin, 1989

Benutzergerechte Software-Gestaltung im VDI-Gemeinschaftsausschuß Bürokommunikation - VDI 5005 "Software-Ergonomie in der Bürokommunikation"

Jürgen Ziegler, FhG-IAO, Stuttgart
Obmann VDI-Ausschuß "Software-Ergonomie in der Bürokommunikation"

Zusammenfassung
Moderne Bürokommunikationssysteme weisen eine steigende Komplexität und zunehmende funktionale Integration auf. Für den Benutzer solcher Systeme ist das technische Potential nur dann zielgerichtet und effektiv nutzbar, wenn die Benutzungsschnittstelle den Aufgabenstellungen und der Arbeitsweise des Benutzers in bestmöglicher Weise angemessen ist. Der VDI-Ausschuß "Software-Ergonomie in der Bürokommunikation" hat hierzu die Richtlinie VDI 5005 erarbeitet. In dieser Richtlinie wird versucht, Anwendern und Herstellern Ziele, Kriterien und Realisierungsmöglichkeiten aufzuzeigen, die zu einer benutzer- und aufgabengerechten Unterstützung des Büroprozesses führen.

Abstract
Modern office automation systems are characterised by increasing complexity and integration of functions. The technical potential can only by utilised effectively if the user interface of the system is well adapted to the tasks and needs of the user. The committee "Software Ergonomics in Office Communication" of the German VDI has developed a set of guidelines (VDI 5005). These guidelines provide objectives, criteria and design options for suppliers and users of office communication system, which can lead to a task and user adequate support of the work processes in the office.

Résumé
Les systèmes bureautiques modernes sont caractérisés par une complexité et une intégration de fonctions techniques croissantes. Le potentiel technique ne peut être utilisé effectivement que si l'interface d'utilisateur du système est bien adaptée aux tâches et besoins de l'utilisateur. Pour cette raison, le comité allemand VDI "L'Ergonomie logicielle dans la bureautique" a fixé les lignes directrices VDI 5005, qui offrent des objectifs, des critères et des options de conception aux fabricants et aux utilisateurs conduisant à un soutien des processus de bureau adapté à l'utilisateur et ses tâches.

Der Gemeinschaftsausschuß "Bürokommunikation"

Erfolgreiches unternehmerisches Handeln zeigt sich in erster Linie im Erkennen und Ausnutzen von Informationsvorsprüngen. Deshalb wird der effektive Umgang mit

Informationen künftig zunehmende Bedeutung für den Wettbewerbserfolg erhalten. Bei wachsender Menge, Komplexität und Dynamik der zu berücksichtigenden Informationen spielt die Gestaltung der Informations-Infrastruktur eine wesentliche Rolle: Unternehmensstrategie und Informationsverarbeitung sind eng miteinander verknüpft. Bürokomunikation spielt in diesem Zuammenhang eine wesentliche Rolle, da die Mehrzahl der Tätigkeiten im Büro in kooperative Arbeitsprozesse eingebunden und damit kommunikationsbezogen ist.

Unter Mitwirkung von Industrie, Handel, Banken, Versicherungen, der öffentlichen Verwaltung, Beratungsfirmen sowie wissenschaftlicher Bereiche hat sich der "VDI-Gemeinschaftsausschuß Bürokommunikation konstituiert, um sich aus Anwendersicht mit speziellen und aktuellen Themen der Bürokommunikation auseinanderszusetzen und Empfehlungen für die Praxis zu erarbeiten. Die Struktur des Gemeinschaftsausschusses ist in Abbildung 1 dargestellt.

Der Gemeinschaftsausschuß Bürokommunikation hat die Wichtigkeit benutzergerechter Softwaregestaltung frühzeitig erkannt und einen Ausschuß zu dem Thema "Software-Ergonomie in der Bürokommunikation eingesetzt". Die Arbeiten dieses Ausschusses haben zur Entwicklung und Veröffentlichung einer VDI-Richtlinie geführt, die Empfehlungen zur Gestaltung und Bewertung von Bürokommunikationssystemen gibt.

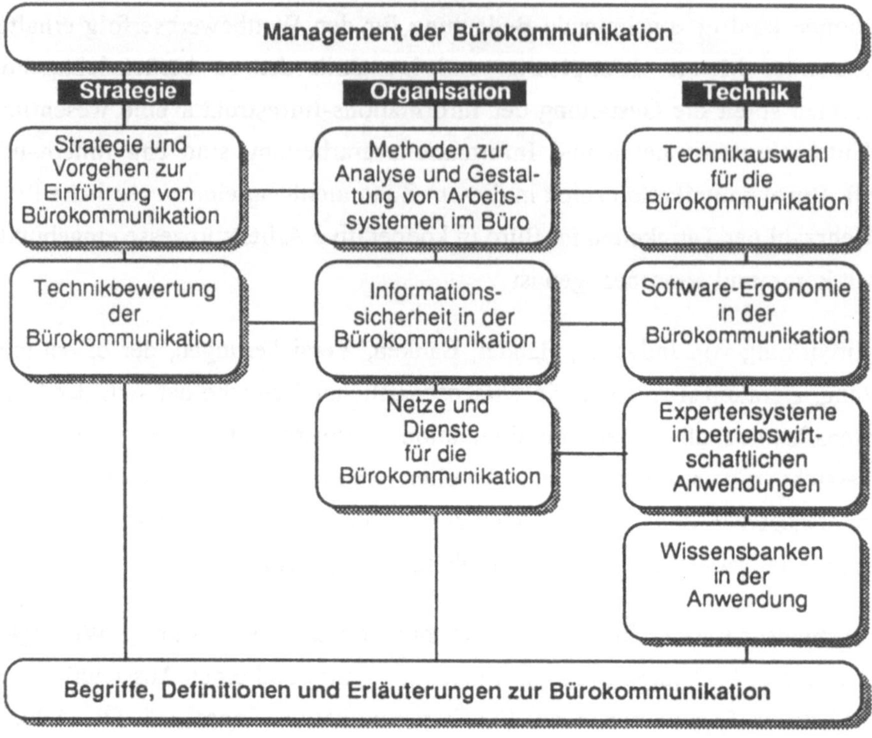

Abbildung 1: Der VDI-Gemeinschaftsausschuß Bürokommunikation

Zielsetzung der VDI-Richtlinie 5005

Im Rahmen des VDI-Gemeinschaftsausschusses "Bürokommunikation" ist die Richtlinie "Software-Ergonomie in der Bürokommunikation" erarbeitet worden (VDI 1990). Die Richtlinie wendet sich an Träger von Entscheidungs-, Planungs- und Gestaltungsprozessen sowie Interessenvertreter in privatwirtschaftlichen und öffentlichen Organisationen, die mit der Gestaltung, Auswahl, Einführung, Nutzung oder Bewertung von Bürokommunikationssystemen befaßt sind.

Die Richtlinie ist mit den folgenden Zielsetzungen erstellt worden:

- Es soll eine geeignete Modellvorstellung der Mensch-Rechner-Interaktion als

Rahmen aufgestellt werden, in dem die Anforderungen aus der Arbeitsweise des Benutzers und aus der Anwendung von Bürosystemen sowie software-ergonomische Gestaltungsprinzipien in systematischer und konsistenter Weise eingebettet werden können. Ausgangspunkt für ein solches Modell ist die Darstellung von Abstraktionsebenen bei der Mensch-Rechner-Interaktion.

- Die für die Benutzbarkeit eines Systems relevanten Gestaltungsbereiche und -prinzipien sollen in einer systematischen, modellgeleiteten Weise dargestellt und vermittelt werden.
- Ausgehend von dem dargestellten Modell sollen Gestaltungshilfen für den Entwickler und Bewertungshilfen für den Anwender vermittelt werden.
- Es soll eine Vorgehensweise zur Gestaltung und Bewertung von Benutzerschnittstellen für den Entwickler und den Anwender aufgezeigt werden.

Ein Modellrahmen für die Software-Ergonomie

In der Richtlinie wird ein Modellrahmen für die Software-Ergonomie aufgestellt, der dazu dient, darzustellen, was unter der Benutzerschnittstelle eines Systems zu verstehen ist, welche Komponenten sie umfaßt und in welcher Weise diese Komponenten zusammenwirken. Ein solcher Modellrahmen dient dazu, die wesentlichen Zusammenhänge des komplexen Vorgangs der Mensch-Rechner-Interaktion aufzuzeigen, diese zu strukturieren und in systematischer Weise Gestaltungs- und Bewertungsprinzipien abzuleiten. Dies soll den Entwickler und den Anwender zu einer strukturierten und vollständigen Betrachtungsweise führen und als Ausgangspunkt für eine systematische und methodische Vorgehensweise dienen.

Die Interaktion des Benutzers mit dem System wird als ein Kommunikationsprozeß angesehen, der sich auf unterschiedlichen Ebenen der Abstraktion vollzieht (s. z.B. Moran 1981, Nielsen 1986, Ziegler 1987). Dabei ist wesentlich, daß nicht nur der beobachtbare, physikalische Informationsaustausch (z.B. die Informationsdarstellung auf einem Bildschirm), sondern auch die höheren, konzeptuellen und semantischen Aspekte berücksichtigt werden.

Der Modellrahmen gliedert sich in vier Ebenen:

1. Die Aufgabenebene beschreibt, welche Arbeitsaufgaben mit Hilfe des Systems durchgeführt werden können, wie die Aufgaben zwischen Benutzer und System verteilt sind sowie welche Struktur und welchen Inhalt diese Aufgaben besitzen.

2. Die funktionale Ebene beschreibt, mit welchen Arbeitsobjekten (Datenobjekte) und Funktionen, die diese Objekte bearbeiten, die Aufgaben erfüllt werden können. Objekte werden dabei durch eine Reihe von Eigenschaften (Attributen) beschrieben und können zueinander in verschiedenen Relationen stehen (z.B. ein Dokument wird von einem Ablageobjekt beinhaltet). Objekte können zu Klassen zusammengefaßt werden. Die typischen Informationsarten bei Büroanwendungen (Text, Daten, Graphik, Rasterbilder) stellen solche Klassen von Objekten dar, die selbst wieder zu höheren Klassen zusammengefaßt werden können.

3. Die operative Ebene beschreibt Dialogstrukturen und -abläufe sowie die syntaktische Zusammensetzung der Benutzereingaben. Die operative Ebene bestimmt also die Struktur der Sprache, deren sich der Benutzer bedienen muß, um die gewünschten Arbeitsergebnisse zu erzielen.

4. Die Ein-/Ausgabe-Ebene beschreibt die äußere, sichtbare Form der Informationsein- und -ausgaben am System. Hierzu gehört die Art der Darstellung von Informationen am Bildschirm (als Text, Graphik, Daten oder auch akustisch), die Anordnung dieser Informationen (z.B. in unterschiedlichen Fenstern), die Benennung von Objekten und Funktionen sowie die verfügbaren Eingabegeräte (Tastatur, Funktionstasten, Zeigegeräte etc.)

Ebenen des Modellrahmens	Gestaltungs- und Bewertungskriterien		
	Kompetenz-förderlichkeit	*Handlungs-flexibilität*	*Aufgaben-angemessenheit*
	Ausbildung vertrauter Augabenbereiche	**Anpassungsfähigkeit an neue Aufgaben**	**Unterstützung grundlegender Büroaufgaben**
	Verständlichkeit der Systemfunktionalität	**Zulässigkeit individueller Arbeitsobjekte**	**Aufgabenangepaßte Büroobjekte und -funktionen**
	Konsistente, handlungsunter-stützte Benutzer-operationen	**Alternative Benutzeroperationen**	**Effizienz der Benutzeroperationen**
	Verständliche Ein- und Ausgaben	**Freizügige Informations-ein- und -ausgaben**	**Aufgabengerechte Informations-ein- und ausgaben**

Abb. 2: Modellrahmen für die Software-Ergonomie

Sowohl die Anwendung von Bürokommunikationssystemen als auch die Arbeitsweise des Benutzers mit dem System können auf diesen vier Ebenen beschrieben werden. Dies führt zu zwei Komponenten des Modellrahmens: Ein Handlungsmodell des Benutzers und ein Anwendungsmodell für die Bürokommunikation. Diese beiden Komponenten beschreiben die grundlegenden Anforderungen und Randbedingungen aus Benutzer- und Anwendungssicht.

Zwischen der Handlungs- und Arbeitsweise des Benutzers auf der einen Seite und der durch das System realisierten Anwendung auf der anderen Seite muß eine bestmögliche Anpassung erreicht werden. Ein Satz von Kriterien bildet diese Brückenfunktion und beschreibt, welche Gütemerkmale mit dieser Anpassung erreicht werden sollen. Durch das Herunterbrechen dieser Kriterien auf die einzelnen Gestaltungsebenen können konkrete Hinweise zu einer software-ergonomischen Systemgestaltung und -bewertung abgeleitet werden.

Gestaltungskriterien

Als Brückenfunktion zwischen den Anforderungen des Anwendungs- und des Handlungsmodells des Benutzers wird in der Richtlinie ein Satz von Kriterien aufgestellt, die die wesentlichen software-ergonomischen Qualitätsmerkmale für die Systemgestaltung schreiben.

In der VDI-Richtlinie "Software-Ergonomie" wird versucht, mit einem knappen Satz an Kriterien auszukommen, die jeweils auf den dargestellten Ebenen in entsprechende Hilfestellungen heruntergebrochen werden. Folgende Hauptkriterien werden betrachtet: *Kompetenzförderlichkeit, Handlungsflexibilität* und *Aufgabenangemessenheit.*

Kompetenzförderlichkeit bezieht sich auf die Erlernbarkeit und Beherrschbarkeit des Systems durch den Benutzer. Hierfür ist soweit wie möglich eine Berücksichtigung vertrauter Arbeitsweisen erforderlich. Die Systemfunktionalität muß verständlich dargestellt und möglichst konsistent gestaltet sein. Bei den Ein-/Ausgaben muß ebenfalls auf Verständlichkeit und einheitliche Gestaltung geachtet werden.

Handlungsflexibilität beschreibt, inwieweit der Benutzer veränderliche Aufgaben und Zielsetzungen mit dem System erfüllen kann.

Aufgabenangemessenheit gibt an, ob der Benutzer seine Aufgaben überhaupt mit Hilfe des Systems erfüllen kann und mit welchem Aufwand die Aufgaben ausgeführt werden können (zum Begriff Aufgabenangemessenheit vgl. auch DIN 1987). Dazu müssen z.B. auf der funktionalen Ebene aufgabenangepaßte Büroobjekte und -funktio-nen zur Verfügung gestellt werden. Objekte aus unterschiedlichen Informationsklassen sollten in einem Dokument integrierbar und mit einer ausreichenden Zahl und Ausprägung von Attributen (z.B. Schrift-arten, -größen etc.) ausgestattet sein. Bei der Informationsausgabe ist zu beachten, daß Dokumente am Bildschirm weitge-hend in der Form dargestellt werden sollten, wie sie später auf dem Papier erscheinen (WYSIWYG - What you see is what you get)

Betrachtet man diese drei Kriterien durchgängig jeweils auf den unterschiedlichen

Ebenen des Modellrahmens, so lassen sich konkrete Hinweise für die Gestaltung und Bewertung von Systemen aufstellen. An dem Ebenenmodell orientiert sich auch die Vorgehensweise, die im Richtlinienentwurf vorgeschlagen wird. Das System wird dabei aus-gehend von der Aufgabenebene in einem iterativen Vorgehen gestaltet. Ein wesentliches Anliegen der Richtlinie ist es, auf die notwendigen Optimierungen bei der Gestaltung von Benutzerschnittstellen hinzu-weisen. Vielfach sind die Anforderungen aus den einzelnen Kriterien nämlich einander gegenläufig, so daß für die jeweilige Aufgabenstel-lung die richtigen Prioritäten und Optimierungen gefunden werden müssen.

Kompetenzförderlichkeit

Für den Aspekt der Kompetenzförderlichkeit ist soweit wie möglich eine Berücksichtigung vertrauter Arbeitsweisen erforderlich. Hierzu gehört, daß bisher zusammenhängende Aufgaben z.B. bei der Dokumentbearbeitung nicht durch den Zwang zur Nutzung unterschiedlicher Anwendungsprogramme zerschnitten werden. Die Darstellung einer vertrauten "Informationsumgebung", z.B. durch bildliche Darstellung einer Schreibtischoberfläche mit Arbeitsobjekten am Bildschirm, kann ebenfalls das Erlernen des Systems und damit die Benutzerkompetenz fördern.

Die Systemfunktionalität muß verständlich dargestellt werden. Eine Strukturierung der Funktionalität in Objekte und Funktionen leistet einen erheblichen Beitrag zu einer besseren Verständlichkeit. Es können damit Systeme mit wenigen, einheitlich verwendbaren Grundfunktionen bei einer relativen Vielfalt unterschiedlicher Objekte entworfen werden. Dies wiederum führt zu einer höheren Konsistenz des Systems, d.h. der Benutzer kann Wissen aus einem bekannten Aufgabenbereich in andere, neue Bereiche übertragen.

Die Benutzungsoperationen müssen syntaktisch konsistent gestaltet sein. Hierzu zählen insbesondere die Methoden zur Anwahl von Objekten, die Reihenfolge von Objektanwahl und Funktionsaufruf, die Methoden zur Veränderung von Objektattributen etc.. Konsistente Gestaltung führt dazu, daß der Benutzer mit einer insgesamt geringeren Anzahl an Handlungsregeln auskommt. Die einzelnen Interaktionen sollten soweit wie möglich unabhängig voneinander sein, d.h. der Zwang zur Einhaltung längerer Handlungsabfolgen sollte vermieden werden (insbesondere, wenn sie nicht vom System geführt werden).

Bei den Ein-/Ausgaben muß ebenfalls auf Verständlichkeit und einheitliche Verwendung geachtet werden. Besonders bei der Belegung von Funktionstasten muß Einheitlichkeit gewährleistet sein; gegebenenfalls müssen wechselnde Tastenbelegungen in geeigneter Weise angezeigt werden. Benennungen, Hilfe- und Fehlermeldungen müssen verständlich gehalten sein. Auch die einheitliche Darstellung, Gruppierung und Anordnung von Informationen am Bildschirm ist ein wesentlicher Faktor zur Förderung der Kompetenz des Benutzers im Umgang mit dem System.

Handlungsflexibilität

Flexibilität bei der Systemnutzung kann unter zwei Blickwinkeln gesehen werden:

Zum einen geht es darum, auch neue oder veränderte Aufgabenstellungen mit dem System erledigen zu können, zum anderen geht es um die Verfügbarkeit mehr als einer einzigen, festgelegten Vorgehensweise zum Erreichen eines bestimmten Ziels. Neue oder veränderte Aufgabenstellungen sollten unter Kombination oder auch Anpassung der im System verfügbaren Funktionalität bearbeitbar sein. Flexibilität in der Vorgehensweise kann durch wahlfreie Bearbeitung von Dokumenten oder Dokumentteilen, Trennen oder Zusammenfügen, Abspeichern, Suchen und Wiederverwenden etc. von Dokumenten oder Dokumentteilen erreicht werden.

Bei den hier angesprochenen objekt-orientierten Benutzerschnittstellen ist die Möglichkeit zum Anlegen, Speichern und Wiederverwenden individueller Arbeitsobjekte durch den Benutzer von großer Bedeutung für eine flexible Nutzung. Individuelle (oder auch für eine Gruppe gemeinsame) Arbeitsobjekte können z.B. Briefmuster, spezielle Formulare, oder Übersichten, häufig verwendete, zusammengesetzte Graphikkomponenten o.ä. sein. Der Benutzer sollte in der Lage sein, komplexe Objekte seiner Aufgabe aus Grundobjekten zusammenzusetzen und diese selbst wieder als Grundobjekte weiterzuverwenden.

Auf der operativen Ebene sollte der Benutzer Funktionen auch auf mehrere ausgewählte Objekte anwenden (z.B. gleichzeitiges Anstoßen des Druckens für mehrere Dokumente) oder für wiederkehrende Abfolgen Makros definieren können. Bei der Informationsausgabe sollte der Benutzer z.B. die Anordnung von Fenstern selbst festlegen können. Bei den Eingaben ist z.B. eine alternative Maus- und Tastaturverwendung möglich.

Aufgabenangemessenheit

Software-ergonomische Systemgestaltung soll den Benutzer in die Lage versetzen, Aufgaben effizient zu erledigen. Dazu muß die Aufgabe mit dem System erfüllbar sein, ohne auf andere Systeme oder Medien (z.B. zur Speicherung von Zwischenergebnissen auf Papier) ausweichen zu müssen. Weiterhin sollte der Planungs-, Interaktions- und Zeitaufwand (incl. des Aufwandes zur Fehlerkorrektur) so gering wie möglich gehalten werden.

Auf der Aufgabenebene wird die Effizienz der Mensch-Rechner-Interaktion vor allem dadurch bestimmt, inwieweit das Bürokommunikationssystem Funktionalität zur Verfügung stellt, mit der die verschiedenen Komponenten des Büroprozesses und die damit verbundenen Aufgaben unterstützt werden können. Hierbei ist zunächst die Unterstützung der wesentlichen Grundaufgaben notwendig, die in jedem Büroprozeß unabhängig von der jeweiligen Anwendungsfrage vorkommen (Dokumentbearbeitung, -verwaltung etc.).

Auf der funktionalen Ebene müssen aufgabenangepaßte Büroobjekte und -funktionen zur Verfügung gestellt werden. Eine solche Anpassung kann z.B. dadurch geschehen, daß Objekte mit einer ausreichenden Anwendungsspezialisierung angeboten werden. So sollte für die Aufgabe "Erstellen einer Business-Graphik" ein entsprechendes Objekt zur Verfügung stehen, an das die Daten übergeben werden und das dann die graphische Darstellung automatisch übernimmt. Muß die Business-Graphik jedoch vom Benutzer erst aus Grundelementen wie Linien und Rechtecken zusammengesetzt werden, liegt eine niedrige Aufgabenangemessnheit vor.

Objekte aus unterschiedlichen Informationsklassen sollten in einem Dokument integrierbar sein, ohne daß dabei die Bearbeitbarkeit verloren geht. Weiter müssen die Objekte mit einer ausreichenden Zahl und Ausprägung von Attributen (z.B. Schriftarten und -größen, Fett- und Kursivschrift etc.) ausgestattet sein.

Die Aufgabenangemessenheit der Benutzeroperationen kann verbessert werden, indem die Zahl der logischen Interaktionsschritte zur Ausführung einer Aufgabe gering gehalten wird. Selektion von Objekten am Bildschirm mit der Maus oder direkt zugängliche Auswahlmenüs sind Möglichkeiten, die Effizienz zu erhöhen.

Bei der Informationsausgabe ist als wesentlicher Aspekt der Aufgabenangemessenheit anzuführen, daß Dokumente am Bildschirm möglichst weitgehend in der Form dargestellt werden können, wie sie später auf Papier erscheinen (What you see is what you get). Wahlweise sollten aber auch Informationen, die sich auf die Struktur des Dokumentes beziehen (z.B. Sonderzeichen für Paragraphenweiterschaltung, Tabulatoren etc.) darstellbar und manipulierbar sein, um entsprechende Aufgaben angemessen unterstützen zu können.

Vorgehensweise zur Systemgestaltung und -bewertung

Neben den modell- und gestaltungsbezogenen Aussagen der Richtlinie werden auch die wesentlichen Aspekte einer schrittweisen Vorgehensweise zur software-ergonomischen Gestaltung aufgezeigt. Hier ist zunächst einmal zu berücksichtigen, daß die Zielgruppen Entwickler, Anwender und Benutzer unterschiedliche Rollen bzgl. der Art ihrer Einflußnahme einnehmen. Wesentlich ist eine möglich weitreichende Beteiligung der Benutzer an der Systemauswahl wie auch an der Festlegung der Gestaltungsziele für das technische System. Die mögliche Einflußnahme der Zielgruppen wird anhand eines stark vereinfachten Phasenmodells für den Lebenszyklus eines Bürosystems beschrieben.

Der Schwerpunkt der Vorgehensweise liegt darauf, Einflußgrößen und Entscheidungen anhand des Modellrahmens zu strukturieren und zu beschreiben.

Dabei bilden die Entscheidungen innerhalb einer höheren Ebene die Vorgabe für die nachfolgenden Ebenen. Auf den nachfolgenden Ebenen kann es zu Entscheidungskonflikten kommen, die eine Korrektur der Vorgaben erfordern. Dies ist eine Rückkopplung (kein Überspringen von Ebenen), die ein mehrfaches ebenenweises Durchlaufen des Entscheidungsprozesses erfordert.

Literaturangaben

DIN (1987): Bildschirmarbeitsplätze - Grundsätze ergonomischer Dialoggestaltung. DIN 66234, Teil 8. Berlin: Beuth Verlag

Moran, T.P. (1981): The command language grammar - A representation for the user interface of interactive computer systems. Int. J. Man-Machine Studies 15, 3-50.

Nielsen, J. (1986): A virtual protocol match for computer-human interaction. Int. J. Man-Machine Studies 24, 3, 301-312.

VDI (1990): Software-Ergonomie in der Bürokommunikation. Richtlinie VDI 5005, Verein Deutscher Ingenieure, Berlin: Beuth-Verlag.

Ziegler, J. (1987): Grunddimensionen von Interaktionsformen. Proc. ACM Konferenz Software-Ergonomie, Berlin, April 1987.

Innovative Softwaregestaltung _
Eine Anregung zum Diskurs

Wolfgang Coy, Universität Bremen Informatik

1 Software als Problem

Software ist zu teuer und zu fehlerhaft; ihre Erstellung ist zu aufwendig. Das Klagelied der Softwarekrise ist ein Evergreen geworden. Viele Ansätze zur Behebung dieser Krise sind vorgeschlagen worden, einige inzwischen auch erprobt. Manches ist erfolgreich, doch kein Ansatz hat die Krise aufgelöst. Bestenfalls sind Synergieeffekte beim geschickten Mix unterschiedlicher Ansätze zu erkennen, aber noch immer verwundert es nicht, daß nach Hochrechnungen jedes sechste Softwareprojekt vor der Abgabe rückstandslos entsorgt wird.

Software dient vor allem der (Re-)Organisation und Gestaltung von Arbeitsplätzen. Jede Softwareproduktionsweise, die dies ignoriert, nutzt ihr Potential nicht aus; im Regelfall schadet sie auf Kosten der Nutzer und der Anwender. Softwareproduktion ist also mehr als elegante Formalisierung abstarkter Strukturen. Andererseits ist jedes Programm ein formales Artefakt. Auch diese triviale Eigenschaft kann nicht folgenlos verdrängt werden: Formale Methoden haben ihren Platz in der Programmierung. Schließlich ist die Erstellung großer Softwaresysteme selber eine bedeutende organisatorische Arbeitsaufgabe. Auch dieser Aspekt kann nicht vernachlässigt werden. Die Erzeugung neuer Programme nimmt einen zunehmend kleineren Anteil an der gesamten Softwareproduktion ein. Wartung, Pflege alter Programme und nicht zuletzt die schadensfreie Entsorgung überholter bzw. in ihren Hauptfunktionen entbehrlich gewordener Programme beansprucht einen wachsenden Anteil der Informatik-Ressourcen. Der innovative Austausch von Mainframes durch Arbeitsplatzrechner und PCs hat in vielen Betrieben diesen Prozeß vorübergehend verschleiert. Nun wird er auch bei den Programmen solcher Geräte spürbar. Hier besteht ein lebendiger Forschungs- und Entwicklungsbedarf.

2 Ingenieursprodukt Software

Die Diskussion um die industrielle Fertigung von Software hat sich frühzeitig der Vokabel des Engineering bemächtigt. Ausgangspunkt war die Beobachtung, daß die Erstellung großer Software nicht mehr das Werk einzelner Mathematiker ist, sondern die organsitorische Arbeit eines Teams erfordert. Dem sollte eine ingenieurshaftere Produktion der Software entgegengestellt werden, die allerdings in den Köpfen vieler Protagonisten vor allem eine verbesserte formale Methodik darstellte, währen der Arbeitsprozeß der Softwareerstellung theoretisch kaum durchdrungen wurde. Trotz vieler Bemühungen und trotz einzelner Ansätze wie der Entwicklung besser geeigneter Programmiersprachen und -methodiken und komplexer Entwurfsumgebungen bis hin zu sogenannten CASE-Tools haben sich die erzielten Vorteile angesichts der rapide wachsenden Anforderungen an Komplexität und Umfang neuer Softwaresysteme weitgehend relativiert.

Parnas hat kürzlich darauf hingewiesen, daß die Ausbildung der Informatiker weltweit keineswegs den Anforderungen an eine Ingenieursausbildung entspricht, und der Begriff Software Engineering deshalb ein frommer Wunsch bleiben muß, solange die Ausbildung nicht verändert wird. Selbst wenn man Parnasens Reformvorschlägen nicht folgt, fällt es doch schwer von einer Softwaretechnik zu sprechen, die der Präzision herkömmlicher Ingenieurstechnik vergleichbar wäre.

3 Formale Methoden des Softwareentwurfs

Aus dem Bemühen um die Erstellung korrekter Software heraus ist eine langjährige Debatte um den Nutzen formaler Methoden im Softwareentwurf entstanden. Zu den Zuspitzungen dieser mathematisch orientierten Forschungsansätze gehören die Themen Verifikation und Korrektheitsbeweise, formale, z.B. logische oder algebraische Spezifikation oder Transformation zwischen Abstraktionsebenen und unterschiedlichen Repräsentationen. Im Extremfall wird die Softwareerstellung als mathematisch-logischer Prozeß der Umwandlung einer formal beschriebenen Spezifikation in ein vom Rechner ausführbares Programm verstanden. So fordert Dijkstra eine radikale Umgestaltung der Informatikausbildung zur Beherrschung dieses »Korrektheitsproblems«.

Die Herkunft dieser Diskussionen aus der maschinennahen Automatsierungstechnik, der Systemprogrammierung und der Batch-Verarbeitung ist unverkennbar. Zweifellos bietet eine exakte mathematisch-logische Behandlung des Entwurfsprozesses einsichtige Vorteile. Die implizite Voraussetzung solcher Prozesse, nämlich die exakte Spezifikation eines Softwareprodukts vor seinem Entwurfsprozeß stehen in einem gewissen Gegensatz zu den Erfahrungen realer Entwicklung großer Softwaresysteme (so früh bei Brooks, dessen Erfahrungen als Chefkonstrukteur des IBM OS/360-Betriebssystems diesem Ansatz entgegenstehen). Von anderer Seite wurde die scheinbare Reduktion des Softwareentwurfs auf mathematische Beweismethoden hinterfragt. Mathematische Methoden scheinen in höherem Maße soziale Prozesse zu sein als sich dies der Selbstwahrnehmung von Mathematikern und mathematisch orientierten Naturwissenschaftlern und Ingenieuren darstellt. So zeigen rein formale Ansätze eine bei vielen Anwendungen nicht tolerierbare Ignoranz gegenüber Einführungsprozessen und gegenüber Gestaltungsfragen, die bei Dijkstra als "Pleasantness Problem" verharmlost werden. Auch die Pflege, Wartung und Entsorgung stellen die formalen Methoden als primären oder gar einzigen Entwurfsweg in Frage.

4 Rapid Prototyping und Partizipative Software-Gestaltung

Aus der skandinavischen Schule um Nygaard ist ein Ansatz der Nutzerbeteiligung entstanden, der in Deutschland zuerst von Ch. Floyd und ihrer Schule propagiert wurde. Partizipation bei der Spezifikation und dem Entwurf von Software bietet als maßgeschneiderter Gestaltungsprozeß eine Reihe von Vorteilen, um Einführungsprobleme zu mildern und um die Anwendungsangemessenheit von Softwaresystemen zu erhöhen. Dies trifft sich mit arbeitswissenschaftlichen Gestaltungsansätzen. Dazu sind von Informatikern und Arbeitswissenschaftlern verschiedene Methoden partizipativer Systemgestaltung entwickelt worden. Offen bleibt die Frage, wie weit diese Ansätze auf Standardsoftware, deren Einsatz rapide zunimmt, übertragen werden können.

Programmiersprachen, -umgebungen und "Tools" dienen untreschiedlichen Zielen, wie der besseren Anpassung an Hardware und Aufgabenstellung, der Fehlerminderung, der Nutzung und Wiederverwendung vorhandener Ressourcen, besserer Dokumentation und nicht zuletzt der Beschleunigung von Entwurf und Entwicklung. Vor allem aus der Möglichkeit schnellerer Entwicklung heraus sind Ansätze des Rapid Prototyping entstanden, die eine frühzeitige Einbindung der betroffenen Nutzerinnen und Nutzer erlauben sollen und die Spezifikationsphase möglichst lange offen für Veränderungen und Anpassungen halten sollen. In der entwicklungsorientierten Rapid-Prototyping-Methodik wird der eigentliche Entwurfsprozeß nach der endgültigen Festlegung der Spezifikation an Hand eines Prototypen erneut begonnen und durchgeführt.

Davon abzusetzen ist die aus der KI-Forschung stammende Variante des Rapid Prototyping, bei der die Prototypen als Labormuster zur Exploration möglicher neuer Anwendungen dienen. Eine Programmentwicklung im eigentlichen Sinne unterbleibt dann meist, wenn der Prototyp seine Funktion als Demonstrationsobjekt erfüllt hat.

Die Vermischung dieser beiden unterschiedlichen Prototyp-Ansätze, die gelegentlich aus ökonomische Gründen erfolgt, d.h. die Entwicklung eines Programms oder Systems aus einem Labormuster muß als problematisch gesehen werden.

5 Eine Anregung zum Diskurs

Die unterschiedlichen Ansätze des Entwurfs und der Gestaltung von Software stehen sich insbesondere in den Schriften und Köpfen ihrer Protagonisten schroff gegenüber. Entgegen häufig anzutreffender Selbstwahrnehmung scheint keine dieser innovativen Methoden alleine den Durchbruch zu billigerer, besser nutzbarer und zuverlässigerer Software zu garantieren. Es ist deshalb an der Zeit, die unterschiedlichen Lager in einem Diskurs zusammenzuführen, um eine wechselseitige Kenntnisnahme zu erreichen.

Modelle und Erfahrungen für solche Diskursvorhaben liegen vor. Verschiedene wissenschaftliche Gesellschaften wie die Gesellschaft für Informatik, der VDI, die GRVI oder die ITG haben erfolgreich Querschnittsthemen in ihren Bereichen durchgeführt. Diese Vorhaben haben sich wegen des starken Engagements der Beteiligten als äußerst erfolgreiche Instrumente zur disziplinären und interdisziplinären Klärung strittiger Ansätze erwiesen. Aus einem solchen gemeinsamen Diskurs, der Forscher, Entwickler, Anwender und Nutzer zusammenbringt, könnte eine fruchtbare Wechselwirkung entstehen, die die andauernde Krise der Softwareproduktion effektiv mildern kann.

Neue Leitbilder für benutzerorientierte Softwaregestaltung bei Telekommunikationsdiensten

Dieter Klumpp

Leiter des Fachausschusses "Informationstechnik und Öffentlichkeit" der ITG im VDE;

Leiter Stabsabteilung Technik und Gesellschaft der Alcatel SEL AG, Stuttgart

Zusammenfassung

Die neuen Techniken der Telekommunikation - die meisten davon sind softwaregetriebene Systeme - haben im letzten Jahrzehnt wichtige Dinge bewirkt: Das unverzichtbare weltweite Telefonnetz bleibt für Betreiber und Anwender preiswert nutzbar, neue Dimensionen der Mobilität und der Erreichbarkeit wurden eröffnet und ein produktiver Wettbewerb um Ideen für neue Anwendungen hat eingesetzt. Aber eines hat die Technik nicht bewirkt: Bis heute zeichnet sich nirgends ein neuer Telekommunikationsdienst ab, der in seiner Bedeutung dem heutigen Telefondienst gleichkommen könnte. Statt neuer Massendienste enstehen immer mehr Spezialdienste, deren Implementierung sich aus Kostengründen sehr langsam gestaltet. Weder Technologie noch Ökonomie induzieren Massendienste, sondern entstehen wohl nur probleminduziert aus der Gesamtsituation der Gesellschaft. Neue Leitbilder der Diensteentwicklung bedingen allerdings auch ein Umdenken beim Umgang mit der benötigten Software: Von der "anwendergerechten" hin zur "anwendergesteuerten" Software ist ein großer Schritt erforderlich.

Abstract

The new telecommunications technologies - most of which are software-driven systems - have brought about some major changes in the last decade: The all-important worldwide telephone network has become more efficient to use, new dimensions in mobility and reachability have opened up, and productive competition in the generation of new application ideas is taking off. However, there is one thing that technology has not been able to do: No one has succeeded in coming up with a telecommunications service that can rival present-day telephone service in importance. Instead of mass service, more and more specialized services are emerging, services that also for cost reasons are being implemented only very slowly. Neither technology nor economics spawn mass services. Such services are the products of the need to find solutions to problems that arise in society in general. However, establishing new guidelines for the development of telecommunications services will require a change in our thinking about how we design the software needed to run these services. A major step will have to be taken to progress from "user-oriented" software to "user-controlled" software.

Résumé

Les nouvelles technologies de télécommunications - pour la plupart d'entre elles des systèmes commandés par logiciel - ont généré d'importantes èvolutions dans la décennie passée: le réseau téléphonique mondial reste accessible pour les opérateurs et les utilisateurs à faibles coûts; de nouvelles dimensions dans la mobilité et l'accessibilité ont émergé et une concurrence productive sur les idées de nouvelles applications s'est mis en place. Une chose, toutefois, n'a pu être généré par la technologie: il n'existe, jusqu'à ce jour, aucun service de télécommunications qui ait la même

importance que le service téléphonique actuel. Plutôt que des services de masse, l'on voit apparaître des services de plus en plus spècialisès dont l'implantation se fait lentement en raison de leur coût. Les services de masse ne sont produits ni par la technologie ni par l'economie. Ils se comprennent bien plus comme une réponse au problèmes existant dans la société à un moment donné. La définition de nouveaux cadres de référence pour le développement des services implique cependant un nouveau mode de pensée dans la conception des logiciels: un pas important doit être franchi d'une conception du logiciel orientèe sur l'utilisateur à une conception impliquant le contrôle par ce dernier.

Cuadro Sinòptico
Las nuevas tècnicas de telecomunicaciòn - la mayorìa de ellas se basan en sistemas de software - han logrado en la ùltima dècada importantes efectos, bajo ellos: una red telefónica mundial que permanece para la compañia telefònica y para el usuario como un medio de comunicación utilizable a precios módicos; la apertura de nuevas dimensiones en la movilidad y en la posibilidad de ubicar telefónicamente a las personas; y, el fomento de una positiva competitividad de ideas para otorgarle al teléfono nuevos usos. Sin embargo, la técnica no ha logrado alcanzar un objetivo: hasta el momento no se observa en ningún lugar un nuevo servicio de telecomunicación, que podria tener el mismo equivalente del servicio telefónico existente en la actualidad. En vez de nuevos servicios de adaptación masiva, surgen cada vez más servicios especiales, cuya realización se conforma muy lentamente debido tambièn a sus altos costas. Ni la tecnologìa ni la economìa crean servicios de uso masivo, ellos surgen sólo más bien de los problemas generados en el contexto global de la socieded. Sin embargo nuevas lìneas de desarrollo de los services implican también reorientar el pensamiento en otras direcciones en el tratamiento del software: es necesario un gran paso del software "adecuado al usuario" al software en el cual el "usuario tenga un rol activo" en su aplicación.

0 Vorbemerkung: Nachfrage und Angebot im Software-Sektor

Ob wissenschaftliche Analyse, ob Produktbeschreibung, ob technologiepolitische Rahmenempfehlung, ob praxisbezogene Handlungsanleitung: "Anwendergerechte Software" wird überall beschrieben, angepriesen oder wenigstens nachdrücklich gefordert. Wer also nicht sieht, daß alle Software anwendergerecht ist, der ist dumm oder für seine Aufgabe nicht geeignet. Jedes Kind kommt damit zurecht.

Kostprobe aus einem Benutzerhandbuch für die Telefonnebenstellenanlage (S.63): "Während einer Sprachverbindung kann ein Dienstwechsel innerhalb des Basisanschlusses und damit auch innerhalb der Bus-Konfiguration zu einem anderen Dienst der gleichen Rufnummer eingeleitet werden. Bei einem einseitigen Dienstwechsel erfolgt der Dienstwechsel nur bei dem einleitenden Teilnehmer. Bei dem anderen Teilnehmer muß der Dienstwechsel ebenfalls durchgeführt werden. Bei einem zweiseitigen Dienstwechsel erfolgt der Wechsel auf beiden Seiten der Verbindung."

Damit haben mich begnadete und weitsichtige Software-Ingenieure bestens für den Eventualfall gerüstet, daß mir beim Abheben des Telefonhörers ein Pfeifen entgegentönt, das ich unschwer als Telefaxsignal erkenne. Ich drücke dann die Taste LM, gebe die Kennziffer "14" für Dienstwechsel ein. Mein Display zeigt mir die Kennziffer für den zuletzt benutzten Dienst, also die "72" für den Telefondienst. Jetzt brauche ich nur noch die Dienstwechselziffer "52" für Telefax einzugeben und die Nummer meines Telefaxgerätes. Schon pfeift mein Faxgerät, weil es eine fehlerhafte Seitenübertragung sofort detektiert hat. Neulich war es mit einem Anwendungsfall für "Dienstwechsel" endlich soweit, aber zu meinem Entsetzen legte meine Sekretärin den pfeifenden Telefonhörer mit der völlig deplazierten Bemerkung auf: "Da will uns einer ein Fax aufs Telefon schicken". Mit der Frau muß ich mal ernsthaft über anwendergerechte Software-Features reden, mir scheint ihre mentale Bereitschaft für die großartigen Angebote unserer Software nicht ausreichend gegeben zu sein.

Meine Beispiele in dieser Vorbemerkung zielen - obwohl die Versuchung groß ist - nicht auf das bekannte Verkomplizierungssyndrom in Handbüchern und nicht einmal primär auf das "Overfeaturing", sondern auf die Tatsache, daß die Softwareentwickler offensichtlich einen anderen Anwender wollen. Das wäre nun auch nichts Schlimmes, wenn nicht die jetzigen Anwender zugleich auch als Abnehmer und Käufer im Markt angesehen werden müßten. Und diese Anwender-Käufer schließen sich nicht etwa in Interessenverbänden zusammen, sondern nutzen hinterrücks die Möglichkeit der Kaufzurückhaltung. In anderen - nicht ironisch formulierten - Worten: Das bewährte Prinzip von Nachfrage und Angebot scheint auf dem Software-Sektor teilweise außer Kraft zu sein.

Im Folgenden will ich in vier Thesen weitere Grundprobleme ansprechen, auf die wir in der Telekommunikationsbranche gestoßen sind. Vor allem gilt dies für die sogenannten "Dienste", also die Anwendungen in Komunikationsnetzen, aber in bestimmtem Umfang scheint mir dies auch für Teile der Systemsoftware verallgemeinerbar zu sein. Wichtig ist dabei, daß europäische und außereuropäische Telekommunikationsdienste ähnlichen Problemen unterliegen: Die "Nestbeschmutzung" hält sich also in Grenzen. Die ersten beiden Thesen sind eher Problembeschreibungen mit zaghaften Lösungsansätzen, die beiden anderen sind eher normative Postulate mit zaghaften Problembeschreibungen.

1 Software: die große Unbekannte in der Telekommunikation

Über keine Schlüsseltechnologie wird vergleichsweise so wenig geforscht und nachgedacht wie über die Software. Auch in der interdisziplinären Fachdiskussion kann man nach wie vor eine deutliche Hardware-Orientierung feststellen. In der gesamten Branche der Telekommunikation herrscht das Leitbild vor, daß "softwaregetriebene Hardwaresysteme" und nicht "hardwaregestützte Softwaresysteme" die Wirklichkeit am besten beschreiben. Dies mag überraschen, wenn man andererseits in den Unternehmungen hört, daß der Großteil der Aufwendungen für moderne Kommunikationssysteme auf das Gebiet der Software entfällt.

Vor einigen aktuellen Beispielen zunächst die Einschätzung hochrangiger Experten, die am 21.9.92 in einer Bundestagsanhörung auch nach dem Softwaresektor gefragt wurden. Bis auf eine Ausnahme - den Technologieexperten des DGB - stimmten alle Fachleute darin überein, daß Deutschland eine eigenständige und wettbewerbsfähige Software-Industrie braucht. Zahlreiche Vorschläge für ganz konkrete Fördermaßnahmen wurden gemacht, die belegen, daß die große "Unbekannte", die Softwaretechnologie, allmählich ins Bewußtsein rückt. Aber noch dominieren Leitbilder, die sich auf spezielle Medien und Dienste richten, nicht auf die bedeutsamen Massendienste, die vorwiegend die finanziellen Rückflüsse besorgen, aus denen die gesamte Modernisierung der Telekommunikation sich speist.

Liegt es an der vermuteten "Hardwarezentriertheit"? Ein erstes Beispiel: In Fachkreisen findet seit einigen Jahren eine intensive Diskussion darüber statt, wie das neue Medium "Hypertext" dem Anwender am besten nahezubringen wäre. Hochrechnungen über die Preisentwicklungen von farbigen Flachbilddisplays werden dem bekannten Preisverfall bei klassischen Kathodenstrahlröhren entgegengestellt, manche votieren dafür, man möge die in Entwicklung befindlichen HDTV-Bildschirme für die Hypermediawelt vorsehen, manche meinen auch, daß die Flüssigkristalldisplays unserer Palm-Tops uns das neue Medium über die Jackentasche sehr viel schneller zur Verfügung stellen könnten. Wie es sich gehört, haben die unterschiedlichen Fachleute unterschiedliche Präferenzen. Einer Meinung sind die Fachleute allerdings, wenn man sie fragt, welche Größenordnungen denn die einzelnen Technologien bei der technischen Realisierung haben werden: Man geht davon aus, daß die Endgeräte etwa 10% der Kosten des Mediums betragen werden, daß weitere 10% für Speicher- und Übertragungseinrichtungen vorgesehen werden müssen, und daß der nicht ganz unbedeutende Rest von 80% in die reine Software-Erstellung geht.

Bei diesen Schätzungen wird in der Regel noch nicht einmal berücksichtigt, daß in den zugrundegelegten Daten-, Informations- und Wissens-Banken auch noch Kosten für die Abdeckung der "intellektuellen Eigentumsrechte" erforderlich sein könnten. Bei dieser Betrachtung eines künftigen Mediums fällt natürlich dem Beobachter auf, daß wir auch bei der "Vergangenheitsbewältigung" von der Hardware-Zentriertheit nicht wegkommen: Fragt man Fachleute und Laien über die Gründe, die bisher den Durchbruch von BTX verhindert haben, dann hört man die Stichworte "Lego-Grafik" oder auch "Zeitlupenblättern", man hört selten, daß die mangelhafte Akzeptanz auch in der Tatsache zu suchen ist, daß man den Kostenbrocken der Software-Aktualisierung im umfassenden Sinn nicht recht bedacht hat.

Nehmen wir ein ganz anderes Gebiet, nämlich den möglichen Beitrag der Informationstechnik für die Abmilderung des Verkehrschaos in den Ballungszentren, dann finden wir ähnliche Schieflagen der gedanklichen Beschäftigung. Hier wird klug darüber räsoniert, ob eine elektronische Code-Karte nicht besser sei als die klassische Vignette, ob bei den elektronischen Code-Karten eine interaktive Lösung besser sein könnte als eine Karte, die nur das Abbuchen von einem Guthaben erlaubt, es wird über die Alternative von Funksensoren oder Kontaktschleifen in den Straßen nachgedacht, es werden viele gute Bausteine vorgestellt.

Fragt man aber führende Informatik-Professoren, was denn zu erwarten sei, wenn die - wie immer gewonnenen - Verkehrsdaten zentral zusammengeführt werden, dann bekommt man ebenfalls die einhellige Auskunft, daß nämlich überhaupt nichts passiere. Ein Informationssystem, das auch nur die wichtigsten Daten des bewegten Straßen- und Schienenverkehrs in Deutschland online verarbeiten wolle, müsse etwa die dreifache Komplexität des Informationssystems haben, das für SDI angesetzt worden sein. Dieses System existiere noch nicht einmal als Design.

Eine erste Erklärung für diese verblüffende Tatsache, daß man über den größten technischen und ökonomischen Brocken am wenigsten redet, ist in einem tief verwurzelten Denken der Branche der Informationstechnik zu suchen, die schon immer das Endgerät als das "Gesicht des Systems" angesehen hat. Es stimmt, daß dem Benutzer die Features von Leiterplatten und von Bauelementen im wesentlichen verborgen bleibt. Aber das gilt auch für die Art und Weise, wie man eine Nockenwelle lagert oder wieviel Ein- und Auslaßventile man an einem Motor anbringt. In der Automobilbranche kämen nicht einmal verschlafene Großunternehmen auf die Idee, ihr Hauptaugenmerk auf die Autositze zu konzentrieren, wobei doch unbestritten ist, daß hier die ganz direkte Mensch-Maschine-Schnittstelle im Kraftfahrzeug zu verorten ist.

In der Informationstechnik jedoch scheinen Systeme immer noch um Endgeräte herum entwickelt zu werden, obwohl diese Endgeräte übrigens längst überwiegend bei Billigherstellern in Fernost hergestellt werden. Manchmal wird man den Eindruck nicht los, daß zum Beispiel Hypertext eine technologiegetriebene Innovation darstellt, die sich direkt aus der technischen Möglichkeit zum "Windowing" entwickelt hat.

Im betriebswirtschaftlichen Kontext wird Software auf der einen Seite als eine Art spezieller Hardware behandelt, auf der anderen Seite als etwas völlig neues, wenig beeinflußbares. So wird zum Beispiel beim Wunsch nach höherer Qualität von Software sowie bei der Messung von Produktivität einzelner Software-Systeme stets davon ausgegangen, daß man Software ebenso fehlerfrei herstellen könne wie Hardware. Nicht-Fachleute schauen immer wieder entsetzt drein, wenn in der Systemintegration beim Test einzelne Software-Module zusammengelinkt werden und das Gesamtsystem nicht funktioniert. Es scheint uns gedanklich schwerzufallen, der Tatsache ins Auge zu sehen, daß zum Beispiel bei verteilten Systemen fehlerfreie Software sogar theoretisch kaum möglich erscheint.

Und weil dies in der Betriebswirtschaft und auch im Management immer wieder gedanklich verdrängt wird, werden Software-Kosten in eine verständliche Ebene transponiert, nämlich in die Ebene der Gehaltskosten, die sie ja auch darstellen. Dann ist die gedankliche Modellwelt wieder in Ordnung, denn gegen hohe Personalkosten kann man in einer ausdifferenzierten Standortdiskussion sehr leicht etwas sagen.

Es scheint eine zunächst unabänderliche Generationenfrage zu sein, daß keinerlei Ansätze schlüssiger Gestaltungsmodelle für Software-Innovationen bei den verantwortlichen Akteuren in Wirtschaft, Wissenschaft und Politik bestehen. Daß die deutsche Software-Industrie von der Größenordnung her im internationalen Vergleich schlichtweg unterkritisch ist, könnte Resultat eines Blackboxdenkens sein. Es ist in einer immer komplexeren Welt gewiß immer noch legitim, gedanklich mit "black boxes" zu operieren. Aber die Technologie der Software ist zu wichtig, als daß man sie undifferenziert und ungestraft als Blackbox beibehalten dürfte.

2 Software: die Pflegekosten explodieren

Die betriebswirtschaftliche (in gewissem Sinne auch: volkswirtschaftliche) Behandlung der Software-Pflegekosten entscheidet mittel- und langfristig über die Wettbewerbsfähigkeit im Anwendersektor der Informationstechnik. Auch hier gilt - wie etwa im Umweltbereich, daß Anwender auf die Existenz der Altlasten mit einer Ignoranz der Neulasten reagieren. Man tröstet sich mit dem Hinweis auf immer billigere Speichermedien, die ungleich stärker belastbar sind als etwa die begrenzt vorhandenen Sondermüllkippen. Obwohl die Regiekosten für unser industrielles System auf Mikro- und Makroebene gerade wegen des Anteils der Informationsverarbeitung - passender, aber vielleicht wegen der KI-Bedeutung mißverständlicher wäre: Wissensverarbeitung - immer höher werden und angesichts hoher Personalkosten zum Standortnachteil werden, gibt es immer noch keine Ansätze für Informations-Recycling.

Gewiß verweisen Software-Ingenieure stolz darauf, daß sie immer mehr dazu übergehen, fertige Software-Module aus Bibliotheken zur Erstellung von komplexen Systemen zu benutzen. Gewiß sind wichtige Standardisierungen etwa der Software-Tools in allen großen Unternehmen der Informationstechnik in Arbeit, gewiß setzt schon ein beträchtlicher Teil von Anwendern für Routinevorgänge Makros ein.

Aber leider gilt immer noch eine Faustregel, daß - unabhängig davon ob 50% oder 80% der Module standardisiert verwendet werden - die Systeme von Generation zu Generation sich von den Kosten her verdoppeln. Ein Wissenschaftler hat dies vor einigen Monaten hier im BMFT als "Faktor e" bezeichnet. Die Euler'sche Zahl klingt aus zwei Gründen besser: Man vermutet Exaktheit und es ist nicht das Doppelte. Aber es ist letztendlich egal, aus welcher Luft man die Zahl greift, im Ergebnis kommt tatsächlich immer wieder dieser Effekt zum Vorschein.

So fatalistisch wir auch in den Finanzabteilungen diese Steigerung der Software-Erstellungskosten hinnehmen, so wenig kümmert uns als Anwender die Tatsache, daß auch hier Verdoppelungen im Zweijahresrhythmus wahrscheinlich die Regel sind. Denn, wie gesagt, kurzfristig erscheinen diese Kosten als Datenmüll in keiner Gewinn- und Verlustrechnung. Es sind ja auch bei genauem Hinsehen nicht die anfallenden Kosten, die so weh tun, sondern die entfallenden Einsparungsmöglichkeiten beim Gewinnen, Wiederverarbeiten und Ablegen von Informationen beziehungsweise von Wissen.

Schauen wir uns einmal beim bekanntesten Massendienst, dem Telefondienst, eine ganz spezielle Datensammlung an, bei der die Gestehungskosten tatsächlich im Sinne des Wortes davonlaufen. Ich meine das Telefonverzeichnis. Das Telefonbuch beziehungsweise die Telefonauskunft haben sich im Laufe der letzten Jahrzehnte als durchaus brauchbare Hilfsmittel zur Benutzung des Mediums Telefon erwiesen. Dies scheint unstrittig. Auch ist es wohl nicht zu bezweifeln, daß es dem Benutzer sehr angenehm ist, daß der Eintrag in das Telefonbuch nicht mehr als behördlicher Willkürakt erfolgt, sondern - im jährlichen Rhythmus - in gewissem Sinn frei gewählt werden kann. So verschwinden - alles mit gutem Grund - beispielsweise die deutschen Lehrer aus den Telefonbüchern, so verschwinden auch die Vornamen von alleinstehenden Frauen, so verschwinden auch die Adressen und im umgekehrten Trend kommen andere Teilnehmer wieder hinzu.

Dieser Update kostet viel Geld. Wir haben alle zur Kenntnis genommen, daß die Dienstleistung "Telefonauskunft" mit zu den teuersten Dienstleistungen überhaupt gehört, die zum Beispiel von der Telekom angeboten werden. Wenn man dann noch weiß, daß die tatsächlichen Kosten noch um Faktoren höher liegen, dann fragt man sich, ob hier nicht neue Leitbilder entwickelt werden sollten.

Vielleicht wäre es beispielsweise tatsächlich mittel- und langfristig besser, man würde eine Art von "Informations-Allmende" schaffen, eine Datenbank also, auf die der ungeübte Benutzer seinen persönlichen Eintrag - sooft er will, zu den üblichen Leitungsgebühren natürlich - verändern kann. Aber auch hier scheint uns unser Bild vom Anwender einen Streich zu spielen. Wir trauen diesem Anwender zu, sich Dienstwechselkennziffern zu merken und mit fünf Fingern eine Dreierkonferenz per Knopfdruck zustandezubringen, wir trauen ihm aber offensichtlich nicht zu, daß er seinen Namen, samt seinem Künstlernamen, seiner Adresse oder seinem Postfach, seinem richtigen oder angemaßten Titel in ein Telefonteilnehmerverzeichnis eingibt.

Warum eigentlich? Meistens kommt die Antwort, daß eine solche Freigabe zu entsetzlichen, chaotischen Zuständen führen würde. So sei unter anderem damit zu rechnen, daß das Telefonverzeichnis binnen kürzester Zeit aus dreißig Million Medizinprofessoren bestehe, daß man außerdem von Sabotage durch irgendwelche Datenhacker nicht gesichert sei.

In Wirklichkeit scheint mir der Weg nur deswegen blockiert zu sein, weil eine entsprechende Software noch nirgends in Ansätzen entwickelt ist, weil sich an Softwaresystemen weder unternehmerische noch ministeriale Kreativität entfaltet. Dabei würde - zumindest auf diesem wichtigen Teilgebiet - ein gutes Stück der Pflegekosten durchaus sozialverträglich auf den Anwender verlagert werden.

Bitte verstehen Sie dieses Beispiel nicht primär als eine Produktidee, sondern als ein Muster für einen neuen Denkansatz. Dieses Muster bietet eine Möglichkeit, die Richtigkeit meiner Thesen selbst zu überprüfen. Sprechen Sie mit Fachleuten über diesen Vorschlag und prägen Sie sich die Argumentationsmuster ein, mit denen solche Vorschläge abgeschmettert werden und stellen Sie vor allen Dingen immer wieder die Frage, welch besonderer Fähigkeiten es denn bedürfte, zum Beispiel ein solches System zu entwickeln.

Ich meine: Es braucht eigentlich nur die Fähigkeit für ein realistisches Erkennen tatsächlicher Kosten und die Fähigkeit zur mutigen Umsetzung eines Beschlusses. Dafür fehlen aber in unserem hochgepriesenen Standort die Rahmenbedingungen: Man bringt - in privaten oder öffentlichen Haushalten - einfach eher das Geld für irgendeine Erhaltungssubvention auf als für einen Gestaltungskredit.

3 Software: die fehlende Vision in der Qualifikation

Ohne Zweifel haben Elemente der Informationswissenschaft Eingang in die universitäre Ausbildung von Informatikern gefunden. Die Informatik hat ihre Scheuklappen abgelegt und versucht, ihre Wissenschaft in den Dienst von Problemlösungsansätzen für gesellschaftliche, wirtschaftliche oder technische Probleme zu stellen. Dennoch scheint sich die Ausbildung von Informatikern zu sehr auf die spätere individuelle Leistung zu konzentrieren. Die im industriellen Maßstab erfolgende Gestaltung komplexer Software-

Systeme ist jedoch eine ausgesprochene Gruppenarbeit.

Informatiker streiten sich darüber, wo die Komplexitätsgrenzen bei Softwaresystemen liegen, sie sind sich aber darüber weitgehend einig, daß es irgendwo eine Trennlinie gibt, bei der ein Softwaresystem wegen zu großer Komplexität defizient wird, wo Zuverlässigkeit (oder andere Parameter) fast in einer Sprungfunktion verlorengeht. Ich kann hier nur wiedergeben, was die Informatiker selbst als Gründe ansehen:

> Es werde in der Ausbildung zu viel "gebastelt", im überschaubaren Softwaresystem funktioniere alles prima. Erst im Feldeinsatz stelle sich dann heraus, daß innovative Benutzer zum Beispiel Tastenkombinationen fertigbrächten, die man anatomisch nicht für möglich gehalten hätte und die dann einen Systemausstieg oder eine andere Fehlfunktion bewirken.
>
> Es werde bei Studierenden als Berufsziel sehr früh das Leitbild des innovativen Kleinunternehmers gepflegt, der in einer glücklichen Kombination von Arbeit und Hobby die Chance habe, ein zweiter Steve Jobs zu werden. Trotz aller Kommunikationseinrichtungen - vom Modem bis zur Mailbox - werde vor allem das individuelle Wissen aufgebaut, weil dies Vorteile im Konkurrenzkampf bringe.
>
> Nicht zuletzt würden in Softwarebereichen wegen des hervorragenden Spezialwissens die Mitarbeiter aller Ebenen zu einem selbstreferentiellen System, vergleichbar einem Automobilunternehmen, in dem vom Chef bis zum Facharbeiter allesamt Formel-I-Rennfahrer wären.

Solche Erklärungen scheinen mir plausibel zu sein, ohne daß ich sie im einzelnen nachprüfen kann. Mit diesem Leitbild scheinen mir tatsächlich viele Softwareingenieure in die industrielle Wirklichkeit entlassen zu werden, in der - fast tayloristisch - große Softwaresysteme gebaut werden.

Vielleicht wäre es hilfreich, wenn noch mehr Elemente des Projektstudiums in die Hochschul- und Fachhochschulausbildung hineinkämen. Angesichts der guten Chancen am Arbeitsmarkt wäre vielleicht sogar ein Praxisjahr in der Halbzeit des Studiums für die Studierenden, aber auch für die Unternehmen, ein möglicher Problemlösungsansatz.

Die Unternehmen selbst müßten noch bedeutsamere Maßnahmen zur Umstrukturierung der Aufbauorganisation vornehmen. Industrielle Softwarebereiche müssen schließlich ein Management haben, das funktional dem anderer Bereiche entspricht. Das heißt, daß von der Personalführungsfunktion bis zur Finanz-Controllingfunktion "angepaßtes Management" eingeführt werden muß, um interne Reibungsverluste zu minimieren. Wahrscheinlich lassen sich Softwarebereiche auf Dauer nur als ausgelagertes Profit-Center führen.

Wenn wir in der Telekommunikation tatsächlich ein Umdenken herbeiführen wollen, um profitable Massendienste zu entwickeln, dann wird dies - dessen bin ich gewiß - nicht mit markigen Worten oder kühnen Entscheidungen, sondern nur über eine Zufuhr neuer Ansätze durch den Nachwuchs möglich werden. Es muß allerdings gefragt werden, warum sich - bislang jedenfalls - im bisherigen Paradigma der Softwareausbildung nicht eine Vision finden ließ, die dem jungen Informatiker ein realistisches Leitbild für eine berufliche Perspektive in einer industriellen Umwelt gibt.

Gewiß spielt eine nicht unbeträchtliche Rolle die Tatsache, daß es zum Beispiel in Deutschland weder bei einem Hersteller noch einem Betreiber der Telekommunikation einen Forschungs- und Entwicklungsbereich für Dienste gibt. Da darf man sich nicht wundern, wenn manche Fachleute meinen, daß schon im Jahr 2000 auch auf diesem Gebiet japanische Innovationen dominieren werden. Auf dem Gebiet der Unterhaltungselektronik haben wir gesehen, daß industrielle Innovation sich am Markt gegenüber der esoterischen Einzelinvention durchzusetzen pflegt.

4 Software: von anwendergerechten zu anwendergesteuerten Systemen

Anwendergerechte Softwaresysteme gibt es in der Informationsverarbeitung wahrscheinlich vorwiegend im Prospekt, bei den Diensten der Telekommunikation wahrscheinlich meistens in der mittelfristigen Umsatzvorschau. Wenn in der Telekommunikation die bekannten und in der Literatur gut beschriebenen Software-Kostenfallen vermieden werden sollen, müssen Softwaresysteme entwickelt werden, die einen drastischen Schwenk hin zu Anwenderkontrolle und Anwendersteuerung ermöglichen. Dies gilt zum einen im partizipativen Sinn, wo also Anwender systematisch in die Gestaltungsprozesse einbezogen werden, aber auch im applikativen Sinn, wo also Anwender - wo immer dies organisatorisch zu verantworten ist - größte Freiheiten bei der Systembenutzung bekommen.

Beispiele für einen solchen neuen Denkansatz wären die erwähnte "Informations-Allmende", für die es die bekannten "narrensicheren" Systeme zu entwickeln gilt. Man kann aber auch in diesem Leitbild sehr früh festlegen, daß bei Verkehrs- oder Kommunikationssystemen der Zukunft Wertkarten anstelle der ungleich softwareaufwendigeren interaktiven Chipkarten eingesetzt werden. Eine elektronische Post in jeden Haushalt per Telefax gibt es nicht durch geniale Einzelerfindung, sondern nur durch Entscheidung über die Entwicklung eines entsprechenden Softwaresystems. Eine datenschutzadäquate Personendatenverarbeitung kann wohl nur in völliger Dezentralisierung realisiert werden. Ein den Persönlichkeitsschutz respektierender und dennoch preiswerter Mobilkommunikationsdienst kann wohl nur in Kombination von Broadcast- und Switched-Techniken entstehen.

Überall sind großartige Aufgaben und Herausforderungen für die Softwareentwicklung zu sehen. Der Erhalt der Telekommunikationsbranche in Europa scheint für viele durchaus ein erstrebenswertes Ziel zu sein. Aber dieses Ziel scheint mir nur durch solche neuen Leitbilder erreichbar zu sein. Die klassischen Leitbilder haben wir alle zusammen im letzten Jahrzehnt bis zum Gehtnichtmehr strapaziert.

Zur Erarbeitung solcher Leitbilder muß sich die Branche allerdings noch durchringen, müssen sich auch die Außenstehenden erst gewinnen lassen. Dagegen steht immer noch die Tatsache, daß die Branche aus Sicht der Außenstehenden als ausgesprochene Zukunftsbranche grundsätzlich nicht jammern darf. Realistische Einschätzungen werden rasch als Defätismus und Kleingeisterei bezeichnet. Nicht einmal die Entwicklung der Gewinnkurve des größten Computerherstellers seit 1987 darf nach Meinung der Beobachter anders erklärt werden als mit dem berüchtigten "Managementversagen".

Dagegen spricht auch, daß der Leidensdruck in der Branche selbst immer wieder auf wundersame Weise wegdefiniert wird. Auf der nächsten CeBit im März 1993 wird wieder einmal der Optimismus beschworen werden, demzufolge die gute Stimmung der Standhostessen ein wichtigeres Indiz für den Erfolg ist als die rückläufigen Auftragseingänge. Weil es aber in der Telekommunikationsbranche seit Jahren eine stattliche Schar außenstehender Fachleute aus Wissenschaft, Wirtschaft, Verbänden und Politik gibt, die sich aktiv und konstruktiv in die "Leitbilddiskussion" einschalten, könnte 1993 durchaus ein Jahr des Neuanfangs werden.

Zur Bedeutung der Künstlichen Intelligenz für arbeitsorientierte Software-Gestaltung

Thomas Herrmann,.Universität Dortmund

Die im folgenden dargestellten Thesen entstanden vor dem Hintergrund eines BMFT-geförderten Projektverbundes zur Technikfolgenabschätzung der Künstlichen Intelligenz (s. CREMERS; HERRMANN, 1990 und BECKER; HERRMANN; STEVEN, 1992). Dieses Vorhaben wurde in enger Zusammenarbeit mit dem Forschungsverbund KI-NRW durchgeführt, wobei das Ziel verfolgt wurde, die Ergebnisse der Folgenforschung in die Entwicklung von Methoden der KI zu integrieren. Es wird also eine gestaltungs-orientierte Technikfolgenforschung angestrebt, die exemplarisch auf Expertensysteme bezogen ist. Im folgenden wird versucht, über den Fall der Expertensysteme hinausgehend zu klären, welche Relevanz die KI künftig für die arbeits-orientierte Software-Entwicklung haben kann, wobei die Tätigkeit von Experten insofern besonders berücksichtigt wird, als mit ihr Bereiche komplexer, hochqualifizierter und schwer standardisierbarer Arbeit angesprochen sind.

1 Damit Technikfolgenforschung zur KI gestaltungs-orientierte Ergebnisse hervorbringen kann, muß sie auf Kommunikations- und Arbeitsprozesse bezogen werden

Die kritische Auseinandersetzung mit der KI hat Tradition, wobei man sich bekanntermaßen sowohl mit der Machbarkeit solcher Systeme als auch mit der Wünschbarkeit von Maschinen befaßte, die potentiell als Entscheidungsträger fungieren könnten. Dabei stand immer wieder die Frage nach den prinzipiellen Grenzen der künstlichen Intelligenz im Vergleich zur menschlichen im Vordergrund. Für die Beurteilung der potentiellen Wirkungen von KI-Anwendungen ist die Beantwortung dieser Frage eher zweitrangig. Ausschlaggebend ist vielmehr, welche "Rolle" man den

Systemen zukommen läßt, wenn man sie im Arbeitsprozeß und/oder zum Zweck der Wissensverteilung und -bereitstellung einsetzt. Diese Rollenzuweisung kann von Nutzern vollzogen werden (etwa in Abhängigkeit von ihrer Qualifikation) oder in der Arbeitsorganisation zum Ausdruck kommen. Dabei kann es in Einzelfällen vorkommen, daß recht einfache Systeme bereits Fachkräfte ersetzen sollen, während ausgereifte und hochkomplexe Systeme nach wie vor von Experten bedient werden. Die Stabilität solcher Zuordnungen hängt viel stärker von aktuellen Problemen und dem Umgang mit ihnen ab, als von den prinzipiellen Problemen der Darstellbarkeit menschlichen Wissens. Inwieweit man sich die Option des Einsatzes wissensbasierter Systeme offenhält, erklärt sich auch aus der Perspektive von Arbeits- und Kommunikationsprozessen, deren Komplexität mit steigenden Flexibilisierungsanforderungen zunimmt.

2 Expertensystemtechnologie hat keine Leitbildfunktion mehr für die Lösung komplexer Anwendungsprobleme in der Arbeitswelt

Expertensystemtechnologie dominiert nicht mehr die Förderstrategien im Bereich der Forschung zur Software-Entwicklung. Sie bietet sich auch nicht mehr per se als probates Lösungsmittel zur software-technischen Unterstützung unzureichend strukturierter bzw. rational nicht ausreichend durchdrungener Aufgaben an. Die anfängliche Euphorie, mit wenig Aufwand komplexe Probleme lösen zu können, ist einer Ernüchterung gewichen. Entwicklung und Einsatz wissensbasierter Systeme ist nur noch eine Option unter mehreren, da sie sehr aufwendig sind. Die Einsatzmöglichkeiten von Expertensystemen haben sich als äußerst heterogen in dem Sinne erwiesen, daß es nicht möglich ist, einige wenige Anwendungsklassen zu definieren (wie Diagnose, Planung, Konstruktion etc.), für die einheitliche Methoden bereitstellbar und reproduzierbar wären. Der Prozeß der Wissensakquisition hat z. T. eine zyklische Struktur, verläuft kaum standardisiert und erfordert darüber hinaus eine Spezialisierung auf jeden einzelnen Fall. Erschwerend kommt hinzu, daß in der Regel erheblicher Wartungsaufwand bzw. Entwicklung im nachhinein erforderlich ist.

3 Man wird weiterhin versuchen, Ergebnisse von Expertentätigkeit durch EDV-Einsatz kostengünstiger und planbarer zu realisieren - dabei werden wissensbasierte Systeme und Methoden der KI relevant sein

Die eingetretene Ernüchterung impliziert nicht, daß die Ziele, die man mit der Anwendung von KI-Technologie zu erreichen erhoffte, aufgegeben werden. Hierzu zählt, daß man versucht, die Komplexität der Aufgaben von Fachkräften zu reduzieren, um Zeit, externe Beratungskosten oder Kosten durch Revisionserfordernisse zu sparen. Zusätzlich strebt man nach wie vor die Standardi-sierung von Entscheidungen und Berarbeitungsverfahren (etwa zwecks Qualitätssicherung) an. Auch angesichts neuer oder gerade wegen neuer Managementmethoden, die die Stärken menschlicher Akteure (wie soziale und kommunikative Kompetenz) in den Vordergrund stellen, werden diese Ziele virulent bleiben. Da man in vielen Fällen etwa organisatorische und kommunikative Aufgaben additiv in den Produktions- oder Dienstleistungsprozeß zu integrieren versucht, wird man bemüht sein, den Aufwand zur Lösung sachbezogener Aufgaben zu reduzieren. Hierbei werden auch Methoden der KI relevant sein, wobei jedoch eher eine Vielfalt kombinierter Verfahren und nicht Systeme mit einheitlicher Architektur (vergleichbar den klassischen Expertensystemen) von Bedeutung sind. Diese zu erwartende Heterogenität stößt auf einen erheblichen Forschungsbedarf, wenn eine Anpassung an die Belange der Arbeitswelt systematsich verfolgt werden soll.

4 Die bisherigen Probleme bei der Umsetzung von Expertensystemen legen es nahe, die Perspektive "expertenunterstützender, interaktiver Systeme" zu akzentuieren.

Bereits aus der theoretischen Debatte läßt sich der Schluß ziehen, daß es aufgrund der Unvollständigkeit maschinell repräsentierbaren menschlichen Wissens günstiger ist, Einheiten zu bilden, in denen Experte und Maschine zusammenwirken. Aus der Sicht der Praxis zeigt es sich, daß im Umfeld der Nutzung von Expertensystemen häufig noch weitere Aufgaben zu bearbeiten sind, für die die Qualifizierung auf Expertenniveau unerläßlich ist. In vielen Fällen ist es daher angemessen, daß Experten mit wissensbasierten Systemen arbeiten. Hierbei besteht jedoch im Sinne einer human-orientierten Arbeitsgestaltung die Anforderung, daß das System als unterstützend empfunden wird und der Experte nicht die Rolle des Datenlieferanten und Vervollständigers spielen muß.

Es gibt Fälle, in denen eine Mensch-Maschine-Interaktion kaum erforderlich ist, z. B. wenn ein wissensbasiertes System weitgehend in ein anderes technisches System integriert wird. Hier kann es u. U. erfolgreich sein, einen Experten zu ersetzen. Die Präferenz für expertenunterstützende Systeme ist jedoch umso sinnvoller, je mehr folgende Sachverhalte gegeben sind:

4.1 Die von Experten im einzelnen verfolgten Ziele und Vorgehensweisen bilden sich in einer Auseinandersetzung mit dem sachlichen und sozialen Kontext einer Aufgabe heraus

Eingaben müssen auch dann noch veränderbar sein, wenn auf ihnen bereits ein Inferenzprozeß basiert (der u. U. erst zu der Einsicht in eine Veränderungsnotwendigkeit geführt hat).

- Es sollte möglich sein, daß ein Nutzer eine von ihm vermutete Lösung dem System als Hypothese vorgibt, um dann im Verlauf weiterer Interaktionen zu klären, ob die Ausgangsbedingungen gegeben sind, die zur Bestätigung der Lösung benötigt werden.

4.2 Die Vorgehensweise von Experten ist nur partiell antizipierbar und modellierbar.

Es wird sinnvollerweise gefordert, zum Zweck des Entwurfs expertenunterstützender Software die Vorgehensweise des Experten und die Struktur seiner Aufgaben für die jeweilige Anwendungsdomäne zu modellieren, da sich hierbei erhebliche Unterschiede zur Modellierung eines logisch und programmtechnisch optimierten Lösungsprozesses zeigen können. Diese Unterscheidung ist bedeutsam, wenn man dem Experten einen Interaktionsverlauf und Erklärungen sowie Eingriffsmöglichkeiten ermöglichen möchte, die mit seinen Vorstellungen und Vorgehensweisen kompatibel sind.

Demgegenüber ist jedoch auf Grundlage des Begründungszusammenhangs von These 4.1 die Einschränkung vorzunehmen, daß die Chancen für eine zutreffende Modellierung der Aufgabenstruktur und Vorgehensweise recht gering sind: Einerseits sind die Spezifika des relevanten Kontextes einer Aufgabe und auch der in Betracht zu ziehende Umfang des Kontextes im vorhinein meist nur unzulänglich bekannt. Dies gilt insbesondere für die sozialen Aspekte. Andererseits verändert sich dieser Kontext auch durch die Aktivität der Experten selbst. Die Eigenarten von Aufgaben und Vorgehensweisen sind darüber hinaus auf dem Gebiet der Expertentätigkeit sehr dynamisch, da die Aktivitäten der Akteure und ihres Umfeldes ein ständiges Ringen um Optimierung und Eliminierung von Unwägbarkeiten beinhalten

4.3 Eine ständige Innovation der Vorgehensweisen und Grundlagen ist bei der Expertentätigkeit gewünscht.

Die Dynamik der Eigenschaften jener Gebiete, auf denen Experten arbeiten, ist nicht als lästiger Störfaktor zu betrachten, der eine aufgabenorientierte Modellierung erschwert. Vielmehr ist diese Dynamik erwünscht, um eine Entfaltung von Kompetenzen und um eine Verbesserung von Produkten und Prozessen zu erzielen.

Entsprechend besteht häufig eine Erwartung an Experten, daß sie in der Lage sind, ihr Wissen und Können weiterzuentwickeln, strategisch einzusetzen und kritisch zu reflektieren. Hierzu gehört auch das Vermögen, Fälle zu vergleichen und hinsichtlich ihrer Gemeinsamkeiten zu verallgemeinern. Der Prozeß der Erweiterung und Verbesserung von Expertenkompetenz ist in den meisten Fällen eng mit der Umsetzung sozialer und kommunikativer Kompetenz verwoben. Zwar gibt es auch viele Spezialisten, die sich isoliert um eine Entfaltung ihrer Fähigkeiten bemühen. Die Tendenz jedoch, Prozesse zu integrieren und Aufgaben im Team zu bearbeiten, erhöht die Koppelung zwischen Aufgabenbearbeitung, Kommunikation und Innovation der Methoden bzw. Vorgehensweisen. D. h., Innovation und fachbezogene Kommunikation erfolgen nicht separiert von der eigentlichen Aufgabenbearbeitung, sondern in enger Verbindung mit ihr. Dieser Koppelung hat die Gestaltung interaktiver Systeme Rechnung zu tragen

4.4 Die Kompetenz von Experten und ihre Vorgehensweise bei der Aufgaben bearbeitung basiert oft auf Erfahrungen mit einzelnen Fällen.

Auch wenn Experten in der Lage sind, ihre Vorgehensweise in Form verallgemeinernder Formulierungen zu erklären, so bedeutet dies nicht, daß ihr Vorgehen unmittelbar von solchen verallgemeinerten Einsichten gesteuert wird. Es kann unterstellt werden, daß angesichts einer Aufgabenstellung bereits bearbeitete, ähnliche Fälle assoziiert werden und die Assoziationen die Bearbeitungsstrategie prägen. Daß man sich das intuitive Vermögen von Experten (etwa beim Finden von Lösungsstrategien) oder ihr Können (bzw. implizites Wissen) Anwendung verinnerlichter, nicht bewußtseinspflichtiger Regeln in Form von Verallgemeinerungen vorstellt, ist keineswegs zwingend. Es kann sich auch um fallbezogene Analogiebildungen handeln, die erst unter dem Druck nachträglicher Rechtfertigungen mit der Weihe rationalisierender Verallgemeinerung versehen werden.

Mit Hinblick auf die Gestaltungsanforderungen folgt daraus der Hinweis, daß Expertensysteme über Fallsammlungen verfügen sollten, um die Auswahl von Fällen zu unterstützen, die mit einer aktuell zu bearbeitenden Aufgabe vergleichbar sind. Die Auswahl von Fällen, die zu dem aktuell bearbeiteten Fall Ähnlichkeiten aufweisen, kann software-technisch unterstützt werden. Dieses Auswählen solcher Fälle sollte jedoch nicht verdeckt erfolgen, sondern dem Experten zur Reflexion seiner Vorgehensweise präsentiert werden. Das System kann hier also auch als Medium fungieren, das Falldarstellungen unter Überwindung zeitlicher und räumlicher Barrieren vermittelt

5 Arbeits-orientierte Software-Entwicklung für interaktive Systeme muß folgende Trends berücksichtigen, für deren Realisierung

5.1 Wissensakquisition, Nutzung und Modifikation von expertenunterstützenden Systemen müssen miteinander verwoben sein.

Die beschriebenen Aspekte wie

- Veränderung des Kontextes von Aufgaben (etwa durch Flexibilitätsanforderungen, wie sie für die Produktion erkennbar sind)
- schrittweise Präzisierung sowohl der Aufgabenstellung als auch der Vorgehensweise

führen dazu, daß sich ständig eine Diskrepanz zwischen Soll und Ist der Leistung expertenunterstützender Systeme aufbaut. Diese Diskrepanzen zeigen sich i.d.R. im Rahmen der Aufgabenbearbeitung und sollten am günstigsten auch unmittelbar innerhalb dieses Rahmens durch geeignete Modifikation des Systems behoben werden

Aus organisatorischer Sicht wäre es am vorteilhaftesten, wenn diese Modifikationen unmittelbar von den Nutzern eines Systems selbst vorgenommen werden könnten. Damit würden Reibungs- und Zeitverluste sowie Vermittlungsfehler vermieden, die bei der Beauftragung von Wartungsspezialisten auftreten könnten. Voraussetzung einer solchen direkten Modifikation ist, daß die dazu notwendigen Interaktionsmöglichkeiten so gestaltet sind, daß das Durchführen der Modifikation als Teil der Bearbeitung einer gegebenen Aufgabe wahrnehmbar ist. D.h. bestenfalls, daß sich der Benutzer zwar bewußt sein sollte, daß er sich im Modus einer Systemveränderung befindet. Er sollte die für die Veränderung relevanten Daten jedoch genauso eingeben können, wie er das von der Dateneingabe für die Aufgabenbearbeitung gewöhnt ist, und er sollte dabei nachvollziehen können, daß er seinem Ziel einen Schritt näher kommt. Hier zeigt sich z.B. daß eine Verschmelzung von klassischen Datenbanksystemen mit wissensbasierter Technologie weiter voranzutreiben ist. Benutzer sollten eine Wissensbasis auf dieser Grundlage so modifizieren können, wie sie auch Felder und deren Inhalt bei einer Datenbank verändern können. Somit wäre auch vorstellbar, daß der Prozeß der Wissensakquisition fließend mit der Systemnutzung verschmolzen wird und nicht mehr getrennt durchgeführt wird. Forschungsbemühungen, die eine Optimierung der Wissensakquisition anstreben, sollten diese

Möglichkeit stärker berücksichtigen und dem Knowledge-Ingenieur stärker eine beratende anstatt einer wissen-formende Rolle zu weisen

Die vorgenommenen Änderungen müssen zur Vermeidung unerwünschter Seiteneffekte einer Überprüfung unterzogen werden. Das heißt, Wartungsspezialisten und andere betroffene Nutzer müssen in den Modifikationsprozeß miteinbezogen werden.

5.2 Problemlösung und Fachkommunikation sollten auch bei der Systemnutzung integrierbar sein; in diesem Sinne sind expertenunterstützende Systeme als Medium im Rahmen kooperativer Arbeit zu gestalten

An verschiedenen Stellen der Diskussion um den Einsatz von Expertensystemen wird vorgeschlagen, solche Systeme als Medium zu verstehen. Im Unterschied zu einem Fachbuch wäre ein solches System jedoch ein interaktives Medium, das durch einen software-basierten Steuerungsprozeß die dargebotene Fachinformation aufgaben- und situationsbezogen aufbereitet. Diese software-basierten Möglichkeiten könnten genutzt werden, um die Interaktion zwischen Experten und System zu erweitern, hin zu einer systemvermittelten Kommunikation mit den Entwicklern sowie Wartungsspezialisten und mit anderen Nutzern des Systems. Das Verständnis eines Expertensystems als Medium würde also um die Perspektive eines medialen Systems erweitert, das geeignet ist, die Kommunikation zwischen den Akteuren der Systementwicklung, -wartung und -nutzung zu unterstützen. Auch hier gilt, daß die Nutzung als Kommunikationsmedium direkt aus dem Prozeß der Aufgabenbearbeitung heraus erfolgen können muß, ohne als Bruch in der Interaktionsform wahrgenommen zu werden. Dies bedeutet z. B., daß der Zustand eines Systems zum Zeitpunkt X einer Bearbeitung an andere Akteure mitgeteilt werden kann, vom Benutzer aber nicht explizit beschrieben werden muß. Auf diesem Weg könnte dann auch die Überprüfung und abschließende Bestätigung (bzw. auch Verwerfung) von modifizierenden Veränderungen

seitens des modifizierenden Benutzers veranlaßt werden.
Die Leistungs- und Unterstüzungsfähigkeit wissensbasierter Systeme kann optimiert werden, indem mehrere Systeme miteinander gekoppelt werden. Dabei sollte die Art der Koppelung nicht systemgesteuert erfolgen, sondern vom Benutzer im Rahmen von Form des Computer Supported Cooperative Work veranlaßt werden. Es ist also auszuloten, inwieweit wissensbasierte Systeme als Basis von Groupware dienen können.

5.3 Unterstützungssysteme für Experten müssen erforschbar sein und die Erforschung herausfordern.

Die Komplexität expertenunterstützender Systeme, insbesondere auch ihres Entstehungsprozesses, spiegelt sich in der Dokumentation solcher Systeme wider. Sie wird in der Regel kaum gelesen, und ist nur schwer vestehbar bzw. von einem rezipierenden Nutzer kaum in seinen Verständnishintergrund einzuordnen. Auch die von Erklärungskomponenten generierten Hinweise beleuchten oft nur Einzelaspekte und treffen nur zufällig die jeweils zu schließende Verständnislücke eines Benutzers.

Es ergeben sich also erhebliche Probleme für den Benutzer, wenn er das Leistungsspektrum und die Zuverlässigkeit eines Systems entweder im Einzelfall oder auch allgemein beurteilen möchte. Es läßt sich beobachten, daß hier in der Regel experimentell vorgegangen wird, das heißt, der Nutzer testet z.B. mit Hilfe bereits gelöster Fälle, ob das System korrekt arbeitet. Dieses experimentierende Erforschen der Systemleistung sollte durch geeignete Interaktionsformen unterstützt werden. Hierzu gehört etwa die Möglichkeit, Eingaben oder Systemausgaben nachträglich verändern zu können, um den Effekt dieser Veränderungen beobachten zu können. Dabei sollten auch Zusammenhänge der Systemleistung durch grafische Darstellungen nachvollziehbar werden, indem z.B. hierarchische Strukturen, Vererbungen, Wenn-Dann-Beziehungen etc. auch bildlich präsentiert werden. Hypermediale Systeme bieten hierfür günstige Möglichkeiten. Sie können i.d.R. jedoch nicht software-technische Basis experten-unterstützender Systeme sein, sondern nur zur Ergänzung dienen. Benutzer sollten insbesondere dazu angeregt werden zu erforschen, wie ein vom System geliefertes Resultat zustande kommt. So könnten sie z.B. am Ende einer Problemlösung gefragt werden, ob ihrer Meinung nach alle relevanten Fakten berücksichtigt sind. Auch fehlschlagende Plausibilitätstests oder Konsistenzprüfungen bei den Benutzereingaben sollten dem Benutzer stets als Anlaß präsentiert werden, die damit verbundenen Zusammenhänge nachzuvollziehen.

5.4 Je komplexer die Expertentätigkeit ist, die durch ein interaktives System unterstützt werden soll, desto schwieriger wird es, software-ergonomische Prinzipien durch systemgeführte Unterstützung des Benutzers zu erreichen

Einige software-ergonomisch Kriterien, wie z. B. Fehlertoleranz, Erwartungskonformität oder Selbstbeschreibungsfähigkeit gehen davon aus, daß das genutzte System weitgehend stabil ist und eine ausreichende Modellierung der Anwendungsdomäne gelingen kann. Dies ist bei interaktiven Systemen mit komplexen Aufgaben jedoch fraglich. Entsprechend ist die Realisierbarkeit softeare-ergonomische Kriterien eingeschränkt. Wenn ein Benutzer z. B. eine Eingabe vorschlägt, die das System für nicht zulässig wertet, so wäre dies nur dann als Fehler weiterzubehandeln, wenn wirklich auszuschließen wäre, daß die Unzulässigkeit der Eingabe nicht auf eine unvollständige Modellierung oder auf eine Neuerung im Anwendungsgebiet zurückgeführt werden könnte. Auch die Realisierung von Erwartungskonformität stößt an ihre Grenzen, wenn Nutzer in hohem Maße individuellen Denk- und Handlungsmustern folgen, die aufgrund ihrer Situationsabhängigkeit nicht stabil sein müssen. Der Aspekt von Erwartungskonformität, der eine Übertragbarkeit der ohne EDV gesammelten Erfahrungen auf den Umgang mit dem System fordert, ist daher kaum zu verwirklichen, es sei denn, man paßt die Systeme ständig an einzelne Nutzer an. Ähnlich ist für Erklärungskomponent festzustellen, daß mit wachsender Menge und Komplexität des Expertenwissens die Wahrscheinlichkeit geringer wird, daß eine systemgesteuerte Ausgabe eines Erläuterungstextes genau das Erkenntnisinteresse des Experten trifft.

6 Die sich innerhalb oder in unmittelbarer Nachbarschaft zu der KI entfaltende Alternative der neuronalen Netze wird eher die Zusatzfunktionen (wie Eingabeunterstützung) und nicht die Basis funktionalitätexpertenunterstützender Systeme realisieren können.

Die Kritik an dem Symbolverarbeitungsansatz, der z. T. als inadäquater Beschreibungsversuch menschlich Denkvermögens bewertet wird, hat zu einer stärkeren Beachtung des Prinzips der neuronalen Netze geführt. Wissen ist dort nicht mehr lokalisierbar und daher auch nicht explorierbar. Eine Modifikation kann über das Trainieren solcher Netze erfolgen. Das Haupteinsatzgebiet liegt im Bereich der Mustererkennung. Daten, die ein Softwaresystem aus seiner Umgebung aufnimmt, können vermittels eines neuronalen Netzes aufbereitet werden (etwa bei Handschrifteingabe oder Übermittlung von Bildaufnahmen). Es ist derzeit jedoch recht unwahrscheinlich, daß sich der wesentliche Teil des Unterstützungsbedarfs von Experten im allgemeinen so umdeuten läßt, daß er durch Mustererkennungsprozeß zu leisten ist.

Weiterführende Literatur:

BECKER, Barbara; HERRMANN, Thomas; STEVEN, Elke (1992): Zur Diskrepanz zwischen Expertensystementwicklung und -einsatz. St. Augustin: GMD

CREMERS, Armin B.; HERRMANN, Thomas (1990): Das Verbundprojekt "Veränderung der Wissensproduktion und -verteilung durch Expertensysteme". In: KI 4/90. S. 42-44.

Workshop 1

Werkzeugentwicklung für die Softwaregestaltung

Teil 1

Unterstützungswerkzeuge zur benutzergerechten Gestaltung der Mensch-Computer-Schnittstelle

Anette Weisbecker
Fraunhofer-Institut für Arbeitswirtschaft und Organisation

Zusammenfassung

Bei der Erstellung von Software werden bisher Anwendungsentwicklung und Benutzungsschnittstellendesign weitgehend getrennt voneinander ausgeführt, obwohl für deren Spezifikation teilweise dieselbe Information notwendig ist. In diesem Beitrag wird daher eine neu entwickelte Vorgehensweise und das dazugehörige Werkzeug zur integrierten Entwicklung von Anwendung und Benutzungsschnittstelle vorgestellt. Die Integration wird erreicht, indem das Datenmodell den Ausgangspunkt für die automatische Generierung der Benutzungsschnittstelle bildet. Für diese Generierung werden spezielle software-ergonomische Regeln verwendet, die aus existierenden Gestaltungsrichtlinien abgeleitet wurden. Dies gewährleistet die Einbeziehung von vorhandenem Gestaltungswissen in den Entwicklungsprozeß. Durch die Nutzung des Datenmodells aus der Spezifikation ist eine Überprüfung des zukünftigen Systems bereits vor dessen eigentlicher Implementierung mittels der erzeugten Benutzungsschnittstelle möglich. Die dabei erzielten Ergebnisse fließen wieder direkt in die Spezifikation ein, was frühzeitig die korrekte Umsetzung der Anforderungen sicherstellt.

Abstract

Building interactive software systems requires application development as well as user interface design. Both tasks are typically separatly approached even though they need some of the same information. This paper describes a new method and the supporting tool used for integrating application development and user interface design. This integration is achieved by using the application data model for the automatic generation of the user interface. For this generation, software ergonomic rules have been derived from existing guidelines and thus ensures the integration of the available human factors knowledge in the software development process. The automated generated version from the first data model of the specification permits the early evaluation with the user. This evaluation can provide essential feedback for the entire software system and ensures the correct realisation of the user requirements.

Résumé

La production de logiciels se fait habituellement en distinguant, dans une large mesure, entre développement de l'application et conception de l'interface d'utilisateur bien que leur spécification nécessite en partie les mêmes informations. C'est pourquoi nous présentons ici un procédé nouveau avec les instruments correspondants pour assurer le développement intégré de l'application et de l'interface d'utilisateur. On y parvient en prenant le modèle des données comme base de la génération automatique de l'interface d'utilisateur. Pour réaliser cette génération ont a conçu des règles spécifiques de l'ergonomie logiciel qu'on a tirées des principes de configuration déjà existants. C'est la

garantie que le savoir-faire de configuration disponible soit intégré au processus de développement. Grâce à l'utilisation du modèle des données issu de la spécification il est possible de contrôler le futur système avant même son application pratique au moyen de l'interface d'utilisateur produite. A leur tour, les résultats ainsi obtenus entrent directement dans le processus de spécification ce qui assure rapidement une réalisation correcte des exigences posées par l'utilisateur.

1 Einleitung

Die wachsende Komplexität bei der Entwicklung von Software hat zum vermehrten Einsatz von Werkzeugen im Software-Entwicklungsprozeß geführt. Dies sind auf der einen Seite CASE (Computer Aided Software Engineering) Werkzeuge, die etablierte Software-Engineering-Methoden für Analyse, Design und Implementierung unterstützen. Auf der anderen Seite werden Software-Werkzeuge wie z.B. User Interface Management Systeme (UIMS) für das Design und die Implementierung der Benutzungsoberfläche eingesetzt. Diese Werkzeuge stellen zwar zahlreiche Interaktionsobjekte zum Entwurf einer Benutzungsoberfläche zur Verfügung, geben aber keine Hinweise, wann und wie diese zu verwenden sind. Solche Hinweise stehen in Form von Gestaltungsrichtlinien und Normen zur Verfügung. Ihre Anwendung und konkrete Umsetzung bei der Erstellung von Benutzungsoberflächen hängt jedoch sehr stark vom Kenntnisstand und der Erfahrung des einzelnen Entwicklers ab (Wandke, Hüttner 1992).

Die vorhandenen Software-Entwicklungswerkzeuge und software-ergonomischen Gestaltungsrichtlinien existieren isoliert nebeneinander. Es fehlt die Integration von Benutzungsoberflächendesign und Anwendungsentwicklung sowie die explizite Einbeziehung der software-ergonomischen Gestaltungsrichtlinien in den Software-Entwicklungsprozeß.

2 Vorgehensweise zur Integration von Anwendungsentwicklung und Benutzungsschnittstellendesign

Im Rahmen des vom BMFT in dem Programm Arbeit und Technik geförderten Projekts "Unterstützungswerkzeuge zur benutzergerechten Gestaltung der Mensch-Computer-Schnittstelle" (Förderkennzeichen 01 HK 409 0) wurde eine

Vorgehensweise zur Integration von Software-Engineering-Techniken und der Entwicklung von software-ergonomisch gestalteten Benutzungsschnittstellen entwickelt. Dabei werden Software-Engineering und Benutzungsschnittstellendesign verbunden, indem dasselbe Datenmodell für beide genutzt wird und die Grundlage für die automatische Generierung der Benutzungsschnittstelle unter Verwendung software-ergonomischer Designregeln bildet. Diese Benutzungsschnittstellen dienen zu Beginn der Entwicklung als Prototypen zur Darstellung der Spezifikation. Nach Abschluß der Spezifikation bilden sie die Grundlage für die endgültige Benutzungsschnittstelle. Für die Umsetzung dieser Vorgehensweise wurde das rechnergestützte Werkzeug GENIUS (GENerator for user Interfaces Using Software ergonomic rules) erstellt.

Der folgende Überblick skizziert kurz die entwickelte Vorgehensweise, deren einzelne Schritte in den nachfolgenden Abschnitten erläutert werden.

Die Generierung der Benutzungsschnittstellen aus dem Datenmodell erfolgt mittels software-ergonomischer Regeln und vollzieht sich in drei Schritten. Im ersten Schritt werden basierend auf dem Datenmodell sogenannte Sichten definiert. In einer Sicht werden die Informationen und Funktionen festgelegt, die zur Bearbeitung einer Aufgabe notwendig sind. Diese Sichten dienen im zweiten Schritt als Grundlage für die automatische Generierung der Benutzungsschnittstelle anhand von software-ergonomischen Designregeln.

Für diese automatische Generierung wurde vorhandenes software-ergonomisches Gestaltungswissen in ausführbare Regeln umgesetzt und in eine Wissensbasis überführt. Im dritten und letzten Schritt wird die generierte Beschreibung der Benutzungsschnittstelle in die Spezifikation für ein User Interface Management System (UIMS) überführt. Das UIMS ist dann verantwortlich für die Implementierung und die Verwaltung der Benutzungsschnittstelle.

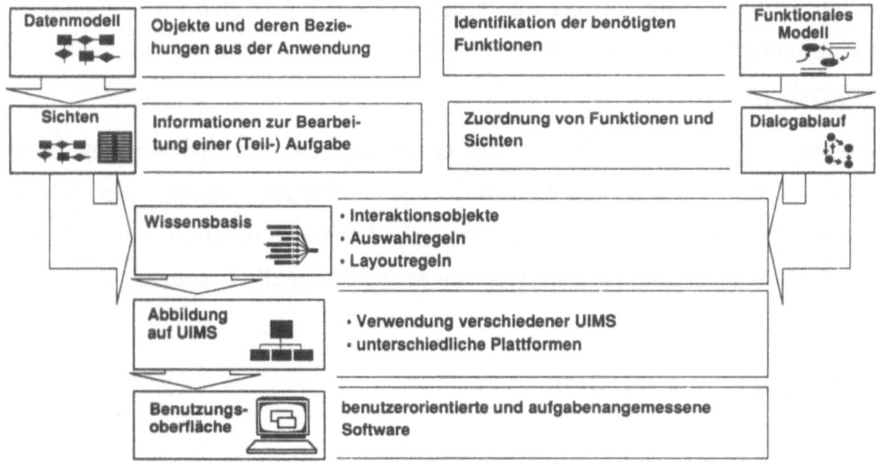

Abbildung 1: Generierungsschritte zur Erzeugung von Benutzungsoberflächen aus Datenmodellen

3 Definition der Benutzungsschnittstelle mit dem Datenmodell

3.1 Datenmodell

Die Ergebnisse der Anforderungsanalyse werden bei strukturierten Software-Entwicklungsmethoden in Form von Daten- und Funktionsmodellen beschrieben. Zur Datenmodellierung werden dabei hauptsächlich Entity-Relationship-Diagramme (Chen 1976) verwendet, die auch von den meisten CASE-Werkzeugen unterstützt werden. Ein Entity-Relationship-Diagramm zeigt die Anwendung, bestehend aus Entities und Relationen. Die Entities sind Abstraktionen der relevanten Anwendungselemente. Die Beziehungen zwischen diesen Elementen werden durch die Relationen ausgedrückt, die die Entities verbinden. Die Eigenschaften der Entities und der Relationen sind durch Attribute beschrieben.

Das Datenmodell beinhaltet die Information, die dem Benutzer von der Anwendung zur Bearbeitung seiner Aufgaben zur Verfügung gestellt wird. Dabei handelt es sich nicht nur um Information, die direkt verarbeitet werden muß, sondern auch um solche, die den Entscheidungsprozeß des Benutzers unterstützt. Durch die

Repräsentation dieser Information beschreiben die Entity-Relationship-Diagramme ein konzeptionelles Modell der Daten sowohl für die Anwendung als auch für die Benutzungsschnittstelle.

Die Verwendung desselben Modells als Grundlage für die Anwendung und die Spezifikation der Benutzungsschnittstelle gewährleistet bereits während der Entwicklung die Konsistenz zwischen beiden. Es wird dadurch verhindert, daß Information mehrfach, unter Umständen sogar unterschiedlich spezifiziert und verwaltet wird.

3.2 Definition von Sichten

Das Datenmodell beinhaltet die Menge der Daten, die der Benutzer sehen und bearbeiten möchte. Es beschreibt jedoch nicht, welche Daten vom Benutzer zur Bearbeitung einer speziellen Aufgabe benötigt werden. Deshalb werden basierend auf dem Datenmodell sogenannte Sichten definiert. Sie beinhalten die Information, die zur Bearbeitung einer bestimmten Aufgabe notwendig ist. Sichten spezifizieren die logische Struktur der Informationselemente, jedoch nicht ihre Darstellung am Bildschirm. Trotzdem korrespondiert jede Sicht mit einem Bildschirm oder einem Fenster bzw. Unterfenster.

In erster Linie bestehen die definierten Sichten aus den Elementen des Datenmodells. Dabei können beliebige Entities, Relationen und Attribute zu einer Sicht zusammengefaßt werden. Zusätzlich werden noch abgeleitete Attribute eingeführt. Diese dienen zur Darstellung von Information, die nicht explizit im Datenmodell dargestellt wird, weil sie aus vorhandenen Attributen abgeleitet bzw. berechnet werden kann. Somit wird für ein abgeleitetes Attribut kein Wert angegeben, sondern eine Regel zur Berechnung seines Werts.

Die Definition dieser Sichten wird graphisch-interaktiv durchgeführt, indem die gewünschten Elemente aus dem Entity-Relationship-Diagramm selektiert werden. Dafür stellt das realisierte Software-Werkzeug GENIUS einen speziellen Editor zur Verfügung. Somit sind für die Definition der Sichten keine Programmierkenntnisse notwendig. Auf diese Weise können auch Nichtprogrammierer wie z.B. Anwendungsexperten mit in den Entwicklungsprozeß einbezogen werden.

Um eine einfache und mächtige Definition der Sichten zu ermöglichen, wurden folgende Erweiterungen für die Entity-Relationship-Diagramme eingeführt:

o Komplexe Attribute
Komplexe Attribute sind Aggregationen von atomaren Attributen eines Entities, die eine bestimmte Bedeutung im Anwendungsbereich haben. Beispielweise können die einzelnen Attribute "Straße", "Ort" und "Telefon" zu einem komplexen Attribut "Adresse" zusammengefaßt werden. Bei der automatischen Generierung der Benutzungsschnittstelle werden die Elemente eines komplexen Attributes zusammen gruppiert und als ein Ganzes behandelt.

o Gruppen
In einer einzelnen Sicht können Attribute, die im Rahmen einer Aufgabe eine logische Einheit bilden, zu einer Gruppe zusammengefaßt werden. Für die automatische Generierung bedeutet dies, daß die Elemente einer Gruppe zusammen dargestellt werden. Dabei wird zuerst die interne Struktur einer Gruppe durch die Anordnung ihrer Elemente festgelegt und danach die gesamte Gruppe positioniert.

o Hierarchien
Um die Komplexität der graphischen Darstellung zu reduzieren, können Hierarchien gebildet werden. Dabei wird eine Gruppe von Elementen durch ein einzelnes Symbol repräsentiert. Diese Gruppe kann in einem eigenen Fenster angezeigt und bearbeitet werden.

Da nicht die gesamte Information über eine Anwendung graphisch dargestellt werden kann, ist es notwendig, zusätzliche textuelle Beschreibungen bereitzustellen. Diese zusätzlich benötigte Information wird in sogenannten Schemata verwaltet (Abbildung 2). Zu jedem Element in der graphischen Darstellung wie Entity, Relation, Attribut, Sicht, Bearbeitungs- und Navigationsfunktion gibt es einen eigenen Schematyp. Darin werden folgende Arten von Information für die Elemente spezifiziert:

o Beschreibende Information
Die beschreibende Information gibt Auskunft über die Eigenschaften der einzelnen Elemente. Diese werden zur Auswahl der geeigneten Interaktionsobjekte herange-

zogen und zum Teil auch direkt übernommen. Zu der beschreibenden Information gehört die eindeutigen Kennzeichnung der einzelnen Elemente, ein Name, der den anzuzeigenden Text für dieses Element enthält und eine kurze Beschreibung des Elements. Bei den Attributen umfaßt die beschreibende Information Typ, Länge, Format, Wertebereich, Vorbelegungen und Berechungsvorschriften für abgeleitete Attribute. Bei den Funktionen besteht die beschreibende Information aus der Art, die angibt, ob es sich um eine Standardfunktion oder um eine anwendungsspezifische Funktion handelt. Weiterhin werden für Funktionen die Undo-Funktion spezifiziert, Vorbedingungen, die vor Ausführung der Funktion erfüllt sein müssen sowie Nachbedingungen, die nach Abarbeitung der Funktion zutreffen müssen. Ebenfalls können Funktionen angegeben werden, die vor bzw. nach der aktuellen Funktion ausgeführt werden. Die Art der Funktion wird im Generierungsprozeß dazu benutzt, um ihre Präsentation und die Dialogsteuerung festzulegen. Sie entscheidet z. B. darüber, ob die Funktion in einer Menüleiste oder als Knopf dargestellt wird.

o Strukturelle Information

Die strukturelle Information zeigt die Zusammenhänge zwischen den einzelnen Elementen auf. Zur strukturellen Information einer Sicht gehört u.a., welche Elemente in die Sicht eingehen; für Entities und Relationen werden hier die Attribute und Schlüsselattribute angegeben. Im Schema der Sicht werden auch die ihr zugeordneten Bearbeitungs- und Navigationsfunktionen angegeben. Die Bearbeitungsfunktionen beziehen sich auf die in der Sicht dargestellten Daten und dienen zu deren Verarbeitung. Die Navigationsfunktionen definieren die Übergänge zwischen den einzelnen Sichten. Sie beschreiben den Dialogablauf. Zur graphischen Darstellung der Navigationsstruktur wird eine Repräsentation in Form von Dialognetzen gewählt, die auf Petri-Netzen basiert (Janssen 1992).

o Information zu Aufgabenmerkmalen

Ein Teil der Information, die in den Schemata gespeichert ist, wird aus Aufgabenmerkmalen (Beck, Ilg 1991) abgeleitet. Dazu gehören Beschreibungen von Häufigkeit, Priorität, Dauer und Zugriff. Diese Merkmale werden zur Auswahl der geeigneten Interaktionsobjekte und deren Anordnung herangezogen.

Die in den Schemata gespeicherte Information wird für die Generierung der Benutzungsschnittstelle verwendet. Die Speicherung der Information erfolgt jedoch getrennt von der Wissensbasis. Sie wird größtenteils schon in der Anforderungsanalyse festgelegt und ist bei Verwendung eines CASE-Werkzeugs bereits im Data Dictionary vorhanden. Die einzelnen Daten und ihre Definition stehen dann sowohl für die Anwendungsentwicklung als auch für das Design der Benutzungsschnittstelle zur Verfügung und werden konsistent in einer Datenbasis verwaltet.

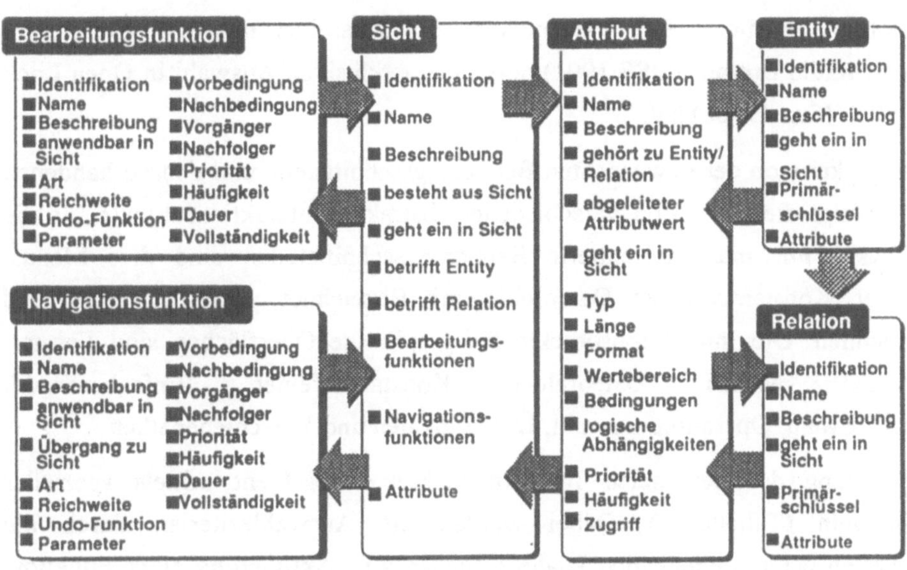

Abbildung 2: Schemata für Entities, Relationen, Attribute, Sichten, Bearbeitungs- und Navigationsfunktionen

4 Automatische Generierung der Benutzungsschnittstelle

4.1 Inhalt der Wissensbasis

Wie beschrieben beinhalten die Sichten Datenfelder und Funktionen, die zur Bearbeitung einer bestimmten Aufgabe benötigt werden. Diese Sichten und die dazugehörigen Schemata dienen als Eingabe für das regelbasierte System von GENIUS. Dieses generiert eine erste Version der Benutzungsschnittstelle, die dann vom Designer verändert werden kann.

Das für den Generierungsprozeß verwendete Wissen besteht aus

- o Interaktionsobjekten
- o Auswahlregeln
- o Layoutregeln
- o Parametern.

Die Interaktionsobjekte werden in dieser Wissensbasis nur in abstrakter Form beschrieben d.h. es werden nur ihre Eigenschaften angegeben, jedoch nicht ihr physikalisches Aussehen. Erst bei der Implementierung wird entschieden, ob z.B. ein Interaktionsobjekt für eine Einfachauswahl das Aussehen und Verhalten eines OSF/Motif Radio Buttons (OSF 1991) oder einer exklusiven Auswahl in Open Look (Sun 1990a), (Sun 1990b) hat.

In Abhängigkeit von der gewünschten Benutzungsschnittstelle und den vorhandenen Geräten erfolgt die Definition verschiedener abstrakter Interaktionsobjekte für die Wissensbasis. Für maskenorientierte Benutzungsschnittstellen sind dies Menüs, Datenfelder, Konstantenfelder, Datenfelder mit Bezeichner, Listen, Gruppen und Maskenrahmen. Die Interaktionsobjekte für graphische Oberflächen sind Fenster, Dialogboxen, Menüs, Datenfelder, Konstantenfelder, Einfachauswahl, Mehrfachauswahl, Operationsauswahl, Listen, Skalen und Verschiebebalken.

Die Ermittlung der geeigneten Interaktionsobjekte geschieht mittels spezieller Auswahlregeln (Tabelle 1). Dabei werden die Auswahlkriterien durch die Eigenschaften der grundlegenden Dialogaufgaben z.B. Aktivierung einer Funktion, Treffen einer Auswahl bestimmt. Die Auswahlregeln sind auf der Basis von vorhandenen Richtliniensammlungen wie z.B. (Smith, Mosier 1986), (Brown 1988), (IBM 1991a), (IBM 1991b), (OSF 1991), (Sun 1990a), (Sun 1990 b) und unter Berücksichtigung von nationalen und internationalen Standards z.B. (ISO 1991), (DIN 1988) erstellt worden. Beispielsweise stammen die meisten Regeln für Format und Anordnung von Datenfeldern und Feldbezeichnern aus den Richtlinien von Smith und Mosier (1986). Die Richtlinienwerke für graphische Benutzungsschnittstellen wie OSF/Motif, Open Look und CUA lieferten die Information für die Definition der Regeln zur Auswahl und Anordnung von Interaktionsobjekten.

Auswahlkriterium	Interaktionsobjekt
Anwendung	
• Sicht	• Fenster
• Parametereingabe	• Dialogbox
Funktionen	
• Standardfunktion	• Menü
• anwendungsspezifische Funktion	
• in mehreren Sichten	• Menü
• häufig verwendet	• Operationsauswahl, Menü
• sonst	• Operationsauswahl
Präsentationsobjekte	
• exklusive Auswahl	
- alphanumerisch	
-- 2 ≤ Anzahl ≤ 6	• Einfachauswahl
-- Anzahl > 6	• Liste (Einfachauswahl)
• nicht exklusive Auswahl	
- alphanumerisch	
-- Anzahl ≤ 6	• Mehrfachauswahl
-- Anzahl > 6	• Liste (Mehrfachauswahl)
- numerisch	• Skala
Minimal-, Maximalwert,	
kontinuierliche Werte, Anzahl ≤ 60	
• sonst	
Ein-/Ausgabe nicht vorhersehbar	
- Zugriff lesend	• Ausgabefeld
- Zugriff schreibend	• Eingabefeld

Tabelle 1: Beispiele für Regeln zur Auswahl von Interaktionsobjekten

4.2 Generierung der Benutzungsschnittstelle

Die Beschreibung für die Benutzungsschnittstelle wird mit Hilfe der Regeln in drei Schritten generiert. Ergänzt werden die Regeln dabei durch die Verwendung von Standardwerten. Mit diesen Standardwerten werden zum einen Parameter der Interaktionsobjekte festgelegt wie z.B. Schriftart, Schriftgröße oder Art der Trennzeichen zwischen Datenfeld und Feldbezeichner. Zum anderen werden darüber aber auch komplexe Festlegungen getroffen wie die Aufteilung eines Fensters oder die

Beschreibung der standardmäßig zu verwendenden Menüleiste. Für die Aufteilung eines Fensters wird beispielsweise festgelegt, welche Bereiche (Status-, Meldungs-, Informationsbereich) vorhanden sein sollen und wo diese lokalisiert sind (oberer oder unterer Fensterrand). Diese Standardwerte ermöglichen es, die Generierung an den Stil eines Unternehmens oder einer bestimmten Anwendung anzupassen. Da sie selbst nicht Bestandteil der Wissensbasis sind, sondern außerhalb verwaltet werden, können sie auf einfache Weise und ohne Kenntnis der Wissensbasis geändert werden.

Im ersten Schritt des Generierungsprozesses werden den Sichten, Datenelementen und Funktionen die passenden Interaktionsobjekte zugeordnet. Für jede Sicht wird dabei eine Bildschirmmaske oder ein Fenster generiert. Bei der Auswahl der Interaktionsobjekte für die Datenelemente einer Sicht wird die beschreibende Information aus den Schemata herangezogen (Tabelle 2).

Bei den Funktionen ist in erster Linie der Typ für die Auswahl der geeigneten Darstellung ausschlaggebend. Eine Standardfunktion wird dabei automatisch in der Menüleiste repräsentiert. Anwendungsspezifische Funktionen, die in mehreren Sichten vorkommen, werden als Menüeintrag dargestellt. Ansonsten wird einer Funktion das Interaktionsobjekt "Operationsauswahl" zugeordnet. Besonders häufig verwendete Funktionen können sowohl als Menüeintrag als auch als Operationsauswahl dargestellt werden.

Datentyp	**Wertebereich**			**Zugriff**	**Interaktions-objekt**
	Art	Anzahl	Selektionsart		
alpha-numerisch oder numerisch	diskret	unbeschränkt		lesend	Ausgabefeld
				schreibend	Datenfeld
		> 1 und ≤ 6	einfach	-	Einfachausw.
			mehrfach	-	Mehrfachausw.
		> 6	einfach	-	Liste
			mehrfach	-	Liste
numerisch	kontinuierl.	> 1 und ≤ 60	einfach	-	Skala
		> 60		lesend	Ausgabefeld
				schreibend	Datenfeld

Tabelle 2: Auswahl der Interaktionsobjekte für Datenelemente

Im zweiten Schritt erfolgt die Festlegung der Parameterwerte für die ausgewählten Interaktionsobjekte. Dabei werden drei Arten zur Bestimmung der Parameterwerte unterschieden. Es gibt Parameter, die ihre Werte direkt aus den Datenelementen übernehmen. Das sind Parameter wie Name für einen Feldbezeichner, der durch den Namen des Feldes bestimmt wird oder die anzuzeigende Vorbelegung für ein Datenfeld oder dessen Länge. Bei der zweiten Art werden die Parameter durch die spezifizierten Standardwerte festgelegt. Diese Standardwerte existieren für jedes Interaktionsobjekt. Sie bieten die Möglichkeit, den Generierungsprozeß zu beeinflussen und Präferenzen zu spezifizieren. Als drittes gibt es Parameter deren Wert von anderen Interaktionsobjekten abhängt, z.B. bei der Positionierung. So bestimmt in einer Gruppe von Datenfeldern mit Bezeichner der längste Bezeichner die Anfangsposition der Datenfelder.

Der dritte und letzte Schritt bei der automatischen Generierung ist die Anordnung der Interaktionsobjekte auf dem Bildschirm bzw. im Fenster. Zuerst wird die Anordnung innerhalb von komplexen Elementen wie Gruppen festgelegt. Alle Elemente werden nach ihrer Priorität oder nach der vorgegebenen Reihenfolge angeordnet.

Als Ergebnis liefert das regelbasierte System eine Beschreibung der Benutzungsschnittstelle, die in eine Spezifikation für ein User Interface Management System transformiert wird. Die werkzeugunabhängige Beschreibung der Benutzungsschnittstelle ermöglicht die flexible Verwendung von verschiedenen User Interface Management Systemen für unterschiedliche Umgebungen.

GENIUS bietet verschiedene Möglichkeiten um den Generierungsprozeß zu beeinflussen. Der einfachste Weg besteht dabei in der Veränderung der Standardwerte für die Interaktionsobjekte. Weiterhin können die Interaktionsobjekte und die Regeln verändert werden. Es ist möglich, verschiedene Wissensbasen für die Generierung von unterschiedlichen Benutzungsschnittstellen zu haben z.B. für alphanumerische und graphische Benutzungsoberflächen.

4.3 Dialognetze zur Darstellung und Definition von Dialogabläufen

Parallel zu der automatischen Generierung des statischen Teils der Benutzungsoberfläche kann der Dialogablauf mit Hilfe von Dialognetzen definiert und visualisiert werden. Dialognetze sind eine spezielle Form von Petri-Netzen zur Spezifikation der dynamischen Abläufe einer Benutzungsschnittstelle. Neben den Grundelementen der Petri-Netze verfügen die Dialognetze über spezielle Mechanismen zur Darstellung von parallelen Dialogen und zur hierarchischen Strukturierung. Eine detaillierte Beschreibung der Dialognetze und ihrer Einsatzmöglichkeiten findet sich in (Janssen 1992).

Für die Definition der Dialognetze steht genau wie für die Definition der Sichten ein graphischer Editor zur Verfügung. Aus den definierten Sichten können automatisch Stellen für ein Dialognetz erzeugt werden. Für die Spezifikation des Dialogablaufs werden diese Stellen durch die Definition von Transitionen verbunden. Die für eine vollspezifizierte Transition benötigte Information wie Ereignis und Aktion entsteht bei der Generierung der Sicht. Aus den Dialognetzen werden automatisch Regeln für ein User Interface Management System generiert. Gemeinsam mit dem aus den Sichten generierten Teil entsteht so eine vollständige Beschreibung der Benutzungsschnittstelle, die sowohl den statischen als auch den dynamischen Teil umfaßt.

5 Integration in den Software-Entwicklungsprozeß

Die hier beschriebene Vorgehensweise und das sie unterstützende Software-Werkzeug GENIUS integrieren Anwendungsentwicklung und Benutzungsschnittstellendesign, indem das Datenmodell der Anwendungsspezifikation auch zur Spezifikation der Benutzungsschnittstelle verwendet wird. Die automatische Generierung der Benutzungsschnittstelle wird nach software-ergonomischen Gestaltungsrichtlinien durchgeführt, die dazu in ausführbare Gestaltungsregeln überführt wurden. Diese Regeln stellen die konsistente Verwendung von Interaktionsobjekten innerhalb einer Anwendung und auch anwendungsübergreifend sicher.

Die aus dem Datenmodell generierten Benutzungsoberflächen dienen in den frühen Phasen der Software-Entwicklung (Analyse und Spezifikation) als Prototypen zur Darstellung der Spezifikation. Diese Prototpyen ermöglichen es, die abstrakte Spezifikation in ein konkretes Bild der Anwendung zu überführen, das deren Funktionalität und Aussehen verdeutlicht. Rudd und Isensee (1991) sprechen in diesem Zusammmenhang auch von einer "lebenden" Spezifikation. Die zukünftigen Benutzer haben so die Möglichkeit anhand des Prototypen die Spezifikation zu evaluieren und können so frühzeitig in die Entwicklung miteinbezogen werden.

Dabei wird davon ausgegangen, daß das Datenmodell noch nicht vollständig ist, sondern im Laufe der Analyse mit Hilfe der Benutzer erweitert wird. Die Verwendung von Prototypen in der Systemanalysephase ermöglichen es dann den Benutzern zum einen bei der Vervollständigung der Spezifikation mitzuwirken und zum anderen die entstandene Spezifikation zu evaluieren. Es kann somit frühzeitig sichergestellt werden, daß die Benutzeranforderungen korrekt erfaßt und erfüllt werden. Die Einbeziehung des Benutzers verbessert die Entwicklung und das resultierende Softwareprodukt (vgl. Strohm 1991).

Die einfache und schnelle Erstellung von Prototypen durch GENIUS unterstützt die heute verbreitete Vorgehensweise bei der Software-Entwicklung, die traditionelle Software-Entwicklungsmethoden wie z.B. Strukturierte Analyse (Yourdon 1989) in Kombination mit Prototyping verwendet (Floyd 1984), (Kieback et al. 1992). Dabei steht jedoch nicht nur die zeit- und kostengünstige Erstellung der Prototypen im Vordergrund, sondern auch der direkte Bezug zwischen Prototyp und Spezifikation. Durch die Generierung aus dem Datenmodell werden Inkonsistenzen zwischen Spezifikation und Prototypen ver-mieden.

Nach Abschluß der Spezifikation kann basierend auf dem Datenmodell die Grundlage für die endgültige Benutzungsoberfläche generiert werden. Dies gewährleistet die konsistente Verwendung der Daten zwischen Anwendung und Benutzungsoberfläche. Durch die Generierung mit Hilfe von Regeln wird die Einbeziehung von software-ergonomischem Gestaltungswissen in die Entwicklung sichergestellt.

6 Literatur

Beck, Astrid; Ilg, Rolf (1991): Aufgabenorientierte Analyse und Gestaltung mit TASK. In: Frese, M; Kasten, Chr., Skarpelis, C; Zang-Scheucher, B. (Hrsg.): Software für die Arbeit von morgen. Berlin: Springer Verlag, 95-106

Brown, C. Marlin (1988): Human-Computer Interface Design Guidelines. Norwood, N. J.: Ablex Publishing Corporation

Chen, Peter (1976): The Entity-Relationship Model - Toward a Unified View of Data. In: ACM Transactions on Database Systems, Vol. 1, No. 1, 9-36

DIN-Norm 66234 (1988): Teil 1-9, Bildschirmarbeitsplätze, Normenausschuß Informationsverarbeitungssysteme im DIN Deutsches Institut für Normung e.V. Berlin: Beuth Verlag

Floyd, Chr. (1984): A Systematic Look at Prototyping. In: Budde, R.; Kulenkamp, K.; Mathiassen, L.; Züllighoven, H. (Eds.): Approaches to Prototyping, Heidelberg: Springer Verlag

IBM (1991a): Systems Application Architecture Common User Access Guide to User Interface Design. International Business Machines Corporation, SC34-4289

IBM (1991b): Systems Application Architectur Common User Access, Advanced Interface Design Reference. International Business Machines Corporation, SC34-4290

ISO (1991): ISO/WD 9241-14 Ergonomic requirements for office word with visual display terminals (VDTs): Part 14: Menu dialogues

Janssen, Christian (1992): Dialognetze zur Beschreibung von Dialogabläufen bei der Generierung von graphischen Benutzungsoberflächen. Workshop "Benutzergerechte und aufgabenangemessene Gestaltung der Mensch-Rechner-Schnittstelle". Institut für Arbeitswissenschaft und Technologiemanagement (IAT), Universität Stuttgart

Kieback, A.; Lichter, H.; Schneider-Hufschmidt, M.; Züllinghoven, H. (1992): Prototyping in industriellen Software-Projekten. In: Informatik Spektrum Band 15, Nr. 2, April 1992,65-77

OSF (Open Software Foundation) (1991): OSF/Motif Style Guide, Revision 1.1. Englewood Cliffs, N. J.: Prentice Hall

Rudd, James; Isensee, Scott (1991): Twenty-two Tips for a Happier, Healthier Prototype. Proccedings of the Human Factors Society 35th Annual Meeting, September 2-6, 1991,Vol. 1, 328-331

Smith,S. L.; Mosier, J. N. (1986): Guidelines for Designing User Interface Software. Mitre Corporation

Strohm, Oliver (1991): Arbeitsorganisation, Methodik und Benutzerorientierung bei der Software-Entwicklung: Eine arbeitspsychologische Analyse und Bestandsaufnahme. In: Ackermann, D.; Ulich, E. (Hrsg): Software-Ergonomie'91. Stuttgart: Teubner, 46-58

Sun (Sun Microsystems, Inc.) (1990a): Open Look, Graphical User Interface Application Style Guidelines. Reading, Mass.: Addison-Wesley

Sun (Sun Microsystems, Inc.) (1990b): Open Look, Graphical User Interface Functional Specification. Reading, Mass.: Addison-Wesley

Wandke, Hartmut; Hüttner, Jens (1992): What Do System Designers Know about Software Ergonomics and How to Improve Their Knowledge? In: Luczak, H.; Çakir, A. E.; Çakir, G. (Hrgs.): WWDU '92 (Work With Display Units), 1.-4.9.1992, Berlin, E18 - E19

Yourdon, Edward (1989): Modern Structured Analysis. Englewood Cliffs, N. J.: Prentice-Hall

Vorgehen und Methoden für aufgaben- und benutzerangemessene Gestaltung von graphischen Benutzungsschnittstellen

Astrid Beck, Christian Janssen
Universität Stuttgart, Institut für Arbeitswissenschaft und Technologiemanagement (IAT)

Zusammenfassung

Die Forderungen nach stärkerer Aufgabenorientierung und nach angemessener Beteiligung der Benutzer beeinflußte wesentlich den TASK-Ansatz, in dem gleichermaßen die Benutzer und deren Arbeitsaufgaben sowie die sozialen, organisatorischen und technischen Anforderungen berücksichtigt werden. Bei graphischen Benutzungsschnittstellen steht zudem die Objektorientierung im Vordergrund. Es wird ein Vorgehens- und Methodenmodell beschrieben, das diesen Zielen Rechnung trägt. Schwerpunkte sind die Phasen Projektdefinition, Aufgaben- und Anforderungsanalyse, Fachlicher Entwurf der Benutzungsschnittstelle, sowie Prototyping und Evaluation hat.

Abstract

The requirements for more task-orientation and adequate participation of users have massively influenced the TASK approach which equally considers users and their tasks, as well as social, organisational and technical requirements. In addition, object orientation has a very important role in graphical user interfaces. A process- and methods model will be described, which takes these goals into account. The main emphasis is put on the phases: project definition, task- and requirements analysis, task-oriented user interface design, as well as prototyping and evaluation.

Résumé

Les exigences pour une plus grande orientation des tâches et pour une participation plus adéquate des utilisateurs ont particulièrement influencé l'approche du TASK, étant donné que TASK prend en consideration les utilisateurs et leurs tâches ainsi que les exigences sociales, celles relatives à l'organisation et les exigences techniques. D'autre part dans le cas d'une interface d'utilisation graphique l'orientation de les objets est en premier plan. Le modèle de processus et de méthodes décrit tient compte de ces objectifs. L'accent est mis sur les phases de la definition du projet, de l'analyse des tâches et des exigences, du concept relatif aux interfaces d'utilisation ainsi que sur le prototyping et l'évaluation.

1 Aufgaben- und Benutzerorientierung in der Software-Entwicklung

Software-Entwicklung in der bisherigen Praxis ist durch ein Vorgehen gekennzeichnet, das seinen Schwerpunkt auf den Tätigkeiten von SW-Entwicklern hat und vor allem eine technische Perspektive verfolgt.

Aus software-ergonomischer Sicht wird darüberhinaus aber eine aufgaben- und benutzerorientierte Herangehensweise gefordert, die stärker die Anforderungen und Bedürfnisse der Benutzer berücksichtigt. Für die Benutzer ist vor allem die Frage von Interesse, wie gut das neue System die zu erledigenden Aufgaben unterstützt, inwieweit interessante, anregende Aufgaben durchgeführt werden können und sie bei eher uninteressanten oder rechenintensiven Aufgaben durch den Computer entlastet werden. Allerdings bestehen noch weitgehend unklare Vorstellungen darüber, wie eine aufgaben- und benutzerorientierte Vorgehensweise am besten zu realisieren ist.

Graphische Benutzungsschnittstellen haben sich im Bereich der Standard-Software durchgesetzt und verbreiten sich nun auch für betriebliche Anwendungen. Parallel dazu sind User Interface Management Systeme als Software-Werkzeuge zur effizienten Entwicklung von graphischen Benutzungsschnittstellen entstanden. Für Prototyping und iterative Systementwicklung sind diese Systeme von großer Bedeutung, gegenwärtig fehlt jedoch noch eine methodische Unterstützung für die Entwicklung graphischer Benutzungsschnittstellen im Rahmen herkömmlicher Software-Entwicklungsmethoden und eine Einbettung von User Interface Management Systemen in heutige CASE-Werkzeuge.

In TASK (Technik der aufgaben- und benutzerangemessenen Software-Konstruktion, gefördert vom BMFT, Projektträger Arbeit und Technik) werden in Zusammenarbeit mit der SOFTLAB GmbH (München) und der ISA GmbH (Stuttgart) Methoden und Werkzeuge zu diesen Fragestellungen erarbeitet. Die Aufgabe der Software-Häuser ist es, Lösungen zur Integration von einem User Interface Management System mit einem CASE-Werkzeug zu realisieren. Am Institut für Arbeitswissenschaft und Technologiemanagement der Universität Stuttgart werden methodische Konzepte erarbeitet, die zu dem TASK-Vorgehens- und Methodenmodell geführt haben.

2 TASK- Technik der aufgaben- und benutzerangemessenen Software-Konstruktion

Insbesondere die Forderungen nach stärkerer Aufgabenorientierung und nach angemessener Beteiligung der Benutzer beeinflußte den TASK-Ansatz, in dem gleichermaßen Schwerpunkte auf die Benutzer und deren Arbeitsaufgaben sowie die Analyse der sozialen, organisatorischen und technischen Anforderungen gelegt werden. Gleichzeitig wurde Wert auf die praktische Durchführbarkeit sowie die

Anwendbarkeit für graphische Benutzungsschnittstellen gelegt. TASK wird momentan im Büro- und Produktionsbereich erprobt und ist so konzipiert, daß es sich in vorhandene Vorgehensmodelle einbetten läßt bzw. diese ergänzen kann.

TASK setzt sich zusammen aus Methoden, Techniken und Regeln, wobei sich das Vorgehen in Aktivitäten beschreiben läßt, die eine Reihe von Ergebnissen ("Produkte") produzieren. In TASK werden in regelmäßigen Reviews die Ergebnisse zusammen mit den Benutzern überprüft und korrigiert, damit wird die Bildung von benutzerbegleiteten Teams gefördert. Von Beginn an wird Wert auf eine gemeinsame Verständigungsbasis gelegt, die durch ein projektbegleitendes Qualifizierungskonzept unterstützt wird. TASK hat ihren Schwerpunkt auf den frühen Phasen, da diese die größte Bedeutung für die Benutzer und die weitere Systementwicklung haben. In TASK werden diese Phasen durch Prototyping und Benutzerpartizipation unterstützt. Bei graphischen Benutzungsschnittstellen steht die Objektorientierung im Vergleich zur Funktions- und Ablauforientierung im Vordergrund. Dieses muß sich natürlich auch im Vorgehens- und Methodenmodell für die Entwicklung objektorientierter Benutzungsschnittstellen niederschlagen.

Abb.1 gibt einen Überblick über die Aktivitäten und Produkte von TASK. Schwerpunkt sind die Phasen Projektdefinition, Aufgaben- und Anforderungsanalyse, Fachlicher Entwurf der Benutzungsschnittstelle, sowie Prototyping und Evaluation, die in den folgenden Kapiteln näher erläutert werden. Die Rückkopplung in der Darstellung des Vorgehensmodells macht deutlich, daß hier nicht ein streng sequentielles Phasenmodell vorliegt. Die sequentielle Anordnung zeigt vielmehr den logischen Zusammenhang zwischen den verschiedenen Modellen auf, die im Verlauf der Entwicklung erstellt werden. Das eigentliche Vorgehen ist iterativ und verläuft in aufeinanderfolgenden Zyklen, in denen jeweils neue Systemversionen (Prototypen) erstellt und bewertet werden. Wieviele Zyklen durchlaufen werden, hängt dann stark von dem jeweiligen Projekt ab. So kann es sein, daß bei gut strukturierten und im Prinzip bekannten Problemen die Analyseergebnisse weitgehend vollständig ausgearbeitet werden und kaum korrekturbedürftig sind. Bei weniger vertrauten Problemen werden dagegen die Prototypen ein entscheidener Faktor für Korrekturen und Ergänzungen sein. Ähnlich hängt es von der Erfahrung der Projektteilnehmer in bezug auf die Gestaltung graphischer Oberflächen im

Anwendungsbereich ab, wieviele Entwurfszyklen durchlaufen werden müssen, um zu einer aufgaben- und benutzerangemessenen Benutzungsschnittstelle zu kommen.

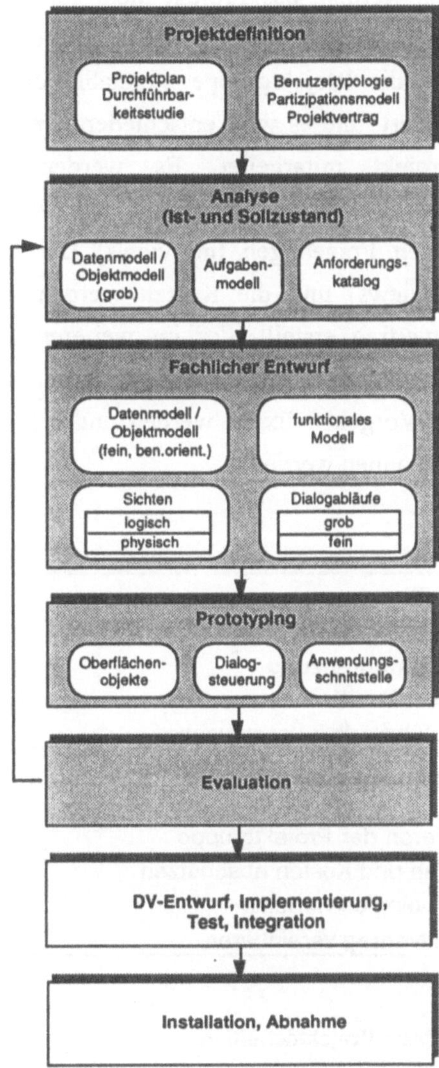

Abb. 1: Vorgehensmodell für aufgaben- und benutzer-angemes-sene Entwick-lung von graphischen Benutzungsschnittstellen

3 Einbindung der Benutzer bereits bei der Projektdefinition

Nach der Durchführbarkeitsstudie in der Phase *Projektdefinition* (Tab. 1) kann entschieden werden, das Projekt nicht fortzuführen, wenn die Software-Entwicklung nicht sinnvoll oder nicht machbar erscheint. Wird das Projekt durchgeführt, ist als nächstes die Projektgruppe zu etablieren, d.h. es werden die späteren Benutzer identifiziert, und es wird entschieden, wer von den Benutzern und deren Vertretern im Projekt mitarbeitet. Es werden die zu verwendenen Analyse- und Entwicklungsmethoden angepaßt, ggf. geschult und koordiniert (Arbeitsplatzuntersuchungen, Fragebögen, Interviews). Der Zeitplan (Planung von Realisierungsstufen und Reviews) und die Kosten werden abgeschätzt. Auf dieser Basis wird der Projektvertrag erstellt, der im weiteren für die Entwicklungs- als auch für die Fachabteilung verbindlich ist. In diesem soll die weitere Zusammenarbeit und das weitere Vorgehen fixiert werden und mit der *Aufgaben- und Anforderungsanalyse* kann begonnen werden.

Aktivität	Produkt
Projektplanung	
Problemabgrenzung	Problembeschreibung
Projekt planen	Projektplan
Durchführbarkeit untersuchen	Durchführbarkeitsstudie
Projektrahmen festlegen	
Benutzer identifizieren	Benutzertypologie
Etablieren der Projektgruppe	Partizipationsmodell
Zeitplan und Kosten abschätzen	Zeit– und Kostenplan
Terminologie erarbeiten	Begriffsglossar
Projektvertrag vereinbaren	Projektvertrag

Tab. 1: Phase **Projektdefinition**

Entscheidend ist, daß die Benutzer bereits zu Projektbeginn eingebunden sind. Sie unterstützen das Team, das Begriffsglossar aus Benutzersicht zu erstellen sowie die Benutzergruppen zu typologisieren. Unter Benutzertypologie verstehen wir nicht nur, die Benutzer nach ihrem Kenntnis-und Erfahrungsstand einzuteilen (in Fisher 1991 wird die Diskussion zu diesem Thema zusammengefaßt, er unterscheidet: Novizen, Naive, Erfahrene und Experten), sondern vor allem die aufgaben- oder ablauforientierte Typologisierung von Benutzern, z.B. Sachbearbeiter für Inland und Sachbearbeiter für Ausland, Werkstattmeister und Lagerverwalter. Verschiedene Benutzergruppen haben unterschiedliche Erfahrungen und Anforderungen, die nicht nur im späteren Anwendungssystem sondern bereits bei der Projektgruppenzusammensetzung berücksichtigt werden müssen.

Eine Reihe weiterer Anforderungen an den Beteiligungsprozeß sind frühzeitig zu realisieren. Eine passive Einbindung der Benutzer in die Projektarbeit ist nicht ausreichend, vielmehr ist deren aktive, eigenverantwortliche Mitarbeit anzustreben. Generell sollte den Benutzern mehr Verantwortung, Einflußmöglichkeit und Entscheidungskompetenz zukommen. Hierzu sind Voraussetzungen zu schaffen; auf Seiten des Managements der Fachabteilung sind z.B. zu fordern (s. Beck 1993):

- Anreize, die die Benutzer motivieren, Software mitzugestalten (finanzielle Anreize, zeitlicher Ausgleich, Aufstiegsmöglichkeiten etc.),
- Stärkung der Position gegenüber Entwicklern und Kollegen der Fachabteilung,
- Qualifizierung der Benutzer (DV-technische Kenntnisse, softwareergonomisches und arbeitswissenschaftliches Wissen, Kenntnisse von Gruppenprozessen)
- organisatorische Maßnahmen, die es ermöglichen, daß die Benutzer *untereinander* in einen verstärkten Kooperationsprozeß treten können (z.B. regelmäßige Gruppenbesprechungen).

Auf Seiten der Software-Entwickler ist das Verständnis um Beteiligungsprozesse zu erweitern. Software-Entwickler müssen zunächst selbst genau wissen, wie Beteiligung aussehen soll, damit sie ihr Verständnis an die beteiligten Benutzer weitergeben können.

Vorab können sich auch für die Software-Entwickler Qualifizierungsmaßnahmen als notwendig erweisen. Kenntnisse, die zu vermitteln sind, umfassen:

- Prototyping als Möglichkeit der Benutzerbeteiligung,

- Fachwissen (aufgaben- und fachbezogene Qualifizierung),
- softwareergonomisches und arbeitswissenschaftliches Wissen,
- Kenntnisse von Gruppenprozessen.

Verwendete Methoden und Werkzeuge in der SW-Entwicklung sollten für die Benutzer transparent sein (u.a. SW-ergonomische Style Guides, Darstellungsmethoden, CASE-Tools), wenn diese Auswirkungen auf die Projektarbeit und die Dokumentation haben.

Nach Möglichkeit sind Hilfsmittel zur Kommunikation und zum verbesserten Dokumentenaustausch zu schaffen, wie z.B. DV-gestützte und für die Projektmitarbeiter immer zugängliche Projektdokumentation (Aufgaben- und Zeitpläne, Projektnachrichten, Begriffsglossar, Projektergebnisse, Pflichtenheft, Prototyp etc.). Ein gemeinsames Projektbüro kann Ort für Besprechungen, Standort von Unterlagen und installierter Prototypen sein.

4 Ausgangspunkt für den Entwurf: Ergebnisse der Aufgaben- und Anforderungsanalyse

Die Ergebnisse der Ist-Analyse werden als Aufgaben- und Datenmodell sowie in einem Anforderungskatalog beschrieben (Teilphase *Problemanalyse- und -modellierung*) und gemeinsam mit den Benutzern bewertet (Teilphase *Bewertung*). Auf dieser Basis wird die Sollkonzeption erarbeitet, die nach Möglichkeit bereits in dieser Phase durch einen Prototyp unterstützt werden sollte, um frühzeitig die Anforderungen der Aufgaben und Benutzer aufnehmen und mit den Benutzern bewerten zu können (Tab. 2).

Die Entwicklung eines Prototypen bereits während der Analysephase ist optional, wird aber empfohlen um frühzeitig ein breites Benutzer-feedback zu erhalten. Wird ein Prototyp erstellt, dann werden Aktivitäten der Phasen *Fachlicher Entwurf* und *Prototyping* (s. Abschnitt 5) während der Analyse bzw. direkt im Anschluß durchlaufen, jedoch schneller und nicht unbedingt schon vollständig (s.a. Abschnitt 5.4 zu Prototypingstrategien). Aufgrund des bewerteten Prototyps kann es sich als sinnvoll erweisen, z.B. einzelne Arbeitsplätze nochmals zu analysieren, neue Anforderungen zu ermitteln oder den Prototyp zu überarbeiten. In diesen Fällen wird die

Phase 2 nochmals (ggf. mehrmals) durchlaufen. Nach erfolgreicher Abnahme der Analyse und der Sollkonzeption wird zum Entwurf übergegangen.

Bei den meisten heute bekannten Analyseverfahren werden Aufgaben- und Datenmodelle erstellt. Der Datenmodellierung liegt in der Regel das Entity/Relationship-Modell zugrunde, d.h. die Objekte des Aufgabenbereiches werden als sogenannte Entitätstypen modelliert (Chen 1976). Diese stehen untereinander in Beziehung (Relationship).

Aktivität	Produkt
Problemanalyse und -modellierung	
Arbeitsplatzanalyse – Aufgabenstruktur und -merkmale ermitteln	Aufgabenmodell – Ist (Aufgabenhierarchie, Aufgabenablauf, Datenflüsse)
Arbeitsplatzanalyse – grobes Datenmodell ermitteln	Datenmodell – Ist (Entitäten, Attribute, Beziehungen)
Schwachstellen und Anforderungen ermitteln	Anforderungskatalog
Bewertung und Sollkonzeption	
Bewertung der Arbeitsaufgaben und Neugestaltung	Aufgabenmodell – Soll
Bewertung des Datenmodells und Neugestaltung	Daten-/Objektmodell – Soll
Entwurf des Analyse–Prototypen	
Funktionsteilung Mensch-Rechner	Funktionsmodell (grob)
Anforderungen an die Dialogschnittstelle entwickeln	Benutzungsmodell (grob): Dialogobjekte, –funktionen, –abläufe, Sichten, Individualisierung, Zugriffsrechte
Prototyping und Bewertung	
Prototyping und walk through	(Durch Benutzer bewerteter) Prototyp

Tab. 2: Phase **Aufgaben- und Anforderungsanalyse**

Sowohl Entitäten als auch Beziehungen können Attribute haben, die deren Eigenschaften näher beschreiben. Für die spätere Systemgestaltung ist eine Ermittlung der Wertebereiche und Mengengerüste der Attribute sehr wichtig. Bei Beziehungen sollte ebenfalls über die übliche Angabe der Kardinalitäten hinaus durchschnittliche Zahlen und Obergrenzen ermittelt werden. In neuerer Zeit wird das reine Datenmodell bei einigen Ansätzen zu einem Objektmodell ausgebaut in der Weise, daß Entitätstypen zusätzlich Funktionalität in Form von Methoden zugeordnet wird. Ein Beispiel ist die Objektorientierte Analyse nach Coad und Yourdon (1991).

Neben der Datenmodellierung werden in der Analysephase Aufgaben ermittelt und als Aufgabenmodelle in verschiedenen Formen repräsentiert, z.B. als hierarchisches Aufgabenmodell oder als Datenflußmodell (SEtec 1990, Yourdon 1989). Es fehlen allerdings wichtige Aufgabenmerkmale, die für die Gestaltung der Funktionalität wie auch der Benutzungsschnittstelle von interaktiven Anwendungen benötigt werden. In TASK werden daher während der Aufgabenanalyse die Merkmale der Tätigkeit des Benutzers ermittelt:

- Merkmale der Gesamttätigkeit
- Aufgabenmerkmale
- Informationsmerkmale
- Benutzermerkmale
- Merkmale der Organisation.

Zu jedem dieser Merkmale läßt sich die Gestaltungsrelevanz darlegen. Das stellt sicher, daß nur die für die Gestaltung wichtigen Aspekte erhoben werden. Die Analyse erfolgt mithilfe von Fragebögen, unter Einbezug bekannter Arbeitsanalyseverfahren wie VERA (Volpert 1983) und KABA (Zölch, Dunckel 1991). Die Analyse wird mittels Interviews und Beobachtung der Beschäftigten durchgeführt. Eine Übersicht über wichtige Aufgabenmerkmale und deren Gestaltungsrelevanz gibt Tab. 3 (vgl. Beck, Ziegler 1991).

Aufgabenmerkmal	Gestaltungsrelevanz
Aufgabenstruktur	Menü-Struktur, Dialogabläufe
Parallelität	Individualisierbarkeit, Parallelisierung der Dialoge
Informationsbedarf	Gestaltung des Objektmodells und der logischen Sichten
Vor-und Nachbedingungen	Dialogabläufe
Häufigkeit/ Wiederholungsrate	Abkürzungen im Dialog, Dauer-/Wiederholungsfunktion, Menü-Struktur, Benutzerführung und Online-Hilfe
Variabilität	Individualisierbarkeit (z.B. Einstellungen, Arbeitsmappe, Filter, Makros)
Vollständigkeit	Mensch-Rechner-Funktionsteilung

Tab. 3: Zusammenstellung wichtiger Aufgabenmerkmale

Die Aufgabenstruktur, das heißt die Unterteilung in Teilaufgaben (statische Struktur), wie auch die Aufgabenabläufe (dynamische Struktur) kann mit den bekannten Methoden (z.B. Datenflußdiagramme) in der Regel modelliert werden. Beim Entwurf der Dialogabläufe ist es wichtig, daß die typischen Aufgabenabläufe mit möglichst wenigen Schritten abgearbeitet werden können. Ferner ist ein wichtiges Anordnungskriterium für Menüs die aufgabenbezogene Ordnung.

Das Kriterium der Parallelität gibt an, inwieweit Aufgaben, die prinzipiell unabhängig voneinander sind, zeitlich überlappend abgearbeitet werden können. Dies kann z.B. bei Unterbrechungen vorkommen, wenn während einer Aufgabenbearbeitung durch einen Telefonanruf oder ein anderes Ereignis der Aufgabenkontext gewechselt werden muß. Tritt Parallelität in der Aufgabenbearbeitung auf, so müssen Mechanismen zur Speicherung des Kontextes im Dialogsystem existieren, z.B. die temporäre Ablage von Objekten.

Ein wichtiges Kriterium in bezug auf die Gestaltung ist die Häufigkeit des Auftretens einer Aufgabe, verbunden mit der Wiederholungsrate, also die Anzahl der Wiederholungen von Teilaufgaben bei der Aufgabenbearbeitung. Für eine selten auftretende Aufgabe muß z.B. ein Dialogsystem sehr viel mehr Benutzerführung bzw. ausführliche Hilfe geben als für eine Routineaufgabe. Bei häufigen Aufgaben sollten

Abkürzungen im Dialogablauf vorhanden sein. Ebenso ist an die Wiederholbarkeit von Funktionen zu denken.

Die Variabilität einer Aufgabe beschreibt den Grad der Änderungen in der Aufgabenstruktur durch die Veränderung der Aufgabenstellung oder durch benutzerspezifische Veränderungen, z.B. das Lernen des Benutzers. In diesem Zusammenhang ist auf die Anpaßbarkeit des Systems an individuelle Wünsche des Benutzers zu achten. Beispiele sind Wahlmöglichkeiten der Darstellung von Objekten, Makros sowie Arbeitsmappen und Filter (siehe folgenden Abschnitt).

Weitergehende Merkmale von Aufgaben sind arbeitswissenschaftliche Merkmale, wie z.B. die Vollständigkeit der Arbeitsaufgabe. Diese betreffen weniger die Gestaltung der Benutzungsschnittstelle als die der Funktionalität des gesamten Software-Systems und dessen Einbettung in die Gesamttätigkeit. Bei der Mensch-Rechner-Funktionsteilung, also der Aufteilung der Gesamt-Funktonalität zwischen dem Benutzer und dem Software-System sollte darauf geachtet werden, daß die Aufgaben des Benutzers vollständig im arbeitswissenschaftlichen Sinne sind (Hacker 1986), also genügend planende, entscheidende und kontrollierende Handlungen beim Menschen verbleiben. Diese sollten wiederum angemessen vom Software-System unterstützt werden.

5 Fachlicher Entwurf und Prototyping

Die Aktivitäten und Ergebnisse des fachlichen Entwurfs der Benutzungsschnittstelle, des Prototyping und der Evaluation (Tab. 4) werden im folgenden beschrieben.

Aktivität	Produkt
Daten-/Objektmodellierung	Daten-/Objektmodell (fein)
Funktionsmodellierung	Funktionsmodell (fein)
Benutzungsmodell entwickeln	Benutzungsmodell (fein: Dialogobjekte, Dialogfunktionen, Sichten, Dialogabläufe, Individualisierung, Zugriffsrechte)
Prototyping und Evaluation Prototyping und walk through	(Durch Benutzer bewerteter) Prototyp

Tab. 4: Phase **Fachlicher Entwurf** der Benutzungsschnittstelle und **Prototyping**

5.1 Benutzungsschnittstellenorientiertes Modell für die Anwendungs-Objekte und deren Funktionalität

Ausgangspunkt für den objektorientierten Entwurf der Benutzungschnittstelle ist das Objektmodell bzw. Datenmodell, das in der Analysephase entwickelt wurde. Hierbei sind die Klassen für Aufgabenobjekte und deren Beziehungen die wichtigste Grundlage. Diese Information geht sowohl aus Modellen der Objektorientierten Analyse als auch aus Datenmodellen hervor, so daß ein vollständig objektorientiertes Vorgehen in der Analyse nicht zwingend ist. Die Funktionalität, die in der Objektorientierten Analyse bereits modelliert wird, kann auch erst im Entwurf entstehen und ist aus dem Aufgabenmodell abzuleiten.

Zum aufgabenorientierten Objektmodell aus der Analyse kommen beim konzeptionellen Entwurf durch die Lösung des Anwendungsproblems mit einem Software-System weitere Objekte hinzu. *Mengenobjekte* dienen zur Zusammenfassung von Objekten. Zum Beispiel kann das Mengenobjekt "Kunden" geöffnet werden, worauf eine Liste aller Kunden erscheint, die den Zugriff auf einzelne Kundendaten ermöglicht. *Individualisierungsobjekte* sind Objekte, die dem Benutzer eine individuelle Ablage bzw. einen individuellen Zugriff auf die Aufgabenobjekte ermöglichen. Ein Beispiel ist eine Arbeitsmappe, in der Kundendaten abgelegt werden können, die voraussichtlich in nächster Zukunft nochmals zu bearbeiten sind. *Verfeinerungen* der Aufgabenobjekte entstehen, wenn Objekte aus der Analyse in

werden können, die voraussichtlich in nächster Zukunft nochmals zu bearbeiten sind. *Verfeinerungen* der Aufgabenobjekte entstehen, wenn Objekte aus der Analyse in ihre Komponenten aufgeteilt werden und diese explizit dem Benutzer als Objekte sichtbar gemacht werden.

Ähnlich wie beim aufgabenbezogenen Objektmodell werden im benutzungsschnittstellenorientierten Objektmodell Beziehungen zwischen den Objekten gezeigt. Die Beziehungen sind gerichtet und geben bereits Zugriffsbeziehungen an, die später in Dialogabläufe umgesetzt werden. Analog zum aufgabenbezogenen Objektmodell wird die Zähligkeit angegeben, jedoch nur in Richtung der Beziehung. Die umgekehrte Aufrufbeziehung muß nicht zwingend vorhanden sein und wird ggf. als gesonderte Beziehung dargestellt.

Abb. 2 zeigt ein Beispiel für ein aufgaben- sowie ein benutzungsschnittstellenorientiertes Objektmodell für ein Auftragssystem. Die Objekte *Angebote, Aufträge* und *Kunden* stehen direkt im Einstiegsdialog zur Verfügung und ermöglichen den Zugriff auf die anderen Objekte. Die Strukturierung des benutzungsschnittstellenorientierten Objektmodells muß so erfolgen, daß die Aufgabenbearbeitung mit möglichst wenigen Zugriffen, also möglichst wenig Navigationsschritten im späteren Dialogsystem, ermöglicht wird.

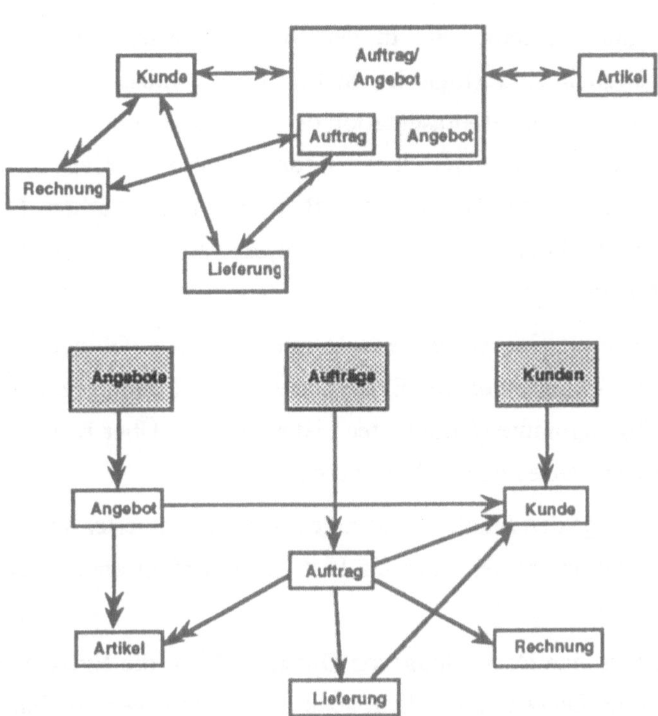

Abb. 2: Aufgabenbezogenenes und benutzungsschnittstellen-orientiertes Modell

Hinsichtlich der Funktionalität des Anwendungssystems muß zu jedem Objekt der Benutzungsschnittstelle festgelegt werden, welche Methoden (Funktionen) es zur Verfügung stellt. Empfehlenswert ist eine tabellarische Darstellung, die angibt, welche Methoden von welchem Objekt bereitgestellt werden. In der *Objekt-Methoden-Matrix* sind für jedes Objekt (horizontal) die zutreffenden Methoden (vertikal) markiert. Diese Darstellung erlaubt eine Übersicht über das funktionale Modell und unterstützt die Konsistenz der Benutzungsschnittstelle in Hinblick auf Vollständigkeit innerhalb der Anwendung und einheitliche Benennung der Methoden.

5.2 Entwurf und Gestaltung von Sichten

Die Interaktion mit den Objekten erfolgt für den Benutzer über *Sichten*. Eine Sicht umfaßt die Objekte und Attribute, die in der Sicht dargestellt werden und die Funktionen, die zugänglich sind (logische Sicht). Ferner müssen für eine Sicht geeignete Interaktionsobjekte zur Repräsentation der Objekte und deren Beziehungen und Attribute ausgewählt und angeordnet werden. Diese werden in Fenstern angeordnet, und deren graphische Gestaltung, z.B. in bezug auf Farben, Fonts usw. wird entworfen (physische Sicht). Abhängig vom Objekttyp gibt es dementsprechend unterschiedliche Sichtentypen:

- Eine *Komplettsicht* ist eine vergröberte Darstellung eines Objektes, bei der - wenn überhaupt - nur wenige Einzelheiten (Attribute) gezeigt werden. Beispiele sind Piktogramme (Icons) oder Listeneinträge. Über Komplettsichten können Objekte als ganzes manipuliert werden.
- Eine *Detailsicht* zeigt den Inhalt von Mengen- oder verfeinerten Objekten, z.B. als Menge von Piktogrammen oder als Liste. Sie wird in einem Fenster dargestellt.
- Eine *Datensicht* ist eine Darstellung von Datenobjekten, die Einzelheiten, also Attributwerte zeigt. Diese können dann auch manipuliert werden. Datensichten werden ebenfalls in einem eigenen Fenster oder einem Fensterteil dargestellt.
- Eine *Parametersicht* ist eine Darstellung der Attribute von Werkzeugobjekten (diese stellen nach CUA (1991) Funktionalität bereit) oder sonstigen systemspezifischen Einstellungen. Hierunter fallen auch die Parameter von Funktionen, die in Dialogboxen angegeben werden können.

Die Sichten sind so zu gestalten, daß aufgabenangemessene Darstellungen der Objekte entstehen. Zum Beispiel sind die Attribute von Datensichten so auszuwählen, daß die dargestellten Informationen dem Informationsbedarf für die jeweils bearbeiteten Aufgaben entsprechen. In der Regel sollte eine Sicht dabei so gestaltet werden, daß verschiedene Aufgaben in ihr bearbeitet werden können, um Flexibilität im Dialog zu gewährleisten.

5.3 Entwurf und Dokumentation von Dialogabläufen

Die dynamische Veränderung von Sichten bei der Interaktion durch den Benutzer sowie die Veränderung der intern gespeicherten Objektzustände ergibt den *Dialogablauf*. Es lassen sich zwei Ebenen von Dialogabläufen unterscheiden:

- Die Ebene der *groben Dialogabläufe* beschreibt die Abfolge von Sichten aufgrund von Benutzereingaben, wobei systemintern Funktionen der Anwendung aufgerufen werden können. Hier wird also z.B. das Öffnen und Schließen von Fenstern und evtl. auch von Fensterteilen beschrieben.
- Die Ebene der *feinen Dialogabläufe* beschreibt die Zustandswechsel der Interaktionsobjekte, die zu den einzelnen Sichten gehören, z.B. die Änderung der Selektierbarkeit von Schaltflächen (Buttons) und Menü-Einträgen.

Beim Entwurf der Dialogabläufe sollte man so vorgehen, daß zunächst die groben Dialogabläufe beschrieben (und in einem Prototyp implementiert) werden, bis ein befriedigendes Ergebnis hinsichtlich der Zahl und Größe der Fenster und der erforderlichen Navigationsschritte erreicht ist. Erst danach sollte man die Details, also die feinen Dialogabläufe spezifizieren.

Wie oben erwähnt, zeigt das benutzungsschnittstellenorientierte Objektmodell bereits wichtige Zugriffsbeziehungen. Diese werden auf der Ebene der groben Dialogabläufe konkretisiert, indem ihnen Sichten und auslösende Interaktionen des Benutzers zugeordnet werden. Die einzusetzenden Dialogmuster hängen dabei von der Zähligkeit der Beziehungen und von den Mengengerüsten ab. Der Zugriff auf ein einzelnes Kundenobjekt über ein Mengenobjekt "Kunden" erfolgt z.B. über eine Liste, da es sich um eine 1:n-Beziehung handelt. Von der zu erwartenden Zahl der Kundenobjekte hängt es ab, ob diese Liste direkt und ohne weitere Auswahlmöglichkeit angezeigt wird (<20 Kunden), die Liste angezeigt wird, aber zunächst eine Einschränkungsmöglichkeit gegeben wird (<100 Kunden) oder von vornherein ein Suchdialog aufgerufen wird und lediglich das Such-Ergebnis in einer Liste dargestellt wird (> 1000 Kunden).

Zur Beschreibung der groben Ebenen des Dialoges können *Dialognetze* herangezogen werden (Janssen 1993), die eine spezielle Form von Petri-Netzen sind (Abb. 3). Petri-Netze werden für die Beschreibung von Dialogabläufen in graphisch-interaktiven Systemen benötigt, da die dortigen Dialoge parallel aktive Sichten (Fenster) und damit Dialogzustände aufweisen. Daher reichen die traditionellen sequentiellen Methoden der Dialogbeschreibung, z.B. Interaktionsdiagramme, nicht mehr aus. Dialognetze bestehen aus Stellen, Transitionen und einer Flußrelation. Die Dynamik von Stellen beschreibt den Zustand von Sichten (geöffnet oder geschlossen). Transitionen modellieren die Dialogschritte, d.h. eine Eingabe des Benutzers und eine zugehörige Systemreaktion, und die Flußrelation (Pfeil) setzt die Stellen und Transitionen zueinander in Beziehung.

Für die Beschreibung der feinen Dialogabläufe eignet sich eine graphische Beschreibungstechnik wie Dialognetze in der Regel nicht, da die Diagramme bei weitem zu umfangreich werden. Bewährt haben sich hier halbformale oder formale textuelle Spezifikationen, die möglichst deklarativ die Zusammenhänge zwischen Attributen der Interaktionsobjekte untereinander sowie zwischen Attributen der Interaktionsobjekte und den Zuständen der Anwendung(-sobjekte) beschreiben.

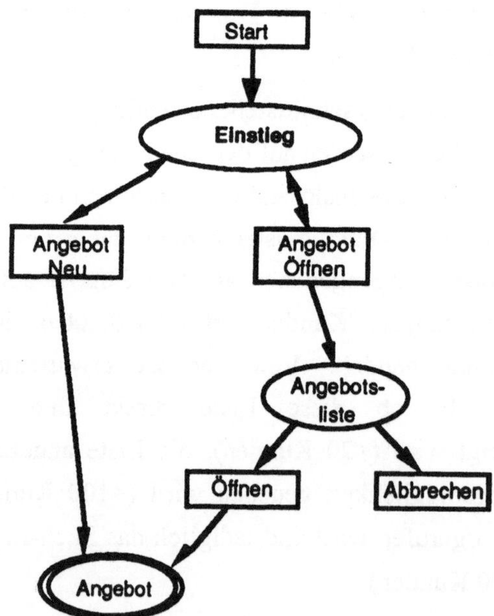

Abb. 3: Beispiel eines Dialognetzes

5.4 Prototyping und Evaluation

Mit Prototyping sollte dann begonnen werden, wenn geklärt ist, was genau Umfang und Inhalt des Prototypen sein soll und welche Aufgaben unterstützt werden sollen. Hier sollte ein aufgabenorientiertes Prototyping ansetzen, das sich an den Arbeitsabläufen der Benutzer und den Merkmalen der Aufgaben orientiert und bei dem die Ziele und Vorgehensschritte von Benutzern und Entwicklern gemeinsam festgelegt werden.

Prototyping läßt sich sowohl während der Aufgaben- und Anforderungsanalyse als auch im Entwurf durchführen. Wird bereits in der Aufgaben- und Anforderungsanalyse mit Prototyping begonnen, kann in den darauf folgenden Phasen der Prototyp weiterentwikkelt werden, parallel zum eigentlichen Produkt oder zyklisch-iterativ als Produktversion.

In Abb. 4 werden verschiedene Strategien für Prototyping je nach geschätztem Aufwand pro Phase schematisch dargestellt. Beim konventionellen Vorgehen, wo weniger ein Prototyp als ein fertiges Software-System das Ziel ist, wird für die Analysephase in der Regel einiger Aufwand betrieben, aber Entwurf und Implementierung dauern mindestens genauso lange, meist sogar deutlich länger.

Das Prototyping-Vorgehen hat den Vorteil, daß mit der Implementierung deutlich eher begonnen wird, und somit von den Benutzern entsprechend früher die softwaremäßige Realisierung beurteilt werden kann.

Wird mit Prototyping bereits frühzeitig in der Analyse begonnen, können unmittelbar anhand des ersten Prototypen Anforderungen und mögliche Realisierungsvorschläge überprüft werden. Die Phasen Analyse-Entwurf-Prototyping laufen in einem ähnlichen Zeitrahmen ab, wie beim konventionellen Vorgehen allein für die Analyse benötigt wird. Danach läßt sich dann entweder mit dem Entwurf und der Implementierung normal weiter fortfahren, oder es wird ein weiterer Prototyp angestrebt (s. Darstellung in Abb. 4).

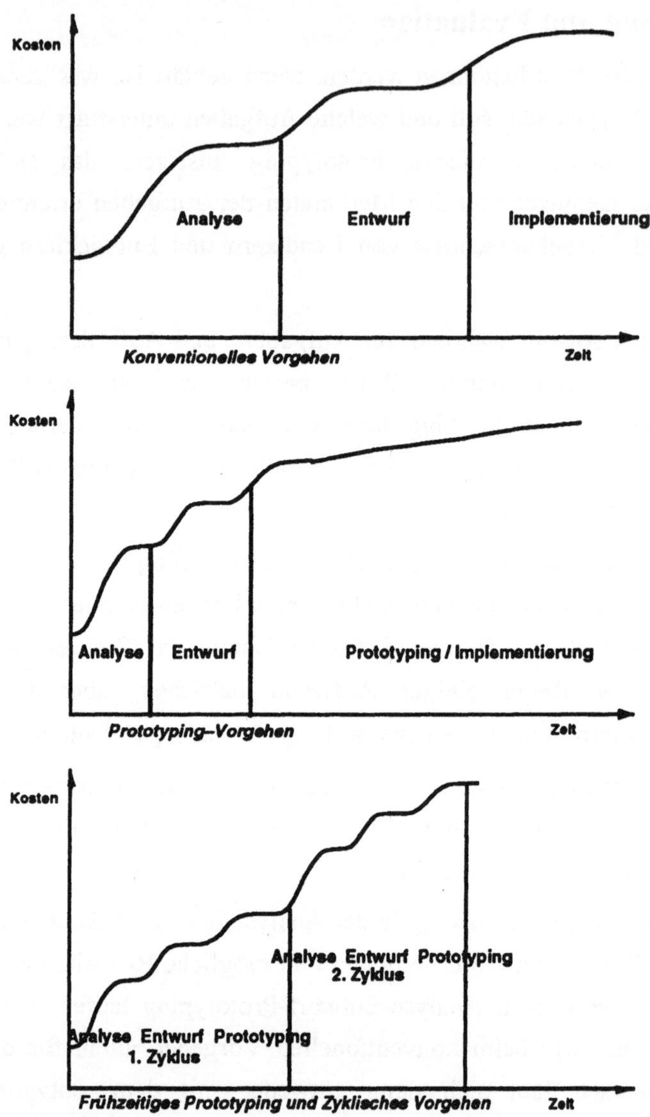

Abb. 4: Prototyping-Strategien

Dabei werden dann in einem weiteren Zyklus Analyse und Entwurf nochmals durchlaufen, um somit in vergleichbar kurzer Zeit den nächsten verbesserten Prototypen zu erhalten. In TASK wird dieses Vorgehen favorisiert, wobei sich zwei bis drei Prototypen von Aufwand und Zeit her als praktikabel erwiesen haben. Dieses Vorgehen läßt sich als evolutionäres Prototyping charakterisieren (Floyd 1984), d.h. daß ein ausgereifter Prototyp als erste Version des Software-Systems aufgefaßt werden kann. Da für evolutionäres Prototyping ein nennenswerter Entwicklungsaufwand betrieben werden muß, sollten diese nicht weggeworfen werden, sondern mit der Entwicklungsumgebung für die Realisierung erstellt und weiterentwickelt werden. Der Entwicklungsaufwand für Prototypen läßt sich insgesamt verringern, wenn man moderne Werkzeuge nutzt.

Die Evaluation des Prototypen erfolgt anhand von Reviews/Walk-Throughs sowie realistischer Szenarien mit Benutzern und Entwicklern. Die Benutzer sind also im Vergleich zu in der Praxis häufig anzutreffenden Vorgehensmodellen länger am Entwicklungsprozeß beteiligt. Sie liefern nicht nur die fachlichen Informationen in der Analysephase und beim Entwurf des verfeinerten Datenmodells und des Funktionsmodells, sondern sind gleichberechtigt am Entwurf und Bewertung der Benutzungsschnittstelle beteiligt.

7 Ausblick

Es wurde ein Vorgehens- und Methodenmodell für die aufgaben- und benutzerangemessene Gestaltung von graphischen Benutzungsschnittstellen vorgestellt. Die Vorteile sehen wir vor allem in einer erhöhten Akzeptanz und Motivation bei den beteiligten Benutzern. Dadurch daß wesentlich früher als sonst üblich Ergebnisse in Form von bewertbaren Prototypen vorliegen, können Fehler in der Analyse und im Entwurf eher gefunden und behoben werden, was letzendlich auch zu einer Kostenreduktion führt.

Durch die Berücksichtigung von Aufgabenmerkmalen und Merkmalen hinsichtlich der Benutzer wird eine aufgaben- und benutzerangemessene Gestaltung mit Individualisierbarkeit des Systems angestrebt. Damit sollen arbeitswissenschaftliche Ziele wie die Möglichkeit zum selbstbestimmten Handeln, Persönlichkeitsförderlichkeit durch anspruchsvolle, qualifizierte Tätigkeiten und die Vermeidung von Belastungen realisiert werden.

In Projekten im Versicherungs- sowie im Produktionsbereich wurde das Vorgehens- und Methodenmodell eingesetzt und erste Erfahrungen liegen vor. Gegenwärtig fehlt jedoch noch eine ausreichende Werkzeugunterstützung. Hierzu werden Lösungen von den beteiligten Software-Häusern die benötigte Ergänzung bieten. Als positiv hat sich die bei vielen Entwicklern dringend benötigte Vorgehensweise zum Entwurf graphischer Benutzungsschnittstellen herausgestellt. Bei den Software-Entwicklern ist zum Teil aber noch Überzeugungsarbeit zu leisten, was die Notwendigkeit eines strukturierten Vorgehens mit starker Benutzerorientierung angeht. Hier muß noch mehr Aufklärungsarbeit bei den Entwicklern, aber auch den Benutzern und deren jeweiligem Management geleistet werden.

8 Literatur

Beck, A. ; Ziegler, J. (1991): Methoden und Werkzeuge für die frühen Phasen der Software-Entwicklung. In: Ackermann, D. ; Ulich, E.: Software-Ergonomie '91, Stuttgart: Teubner, 76-85

Beck, A. (1993): Benutzerpartizipation aus Sicht von SW-Entwicklern und Benutzern. Eine Untersuchung von beteiligungsorientierten SW-Entwicklungsprojekten, Beitrag auf der Software-Ergonomie ½93 in Bremen, erscheint bei Teubner

Chen, P. (1976): The Entity-Relationship Model - Toward a Unified View of Data. ACM Transactions on Database Systems, Vol. 1, No. 1, 1976, 9-36

Coad, P. ; Yourdon, E, (1991): Object-Oriented Analysis, 2/E, Englewood Cliffs: Prentice Hall

CUA (1991): Systems Application Architecture: Common User Access ÐGuide to User Interface DesignÐ Advanced Interface Design Reference. IBM

Floyd, C. (1984): A systematic look at prototyping. In: Budde, R. ; Kuhlenkamp, K. ; Mathiassen, L. ; Züllighoven, H. (Eds.): Approaches to Prototyping, Berlin: Springer

Fisher, J. (1991): Defining the novice user. In: Behaviour & Information Technology, 10, 5, 437-441

Hacker, W. (1986): Arbeitspsychologie. Psychologische Regulation von Arbeitstätigkeit. Berlin, VEB Deutscher Verlag der Wissenschaften

Janssen, C. (1993): Dialognetze zur Beschreibung von Dialogabläufen in graphisch-interaktiven Systemen, Beitrag auf der SoftwareÐErgonomie ½93 in Bremen, erscheint bei Teubner

SEtec (1990): SEtec-Methodenmodell, SEtec-Vorgehensmodell, Vorabversion 3.0, München: Softlab GmbH, August 1990

Yourdon, E. (1989): Modern Structured Analysis. Prentice Hall, Englewood Cliffs, N. J., 1989

Volpert, W. ; Oesterreich, R. ; Gablenz-Kolakovic, S. ; Krogoll, T. ; Resch, M. (1983): Verfahren zur Ermittlung von Regulationserfordernissen in der Arbeitstätigkeit (VERA), Köln : TÜV

Rheinland

Ziegler, J. (1988): Aufgabenanalyse und Funktionsentwurf. In: Balzert, H.; Hoppe, H.; Oppermann, R. ; Peschke, H. ; Rohr, G. ; Streitz, N. (Hrsg.): Einführung in die Software-Ergonomie, Berlin: De Gruyter, 231-252

Zölch, M. ; Dunckel, H. (1991): Kontrastive Aufgabenanalyse - Ergebnisse des Verfahrenseinsatzes - Praxisrelevanz. In: Ackermann, D. ; Ulich, E., Software-Ergonomie '91, Stuttgart: Teubner, 363-372

Benutzerorientierte Softwaregestaltung und Client/Server-Anwendungen mit Maestro II

Dr. Andreas Zendler
Softlab GmbH, München

Zusammenfassung
Client/Server-Computing wird als zentrales Thema der Informationstechnologie der 90er Jahre angesehen. Viele Unternehmen stellen ihre Host-basierten Rechner-Umgebungen auf Client/Server-Architekturen um oder führen Entwicklungen von neuen Anwendungen nach dem Client/Server-Modell durch. Mit der Umstellung und Einführung von solchen Anwendungen wird auch der benutzerorientierten Software-Gestaltung ein besonderes Interesse geschenkt. Tool-Unterstützung wird sowohl für die Umstellung als auch für die Neuentwicklung von Anwendungen gefordert, sowie insbesondere für die benutzerorientierte Software-Gestaltung. Mit Maestro II liegt eine Anwendungsentwicklungsumgebung vor, die den neuen Anforderungen gerecht wird.

Abstract
Client/server computing is a central topic in the discussion of information technology of the '90s. Many organizations are moving from a host-based computing environment towards an environment that is called a client/server architecture, or they are developing new applications according to the client/server-model. By moving/developing of such applications special interest is given to the user-centered software-design. Tool-support is required for both porting of applications and development of new applications, as well as for the user-centered design of software. Maestro II is an application development environment that is well-suited for these new requirements.

Résumé
L'informatique client/server est considérée comme le thème central de la technologie de l'information des années 90. Beaucoup d'entreprises réadaptent leurs environnements informatiques traditionnels en une architecture client/server où bien, développent de nouvelles applications selon le modèle client/server. La réorganisation et l'introduction de telles applications rehausse particulièrement l'interêt des logiciels orientés utilisateur. L'assistance d'outils ("tools") est nécessaire autant pour la réorganisation que pour le développement de nouvelles applications, mais aussi et particulièrement pour les logiciels orientés utilisateurs. Maestro II offre un environnement de développement d'applications qui satisfait aux nouvelles exigences.

1 Einführung

Das Interesse an Client/Server-Anwendungen ist in den Blickpunkt von Software-Diskussionen gerückt, weil man sich von diesen Anwendungen drei wesentliche Vorteile verspricht (vgl. auch Berson, 1992):

- Kürzere Entwicklungszeiten: Dies ist auf die Tatsache zurückzuführen, daß Client/Server-Anwendungen in einem objektorientierten Sinne entwickelt werden, was nicht die Verwendung einer objektorientierten Computersprache voraussetzt, was aber Wiederverwendbarkeit von Software impliziert;

- Kosteneffektivere Ausnutzung von Computer-Ressourcen: Dies ist auf die Tatsache zurückzuführen, daß das Preis/Leistungsverhältnis von PCs, Workstations und LAN-Servern gegenüber Mainframes wesentlich besser ist;

- Zufriedenere Endbenutzer: Dies ist auf die Tatsache zurückzuführen, daß Client/Server-Anwendungen typischerweise auf der Basis moderner und ergonomischer Windowing-Systeme entwickelt und mit graphischen Benutzerschnittstellen ausgestattet werden: Im Gegensatz zu Mainframe-basierten Anwendungen mit alpha-Terminals sind Anwendungen mit graphischen Benutzeroberflächen leichter zu lernen und scheller zu bedienen, was zur Folge hat, daß weniger in Benutzer-Training investiert werden muß, andererseits aber mehr Produktivität erreicht wird.

Weil man sich von Client/Server-Anwendungen so große Vorteile verspricht, ist schnell das Verlangen nach Tool-Unterstützung laut geworden - und zwar in zweifacher Hinsicht (vgl. Chappell, Guilfoyle & Hewett, 1991; Tan & Lavery, 1992):

- zum einen wird Tool-Unterstützung verlangt für die (Neu-) Entwicklung von Client/Server-Anwendungen,
- zum anderen wird Tool-Unterstützung verlangt für die Portierung bestehender Mainframe-basierter Anwendungen hinsichtlich einer Anwendungsarchitektur, die vom Client/Server-Modell geprägt ist.

Die Portierung einer Mainframe-basierten Anwendung hinsichtlich einer Client/Server-Architektur wird 'Downsizing' genannt. Man spricht von 'Rightsizing', wenn man der Tatsache gerecht werden will, daß eine Client/Server-Architektur durchaus eine Mainframe-Komponente haben kann, und daß es bei Portierung von Mainframe-basierten Anwendungen darauf ankommt, entsprechend angemessene Computer Ressourcen - sei es PC, Workstation, LAN-Server, oder Mainframe - zu finden für die einzelnen Teile der Anwendung (vgl. auch Smith & BSG, 1991, Guengerich, 1992)

2 Architektur von Client/Server-Anwendungen

Client/Server-Anwendungen sind Anwendungen, die entsprechend dem Client/Server-Modell (Svobodova, 1985) implementiert sind. Nach diesem Modell ist eine Anwendung in zwei Teile zerlegt: Ein Teil der Anwendung fungiert in der Rolle des Clients, der andere Teil fungiert in der Rolle des Servers. Client und Server tauschen über ein Netz Informationen aus, indem Clients Requests an Server senden, die diese beantworten. Abbildung 1 betont die Tatsache, daß Client- und Server-Teile einer Anwendung auf zwei verschiedenen Maschinen (Workstation und Server) ablaufen können. Darüber hinaus wird aus der Abbildung deutlich, daß die Begriffe 'Client' und 'Server' als relative Rollen aufzufassen sind - und nicht als absolute: In einer Anwendung kann ein Print-Server, der einen Print-Request von einem Client ausführt, selbst Client sein, indem er einen Directory-Request an einen Directory-Server sendet (OSF, 1991).

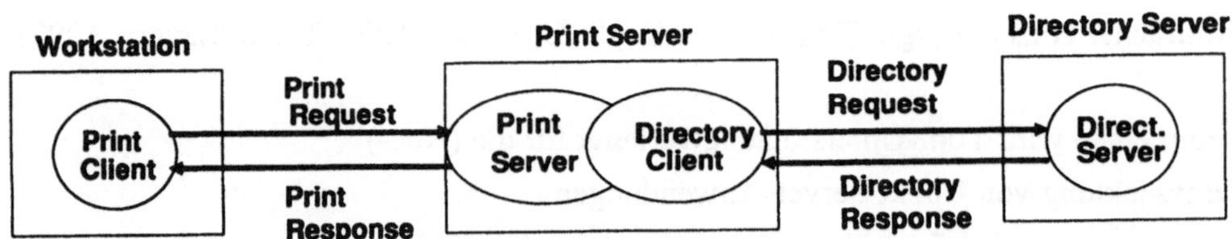

Abbildung 1. Workstation/Server-Modell.

Die Architektur (Abbildung 2) von Client/Server-Anwendungen basiert auf dem Workstation/Server-Modell. Sie geht davon aus, daß Computer-Ressourcen über ein lokales Netz auf zwei Ebenen verteilt werden. In der einen Ebene befinden sich LAN-Server (UNIX, OS/2, NT, VMS, MVS), die Requests von Workstations (Windows, UNIX, OS/2) bearbeiten. Die Workststations agieren in der Rolle von Clients und befinden sich in der anderen Ebene.

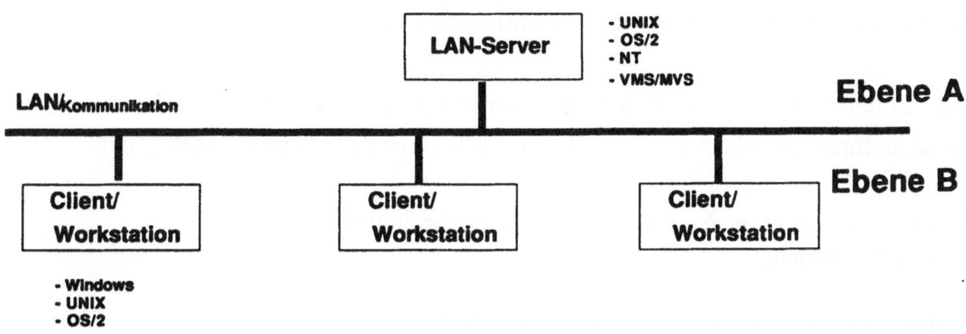

Abbildung 2. Client/Server-Architektur.

Eine Client/Server-Anwendung besteht im Prinzip aus denselben Software-Schichten wie eine Host-basierte Anwendung :

Die Schichten sind:
- Benutzerschnittstelle
- Anwendungsfunktionen
- Datenzugriff

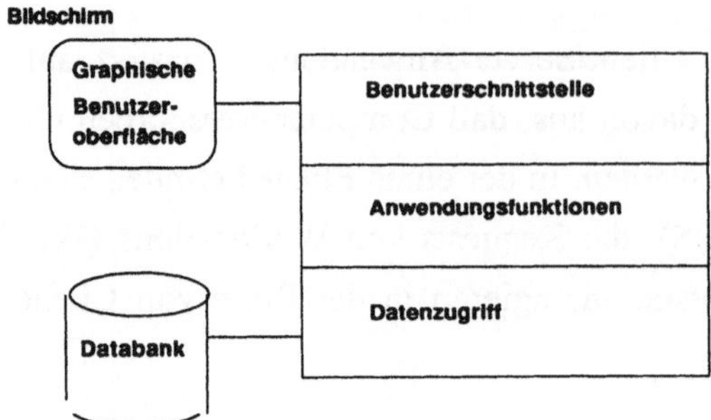

Abbildung 3. Software-Schichten einer Client/Server-Anwendung.

Der Unterschied von Client/Server-Anwendungen im Vergleich zu Host-basierten Anwendungen besteht darin (vgl. Berson, 1992, Orfali & Harkey, 1992), daß

1. die Schichten einer Anwendung auf Workstation und Server verteilt werden,

2. der Benutzerschnittstelle ein besonderer Stellenwert zukommt.

Im folgenden werden drei Szenarien beschrieben, wie Software-Schichten auf Client und Server verteilt werden können:

- Benutzerschnittstelle auf dem Client

- Anwendungsfunktionen auf dem Client und dem Server

- Verteilung der Daten

Benutzerschnittstelle auf dem Client

Die Benutzerschnittstelle einer Anwendung interagiert mit dem Benutzer und ebenso mit Anwendungsfunktionen. In einer Host-basierten Umgebung sind Benutzerschnittstelle und Anwendungsfunktionen eng miteinander verbunden. Mit modernen Workstations haben sich neue Möglichkeiten ergeben. Traditionelle alpha-Terminals werden ersetzt durch hochauflösende Bildschirme mit modernen

Bedienmöglichkeiten, wie der "Maus". Diese Neuerungen erlauben es, daß Anwendungen mit graphischen Benutzeroberflächen entwickelt werden, die sich durch Windows, Action-bars, Pull-down/Pop-Up-Menus etc. auszeichnen.

Anwendungen, die mit solchen graphischen Benutzeroberflächen ausgestattet sind, verbessern nicht nur die Produktivität der Endbenutzer, sondern sie verkürzen auch die Einführungszeit, wenn es darum geht, sich in eine neue Anwendung einzuarbeiten.

Auch wenn davon ausgegangen werden kann, daß sich eine Erhöhung der Produktivität der Endbenutzer abzeichnet, muß doch erwähnt werden, daß die Entwicklung von graphischen Benutzeroberflächen ohne ein angemessenes Tool eine kostenintensive Angelegenheit sein kann: Man spricht von 50-70 % Software-Code, der allein auf die graphische Benutzerschnittstelle anfällt.

Um trotzdem eine kostengünstige Entwicklung von Anwendungen mit graphischer Benutzerschnittstelle zu garantieren, finden heute sogenannte GUI-Tools (Graphical User Interface-Tools) Verwendung, mit denen graphische Benutzerschnittstellen entworfen und simuliert werden können. Darüber hinaus bieten solche Tools die Möglichkeit, Code für Zielumgebungen zu generieren.

Besondere GUI-Tools, sogenannte User Interface Management Systeme (UIMS), bieten zusätzlich noch die Möglichkeit, die Dialogsteuerung, die den Ablauf zwischen Benutzer und Anwendung definiert, mit einer Dialogbeschreibungssprache zu entwerfen und bereitzustellen.

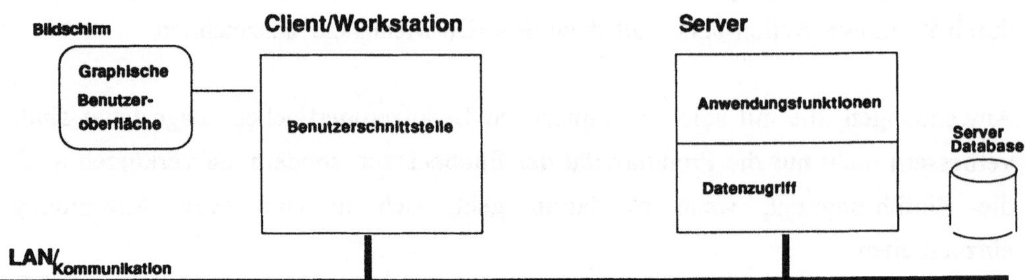

Abbildung 4. Benutzerschnittstelle auf dem Client.

Aufgrund ihrer Leistungsfähigkeit übernehmen moderne Workstations heute im allgemeinen die Ausführung der Präsentations/Steuerungs-Komponente der graphischen Benutzeroberfläche (vgl. Abbildung 4). Anwendungsfunktionen und Datenzugriff können auf dem Server plaziert sein.

Anwendungsfunktionen auf Client und Server

Das eben beschriebene Szenarium ist allerdings nicht die typische Situation, weil es sich aus Effizienzgründen herausgestellt hat, daß es sinnvoll ist, auch Anwendungsfunktionen vom Client übernehmen zu lassen.

Es gibt drei wichtige Gründe, auch Anwendungsfunktionen auf Workstations zu plazieren, auf denen die Präsentations/Steuerungs-Komponente der graphischen Benutzerschnittstelle ausgeführt wird (vgl. Chappell, Guilfoyle, & Hewlett, 1991; Berson, 1992):

- Das Preis/Performance-Verhältnis von Workstations
- Die Verbesserung der Netzwerkauslastung
- Die Vereinfachung des Synchronisationsverhaltens

Das Preis/Performance-Verhältnis heutiger Workstations ist um ein Vielfaches besser als das von traditionellen Mainframes; aus wirtschaftlichen Gründen ist es schon zweckmäßig, Teile von Mainframe-Anwendungen von flexiblen Workstations ausführen zu lassen.

Eine verbesserte Netzwerkauslastung und damit auch eine bessere Performance von Client/Server-Anwendungen ist gegeben, wenn Anwendungsfunktionen, die direkt mit der graphischen Benutzerschnittstelle operieren, auch dorthin plaziert werden, wo sich die graphische Benutzeroberfläche befindet: nämlich auf der Workstation (siehe Abbildung 5).

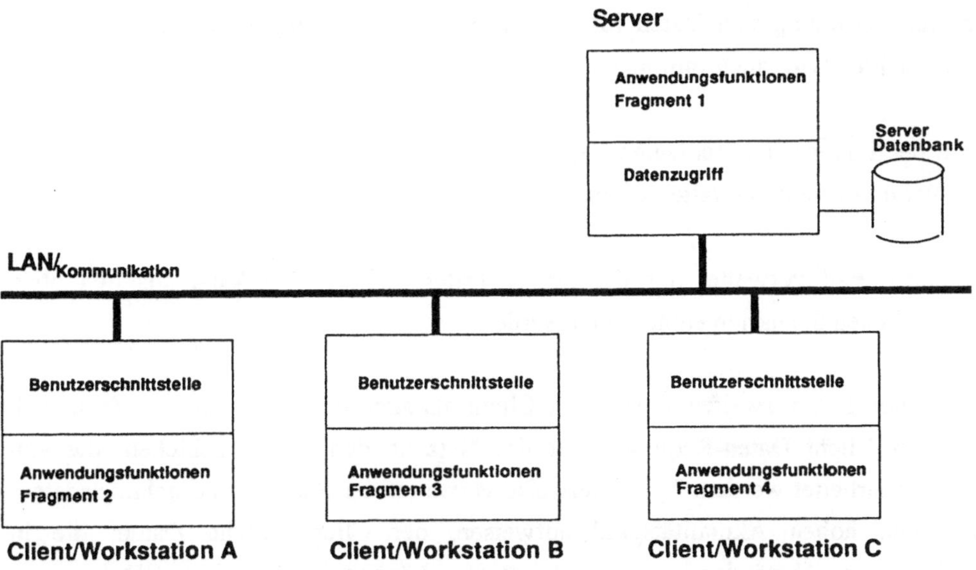

Abbildung 5. Anwendungsfunktionen auf Client und Server.

Ein einfacheres Synchronisationsverhalten der gesamten Client/ Server-Anwendung läßt sich dann erreichen, wenn Anwendungs-funktionen direkt miteinander kommunizieren können und nicht den Weg über das Netz gehen müssen.

Eine günstige Verteilung von Anwendungsfunktionen ist eine der kritischsten

Aufgaben, wenn es um das Design von Client/Server-Anwendungen geht. Neu-Verteilung von Anwendungsfunktionen kann dann notwendig sein, wenn sich die Konfiguration der Client/Server-Architektur ändert, oder die Client/Server-Architektur neu zu skalieren ist. Beispiel einer Konfigurationsänderung ist der Einsatz eines stärkeren Servers oder die Verwendung eines neuen Datenbanksystems, Neu-Skalierung einer Client/Server-Anwendung liegt dann vor, wenn sie sich hinsichtlich der Anzahl der angeschlossenen Workstations ändert.

Verteilung der Daten

Bei der Verteilung von Daten für Client/Server-Anwendungen sind zwei Fälle zu unterscheiden (vgl. auch Inmon, 1991, Berson, 1992):

- Nur der Server verwaltet Daten (vgl. oben)
- Server und Client verwalten Daten

Im ersten Fall verwaltet nur der Server Daten. Dieser Fall kann aus den oben beschriebenen Szenarien entnommen werden.

Im zweiten Fall verwalten sowohl der Client als auch der Server Daten. Zusätzlich kann der Client Daten-Requests über das Netz an den Server schicken, die von diesem bearbeitet werden. Typischerweise verwaltet der Server Unternehmensdaten, die einen hohen Aktualitätsgrad aufweisen, der Client solche Daten, die in regelmäßigen Abständen aktualisiert werden können, archivarische Daten und verdichtete Daten (Abbildung 6).

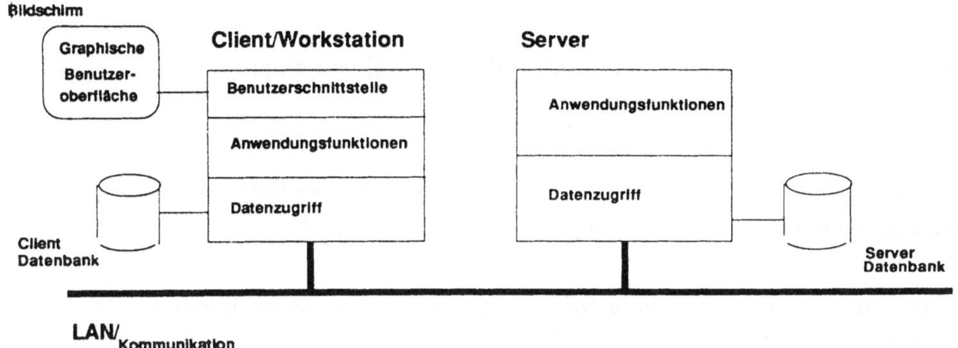

Abbildung 6. Verteilung von Daten auf Client und Server.

3 Benutzerorientierte Software-Gestaltung

In der Darstellung der Szenarien von Client/Server-Anwendungen ist schon auf die besondere Rolle des Clients hinsichtlich der Benutzerschnittstelle eingegangen worden. Jetzt geht es darum, welche Fragen und Antworten sich für eine benutzerorientierte Software-Gestaltung ergeben, die die Benutzerschnittstelle in Bezug zur Aufgabe und zum Benutzer sieht.

Im Zusammenhang mit einer benutzerorientierten Software-Gestaltung sind folgende Gesichtspunkte von zentraler Bedeutung:

- Im Vordergrund einer benutzerorientierten Software-Gestaltung stehen Aufgaben, die von der Dyade Mensch/Maschine erfüllt werden können.

- Ausgangspunkt sind nicht die Möglichkeiten einer abstrakten Maschine: Ein Rechner wird in Bezug zu einem Benutzer und dessen Aufgabe zwar als sehr leistungsfähiges Tool angesehen; der Rechner wird aber nur als ein Tool unter anderen Tools gesehen.

- Benutzer haben ein anderes konzeptionelles Modell von einem Rechner als Software-Designer.

- Benutzer haben ein anderes konzeptionelles Modell von einer Aufgabe als Software-Designer.

Auf dem Hintergrund dieser Aspekte erheben sich insbesondere zwei Fragen für eine benutzerorientierte Software-Gestaltung (vgl. Abbildung 7):

- Die Frage nach der Aufteilung einer Aufgabe zwischen Mensch und Maschine;

- Die Frage nach der interindividuellen Kommunikation von Benutzer und Software-Designer hinsichtlich einer Aufgabe.

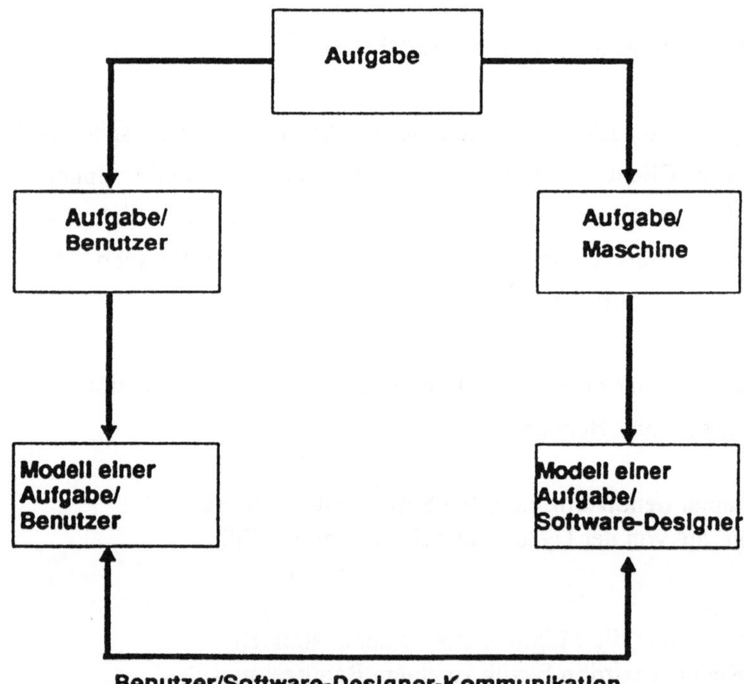

Abbildung 7. Bezugssystem für eine benutzerorientierte Software-Gestaltung.

Aufteilung einer Aufgabe zwischen Mensch und Maschine

Ein leistungsfähiges Tool wird im allgemeinen dann eingesetzt, wenn man sich davon eine Erleichterung der Aufgabe verspricht. Offensichtlich wird man ein Tool oder eine Maschine dann einsetzen, wenn es um physische Arbeit geht, die über die Leistungsfähigkeit eines Menschen hinausgeht.

Schwieriger wird es, wenn es sich um Arbeiten handelt, die in enger Beziehung zu informationsverarbeitenden Prozessen stehen. Soll hier der Benutzer von jeglicher intellektueller Aktivität befreit werden? Wenn nicht, welche Aktivitäten sollen vom Benutzer übernommen werden? Bisher ist nur wenig in Forschung investiert worden, um Entscheidungshilfen anbieten zu können, welche Arbeit und welche Verantwortlichkeiten vom Mensch bzw. von der Maschine übernommen werden sollen. Einige allgemeine Empfehlungen gegen eventuelle Fehlentscheidungen, was den Aufteilungsaspekt einer Aufgabe zwischen Mensch und Maschine angeht, werden von Price (1985) gegeben:

- Der Benutzer soll die initiativen Teile einer Aufgabe übernehmen und soll verantwortlich sein für das Resultat;

- Der Rechner soll den Benutzer von langweiliger oder sich wiederholender Arbeit befreien;

- Der Rechner soll eingesetzt werden, wenn er einer manuellen Methode aus Effizienzgründen überlegen ist;

- Der Benutzer soll die interessanten Teile einer Aufgabe übernehmen.

Interindividuelle Kommunikation von Benutzern und Software-Designern

Ein Benutzer wird nicht immer dasselbe Verständnis von einer zu automatisierenden Aufgabe haben wie ein Software-Designer.

Aufgrund ihres allgemeinen Informationshintergrundes, ihrer Ausbildung, ihres Wissens werden Benutzer und Software-Designer unterschiedliche konzeptionelle Modelle hinsichtlich einer Aufgabe besitzen.

Das mag darin liegen, daß Benutzer mentale Repräsentationen von Aufgaben haben, die so adaptiert sind, daß sie nur schwer explizit gemacht werden können, daß sie nur schwer kommuniziert werden können. Polanyi (1969) hat in diesem Zusammenhang die Unterscheidung von implizitem und explizitem Wissen gemacht. Unter implizitem Wissen versteht er ein Wissen, das nicht ausdrückbar aber doch implizit verwendet wird. Eine ähnliche Feststellung hat Anderson (1983) gemacht, wenn er von deklarativem und prozeduralem Wissen spricht. Prozedurales Wissen wird als Wissen betrachtet, daß so automatisiert ist, das es nicht mehr einer Introspektion zugänglich ist (Anderson, 1983).

Auf der anderen Seite mag es darin liegen, daß Software-Designer keine adäquate Vorstellung von der Aufgabe haben, weil sie sich nicht ausführlich mit der Aufgabe beschäftigten, oder weil sie nicht der Aufgabe angemessene Design-Methoden verwendeten, oder einfach aus Zeit- und ökonomischen Gründen nur solche Eigenschaften einer Aufgabe herausarbeiteten, die besonders gut von einem Rechner gelöst werden können.

Zur Lösung des Problems der verschiedenen konzeptionellen Modelle, die Benutzer und Software-Designer von einer Aufgabe haben und zur expliziten Darlegung von implizitem Wissen bieten sich folgende Möglichkeiten an:

- Die Anwendung formaler Methoden zur Analyse und zum Design von Benutzeraktivitäten. Dieser Ansatz, obwohl vielversprechend, hat den Nachteil, daß die Benutzer die formalen Methoden erlernen müssen (Bubenko, 1983).

- Die Anfertigung von Videos verschiedener rechner-unterstützter Prototypen, die Benutzern gezeigt und dann diskutiert werden.

Dieser Ansatz ist vielsprechend aber sehr aufwendig (Poulson, Johnson & Moulding, 1987).

- Der Einsatz eines User Interface Management Systems (Hix, 1990), das die Bausteine (vgl. IBM 1991a, 1991b) einer Benutzerschnittstelle gleichsam vorgibt, und daher gut geeignet ist für das Explizitmachen impliziter Zusammenhänge (Hix, 1990).

Nachdem Fragen und Antworten, die im Zusammenhang mit einer benutzerorientierten Software-Gestaltung standen, kurz skizziert worden sind, werden jetzt die Möglichkeiten der Toolunterstützung mit Maestro II beschrieben.

4 Entwicklung und Generierung von benutzerorientierten Client/Server-Anwendungen mit Maestro II

Zur Zeit enthält Maestro II Tools für die Entwicklung und Generierung von Mainframe-basierten Anwendungen. Diese Tools werden in ihrer Funktionalität erweitert werden, um die Entwicklung und Generierung von Client/Server-Anwendungen zu unterstützen. Hinzukommen werden weitere Tools, um die Entwicklung gerade der Teile einer Client/Server-Anwendung zu unterstützen, die auf der Workstation plaziert werden.

Benutzerschnittstelle

Für die Entwicklung graphischer Benutzeroberflächen von Client/Server-Anwendungen wird in Maestro ein UIMS (User Interface Management System) zur Verfügung stehen mit der folgenden Funktionalität:

- Design und Generierung der Präsentationsschicht einer graphischen Benutzeroberfläche

- Design und Generierung der Dialogsteuerung (unter Verwendung einer spezifischen Dialogbeschreibungssprache) einer graphischen Benutzeroberfläche

- Rapid Prototyping von Präsentationsschicht und Dialogsteuerung einer graphischen Benutzeroberfläche

Das eingesetzte Tool wird die folgenden Windowing-Systeme unter-stützen: MS/Windows, OS/2 Presentation Manager und Unix/Motif.

Anwendungsfunktionen auf dem Client und dem Server

Für das Design, die Generierung und Wartung von Anwendungs-funktionen stellt Softlab bereits heute ein Program Design Tool (PDT) zusammen mit einem Generator - Maestro GENerator (MGEN) - für COBOL zur Verfügung. PDT wird erweitert, um Kommunikations-komponenten zu generieren für die Interaktion von Client und Server.

Für die Definition der Anwendungsverteilung wird ein zusätzliches Tool geliefert werden.

Im nächsten Schritt wird eine flexible C-Generierung unterstützt, so daß Client/Server-Anwendungen entwickelt werden können mit:

- C-Code für Client und für Server

- COBOL-Code für Client und für Server

- C-Code für Client und COBOL-Code für Server - sowie umgekehrt.

Daten auf dem Server

Für das Design, die Generierung und Wartung von DB2 Datenbank-Schemata steht in Maestro II bereits heute das Datenbankdesign-Tool Maestro Database Designer (MDD) zusammen mit dem Maestro GENerator (MGEN) zur Verfügung. Diese Tools müssen nicht geändert werden, um auch Client/Server-Anwendungen zu designen und zu generieren. Sie werden allerdings erweitert, um auch Oracle, IMS und später LAN/Sever-Datenbanken wie Informix und Ingres zu unterstützen.

Standards

Für die Entwicklung von Client/Server-Anwendungen spielen die folgenden Standards eine wichtige Rolle:

CUA (Common User Access) von IBM (International Business Machines) ist der wichtigste und anerkannteste Style Guide für das Design von graphischen Benutzeroberflächen (IBM, 1991a; IBM, 1991b). So weit wie möglich wird das in Maestro eingesetzte UIMS-Tool diese CUA-Richtlinien unterstützen.

CORBA (Common Object Request Broker Architecture) von OMG (Object Management Group) ist eine Spezifikation, die definiert, wie Objekte - im Sinne der objektorientierten Softwareentwicklung - Requests in einer verteilten Umgebung anfordern (OMG & X/open, 1992). CORBA ist von zentraler Bedeutung, wenn Client/Server-Anwendungen im Sinne des objektorientierten Paradigmas entwickelt werden. Softlab ist Mitglied in der OMG und beobachtet die Entwicklung dieses Standards.

DCE (Distributed Computing Environment) von OSF (Open System Foundation) ist ein Set von Diensten und Tools für die Entwicklung, die Verwendung und Wartung von verteilten Anwendungen in einer heterogenen Umgebung (OSF, 1991). Maestro II Tools werden DCE-Komponenten verwenden, wenn es um die Kommunikationskom-ponenten von Client/Sever-Anwendungen geht.

POSIX (Portable Operating System based on UNIX) ist von IEEE (Institute of Electrical and Electronics Engineers) als Standardbetriebssystemschnittstelle definiert worden (ANSI/IEEE, 1989). POSIX definiert die Funktionen und Dienste, die ein Betriebssystem unterstützen muß. Der in Maestro II eingesetzte Generator wird sich an diesem Standard orientieren.

Ausblick

Längerfristig werden drei Bereiche als zentral angesehen, wenn es um die Entwicklung von Client/Server-Anwendungen mit Maestro geht:

- Neue Standardplattformen für die Ausführung von Client/Server-Anwendungen werden Änderungen in den oben erwähnten Maestro Tools notwendig machen.

- Das Aufkommen von verteilten Datenbanken wird ebenfalls Änderungen in den oben erwähnten Tools notwendig machen: Design, Generierung und Optimierung für verteilte Datenbanken werden zu unterstützen sein.

- Objektorientierte Technologien zur Anwendungsentwicklung werden im allgemeinen zu unterstützen sein, der Aspekt der Softwarewiederverwendung muß insbesondere berücksichtigt werden.

5 Literatur

Anderson, J.R. (1983). *The Architecture of Cognition.* Cambridge: Harvard University Press.

ANSI/IEEE (1989). *POSIX standard P1003.1a.* New York: IEEE, Inc.

Berson, A. (1992). *Client/Server Architecture.* New York: McGraw-Hill.

Bubenko, J. A. (1981). *On concepts and strategies for information and requirements analysis.* Stockholm: SYSLAB Report No 4.

Chappell, C., Guilfoyle, C., & Hewlett, J. (1991). *Client-server Computing: Commercial strategies.* London: Ovum Ltd.

Guengerich S. (1992). *Downsizing Information Systems.* North College: SAMS Publishing.

Hix, D. (1990). Generations of User-Interface Management Systems. *IEEE Software*, 12, 77-87.

IBM (1991a). *System Application Architecture/Common User Access.* Document Number SC34-4289-00. Cary: IBM Corporation.

IBM (1991b). *System Application Architecture/Common User Access.* Document Number SC34-4290-00. Cary: IBM Corporation.

Inmon, W.H. (1991). *Client/Server Applications.* Boston: QED Technical Publishing Group.

OMG & X/open (1992). *CORBA*. OMG Document Number 91.12.1. New York: OMG, Inc.

Orfali, R., & Harkey, D. (1992). *Client-Server.* New York: Van Nostrand.

OSF (1991). *Introduction to OSF/DCE.* Cambridge: OSF, Inc.

Polanyi, M. (1969). *Personal Knowledge.* Chicago: University Press.

Poulson, D.F., Johnson, C.A., & Moulding, J. (1987). The use of participative exercises in human factors for education and design. In H.-J. Bullinger & B. Shackel (Eds.), *Human-Computer Interaction - INTERACT '87.* (pp. 469-472). Amsterdam: North-Holland.

Price, H.E. (1985). The allocations of functions in systems. *Human Factors*, 27, 33-45.

Smith, P., & BSG (1991). *Client/Server Computing.* North College: SAMS Publishing.

Svobodova, L. (1985). Client/Server Model of Distributed Processing. In D. Heger, G. Krüger, O. Spaniol, & W. Zorn (Hg.), *Kommunikation in verteilten Systemen I* (pp. 485-498). Berlin: Springer.

Tan, P., & Lavery, M. (1992). *Rightsizing: Strategies, Tools and Markets.* London: Ovum Ltd.

Werkzeuge für die Entwicklung graphischer Benutzeroberflächen

Christian Raether
ISA Informationssysteme GmbH, Stuttgart

Zusammenfassung
Der effiziente Einsatz von Informations- und Kommunikationssystemen wird wesentlich durch die realisierte Benutzerschnittstelle mitbestimmt. Benutzerschnittstellen-Technologien stellen daher neben Datenbank- und Kommunikationstechnologien die dritte wichtige Säule für Systemarchitekturen zukünftiger Informationssysteme dar. Bei der Anwendungsentwicklung für diese Systeme steigt jedoch der Entwicklungsaufwand für die Benutzerschnittstelle im Vergleich zu alphanumerischen Systemen erheblich an. Darüber hinaus müssen sich Anwendungsentwickler an gänzlich neue Konzepte der Software-Erstellung gewöhnen.

Die Einlernzeiten für die Programmierung graphischer Benutzerschnittstellen beträgt heute bereits mehrere Monate. Die Komplexität graphischer Benutzerschnittstellen führt jedoch nicht nur zu hohen Einlernzeiten und Entwicklungskosten, sondern auch zu einem erhöhten Wartungsaufwand, der ohnehin schon das größte Problem im Software-Lebenszyklus darstellt.

Im Zuge der Entwicklung sogenannter User Interface Management Systeme (UIMS) oder Dialogmanagementsysteme wird an diesen Problemen angesetzt. Im Rahmen der Bemühungen um eine werkzeugunterstützte Software-Entwicklung (CASE) sind Werkzeuge notwendig, die den genannten Forderungen nach Senkung des Einarbeitungsaufwandes und der Entwicklungskosten, Reduktion der Komplexität sowie nach Verbesserung der Portabilität und damit der Erhöhung der Wartbarkeit Rechnung tragen. Ziel dieser Entwicklungswerkzeuge für Programmierer ist es damit einerseits, die Entwicklung von graphisch-interaktiven Benutzerschnittstellen z. B. nach dem Verfahren des Prototyping stark zu erleichtern. Andererseits sollen die benötigten Ressourcen wesentlich effizienter als bisher eingesetzt werden. Darüber hinaus tritt die Entwicklung portabler Anwendungssysteme und hier speziell portabler Benutzerschnittstellen-Software für unterschiedliche Hard- und Software-Plattformen immer stärker in den Vordergrund.

Entwicklungswerkzeuge: Die Qual der Wahl?

Im Bereich alphanumerischer und semigraphischer Terminals weisen auf der Schicht der Anwendungslogik (Aufgaben, Daten, Objekte) Datenbankmanagement-Systeme, einschließlich der mit ihnen verbunden Sprachen der vierten Generation (4GLs), ausgesprochene Leistungsmerkmale auf. Von den entsprechenden Anbietern wird in letzter Zeit verstärkt versucht, mit ihren Produkten auch in den Bereich graphischer Benutzerschnittstellen vorzudringen. Klassische Vertreter von Dialogmanagern im rein alphanumerischen und teilweise auch semigraphischen Bereich sind Forms-Management-Systeme (FMS), die seit über zehn Jahren beim Anwender etabliert sind. Anbieter von FMS versuchen zunehmend, ihre Werkzeuge mit graphischen Funktionaltitäten auszustatten. Die meisten FMS sind jedoch strukturbedingt nicht für solche Erweiterungen ausgelegt.

Darüber hinaus haben sich Produkte im graphischen Bereich herausgebildet, deren Entwicklung mit Fenstersystemen und entsprechenden Bibliotheken (z. B. Xlib) begann und sich mit Resource Construction Sets wie z. B. der Macintosh Toolbox oder den heute geltenden Industriestandards wie Motif, Presentation Manager und Windows fortsetzte.

Darauf aufsetzend werden sogenannte Interface Builder mit der Möglichkeit, das statische Layout einer Benutzerschnittstelle graphisch-interaktiv zu erstellen, angeboten. Diese Werkzeuge sind jedoch nach wie vor auf der E/A- und Präsentationsschicht angesiedelt und decken keineswegs die Entwicklung von Benutzerdialogen in ihrer gesamten Dynamik ab.

Gerade hier liegt aber bei der praktischen Implementation das wesentliche Problem: Erst Dialogmanagementwerkzeuge geben für solche Anforderungen adäquate Unterstützung. In begrenzten Bereichen, wie etwa der Stammdatenverwaltung, sind 4GL-Werkzeuge sicher geeignet. Bei allgemeinen Andwendungslösungen wird dagegen eine Vorgehensweise bevorzugt, die es erlaubt, für die verschiedenen Bereiche die jeweils besten Werkzeuge in freier Kombination einzusetzen.

Entscheidend ist dabei der Grad der Standardisierung der Schnittstellen zwischen den einzelnen Bereichen. UIMS haben zum Ziel, die Nachteile der Oberflächenprogrammierung mit Interface Buildern bzw. Toolkits zu überwinden und eine optimale Unterstützung für die Entwicklung graphischer Benutzerschnittstellen für komplexe technische und kommerzielle Anwendungen mit entsprechenden Performanzanforderungen zur Verfügung zu stellen.

Komponenten eines UIMS

Wesentliche Komponenten eines UIMS sind die Dialogbeschreibungssprache, strukturierte Editoren für die Entwicklung sowohl der Präsentation als auch der Dialogsteuerung sowie eine Simulationskomponente zum Test der Benutzerschnittstelle. Im Gegensatz zu einer reinen Oberflächenbeschreibungssprache ermöglicht eine Dialogbeschreibungssprache nicht nur die Definition statischer Oberflächenobjekte, sondern auch eine Beschreibung der Dynamik des Dialoges: Die Benutzerschnittstelle "reagiert" auf die Eingaben des Benutzers. Die Dialogbeschreibungssprache führt zu einer erheblichen Verbesserung der Änderbarkeit und damit der Wartbarkeit. Zudem läßt sich vom Oberflächenbaukasten weitgehend abstrahieren, so daß die Portierung wesentlich erleichtert wird. Neben voll ausgebildeten UIMS gibt es eine Reihe von Oberflächeneditoren, in denen keine Dialogbeschreibungssprache enthalten ist. Diese Systeme erfüllen jedoch nur teilweise die Funktionalität von UIMS und führen in bezug auf die Modularität und Portabilität zu den selben Problemen, wie sie bereits für Oberflächenbaukästen aufgezeigt wurden.

Für die Erstellung der Präsentationskomponente werden im Rahmen von UIMS graphische Oberflächeneditoren eingesetzt. Sie ermöglichen die Konstruktion von Oberflächenobjekten in einer direkt manipulativen Art und Weise. Graphische Editoren von UIMS generieren eine Oberflächenbeschreibung in der zugehörigen Beschreibungssprache oder in einer internen Darstellung für das Laufzeitsystem. Der definierte Dialog kann mit der Simulationskomponente sofort simuliert werden - ohne daß man dazwischen kompilieren oder eine einzige Zeile Applikationscode schreiben muß. Auf diese Weise ermöglichen UIMS den iterativen Prozeß des "Rapid Prototyping" mit stufenweisen Verfeinerungen; Design und Benutzerakzeptanz der Applikation können geprüft werden. Nach einer erfolgreichen Evaluierung kann der Prototyp für das Zielsystem zu einer vollständigen Anwendung weiterentwickelt werden.

Zu den UIMS im engeren Sinne können nur die Werkzeuge gezählt werden, die

Dialogdefinition in vollem Umfang ohne eigentliche Programmierung erlauben. Durch den Trend hin zu offenen Systemen ändern sich die Zielsetzungen: Neu zu entwickelnde Software soll oft auf Terminals, PCs und Workstations laufen. Statt sich jedoch auf den kleinsten gemeinsamen Nenner zu beschränken, sollte das Potential jeder Zielplattform optimal ausgenützt werden. Trotzdem sollte ein Anwender über eine einheitliche Benutzerschnittstelle auf verschiedene Anwendungen zugreifen können. Ein neuer Gesichtspunkt von UIMS ist die Unterstützung verschiedener Medien. Heutige UIMS unterstützen im wesentlichen alphanumerische und graphische Medien. In Zukunft werden daneben alternative Medien wie Sprache, Bilder und Video für die Präsentation und Interaktion erforderlich sein, die der ISA Multimedia Builder, der auf dem ISA Dialog Manager beruht, bereits anbietet.

CASE - Der Einsatz von UIMS im Prozeß der Software-Erstellung

UIMS bieten umfassende Unterstützung für alle Phasen der Entwicklung graphisch-interaktiver Anwendungen von der Programmdesignphase bis zur Wartung an und sind damit integraler Bestandteil einer Werkzeugunterstützung in der Software-Entwicklung. Fehler in der Anforderungsdefinition, die bekanntermaßen die gravierendsten sind und hohe Behebungskosten verursachen, lassen sich durch die Erstellung von Prototypen, die sofort ausführbar und damit testbar sind, vermeiden. Die geprüften Prototypen können als Interaktionsmodell aufgefaßt werden, das neben dem Daten- und dem Funktionsmodell Bestandteil der Systemspezifikation ist. Durch strukturierte Editoren können verschiedene Entwürfe für die Benutzerschnittstelle schnell erstellt und miteinander verglichen werden. Im ISA Dialog Manager ist es möglich, Oberflächenobjekte mit bestimmten Präsentationseigenschaften als Bausteine (sog. Models oder Templates) vorzudefinieren. Dabei wird der Entwicklungsaufwand verringert und die Konsistenz der entwickelten Schnittstellen erheblich verbessert. In diesen Bausteinen lassen sich auch firmenspezifische Richtlinien für die Gestaltung von Benutzerschnittstellen abbilden.

Bei der Implementierung von Benutzerschnittstellen fällt für die Teile, für die bereits aus dem Entwurf eine komplette Beschreibung in der Dialogbeschreibungssprache vorliegt, kein Mehraufwand an, da Code-Generatoren bzw. Interpreter die direkte Ausführung dieser Dialogbeschreibung erlauben. Erste Erfahrungen zeigen, daß sich bei der Implementierung von graphischen Benutzerschnittstellen mit dem Dialog Manager ein Produktivitätsgewinn um einen Faktor 5 bis 10 erzielen läßt. Die Wartung von Software-Systemen macht zur Zeit mit 50 Prozent und mehr den größten Kostenanteil im Lebenszyklus aus. "Wartung" im weiteren Sinne umfaßt dabei nicht nur die Behebung von Fehlern, sondern auch die Anpassung an sich ändernde Anforderungen aus dem Anwendungsbereich einer Software sowie an neue Versionen verwendeter Basis-Software. Die durch UIMS unterstützte Trennung von Benutzerschnittstelle und Anwendung schafft eine wichtige Voraussetzung für eine gute Strukturierung der Software und damit eine weitergehende Änderungsfreundlichkeit. Im Rahmen der Wartung spielt natürlich auch die verbesserte Portabilität eine große Rolle. Diese ist bereits von Nutzen, wenn nur auf eine neue Version des Oberflächenbaukastens portiert werden soll. Der Anpassungsaufwand liegt nicht beim Benutzerschnittstellen-Entwickler, sondern beim Hersteller des UIMS.

In dem Bemühen, moderne Anwendungslösungen von der Host-Welt auf unterschiedliche Rechnersysteme zu verteilen, spielen die Schnittstellen zwischen der Dialogkomponente und der Anwendungslogik eine zentrale Rolle. Eine Verbindung zwischen der Host-Ebene, auf der die Datenhaltung erfolgt, den UNIX-Systemen mit der Verarbeitungslogik und den PCs, auf denen die intelligenten graphischen Benutzersysteme installiert sind, kann durch das UIMS wirkungsvoll unterstützt werden.

Allgemeines Konzept eines UIMS am Beispiel des ISA Dialog Managers

Der Dialog Manager basiert auf einem geschichteten Benutzerschnitt-stellen-Modell, das die Ebenen Präsentation, Dialog und Anwendung umfaßt. Das Dialogkernsystem steuert die Kommunikation mit dem Benutzer über die Schnittstelle zum

Fenstersystem und die Kommunikation mit der Anwendung über die Anwendungsschnittstelle. Die mit Hilfe des WYSIWYG-Editors erstellten Dialoge werden im ASCII- oder Binärformat in eine Ausgabedatei geschrieben, die mit normalen Texteditoren editiert werden kann - oder automatisch von Skripten generiert wird, welche die Daten von CASE-Umgebungen übernehmen. Umfangreiche Anwendungen können in mehrere Subdialoge aufgeteilt werden, die während der Laufzeit geladen werden. Auf diese Weise können im Sinne eines "Simultaneos Engineering" die Verantwortungsbereiche für die Software-Entwicklung unter mehreren Mitarbeitern verteilt werden - jeder kann ein unabhängiges Programmodul realisieren.

Die Fenstersystemschnittstelle vereinheitlicht den Zugang zu verschiedenen Fenstersystemen und Toolkits. Benutzerschnittstellen, die mit Hilfe des ISA Dialog Managers erstellt wurden, werden automatisch auf beliebigen zukünftigen Fenstersystemen laufen, sobald die entsprechende Fenstersystem-schnittstelle im ISA Dialog Manager vorhanden ist.

Die Anwendungsschnittstelle ermöglicht eine strikte Trennung zwischen dem Dialogsystem und den Anwendungsmodulen, so daß die eigentliche Anwendung vom zugrunde liegenden System unabhängig bleibt. Aufgrund dieser Trennung können Dialogentwicklung einerseits und Implementierung der Anwendung andererseits parallel ablaufen. Die einzelnen Anwendungsmodule können in verschiedenen Dialogen verwendet und getrennt gewartet werden. Darüber hinaus erlaubt die Schnittstelle die Integration des Dialogsystems mit Modulen verschiedener Programmiersprachen. Das Dialogsystem und die Anwendung können auf Plattformen ablaufen: Der ISA Dialog Manager ist ein UIMS, mit dem Benutzeroberflächen für Anwendungen auf Standardfenstersystemen wie OSF/Motif, MS-Windows 3.x und Presentation Manager einfach entwickelt und getestet werden können. Darüber hinaus verfügt der Dialog Manager über die Möglichkeit, die Applikation auf der Basis von AlphaWindows - einem für alphanumerische Terminals geeigneten Fenstersystem laufen zu lassen. Alle Dialogobjekte, die von Standardfenstersystemen angeboten werden, sind auch für AlphaWindows unter

Verwendung der semigraphischen Fähigkeiten eines alphanumerischen Bildschirms erhältlich. Alle Standarddialogobjekte, die in Style Guides wie Motif oder CUA (Common User Access) beschrieben sind, werden vom ISA Dialog Manager unterstützt. Die Dialogobjekte werden auf der Basis der Objekte realisiert, die von Standardfenstersystemen angeboten werden, um das "Look and Feel" der jeweiligen Umgebung zu bewahren. Alle Entwicklungsschritte der Dialogerstellung werden von einem WYSIWYG ("what-you-see-is-what-you-get") Editor unterstützt.

Nach wenigen Trainingstagen können Anwendungsprogrammierer bereits komplexe graphische, fensterorientierte Benutzerschnittstellen erstellen, ohne auf Spezialkenntnisse der einzelnen Fenstersysteme zurückgreifen zu müssen. Erfahrenere Programmierer können die Programmsteuerung und das dynamische Verhalten der Benutzerschnittstelle direkt mit Hilfe eines umfassenden Dialogbeschreibungsskripts im ASCII-Format definieren. Für die endgültige Fassung des Dialoges wird das Dialogskript im Binärformat erstellt. Dadurch kann die fertige Applikation vom Benutzer nicht mehr manipuliert werden, und die Einlesezeit wird weiter verringert. Die Benutzerschnittstelle und die Applikationsmodule können - dank des integrierten Client-Server-Konzeptes - allein auf einem Computer oder verteilt auf PC und Host laufen. Mit Hilfe vererbbarer Dialogmodelle können unternehmensweite Standards für Benutzerschnittstellen definiert werden, welche die Einlern- und Bearbeitungszeiten der Benutzer senken und die Corporate Identity des Unternehmens entsprechend umsetzen.

Vorhandene Rechnersysteme und Anwendungslösungen lassen sich unter Einsatz des Dialog Managers in moderne, offene Systemarchitekturen einbeziehen. Bereits getätigte Investitionen in Hard- und Software können dadurch optimal genutzt werden. Applikationen, die z. B. in den Programmiersprachen C, C++ oder Cobol geschrieben sind, können einfach über entsprechende Schnittstellen integriert werden. Darüber hinaus kann für hochspezialisierte oder bereits bestehende Graphikapplikationen (z. B. für Prozeßdarstellungen), die direkten Zugriff auf das zugrunde liegende Fenstersystem benötigen, dann das Dialogobjekt "Canvas" als "privates" Zeichengebiet benutzt werden.

Portale, offene Systeme sind das Ziel

Um heterogene Hard- und Software-Plattformen und getätigte Investitionen in Hard- und Software optimal nutzen zu können, muß Software so offen sein, daß sie Benutzerschnittstellen auf PCs, auf Workstations und auch auf alphanumerischen Terminals unterstützen kann. Für die Software-Entwicklung bedeutet das, daß die Integration graphischer Benutzeroberflächen zur vordringlichen Aufgabe wird. Doch die Portabilität von Anwendungen über verschiedene Plattformen, Betriebs- und Fenstersysteme hinweg ist in der Regel äußerst ressourcenintensiv.

Dies stellt eine Herausforderung an jedes Unternehmen dar, die Ressourcen ihrer Entwicklungsabteilung optimal einzusetzen. Die Komplexität der Programmierung neuer Anwendungs-Software und die begrenzten Ressourcen der Entwicklungsabteilungen zwingen zum rationellen Einsatz geeigneter Software-Werkzeuge. Der ISA Dialog Manager erleichtert einerseits die komfortable, interaktive Gestaltung graphischer Benutzeroberflächen und sorgt für die Portabilität der Anwendung. Andererseits minimiert er den Wartungsaufwand. Die Unternehmensressourcen können damit auf die Optimierung der eigentlichen Anwendungen konzentriert werden.

Arbeitsanforderungen und soziale Prozesse in der Software-Entwicklung

Felix C. Brodbeck und Sabine Sonnentag Universität Gießen

1 Einleitung

Ausgangspunkt des Projekts IPAS (Fußnote 1) sind Probleme bei der Entwicklung von Software-Systemen. Die Probleme äußern sich sowohl in der produzierten Software als auch im Entwicklungsprozeß. Software-Produkte entsprechen teilweise nicht den Anforderungen im Anwendungsfeld und unterstützen die Aufgaben der Benutzer nur unzureichend. Schwierigkeiten im Prozeß der Software-Entwicklung (SE) resultieren unter anderem in vorzeitigen Abbrüchen von Projekten sowie teilweise in erheblichen Termin- und Kostenüberschreitungen.

Im Bereich des Software-Engineering werden bislang vor allem methodische und technologische Maßnahmen zur Verbesserung des Entwicklungsprozesses diskutiert. Als Beispiele sind hier Methoden der objektorientierten Programmierung sowie der Einsatz von CASE-Tools zu nennen. Weitere Ansatzpunkte zur Vermeidung und Bewältigung von Problemen bei der Software-Entwicklung müssen sowohl bei den einzelnen Mitarbeitern als auch bei ihrer Zusammenarbeit im Team gesucht werden. Letzteres deshalb, weil die Entwicklungsarbeit vorrangig in Projektteams organisiert ist.

2 Stichprobe und Untersuchungsmethoden

---

1 Das Projekt IPAS (Interdisziplinäres Projekt zur Arbeitssituation in der Software-Entwicklung) besteht aus Arbeits- und Organisationspsychologen der Universität Gießen (Prof. Dr. Michael Frese, Felix Brodbeck, Torsten Heinbokel, Dr. Sabine Sonnentag, Wolfgang Stolte), Informatikern der Universität Marburg (Prof. Dr. Wolfgang Hesse, Udo Bittner, Johannes Schnath) und Soziologen der S.P.G. München (Prof. Dr. Friedrich Weltz, Rolf Ortmann). Das Projekt IPAS wurde gefördert durch das Bundesministerium für Forschung und Technologie im Rahmen des Programms "Arbeit und Technik" (Förderkennzeichen 01 HK 581/6).

Die Untersuchung wurde in 29 SE-Projekten aus 19 Firmen aus Deutschland und der Schweiz durchgeführt. Die zu entwickelnde Software deckte einen breiten Anwendungsbereich ab und war durchwegs für Endbenutzer, die ihrerseits keine professionellen Software-Entwickler waren, bestimmt. Militärische oder rein wissenschaftliche Projekt wurden von der Untersuchung ausgeschlossen. Die untersuchten Projekte umfaßten im Durchschnitt 10 Mitarbeiter, im Mittel nahmen ca. 75 % aller Mitarbeiter eines Projekts an der Untersuchung teil.

Insgesamt wurden 200 Mitarbeiter untersucht. Davon waren 61 % Systemanalytiker oder Programmierer, 25 % Projekt- oder Teilprojektleiter, 12 % Benutzervertreter. Zwei Prozent hatten andere Funktionen. Das Durchschnittsalter betrug 33 Jahre, die durchschnittliche Berufserfahrung in der Software-Entwicklung fünf Jahre. 25 % der Untersuchten waren Frauen. Als Untersuchungsmethoden wurden unter anderem ein etwa dreistündiges strukturiertes Interview sowie ein Fragebogen eingesetzt.

3 Bedingungen eines erfolgreichen Entwicklungsprozesses aus Sicht der Mitarbeiter

Im Interview wurden die Mitarbeiter der SE-Projekte gefragt, was ihr Arbeitsteam effektiv macht. Wie Graphik 1 zeigt, entfielen von 183 Nennungen 45 % auf Aussagen, die die Teamarbeit selbst betreffen. Als günstig wurden angesehen: ein hoher Informationsaustausch, Toleranz, gegenseitige Hilfe, Kooperationsbereitschaft, Konsens über das Vorgehen, Wissen was der andere macht, sowie sachliche, gezielte Diskussionen. Als wesentliche Merkmale eines effektiven Teams wurden desweiteren eine Projektorganisation genannt, bei der Jung und Alt in einem Team zusammenarbeiten und bei der sich auf diese Weise Erfahrung und Enthusiasmus ergänzen. Positiv eingeschätzt wurden kleine Arbeitsgruppen und flache Hierarchien, ausreichende Zeitvorgaben, klare Zuständigkeiten und kurze Wege. Ein weiterer wichtiger Aspekt effektiver Teams stellt nach Aussagen der Projektmitglieder die Qualifikation der Mitarbeiter dar. Dabei spielen neben der fachlichen Qualifikation und Erfahrung auch hohe Motivation, Lernbereitschaft und eine "egoless"-Einstellung eine große Rolle. Mit "egoless"-Einstellung ist gemeint, sich als Person nicht allzu stark mit dem Produkt der eigenen Arbeit zu identifizieren, sondern einen gewissen Abstand dazu zu bewahren. Damit soll das Gelingen des Gesamtprodukts in den Mittelpunkt des Interesses gestellt werden.

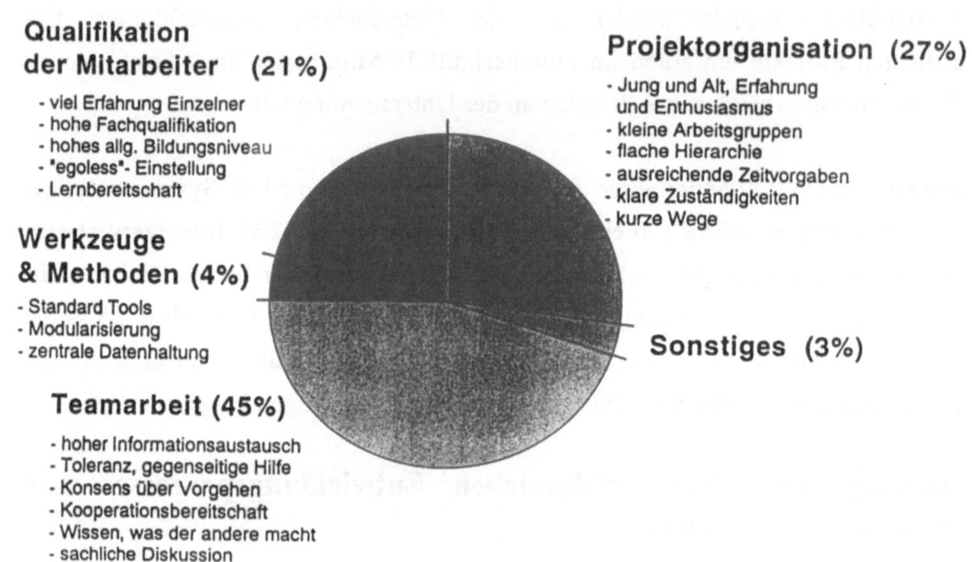

Graphik 1: Merkmale effektiver SE-Projekte

Diese Aussagen der Projektmitarbeiter zeigen, daß ihrer Meinung nach ein erfolgreicher Entwicklungsprozeß ohne eine funktionierende Teamarbeit und die dazu notwendigen Kompetenzen undenkbar ist. In eine ähnliche Richtung weisen auch Ergebnisse einer detaillierten Tätigkeitsanalyse, wonach Mitarbeiter in der Software-Entwicklung im Durchschnitt etwa zu 30 % ihrer Arbeitszeit Tätigkeiten ausüben, die vorrangig durch Kommunikation und Kooperation geprägt sind (Sitzungen, Beratungen, Gespräche, Präsentation und Organisation). Hinzu kommt, daß andere Tätigkeiten, die als "klassische" Entwicklungstätigkeiten gelten (z.B. Spezifizieren, Testen, Debuggen, Qualitätssicherung, Systempflege), ebenfalls mit hohen kommunikativen und kooperativen Anforderungen verbunden sind.

Zusätzlich zu den Merkmalen effizienter Teams wurde gefragt, wodurch sich ein sehr guter Software-Entwickler kennzeichnen läßt. Dabei wurden die sehr guten Entwickler meistens durch mehrere Faktoren beschrieben. Ein Viertel der 740 Nennungen betrafen Aspekte der Fachkompetenz, d.h. Berufserfahrung, Kenntnisse über das aktuell laufende Projekt sowie Kompetenzen im Bereich des fachspezifischen Problemlösens (siehe Graphik 2).

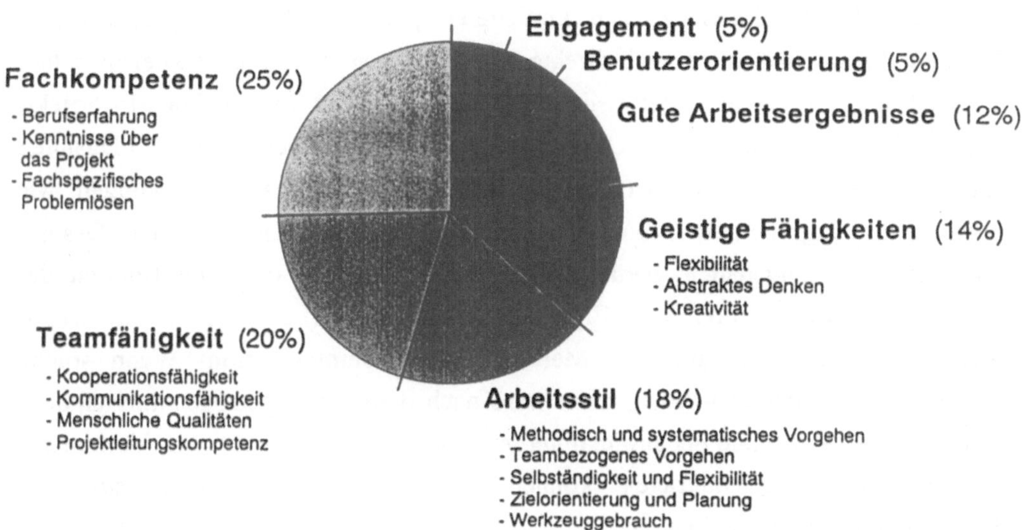

Graphik 2: Merkmale sehr guter Software-Entwickler

Teamfähigkeit wurde als weiteres wichtiges Merkmal sehr guter Entwickler angeführt: bei ihnen wurden unter anderem besondere Kooperations- und Kommunikationsfähigkeiten wahrgenommen. Auch beim Arbeitsstil hervorragender Entwickler spielt ein teambezogenes neben einem methodisch und systematischen Vorgehen eine wichtige Rolle. Geistige Fähigkeiten, wie Flexibilität, abstraktes Denken und Kreativität wurden an vierter Stelle angesprochen.

Dieses Ergebnis macht deutlich, daß neben der fachlichen Qualifikation hohe kommunikative und kooperative Kompetenzen als typisch für sehr gute Entwickler angesehen werden. Es bestätigt die Aussagen, die auf Teamebene gemacht wurden. In den Augen der Mitarbeiter sind Kommunikation und Kooperation wesentlich für erfolgreiche Teams und für hervorragende Leistungen einzelner.

4 Zusammenhänge zwischen Kommunikation und Projektleistung

Diese subjektiven Einschätzungen implizieren jedoch nicht, daß projektinterne Kommunikation tatsächlich auch direkte Auswirkungen auf die Projektleistung hat. Sie sind lediglich ein Indiz dafür, daß es sich so verhalten könnte. Für SE-Projekte liegen bisher keine empirischen Untersuchungen vor, die diesen subjektiv plausiblen Zusammenhang belegen. Es wird behauptet, daß organisationale Bedingungen, wie etwa die Projektgröße oder Benutzerbeteiligung, sowie das Ausmaß, in dem Design-Anforderungen eingehalten werden (z.B. Modularisierung) oder die Qualität der verwendeten Arbeitsmittel (z.B. Entwicklerdokumentation) für die Projektleistung viel ausschlaggebender sind als Merkmale der Kommunikation. Wenn solche Faktoren berücksichtigt werden, dann wäre nach dem bisherigen Kenntnisstand zu erwarten, daß Merkmale der projektinternen Kommunikation nichts zur Vorhersage von Projektleistung beitragen können, was sich nicht bereits aus den Kontextbedingungen ableiten läßt.

Daher lautet unsere Untersuchungsfrage: lassen sich durch Merkmale der projektinternen Kommunikation Vorhersagen über die Projektleistung treffen, die über die Vorhersagekraft organisationaler Kontextfaktoren (Projektgröße, Benutzerbeteiligung), sowie der Qualität von verwendeten Arbeitsmitteln (Entwicklerdokumentation) und der Einhaltung bestimmter Design-Anforderungen (Modularisierung) hinausgehen?

Projektinterne Kommunikation läßt sich an zwei Merkmalen festmachen:

- Wie wird kommuniziert? (Dominanz Einzelner vs. Gleichberechtigte

Kommunikation)

- Wie häufig werden im gesamten Projekt arbeitsbezogene Informationen ausgetauscht? (Kommunikationsdichte)

Unsere Annahme ist, daß in Projekten mit einer hohen Kommunikationsdichte und wenig Dominanz Einzelner bessere Projektleistungen erzielt werden, und zwar unabhängig von den oben genannten Kontextbedingungen. Das bedeutet, daß sich mit den beiden Merkmalen projektinterner Kommunikation ein Teil der Leistung von SE-Projekten vorhersagen läßt, der durch wesentliche Kontextbedingungen nicht vorhergesagt werden kann.

Aus methodischen Gründen wurde eine Teilstichprobe von 21 der insgesamt 29 untersuchten SE-Projekte gebildet. Den nachfolgenden Auswertungen auf Projektebene liegen somit Daten von insgesamt 161 Mitarbeitern zugrunde. Eine hohe Erhebungsdichte pro Projekt von durchschnittlich ca. 75% und eine heterogene Personenstichprobe erhöht die Objektivität der Merkmalsschätzungen, da sie auf Projektebene aggregiert und ausgewertet werden.

Als ein Leistungskriterium haben wir Einschätzungen über die Teameffizienz nach Ablauf von 6 bis 12 Monaten (Zeitpunkt t2) erhoben. Dieses Maß gibt Aufschluß darüber, wie gut bzw. wie effizient die Zusammenarbeit im SE-Projekt funktioniert. Als ein zweites Leistungskriterium wird die Änderbarkeit der produzierten Softwareprodukte herangezogen (vgl. Bittner, Hesse & Schnath, 1992). Auch dieses Leistungsmerkmal wurde 6 bis 12 Monate später erhoben. Die Änderbarkeit kommt als ein, zumindest teilweise, benutzerbezogenes Erfolgskriterium in Betracht, denn sowohl die Entwickler- als auch die Anwenderperspektive wird bei der Einschätzung von Änderbarkeit berücksichtigt. Nach ihr bemessen sich beispielsweise die Möglichkeiten, verschiedenartige Qualitätsmängel effizient zu beseitigen oder notwendige Erweiterungen im Software-Produkt vorzunehmen.

Zunächst zeigen unsere Daten, daß Änderbarkeit als ein Leistungskriterium für SE-Projekte gelten kann. Sie steht in moderat positivem Zusammenhang mit

Schätzungen über Projekterfolg/Termin/Kosteneinhaltung (r=.49), ebenfalls gemessen zum Zeitpunkt t2 und in stark positivem Zusammenhang mit Teameffizienz (r=.72). Teameffizienz steht ebenfalls in stark positiven Zusammenhang mit Projekterfolg/Termin/Kosteneinhaltung (r=.72). Die erhobenen Merkmalseinschätzungen weisen eine hohe bis sehr hohe Übereinstimmung zwischen verschiedenen Beurteilern innerhalb des gleichen Projektes auf (Konsistenzmaße, variieren zwischen Eta-Quadrat = .47 und.67 und sind damit als hoch zu bewerten).

Zur Schätzung der Vorhersagekraft von Merkmalen projektinterner Kommunikation werden multiple hierarchische Regressionsgleichungen aufgestellt. Bei der multiplen Regression wird die beste Schätzung der Varianz einer Kriteriumsvariable durch ein Set von Prädiktoren errechnet. Entsprechend unserer Untersuchungsfrage werden Regressionsgleichungen aufgestellt, in der Merkmale der projektinternen Kommunikation jeweils als letzte Prädiktoren berücksichtigt werden. Dahinter steht die Frage, wie gut die Varianz jeweils eines Leistungskriteriums durch projektinterne Kommunikation vorhergesagt werden kann, nachdem alle genannten Kontextbedingungen zur Vorhersage der Kriteriumsvarianz bereits herangezogen wurden. Salopp gesprochen haben bei dieser Methode die letzten Prädiktoren die schlechteste Aussicht, überhaupt noch einen bedeutsamen Varianzanteil vorherzusagen, da bereits durch die ersten Prädiktoren ein erheblicher Varianzanteil aufgeklärt wird. Für die Bestimmung der Vorhersagekraft der letzten Prädiktoren wird nämlich nur die sogenannte Restvarianz herangezogen.

In Graphik 3 ist zu sehen, daß die Kontextbedingungen Benutzerbeteiligung und Projektgröße insgesamt 45% der Varianz des Leistungskriteriums Teameffizienz vorhersagen. Projektgröße hat dabei keinen bedeutsamen Einfluß auf Teameffizienz. Benutzerbeteiligung hat die weit größere Bedeutung. Wenn sie praktiziert wird, dann ist die Teameffizienz niedriger als in Projekten ohne Benutzerbeteiligung. Fügen wir nun die Qualität der Entwicklerdokumentation und das Ausmaß der Modularität als zusätzliche Prädiktoren in die Regressionsgleichung ein, dann werden weitere 33% von Teameffizienz vorhergesagt. Da diese 33% jedoch nur auf Basis der Restvarianz (100%-45%=65%) basieren, kann man auch sagen, daß ca. 50% der Restvarianz durch die Qualität der Entwicklerdokumentation und Modularität vorhergesagt werden. Je höher die Qualität der Entwicklerdokumentation und je umfassender die Modularität, desto besser ist die Teameffizienz. Als letzte Prädiktoren fügen wir die Merkmale der projektinternen Kommunikation in die Regressionsgleichung ein. Und obwohl bereits 78% der Teameffizienz durch die vier beschriebenen Kontextfaktoren erklärt werden, können durch projektinterne Kommunikation weitere 13% vorhergesagt werden. Diese 13% machen gemessen an der Restvarianz von 22% (100%-45%-33%=22%) insgesamt einen Anteil von nahezu 60% aus. Die Befunde sind jeweils statistisch signifikant und die Effektstärken sind als hoch einzustufen. Eine hohe Kommunikationsdichte und ein geringes Maß an Dominanz Einzelner im Team geht einher mit hoher Teameffizienz.

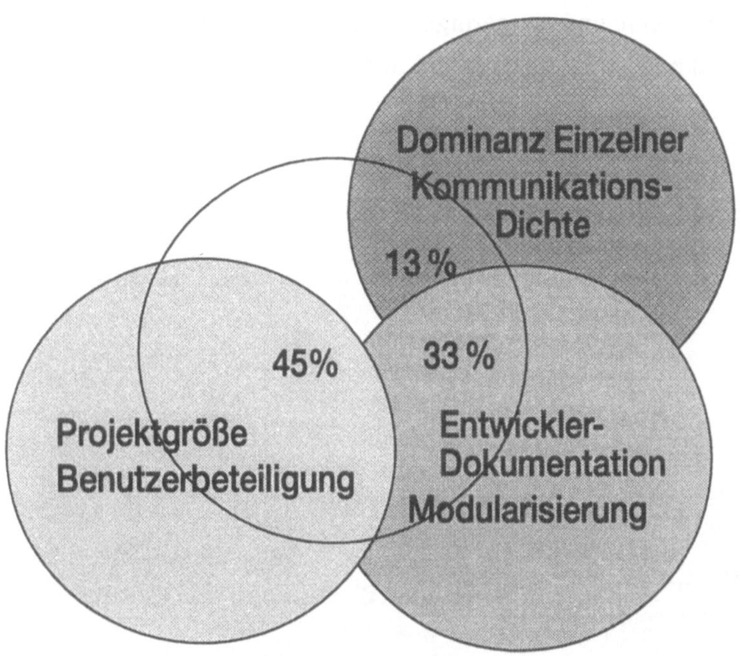

Graphik 3: Vorhersage von Teameffiziens

Ein ähnliches Bild zeigt sich beim Leistungsmerkmal Änderbarkeit. In Graphik 4 ist zu sehen, daß Benutzerbeteiligung und Projektgröße insgesamt 32% des Leistungsmerkmals Änderbarkeit erklären. Projektgröße hat wiederum keinen bedeutsamen Einfluß auf Änderbarkeit. Wird Benutzerbeteiligung praktiziert, dann ist die Änderbarkeit des Produktes niedriger als in Projekten ohne Benutzerbeteiligung. Durch die Qualität der Entwicklerdokumentation und das Ausmaß der Modularität werden weitere 16% von Änderbarkeit vorhergesagt. Je höher die Qualität der Entwicklerdokumentation und je umfassender die Modularität, desto höher ist die Änderbarkeit. 48% der Varianz von Änderbarkeit werden durch die vier beschriebenen Kontextfaktoren vorhergesagt. Durch projektinterne Kommunikation können diesmal weitere 19% vorhergesagt werden. Diese 19% machen gemessen an der Restvarianz von 52% (100%-32%-16%=52%) einen Anteil von 37% aus. Auch diese Befunde sind jeweils statistisch signifikant und die Effektstärken sind als moderat bis hoch einzustufen. Eine hohe Kommunikationsdichte und ein geringes Maß an Dominanz Einzelner im Team geht direkt einher mit hoher Änderbarkeit des Softwareproduktes.

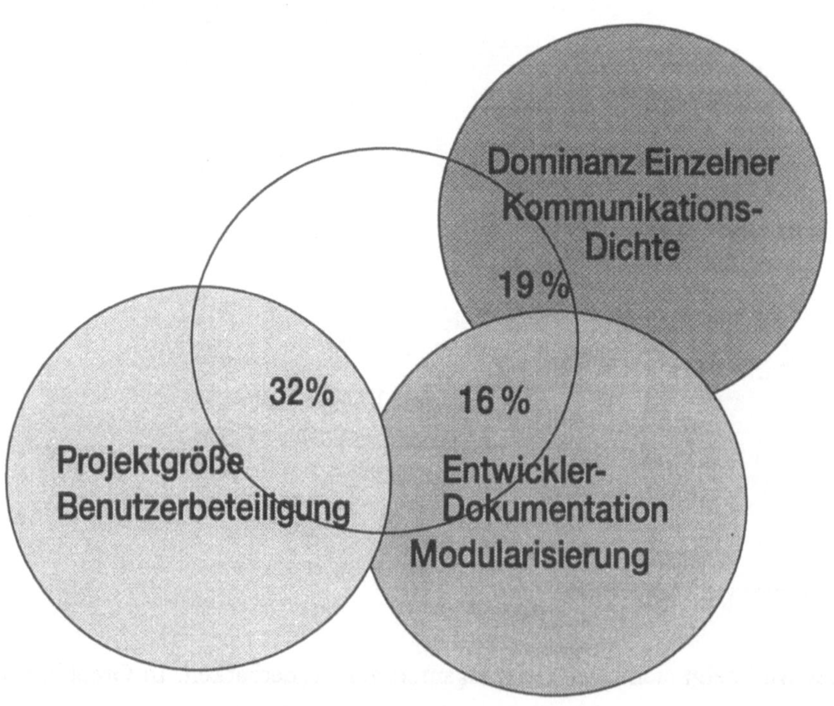

Graphik 4: Vorhersage von Änderbarkeit des Software-Produktes

5 Zusammenfassung und Ausblick

Die Befragung der Projektmitarbeiter machte deutlich, daß Teamfähigkeit, Kommunikation und Kooperation als wesentlich für leistungsstarke Mitarbeiter sowie für erfolgreiche Teams angesehen werden. Eine hohe Kommunikationsdichte und wenig Dominanz Einzelner stehen jeweils in positivem Zusammenhang mit Teameffizienz und der Änderbarkeit des Softwareproduktes. Mit diesen Merkmalen der projektinternen Kommunikation läßt sich ein signifikanter Varianzanteil von Projektleistungskriterien vorhersagen, der durch verschiedene Kontextbedingungen nicht vorhergesagt werden kann. Damit besitzen die hier gemessenen Merkmale der projektinternen Kommunikation eine eigenständige Bedeutung für die Projektleistung in der Software-Entwicklung. Welche praktischen Konsequenzen folgen daraus?

Roth & Boß (1990) stellen aufgrund einer empirischen Untersuchung zur Ausbildungssituation im DV-Bereich fest, daß Kommunikationsanforderungen zu den Spitzenreitern der geforderten Qualifikationen gehören. Weiterhin zeigen sie, daß entsprechende Lerninhalte weder durch die Primärausbildung noch durch Weiterbildungsangebote privater Träger abgedeckt werden. Unsere empirischen Befunde zeigen, daß sich Investitionen, etwa in kommunikative Kompetenzen der Mitarbeiter oder in eine verbesserte Kommunikationsdichte im gesamten SE-Projekt direkt in der Projektleistung niederschlagen können.

Dieses Ergebnis hat auch Konsequenzen für den Einsatz von CASE- und CSCW-Tools. Aufgrund unserer Befunde sollten diese Werkzeuge nicht eingeführt werden, um die projektinterne Kommunikation zu reduzieren. Vielmehr ist darauf zu achten, daß trotz - oder auch aufgrund - der Tools eine hohe Kommunikationsdichte innerhalb der Teams erhalten bleibt.

Zusätzliche Auswertungen deuten darauf hin, daß eine hohe Kommunikationsdichte vor allem bei erschwerenden Kontextbedingungen von besonderem Vorteil ist. Dies gilt beispielsweise für die Kontextbedingungen Benutzerbeteiligung und

Projektgröße. Eine weiterführende und gleichzeitig auch praxisorientierte Forschungsfragestellung ist demnach: "Wie läßt sich eine hohe Kommunikationsdichte in großen SE-Projekten bzw. in Projekten mit Benutzerbeteiligung herstellen und aufrechterhalten?". Darüber hinaus ist ein effizientes Durchführen von computerunterstützter Gruppenarbeit sowie der Einsatz von CASE-Tools genauer zu untersuchen, etwa mit der Frage, wie durch technische Unterstützung die positiven Auswirkungen projektinterner Kommunikation verstärkt und nicht behindert werden. Weiteren Forschungsbedarf sehen wir in Untersuchungen über individuelle Voraussetzungen effizienter Teamarbeit. Aus dem Kommunikationsverhalten und den Kooperationsstrategien sehr guter Software-Entwickler lassen sich beispielsweise Konsequenzen für die Qualifizierung aller Projektmitarbeiter ableiten.

Literatur

Roth, V. & Boß, C. (1990). Wandel und Zukunft der Datenverarbeitung und ihres Berufsfeldes. MittAB 2, S. 300.

Bittner, U., Hesse, W., & Schnath, J.(1992). Änderbarkeit von Software. Computerwoche, März/April.

Workshop 2

Software für die Konstruktion

Anforderungen und Bewertungen der softwaretechnischen Unterstützung aus Sicht des CAD- Referenzmodells

Volker Dobrowolny, Technische Universität Magdeburg
Johannes Klose, Technische Dresden

Zusammenfassung
CAD- Systeme haben bisher in der Industrie nur eine begrenzte Verbreitung gefunden. Probleme schafft vor allem die anwendungsgerechte und nutzerfreundliche Bereitstellung der benötigten Funktionalität sowie deren Integration in das volle Betriebsgeschehen. Die Problemfelder heutiger CAD- Systeme sind in einer kritischen Studie behandelt, die im Rahmen des BMFT-Verbundsprojektes 'CAD-Referenzmodell' entstanden ist. Ziel des Projekts ist die Erarbeitung eines Sollkonzepts für effiziente CAD-Systeme der 90-er Jahre.

Abstract
Till now CAD-systems have applied in the industry only in a limited way. Problems especially arise from the creation of the required functionality in a practicable and pleasant manner for the user. The actual position of today CAD-systems is composed in a paper, which is made in the framework of the BMFT-combine-project "CAD-Referenzmodell". Essential aim of this project is to obtain a set of relevant requirements for efficient CAD-systems of the nineties.

Résumé
Les Systèmes CAO (CAO=Conception assisteé par Ordinator) n'ont jusqu'à présent qu'une propagation limitée dans l'industrie. Avant tout c'est la disponibil'ité optimale et fonctionnelle de leur utilisation qui pose des probléms ainsi que leur inte-gration dans l'ensemble du processus. Les manques des systèmes CAO actuels sont posés dans une analyse rèelle, qui est née dans le cadre du projet de liaison BMFT "CAO-Modèle de réfé-rence".
Le but propre du projet est l'élaboration d'un concept de consigne pour des systèmes CAO efficients des années 90.

Verallgemeinern: Nie richtig, immer wichtig.

E. Kästner

1 Allgemeine Situation von CAD

Die Entwicklung neuer Erzeugnisse war zu allen Zeiten eine anspruchsvolle Aufgabe Unter den Bedingungen eines sich ständig verschärfenden Wettbewerbs erhält sie jedoch eine neue Dimension. Die Vielzahl von Anbietern auf Märkten von hoher Dynamik erzeugt einen Zeit- und Kostendruck, der die Produktionsvorbereitung immer mehr zum Engpaß werden läßt. Dabei werden die Ansprüche an die Produkte insgesamt nicht kleiner, sondern durch Forderung nach funktions-, beanspruchungs-, sicherheits-, ergonomie-, fertigungs-, kontroll-, montage-, transport-, instandhaltungs-, recycling- und natürlich kostengerechten Lösungen ständig härter [Pahl/Beitz 1986].

Es mangelt in den Unternehmen nicht an Versuchen, durch neue Formen der Aufbau- und Ablauforganisation zu effektiveren Lösungen zu kommen. Jüngstes Beispiel dafür ist die Propagierung einer 'Lean Production' mit einer klaren Betonung wertschöpfender Prozesse. Große Bedeutung kommt dabei trotz mancher ernüchternder Erfahrungen mit CIM einem möglichst durchgängigen Rechnereinsatz zu [Abeln 1990]. Die Erkenntnis bleibt gültig, daß ohne eine Integration der rechnergestützten Teilsysteme und ohne ganzheitliche Konzepte entscheidende Synergieeffekte verloren gehen. Damit werden die Anforderungen an CAD-Systeme noch einmal verschärft, so daß ein methodisches und abgestimmtes Vorgehen für die Zukunft unverzichtbarer denn je erscheint. Das gilt umso mehr, als CAD- Systeme im Unterschied zu anderen CAx- bzw. PPS- Systemen trotz fast 20-jährigen Industrie- einsatzes im Mittel noch keine 10% vorhandener Anwendungsmöglichkeiten ausschöpfen [CADRef 1992, S.1].

CAD- Systeme sind in der Regel interaktive Systeme, die dem rechnerunterstützten Entwerfen und Konstruieren dienen. Sie sind Informationsverarbeitungssysteme, die Prozesse zum Erzeugen, Auswerten und Speichern der Produktmodell-Daten bereitstellen [GI, S.32]. Ihre erfolgreiche Nutzung erfordert Arbeitsbedingungen, die eine sinnvolle Arbeitsorganisation und -teilung, eine vernünftige Funktionsteilung zwischen Mensch und Maschine, eine nutzerfreundliche Dialoggestaltung und eine ergonomiegerechte Arbeitsumgebung gewährleisten [CADRef 1992].

Hochleistungsfähige Werkzeuge und motivierte Mitarbeiter allein reichen jedenfalls nicht aus, um die Praxiswirksamkeit von CAD durchgängig zu verbessern.

2 Bewertung aktueller CAD-Unterstützung

Anforderungen an die Funktionalität von CAD- Systemen sind von Natur aus hoch und schwanken in weiten Grenzen. Verlangt werden Werkeuge für Spezialisten wie Berufsanfänger, kreative tätige Entwickler wie Anpassungskonstrukteure, formgebende Designer wie technische Zeichner, Angebotsersteller wie Berechnungsingenieure. Möglichst alle wollen unter Beachtung allgemeiner Leistungskriterien wie Produktivität, Qualität, Flexibilität, Kreativität, Benutzerfreundlichkeit und Zuverlässigkeit unterstützt werden. Das erfordert ein Vorausdenken und Abgleich aller Anforderungen, um unter Verwendung eines begrenzten Funktionsvorrats möglichst viele Lösungen anbieten zu können.

Es ist nicht verwunderlich, daß eine Reihe von Nutzerwünschen von derartigen Systemen nicht befriedigend unterstützt werden können. Ausgangspunkt für CAD-Systeme waren ja rechnergestützte grafische Systeme, die dem Konstrukteur eine alternative zum vertrauten Reißbrett erschlossen. Durch ständigen Ausbau der CAD-Systeme sind teilweise schlecht handhabbare und schwer anpaßbare "Dinosaurier" entstanden. Wildwuchs läßt sich beim Ausbau alter Systeme natürlicherweise ohne übergreifende Konzepte und ganzheitliche Ansätze nicht verhindern, so daß die Komplexität des Systems irgenwann nicht mehr beherrschbar bleibt. Zwar erfordert Allgemeingültigkeit ein Überangebot an Funktionalität, doch schließt das nach Abgleich und Filterung des Funktionenvorrats individuelle Lösungen nicht aus, vorausgesetzt, das Funktionenangebot wurde sorgfältig, konfigurierbar und erweiterungsfähig definiert.

Offenbar ist es nicht damit getan, daß Leistungsvermögen eines CAD-Systems nach dem Angebot an Funktionen und deren gefälliger Präsentation zu beurteilen. Die Form kann langfristig nur stimmen, wenn auch der Inhalt dieser Form entspricht. So schlägt sich der Bearbeitungszustand im Produktmodell nieder, das in Übereinstimmung mit gestellten Anforderungen einen eigenen Lebenszyklus durchläuft. Hohe Komplexität von Produkten erzwingt eine hohe Komplexität der

Produktmodelle, Anwendungen von Funktionen sind damit nicht unabhängig vom Informationsgehalt des Modells.
Verbale Bewertungen sind nützlich, jedoch häufig nicht ausreichend. Der tatsächlich erreichte Stand eines konkreten CAD-Systems wird erst im Vergleich mit anderen Systemen sichtbar. Das erfordert geeignete Darstellungsmittel und eine angemessene Methodik. Es genügt dazu nicht, die Stärken des eigenen Systems mit den Schwächen fremder Systeme zu vergleichen. Anliegen des CAD-Referenzmodells war es, hier etwas zu bewegen.

3 Ist- Analyse mittels CAD- Referenzmodell

Ein erstes CAD- Referenzmodell wurde 1990 nach 3-jähriger Arbeit im Fachausschuß 4.2 "Rechnerunterstütztes Entwerfen, Projektieren und Fertigen" der Gesellschaft für Informatik in seiner Grobarchitektur definiert [GI 1990]. Es erlaubt eine allgemeingültige Charakterisierung von CAD-Systemen durch Abgrenzung gemeinsamer Problemfelder. Auf diese Weise sollen neben einer direkten Einordnung und damit Vergleichbarkeit der Funktionalität von CAD-Systemen u.a.

- eine Förderung von Entwicklung, Auswahl, Einsatz und Austausch von CAD-Systemen,
- eine Beschreibbarkeit der CAD- Systeme auf verschiedenen Abstraktionsniveaus unter Nutzung einer vereinheitlichten Terminologie,
- eine Integrationsfähigkeit durch Verfügbarkeit von internen und externen Schnittstellen,
- die bedarfsgerechte Festlegung der Grundfunktionalität eines CAD-Systems und deren Verfeinerung,
- eine Unterstützung nationaler und internationaler Normungsaktivitäten für CAD-Systeme

möglich werden [GI, S.3].
Die einzelnen Problemkreise P1 bis P8 lassen sich grob durch folgende Fragen charakterisieren:
P1. : Wie läßt sich CAD in die Aufbau- und Ablauforganisation eines Unternehmens optimal einordnen ("Organisation des Arbeitsablaufs") ?

P2. : Auf welche Weise können sämtliche relevanten nformationen über ein Produkt in einem Datenmodell erfaßt werden ("Produktmodell")?

P3. : Wie kann ein CAD- System an spezifische Anwenderanforderungen zur Vermeidung überflüssiger Funktionalität angepaßt werden ("Anwendungsbezogene Systemkonfiuration")?

P4. : Welche Funktionen werden zur anwenderfreundlichen Vereinbarung, Erzeugung, Änderung, Löschung, Speicherung und Wiedergewinnung aller relevanten Beschreibungsdaten eines Produktmodells benötigt ("Modellierer")?

P5. : Welche Möglichkeiten der Bewertung von Produktmodellen unter unterschiedlichen Gesichtspunkten gibt es ("Analyse")?

P6. : Wie kann das Wissen des Konstrukteurs für eine Produktmodelleirung in das System eingebracht werden ("Aufgabenrelevantes Wissen")?

P7. : Auf welche Weise können dem Nutzer die Funktionalität eines CAD-Systems adäquat angeboten und System- und Produktmodellzustand übersichtlich präsentiert werden ("Benutzungsoberfläche")?

P8. : Welchen Anforderungen unterliegt ein CAD- System als Bestandteil eines unternehmensweiten rechnergestützten Informationssystem ("Integration")

Zusammengefaßt ergibt das einen Fragenkatalog, durch den für ein beliebiges CAD- System feststellbar werden soll, inwieweit es einer Gruppe von Anwendern aufgaben- und ablaufgerecht (P1) eine adäquate (P3) und effizient nutzbare (P4) CAD- Funktionalität in dialogfreundlicher (P7) und wissensbasierter (P6) Form zur Schaffung eines weiterverarbeitungsfähigen (P8) und anforderungsgerechten (P5) Produktmodells (P2) zur Verfügung stellen kann.

Im Rahmen einer Ist- Analyse wurde nun im laufenden Projekt zusammengetragen, welche Stand innerhalb der 8 anwendungsorientierten Problemfelder erreicht worden ist und welche grundlegenden Defizite bestehen [CADRef 1992]. Die Behandlung erfolgte im Rahmen von Arbeitspaketen AP1 bis AP8, an deren Erarbeitung gemischte Projektgruppen der unterschiedlichen Einrichtungen beteiligt wurden. Die Untersuchung verhalf zu einem vertieften Verständnis der benötigten Funktionalität und bereitete damit den Boden für die Erarbeitung realistischer Alternativvorschläge innerhalb eines Soll-Konzepts. Eine Analyse möglicher Spezifikationswerkzeuge, in die kurzzeitig auch das CADCAM-Labors des KfK Karlsruhe einbezogen wurde, führte dabei bereits zu der Erkenntnis, daß ein objektorientierter Ansatz die besten Voraussetzungen für die Beschreibung von Informationsstrukturen, Funktionsstrukturen und Prozeßverhalten bietet.

4 Sollkonzept auf Basis des CAD-Referenzmodell

Bereits bei der Ist- Analyse wurde auf die Bedeutung des CAD- Referenzmodells für eine Weiterentwicklung von CAD- Systemen hingewiesen. Sie ergibt sich daraus, daß der direkte Vergleich von CAD-Funktionalität zum gleichen Problemkreis Stärken und Schwächen jedes CAD- Systems direkt sichtbar werden läßt. Es liegt in der Natur der Sache, daß davon ein starker Impuls ausgeht, durch Nachrüstung Defizite abzubauen. Das wird jedoch umso schwerer fallen, je weniger beim Aufbau des Systems an eine derartige Erweiterung gedacht worden ist. Daraus ergibt sich zwingend die Frage nach bisher fehlenden Funktionen und deren innereren Zusammenhang. Eine Antwort darauf soll im Rahmen des Soll-Konzepts gefunden werden, an dem zur Zeit gearbeitet wird.

Offenbar ist es möglich, die bisherigen 8 Funktionsgruppen auch für eine Einteilung der Funktionalität zukünftiger CAD- Systeme uneingeschränkt weiterzunutzen, diese jedoch in objektorientierter Form differenzierter und formalisierbar zu beschreiben. Dazu müssen CAD-Systeme selbst als Objekte betrachtet werden, um den vollen Reichtum objektorientierter Systeme, grafischer Beschreibungssprachen und verfügbarer Werkzeuge für eine Charakterisierung nutzen zu können. Eine solche Vorgehensweise ist vergleichbar mit dem Entwicklungsweg für einen neuen ISO-Standard zum Produktdatenaustausch STEP, bei dem mittels einer erweiterten klassischen Programmiersprache EXPRESS die formale Beschreibung von Datenstrukturen und Datenentities vorgenommen wird [ISO 91]. Damit wird die Modellierung eines "idealen" CAD-Systems in sehr großer Allgemeinheit möglich, um so in Zukunft vorhandene Systeme besser einordnen und vergleichen zu können. Darüber hinaus ergeben sich zusätzliche Möglichkeiten, um auf der Anforderungsebene selbst eine Beschreibung objektorientiert vorzunehmen.

Natürlich kann es nicht das Ziel sein, ein CAD-System oder die Spezifikation der

Anforderungen an ein CAD- System in allen Details objektorientiert zu beschreiben. Genutzt werden können jedoch Sprache und Methodik, um auf der jeweils sinnvollen Abstraktionsstufe die wesentlichen Zusammenhänge festzuhalten.
So läßt es die einheitliche objektorientierte Sicht auf CAD-System und Produktmodell zu, Funktionen eines CAD-Systems in ihrer Wirkung auf die Objekte eines Produktmodells bzw. seiner Partialmodelle direkt zu charakterisieren.
Darüber hinaus lassen sich Zusatz- und Zwangsbedingungen fixieren, die als Prädikate auf einen Wahrheitswert führen und damit zu Auslösern unterschiedlicher Reaktionsmuster gemacht werden können. Als Sonderfall läßt sich durch entsprechende Prädikatebelegung die Konfigurierung eines CAD-Systems sehen.
Weiter wird durch Vorgabe gleichzeitig oder alternativ gültiger Zwangsbedingungen konstruktives Wissen darstellbar, so daß eine natürliche Brücke zur Wissensverarbeitung entsteht. Die Integration objektorientierter Repräsentationsformen mit integriertem Regelwissen liefert dabei in Verbindung mit Faktenbasen Voraussetzungen, um nicht nur beschreibendes, deklaratives, sondern auch prozedurales Wissen zu Vorgehensweisen abzubilden [Krause et al. 1990].
Schließlich kommt die Darstellung des Sollkonzepts nicht an der Tatsache vorbei, daß beim Entwurf häufig umfangreiche Berechnungen notwendig werden. Unbefriedigende Resultate eines CAD-Systems können in nachgelagerten Bereichen nur noch begrenzt nachgebessert werden. Das bedeutet, daß insbesondere bei der Konstruktion der Minimierung von Fertigungsaufwänden, Materialeinsatz, Ausfallhäufigkeit u.a.m. eine große Bedeutung zukommt. Typisch ist etwa ein Zyklus von Dimensionierung, Abbildung und Berechnung zur Feststellung der geometrischen Gestalt und des funktionellen Verhaltens [Klose 1990].
Spätestens mit der Einbindung von Berechnungs-, Analyse- und Simulationsfunktionen wird die Ausführbarkeit zeitabhängiger Relationen wichtig, über die das Modell zur selbsttätigen Veränderung innerer Zustände befähigt wird. Das gilt in gleicher Weise für die dynamische Auswertung von Fakten und Regeln, um etwa die Einhaltung vorgegebener Prädikate zu erzwingen. Anders als im Falle eines mittels EXPRESS beschriebenen Produktdatenmodells bleibt aber auch diese Anforderung noch inerhalb der zulässigen Grenzen eines objektorientiert beschriebenen Referenzmodells für ein CAD-System. Damit wäre prinzipiell sogar

der Übergang zu einem Prozeßmodell darstellbar, der das Berechnungsprogramm in einen unmittelbaren Zusammenhang mit dem Produktmodell stellt [CADRef S.57].
Offenbar entstehen Probleme der beschriebenen Art nicht nur bei der Erfassung der Anforderungen an zukünftige CAD-Systeme, sondern generell bei jedem CAx-System. Es liegt nahe, jedes Teilsystem möglichst als Muster für eine ganze Klasse verwandter Systeme zu behandeln. Dabei ist das Mustersystem sicher umso interessanter, je reicher seine Funktionalität ist. Dem allgemeinen top- down- Ansatz von CIM-OSA würde so ein bottom-up- Ansatz gegenübergestellt werden können, dessen Abgleich das Wesentliche einer Integration rechnergestützter Ingenieursysteme noch deutlicher als bisher erkennen ließe.
Das CAD- Referenzmodell bietet hier gute Voraussetzungen, um zu übertragbaren Ergebnissen zu kommen. Ein CAD-System hat extrem hohe Nutzeransprüche zu befriedigen und besitzt von Natur aus großen Einfluß auf nachgeordnete CAx-Systeme, die auf seine Produktbeschreibungen von i.a. hoher Komplexität aufbauen müssen. Die Gesamtheit der Entwurfsentscheidung zur Festlegung des Produktionsmodells beeinflußt maßgeblich die Arbeit nachfolgender Systeme und bestimmt damit entscheidend Kosten und Preis des Produkts. Genutzt werden seit langem hochleistungsfähige Programme, die u.a. umfangreiche Berechnungen, Recherchen in Ingenieur-Daten-banken, komplizierte Geometrieverarbeitungsaufgaben über-nehmen.
Zusammenfassend kann festgestellt werden, daß dem Sollkonzept für die Zukunft eine große Bedeutung zukommt. Ein CAD- System muß hohe Ansprüche an die Qualität der bereitgestellten Unterlagen befriedigen und damit selbst von höchster Qualität sein.

5 Objektorientierte Beschreibung eines CAD-Referenzmodells

Gute Voraussetzungen für eine einheitliche Beschreibung verschiedenster Teilsysteme bietet die objektorientierte, semantische Modellierung. Ein semantisches Datenmodell ist ein Beschreibungsschema eines realen oder prinzipiell realisierbaren Weltausschnitts ("Miniwelt"), das

- die statischen Eigenschaften der Miniwelt durch Festlegungen von Objekten, Eigenschaften von Objekten und Beziehungen zwischen Objekten widerspiegelt,
- die dynamischen Eigenschaften der Miniwelt durch Zuordnung von Operationen über Objekten, Eigenschaften dieser Operationen und Beziehungen zwischen Operationen darstellt,
- Integritätsbedingungen über Objekten (statische Bedingungen) und über Operationen (dynamische Bedingungen) enthält, durch die zusätzliche Anforderungen an zulässige Zustände oder Zustandsübergänge der Miniwelt festgelegt werden können [Brodie 1984].

Besondere Bedeutung kommt der Einbeziehung von Abstraktionsprinzipien zu, durch die die Zerlegung eines Objekts in Teilobjekte ("Aggregation"), die Verwendung mehrerer Modelleinheiten für ein- und dasselbe reale Objekt zur schrittweisen Hinzufügung spezieller Eigenschaften ("Spezialisierung"), die Zusammenfassung von Objekten mit gleichem Attributevektor mittels einheitlichen Attributeschemas ("Klassifizierung") und die Verknüpfung unterschiedlicher Objekte über gleichwertige Attribute ("Assoziation") darstellbar werden.

Vorteile des objektorientierten CAD-Referenzmodells bestehen darin, daß u.a.
- eine ausdrucksstarke und manipulierbare Beschreibung möglich wird,
- Methoden zur Erzeugung und Anpassung des Modells, z.B. die OOA- Methode nach Coad-Yourdon, verfügbar sind,
- Abstraktionsprinzipien zur abgestuften Weltbeschreibung verwendbar sind,
- eine direkte Nutzbarkeit für das Produktdatenmodell vorliegt, so daß Objekt und Verarbeitungssystem nach gleichen Grundsätzen verarbeitungsfähig sind,
- gleichzeitig aber auch Erweiterungsfähigkeit auf die volle CIM- Welt und damit Übertragbarkeit CAD- systemübergreifender Zusammenhänge möglich werden,
- eine Erfassung von Gesetzmäßigkeiten und einzuhaltenden Randbedingungen vorgenommen werden kann,
- eine natürliche Einbindung von Wissen möglich wird.

Allein diese wenigen Fakten machen deutlich, was für reichhaltige Gestaltungsmöglichkeiten eine objektorientierte Beschreibung des CAD-Referenzmodells eröffnet.

6 Beschreibung eines CAD- Referenzmodells mittels Modellierungssprachen

Zur nichtverbalen Beschreibung eines Referenz-Modells werden geeignete sprachliche Mittel benötigt. Im Falle objektorientierter Systeme sind dafür grafische Schemata geradezu prädestiniert, da reale Objekte und passende Bildelemente anschaulich aufeinander bezogen werden können.

Ein Hauptproblem ist die Abbildbarkeit des vollen Reichtums an objektorientierten Sprachelementen, der von der Erfassung unterschiedlicher Objekte, Attribute und Attribute von Attributen (Metaattributen) bis zur Darstellung von Relationen und Abhängigkeiten der verschiedensten Art reicht. Dabei sollte etwa deutlich unterscheidbar sein, ob eine Relation eine Zwangsbedingung für bestimmte Attribute, eine Spezialisierungs- bzw. Generalisierungsbeziehung zwischen Objekten oder eine Mengenbeziehung zwischen Attribute- oder Objektmengen darstellt.

An der Entwicklung geeigneter Darstellungsmittel wird weltweit gearbeitet, doch können die grafischen Schemata z. Z. verfügbarer Modellierungssprachen wie NIAM, IDEF1X, EXPRESS-G noch nicht allen Ansprüchen gerecht werden. Häufig wird daher auf einfachere, erprobte Darstellungsmittel wie Entity-Relationship-Diagramme zurückgegriffen, die passend erweitert sind, etwa im Rahmen der Objektorientierten Modellierungsmethode Karlsruhe (OMK) zur Beschreibung statischer Modelle. Prinzipiell erscheint es wichtig, qualitativ unterschiedliche Sachverhalte auch unterschiedlich zu präsentieren. So sollte ein Datenentity zur Beschreibung eines Objekts anders darstellbar sein wie ein Datenentity zur Erfassung einer Attributemenge, die identisch unterschiedlichen Objekten zugeordnet ist. Eine Verwischung grundsätzlicher Unterschiede bei Modelldaten kann sich negativ auswirken, etwa bei einer Integration unterschiedlicher Partialmodelle desselben Produkts oder bei der Interpretation und Realisierung zugehöriger Modellierfunktionen.

Im Falle des CAD-Referenzmodells müssen primär Anforderungen an die unterschiedlichen Komponenten eines CAD-Systems beschrieben werden, um zu einer anwendungsbezogenen Klassifizierung zu kommen. Das ist notwendig, da vergleichbare Funktionalität durch CAD- Systeme unterschiedlicher Bauart

abgedeckt werden kann. Wir greifen dazu vorab auf sogenannte pUR- Diagramme als Arbeitssprache zurück, die auf der Basis prädikatierter Unit- Relationship-Modelle zwischen Units als Objektabbildern, Relationships als Abbilder von Beziehungen zwischen Objektmengen und Prädikaten als Abbilder von Anforderungen an Objekte und Objektmengen unterscheiden. Über eine Gleichsetzung von Prädikaten mit Objekten lassen sich analoge Beziehungen höherer Stufe verwirklichen, über die Darstellung von Quantoren wie "Für jedes Element e der Menge M gilt ...", "Es existiert (mindestens, höchstens, genau) ein e in M mit ..." oder "Es kann ein e in M geben mit ..." Grundkonstrukte des Prädikatenkalküls erzeugen [Dobrowolny 1990].
Einen anschaulichen Eindruck von grundsätzlichen Möglichkeiten der Arbeitssprache vermittelt Bild 1. Es zeigt, wie Objekte und Prädikate dargestellt und verknüpft werden können, Mengenbeziehungen und Äquivalenzen zwischen Objektmengen abbildbar sind und Quantoren sich prinzipiell ausdrücken lassen. Funktionelle Abhängigkeiten sind offenbar indirekt durch Prädikate darstellbar, die bei Vorliegen aller Argumente nur noch einen einzigen Ergebniswert zur Erfüllung des Prädikats zulassen. Sie spielen aber auch für die Ermittlung von Objekteigenschaften eine Rolle, über die zumeist erst der Wahrheitswert eines Prädikats feststellbar wird. Als Vorschriften zur Veränderung von Daten sind Funktionen zeitabhängige Relationen, die entweder über bedingungsabhängige Regeln oder durch direkten Aufruf abhängige Daten direkt festlegen.
Die Möglichkeiten zur Darstellung einer Prädikatierung lassen sich nun unmittelbar für die Beschreibung der Anforderungen innerhalb eines CAD- Referenzmodells einsetzen. (Bild 2) Mit ihrer Hilfe können die Hauptkomponenten bestimmten Attributevorgaben unterworfen werden, die vom jeweiligen CAD-System zu erfüllen sind. Die Eigenschaften der Komponenten können durch Datenmengen unterschiedlicher Semantik und unterschiedlicher Stabilität repräsentiert werden. Beispiele für solche Komponenten sind ein Bildschirm, Bildpuffer, Modellspeicher oder extern eine Technische Zeichnung, typische Beispiele für Dateninhalte bilden die Partialmodelle eines Produkts, CAD-Werkzeuge als Funktionen eines Modellierers, CAD-Systemanwendungen als Zusammenfassung einer Auswahl von Modellierfunktionen und Produktmodellteile, Präsentationsmodelle als Abbilder geometrisch deutbarer Modelleigenschaften.

Die Beschreibung der betrachteten Komponenten ist beliebig ausbaufähig, so daß auch eine saubere Differenzierung für CAD- Systeme möglich wird, die sich bei spezielleren Eigenschaften unterscheiden. Dafür können bei Verwendung eines objektorientierten Systems (Datenbank, Programmiersystem) wie ONTOS oder HyperWork dort vorhandene Werkzeuge für Aufbau, Änderung und Präsentation eines CAD- Referenzmodells genutzt werden. In gleicher Weise lassen sich mittels geeigneter Hilfsmittel wie ObjectMaker oder InterView grafische Beschreibungen erzeugen und manipulieren.

Im Rahmen des Projekts ist an eine Verwendung der Objekt- Orientierten Analyse (OOA) von Coad- Yourdon gedacht, die etwa durch das System ObjectMaker unmittelbar unterstützt wird. Wichtige Randbedingungen für Produktmodelle liefert der in Entwicklung befindliche ISO-Standard STEP mit eigener Spezifikationssprache EXPRESS und Werkzeugen zur Handhabung grafischer Repräsentationsschemata EXPRESS-G [Grabowski et al. 1989].

Zusammenfassend bleibt festzustellen, daß das CAD-Referenzmodell als Spezifikationsmodell für CAD- Systeme gute Voraussetzungen bietet, um auf der Basis einer objektorientierten Beschreibung zu einem vertieften Verständnis der CIM- Modellwelt von Morgen vorzudringen.

Literatur:

[CADRef 1992]
Aktueller Stand der CAD-Technik und der rechnergestützten Konstruktionsarbeit im Maschinenbau- eine kritische Beurteilung der Problemfelder, Zwischenbericht der Projektgruppe "CAD-Referenzmodell- Gestaltung zukünftiger Konstruktionsarbeit", Projektträgerschaft Arbeit und Technik, Förderkennzeichen 01 HK 841, 1992.

Weitere Literaturangaben beziehen sich auf das Literaturverzeichnis dieses Berichts.

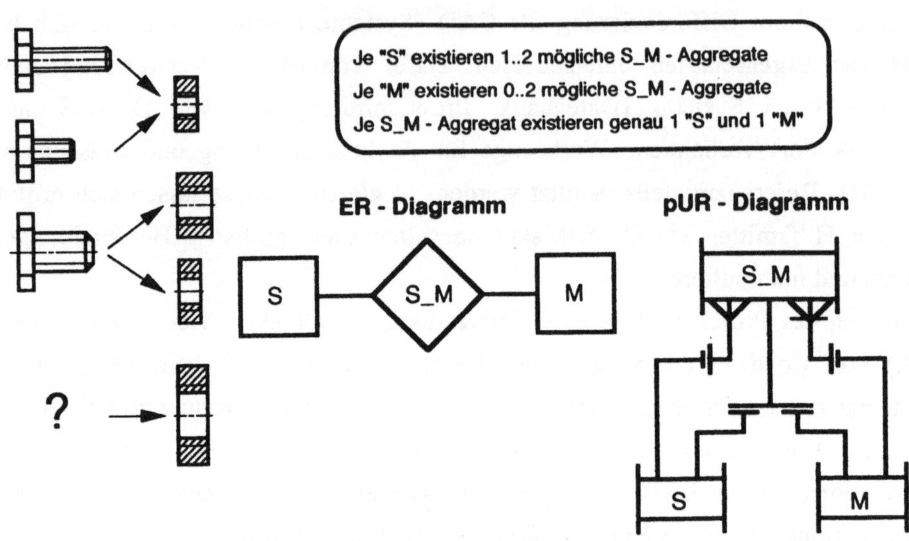

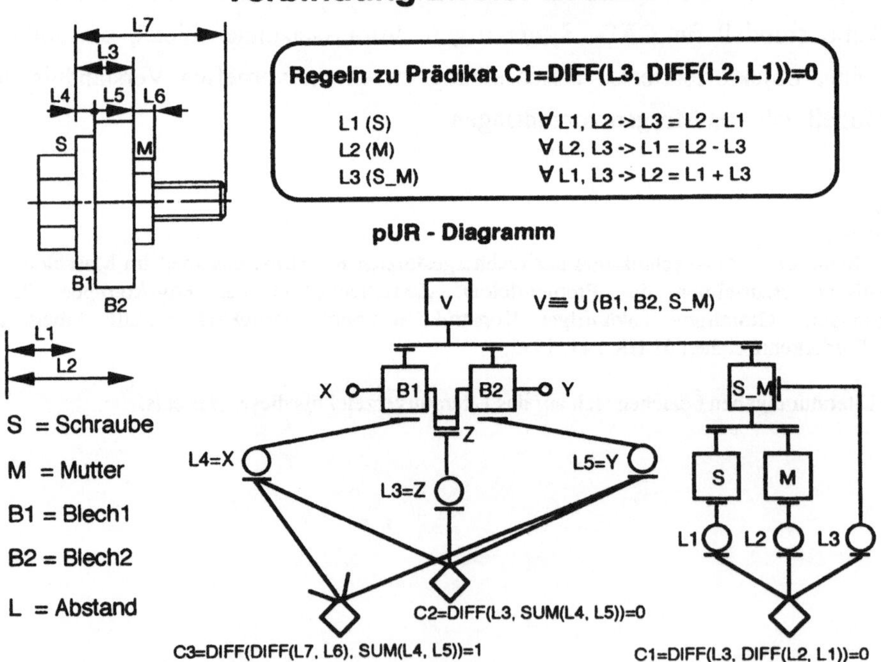

Bild 1: Ausdrucksmöglichkeit neuer Modellierungssprachen

Softwareentwicklung zur Unterstützung der Konstruktionsarbeit

Willi Schwier, Universität Bremen
Christian Müller, Strässle Technologiezentrum Dresden

Zusammenfassung
Erweiterte Funktionalität und effiziente Bedienbarkeit sind kennzeichnend für die neue Generation von 3D-CAD-Systemen. Am Beispiel des Hybrid-Modellierers "Solid 2000" wird dies vorgestellt. Grundlegend für die funktionale Entwicklung ist die Implementierung des Geometrie-Kernes ACIS mit seiner offenen Systemarchitektur und der Integration von Volumen- und Feature-Modellierung. Eine grafische Benutzungsoberfläche sichert eine effiziente Bedienbarkeit des Systems. Die Konfigurierbarkeit der Benutzungsschnittstelle von CAD-Systemen unabhängig von den Entwicklungszyklen der Applikation wird als notwendiger Entwicklungsschritt angesehen. Die Konfiguration wird als kooperativer Arbeitsprozeß betrachtet, den es durch ein geeignetes Werkzeug zu unterstützen gilt. Die Konzeption eines solchen Werkzeuges - User Menu Configurator - wird vorgestellt.

Abstract
Extended functionality and efficient usability are the characteristics of the new generation of 3D-CAD-Systems. By example of the Hybrid-Modeller "Solid 2000" this development is described. Fundamental for the functional development is the implementation of the new geometric modeller ACIS. This kernel permits an open system architecture and allows the integration of volume and feature modelling. A graphical user interface guarantees efficiency of use. The configurability of the user interface independent of the cycles of application development is regarded as a further essential step towards an efficient system. The configuration process is seen as a cooperative work, supported by a powerful tool. The concept of a such tool, "The User Menu Configurator", is presented.

Résumé
Une fonctionalité étendue et un grand confort d'utilisation caractérisent les systémes 3D-CAD de la nouvelle génération. Le modelleur hybride de "SOLID 2000" en est la démonstration. Le noyau géometrique ACIS avec son architecture ouverte ainsi que le "Feature Modelling" fournissent les bases du développement fonctionnel. Un interface-utilisateur graphique offre le confort d'utilisation nécessaire. La configuration de l'interface-utilisateur doit rester indépendant de l'évolution de l'application proprement dite. La procédure de configuration est le fruit d'une collaboration qui s'appuie sur un outil développé dans ce but. La conception de cet outil, le "User Menu Configurator" fera l'objet d'une présentation.

1 Einleitung

Die Konstruktionsarbeit ist durch den Einsatz von CAD-Systemen nicht einfacher geworden. Neben der kognitiven Bewältigung der primären Aufgabenstellung - ein

Bauteil zu konstruieren, eine weitere Produktvariante zu entwickeln - muß der Konstrukteur auch noch die komplexe Funktionalität des CAD-Systems beherrschen, wenn er den betrieblichen Anforderungen gerecht werden will. Darüberhinaus muß er sich Arbeitstechniken aneignen, die aus der spezifischen Funktionalität des CAD-Systems erst zu entwickeln sind. Die anfängliche Euphorie hinsichtlich des Rationalisierungspotentials dieser Technologie, nicht zuletzt durch die assoziative Kraft der wörtlichen Übersetzung von CAD als "computer aided design" hervorgerufen, ist einer nüchternen Bestandsaufnahme gewichen. Trotzdem werden die CAD-Systeme als Arbeitsmittel durch direkt mit den Systemen arbeitenden Konstrukteure hinsichtlich Arbeitserleichterung, verbesserter Arbeitsleistung und Kreativitäts-Steigerung überwiegend positiv beurteilt (Badura, u.a. 1990). Eine derartige Bewertung kann jedoch hinsichtlich einer prospektiven Entwicklungseinschätzung nicht zufriedenstellen, da sich hierin lediglich die vergleichende Bewertung des aktuellen Entwicklungsstatus mit den Arbeitstechniken vergangener Jahre widerspiegelt.

Dies ist eher über eine analytische Betrachtung des Entwurfsprozesses, den damit verknüpften Tätigkeiten und daraus resultierenden Anforderungen leistbar. Beispielhaft sei auf die bei Franke & Weigel (1990) vorgenommene Bewertung gegenwärtiger Systeme und damit gemachter Entwurfserfahrungen verwiesen.

Die eigentlichen Vorteile heutiger Systeme liegen danach in der Dokumentation und Wiederverwendbarkeit geleisteter Konstruktions- und Zeichenarbeit. Bei Neukonstruktionen bietet sich die Übernahme von Bauteilen bzw. Bauteilgruppen an. Bei der Anpassungs- bzw. Variantenkonstruktion mit hohen algorithmierbaren Anteilen unterstützt die parametrische Vorgehensweise effiziente Arbeitsprozesse. Die Grenzen der Parametrisierung sind bei komplexen Bauteilen jedoch schnell erreicht, da die Vielzahl der Abhängigkeiten vom Konstrukteur nur noch schwierig zu überschauen sind. Methodisches Vorgehen wird insofern unterstützt, als schnelle konkrete Varianten erstellt und in ausreichender Qualität zeichnerisch dargestellt werden können.

Es besteht jedoch nach wie vor eine große Lücke zwischen den primären Aufgabenanteilen wie die Umsetzung von Konstruktionserfahrungen und -regeln zu konstruktiven Lösungen und den Modellieraktionen mit primitiven geometrischen

Grundkörpern. Während das Konstruieren ein iterativer Prozeß ist, in dem sich Phasen funktionaler und geometrischer Lösungsanstrengungen abwechseln mit Detaillierungsarbeiten, unterliegt die Modellierung als sequentieller Prozeß den formalen Eingaberegeln des CAD-Systems. Für die Verarbeitung von Produktanforderungen im Sinne des Planens und Präzisierens der zu bearbeitenden Aufgabenstellung und für die Bearbeitung von Fragestellungen in der Konzipierungsphase sind CAD-Systeme bisher nicht geeignet.

CAD-Systeme unterstützen zur Zeit primär die Tätigkeitsgruppe "Zeichnen" als nur einen Ausschnitt des Entwurfsprozesses. Dementsprechend kann aus heutiger Sicht CAD verstanden werden als "Computerunterstützung zur interaktiven Erzeugung und Veränderung grafischer Objekte".

Abeln (1990) kommt zu der Feststellung, daß die Schwächen heute eingesetzter CAD-Systeme kumulieren in der unzureichenden Form und Qualität der Benutzungsoberflächen. Er kritisiert, daß noch immer in den Betrieben CAD-Systemstellen eingerichtet werden, die den Konstrukteur von Pflege- und Konfigurationsarbeiten befreien. "Viel wichtiger erscheint es, den Konstrukteur in die Lage zu versetzen, seine Benutzungsoberfläche selbst aufzubauen, zu gestalten, zu konfigurieren und zu implementieren (Abeln, 1990, S. 95.)

Die Softwareentwicklung muß sich somit zwei Problembereichen stellen. Einerseits gilt es, eine dem primären Arbeitsprozeß aufgabenangemessene Funktionalität bereitzustellen. Dazu gehört auch der Mut zu einer neuen Arbeitskultur im Konstruktionsbereich. Die Arbeit am Zeichenbrett ist kein Kulturgut, welches zu pflegen und zu erhalten ist oder durch Software-Gestaltung simuliert werden sollte. Die Verknüpfung konstruktionsmethodischer Ansätze mit der CAD-Technik und die Integration von Berechnungs-, Gestaltungs- und Informationsprogrammen mit einer für den Konstrukteur zweckmäßigen Dialogführung ist noch nicht zufriedenstellend gelöst (Beitz, Birkhofer & Pahl, 1992).

Andererseits muß diese Funktionalität in einer benutzergerechten Gestalt und effiziente Bedienabläufe garantierenden Struktur zur Verfügung gestellt werden.

2 Ein neuer "Standard"-Geometrie-Kern

Die Integration der CAD-Systeme in die CIM-Konzeption der teileproduzierenden Produktionsbetriebe macht den Einsatz von 3D-Systemen zwingend erforderlich. Neben den eingangs aufgezeigten Defiziten hatten die bisherigen soft- und hardwaretechnischen Lösungen insbesondere noch die folgenden Mängel (siehe Sendler, 1992a):

- Die Leistungsfähigkeit hinsichtlich der 3D-Rechenoperationen war für ein effizientes Arbeiten unbefriedigend.
- Die topologischen und geometrischen Algorithmen zur 3D-Definition waren bei komplexen Bauteilen oftmals nicht ausreichend.
- Freiformflächen konnten allenfalls als Regelflächen dargestellt und verarbeitet werden.
- Die Übertragung der Modelldaten zwischen den unterschiedlichen Applikationen war aufwendig und von unzureichender Qualität. Eine vollständige Datenkonsistenz zwischen 2D- und 3D-Geometrien steht noch aus.
- Der softwaretechnischen Weiterentwicklung der Systeme war aufgrund der geschlossenen Architektur Grenzen gesetzt. Die Entwicklungszyklen für Anpassungen auf spezifische Anwendungen waren zu lang und zu aufwendig.

Angesichts dieser Situation waren für die Konzeptionierung einer neuen CAD-Generation weitgehende strategische Entwicklungsentscheidungen hinsichtlich eines zukunftweisenden Software-Konzeptes zu treffen. Die Produktbezeichnung Solid 2000 steht als Metapher für diesen Anspruch.

Modellier-Kern:

Der bisher eingesetzte Modellier-Kern ROMULUS und seine Implementierung mittels der Programmiersprache FORTRAN sind nicht dazu geeignet, ein Daten-Modell zu realisieren, welches die Datentransformation in der CIM-Kette ohne aufwendige Schnittstellenprogramme zuläßt. Kern und Programmiersprache bieten nicht die Entwicklungsmöglichkeiten, um die genannten Defizite zu überwinden.
Als neuer Kern wurde der von Spatial Technology Inc. in Boulder, USA, vertriebene Volumenmodellierer ACIS ausgewählt. ACIS wurde wesentlich von Charles Lang mitentwickelt, dem "Vater des b.-rep. modelling", der bereits maßgeblich an der

Realisierung der Modellierer ROMULUS und PARASOLID beteiligt war.
Die Entwicklungsperspektiven dieses Modellierers liegen in den folgenden Punkten:

A. Offene Systemarchitektur

ACIS ist in der objektorientierten Programmiersprache C^{++} implementiert. Die offene Systemstruktur gestattet eine Trennung zwischen der im Kern implementierten Funktionalität zur Berechnung, Beschreibung und Modifizierung von Körpern sowie der Funktionalität, die den Zugriff auf diese Funktionen organisiert und das Event-Handling und alle Aspekte der Benutzerführung betreffen. Die Trennung zwischen Kern und applikationsspezifischen Modulen schafft die Voraussetzung für konsistente Datenmodelle zwischen unterschiedlichen Applikationen, die diesen Kern nutzen. Die Verbindung zu ACIS erfolgt einerseits über die prozedurale API-Schnittstelle (Application Progamming Interface) und über die DI-Schnittstelle (Direct Interface), die die "member functions" der ACIS-Objekte zur Verfügung stellt.

B. Integration von Freiform-Flächen

Freiformflächen vom Typ NURBS (Non-Uniform Rational B-Splines) sind vollständig in den Kern integriert. Dadurch werden die bisher bestehenden Restriktionen in der Definition von Verrundungen aufgehoben.

C. Verwaltung von Draht- und Flächenmodelldaten

ACIS verwaltet Draht- und Flächengeometrien auch dann, wenn sie nicht Teile von Volumenelementen sind. Geometrische Operationen zwischen Draht-, Flächen- und Volumenelementen sind realisierbar. So ist beispielsweise die Berechnung von Schnitten zwischen einer Kurvenschar und einem Körper möglich. Diese Funktionalität schafft die Voraussetzung der Integration von 3D-Modellierung, 2D-Zeichnungserstellung, Modellierung von Freiformflächen und die interaktive Erstellung von NC-Daten.

D. Rechengeschwindigkeit

Trotz der rechenaufwendigen Integration von Freiformflächen hat sich die Rechengeschwindigkeit gegenüber Systemen der jetzigen Generation bei gleicher numerischer Stabilität deutlich verbessert.

E. Standardisierung

Die API-Schnittstelle und das ACIS-Datenaustauschformat haben sich schon als quasi-Standard entwickelt. Mehr als 40 CAE-Systemanbieter haben diesen Kern bereits in ihren Applikationen implementiert (Sendler, 1992 b).

3 Von der Modellierung zur Zeichnungserstellung und zu produktdarstellenden Modellen

Solid 2000 ist als Hybrid-Modell konzipiert, welches CSG (Construktiv Solid Geometry)- sowie b.rep.(boundary representation)-Modell parallel führt und somit die Kanten- und Flächenmodellierung als auch die Grundkörpermodellierung erlaubt. Die Arbeitsweise in den Konstruktionsbüros wird sich mit solchen Systemen der neuen Generation verändern. Die Konstruktionsarbeit an einem Bauteil wird beginnen mit der 3D-Modellierung und der damit verknüpften vollständigen Beschreibung des Volumen-Modells. Die folgenden Arbeitsschritte wie die Erstellung einer technischen Zeichnung einschließlich Bemaßung, die Verknüpfung des Bauteils mit "nicht-geometrischen" Informationen wie Maß-, Form- und Lagetoleranzen sowie die Erstellung von NC-Daten verwenden die erzeugte Geometrie. Eine solche Vorgehensweise ist aber nur dann effizient, wenn die Modellierung eine entsprechend leistungsfähige Funktionalität anbietet. Mit der Integration des Feature Modellings in Solid 2000 wird eine solche Leistungsfähigkeit bereitgestellt. Feature Modelling bedeutet Modellieren mit parametrisierbaren geometrischen und technischen Formelementen. Als Formelement kann eine Gruppierung geometrischer Elemente aufgefaßt werden, der formbeschreibende Geometriemerkmale zugeordnet sind. Wird das Formelemente verknüpft mit geometrie-, technologie- und funktionsorientierte Semantik, spricht man von einem Feature (Krause, Ulbrich & Vosgerau, 1990). Formelemente sind hiernach eine Untermenge von Features, oder anders ausgedrückt, Formelemente sind Features ohne Semantik.

Als besondere Vorteile feature-orientierter Konstruktionsarbeit sind zu nennen (siehe hierzu auch Krause, Ulbrich & Vosgerau, 1990):
- bessere Übereinstimmung zwischen mentalem Modell des Konstrukteurs hinsichtlich der Bauteilgestalt und den dafür notwendigen Eingaben,
- primäre Arbeitsaufgabe und Interaktionstätigkeit wachsen stärker zusammen,
- die integrierte Regelverarbeitung minimiert geometrische und topologische Fehler,

- die Feature-Bibliothek ist ein wachsender "Schatz" an wiederverwendbarer Konstruktionserfahrung, die strukturiert beschrieben und bereitgestellt wird,
- die Effizienz des Konstruktionsprozesses wird durch die Möglichkeiten der einfachen Feingestaltung verbessert.

Die im Solid 2000 realisierte Systemkonfiguration ist durch die folgenden Strukturkomponenten gekennzeichnet:

A. Hybrides Daten-Modell

Es existieren zwei grundsätzlich unterschiedliche Ansätze zur Definition von Features:

- die implizite Darstellung: Features werden dabei durch Daten beschrieben, die sie technologisch definieren (z. B. ein Sackloch durch Tiefe und Durchmesser).
- die explizite Darstellung: Features werden durch geometrische Daten und deren topologische Verknüpfungen beschrieben.

Der impliziten Darstellung entspricht datentechnisch die CSG-Repräsentation. Die Entstehungsgeschichte des Features ist im CSG-Baum abgelegt. Der CSG-Baum setzt sich zusammen aus den Grundelementen, aus denen sich das Feature zusammensetzt, den Transformationen, denen diese im Laufe der Modellierung unterworfen wurden, und den mengentheoretischen Operationen - Vereinigung, Durchschnitt, Subtraktion - , mit deren Hilfe das endgültige Modell zusammengesetzt wird. Eine derartige Darstellungsform hat den Vorteil, daß Änderungen in den Maßen der an der Modellierung beteiligten Grundelemente problemlos und schnell im Gesamtdatenbestand berücksichtigt werden können. Die Berechnung der grafischen Präsentation ist allerdings sehr aufwendig.

Bei der expliziten Darstellung werden die Oberflächen des Features, deren topologische Verknüpfung und die Richtung, in der sich das Material bzw. das Äußere des Objektes befindet, gespeichert. Diese Darstellungsform ist Basis des ACIS-Modellierers und wird als Grenzflächen- bzw. b. rep. Modell bezeichnet. Diese Datenstruktur enthält die exakten geometrischen Wechselbeziehungen zwischen einzelnen Features (z.B. Durchdringungsflächen, Schnittkurven) und erlaubt eine schnelle grafische Präsentation. Der parallele Aufbau des CSG- und des b.rep.-Modells in einem hybriden Datenmodell, das die Vorteile beider Ansätze miteinander vereinigt, ist Grundlage der Implementierung von Features in strässle Solid 2000 (siehe Abbildung 1).

B. Verwaltung von Abhängigkeiten (constraints)

Die Varianten- und Anpassungskonstruktion wird durch die Verwaltung von Abhängigkeiten zwischen den Parametern eines oder verschiedener Features optimal unterstützt. So kann z.B. festgelegt werden, daß der Durchmesser einer Stirnbohrung einer Welle vom Durchmesser der Welle abhängt. Bei der Änderung eines Parameters werden alle mit diesem Parameter verknüpften Werte automatisch nachgeführt.

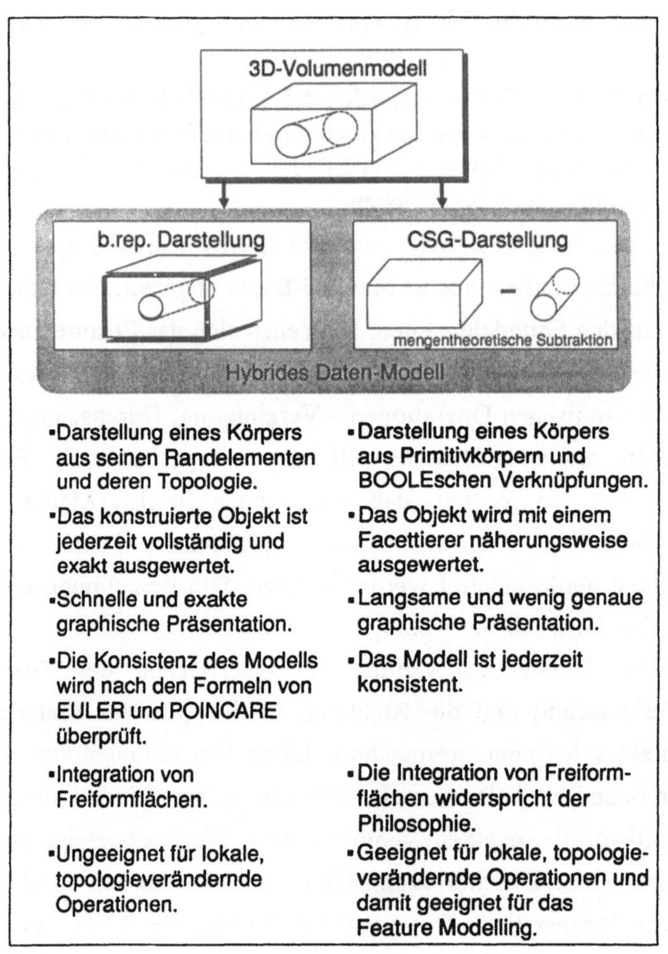

Abbildung 1: b.rep. und CSG-Volumenmodellierer

C. Individuelle Konfigurierbarkeit

Der Anwender hat die Möglichkeit, den von der Entwicklung fest integrierten Feature-Katalog individuell zu modifizieren und zu erweitern. Features können in einer externen Datei in der Syntax der bei strässle entwickelten objektorientierten Kommandosprache MCL^{+} definiert und konfiguriert werden. Der objektorientierte Ansatz mit seiner Vererbungshierarchie entspricht der bauteilorientierten Denkweise von Konstrukteuren. So erbt z.B. das Feature "Stufenbohrung" die Eigenschaften des Features "Bohrung".

4 UMC - User Menu Configurator -

Die offene Systemarchitektur von Solid 2000 und das modular strukturierte softwaretechnische Konzept schaffen auch eine neue Sichtweise hinsichtlich Produktcharakter und Gestaltung der Benutzungsoberfläche. Der Einsatz von CAD-Systemen in den Konstruktionsbereichen für Konstruktions- und Zeichenarbeiten, für Planungs- und Entwicklungarbeiten in Ingenieurbüros, für die Angebotskalkulation komplexer Transportaufgaben, für die Bestandsverwaltung in der Warendistribution oder für die Erstellung und Veränderung von Okjekten für den Betrieb von Datenbanken, führt zu unterschiedlichen Anforderungen an die Benutzungsoberfläche. Die Benutzungsoberfläche muß insofern als eigenständiges Produkt betrachtet werden, welches unabhängig von den Entwicklungszyklen der eigentlichen Applikation vom Entwickler programmiert und gestaltet werden kann.
Von der Benutzerseite leistet die Benutzungsoberfläche den Zugang zum System. Sie ist wesentlich für den Komfort und aussschließlich für die Bedienbarkeit des Systems verantwortlich. Feature Modelling und der Einsatz einer leistungsfähigen Programmierschnittstelle machen ihre Weiterentwicklung auf der Einsatzebene erforderlich. Dementsprechend muß auch ein Werkzeug zur Verfügung gestellt werden, welches eine auf mehrere Zielgruppen ausgerichtete aufgaben- und benutzerorientierte Anpassung der Benutzungsoberfläche unterstützt.
Es sollte einfach zu bedienen und in der Weise gestaltet sein, daß das Werkzeug selbst zu seinem Gebrauch animiert. Im Dialog sollte das Werkzeug konsistent sein

mit der Applikation, deren Teil es ist. Als ein solches Werkzeug konzipiert worden ist der UMC (siehe hierzu auch Schwier, Philipsen, u.a., 1993). Er kann sowohl aus der Applikation gestartet werden, als auch als eigenständige Applikation genutzt werden.
In Fortsetzung der Überlegungen von Paetau (1991) sowie Greutmann (1991,1992) sieht das Gestaltungskonzept einen mehrschichtigen Aufbau vor, der verschiedene mögliche Anwenderkreise des Schnittstellenkonfigurators berücksichtigt. Anwender im Sinne dieses Gestaltungskonzeptes sind Personen, die mit dem Schnittstellenkonfigurator arbeiten. Diese können in Softwarehäusern, die applikations- und branchenspezifische Lösungen anbieten, in überbetrieblichen Beratungsinstanzen oder in solchen betrieblichen Arbeitsplatzstrukturen angesiedelt sein, in denen die CAD-Systeme eingesetzt werden. Im letzt genannten Fall würde dies Anpassung durch den Benutzer bedeuten, der die Applikation im Rahmen seiner tatsächlichen Aufgabenbearbeitung einsetzt.
In der Anpassung der Schnittstelle liegen umfassende Möglichkeiten zum Kompetenzerwerb und zur Qualifizierung (vgl. Ulich, 1991). Die Auseinandersetzung mit den im System liegenden Gestaltungsmöglichkeiten wird zu mehr Transparenz des Systems, einer umfassenderen Beherrschung der Systemfunktionalität und schließlich zu einem subjektiven Effizienzempfinden führen, welches als grundlegende Vorbedingung effizienter, kompetenzerweiternder und motivierender Arbeit angenommen werden kann.
Auch aus betriebsorganisatorischer Sicht hat die Schnittstellenkonfiguration durch den Benutzer Vorteile. Aufgrund der institutionellen, zeitlichen und räumlichen Trennung von Entwicklung und Anwendung ist der CAD-Systemanbieter nicht in der Lage, auf aktuelle Veränderungen in der Produktpalette des Unternehmens oder des Benutzerkreises schnell zu reagieren. Notwendige Konfigurationsaufgaben werden auf der betrieblichen Ebene durch entsprechend ausgebildete Systembetreuer vorgenommen.
So wird nur unzureichend das aufgabenspezifische Fachwissen des Benutzers hinsichtlich der Auslegungsdefizite in Bezug auf die konkrete Arbeitsaufgabe und das Teilespektrum in die Konfigurationsarbeit einbezogen.
In Hinblick auf seine Arbeit ist derjenige Experte, der die Arbeit ausübt. Es liegt nahe, gerade die Personen, die von Systemdefiziten am meisten betroffen sind, an

deren Behebung und darüber hinaus an der Optimierung der Systeme in dem Sinne zu beteiligen, daß eine Anpassung an die arbeitsplatzspezifischen Gegebenheiten vorgenommen wird.
Desweiteren stehen die Betriebe vor der Notwendigkeit, CAD-Personal zu schulen bzw. schulen zu lassen. Wesentliche Anteile der Schulung werden jedoch in den eigentlichen Tätigkeitsprozeß selbst verlagert und erfolgen mittels Exploration des Systems durch den Benutzer mit den bekannten Problemen und Nachteilen, die mit der Ein-/Ausgabekomponente als "Fenster" in das System verbunden sind. Ein Konfigurationswerkzeug mit seinen die Struktur und Funktionalität des Systems abbildenden Elementen sollte den Qualifizierungsprozeß wesentlich unterstützen können und die Bildung von Inkompatibilitäten zwischen mentalen und rechnerinternen Modell (siehe Hartmann & Eberleh, 1991) vermeiden helfen.
Auf der anderen Seite kann die benutzerseitige Anpaßbarkeit nicht in ein Primat der Individualisierung münden. Die organisatorischen und kooperativen Rahmenbedingungen der Systemnutzung verlangen oftmals nach betriebs-, produkt- oder gruppenspezifischen Standards. Eine Individualisierung, die beispielsweise das Ersetzen eines Mitarbeiters bei Krankheit erschwert oder im Rahmen der Arbeitsgruppe die Nutzung eines anderen Systems verkompliziert, kann nicht sinnvoll sein. Hier findet Gestaltung ihren Sinn in der Unterstützung von Gruppenarbeitsprozessen hinsichtlich einer konsistenten und schlüssigen Auslegung des Systems in Aspekten wie der angebotenen Funktionalität, der Ein-/Ausgabeschnittstelle, der Dialogführung und der Informations-, Kommunikations- und Dokumentationsprozesse.
Die Ein-/Ausgabe-Komponente des UMC setzt sich aus den gleichen Objekten zusammen, die der UMC selbst zur Konfiguration benutzt, im wesentlichen also Felder und Controls. Eine Besonderheit am UMC ist, daß das Bedienfeld des Werkzeuges optisch als Fenster innerhalb des Grafikfensters der Basisapplikation erscheint, wobei die Benutzungsoberfläche der CAD-Basisapplikation visuell in der Form erhalten bleibt, in der sie sich während der eigentlichen Systembedienung darstellt. Die Ein-/Ausgabeobjekte der Applikation werden durch den Schnittstellenkonfigurator in der gleichen Größe und an der gleichen Position wiedergegeben wie in der realen Benutzungsoberfläche. Dieses Layout hat den

Vorteil einer unmittelbar kompatiblen und transparenten Abbildung der für die Konfiguration relevanten Objekte. Zumindest die visuelle Rückmeldung über die Güte einer Veränderung erfolgt unmittelbar und ermöglicht Vorher-Nachher-Vergleiche in annähernd realer Umgebung. Abbildung 2 verdeutlicht diese Auslegung. Das zunächst ungewöhnliche "reziproke" Verhältnis zwischen Werkzeug und zu konfigurierendem Objekt, was vielleicht auch beim Benutzer anfangs zu Irritationen führen kann, wird in Anbetracht der unmittelbaren und realistischen Abbildung des eigentlich interessierenden Auslegungsgegenstandes, der Benutzungsoberfläche der Applikation, in Kauf genommen.

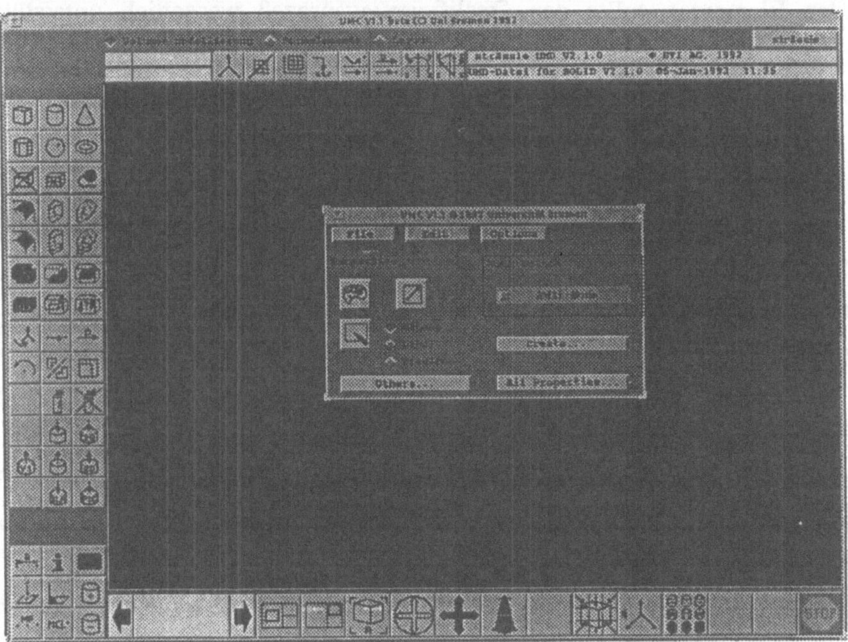

Abbildung 2: Benutzeroberfläche von Applikation und UMC

5 Benutzungsoberfläche Solid 2000

Zwei Benutzergruppen können vereinfachend kontrastiert werden: Auf der einen Seite Konstrukteure, die entsprechend den firmenspezifischen Anforderungen das Rationalisierungspotential der Systeme voll ausschöpfen müssen. Auf der anderen

Seite solche Benutzer, die lediglich die Vorteile der Systeme bei der Zeichnungserstellung und der Datenreproduzierbarkeit bzw. Datenmanipulation nutzen.

Die Benutzungsoberfläche zukünftiger CAD-Systeme muß somit sowohl eine effiziente Systembedienung für den Experten sicherstellen als auch die einfache Exploration und Bedienung durch den weniger erfahrenen Benutzer erlauben. Ihre Gestaltung kann auch nicht isoliert von der allgemeinen Benutzerschnittstellenentwicklung von Software-Systemen betrieben werden, da zwischenzeitlich bei einer Vielzahl von CAD-Benutzern umfangreiche Bedienerfahrung mit anderen Applikationen vorliegt. Unabhängig von dem durch den UMC zur Verfügung gestellten Veränderungspotential muß eine diesen globalen Anforderungen entsprechende "Default"-Lösung bereitgestellt werden. Die Benutzungsoberfläche der Beta-Version ist in Abbildung 2 dargestellt. Die Benutzerführung ist menüorientiert. Icon-Buttons sind die dominierenden Bedienelemente. Die Kommunikation mit den Bedienelementen erfolgt mit einer Maus. Das Layout wird durch die Bildschirmgeometrie und das den DIN-Maßen angepaßte Seitenverhältnis des Grafikfensters bestimmt, wenn man auf eine Anordnung häufig benutzter Bedienfunktionen links oder rechts vom eigentlichen Arbeitsbereich (Grafik-Fenster) nicht verzichten will. Arbeitsphysiologische Untersuchungen zeigen, daß lateralen Bewegungsrichtungen für schnelle Bewegungen des Hand-Arm-Systems im Bereich des Mausbewegungsfeldes der Vorzug zu geben ist (Rohmert, 1987). Im Dialogfenster wird der Benutzer zu Parametereingaben aufgefordert, die mittels der Tastatur eingegeben werden. Die komplette Funktionalität für eine Anwendung (Volumen-Modellierung, Formelemente und Layout) steht dem Benutzer direkt ohne weitere Bedienaktivitäten zur Verfügung. Eine derartig kompakte Darstellung war nur möglich über das Menü-Element "Multi-Button". Dieses Element verwaltet mehrere Funktionen und organisiert den Zugriff hierauf. So ist für die Erzeugung eines Kegels oder Kegelstumpfes, mit kreisförmiger oder elliptischer Grundfläche, nur ein Bedienelement im Menü vorzuhalten. Gleichzeitig galt es hierfür den Dialogtext "kontext-sensitiv" zu gestalten, um so dem Gestaltungskriterium der "Erwartungs-Konformität" (DIN 66234, Teil 8) zu entsprechen.

Sogenannte "Draw-Icons" sind ebenfalls eine dieses Kriterium umsetzende Gestaltungslösung. Dieser Icon-Typ wird in seiner Gestalt dynamischen Zuständen des Systems angepaßt. Softwaretechnisch wurde dies gelöst, indem die Applikation selbst das entsprechende Icon zeichnet. Die objektorientierte Datenstruktur und das hybride Datenmodell in Verbindung mit dieser Gestaltungsvariante erlauben eine grafische Darstellung der Arbeitsschritte in Form eines Graphen innerhalb eines Bedienelementes. Wird ein Knoten des Graphen mit der Maus selektiert, wird der entsprechende Arbeitsstand auf dem Bildschirm dargestellt. Diese Roll-Back-Funktion beinhaltet somit nicht nur abstrakte geometrische Einzeloperationen, sondern auch echte Konstruktionsschritte.

Ein wesentliches Gestaltungskriterium bei der Auslegung der Benutzerführung war die Effizienz der Eingabeaktivitäten und der Bedienungskomfort. So wurde die aus vielen semiprofessionellen Zeichenprogrammen bekannte Gummiband-Methode realisiert, wie auch eine innerhalb von Bediensequenzen durch Maustastenbedienung einsetzbare Snap-Funktionalität für die Mauszeiger-Positionierung.

Die Größe der maussensitiven Bereiche der Controls beeinflußt neben der mit dem Mauszeiger zurückzulegenden Weglänge die Ausführungszeit für die Selektion eines Menüelementes. Angesichts der hohen Anzahl solcher Interaktionstätigkeiten sind die Bedienelemente möglichst so groß auszulegen, daß ein effizienter Arbeitsablauf hinsichtlich Identifizierbarkeit und Selektierbarkeit der Bedienelemente gewährleistet ist. Unter dem Primat eines möglichst großen Grafikbereiches als eigentliche Arbeitsfläche galt es beide Aspekte zu berücksichtigen. Untersucht wurden quadratische Bedienelemente mit einer Größe von 24, 36 und 48 Pixel Seitenlänge bei einem 19" Bildschirm mit 1152 * 900 Punkten Auflösung. Im Mittel wurden für das Selektieren von Bedienelementen mit 24 Pixel Seitenlänge 1014 ms, mit 36 Pixeln 875 ms und mit 48 Pixel 796 ms ermittelt. Dieser Effekt zeigte sich sowohl im univariaten wie im multivariaten Test der Selektionszeiten und Fehlerwerte signifikant (Philipsen & Schwier, 1993). Eine Seitenlänge von 36 Pixel kann nach diesen Untersuchungen als akzeptable Gestaltungslösung bewertet werden.

Für die CAD-Arbeit ist die Funktionalität zur Betrachtung eines Objektes aus unterschiedlichen Richtungen, zur Realisierung der verschiedenen Darstellungsformen oder zur Veränderung der dargestellten Ausschnittgröße ein unverzichtbares Hilfsmittel. Diese Funktionen müssen jederzeit mit geringem Bedienaufwand zur Verfügung stehen, auch innerhalb einer noch nicht abgeschlossenen Bediensequenz. Als Gestaltungslösung wurde hierfür ein "Locator-Button" eingesetzt. Bei diesem Bedienelement wird sowohl die Selektion mit der Maus als auch die Lokation des Mauszeigers während der Selektion ausgewertet. Die Transformation von Darstellungen und Bewegungen im Raum auf ein sich selbst erklärende Bedienelement stellt an die Gestaltung der entsprechenden Icons Anforderungen, die hinsichtlich der Kompatibilität von Systemreaktion und dem mentalen Modell des Benutzers noch zu überprüfen sind.

6. Ausblick

6.1 Funktionalität

Die Einbindung von CAD in das Konzept "Produktmodell", die weitgehende Konfigurierbarkeit technischer Elemente durch den Benutzer und die damit einhergehende Zunahme der Funktionalität hinsichtlich der Varianten- und Änderungskonstruktion und der verbesserten Unterstützung der Entwurfsphase macht CAD-Systeme zu einem mächtigen Werkzeug in der CIM-Kette. Ohne die Benutzung einer leistungsfähigen Programmierschnittstelle wird die sich aufzeigende Funktionalität der Systeme nicht ausgeschöpft werden können. Die Entwicklung einer auch für Nicht-Programmierer geeigneten Sprache und deren Integration in die Benutzungsoberfläche bedarf noch weiterer Anstrengungen.
Ein weiterer Entwicklungsschwerpunkt ist die Abbildung von Konstruktions-Formelementen auf Fertigungsoperationen und die Generierung einer fertigungstechnisch optimalen Reihenfolge der entsprechenden Bearbeitungsfunktionen.

6.2 Benutzungsfreundlichkeit

Mit dem UMC hat der Benutzer die Möglichkeit, die Benutzerschnittstelle auf der Grundlage der zur Verfügung gestellten grafischen Menü-Elemente weitgehend nach seinen Vorstellungen zu gestalten. Dies kann auch zur Konsequenz haben, daß er die ergonomische Gestaltung der "Default-Applikationsschnittstelle" verschlechtert, in dem er beispielsweise schlecht zu differenzierende Farbkombinationen wählt, Gruppierungsprinzipien mißachtet, oder in der Zuordnung von Applikationsfunktion zu Objekten unsinnige Entscheidungen trifft. Der Einsatz eines für die Kompetenz und Handlungsfreiheit des Benutzers förderliches Werkzeug kann somit insbesondere für die Arbeitsgruppe zu nicht tolerierbaren Arbeitsbedingungen führen.

Zwei mögliche Lösungsstrategien bieten sich an:

- Es wird eine Differenzierung der Zugriffsrechte auf Objekte und Attribute der Benutzungsoberfläche für verschiedene Benutzergruppen eingeführt. Hierfür müßte ein entsprechendes softwaretechnisches Konzept entwickelt werden, welches sowohl benutzerfreundlich ist als auch die notwendige Flexibilität für unterschiedliche organisatorische Kontexte aufweist.
- In den Konfigurator wird software-ergonomisches Wissen implementiert, um so die Ergonomie der erstellten "neuen" Konfigurationen abzusichern. Denkbar wäre eine regelbasierte Objektauswahl und Attributzuordnung, wie sie von Weisbecker (1992) vorgeschlagen wurde. Eine andere Möglichkeit wäre, ergonomisch günstige Default-Einstellungen zu realisieren, die beim Erzeugen neuer Objekte übernommen werden können. In einer weiteren Stufe könnten mehrere ergonomische Varianten in Form von "Paletten" oder Listen zu Verfügung gestellt werden.

Eine ergänzende Anwendung beider Vorgehensweisen wäre ebenfalls denkbar. Die mit dem Menü-Konfigurator gewonnenen Handlungsspielräume sollten dabei jedoch nicht wieder eingeschränkt werden.

Literatur:

Abeln, O. (1990). CAD-Systeme der 90er Jahre - Vision und Realität. In: VDI-Berichte 861.1. Datenverarbeitung in der Konstruktion '90 - Plenarvorträge. S. 85-100. VDI-Verlag.

Badura, B., Beitz, W., Luczak, H., u.a. (1990). Auswirkungen der CAD-Technik auf den Konstrukteur. In: VDI-Berichte 861.1. Datenverarbeitung in der Konstruktion '90 - Plenarvorträge. S. 19-41. VDI-Verlag.

Beitz, W., Birkhofer, H. & Pahl, G. (1992). Konstruktionsmethodik in der Praxis. Konstruktion, 44, 391-397.

Franke, H.-J. & Weigel, K. (1990). Entwurfserfahrungen mit CAD - Bewertung gegenwärtiger Systeme und notwendige Entwicklungsschwerpunkte. In: VDI-Berichte 812. Rechnerunterstützte Produktentwicklung - Integration von Konstruktionsmethodik und Rechnereinsatz. S. 89-109. VDI-Verlag.

Greutmann, Th. (1991). Die Konstruktion von Benutzungsschnittstellen: Ein neuer Ansatz für Systemarchitektur und Werkzeuge In: D. Ackermann & E. Ulich (Ed.), Software-Ergonomie '91, S. 252-261. Stuttgart: Teubner.

Greutmann, Th. (1992). HIDE and IDEA: Tools for User-Oriented Application Development. Informatik-Diss. ETH Zürich Nr.35, abstracted in Ergonomie & Informatik Nr.16, Juli 1992. Zürich: Verlag der Fachvereine.

Hartmann, E.A. & Eberleh, E. (1991). Inkompatibilitäten zwischen mentalen und rechnerinternen Modellen im rechnerunterstützten Konstruktionsprozeß. In: D. Ackermann & E. Ulich (Ed.), Software-Ergonomie '91, S. 301-310. Stuttgart: Teubner.

Krause, F.-L., Ulbrich, A. & Vosgerau, F.H. (1990). Feature-basiertes Systemkonzept für die integrierte Produktentwicklung. In: VDI-Berichte 861.3. Datenverarbeitung in der Konstruktion '90 - CAD in der Informationstechnik. S. 55-70. VDI-Verlag.

Paetau, M. (1991). Systemanpassung als Kooperationsproblem. In: D. Ackermann & E. Ulich (Ed.), Software-Ergonomie '91, S. 281-290 Stuttgart: Teubner.

Philipsen, G. & Schwier. W. (1993). Größe und Plazierung der Bedienelemente grafischer CAD-Benutzungsoberflächen. Software-Ergonomie'93 (im Druck).

Rohmert, W. (1987). Physiological and psychological work load measurement and analysis. In: G. Salvendy (Ed.). Handbook of Human Factors. Wiley, S. 402-428.

Schwier, W. , Philipsen, G. u. Mitarbeiter (1993). InterCon - Ein interaktives Werkzeug zur Konfiguration graphischer CAD-Benutzungsoberflächen. Software-Ergonomie'93 (im Druck).

Sendler, U. (1992 a). Neuer Geometriekern ermöglicht offene Systeme. ZwF, 87, 596-599.

Sendler, U. (1992 b). Neuer Volumenmodellierer auf der Basis von ACIS. CAD/CAM, 5, 108-114.

Ulich, E. (1991). Arbeitspsychologie. Stuttgart: Poeschel.

Weisbecker, A. (1992). Regelbasierte Generierung software-ergonomischer Benutzerschnittstellen aus Datenmodellen. Ergonomie & Informatik Nr.16, 19-27, Juli 1992.

Konstruieren als Gruppenarbeit
Anforderungen an eine zukünftige Softwaregestaltung

Marianne Koch, Fraunhofer-Institut für Graphische Datenverarbeitung, Darmstadt
Hans Martin, Thorsten Siodla, Gesamthochschule Kassel, Institut für Arbeitswissenschaft

Zusammenfassungen

Mit dem Modell der selbständigen Gruppenarbeit wird eine Organisationsform vorgestellt, mit der eine menschengerechte Arbeitsgestaltung erreicht werden kann. Gegenüber stark arbeitsteiligen Organisationsformen mit hierarchischen Aufbaustrukturen, zeichnet sich die selbständige Gruppenarbeit durch höhere Flexibilität, gute Koordination und Kooperation, sowie kurze Entscheidungs- und Informationswege aus. Bei der Bearbeitung komplexer Konstruktionsaufgaben kann innerhalb der interdisziplinären Produktionsgruppen die qualifizierte Assistenz (KonstrukteurIn / assistierende Fachkraft) realisiert werden.

Wenn die freie Wahl der Arbeitsmittel und individuellen Spielräume der Aufgabenbearbeitung gegeben sind, können vernetzte Computersysteme die selbständige Gruppenarbeit vorteilhaft unterstützen.

Der steigende Druck auf die Industrie, die Produktentwicklungszeit zu verkürzen, hat eine neue Technologie hervorgerufen, "Simultanous Engineering".Die computerunterstützte Zusammenarbeit (CSCW) kann diese Entwicklung unterstützen, weil sie die informellen Strukturen von Konstruktionsgruppen fördert und zu schnellerem Informationsaustausch führt, auch über Hierarchien hinweg. Ein verteiltes Konferenzsystem kann den Konstrukteuren helfen, Fachwissen auszutauschen und gemeinsam mit Experten Lösungen entwickeln, die nicht zusammen an einem Ort arbeiten.

Abstract

With the model of independent groupwork a form of organization is presented which can reach human working conditions. Independent groupwork with high flexibility, many possibilities of coordination and cooperation has great advantages against a form of organization with hierarchical structures.

The adaptation of complex design tasks in between interdisziplinary groups is a possibility to realize a qualified assistant (designer / assistant skilled worker).

Computer-Systems working in a network environment can support the independent groupwork.

The increasing pressure to the industry getting the cyclus of product development shorter has caused a new technology which is named Simultanous Engineering. The computer supported cooperative work (CSCW) could support this technology because it improves the informal structures of design groups and enables a faster way of information exchange, without consideration of hierarchical structures. A distributed conference system, which is discussed in this paper can help designers to exchange knowledge and to solve design problems together with experts working at different places.

Résumé

Avec un modèle de travail indépendant en groupe un mode d'organisation peut être atteint grâce à une forme équitable d'organisation du travail en lui-même.

Par rapport aux autres formes de travail réparti, divisé, le travail indépendant de groupe se distinque

par sa grande flexibilité, sa bonne coordination et coopération ainsi que par son pouvoir décisif rapide et malicieusement choisi.
Pour une construction complexe une assistance qualifiée peut être réalisé au sein du groupe productif interdisciplinaire (Constructeurs, Assistants spécialisés).

Si le choix sur les moyens de travail est présent, la méthode de chaque individu pour accomplir sa propre tâche peut être largement avantagé par un système d'ordinateurs reliés les aux autres.
Un groupe travaillant sur un système d'ordinateurs connectés (CSCW) favorise les structures informelles et conduit aussi à des échanges d'informations encore plus rapide et arrive même à en oublier la hierarchie. Les travaux parallèles sont soutenus.

1 Einleitung

Sowohl in Großunternehmen, als auch in Mittelbetrieben findet sich heute vielerorts eine hohe Arbeitsteiligkeit und eine strikte Trennung von Zuständigkeiten. In vielen Kleinbetrieben gilt dieser Zustand ebenfalls als erstrebenswert, da er eine gute Transparenz und Kontrolle der Tätigkeiten ermöglicht.
Oftmals hat die Einführung von EDV-Systemen die Arbeitsteiligkeit noch gefestigt, indem sie stärker formalisiert wurden [MILBERG/KOEPFER 1992, S. 54]. Zum Teil ist, durch weitere Spezialisierung, wie zum Beispiel EDV-Betreuung oder FEM-Berechnung, sogar eine verstärkte Arbeitsteilung zu bemerken.
Aus dieser tayloristischen Form der Arbeitsorganisation ergeben sich für die Beschäftigten in der Konstruktion die im folgenden aufgeführten Problemfelder.

Leistungsverdichtung
Da in zunehmendem Maße die Routinetätigkeiten der konventionellen Konstruktionsarbeit durch den Rechner übernommen werden, steigt der Anteil konzentrierter Tätigkeit. Insbesondere die Entwurfsarbeit mit hohen kreativen Anforderungen nimmt zu. Immer kürzere Produktzyklen bei steigender Komplexität der Konstruktionsaufgabe bewirken eine starke Leistungsverdichtung, da Phasen mit geringerer Belastung entfallen.

Einseitige Belastungen
Die Computerunterstützung führt zu einer Verschiebung der Tätigkeiten zur reinen Bildschirmarbeit, oft über die empfohlenen vier Stunden täglich hinaus. Es besteht

die Gefahr von einseitigen Belastungen, die aus der vollständigen Erledigung aller Teilaufgaben mit dem Computer resultieren [MARTIN, P. et al. 1992, S.52]. Mischarbeit, also die Wahl zwischen computergestützten und anderen Arbeitsmitteln, ist zumeist nicht möglich. Damit engt sich der Handlungsspielraum in der Weise ein, daß unterschiedliche Belastungen nicht mehr nach individuellen Strategien gewechselt werden können, um dadurch eine Verringerung der Beanspruchung zu realisieren.

Kommunikationsdefizite

Das starre Abteilungsdenken bewirkt eine unzureichende Kooperation und mangelnde Kommunikation zwischen den im Betrieb agierenden Personen und führt oft zu Fehlentscheidungen und Doppelarbeiten. Dabei werden sowohl die individuelle Motivation, als auch wertvolle Ressourcen vergeudet. Bei der ständig zunehmenden Informationsmenge ist jedoch eine enge Zusammenarbeit zwischen den einzelnen Bereichen unabdingbar.

Unflexibilität

Hierarchische Aufbaustrukturen erfordern in der Regel lange Entscheidungs- und Informationswege, die zu einer großen Trägheit und Starrheit in der Aufgabenbearbeitung führen. Besonders bei der vom Markt geforderten Verkürzung der Auftragszeiten, die durch Verdichten und Überlappen der Prozeßketten angestrebt wird, ist eine unflexible Arbeitsstruktur nicht in der Lage diese Anforderung zu erfüllen.

Schon seit langem besteht die arbeitswissenschaftliche Forderung, diese, mit den stark arbeitsteiligen Organisationsformen einhergehenden Belastungen abzubauen und eine menschengerechte Arbeitsgestaltung mit ganzheitlichen Aufgabenstellungen zu verwirklichen.

Es liegt nahe, die in den Modellen mit Erfolg erprobte Gruppenarbeit [ULICH 1991, S. 168 ff], auch im Bereich der Konstruktion anzuwenden.

Die mehrheitlichen Erfahrungen mit Gruppenarbeit sind mit der Einführung von Fertigungsgruppen und Fertigungsinseln gemacht worden. Eine Umsetzung der daraus gewonnenen Erkenntnisse auf die Konstruktion setzt voraus, daß die besonderen Rahmenbedingungen in diesem Bereich berücksichtigt werden.

2 Gestaltungsprinzipien der selbständigen Gruppenarbeit

Gruppenarbeit als Organisationsform ist noch kein Garant für den Erfolg bei der Gestaltung menschengerechter Arbeitssituationen und der Lösung bestehender Kommunikationsprobleme. Betriebsspezifisch richtig umgesetzt bietet Gruppenarbeit jedoch die Chance, eine menschliche und innovative Arbeitssituation zu schaffen. Dazu bedarf es der Berücksichtigung der im folgenden aufgeführten Gestaltungsprinzipien der selbständigen Gruppenarbeit.

Mengenteilung, nicht Arbeitsteilung
Die konsequente arbeitsteilige Aufgabenverteilung führt zu starker Spezialisierung und Isolation, daher müssen die Aufgaben so gestaltet werden, daß sie ganzheitliche Arbeitsinhalte umfassen. Dies bedeutet, die hohe Arbeitsteiligkeit tayloristischer Arbeitsstrukturen zugunsten einer Mengenteilung zurückzunehmen. Dazu werden den einzelnen Arbeitsgruppen entsprechend der Strukturierung der Produkte entweder Produktgruppen oder Baugruppen als Arbeitsgebiet zugeordnet.
Ein daraus resultierender Vorteil ist es, daß die Arbeitsteilung stark verringert wird. Damit erweitert sich der Arbeitsinhalt, so daß die Arbeit interessant und abwechslungsreich gestaltet werden kann. Der Arbeitnehmer führt vielseitige Tätigkeiten aus, die einen Belastungsausgleich ermöglichen.

Planungs- und Entscheidungsfreiheit
Der Begriff selbständige Gruppenarbeit bezieht sich auch darauf, daß die Gruppe für ihr Arbeitsvolumen die Ausführung plant und entscheidet. Von außen werden der Gruppe Aufgabenstellungen und Endtermine vorgegeben. Bei dem Zustandekommen der Aufgaben und Termine ist ein, nach unserem demokratischen Verständnis auf Zeit gewählter Gruppensprecher beteiligt. Intern ist die Gruppe für die Planung und Kontrolle von Terminen, Arbeitsmitteln und der Hinzuziehung externer Spezialisten

weitgehend selbst verantwortlich. Dabei müssen gruppenrelevante Entscheidungen unter Beteiligung aller gefällt und dürfen nicht dem Gruppensprecher übertragen werden.
Der so gewonnene Handlungs- und Entscheidungsspielraum des Einzelnen und der Gruppe führt zu größerer Selbständigkeit, höherer Flexibilität und besserer Identifikation mit der Arbeit.

Erwerb von Gruppenkompetenz
Damit die selbständige Gruppenarbeit funktioniert, bedarf es der fortlaufenden Schulung der Beteiligten innerhalb und außerhalb der Gruppe. Denn Freiräume im Sinne des Betriebszwecks nutzen und nicht mißbrauchen, Entscheidungen treffen und offen kooperieren, muß erlernt werden, da dies in der tayloristischen Arbeitsteilung nicht üblich ist.
So wie im privaten Bereich der autoritäre Familienvorstand weitgehend abgelöst ist und ein gleichberechtigtes Miteinander gepflegt wird, so muß auch am Arbeitsplatz ein demokratisches Klima herrschen, in dem der Schwächere gefördert wird und die Stärken jedes Einzelnen für die gemeinsame Aufgabe eingesetzt werden. Dieser Prozeß kann nicht erzwungen werden, er muß durch ständige Reflektion über die Arbeitssituation, begleitet von Schulungen, in Gang gebracht werden.

Neue Motivationsanreize
Die monetären und Karriereanreize des tayloristischen Systems wirken heute weniger als in früheren Jahrzehnten. Immer öfter ist von dem Dienst nach Vorschrift und von einer inneren Kündigung die Rede.
Die Motivationsanreize der selbständigen Gruppenarbeit liegen in dem Erwerb sozialer und fachlicher Kompetenz, in der Anerkennung durch die Gruppe und in der Anerkennung der gesamten Gruppe im Betrieb. Dadurch hat, im Gegensatz zur heute noch verbesserlichen Situation, jeder Mitarbeiter die Möglichkeit, Befriedigung und Anerkennung aus der Arbeit zu schöpfen.
Dieser Grundsatz basiert auf den aktuellen Wertvorstellungen unserer Gesellschaft, die inhaltsreiche Arbeit, die Spaß macht, höher bewertet als hohe Gehälter. Hierüber ist in Gruppengesprächen ein Konsens in der Gruppe herzustellen.

Stufenlose Qualifizierungsmöglichkeit

Da es innerhalb der Gruppe keine starre Zuordnung von Tätigkeiten zu Personen gibt, wird jeder Auftrag von der Gruppe selbst nach Kapazität und Qualifikation verteilt. Damit besteht für die Mitarbeiter die Chance sukzessiv komplexere Aufgaben oder mehr Verantwortung zu übernehmen. So wird die Persönlichkeitsentwicklung und die Höherqualifizierung unterstützt.

3 Gruppenarbeit in der Konstruktion

Folgt man diesen Gestaltungsprinzipien, dann lassen sich kooperative Arbeitsstrukturen auf zwei Ebenen als organisatorische Modelle realisieren, als qualifizierte Assistenz und als interdisziplinäre Produktionsgruppen. Die qualifizierte Assistenz kann z.B. innerhalb der interdisziplinären Produktionsgruppe eine oder auch mehrere Kleingruppen bilden.

Qualifizierte Assistenz

Innerhalb der selbständigen Gruppe soll dann die qualifizierte Assistenz [MARTIN, P. et al. 1992, S.50] realisiert werden, wenn unterschiedliche Qualifikationsstufen aufgrund der Aufgabenkomplexität unvermeidlich sind. Dies ist bei der Konstruktionsarbeit durchweg der Fall. Qualifizierte Assistenz in der Konstruktion bedeutet, daß jeweils ein KonstrukteurIn und eine assistierende Fachkraft kooperativ zusammenarbeiten. Die Arbeitsverteilung zwischen Konstrukteur und Assistenz ist fließend. Je nach Aufgabe und Fähigkeit wird die Arbeit aufgeteilt. So kann sich die Assistenz höherqualifizieren und umfangreiche Aufgaben selbständig bearbeiten.
Auf Gruppenebene kann das Team KonstrukteurIn / AssistentIn ebenfalls komplexe und verantwortungsvolle Tätigkeiten übernehmen und sich damit weiterqualifizieren. Über die Arbeitsverteilung zwischen den Teams und über den Aufstieg von der Assistenz zur KonstrukteurIn entscheidet die Gruppe gemeinsam.

Interdisziplinäre Produktionsgruppen

Wenn Gruppenarbeit weitreichende Effekte erzielen soll, reicht es nicht aus, reine Konstruktionsinseln analog zu den Fertigungsinseln in der Fertigung zu bilden. Vielmehr lassen sich durchgreifende Verbesserungen im Konstruktionsprozeß nur mit der Bildung interdisziplinärer Produktionsgruppen erzielen. Dazu sind die Aufgaben, die bisher in der Grundlagenentwicklung, der Konstruktion, der Dokumentation und der Fertigungsplanung lagen, nun in der Produktionsgruppe enthalten. Die Produktionsgruppe (Bild 1) gestaltet sich also als Gruppe mit Mitgliedern unterschiedlicher Qualifikation, so daß die Arbeitsaufgaben nicht beliebig austauschbar sind. Dennoch bleibt Spielraum für die flexible Verteilung der Aufgaben, da neben den Aufgaben, die sich aus der Spezialisierung ergeben, auch allgemeine Aufgaben zu erledigen sind. Der wesentliche Vorteil dieser interdisziplinären Gruppe liegt darin, daß durch die enge Zusammenarbeit Synergieeffekte auftreten. Probleme können durch die Parallelität des Arbeitens schon im Planungsstadium erkannt und beseitigt werden. Damit werden Fehlentwicklungen vermieden. Gleichzeitig findet ein Wissenstransfer zwischen den einzelnen Gruppenmitgliedern statt.

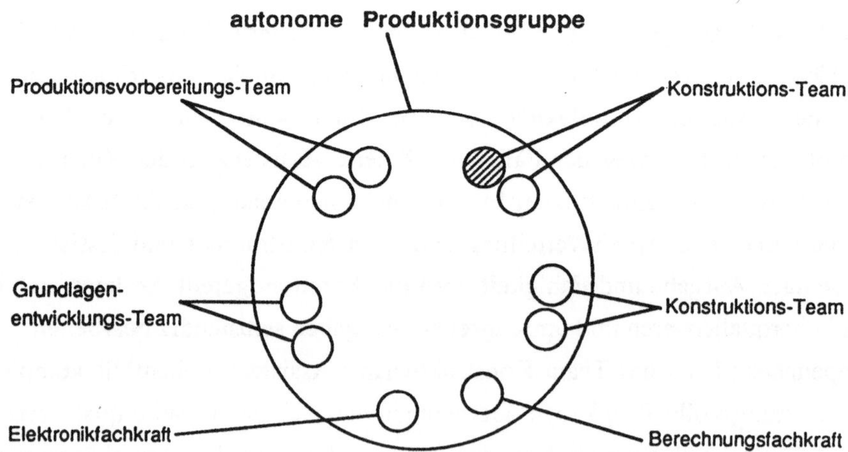

Bild 1 : Beispiel für eine selbständige Produktionsgruppe

4 Arbeitswissenschaftliche Anforderungen an zukünftige Software

Die Entwicklung und der Einsatz zukünftiger Software darf nicht, wie häufig in der Vergangenheit zu beobachten war, primär technisch angegangen werden [MAAß 1991, S.31]. Vielmehr bedarf es zur Wahrung der Chancen der Persönlichkeitsentwicklung der prospektiven Arbeitsgestaltung [ULICH 1991, S.143], also dem bewußten Schaffen von Handlungs- und Gestaltungsspielräumen bei der Planung zukünftiger Software. Umgesetzt für die Gruppenarbeit einer selbständigen Produktionsgruppe bedeutet dies :

Freie Wahl der Arbeitsmittel

Neue Konstruktionssoftware soll die Produktentwicklung und -dokumentation innerhalb der Prozeßkette (siehe Bild 2) von der Konzeption bis zum Recycling unterstützen, damit alle beim Produktentwicklungsprozeß erzeugten Daten nur einmal erzeugt werden brauchen. Gleichzeitig muß jedoch die freie Wahl des Arbeitsmittels (computergestützt oder manuell) gewährleistet sein. Um einem Medienbruch vorzubeugen, müssen manuell erstellte Daten leicht in Computerdaten umgewandelt werden können (z.B. mittels Scanner oder "aktivem" Konstruktionsbrett).

Individuelle Spielräume zur Aufgabenbearbeitung

Mit dem Einsatz computergestützter Systeme lassen sich Arbeitsabläufe leicht formalisieren, dabei geht jedoch der individuelle Spielraum bei der Aufgabenbearbeitung verloren. Deshalb muß zukünftige Software Freiraum für individuelle Vorgehensweisen belassen .

Zukünftige Software muß sich sowohl individuell als auch gruppenspezifisch konfigurieren lassen. Die Konfiguration umfaßt z.B. Dialogabläufe, Menüinhalte, Menüanordnungen, Maskenaufbauten, Farbwahl, sowie Teile-Bibliotheken, Layerstrukturen und Arten der Modellgenerierung (2D, 3D, Draht-, Flächen-,

Volumenmodelle oder Solids usw.).
Weiterhin muß die Software die Reihenfolge der Bearbeitung einzelner Teilaufgaben frei lassen. Beim Konstruieren muß das Springen zwischen den Teilaufgaben Konzipieren, Entwerfen und Detaillieren jederzeit möglich sein.

Kooperation und zwischenmenschlicher Kontakt
Die Bewältigung von Konstruktionsaufgaben setzt eine enge Kooperation und Kommunikation aller Beteiligten voraus. Computersysteme sind in der Lage die Kommunikation zu unterstützen und zu erleichtern.
In keinem Fall darf jedoch der Computer als alleiniger Kommunikationskanal festgeschrieben sein. Der zwischenmenschliche Kontakt und die informelle Kommunikation sind für eine effektive Kooperation unerläßlich [MAAß 1991, S.21f] und daher zu fördern.

Beteiligung
Von der Einführung neuer Software werden Arbeitsaufgaben und Arbeitsplätze berührt, es werden Entscheidungen getroffen, die weitreichende soziale und personelle Auswirkungen haben. Die Beteiligung der Beschäftigten, wie sie von dem arbeitswissenschaftlichen Gestaltungsprinzip der "partizipativen Arbeitsgestaltung" gefordert wird, ist bei der Softwareauswahl und -einführung unbedingt vorzusehen, da sie für alle Beteiligten Vorteile birgt.

5 Gruppenarbeit mit vernetzten Computern

Mit der Verbreitung von rechnerunterstützten Arbeitsplatzformen hat sich auch die Rolle von Netzwerken gewandelt. Lokale Netze verbinden mehrere PC_s untereinander, sowie mit zentralen Rechnern, den Host-Computern, und mit sogenannten Servern, die spezielle Aufgaben übernehmen und über die der Benutzer Zugang zu Datei-Bibliotheken, Qualitätsdruckern und unternehmensweit elektronische Post erhält. Weitbereichsnetze verbinden die einzelnen Filialien eines Unternehmens untereinander und gewähren den einzelnen Benutzern eines

Arbeitsplatzcomputers Zugang zu Großrechnern und Dateiservern. Mit dem zunehmenden Umfang mobiler Computer wird die Vernetzung immer mehr über Funk hergestellt werden und durch die Vernetzung der Netze wird schließlich die Informations-Infrastruktur der Zukunft allgegenwärtig sein.

Experten prognostizieren [Tesler 1991], daß schon in fünf oder sechs Jahren Benutzer über ein Computernetz mit anderen Benutzern zusammenarbeiten, wie man heute gemeinsam mit Freunden ein Partyessen vorbereitet. Hierbei werden sogenannte Gruppenprogramme (Groupware) die computerunterstützte Zusammenarbeit (im Fachjargon - computer supported cooperative work, CSCW) ermöglichen. Die Kooperation kann sich an einem oder mehreren Orten gleichzeitig oder auch zu verschiedenen Zeiten abspielen, eine Video-Konferenz zwischen zwei entfernten Orten; mittels eines elektronischen schwarzen Bretts, über das Mitarbeiter verschiedener Schichten kommunizieren, oder in Form eines elektronischen Postsystems, über das etwa ein Designer und ein Konstrukteur Zeichnungen austauschen.

Künftige Brainstorming-Sitzungen werden damit wohl anders ablaufen als heute: Jeder Teilnehmer hat einen Computer, der mit allen anderen vernetzt ist. Entwürfe und Ideen werden eingegeben und auf allen Sichtgeräten oder einem Großbildschirm für alle sichtbar dargestellt. Vorschläge, die auf diese Weise präsentiert werden, können mehr nach ihrem tatsächlichen Wert beurteilt werden entgegen - wie bei herkömmlichen Sitzungen der Fall - der hierarchischen Stellung des Vorschlagenden. Untersuchungen in CSCW-Einrichtungen [Tesler 1991] belegen dieses Verhalten. Ein weiterer Vorteil ist, daß die Teilnehmer eines solchen Treffens weder warten müssen, bis sie an der Reihe sind, noch sich überhaupt in einer Runde durchsetzen brauchen, um gehört zu werden.

Neuartige Gruppenstrukturen

Die neuen Kommunikationsformen könnten die Beziehungen zwischen den einzelnen Angestellten und dem Unternehmen als Ganzem, die Struktur von Organisationen sowie die Form des Managements grundlegend ändern. Geschäftführer und Fachleute in Spitzenpositionen pflegen gewöhnlich rege soziale Kontakte und Informationsverbindungen innerhalb ihrer Organisationen und ihrem gesamten

Berufsstand. Hingegen haben ihre Angestellten, die wegen beruflicher Erfordernisse oder persönlicher Eigenschaften an der Peripherie der Organisationen angesiedelt sind, relativ selten Gelegenheit Kontakte mit KollegInnen zu knüpfen.

Ein elektronisches Forum würde weit entfernt arbeitenden Angestellten auch das örtliche Fachwissen vermitteln und helfen, bisher schlecht integrierte Gruppenmitglieder stärker einzubeziehen. Auf diese Weise könnten andere Teams von Spezialkenntnissen, die eine Gruppe allmählich erwirbt, profitieren.

Eine häufige Form des Informationsfluß beginnt mit der Frage: "Weiß irgend jemand....?" Diese Frage sendet eine TeilnehmerIn an eine gesamte Organisation, an eine spezielle Verteilerliste oder an ein elektronisches schwarzes Brett, und jeder, der sie liest kann antworten.

Die Firma Tandem-Computer (Cupertino, Californien), die10500 Mitarbeiter in aller Welt beschäftigt, unterhält auf diese Weise ein Archiv von Frage- und Antwortdateien, das ebenfalls über das Firmen-Netzwerk erreichbar ist. Damit hat das Unternehmen ein sowohl zeitlich wie räumlich unbegrenzt zugängliches Magazin für Spezial- und Fachwissen geschaffen. (Die so niedergelegten besonderen Fachkenntnisse eines Angestellten bleiben z.B. auch dann verfügbar, wenn er gerade nicht im Büro ist oder die Firma verlassen hat). In der Regel antworten bei Tandem 8 Angestellte elektronisch auf eine durchschnittlich schwierige Frage. Eine Studie der Universität Boston im Rahmen eines Forschungsprogrammes 1991 ergab, daß dieses Archiv mehr als 1000 mal pro Monat in Anspruch genommen wird.

6 Simultanous Engineering

In immer kürzeren Zeiträumen ersetzen neue Produkte mit verbesserter Funktionalität oder neuem Design alte Produkte auf dem Markt. Die verschärften Marktverhältnisse lassen Produktlebenszyklen immer kürzer werden. Im Gegensatz zu dieser reduzierten Lebensdauer, nimmt die Produktentwicklungszeit auf Grund der heutigen Produktkomplexität und Anzahl der involvierten ExpertenInnen mehr und mehr zu [Milberg 1991]. Simultanous Engineering soll helfen diese Probleme zu lösen.

Produktlebensdauer:	
1974	ø 11.5 Jahre
1989	ø 6.5 Jahre
In Japan:	niedriger als 4 Jahre
In Automobilbranche:	Entwicklungszeit länger als Produktlebensdauer

Quelle: CADCAM-Report 10/1991, S.161

Simultanous Engineering (in den USA hat sich der Begriff Concurrent Engineering (CE) herausgebildet) kann als eine Organisationsstrategie aufgefaßt werden, die eine vertrauensvolle Zusammenarbeit der Konstruktions- und Produktionsbereiche des Kunden und des Maschinenherstellers in der Phase der Produktplanung gestaltet [Eversheim 1989]. Im Bereich der Produktentwicklung [Koch 1990] bezieht sich Simultanous Engineering auf die überwiegend gleichzeitige Gestaltung von Produkt, Prozeß und Produktionseinrichtung [Lu 1990]. Die wichtigsten Faktoren sind hierzu ein optimierter Informationsfluß und die Organisation des Arbeitsablaufes.
Aufgrund der Komplexität heutiger Produkte und des notwendigen technischen Fachwissens, können Produkte in der Regel nur noch durch ExpertInnen mit verschiedem Fachwissen - in Gruppenarbeit bzw. durch mehrere Firmen entwickelt werden [Grabowski 1992].

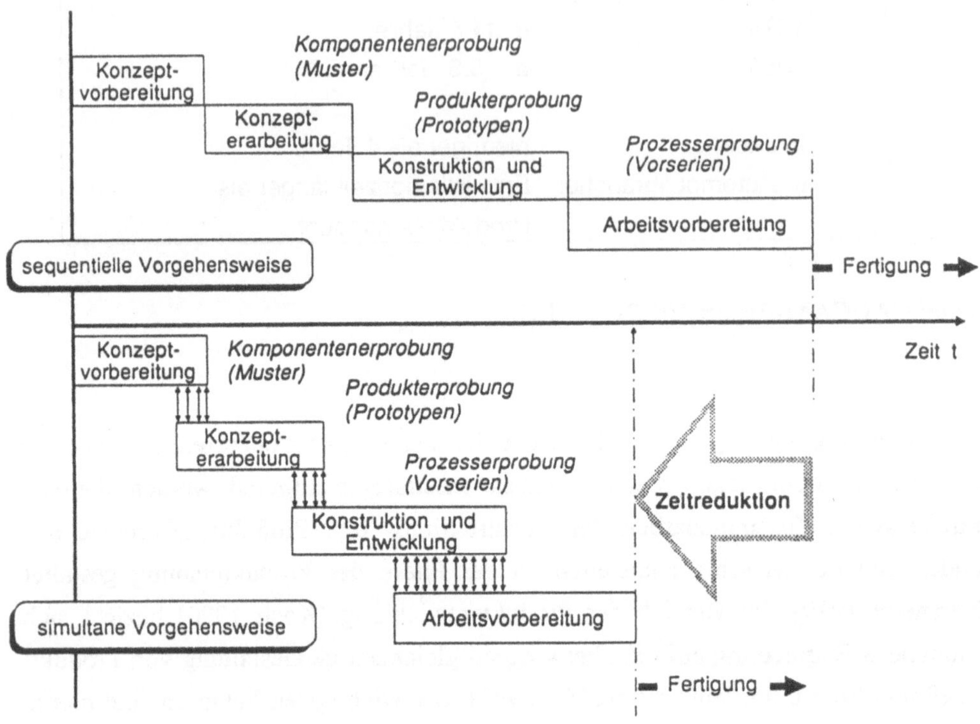

Bild 2: Simultanous Engineering [Krause 1992]

7 Informationsmanagement

Den bislang hohen Aufwand für schlecht planbare Kommunikation auf und zwischen allen Ebenen der Konstruktionsarbeit wird sich reduzieren durch Fortschritte in der Informationstechnologie. Neue Medien wie die elektronische Post, Tele-Konferenzen und CSCW erleichtern die Koordinierung. Das Netzsystem hilft selbst unter den zahlreichen MitarbeiterInnen vieler Zweige einer großen Organisation, diejenigen zu finden und zusammen zu bringen, die genau wissen was eine bestimmte Aufgabe verlangt und die das dazu erforderliche Können besitzen.

Simultane Vorgehensweisen in der Produktentwicklung brauchen ein gut funktionierendes Informationsmanagement innerhalb einer Organisation. Eine On-Line-Bibliothek beispielsweise, die nur restriktive Fakten oder Textquellen wiedergibt, öffnet dem Benutzer nicht die Sichtweise auf benachbarte Problemzusammenhänge oder kritische Grenzen der Aussagen.

Man könnte sich ein System vorstellen, das Fakten, die man abfragt und auf dem Bildschirm dargestellt werden, automatisch mit Pro- und Kontra-Argumenten versieht,und sie in einem Kranz benachbarter Fenster erscheinen. Damit hätte man sowohl die gewünschte Information als auch Fälle repräsentiert, für die ein gezeigtes "Faktum" nicht zu gelten scheint.

Konstruktionsteams können durch das Aufkommen durchgehend vernetzter Computer ihre Standpunkte oder Ergebnisse besser absichern und ihre Horizonte erweitern.

8 Konferenzsystem für KonstrukteurInnen

Die bereits angesprochenenen Entwicklungen wie die computerunterstützte Gruppenarbeit (CSCW) und das elektronisches Informationsmanagement können interdisziplinär zusammenarbeitende Konstruktionsteams in der Produktentwicklung unterstützen.

Ein verteiltes Konferenzsystem zur Unterstützung der Problemlösung in der Produktentwicklung ist am Fraunhofer-Institut für Graphische Datenverarbeitung als ein Szenario der computerunterstützten Gruppenarbeit entwickelt worden [Schroeder 1993]. Durch die elektronische Konferenzumgebung [Noll 1991] soll einem Konstruktionsteam, daß an verschiedenen Standorten in Europa verteilt ist, die Möglichkeit gegeben werden, an einem gemeinsam vorliegenden Konstruktionsentwurf Sachverhalte oder Problemfelder zu diskutieren.

Neben einer Audio- und Videoverbindung zwischen den Teilnehmern, die die Sprach- und Blickverbindung herstellt, übernimmt ein Management-System die administrative Organisation. Dazu gehören beispielsweise das Anmelden der Sitzung bei den Teilnehmern, das Öffnen und Schließen der

Sitzung sowie das Organisieren der Sitzung und das Verteilen des Anwendungsszenariums.

Erinnern wir uns an die oft gestellte Frage, die beginnt mit:" Weiß irgend jemand....?" In dem Anwendungsszenario der Konferenz stellt die IngenieurIn nun genau dieselbe Frage, mit dem Unterschied, daß sie sie direkt an ihrem dreidimensionalen Konstruktionsobjekt zeigen und darstellen kann und sich nicht auf eine verbale Beschreibung beschränken muß. Den Sachverhalt, den sie klären will, ist für jedes Mitglied des Teams sichtbar, ob als Drahtmodell, als schattierte Volumendarstellung oder auch als das graphische Ergebnis einer FEM-Berechung. Die Teilnehmer können das Modell durch entsprechende Interaktionsmöglichkeiten, die jedem der Teilnehmer zur Verfügung stehen, in seiner Lage, seiner Darstellungsform oder seiner Skalierung verändern. Wichtig hierbei ist , daß das System jedem das gleich Datenmodell zur Verfügung stellt. Um seinen Kollegen das Problem zu verdeutlichen, bedient sich der Teilnehmer verschiedener Zeigeinstrumente (Cursor), die sich sowohl im zweidimensionalen als auch im dreidimensionalen Raum bewegen lassen.

Er kann mit ihnen einzelne Geometrieleemente oder mit einem "intelligenten" Zeiger von ihm definierte Konstruktionseinheiten selektieren und hervorheben. Jedes Teammitglied kann Vorschläge oder Bemerkungen, für alle sichtbar, als Text, mit Symbolen oder zeichnerisch im zweidimensionalen und dreidimensionalen Raum positionieren. Die Diskussionsdisziplin während der Konferenz übernimmt der Diskussionsleiter, indem er den Teilnehmern "das Wort erteilt", so daß zur gleichen Zeit nur eine Person in der Konferenz aktiv Teil nimmt. Um Verwirrungen auf dem Bildschirm zu vermeiden, arbeitet das

Team mit Layern, übereinanderliegenden durchsichtigen Zeichenblättern, die zur Strukturierung von CAD-Modellen schon lange benutzt werden.

Sie können bei der Diskussion von den Teilnehmern sichtbar oder unsichtbar geschaltet werden. Werden neue Layer erzeugt, was für jeden Konferenzteilnehmer möglich ist, können seine graphischen Eigenschaften wie

Strichstärke, Farbe, Linientyp oder Textform getrennt eingestellt und verändert werden. Layer können auch gelöscht oder gespeichert werden. Persönliche Layer, die für die anderen nicht sichtbar sind, erlauben auch ein individuelles Arbeiten.

Das beschriebene Konferenzsystem kann Konstruktionsteams dazu dienen, verteiltes

Fachwissen am sichtbaren Problemfall auszutauschen und gemeinsam zu nutzen, und dadurch qualitativ hochwertige Lösungen zu entwickeln.

Same Time – Different Places

Bild 3: Szenarium einer Konstruktionskonferenz [Schroeder 1993]

Literaturverzeichnis

BRÖDNER et al. 1991
Brödner, P.; Pekruhl, U.; Hennig, J.; Malberg, M. : Rückkehr der Arbeit in die Fabrik - Wettbewerbsfähigkeit durch menschenzentrierte Erneuerung kundenorientierter Produktion. Institut Arbeit und Technik - Wissenschaftszentrum Nordrhein-Westfalen 1991.

GRABOWSKI 1992
Grabowski, H.: Verteilte Konstruktion: das Arbeiten in Konstruktionsräumen. In CAD_92; Springer Verlag

KOCH 1990
Koch, M.; Loseries, F.; Tran, T.: Integration von Animations- und Simulationswerkzeugen in den Design-Prozeß. 20. GI-Jahrestagung II; Springer Verlag 1990.

KOCH 1992
Koch, M. (Hrsg.): Arbeitsweise des Industrie-Designers mit traditionellen Methoden und mit CAD-Unterstützung. In: Zukunft der computerunterstützten Produktentwicklung. Erscheint1993.

KRAUSE 1992
Krause, F.-L.: Wandel der Entwicklungsziele für CAD-Systeme. In CAD_92; Springer Verlag.

KAY 1991
Kay, A.C.: Neue Informationssysteme und Bildung. In: Spektrum der Wissenschaft; 11/1991

LU 1990
Lu, S.C.-Y.: Wissensverarbeitung für Simultanous Engineering. In: CIM-Management 6/1990

MAAß 1991
Maaß, S. : Computergestützte Kommunikation und Kooperation. In : OBERQUELLE 1991, a.a.Q. S.11 - 35.

MANSKE et al. 1990
Manske, F.; Mickler, O.; Wolf, H.; Martin, P.; Widmer, H.-J. : Computerunterstütztes Konstruieren und Planen in Maschinenbaubetrieben. Entwicklungstrends, soziale Auswirkungen und Hinweise zur Arbeitsgestaltung. PFT-Bericht, KfK-PFT 158. Kernforschungszentrum : Karlsruhe 1990.

MARTIN et al. 1992
Martin, P.; Nau, K.; Widmer, H.-J. : Grundlage menschengerechter Gestaltung von CAD-Software und Möglichkeiten ihrer Umsetzung. Kassel : Institut für Arbeitswissenschaft 1992.

MILBERG 1991
Milberg J.; Wettbewerbsfaktor Zeit in Produktionsunternehmen, Münchner Kolloquium 1991, Springer Verlag.

MILBERG/KEOPFER 1992
Milberg, J.; Koepfer, T. : Die neue Fabrik : flexibel automatisiert und dennoch schlank ? Technische Rundschau (1992) 48, S. 54 - 60.

NOLL 1991
Noll S.,Schendel, M.G.: Cooperative sketching in a Network Environment for the automotive industry. Eurographics _91 Technical Report Series, J. Encarnacao (ed),

graphics Research & Development in European Community Programmes. Vienna 1991.

SCHROEDER1993

Schroeder, K.; Kress, H.: Distributed Conferencing Tools for Product Design. Workshop: Interfaces in Industrial Systems for Production and Engineering; FhG-IGD, Darmstadt 1993. Erscheint 1993.

SPROULL 1991

Sproull, L.,; Kiesler, S.:Vernetzung und Arbeitsorganisation. In: Spektrum der Wissenschaft; 11/1991

ULICH 1991

Ulich, E. : Arbeitspsychologie. Stuttgart : Poeschel 1991.

Softwareentwicklung unter benutzungsorientierten Gesichtspunkten - Eine Notwendigkeit zur Kostenreduzierung und Wettbewerbsverbesserung

Jürgen Pfitzmann
Institut für Arbeitswissenschaft, Gesamthochschule Kassel - Universität

Zusammenfassung

Anwendungsorientierte Benutzungsoberflächen werden trotz des häufigen Einsatzes von Bildschirmarbeitsplätzen nur in reduzierter Weise oder gar nicht angeboten. In den meisten Fällen stellen die Systeme so viele Funktionen zur Verfügung, daß es beim Benutzer zu Fehlhandlungen und Fehlinterpretationen kommt. Mit der neu entwickelten Benutzungsoberfläche unter Beteiligung der Benutzer werden Handlungs- und Verständnisprobleme benutzerspezifisch gelöst. Solch eine Benutzungsoberfläche führt zu einer Verringerung der Einarbeitungszeit, zu einer Verbesserung der Akzeptanz und zu schnellerer und besserer Bewältigung der auszuführenden Aufgaben.

Abstract

To user oriented CAD-user-interfaces are supplied reductively or not at all, even though the increasing of the application of computer. In the most cases the CAD-systems provide so many functions that the interpretation and the processing of the errors are taken place very often. With the by us developed CAD-user-interface of user participation the problems of processing and understanding are user-friendly resolved. Such a kind of CAD-user-interface makes it possible, to reduce the time of training, to improve the acceptance and to faster and better finish the to be implemented works.

1 Einleitung

Benutzungsoberflächen für EDV-Systeme bieten in den meisten Fällen nicht die von den Anwendern geforderten benutzungsorientierten Merkmale. Dadurch kommt es häufig zu Fehlhandlungen und Fehlinterpretationen die wiederum ein Frustrationsproblem entstehen lassen. Die Systeme bieten heutzutage enorme Kapazitäten bezüglich Funktionsvielfalt und Animation an. Dieser subjektive Vorteil führt aber wegen der Vielzahl an Funktionen und deren möglicher Zuordnung eher zu einer Distanzierung gegenüber den Systemen. Einarbeitungszeiten werden erheblich vergrößert, und mit der Einführung von CAD-Technik in den Betrieben wird in den meisten Fällen das Gegenteil von dem erreicht wird, was die Systeme eigentlich leisteten sollten. Die Kosten für die Projektbearbeitung steigen mit der Einführung von CAD an.

Die Systemeinführung und Systemnutzung bedarf deshalb einer weit angelegten Analyse, um ein System auszuwählen, daß den Ansprüchen des Anwenders bzw. Benutzers entspricht. Leider ist es so, daß die Bearbeiter erst nach dem Systemkauf feststellen, welche Problematik bei der Projektbearbeitung auftritt. Hier ist es notwendig, Systeme in Betracht zu ziehen, bei denen man sich speziell mit einer anwendungsorientierten Systemgestaltung auseinandergesetzt hat. Da dies aber einem enormen Analyse- und Gestaltungsaufwand bedarf, ist dieser Ansatz bei den meisten Systemherstellern nur in Ansätzen anzutreffen.

Um dem entgegenzutreten wurden beispielhaft zwei CAD-Systeme einer systematischen Analyse unterzogen und in Verbindung mit Benutzern (Experten), Entwicklern und zukünftigen CAD-Anwendern eine Veränderung der CAD-Systeme unter Berücksichtigung softwareergonomischer und arbeitswissenschaftlicher Kriterien (z.B. DIN 66234 Teil 8 (1988), Smith & Mosier (1986) vorgenommen.

Die Notwendigkeit der Berücksichtigung von Benutzern ist für die Gestaltung einer "optimalen" Benutzungsoberfläche unumgänglich und ist durch entsprechendes Prototyping und nachfolgendes Evaluieren vorgenommen worden. Die dabei gewonnenen Erkenntnisse sind von großer Bedeutung und zeigen, daß nur in Verbindung mit Benutzerbeteiligung ein ihren Aufgaben und Erfordernissen angepaßtes CAD-System entstehen kann.

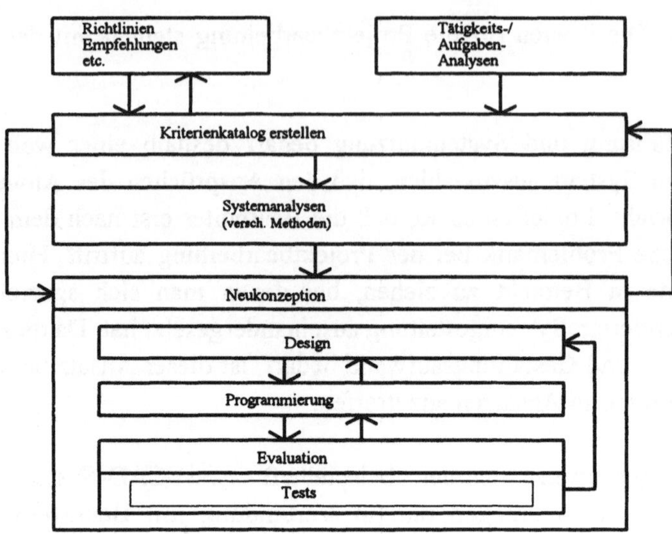

Abb. 1: Konzept zur Überprüfung und Entwicklung von CADBO

Das in dem Forschungsvorhaben eingesetzte Prototyping läßt sich wie folgt beschreiben:
Aus definierten schon existierenden Softwarekriterien unter Hinzunahme der Systemanalysen war es möglich empirische Bewertungen für das neu zu konzipierende CAD-System zu erhalten. Ausschlaggebend waren aber nicht nur die empirischen Analysen der Software, sondern eine entsprechende Benutzer- und Entwicklerbeteiligung hat bei der Neukonzeption einen erheblichen Einfluß gehabt. So wurden benutzungsorientierte Umfragen bei CAD-Anwendern vorgenommen und auf Anwenderworkshops wurden die Probleme in Verbindung mit den Systementwicklern diskutiert. Aus diesen Analysen wurde dann ein erstes Modell für eine CAD-Benutzungsoberfläche (CADBO) entwickelt und softwaretechnisch umgesetzt. An dem "First-Design" dieser CADBO waren Arbeitswissenschaftler, Ingenieure, Psychologen und Programmierer beteiligt, so daß eine ausreichende Interdisziplinarität gegeben war.
Nach dieser Umsetzung erfolgte eine Testphase mit Personen, die mittels einer Schulung mit dem System vertraut gemacht worden sind. Die CADBO wurde nun evaluiert und in interativem Vorgehen weiter verbessert.

2 IST-Analyse - Verfahrenseinsatz

Bei den vorgenommenen Untersuchungen war es notwendig Methoden einzusetzen, die sowohl im Labor als auch in der Praxis Gültigkeit haben und Vergleichsmöglichkeiten zuließen. Für die Erfassung der ergonomischen und benutzungsangemessenen Qualität der CAD-Systeme, sowohl an den "original" Systemen als auch an der neu entwickelten CADBO, wurden verschiedene Erhebungs- und Analyseinstrumente eingesetzt.
Mit den hier angewendeten Verfahren lassen sich sowohl Aussagen über die Schwachstellen der Systeme geben (d.h. man bekommt direkte Hinweise zu den Fehlerquellen) als auch indirekt eine Benutzungsfreundlichkeit eines CAD-Systems beurteilen.

Für die Befragung der praktisch tätigen Anwender wurden neben halbstandardisierten Interviews zusätzlich Erhebungsinstrumente mit standardisierten bzw. nicht standardisierten Antwortmöglichkeiten in etwa 100 Betrieben hinzugezogen. Neben den Interviews war es auch möglich reale Projekte mittels eines Logfiles zu verfolgen, um Rückschlüsse für den Gestaltungsprozeß zu bekommen. Eingesetzt wurde das Logfile auch zur Analyse der Bearbeitungsvorgänge bei den Versuchen im Labor. Das Logfile dient dabei zur allgemeinen Analyse von Fehlern und Problemen bei der Arbeit mit einem CAD-Programm. Dies geschieht durch Erfassung jedes einzelnen Arbeitsschrittes einer Versuchsperson bei der Bewältigung einer Testaufgabe bzw. der Bearbeitung eines Projektes. Bei dem Logfile handelt es sich um eine ASCII-Datei, die durch das Statistikprogramm SPSS ausgewertet wurde.

Abb. 2 gibt einen Ausschnitt aus einem Logfile wieder. Dabei werden neun verschiedene Parameter für jeden einzelnen Arbeitsschritt erfaßt. Ein Arbeitsschritt ist dabei durch einen Anfang (Funktion anwählen) und durch ein Ende (Funktion ausgeführt) definiert. Eine entsprechende Anzeige der aktuellen Nummer erscheint dabei auf dem Bildschirm, so daß der Versuchsbetreuer zusätzlich Handlungen zu einzelnen Arbeitsschritten, die vom Logfile nicht erfaßt werden, notieren kann (Verhaltensbeobachtung, z.B. Blättern im Handbuch). Mit der erfaßten Funktionsnummer war es möglich die unterschiedlichen Vorgehensweisen der Versuchspersonen nachzuvollziehen.

Während der Versuche wurde zeitgleich eine direkte Beobachtung der Versuchspersonen vorgenommen und die ermittelten Daten in einem Beobachtungsprotokoll festgehalten, so daß es möglich war bei der Konstruktion auftretende Probleme den entsprechenden Funktionen bzw. Handlungen zuzuordnen.

1	251	1	16,56,34,81	15	188	1	1	1	1
2	15	1	16,57,05,46	4	16	1	0	1	1
3	251	2	16,57,09,46	17	0	1	0	1	1
4	15	2	16,58,16,25	4	50	1	0	1	1
5	251	3	16,58,20,25	76	0	1	0	1	1
6	15	3	17,02,32,08	5	176	1	0	1	1
7	24	1	17,03,13,71	0	36	1	0	1	1
8	251	4	17,03,13,71	32	0	1	0	1	1
9	24	2	17,03,59,47	0	14	1	0	1	1
10	15	4	17,04,01,66	5	2	1	0	1	1
11	251	5	17,04,06,66	12	0	1	0	1	1

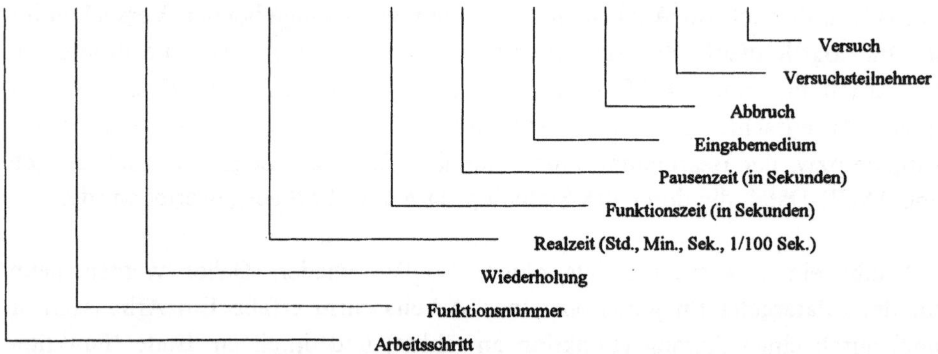

Abb. 2: Logfile (Beispiel - Ausschnitt)

Da beim Arbeiten an Bildschirmsystemen häufig Ermüdungen und Belastungen auftreten, wurde zur Beurteilung der Eigenzustand der Versuchspersonen als Meßgröße herangezogen. Dazu mußten die Versuchsteilnehmer zu Beginn des Versuches (Pretest) und nach Vollendung des Versuches (Posttest) eine Eigenzustandsskala ausfüllen. Verwendet wurde die von Apenburg überarbeitete

Version der Eigenzustandsskala von Nietsch, in der 36 Adjektive mit sechsfach abgestuften Antwortmöglichkeiten zur Selbstbeurteilung angeboten wurden.
Bei den nachfolgenden Beschreibungen werden nur beispielhafte Ergebnisse, die aus einigen Erhebungsmethoden resultieren, präsentiert

3 Testaufgaben

Für die Durchführung der Untersuchungen sowohl im Labor als auch in der Realsituation wurden um die gleichen Voraussetzungen zu schaffen, identische Testaufgaben entwickelt. Hier war es notwendig, daß die Aufgaben möglichst der Praxis entsprachen und die verschiedenen Bereiche, wie Wohnungs-, Gewerbe- und Industriebau, mit unterschiedlichem Schwierigkeitsgrad, abdecken. Die Versuchspersonen sollten dadurch mit Aufgaben aus der Arbeitswelt konfrontiert werden und nicht mit abstrakten Problemstellungen, die bei der alltäglichen Anwendung nicht auftreten. Für die ergonomische Qualität der Benutzungsoberfläche ist die Bedienbarkeit der verwendeten Funktionen entscheidend. Im alltäglichen Einsatz wird der Anwender nur auf einen Teil des Funktionsvorrates zurückgreifen und manche Funktionen selten oder nie benutzen. Durch die Versuche mit anwendungsorientierten Testaufgaben werden sich die Problembereiche bei der Dialogstruktur aufzeigen, die mit großer Wahrscheinlichkeit bei der Bearbeitung in Alltagsprojekten auch vorkommen.

Bei der Bearbeitung der Aufgaben kam es u.a. darauf an, einfache Handlungsabläufe der Versuchspersonen zu untersuchen, d.h. es kam auf die grundsätzlichen, häufig bei der Bearbeitung wiederkehrenden Funktionen (z.B. Voreinstellungen, Richtungsangaben) an. Um größere Zusammenhänge zu untersuchen, sind aus diesen Einzelaufgaben komplexere Aufgaben entwickelt worden. Diese Aufgaben wurden so zur Verfügung gestellt, daß die auftretenden Probleme bei den Versuchspersonen nicht vom Verständnis der Aufgaben kamen sondern durch das System selbst verursacht wurden. Gleiche Aufgaben sollten z.B. Aufschluß über die Wiederfindbarkeit und die Erlernbarkeit der Funktionen geben. Mit Hilfe der komplexeren Aufgaben konnte die Vorgehensweise der Versuchspersonen miteinander verglichen werden, um Erkenntnisse für den Gestaltungsprozeß (z.B. Funktionsanordnung) der Benutzungsoberfläche zu erhalten.

Zur Bearbeitung der Aufgaben standen den VPn die kompletten Handbücher, bzw. die für die Aufgabenbearbeitung notwendigen Beschreibungen, inklusive ähnlicher Funktionen, zur Verfügung.

4 Versuchpersonen

Für die Laboruntersuchung standen insgesamt 54 Studenten zur Verfügung die aus den Bereichen Bauwesen Architektur und angrenzenden Fachbereichen resultierten. Hier zeigte sich, daß nur ein geringer Teil über weitreichendere EDV-Erfahrung verfügte und der CAD-Bereich wegen der geringen Vorerfahrung vernachlässigt werden konnte. Lediglich der Aspekt, daß alle Versuchspersonen mit den Eingabegeräten Tastatur und Maus gearbeitet hatten war von Bedeutung, da hiermit die Kommunikation mit den CAD-Systemen durchgeführt wurde. Diese geringen Erfahrungen im EDV/CAD-Bereich sind für die Versuche von großer Bedeutung, weil von Nichtanwendern ein System auf seinen Lernerfolg hin besser beurteilt werden kann, da z.B. Faktoren wie die Gewöhnung an ein anderes System, außer Betracht bleiben.

5 Versuchsdurchführung

Um allen Versuchspersonen die gleichen Kenntnisse von den Systemen zu vermitteln wurden standardisierte eintägige Schulungen durchgeführt. Eine solche Einführung wird üblicherweise auch von den Softwareherstellern angeboten. Mit Hilfe dieser standardisierten Schulung war es möglich, die für die Untersuchungen notwendigen gleichen Voraussetzungen zu schaffen, wie sie auch in der Praxis vorzufinden sind. Ein effektiver Lernerfolg wurde erreicht, indem an zwei Systemen jeweils zwei Personen einer Schulung unterzogen wurden.
Die Schulung bestand dabei aus zwei Phasen:
Zuerst wurden den Versuchspersonen die allgemeine, grundsätzlichen Strukturen und Möglichkeiten des jeweiligen Systems erläutert. Hierzu zählt die Benutzungsoberfläche mit den entsprechenden Eingabefeldern und das Handbuch. Dabei wurden die Dialogmöglichkeiten des entsprechenden Systems vorgeführt und es wurde erklärt, wie die einzelnen Menüs aktivierbar sind, und welche Funktionen sie beinhalten. Es wurde darauf geachtet, daß die Teilnehmer nicht durch unnötige Informationen überlastet werden. Funktionen die später ein Experte verwenden würde wurden bewußt ausgespart. Die Bedeutung der wichtigsten

Icons/Piktogramme/Kürzel und die Logik der Darstellung wurden erläutert.
Zum Erreichen des notwendigen Wissensstandes sind die in den Versuchsaufgaben in Betracht kommenden Funktionen mit Hilfe eines Beispiels vermittelt worden.
In der zweiten Phase hatten die VPn die Möglichkeit eine Aufgabe eigenständig durchzuführen, wobei der Schulende immer ansprechbar war und Erläuterungen über bestimmte Vorgehensweisen gab.

Nach der Schulung wurden die Versuche mit jeweils einer Person durchgeführt. Die Versuchsteilnehmer sollten die Aufgaben eigenständig bearbeiten und wurden nur vom Versuchsleiter unterstützt, wenn sie sich in einer "Sackgasse" befanden. Diese Unterstützung der VPn wurde in Form von Hilfen und Tips gegeben. Gewertet wurden nur solche Unterstützungen, die sich direkt auf den Dialog mit dem System bezogen. Jede dieser Unterstützungen wurde im Protokollbogen mit der Nummer des entsprechenden Bearbeitungsschrittes dokumentiert, um die Problemsituationen besser spezifizieren zu können.
Im Anschluß an den Versuch wurden die Teilnehmer über die Einschätzung des CAD-Systems befragt, da diese subjektiven Bewertungen weitere Hinweise für die Umgestaltung der Benutzungsoberfläche geben sollten.
Die einzelnen Versuche hatten dabei eine Dauer von 1 1/2 bis 4 Stunden.

6 Ergebnisse des IST-Zustandes

Nachfolgend einige Ergebnisse der Laborversuche und der in der Praxis durchgeführten Analysen, die aufzeigen sollen mit welcher Problematik sich ein Benutzer von CAD-Systemen auseinandersetzen muß.

Die nachfolgend aufgeführten Ergebnisse resultieren aus den Befragungen nach der Versuchsdurchführung, den Logfileanalysen der bearbeiteten Aufgaben der VPn und den Logfiledaten aus realen Projekten.

Bezüglich der Ein- und Ausgabe zeigt sich, daß die große Anzahl an Funktionen, die bei dem einen System parallel auf dem Bildschirm zur Verfügung stehen, von den Versuchsteilnehmern als ein "Informationschaos" bezeichnet werden. Im anderen Fall waren die eingesetzten Funktionsbezeichnungen in keiner Weise selbsterklärend, d.h. die Kodierung war schwer erlernbar, da gleiche Bezeichnungen bei verschiedenen Funktionsvarianten zur Verfügung standen und nicht erkennbar war,

um welche Funktion es sich handelte. Auch bei die Begriffswahl führte bei den Versuchspersonen zu erheblichen Problemen bei der Dialogführung.
Der Dialog innerhalb der Funktionen erfolgte zum größten Teil in der Statuszeile, was dazu führte, das Fehleingaben nicht sofort korrigiert werden konnten und über eine weitere Funktion die Veränderung vorgenommen werde mußte. Da verschiedene Parameter, die notwendig waren um ein Objekt zu generieren, nicht in direktem Zusammenhang mit der entsprechenden Funktion stehen wurden diese oft vergessen. Hier mußten dann über Änderungsfunktionen die notwendigen Objektmerkmale verändert werden.
Die bei den Systemen auftretenden Fehlermeldungen geben dem Benutzer keine hinreichende Unterstützung. Hier werden nur Satzfragmente dargeboten, so daß er eine Fehlerkorrektur nicht in einfacher Weise durchführen kann. Bezüglich der Funktionalität zeigen sich auch einige Merkmale. so bietet ein System die Möglichkeit an einen Bearbeitungsschritt Rückgängig zu machen, bei dem anderen muß dieser Vorgang über die Löschfunktionen durchgeführt werden.

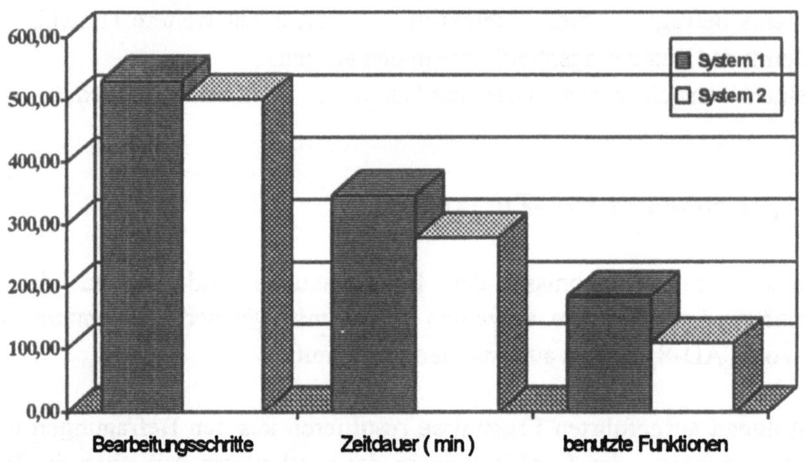

Abb. 3: Versuchsergebnisse auf Grundlage des Logfiles

Beispielhaft für die Logfileanalyse der VPn sollen die in Abb. 3 dargestellten Ergebnisse der IST-Analyse dienen. Wie zu erkennen ist, zeigen sich erhebliche Unterschiede bei der Bearbeitung der Aufgaben der CAD-Systeme. Die hohe Zahl an benutzten Funktionen, die bei dem System 1 auftraten, ist darauf zurückzuführen, daß für die Erstellung eines Objektes mehrere verschiedenen Möglichkeiten zur Verfügung standen, es aber nicht ersichtlich war, mit welcher Funktion die Lösung am sinnvollsten durchgeführt werden konnte. Die hohe Zahl an Arbeitsschritten ist auf den hierarchischen Aufbau zurückzuführen, da die Versuchpersonen, bevor sie eine Funktion anwählen konnten, andere Bereiche öffnen mußten. Die bei beiden Systemen auftretende hohe Bearbeitungszeit ist zurückzuführen auf:

1. Die große Anzahl an Funktionen, die Parallel bzw. in hierarchischer Struktur über den Bildschirm dargeboten werden.
2. Die serielle Abarbeitung von Dialogen innerhalb der Kommentarzeile
3. Die Zuordnung von Parametern zu einem Objekt, z.B. Material, Wandstärke zu einem Wandelement
4. Fehlermitteilungen und Bemerkungen, die über die Statuszeile mitgeteilt, aber von den Versuchspersonen nicht wahrgenommen wurden.

Betrachtet man die Bearbeitungszeit genauer so zeigt sich, daß die reine Funktionszeit etwa 1/3 der Gesamtzeit ausmacht und der größte Anteil Überlegungen zur Funktionsausführung beansprucht.

Wie aus den Ergebnissen ersichtlich ist, zeigen sich schon bei auf dem Markt befindlichen Systemen erhebliche Unterschiede bei der Ausführung von identischen Aufgaben, d.h. die unterschiedliche Dialogführung trägt in erheblichen Maße zu den z.T. erheblichen Unterschieden bei der Aufgabenbearbeitung bei.

Bei der Analyse der projektbezogenen Anwenderdaten zeigte sich, daß bei der Aufgabenbearbeitung am häufigsten Funktionen auftraten, die mit dem eigentlichen Konstruktionsprozeß nichts zu tun hatten, sondern lediglich zur Systemhandhabung beitragen. Dies bedeutet, daß mit der Einführung von CAD in den Betrieben Routinetätigkeiten auftreten, die nur auf die Systembedienung zurückzuführen sind. Ein weiteres Merkmal der analysierten Daten war die geringe Zahl an häufig benutzten Funktionen innerhalb des Systems. So kommen nur etwa 11 % aller im System enthaltenen Funktionen mindestens einmal innerhalb von 500 Arbeitsschritten vor, d.h. es müssen dem Benutzer nur wenige Funktionen schnell zur Verfügung stehen.

7 Neukonzeption der Benutzungsoberfläche am Beispiel des CAD-Systems 2

Wie die zuvor genannten Untersuchungen zeigen, treten bei der Bearbeitung der Versuchsaufgaben Probleme auf, die zum größten Teil auf eine unzureichend gestaltete Benutzungsoberfläche zurückzuführen ist. Beispielhaft soll hier für das CAD-System 2 eine Veränderung aufgezeigt werden und dann mit dem "original" System verglichen werden. Unter Berücksichtigung der verschiedenen Gestaltungsrichtlinien und Normen in Verbindung mit den ermittelten Ergebnissen, sowohl aus den Laborversuchen als auch aus den Praxiserhebungen, wurde von Grund auf eine neue Benutzungsoberfläche für das CAD-System entwickelt. Da die Notwendigkeit besteht den Umgang mit dem System verschiedenen Nutzergruppen zugänglich zu machen wurde in dem Designprozeß folgende Lösung entwickelt:

Ausgehend von den Überlegungen, daß nicht alle Funktionen gleich häufig benutzt werden, sollten nur die Funktionen parallel dargeboten werden, die am meisten benutzt werden. Diese Funktionen wurden in ein Pop-up-Menü integriert. Da diese Menü, das an jeder beliebigen Stelle des Bildschirms, durch das Drücken der Maustaste, an der Stelle des Cursors erscheint und einen ähnlich parallelen Zugriff ermöglicht wie die vorherige Benutzungsoberfläche, ist der Funktionszugriff sehr schnell. Das Menü ist in vieler Hinsicht als ein "Dynamisches-Menü" zu bezeichnen: Es ist frei auf dem Bildschirm beweglich, je nach belieben in Text- oder Iconform wählbar und kann vom Benutzer inhaltlich neu geordnet werden, d.h. man kann je nach Arbeitsausführung Dynamische-Menüs wechseln oder diese neu erstellen. So bietet die CADBO dem Anfänger Funktionen an, die es ihm ermöglichen, schnell einfache Aufgaben zu bewältigen und sie ist jederzeit sich ändernden Anforderungen anpaßbar.

Um den unterschiedlichen Vorlieben der Benutzer entgegen zu kommen werden verschiedene Dialogformen angeboten. So existieren neben der Version mit dem streng hierarchisch aufgebauten Pull-down-Menü und Text-Menü als alternative Dialogformen das Dynamische-Menü, ein Grafisches-Menü und ein grafisch gestaltetes Menütablett.

Um dem Problem der Dialogabfrage in der Kommentarzeile zu begegnen wurden zu den einzelnen Funktionen zugehörige Dialogboxen generiert, die alle notwendigen

Parameter enthalten die zur Erzeugung eines Objektes notwendig sind. Im Anfängermodus erscheint die Dialogbox nach der Wahl einer Funktion und zeigt deren Parameter an. Diese können nun beliebig verändert (z.B. Auswahl aus einer Vorschlagsliste) oder bestätigt werden.

Die auftretenden Probleme bei den Fehlermitteilungen (Systemzustand wurde in der Statuszeile angezeigt und von den VPn nicht wahrgenommen) hatten einen nicht unerheblichen Einfluß auf die Vorgehensweise am System. So wurde der Stillstand des Systems zwar mit Schrecken erkannt, aber nicht adäquat beantwortet da sich die VPn mit dem Erstellen des Objektes befaßten nicht aber den Systemzustand entsprechend erkannten. Die Fehlermitteilungen wurden für die neue CADBO dort hin verlagert, wo sich der Focus der Aufmerksamkeit befindet, d.h. an die Stelle des Bildschirms wo sich der Cursor in diesem Moment befindet.

8 Vergleich der veränderten CADBO mit der ursprünglichen Benutzungsoberfläche

Die Prüfung der Benutzungsfreundlichkeit der beiden CADBO erfolgte u.a. nach den Kriterien Bearbeitungszeit, Fehlerhäufigkeit, Ergebnisqualität und Handlungsablauf. Da bei beiden Versuchen die gleichen Aufgaben vollständig gelöst werden mußten konnte die Ergebnisqualität konstant gehalten werden. Da die Qualität des Handlungsablaufes eine abstrakte Größe ist und daher nicht direkt gemessen werden kann wurden hier die gegebenen Unterstützungen der Versuchsbetreuer zugeordnet. Das Maß für die Fehlerhäufigkeit bildete die Anzahl der abgebrochenen Funktionen und die UNDO-Schritte (siehe Abb. 4).

Wie aus Abb. 5 ersichtlich, verringerte sich die Anzahl der Bearbeitungsschritte um 36 %. Die Bearbeitungszeit konnte fast halbiert werden. Die Anzahl an benutzten Funktionen blieb in etwa gleich, was auf die gleichen Aufgabenstellungen zurückzuführen ist, da die Lösung nur mit einer entsprechenden Anzahl vorgenommenwerden konnte.

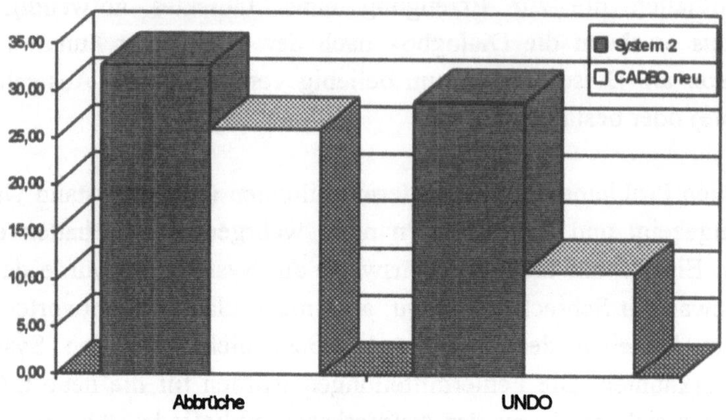

Abb. 4: Vergleich der Abbrüche und UNDO-Schritte

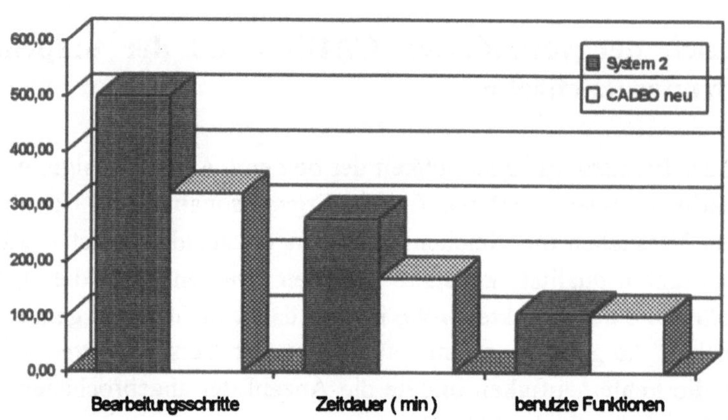

Abb. 5: Vergleich der Bearbeitungsschritte, der Zeitdauer und der benutzten Funktionen

Betrachtet man die Ergebnisse unter den Kriterien Bearbeitungszeit, Fehlerhäufigkeit und Handlungsablauf, dann lassen sich eindeutige Vorteile durch die neugestaltete CADBO erkennen. Die Anzahl der Bearbeitungsschritte reduzierte sich um 34 % und die benötigte Zeit zur Lösung aller Aufgaben sank um 38 %. Der Starke Abfall dieser Meßgrößen ist auf die leichte Auffindbarkeit und Handhabung der Funktionen zurückzuführen. Die VPn wußten in der Regel schneller, wo sie die benötigten Funktionen aufrufen konnten. Der Handlungsablauf verbesserte sich, da die VPn weniger Unterstützungen von den Betreuern benötigten. Dieser Rückgang ist eindeutiges Indiz für eine bessere Selbstbeschreibungsfähigkeit des Systems.

9 Zusammenfassung

Die Untersuchungsergebnisse belegen die Vermutung über eine höhere ergonomische Qualität der Benutzungsoberfläche. Durch eine nach ergonomischen Kriterien entwickelte und unter Berücksichtigung und Integration der Benutzer entwickelte CADBO vereinfachte sich die Bedienung eines komplexen Systems. Die neue Benutzungsoberfläche vereinfachte die Handhabung des CAD-Systems entscheidend. So verkürzten sich die Bearbeitungszeiten um ca. 1/3 und auch die Fehlerhäufigkeiten bei der Bedienung reduzierten sich erheblich. Dabei war das System keinem Versuchsteilnehmer vorher bekannt, so daß sich die Zeitersparnis gegenüber dem alten System konkret auf die Einführungsphase bezieht. In der CADBO finden sich die Richtlinien der DIN 66234 Teil 8 und verschiedener andere wieder.

Der erfolgreiche Einsatz der CAD-Technik ist also in hohem Maße von der Benutzungsoberfläche des verwendeten Systems bestimmt. Sieht man sich die Zeitersparnisse durch die Veränderung der CADBO an, so bringt eine ergonomisch gestaltete CADBO auch ökonomische Vorteile. Als ein wichtiger Aspekt ist hierbei die Benutzerbeteiligung zu nennen, die in großem Maße zu der neu entstandenen CADBO beigetragen hat. Die in dem Forschungsprojekt durchgeführten Analyse- und Gestaltungsprozesse können somit beispielhaft für die Entwicklung benutzungsorientierter Softwareprodukte sein.

Literatur

DIN 66234, Teil 8 (1987)
Bildschirmarbeitsplätze, Grundsätze der Dialoggestaltung. Beuth, Berlin 1987

Eberleh, E. (1987)
Klassifikation von Dialogformen. In Balzert, H. u.a. (Hrsg.): Einführung in die Software-Ergonomie. de Gruyter, Berlin/New York 1988

Frieling, E.; Pfitzmann, J. (1987)
Gestaltung von CAD-Menütablettvorlagen. In Fähnrich, K.-P. (Hrsg.): Software-Ergonomie,

Oldenbourg Verlag, München/Wien

Pfitzmann, J.; Jin, Z. (1992)
Benutzungsorientierte Dialoggestaltung für die CAD Anwendung. In VDI-Berichte Nr. 993.1 Datenverarbeitung in der Konstruktion - CAD im Maschinenbau, VDI Verlag Düsseldorf

Smith, S. & Mosier, J. (1986)
Guidelines for designing user interface software. Bedford, Mass: The Mitre Corporation

Workshop 3

Anwendung- Fertigungsnahe Vorhaben

Konfigurationswerkzeuge für anpaßbare Leitstände

Christian Raether,
ISA Informationssysteme GmbH, Stuttgart

Kurzfassung

Im Projektteilvorhaben der ISA wird ein Konzept zur benutzer- und aufgabenangemessenen Gestaltung von Fertigungssteuerungs-Leitfäden hergeleitet und geeignete Softwarewerkzeuge für die Realisierung des Leitstandsprototypen bereitgestellt, wodurch eine dem Benutzer angemessene Strukturierung der Benutzungsoberfläche gestaltet werden kann.

Eine Untersuchung von bisherigen Leitständen hat ergeben, daß die Erfüllung arbeitswissenschaftlicher Gestaltungserfordernisse nicht gegeben ist. Insbesondere wurde bei zunehmender Funktionalität eine deutliche Abnahme der Bedienungstransparenz festgestellt, welche auf einer Diskrepanz zwischen dem Handlungsmodell des Benutzers und dem Anwendungsmodell des Leitstandes beruht.

Durch das Konzept der Benutzerwerkzeuge ist es möglich, arbeitswissenschaftlichen Gestaltungsanforderungen besser als bisher gerecht zu werden. Insbesondere wurden folgende durch die Untersuchungen besonders als dringlich erkannte Forderungen berücksichtigt:

- Die Forderung nach Ermöglichung von vollständigen Tätigkeiten am Leitstand.

- Die Forderung nach Anpaßbarkeit der Benutzeroberfläche entsprechende, dem individuellen Arbeitsstil des Benutzers und der von ihm zu bewältigenden Aufgaben.

- Die Forderung nach Berücksichtigung des Erfahrungswissens des Benutzers und der Werkstattmitarbeiter.

Die Benutzerwerkzeuge sind Bausteine auf der Benutzungsoberfläche (in Abgrenzung zu Funktionsbausteinen aus der funktionalen Sichtweise), über die der Benutzer die permanente Kontrolle hat und dessen Wirkung er unmittelbar sehen kann.

Zentraler Schwerpunkt der Arbeiten ist die Entwicklung einer Bibliothek von Benutzerwerkzeugen für den gesamten Bereich der Fertigungssteuerung. Aus dieser Bibliothek werden für konkrete Einsatzfälle spezifische Lösungen von Leitständen konfiguriert, die jedoch die Vorteile einer Standardlösung mit den Vorteilen einer Individuallösung verbinden. Die Benutzerwerkzeuge können um funktionale Aspekte des Anwendungsprogrammes erweitert werden, so daß ausgehend von der Benutzungsoberfläche die Funktionalität strukturierbar ist. Die Wartung der Leitstandsoftware erfolgt weitgehend auf dem Niveau dieser erweiterten Benutzerwerkzeuge, so daß der Einfluß der Modifizierung der Anwendung mit Hilfe der Werkzeuge als Wissen bei den Anwendern und Benutzern verbleiben kann.

Neue Vorgehensmodelle zur Leitstandsentwicklung

Grafisch-interaktive Softwaresysteme in hochintegrieten Systemumgebungen stellen gemessen an traditioneller Anwendungssoftware hohe Anforderungen an den gesamten Entwicklungsprozeß. Hieraus ergibt sich die Notwendigkeit, durch ingenieurmäßiges Vorgehen, d.h. durch standardisierte Abläufe nach anerkannten Regeln, Softwareprodukte mit gesicherter Qualität herzustellen. In der Literatur werden hierzu eine Reihe von Vorgehensmodellen dargestellt, die alle weitgehend auf einem strengen Phasenkonzept beruhen.

Der Hauptnachteil dieser sogenannten Wasserfallmodelle ist ihre Inflexibilität. Es ist keine Rückkopplung vorgesehen, so daß bei auftretenden Problemen nicht noch einmal auf die davorliegenden Phasen zurückgegangen wird. Bei dem Wasserfallmodell wird von der Annahme ausgegangen, daß das System gleich zu Beginn vollständig spezifiziert werden kann. Dies ist jedoch aus verschiedenen Gründen meist nicht mögich. Die Anwender können zu Beginn nicht vollständig beschreiben, was sie benötigen. Im Laufe eines Projektes ergeben sich auch noch andere, zusätzliche Aspekte, die vorher nicht bekannt waren oder nicht als relevant erachtet wurden. Desweiteren können sich die Anforderungen und Voraussetzungen im Laufes eines Projektes, das über mehrere Monate oder gar Jahre läuft, ändern.

Aufgrund der Zielsetzung von PLANLEIT nach einer partizipativen Software-Entwicklung mit den Endanwendern wurden Vorgehensmodelle gesucht, die sowohl einen gesicherten Entwicklungsprozeß ermöglichen, als auch schon sehr frühzeitig erlauben, die Kommunikation zwischen Entwickler und Anwender intensiv zu gestalten. Für PLANLEIT wurde daher das Prototyping-Modell ausgewählt.

Das Prototyping-Modell bietet Flexibilität. Aus den Anforderungen an das System wird ein Prototyp erstellt, dan dem die Funktionsweise des Systems dargestellt werden kann. Anwender und Entwickler können daran direkt prüfen, ob das System ihre Erwartungen und Forderungen erfüllt.

Die bisherigen Erfahrungen bei insgesamt fünf Anwenderkreisen haben gezeigt, daß die Diskussion am prototypischen Entwurf des Leitstandes direkt am Rechner zu einer hohen Motivation der Endanwender führt und daß frühzeitig Designfehler erkannt und behoben werden können.

Voraussetzung für eine derartige Vorgehensweise ist allerdings die Verfügbarkeit eines "Softwarewerkzeugkastens", mit Hilfe dessen die gewünschten Funktionsbereiche sich direkt konfigurieren (und auch immer wieder ändern) lassen, ohne dabei in spezifische systemtechnische Implementierungsschritte übergehen zu müssen.

Entwicklungswerkzeuge für Leitstände auf Basis einer offenen Anwedungsarchitektur

Zielsetzung für die Entwicklung der PLANLEIT-Prototypen ist die strikte Verwendung von verfügbaren Standardkomponenten und die Integration der einzelnen Komponenten über normierte Schnittstellen. Auf diese Weise kann die Austauschbarkeit von spezifisch hinzugefügten Modulen einzelner Hersteller sichergestellt und die Gesamtproduktivität erhöht werden.

Weiterhin wurden zwischen den beiden Herstellern (PS und ISA) sowie dem IAT eine gemeinsame Entwicklungsplattform definiert und die Hauptverantwortung für die einzelnen Teilkomponenten auf die beteiligten Partner verteilt.

Die Zusammenstellung des Entwicklungsbaukastens wurde in zwei Teilschritten durchgeführt:

1. Anforderungsanalyse von notwendigen Unterstützungs-werkzeugen
2. Marktanalyse zur Auswahl leistungsfähiger Tools.

Ziel der Anforderungsanalyse war die Zusammenstellung von Funktionsbereichen, für deren Realisierung:

a) bereits einsetzbare Module marktgängig verfügbar sind.
b) mit Hilfe leistungsfähiger Entwicklungs-werkzeuge konfigurierbar sind.
c) als klar abgrenzbares Modul herkömmlich in C oder C++ zu programmieren sind.

Die Basiswerkzeuge

Aus der Vielzahl der möglichen Unterstützungswerkzeuge werden im folgenden alle diejenigen Komponenten aufgeführt, für das die ISA im Rahmen des Projektes verantwortlich ist; Werkzeuge für planende und rechnende Tätigkeiten sind hauptsächlich in der Verantwortung des anderen beteiligten Herstellers und werden deshalb hier nicht erwähnt.

Werkzeuge	Objekte
UIMS	alle Standardobjekte nach CUA
Plantafel	Aufträge, Ressourcen, AVOs
Arbeitsplan Editor	Auftrag, AVO
Struktur-Editor	beliebiges Objekt
Statistik Grafiken	beliebige Objekte
Sichten Editoren	beliebige Objekte

Für jedes Einzelwerkzeug wurden umfangreiche Analysen und Marktuntersuchungen angestellt. Für die von den Herstellern selbst entwickelten und in PLANLEIT zum Einsatz kommenden Werkzeuge wurde die Eignung anhand von Vergleichsuntersuchungen geprüft. Am Beispiel der User Interface Management Systems (UIMS) wurde in Verbindung auch mit anderen Vorhaben eine umfangreiche Markterhebung von ca. 70 Werkzeugen durchgeführt.

Benutzergerechte, aufgabenangemessene und effiziente Leitstände (PLANLEIT): Anforderungen an die Softwaregestaltung

Andreas Huthmann, Michael Thines, Rainer Bamberger, Hans-Peter Laubscher
Institut für Arbeitswissenschaft und Technologiemanagement (IAT), Universität Stuttgart,

Zusammenfassung

Ziel des Verbundvorhabens "Leitstände für die Werkstattsteuerung (PLANLEIT)“ zwischen Anwenderfirmen, Herstellerfirmen und Forschungsinstituten ist die Anforderungsanalyse, Gestaltung und Erprobung von benutzerfreundlichen, aufgabenangemessenen und effizienten Leitständen, wobei das erfahrungsgeleitete Handeln der Werkstattmitarbeiter im Mittelpunkt steht.

Abstract

The objective of the joint project "Leitstand systems for the control of shop floors (PLANLEIT)"" between application companies, software firms and research institutes is the requirement analysis, design, and test of user-friendly, task adequate and efficient Leitstand systems, whereby the focus lies on the experience-oriented acting of the shop floor staff.

Résumé

L´objective duprojet "Leitstand systèmes pour l`ordonnancement des ateliers (PLANLEIT)“ entre entreprises clients, entreprises fournisseurs de logiciel et centres de recherches est l`analyse, la conception et l`évaluation des Leitstand systèmes, étant appropriés aux utilisateurs, aux taches et disposants d`efficacité et d`efficience. Beaucoup d`importance est attaché à la prise en compte de connaissances des ouvriers dans les ateliers.

1 Projektziele, -verlauf und -stand (2 S)

1.1 Zielsetzung und Modellrahmen

Ziel des durch das Bundesministeriums für Forschung und Technologie (Projektträger Arbeit und Technik (AuT) geförderten Verbundvorhabens PLANLEIT ist die Konzipierung, Gestaltung und Erprobung von benutzerfreundlichen, aufgabenangemessenen und effizienten Leitständen für die Werkstattsteuerung. Unterstützt werden sollen die Planungs- und Steuerungsaufgaben der Meister und

Werkstattsteuerung. Unterstützt werden sollen die Planungs- und Steuerungsaufgaben der Meister und Facharbeiter der Einzel- und Kleinserienfertigung in dezentralen teilautonomen Gruppen der Fertigung und Montage in mittelständischen Unternehmen. Die Anforderungen und Gestaltungsempfehlungen sollen partizipativ zusammen mit den Anwendern erarbeitet werden. Die folgende Abbildung zeigt zusammenfassend die Zielsetzung dieses Vorhabens.

Als methodischer Modellrahmen für die Zielsetzung dieses Vorhabens dient die VDI-Richtlinie 5005, die in systematischer Weise Gestaltungs- und Bewertungshilfen zur Verfügung stellt (vgl. VDI 90). Erweitert wird der methodische Zielrahmen der Interaktion zwischen Benutzer und Informationssystem um die Modellkomponenten Beteiligungsqualifizierung und organisatorischer Rahmen (siehe Abbildung 1-2).

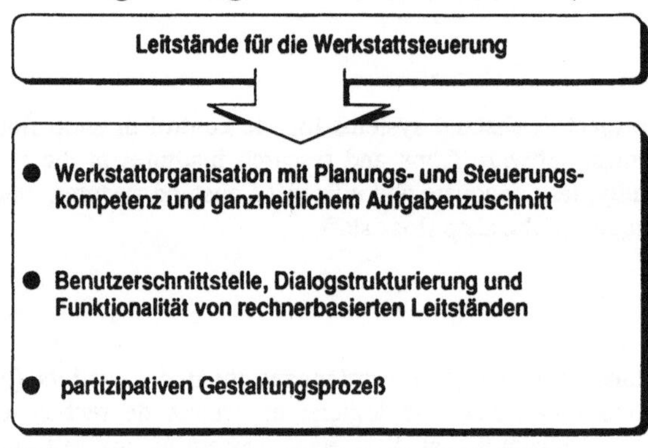

Abbildung. 1-1: Zielsetzung des Verbundvorhabens PLANLEIT

Aufbauend auf die Ist-Organisation sind die Mitarbeiter über Beteiligungsqualifizierung zu befähigen, im Hinblick auf die Zielsetzung eines ganzheitlichen Aufgabenzuschnitts im Sinne des heute so populären Begriffs lean production eine Soll-Organisation für ihre Werkstattsteuerung mitzuerarbeiten. Dezentralisierung von Verantwortung für Personal und Betriebsmittel, die Erreichung der fertigungswirtschaftlichen Ziele wie auch ggf. Budgetfragen sind hierbei das Gestaltungsziel. Partizipation wird als permante Aufgabe verstanden, d. h. auch nach Projektende erfolgt der Gestaltungsprozess durch die Werkstattmitarbeiter.

Abbildung 1-2: **Modellrahmen für das Vorhaben**

Aufbauend auf die erarbeitete Soll-Organisation der Werkstattsteuerung sollen partizipativ Anforderungen und Gestaltungshinweise an einen Leitstand erarbeitet werden. Im Sinne des Modellrahmens sind folgende Ziele maßgeblich:

Benutzergerechtheit im Bereich der Bedienbarkeit des Leitstandes bedeutet, daß eine schnelle Informationsabfrage, geringe Fehlerhäufigkeit und effizientes Arbeiten gewährleistet ist.

Aufgabenangemessenheit ist weitgehend abhängig von der Effizienz der Mensch-Rechner-Interaktion und der Aufgabenteilung zwischen Mensch und Rechner. Das Ziel des Benutzers soll mit einem möglichst geringen Interaktionsaufwand erreichbar sein. Die Gestaltung der Unterstützung soll der Aufgabe im Sinne von Merkmalen wie z.B. Handlungsspielraum, Häufigkeit und Dauer, Vollständigkeit, Belastung, Repetivität, etc. angemessen sein.

Das Ziel einer effizienten Planungs- und Entscheidungsunterstützung ist die erweiterte Unterstützung nach Keen (Keen 87). Das System soll hierbei im Sinne eines Planungsassistenten die Bewertung einzelner Alternativen durch Simulation ermöglichen und andererseits die Lösung von Teilproblemen generieren, die aufgrund der vorhandenen Planungskomplexität vom Unterstützungssystem durchgeführt werden sollten.

Aus den oben genannten Zielsetzungen kann ein weiteres Ziel abgeleitet werden: Anpassbarkeit. Ein Hauptziel ist es somit zu zeigen, daß mit Hilfe einer "offenen" Gestaltung Effizienz wie auch arbeitswissenschaftliche Ziele erreicht werden können. Eine "offene“ Gestaltung bedeutet hierbei die leichte Anpassbarkeit an unterschiedliche Organisationen, Aufgaben und Benutzer.

Für Anwender soll somit bewirkt werden, daß

- o das spezifische Anforderungsprofil des Anwendungsbereichs im Leitstand abgebildet werden kann und Anpassungskosten nicht wie bisher ein Vielfaches des Preises bei der Investition in einen Leitstand ausmachen,
- o dem Benutzer eine leicht bedienbare und aufgabenangemessenene Benutzerschnittstelle angeboten wird,
- o spezifische erfahrungsgeleitete Planungs- und Steuerungsmethodik in das Unterstützungssystem integriert werden kann. Die rechnergestützte Planung gewinnt hierdurch wesentlich an Effektivität (höhere Qualität) und Effizienz (schnellere Ausführung),
- o durch Simulationshilfen "wenn-dann-Betrachtungen“ ermöglicht werden.

Für den Hersteller sollen sich aus diesem Ansatz folgende Vorteile ergeben:

- o es werden eher industrielle Maßstäbe der Softwareproduktion möglich (Baukasten- oder Variantenproduktion),
- o Leitstände lassen sich mit weniger Aufwand an die Zielgruppenproblematik anpassen. Somit erschließen sich auch neue Kundenkreise (mittelständische Firmen),
- o Leitstände bieten eine höhere Form der Entscheidungsunterstützung (Produktprofil).

1.2 Projektstruktur

In den einzelnen Vorhaben des Verbundes bearbeiten Anwender-, Herstellerfirmen und Forschungsinstitute von Leitständen in aufeinander abgestimmten Arbeitspaketen das Gesamtfeld der Aufgaben.

Die einzelnen Firmenprojekte des Verbundes "PLANLEIT" tragen in unterschiedlichem Maße zum Gesamtvorhaben bei. Diese Forschungs- und Entwicklungsbeiträge betreffen die Analyse von Anforderungen, die Erarbeitung von Gestaltungshinweisen und die Evaluation der gestalteten bzw. weiterentwickelten Unterstützungssysteme. Input aus den Firmenvorhaben in das Grundlagenvorhaben sind Anforderungen und Gestaltungshinweise an eine adäquate Planungs- und Steuerungsunterstützung für rechnerbasierte Leitstände in Fertigung und Montage. Diese kommen aus den verschiedenen Betriebsprojekten des geförderten Raums (Verbundvorhaben) und von Firmen, die keine Förderung beziehen (ungeförderter Raum).

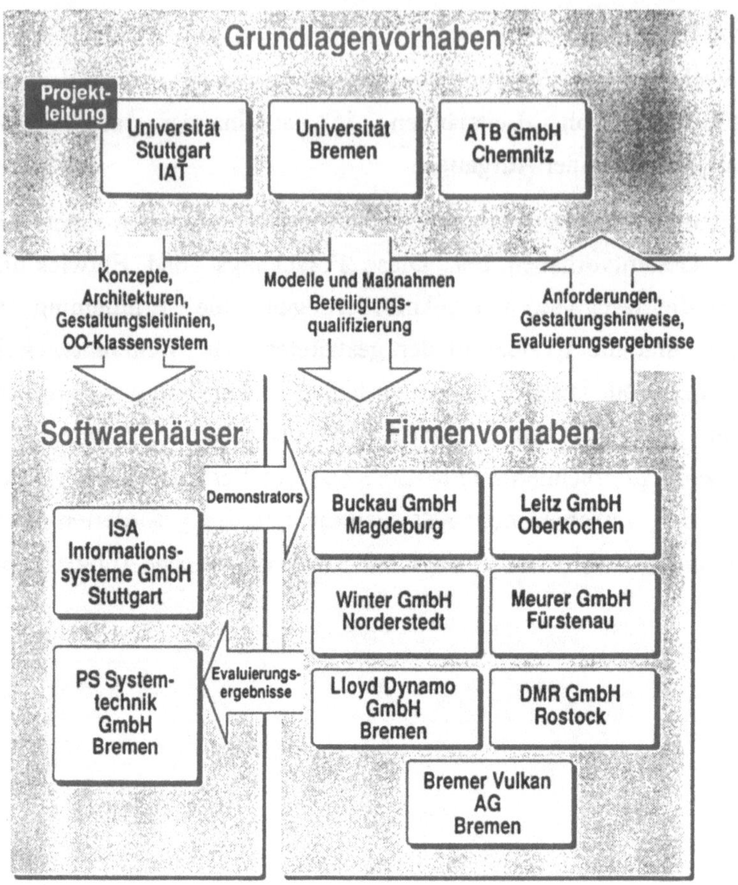

Abbildung 1-3: Projektstruktur des Verbundvorhaben PLANLEIT

Spätere Evaluierungsergebnisse der gestalteten Unterstützungssysteme in Form von Demonstratoren gehen gleichermaßen in das Grundlagenvorhaben ein und führen zu einer Verifizierung der Systemgestaltung. Objekt-orientierte Implementierung unterstützt in hervorragender Weise ein solches iteratives Vorgehen. Output aus dem Grundlagenvorhaben in das Anwendungsvorhaben sind Modelle des Planungs- und Steuerungsprozesses, die Form finden in der objekt-orientierten Konzeption und Gestaltung eines Leitstandsdemonstratoren, der in hohem Maße an die verschiedenen Anforderungsprofile der Anwenderfirmen anpaßbar sein wird.

2 Projektverlauf und -stand

Das Verbundvorhaben ist formal in zwei Teilvorhaben strukturiert: die Firmen- und das Grundlagenvorhaben. Die Schnittstelle beider Vorhaben bildet der firmenübergreifende Beteiligungsqualifizierungsprozess, der den Erfahrungsaustausch beider Vorhaben hinsichtlich Anforderungaufnahme und Erarbeitung von Gestaltungsemfehlungen organisiert. Der Projektverlauf des ersten Projektjahres läßt sich in einer Übersicht anhand der folgenden Abbildung veranschaulichen. Die zu beteiligenden Mitarbeiter für die Anwenderfirmen sind im einzelnen aufgeführt (siehe Spatz et al. 92).

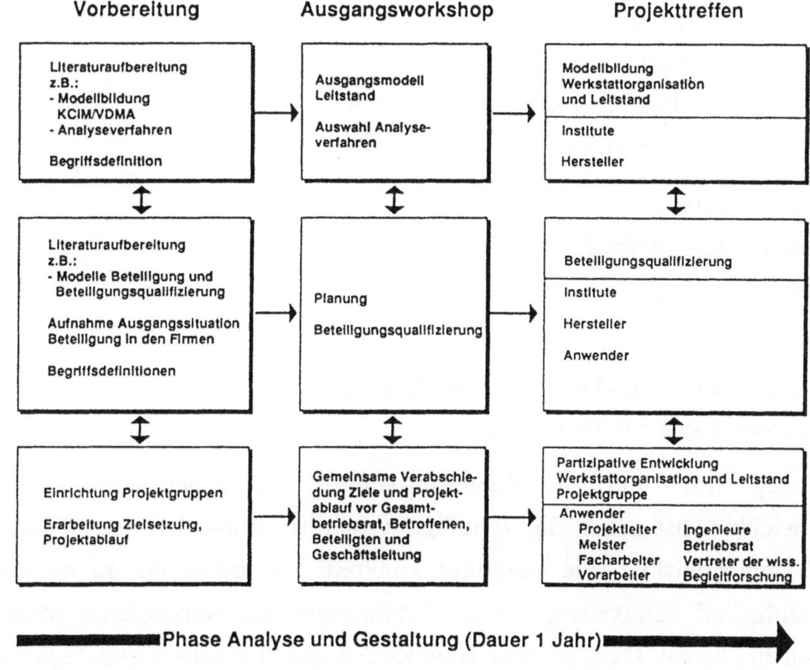

Abbildung 2-1: Projektablauf Phase Analyse und Gestaltung

Anforderungen und Gestaltungshinweise wurden einerseits über die Medien der Analysemethoden dokumentiert und andererseits über Prototyping festgehalten. Beteiligungsqualifizierungsmaßnahmen ermöglichten den Austausch von

Anforderungen und Gestaltungshinweisen. Aufbauend auf die Analyse der Beteiligungssituation in den Anwenderfirmen und die Erarbeitung eines Beteiligungsmodells (vgl. Spatz et al. 92; Huthmann et al. 92 A) wurden Qualifzierungsmaßnahmen verbundweit durchgeführt, die die Herausbildung folgender Schlüsselqualifikationen bzw. Kompetenzen für die Betroffenen ermöglichte:

Fachkompetenz:

- berufsbezogene Kenntnisse;
- Kenntnisse zum Objektbereich:
    - Steuerung und Organisation des Werkstattbetriebes;
    - Ablauforganisation;
    - Werkstattsteuerungssysteme;
- arbeitswissenschaftliches Gestaltungswissen;
- Innovations- und Entscheidungskompetenz.

Methodenkompetenz:

- systematisches, methodisches Denken und Handeln;
- Problemlösefähigkeit.

Sozialkompetenz:

- Kommunikations- und Kooperationsfähigkeit;
- Voraussetzungen zur Teamarbeit.

Voraussetzung für die beteiligungsorientierte Vorgehensweise bei der Systementwicklung ist neben der Beteiligungsqualifizierung der Betroffenen auch die der Systementwickler. Sie benötigen konkrete Kenntnisse der zu gestaltenden Arbeitsabläufe und -tätigkeiten, um die Erfahrungen der betrieblichen Mitarbeiter einbeziehen zu können. Dazu gehören auch Kenntnisse über alternative Technologien sowie arbeitswissenschaftliche Grundlagen.

Aus der gemeinsamen Erarbeitung der Anforderungen und Gestaltungshinweise wurde ein objekt-orientiertes Leitstandsmodell erarbeitet und ständig weiter verbessert.

Die in den Projektgruppen der Anwenderfirmen erarbeiteten dezentralen

Organisationskonzepte sind momentan in der Umsetzungsphase.

3 Darstellung ausgewählter Ergebnisse aus Analyse und Gestaltung

Auf Ergebnisse der organisatorischen Analyse und Gestaltung soll im Rahmen dieses Beitrags nicht eingegangen werden. Es wird auf die Projektberichte verwiesen (Huthmann et al. 92 A).

3.1 Partizipativer Analyse- und Gestaltungsprozess

Die in PLANLEIT eingesetzten Analyse- und Gestaltungsmethoden sind in der folgenden Abbildung mit ihren Einsatzfeldern dargestellt. Die Analyse darf nicht reduziert werden auf den informationsverarbeitenden Aspekt, wenn man das Ziel hat, zugleich humane und produktive Arbeitsbedingungen schaffen und sichern zu wollen. Für eine Systemgestaltung gemäß den Zielsetzungen des Projektes muß die Analyse und Einbettung der einzelnen Aufgaben in den Kontext der gesamten vorgefundenen oder geplanten Arbeitstätigkeit des Benutzers berücksichtigt werden.

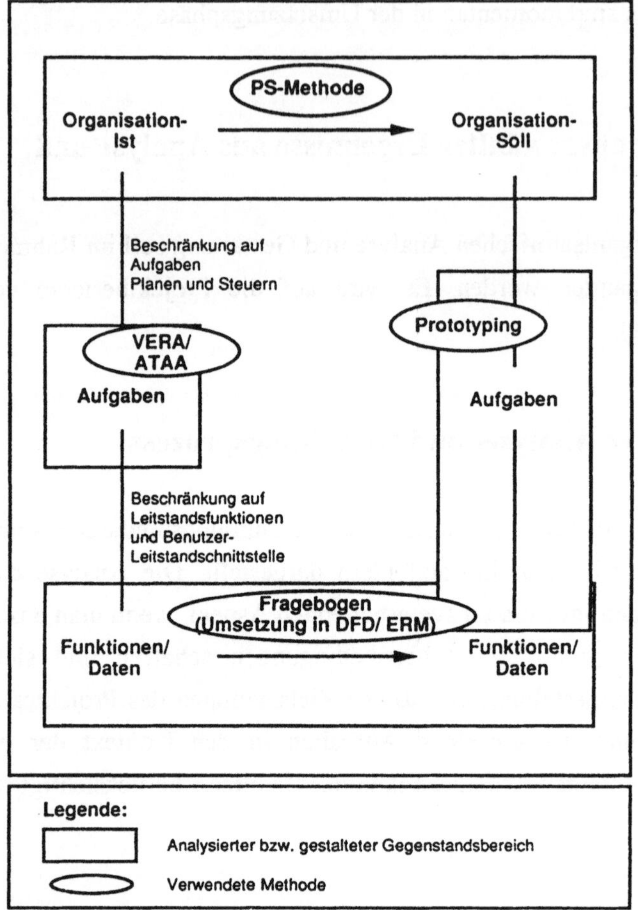

Abbildung 3-1: Partizipativer Analyse- und Gestaltungsprozess

Diese Forderung zielt auf eine integrierte Analysemethodik, die technische, organisatorische und soziale Aspekte mit aufeinander abgestimmten Methoden und Werkzeugen gleichermaßen berücksichtigt. Es muß aber ebenso deutlich werden, wie die Ergebnisse der Analyse in den Entwurf umgesetzt werden sollen, d. h. Hinweise für die Gestaltung sollen ableitbar sein.

Die PS-Methode leifert einen guten Einstieg in die Problematik und zwar für alle Beteiligten. Die Methodik regt die Einbindung aller Beteiligten , also in unserem Falle insb. der Meister und Facharbeiter, an. Die Methode zielt auf die Untersuchung und Gestaltung der organisatorischen Arbeitsabläufe des gesamten Untersuchungsbereiches, während die Methoden VERA und ATAA arbeitsplatzbezogen analysieren, also mehr ins Deatil gehen. Mit VERA und ATAA lassen sich die Arbeitsabläufe vor und nach Unterstützung durch einen Leitstand analysieren.

Keine derzeit verfügbare Methode ermöglicht es jedoch, alle für die Aufgaben- und DV-Systemgestaltung relevanten Merkmale zu analysieren. Die Gestaltungsrelevanz für die Gestaltung der Benutzungsschnittstelle ist bei allen Methoden als eher gering einzuschätzen. Deshalb wurde zusätzlich ein Untersuchungsleitfaden entwickelt, der vor allem die nicht durch die Verfahren abgedeckten Merkmale gleichermaßen berücksichtigen soll. Dieser ist als Ergänzung zu PS und VERA/ATAA zu verstehen und soll zugleich die nötigen Informationen für die Softwaregestaltung ermitteln. Kennzeichnend sind vor allem die Erfassung von Kommunikations- und Kooperationsbeziehungen und die **d** Datenflüsse, die die Zusammenhänge der Teilaufgaben Ermittlung der Datenflüsse.

Zur Aufbereitung und Darstellung der Aufgaben und der ein- und ausgehenden Daten bieten sich Data Flow Diagramms an, die es erlauben, einen gewissen Überblick über Aufgaben <u>und</u> die zu verarbeitenden Daten zu geben und somit eine Vorgabe für den SW-Entwurf bieten. Zur Ergänzung der Datendarstellung schaffen ER-Diagramms den nötigen Detaillierungsgrad für die SW-Entwicklung.

Aus den Analysen konnten über 60 Teilaufgaben zur Planung und Steuerung des Werkstattgeschehens herausgearbeitet werden. Die Aufgaben unspezifizieren, wurden mittels Data Flow Diagramms und ER-Diagramms dargestellt, wobei die Data Flow Diagramms bis zur Stufe 3 heruntergebrochen wurden (Bamberger et. al. 92).

Aufgrund des so erhobenen Datenmaterials war es möglich, Gestaltungsempfehlungen für einen aufgabenangemessenen Prototypen abzuleiten. In diesem wurden die Ergebnisse zusammengeführt und Anforderungen an die Gestaltung realisiert.

3.2 Handlungsmodell

Wie bereits beschrieben wurde maßgeblich durch die Herstellerfirmen und Forschungsinstitute von PLANLEIT ein Ausgangsmodell für eine Leitstandskonzeption entworfen (Huthmann et al. 92 B). Dieses Ausgangsmodell besteht aus einem Daten-, einem Funktions- und Kontrollmodell. Basis für das Funktionsmodell bildeten die Erfahrungen der Projektpartner und Arbeiten von KCIM bzw. VDMA (KCIM 89, VDMA 90). Ein detailliert strukturiertes Funktions- und Kontrollmodell, das bis auf die Ebenen unabhängiger Entscheidungsfunktionen herunterreicht, wurde durch letztere Arbeiten nicht erreicht.

Wichtig für die Gestaltung eines Leitstandssystems ist aber die Beschreibung der Funktionen bzw. Aufgaben für das gesamte Feld von Leitstandsanwendungen, die entweder automatisch oder rechnerunterstützt durchgeführt werden sollen. Zu deren Erfassung wurde eine empirisch breit angelegte Analyse der Planungs- und Steuerungsaufgaben in PLANLEIT realisiert. Aus den Ergebnissen dieser Analysen wurde aus dem Ausgangsmodell ein umfassendes, detailliertes Funktions- und Kontrollmodell erstellt, das im folgenden auszugsweise dargestellt ist. Die unabhängigen Entscheidungsfunktionen basieren auf der Beschreibung der einzelnen Aufgabenstellungen (Ausgangs- und Zielzustand) durch die Verwendung eines Graphenmodells, das hier nicht weiter detailliert wird.

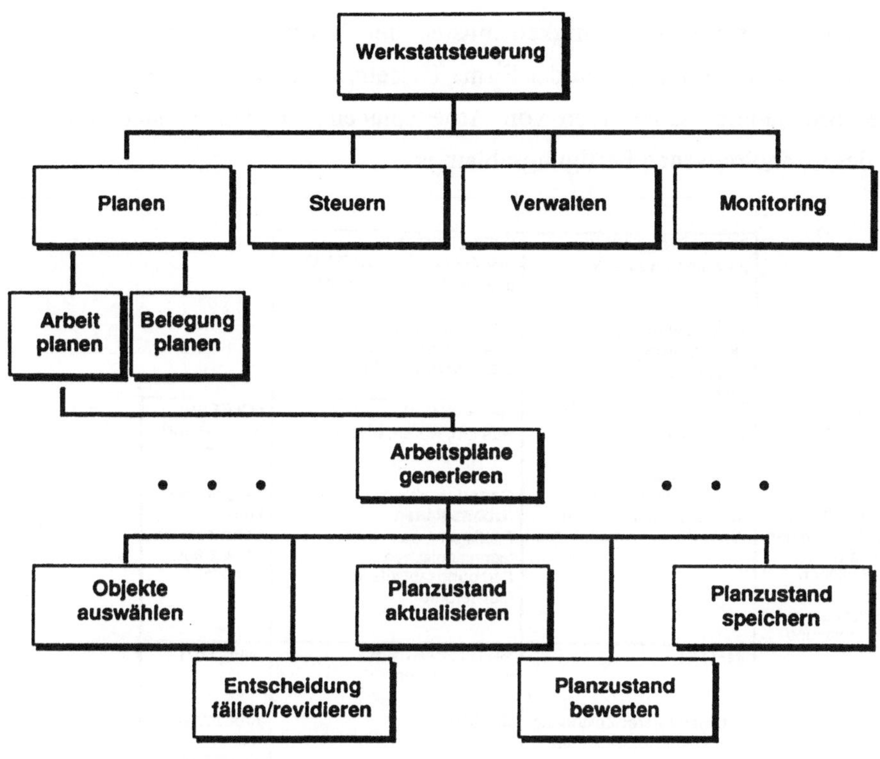

Abbildung 3-2: Auszug Funktionsmodell

Die Ermittlung der Teiltätigkeiten, aus denen die unabhängigen Entscheidungsfunktionen abgeleitet wurden, erfolgte in zwei Stufen:

In einem ersten Schritt wurden aus den Analyseergebnissen die Teiltätigkeiten der Meister herausgearbeitet und in einem Relationsnetz, auch "Tätigkeitsmuster" genannt (in Anlehnung an Hacker 92), dargestellt. Hierbei wird jede Teiltätigkeit durch die Kette von Ziel, Signal, Ursache, Info-In, Maßnahme, Folge und Info-Out als ein abgeschlossenes System dargestellt. Diese Tätigkeitsmuster veranschaulichen in leicht verständlicher und detaillierter Form die Teilaufgaben und konnten deshalb den Meistern zur Verifizierung der Untersuchungsergebnisse vorgelegt werden. Zur Erläuterung wird im folgenden ein solches Tätigkeitsmuster beschrieben.

Die Abbildung 3-3 stellt das Tätigkeitsmuster der Tätigkeit "*Generieren von Arbeitsplänen*" bei der Einplanung in der Firma Dieselmotorenwerk Rostock (DMR) dar. Bei der Maßnahme "Generieren von Arbeitsplänen" handelt es sich um die Festlegung des technologischen Fertigungsablaufes.

	ZIEL (HIERARCHIE)/ zu welchem Zweck Sicherstellung der Durchführung kundenspezifischer Aufträge	FREIHEITSGRADE EINGRIFFSMÖGLICHKEITEN unter welchen Bedingungen möglichst geringe Abweichungen vom Standardarbeitsplan	
URSACHEN FÜR SITUATION/ warum kundenspezifische Aufträge erfordern von den Standard-arbeitsplänen abweichende Arbeitspläne bei der Einplanung	SIGNALE AUS SITUATION/ woraufhin Fehlen eines entsprechenden Planes bei der Erstellung oder Auswahl des Arbeitplanes	MAßNAHMEN/ was tun; woran; wie; wann; wo **Generieren von Arbeitsplänen** Festlegung des technologischen Fertigungsablaufs im Meisterbüro	FOLGEN/ wozu; wofür; (warum) Verplanung kundenspezifischer Aufträge ermöglicht
	INFO IN Arbeitspapiere: Zeichnung, späteste Endtermine für Meisterei; Standardarbeitspläne aus Erfahrungswissen; Belegungsplan	MITTEL; PARTNER womit; mit wem Zeichnung	INFO OUT Arbeitsplan mit Bearbeitungszeiten

Abb. 3-3 Teiltätigkeit Generieren von Arbeitsplänen

Im zweiten Schritt fand eine Aggregierung der Tätigkeitsmuster über alle Firmen statt. Diese zeigt neben der Bedeutung, die den jeweiligen Teiltätigkeiten beigemessen werden muß, auch alle in der Gesamtstichprobe genannten, verhaltensregulierenden Maßnahmen auf.

Die aggregierten Tätigkeitsmuster wurden in das Funktionsmodell aufgenommen und mittels den zugehörigen unabhängigen Entscheidungsfunktionen und deren Ablauffolge detailliert beschrieben (Huthmann al. 92 C).

3.3 Gestaltungsempfehlungen

Erste Bewertungs- und Gestaltungsempfehlungen wurden im Rahmen des Ausgangsmodells erarbeitet und für eine Bewertung ausgewählter innovativer Leitstände am Markt verwendet (Kroneberg et al. 92). Defizite der untersuchten Systeme und erste Ergebnisse aus dem Prototypingprozess in den Anwenderfirmen von PLANLEIT führten zur weiteren operativen Detaillierung der Gestaltungsempfehlungen. In der folgenden Abbildung sind auszugsweise Gestaltungsempfehlungen für die Funktions- und Aufgabenebene angeführt.

In der zweiten Hälfte des Vorhabens werden diese Gestaltungsempfehlungen überprüft und weiter ergänzt werden. Dies geschieht einerseits durch die Ergebnisse des weiteren Prototypingprozesses und andererseits durch die vergleichende Erprobung mit ausgewählten Leitstandsystemen am Markt.

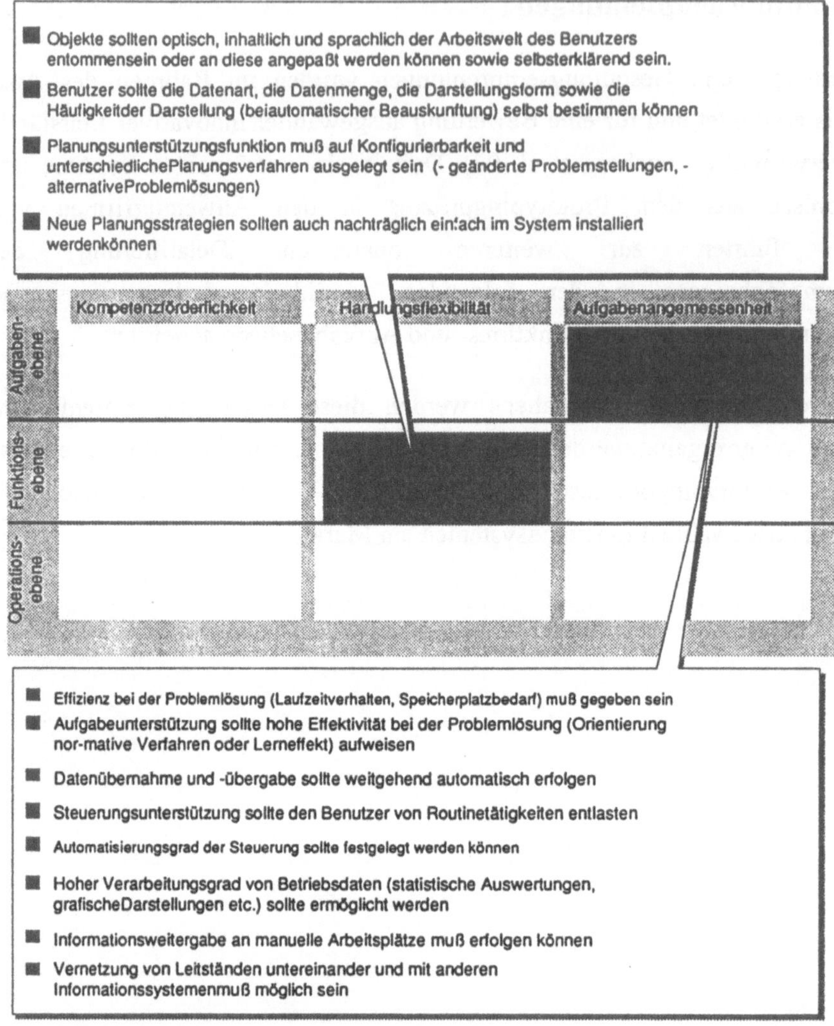

Abbildung 3-4: Ausschnitt Gestaltungsempfehlungen

3.4 Anwendungsmodell

Aufbauend auf die Analysen in den Anwenderfirmen und die Erarbeitung von Gestaltungsempfehlungen wurde ein Leitstandsbaukasten konzipiert. Dieser

Leitstandsbaukasten umfasst Benutzerwerkzeuge (siehe Beitrag Fa. ISA GmbH) und ein objekt-orientiertes Anwendungsmodell. Ziel des Anwendungsmodells ist es, eine allgemeingültige genügend detaillierte Abbildung der Werkstattsteuerung vorzunehmen, die als Referenzmodell und Grundlage für die Implementierung der Herstellerdemonstratoren eingesetzt wird. Die Berücksichtigung der aufgenommenen Anforderungen der verschiedenen Anwenderfirmen ermöglicht die Allgemeingültigkeit und Vielseitigkeit eines solchen Modells. Auszugsweise wird im folgenden die Modellierung der Arbeitspläne dargestellt.

Der Umfang des Modells umfasst momentan ca. 300 Klassen (Otterbein 92).

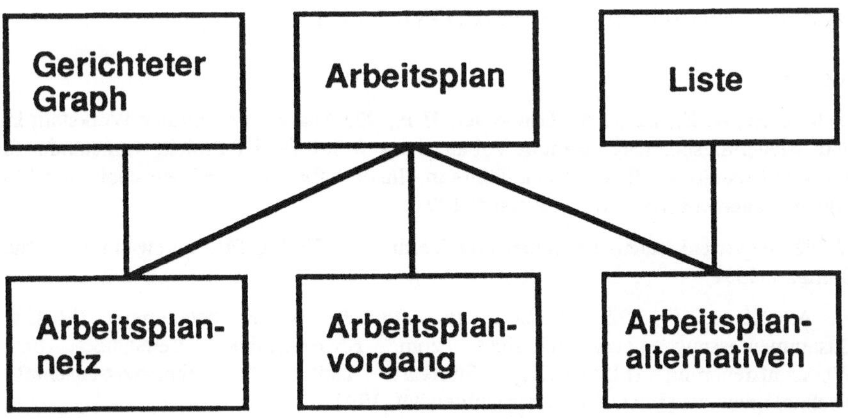

Abbildung 3-5: Klassenteilbaum flexible Arbeitspläne

4 Ausblick

Als Übersicht werden folgende Arbeiten in der zweiten Hälfte des Verbundvorhabens durchgeführt:

- o Beteiligungsqualifizierungsmaßnahmen,
- o Handlungsorientierte vergleichende Erprobung von ausgewählten Leitständen durch die Projektmitarbeiter aus den Firmen,

- o weiteres Prototyping und Erarbeitung weiterer firmenspezifischer Gestaltungsempfehlungen (Leitstand und Organisationsstruktur),
- o arbeitsteilige Implementierung des Leitstandbaukastens (objekt-orientiertes Anwendungsmodell, Konfigurationswerkzeuge),
- o Umsetzung organisatorischer Sollkonzepte in den Firmen,
- o erweiterte Wirtschaftlichkeitsbetrachtungen und Breitenwirkungsarbeit,
- o Evaluation von Beteiligungsqualifizierungs-, Organisationskonzepten und objekt-orientierten Leitstandsprototyp (nach Prozess iterativer Verbesserung),
- o 2 Workshops in neuen Bundesländern (Schnittstelle PPS-Leitstand, Gestaltungsempfehlungen),
- o Erfahrungsaustausch mit anderen AuT-Vorhaben.

5 Literatur

Bamberger, R.; Zempel, Z.; Beck, A.; Laubscher, H-P.; 92: Analyse dezentraler Werkstattplanungs- und -steuerungsbereiche. Bericht Arbeitspaket 2 im BMFT-Projekt Leitstände für die Werkstattsteuerung (PLANLEIT). Stuttgart: Institut für Arbeitswissenschaft und Technologiemanagement (IAT) der Universität,1992.

Hacker, W. 92: Expertenkönnen. Erkennen und Vermitteln. Verlag für Angewandte Psychologie; Stuttgart, 1992.

Huthmann, A.; Kern, P.; 92 A: Leitstände für die Werkstattsteuerung (PLANLEIT). Zusammenfassung Zwischenbericht zum BMFT-Projekt Leitstände für die Werkstattsteuerung (PLANLEIT). Stuttgart: Institut für Arbeitswissenschaft und Technologiemanagement (IAT) der Universität, 1992.

Huthmann, A.; Bamberger, R.; Laubscher, H-P.; 92 B: Anforderungsmodell. Interner Bericht zum BMFT-Projekt Leitstände für die Werkstattsteuerung (PLANLEIT). Stuttgart: Institut für Arbeitswissenschaft und Technologiemanagement (IAT) der Universität, 1992.

KCIM 89: Schnittstellen der rechnerintegrierten Produktion (CIM), Fortschrittsbericht der Kommission Computer Integrated Manufacturing (KCIM). Berlin: Beuth Verlag 1989.

Keen, P.G.W; 87: Decision Support Systems: The Next Decade. In: Decision Support Systems (1987) 3, S. 253-265.

Kroneberg, M.; Vöge, M.; Otterbein, T.; Huthmann, A.; 92: Marktrecherche. Bericht Arbeitspaket 5 im BMFT-Projekt Leitstände für die Werkstattsteuerung (PLANLEIT). Stuttgart: Institut für Arbeitswissenschaft und Technologiemanagement (IAT) der Universität,1992.

Huthmann, A.; Laubscher, H-P.; Bamberger, R.; 92 C: Allgemeines Entscheidungsmodell. Bericht Arbeitspakete 3 und 4 im BMFT-Projekt Leitstände für die Werkstattsteuerung (PLANLEIT). Stuttgart: Institut für Arbeitswissenschaft und Technologiemanagement (IAT) der Universität,1992.

Otterbein, T.; 92: Architektur für Leitstände. Bericht Arbeitspaket 7 im BMFT-Projekt Leitstände für die Werkstattsteuerung (PLANLEIT). Stuttgart: Institut für Arbeitswissenschaft und Technologiemanagement (IAT) der Universität,1992.

Spatz, H.; Weidauer, J.; Böger, S.; 92: Beteiligungs- und Beteiligungsqualifizierungsmodell. Bericht BMFT-Projekt Leitstände für die Werkstattsteuerung (PLANLEIT). Stuttgart: Institut für Arbeitswissenschaft und Technologiemanagement (IAT) der Universität,1992.

VDI 90: VDI Richtlinie Bürokommunikation: Software-Ergonomie in der Bürokommunikation (VDI 5005). Verein Deutscher Ingenieure (Hrsg.). Berlin: Beuth Verlag GmbH, Oktober 1990

VDMA 90: Fertigungstechnik für die Investitionsgüterindustrie. Internes Arbeitspapier. 1990.

High Tech muß nicht kompliziert sein

Das Steuerungskonzept der CNC_{plus} Maschine

Kurzfassung

Die Fa. KELLER, Wuppertal, entwickelt (seit 10 Jahren) Software für den Bereich CNC-Qualifizierung und CNC-Programmierung.
Eine besondere Bedeutung für beide Bereiche hat das seit 5 Jahren verkaufte, grafisch-orientierte System GRE+CAM bekommen:
Zum einen ist dieses (inzwischen über 7000 mal verkaufte) System Grundlage des Modellversuches "Qualifizierung von Metallfacharbeitern in Klein- und Mittelbetrieben nach dem Konzept der Integration von Lernen und Fertigen", zum anderen ist dieses System Ausgangspunkt einer neuen, 3. Generation von NC-Technik.
Auf der EMO '93 in Hannover wird diese neue Generation von NC-Maschinen unter dem Begriff "CNCplus" vorgestellt. Es wird sich zeigen, daß HighTech nicht zwangsweise kompliziert sein muß.

Abstract

The R. & S. KELLER GmbH in Wuppertal, Germany, is (for 10 years now) continuously developping software for CNC qualification and CNC programming.
GRE+CAM, a graphics oriented system which is sold now for 5 years, has gained a certain importance for these two CNC fields:
On the one hand, this system (in the meantime more than 7000 pieces have been sold) is the basis of the model experiment "Qualification of skilled workers in small and medium-sized enterprises following the concept of the integration of training and production", and on the other hand, this system has initialized a new 3rd generation of NC technology.
At the EMO '93 in Hanover, this new generation of NC machines will be introduced under the title "CNCplus". It will turn out that hightec does not necessarily have to be complicated.

Résumé

La R. & S. KELLER GmbH a Wuppertal, Allemagne, developpe (depuis 10 ans) des logiciels pour les domaines de la qualification et programmation a CNC.
GKE+CAM, un systeme base sur graphique qui se vend depuis 5 ans, a acqueri une certaine importance pour ces deux domaines:
D'une part, ce systeme (dont on a vendu entretemps plus que 7000 piece) est la base de l'essai-type "Qualification des ouvriers specialises dans des petites et moyennes entreprises d'apres le concept de l'integration de formation et production" et d'autre part, ce systeme declenche une nouvelle, 3ieme generation de la technologie a CN.
A l'occasion de l'EMO '93 a Hanovre, cette nouvelle generation de machine a CN sera presentee sous le titre "CNCplus". On constatera que la technologie de pointe ne doit pas etre obligatoirement compliquee.

Vorbemerkungen

Nicht wenige Facharbeiter denken heutzutage mit Wehmut an frühere Handradzeiten zurück, wenn sie wieder einmal vor der einen oder anderen komplexen Eingabetastatur einer CNC-Maschine stehen oder die Sprache einer bestimmten CNC-Steuerung lernen müssen: Doch für Technik zum Anfassen und Begreifen scheint in CNC-geprägten Produktionsstätten kein Platz zu sein. Nach dem Motto Produktivität erfordert HighTech und HighTech ist zwangsläufig kompliziert" wurden als Konsequenz Dreher und Fräser mit einem enormen Weiterbildungsaufwand immer wieder auf neue Steuerungen mit ihren spezifischen Zyklen vorbereitet. Viele blieben auf der Strecke.

Wie ist es sonst zu erklären, daß

- o mehr als 60% der gelernten Dreher nach 5 Jahren nicht mehr in ihrem Beruf tätig sind
- o mehr als 85% der Werkzeugmaschinen in 1991 noch konventionelle Maschinen waren
- o bei der noch heute dominierenden CNC-Programmierung kaum ältere Facharbeiter zu finden sind

Einige wesentliche Antworten sind, daß

- o im CNC-Bereich das Programmieren statt des Handelns im Mittelpunkt steht.
- o die Facharbeit an Attraktivität verloren hat, weil die heutigen CNC-Maschinen und -Steuerungen immer noch informatik-orientiert statt auf Facharbeiterlogik ausgerichtet sind.
- o auch bei modernen CNC-Steuerungen die Software den Facharbeiter dominiert, statt ihn beim Handeln zu unterstützen.

In "Maschinen sind für Menschen da" (DIE ZEIT, 24. Juli 1992) heißt es:
"... Die CNC-Technik hatte dem Facharbeiter nämlich die Meisterschaft über seine Fräs- oder Drehmaschine entwunden. Im Jahre 1956 hatte Douglas T. Ross vom Massachusetts Institute of Technology (MIT in den USA eine Programmiersprache für spanende Maschinen der Metallbearbeitung ersonnen. Der Mann wußte nicht viel über das Drehen und Fräsen. Er war Mathematiker und dachte in der Formelwelt der analytischen Geometrie. Sein Stil hat sich bis heute in den Programmcodes der CNC-Maschinen erhalten. Deshalb lassen die meisten Betriebe die Programme von

Experten schreiben. Der Arbeiter ist zum Einlegen und Aufpassen da. Selbst programmiert er selten."
Die Kompetenz eines Facharbeiters erschöpt sich aber nicht darin, im Kopf über Abläufe Bescheid zu wissen, sondern beinhaltet vor allem die Fähigkeit des Einfühlens und des Erspürens der Möglichkeiten (und Grenzen der Prozesse zwischen Werkstück, Werkzeug und seiner Maschine.
"Dieses Fingerspitzengefühl ist es, das den guten Facharbeiter so unentbehrlich macht." (B. Kuttkat, Industrie Meister, Nr. 9/1992)

Der Modellversuch

Bei der Firma KELLER (deren Produkte stets darauf ausgerichtet sind, die Kluft zwischen Facharbeiter und CNC-Maschine zu überbrücken wurde 1988 ein erster konkreter Schritt getan, diese auf DIN 66025 basierende, informatik-orientierte Programmierung aufzuheben: Geschaffen wurde ein piktogramm-orientiertes, für alle Dreh- und Frässteuerungen anwendbares CNC-System auf PC-Basis, welches als WOP-System vom Markt äußerst positiv aufgenommen wurde.
Dieser Entwicklung verdankt die Firma KELLER auch einen vom BMFT im Rahmen des Programms "*Arbeit und Technik*" geförderten Modellversuch mit dem Titel

"Stabilisierung älterer Arbeitnehmer in Klein- und Mittelbetrieben sowie modellhafte Qualifizierung von Metallfacharbeitern in den Ländern der ehemaligen DDR durch werkstattgerechte CNC-Technik nach dem Konzept der Integration von Lernen und Fertigen",

wissenschaftlich begleitet von folgenden Institutionen:

- Hochschuldidaktisches Zentrum, RWTH Aachen
- Gesellschaft für Arbeitsschutz- und Humanisierungsforschung mbH, Dortmund
- Institut für Psychologie, TU Dresden
- Arbeit, Technik und Bildung GmbH, TCC Chemnitz

Erkenntnisse aus dem Modellversuch

Im Rahmen dieses Modellversuches wurde erkannt, daß die Analyse der konventionellen Fertigung (und damit das Handrad) am Anfang der CNC-Qualifizierung stehen muß. Die Integration des Handrades bei CNC-Maschinen wurde seit jeher insbesondere auch von Herrn Udo Blum, Abteilung Automation/Technologie/HdA beim Vorstand der IG Metall Frankfurt, gefordert.
Die Aufwertung des Handrades einerseits und jüngste Sohware-Entwicklungen andererseits sind die Bausteine des neuen Steuerungskonzeptes, bei dem Handrad und Software integrativ miteinander verbunden sind.

Die CNCplusMaschine wird somit eine Maschine sein, die der Facharbeiter sinnlich-griffig beherrscht und mit der er höchst komplexe Teile wirtschaftlich produzieren kann, ein Konzept, "das den Facharbeiter wieder Facharbeiter sein läßt und keinen Erfüllungsgehilfen irgendwelcher Computer" (in Der Kommentar, PRODUKTION, 25. Juni 1992).

Anmerkung: Produziert wird die CNCplusMaschine von dem französischen Steuerungsspezialisten NUM, von dem Chemnitzer Forschungszentrum Maschinenbau (WAGNER Gruppe) und der Firma KELLER; die Präsentation erfolgt auf der EMO 93.

HighTech muß nicht kompliziert sein - wenn man Technik anders begreift:
Technik "nicht als Sachzwang, sondern als Gestaltungsaufgabe zu begreifen, eröffnet die Chance, qualifizierte lebendige Arbeit und automatisierte Arbeit nicht als unversöhnliche Gegensätze, sondern als einander ergänzende Produktivkräfte zu sehen."
(Martin, Ulich und Warnecke, 1988, in "Arbeitspsychologie", Ulich, 1992)

Ein Blick zurück

Im Zeitalter der herkömmlichen, handradorientierten Dreh- und Fräsmaschinen war eine Harmonie zwischen Mensch und Maschine gegeben. Der Facharbeiter, ob jung oder alt, hatte "seine Maschine voll im Griff". Er konnte sich auf die Zerspanung voll konzentrieren, es gab keine Trennung von Planung und Durchführung der Arbeit:
Bei der konventionellen Zerspanung erstellt der Facharbeiter mit Hilfe von Handrädern die Geometrie des Werkstückes und stellt mit großem Erfahrungswissen die jeweils richtigen Drehzahlen, Vorschübe, Spantiefen, ... ein. Gefragt ist ein breites Erfahrungswissen. Die Sinne des Facharbeiters (insbesondere Auge und Ohr) sind beim Prozeß "voll dabei".

Ausgelöst durch die Entwicklungen in der amerikanischen Flugzeugindustrie kam in den 60erJahren die Zeit der NC-Technik, in der der Facharbeiter für viele "überflüssig" zu sein schien:
Die NC- Programmierung als Bestandteil der Planung der Arbeit fand in der Arbeitsvorbereitung statt, das Programm wurde per Lochstreifen in die Maschine eingelesen, der Facharbeiter war nicht mehr gefragt. Dieses tayloristische Prinzip der totalen Trennung von Planung und Durchführung der Arbeit bestimmte in den 60er und auch noch in den 70er Jahren weitgehend die Werkstätten. Es war die Zeit, in der der Facharbeiter aus der Werkstatt verdrängt wurde.

Wenn man weiß, wer die Grundbausteine der NC-Technik gelegt hat (siehe Vorbemerkungen), braucht man sich nicht zu wundern, daß der Facharbeiter aus der Werkstatt verdrängt wurde. Das Programmieren im Sinne des Umsetzens des Arbeitsablaufes in abstrakte, formalisierte Codierungen ist eine künstlich geschaffene Hürde zwischen Facharbeiter und NC-Maschine. Wer einmal an einem NC-Programmierlehrgang teilgenommen hat, weiß, wie weit Facharbeiterlogik und NC-Programmierung voneinander entfernt sind.

Heutiger Stand der CNC-Technik

Die Gegenüberstellung der Programmcodes bekannter CNC-Steuerungen zeigt, daß der Facharbeiter zur Herstellung desselben Werkstückes unterschiedliche G- und M-Funktionen kennen muß, wenn er von einer Steuerung zur nächsten wechselt.

Die völlig unterschiedlichen Codierungen, die jeweils steuerungsspezifischen Sprachstrukturen und der Zwang, den Arbeitsablauf von A bis Z in eine abstrakte Formelwelt definieren zu müssen, sind große Hindernisse auf dem Weg zu einer facharbeitergerechten Fertigung an einer CNC-Maschine.

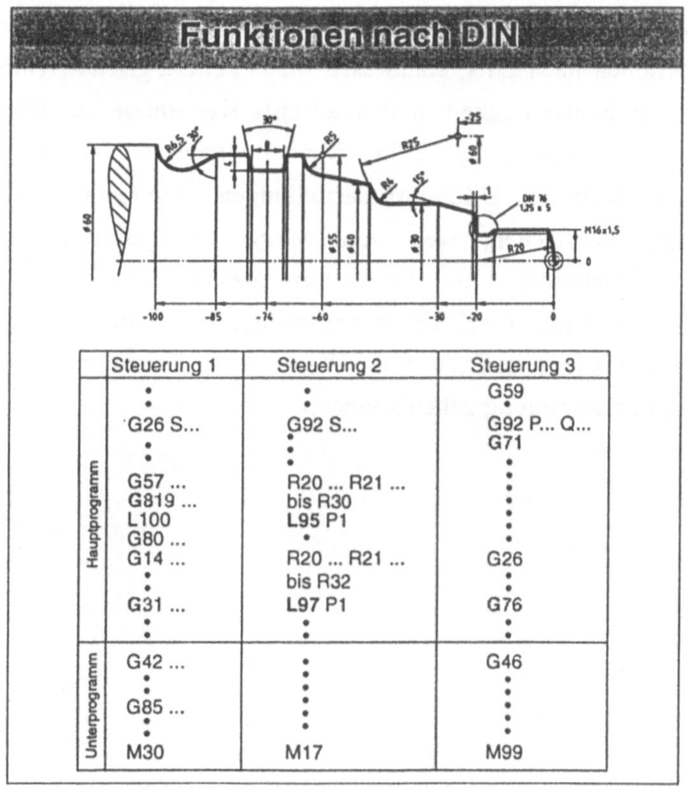

	Steuerung 1	Steuerung 2	Steuerung 3
Hauptprogramm	• • G26 S... • • G57 ... G819 ... L100 G80 ... G14 ... • G31 ... • •	• • G92 S... • • R20 ... R21 ... bis R30 L95 P1 • R20 ... R21 ... bis R32 L97 P1 • •	G59 • G92 P... Q... G71 • • • • • • G26 • G76 • •
Unterprogramm	G42 ... • G85 ... • M30	• • • • • • M17	G46 • • • • M99

Zweifellos sind die exemplarisch aufgeführten Zyklen (G819, G31, L95, L97 G71, G76, ...) eine große Hilfe bei der Programmierung, zumal das Programm kürzer und besser lesbar wird. Die Zyklen selbst wurden mit steigender Mikroprozessorleistung (und entsprechendem Software-Aufwand~immer "intelligenter" und unterstützten den Facharbeiter bei der Programmerstellung. Trotzdem ist die Werkstattprogrammierung auch heute noch weniger verbreitet als die AV-Programmierung, ein Zeichen, daß von einer Harmonie zwischen Facharbeiter und Maschine noch nicht wieder die Rede sein kann.

Schritte zu einem anderen Technik-Verständnis

Um die Harmonie zwischen Facharbeiter und Maschine wieder herzustellen, bedarf es einer gesteigerten, "anderen" Software- Entwicklung mit folgenden Kennzeichen: Weg von den Funktionen nach DIN, stattdessen facharbeiterlogische Symbole und Begriffe, weg von der Notwendigkeit mathematischer Kenntnisse zur Berechnung von Konturpunkten, stattdessen grafische Darstellungen der mathematischen Lösungen, weg von überfüllten Bildschirmdarstellungen, stattdessen Entwicklung benutzerfreundlicher Oberflächen, weg von wenig aussagefähigen Grafiken, stattdessen reale Darstellungen des Fertigungsprozesses am Bildschirm im Schnelldurchlauf oder in Echtzeit incl. Crashüberprüfung. Bekommt der Facharbeiter solche Hilfen, wird er wieder (wie früher) den Weg von der Zeichnung zum fertigen Werkstück ohne Fremdbestimmung gehen können.

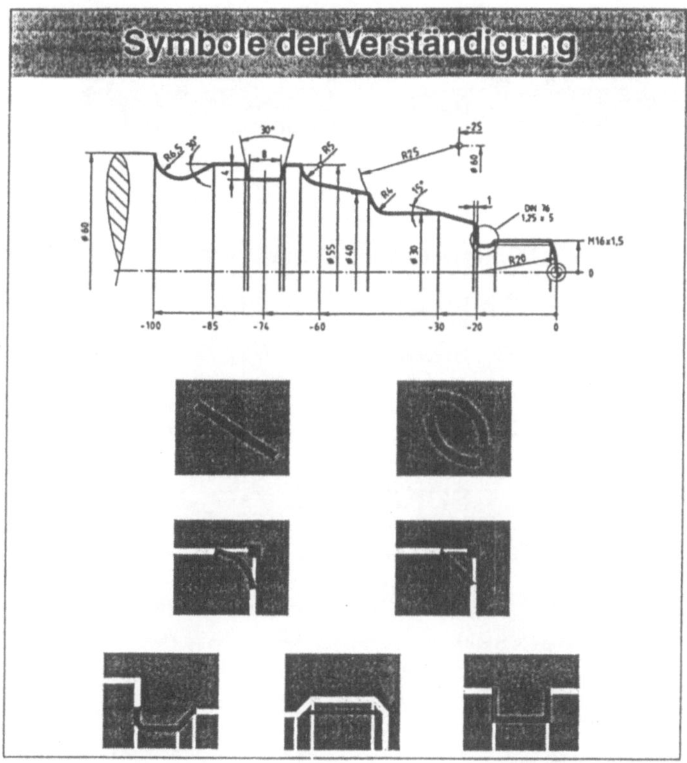

Ein Beispiel für eine "Programmierung ", die auf DIN-Funktionen und Mathematik verzichtet, stattdessen auf verständlichen Symbolen basiert, ist das von der Firma KELLER entwickelte Programmiersystem GKE+CAM, das vom Markt äußerst positiv aufgenommen wurde. Der Vorteil dieses Systems ist außerdem, daß es technologieübergreifend und steuerungsunabhängig einzusetzen ist:

Der Facharbeiter kann sich wieder auf die Zeichnung (GKE) und auf den Arbeitsablauf (CAM) konzentrieren, statt sich mit den vielen G- und M-Funktionen "herumzuschlagen". Die Entwicklung des Systems GKE+CAM (Markteinführung 1987) war der erste Schritt hin zu einer CNCplusSteuerung, obwohl Geometrie und Technologie noch getrennt sind und das Handrad noch keinerlei Bedeutung hat.

Die seit Anfang der 80er Jahre von Herrn Blum stetig erhobene Forderung nach der Integration des bewährten Handrades in die CNC-Steuerungen wurde von vielen als eine überflüssige, von anderen sogar als eine rückschrittliche Forderung angesehen. Tatsächlich ging (und geht) es darum, die Vorteile bei Verwendung des Handrades und die Vorteile bei Verwendung von Software zu kombinieren. Ein Schritt in diese Richtung ist der seit langem bekannte Teachin/Playback-Betrieb. Der Nachteil bei dieser Art der Programm-Erstellung ist jedoch, daß die Software nicht die durch den Handradbetrieb neu entstandene Werkstückgeometrie "kennt", insofern auch kein stetiger Wechsel zwischen Handrad- und Software-Betrieb stattfinden kann.

Aufgrund intensiver Software-Entwicklungen ist es nun möglich geworden, das bewährte Handrad und die den Facharbeiter unterstützende Software integrativ miteinander zu verbinden. Der Facharbeiter entscheidet, ob er die Fertigung mit dem Handrad durchführt oder ob er Software-"Intelligenz" einsetzt bzw. eine Kombination von beidem wählt.

Die vom Facharbeiter bestimmte Methode der Fertigung ist selbstverständlich von der Aufgabenstellung, jedoch auch vom Facharbeiter selbst abhängig.

Pressestimmen zum CNCplus-Konzept

Das Konzept der CNCplusMaschine wurde im Sommer 1992 u.a. maßgeblichen Redakteuren bekannter Zeitschriften vorgestellt. Alle eingeladenen Redakteure haben mit den hier zitierten Überschriften über das Konzept der CNCplusMaschine berichtet. Alleine schon die Überschriften zeigen, wie die Redakteure die Dimension der CNCplusMaschine für den Facharbeiter beurteilen.

Anmerkung: Das Konzept wurde auch mehreren namhaften Professoren aus der Werkzeugmaschinenbranche vorgestellt, die dieses Konzept ebenfalls sehr positiv bewerten. Alle Berichte können bei der Firma KELLER kostenfrei angefordert werden.

Vergleich zwischen CNC-Maschine ünd CNCplusMaschine

CNC - Maschine mit DIN-Programmierung	CNCplusMaschine
1. Vorgehensweise	
beschreibend theoretisch im voraus abstrakt codiert	handelnd Arbeitsschritt für Arbeitsschritt erfahrungsgeleitet
2. Steuerung	
Zunächst muß das NC-Programm geschrieben werden, danach wird gefertigt.	Während der Fertigung des 1. Teiles (mit Software und integriertem Handrad) wird das Programm erstellt.
3. Erlernbarkeit	
schwieriger Zugang über DIN-Programm (Programmier-Kurse!)	einfacher Zugang durch schrittweises Einarbeiten (kein Programmier-Kurs!)
4. Handrad	
zum Vorbereiten der Fertigung verwendet	nicht nur zum Vorbereiten, sondern auch zum Fertigen (in Verbindung mit der Software) bestimmt
5. Bildschirm	
nicht gleichzeitig mit Prozeß einsehbar	in Prozeßnähe

Die CNCplusMaschine ist eine CNC-Maschine, an der der Facharbeiter nach einer kurzen Einweisung Späne machen kann (fast) wie an einer herkömmlichen Drehmaschine. Dieses geschieht mit dem Handrad und "einigen Tasten".

Hat sich der Facharbeiter mit seiner Maschine auf dieser Stufe vertraut gemacht, so wird er durch entsprechende Software-Unterstützung zur nächsten Stufe geleitet, um weitergehende Fertigungsmöglichkeiten kennenzulernen. Die CNCplusMaschine ist also gleichermaßen eine Maschine, an der man "arbeitend lernt" (zu Beginn), wie auch eine facharbeitergerechte CNC-Produktionsmaschine (wenn die Lernphase beendet ist).

CNC - Maschine mit DIN-Programmierung	CNCplusMaschine
6. Motivation	
eingeschränkt durch hohe Abstraktion	gesteigert durch stetige Erfolgs-erlebnisse
7. NC-Programm	
auch bei Losgröße 1 notwendig, der Facharbeiter muß alle Arbeitsschritte vollständig vorausdenken	wird durch schritt-weises Vorgehen am ersten Werkstück im „Hintergrund" erstellt
8. Optimierung der Zerspanung	
beim Einfahren meist großer Änderungsbedarf im NC-Code	geringer Änderungs-bedarf durch direkten Eingriff im Arbeitsplan
9. Programmänderung	
im abstrakten DIN-Code	grafisch tabellarisch
10. Fehler-Wahrscheinlichkeit	
höher, da abstrakt vorausgedacht	niedriger, da erlebnisorientiert

Wie bereits dargelegt, hat der Facharbeiter stets die freie Wahl der Methode der Fertigung (Handrad/Software). Dieses schrittweise Vorgehen entspricht voll der Vorgehensweise bei der konventionellen Fertigung, "angereichert" durch Möglichkeiten, die man mit der konventionellen Maschine nicht hatte. Wenn für das 2. Teil eine Optimierung gewünscht ist, so werden bei der CNCplusSteuerung die Änderungen grundsätzlich klarschriftlich im Arbeitsplan vorgenommen, und zwar sowohl für die Technologie- als auch für die Geometriewerte.
Das WOP-Kriterium "Trennung von Geometrie und Technologie" ist bei der CNCplusSteuerung aufgehoben, weil der Facharbeiter an der CNCplusMaschine gegebenenfalls auch ohne vorab definierte Geometriedaten seine Arbeit mit dem Handrad beginnen kann. Selbstverständlich können jedoch auch CAD-Daten in die CNCplusSteuerung eingelesen bzw. mit GKE eigene Geometrien erstellt werden.
Die Harmonie zwischen Altem und Neuem soll durch die Konzeption einer CNCplusMaschine auf der EMO 93 präsentiert werden. Es soll gezeigt werden (und zwar für den Drehbereich und zeitversetzt auch für den Fräsbereich), daß High-Tech auch im CNC-Bereich nicht kompliziert zu sein braucht: Die Kluft zwischen konventioneller und CNC-Technik wird aufgehoben, die Facharbeit an Werkzeugmaschinen wird wieder für alle Facharbeiter möglich. Mit der CNCplusMaschine kommt eine Maschine auf den Markt, die gleichermaßen facharbeitergerecht und produktiv ist.

Partizipative Softwaregestaltung - Methoden und Instrumente zur Beteiligung der Nutzer

Paul Fuchs, Ernst Hartmann

Zusammenfassung

Wenn Softwaregestaltung als iterativer Problemlöseprozeß unter Beteiligung der Nutzer konzipiert wird, besteht bei der Entwicklung fertigungsorientierter Programme eine gute Chance, arbeitswissenschaftliche Erkenntnisse, Anforderungen von Facharbeitern und Fähigkeiten und Interessen der Softwarentwickler in Einklang zu bringen. Dieses Vorgehen wurde von der Firma Keller bei der Entwicklung der Software für die CNCplus-Maschine in Zusammenarbeit mit dem HDZ der RWTH Aachen gewählt. Befragungen von Praktikern im Vorfeld der Softwareentwicklung, die frühzeitige Einbindung von Facharbeitern in das Entwicklungsteam und der Test von Prototypen in verschiedenen Unternehmen und während verschiedener Qualifizierungsmaßnahmen im Rahmen des AuT-Projekts "Lernen und Fertigen" stellen die wesentlichen Instrumente der Nutzerbeteiligung dar.

Abstract

Designing computer systems should be organized as an iterative problem solving process with participation of end users. Thus it is possible to integrate scientific knowledge, needs and demands of users and abilitities and interests of system designers. With this approach Fa. Keller and the Department of Cybernetics and Engineering Education (HDZ/KDI) at the Technical University in Aachen tried to organize the design proces of a new program for CNC machine tools. Main instruments for user participation in the system development were:

- interviews with shopfloor workers before beginning to design
- early integration of users in the design team
- tests of prototypes in different enterprises

- tests of prototypes during CNC training courses realised in the context of the "Work and Technology"-project "Learning and Manufacturing".

Résumé

Quand la structure de logiciels est concipée en tant que processus de résolution de problèmes avec la participation des utilisateurs, les chances d'harmoniser, dans le développement de programmes orientés vers la fabrication, les connaissances scientifiques sur le travail, les exigences des ouvriers qualifiés et les capacités et les intérêts des concepteurs de logiciels sont bonnes.

Ce procédé a été choisi par la firme Keller dans la conception de logiciels pour la machine CNCplus en collaboration avec l'HDZ (centre didactique) de l'RWTH Aachen. Des interview de praticiens avant la conception des logiciels, l'intégration prématurée d'ouvriers qualifiés dans l'équipe de conception et le test de prototypes dans diverses entreprises pendant des mesures de qualification différentes dans le cadre du projet AuT "Apprendre et fabriquer" représentent les instruments essentiels de la participation des utilisateurs.

* AuT: Arbeit und Technik = Travail et Technique

1 Einführung

Im Rahmen des "Arbeit und Technik"-Projekts "Lernen und Fertigen" berät das HDZ/KDI der RWTH Aachen die Fa. Keller in Wuppertal bei der Entwicklung eines facharbeitergerechten Programmiersystems für CNC-Werkzeugmaschinen, das unter dem Namen "CNCplus" nicht als externes Programmiersystem sondern direkt an einer neu zu entwickelnden Maschine zum Einsatz kommen soll. Herr Keller erläutert auf dieser Tagung den gegenwärtigen Entwicklungsstand dieses Systems. Der Schwerpunkt dieses Aufsatzes liegt in der Darstellung des Konzepts von Softwareentwicklung, das unserer Beratung in diesem Projekt zugrunde liegt, und in der Aufzeichnung von Erfahrungen, die wir mit diesem Konzept bei dem konkreten Software-Entwicklungsprojekt "CNCplus" gemacht haben. Der wesentliche Grundgedanke des Konzeptes besteht darin, Softwareentwicklung als iterativen Problemlöseprozel3 unter Beteiligung der Nutzer zu gestalten.

2 Softwareentwicklung als iterativer Problemlöseprozeß

Ein Problemlöseprozeß ist durch einen Ist-Zustand, der die Ausgangslage beschreibt, einen SollZustand, der das gewünschte Ergebnis darstellt, und durch verschiedene Operatoren oder Handlungsschritte gekennzeichnet, die die Transformation des Ist-Zustandes in den Soll-Zustand bewirken. Ein solcher Problemlöseprozeß muß je nach Problemart unterschiedlich gestaltet werden. So ist in Bild 1 ein Ablaufdiagramm für die Lösung dialektischer Probleme dargestellt, wie es am HDZ von Sell u.a. entwickelt wurde (vgl. Sell, 1988, S. 68.ff. und Sell/Fuchs, 1993, S. 130ff).

Dialektische Probleme unterscheiden sich von analytischen und synthetischen Problemen dadurch, daß zu Beginn des Problemlöseprozesses weder die Ist/Soll-Kriterien, noch die Operatoren, die zur erfolgreichen Problemlösung führen können, eindeutig bestimmt sind. Probleme, bei denen mehrere Beteiligte über einen längeren

Zeitraum zusammenarbeiten, sind im allgemeinen dialektische Probleme, da neben scheinbar eindeutigen Vorgaben alle Beteiligten ihre persönlichen Erfahrungen, Vorlieben und Fähigkeiten in den Problemlöseprozeß einbringen. Eine gemeinsame Sicht auf Ist-Situation, Soll-Situation und Operatoren muß erst im Laufe des Prozesses erarbeitet werden.

Softwarentwicklung wird von uns als dialektisches Problem betrachtet, da auch hier i.d.R. allen Beteiligten zu Anfang nicht vollkommen klar ist, welche Ausgangsbasis besteht, welches Ergebnis sie genau erwarten und wie sie zu diesem Ergebnis kommen werden.

So stellt der in Bild 1 dargestellte Ablaufplan für dialektisches Problemlösen einen geeigneten Ausgangspunkt dar, um die Vorgehensweise bei der Softwareentwicklung zu strukturieren. Henning und Kutscha stellen den einzelnen Phasen dieses Ablaufdiagramms Begriffe aus dem Software-Engineering gegenüber und konkretisieren so die Anwendung dieses Ansatzes (siehe Bild 2) für die Software-Entwicklung.

Der in Bild 1 und Bild 2 dargestellte Problemlösungsansatz soll hier nicht im Detail beschrieben werden, es sollen aber einige Anmerkungen zu den für den hier beschriebenen Prozeß wesentlichen Elementen dieses Ansatzes gemacht werden:

- Zu Beginn des Prozesses steht neben einer Analyse der Ist-Situation und der vorgegebenen Aufgabenstellung eine Wunschphase, in der alle Beteiligten und wenn möglich die Betroffenen ihre Wünsche einbringen können.

- Der gesamte Prozeß beinhaltet regelmäßig Bewertungs- und Testphasen, in denen Konzepte oder Software-Prototypen von Beteiligten und Betroffenen diskutiert und/oder erprobt werden.

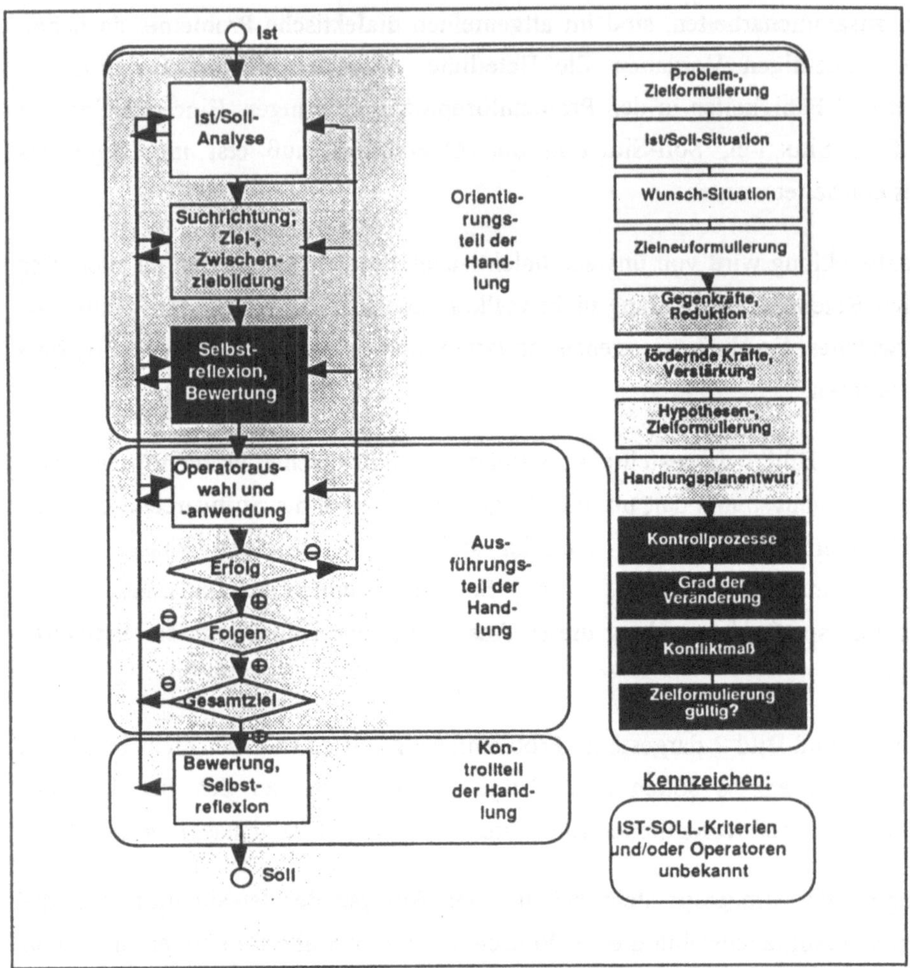

Bild 1: Ablaufdiagramm zum dialektischen Problemlösen (Sell/Fuchs, 1993, S.134)

- Der Prozeß ist als iterativer Prozeß angelegt, d.h. es wird nicht von einem gradlinigen Ablauf der Entwicklung ausgegangen, sondern Mißerfolge oder neue Erkenntnisse bei einzelnen Prozeßschritten können zu Umorientierung und Neudurchlauf der einzelnen Prozeßphasen führen.

- Teamsitzungen werden moderiert und es wird zwischen Sammelphasen und Entscheidungsphasen unterschieden, so daß in den Sammelphasen ein möglichst breites Spektrum von Meinungen, Einschätzungen, Anforderungen oder Lösungsvorschlägen hervorgebracht wird.

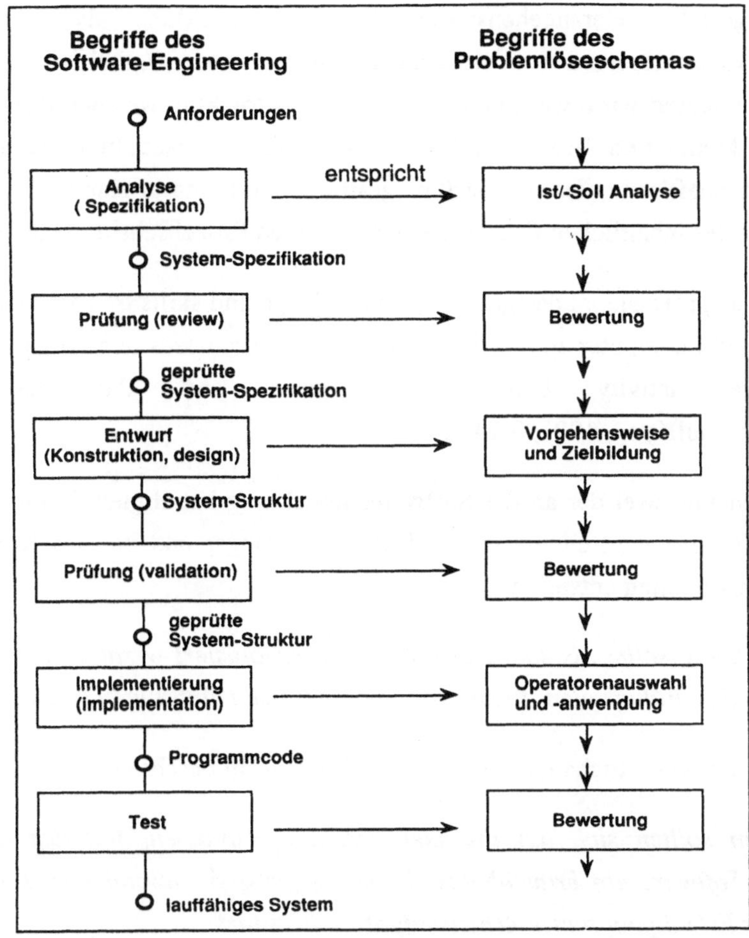

Bild 2: Problemlöse-Schema und Software-Entwicklungsphasen
(Henning/Kutscha, 1992, S.29)

3 Beteiligung der Nutzer bei der Softwareentwicklung

Die hier vorgestellte Herangehensweise, Softwareentwicklung als iterativen, dialektischen Problemlöseprozeß zu betrachten, soll in diesem Kapitel konkretisiert werden, indem erläutert wird, wer in diesem konkreten Projekt in welchen Phasen des Prozesses die Akteure sind. In Kapitel 4 wird der deduktive Ansatz beschrieben, mit dem die Wissenschaftler in diesen Prozeß eingestiegen sind, und in Kapitel 5 werden einige Beispiele der inhaltlichen Ergebnisse der einzelnen Prozeßschritte erläutert.

"Users, as well as professional designers have knowledge and skills that are central to the design of useful computer applications; therefore, design needs to be organized as a cooperative activity between the users and the designers" (BödkerlGreenbaumlKyng, 1991, S.143).

Dieses Zitat benennt zwei der an der Softwareentwicklung beteiligten Gruppen und unterstreicht die Grundeinstellung, die auch dem Ausgangspunkt unseres Konzepts von Softwareentwicklung entspricht:

Softwareentwicklung sollte als kooperativer Prozeß organisiert werden ist, bei dem alle Beteiligten ihre Fähigkeiten, Kenntnisse und Interessen einbringen können.

Der zweite für uns wesentliche Grundsatz läßt sich wie folgt beschreiben:

Alle Beteiligten sollten sich auf die Zielvorstellung einlassen, mit der neu zu entwickelnden Software ein brauchbares Werkzeug für den Anwender zu schaffen, daß ihn bei der Erledigung seiner Arbeitsaufgabe unterstützt.

Neben den beiden im obigen Zitat genannten Anwendern und Entwicklern sind für das hier beschriebene Projekt noch zwei weitere beteiligte Gruppen zu nennen, nämlich die Geschäftsführung des Softwareunternehmens und wir als beratende Wissenschaftler. Genaugenommen sind auch noch die Steuerungs- und Maschinenhersteller für die CNCplus-Maschine zu nennen, in der ja die zu entwickelnde Software Verwendung finden soll. Der Übersichtlichkeit halber und weil diese Gruppen nicht an den hier involvierten AuT-Projekten beteiligt sind, wird auf die Erläuterung der Rolle dieser ebenfalls bedeutsamen Akteure verzichtet.

Wie sah nun die Beteiligung dieser verschiedenen Akteure und insbesondere die Beteiligung späterer Nutzer am Entwicklungsprozeß aus?

In Bild 3 wird versucht, einen groben Überblick über den Entwicklungsprozeß und die beteiligten Gruppen zu geben.

Am Anfang des hier beschriebenen Prozesses stand eine allgemeine Problem-/Zielformulierung, an der sich im Rahmen der Antragserarbeitung für die beiden hier integrierten AuT-Projekte die Wissenschaftler und die Geschäftsführung der Fa. Keller beteiligten.

Nach Start der Projekte begann die Arbeit an der Entwicklung mit einer Analyse der Ist/SollSituation. Diese Analyse wurde unter Moderation der Wissenschaftler in einem großen Team durchgeführt, in dem außer den Wissenschaftlern die Softwareentwickler, die Geschäftsführung und mehrere Facharbeiter beteiligt waren, die große Erfahrungen in der Arbeit mit Dreh- und Fräsmaschinen mitbrachten (zur Teambildung und der Art des Vorgehens vergleiche auch VDIHandlungsempfehlung, VDI 1989). Da es sich in diesem Projekt um die Entwicklung von Standard-Software und nicht um anwendungsspezifische Software handelt, konnten nicht die tatsächlichen Nutzer beteiligt werden, sondern Vertreter der Gruppe möglicher Nutzer. Da die zu entwikkelnde Software vor allem auf Facharbeiter ausgerichtet ist, wurden diese als mögliche Nutzer beteiligt. Zusätzlich zur Anwesenheit mehrerer Facharbeiter im Entwicklungsteam geschah die Einbringung der Nutzer-Anforderungen im Rahmen der Ist- und Wunsch-Analyse durch Befragungen von Facharbeitern in Anwenderbetrieben von Werkzeugmaschinen. Ein wesentliches methodisches Element der Ist-Analyse bestand darin, daß unter der Moderation der Wissenschaftler dafür gesorgt wurde, daß alle Meinungsäußerungen zulässig waren und daß Verständnisfragen zügig geklärt wurden, aber bewertende Kommentare zu den einzelnen Einschätzungen nicht erlaubt wurden. Alle Äußerungen zur Einschätzung der IST-Situation wurden schriftlich auf Wandzeitungen für alle sichtbar festgehalten. So wurde erreicht, daß die Einschätzungen aller beteiligten Gruppen gleichberechtigt eingebracht werden konnten. Eine wesentliche Aufgabe der Moderatoren in dieser Phase war es, Verständnisprobleme zwischen Softwareentwicklern und Facharbeitern zu klären, da beide Gruppen aus ihrem unterschiedlichen Erfahrungshintergrund auch eine unterschiedliche Art der Beschreibung gleicher Sachverhalte mit in diese Arbeit brachten.

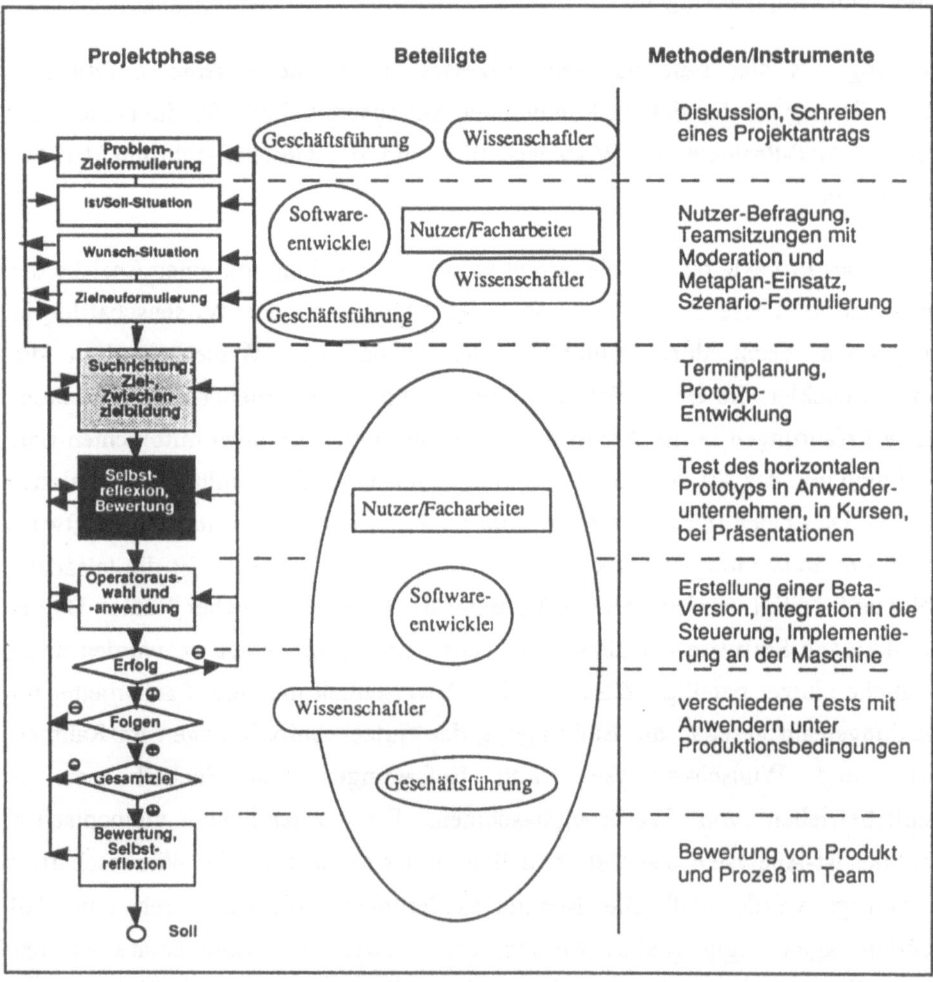

Bild 3: Der Prozeß, die Akteure und die Aktivitäten

In einer zweiten Phase wurde im gleichen großen Team nach den Wünschen aller Beteiligten für die neu zu erstellende Software gefragt. Die Wünsche wurden als Anforderungen an die neu zu entwickelnde Software auf Wandzeitungen festgehalten und in dieser Phase nicht kommentiert. Wenn Nutzer wirklich an der Programmentwicklung beteiligt werden sollen, dann sehen wir gerade diese Phase als überaus wichtig an, da sie hier aufgefordert sind, ihre Wünsche vollkommen unabhängig von einer möglichen Realisierbarkeit einzubringen und da es den anderen Beteiligten nicht erlaubt ist, sie mit Äußerungen wie "das ist programmiertechnisch nicht machbar " vorzeitig von ihren Wünschen abzubringen.

Die Wissenschaftler haben sich in diesem Projekt nicht auf eine moderierende, die Nutzerbeteiligung forcierende, also induktive Rolle beschränkt, sondern sie haben in dieser Phase die Anforderungen eingebracht, die sie auf Grund ihrer bisherigen Arbeit als wichtig für facharbeitergerechte Programmiersoftware von Werkzeugmaschinen halten. Dieser deduktive Standpunkt der Wissenschaftler ist in Kapitel 4 inhaltlich ausgeführt.

In der nächsten Phase, der Zielneuformulierung, ging es nun darum, anknüpfend an die anfangs vorgegebene Problem-Zielformulierung auf Grundlage der Ist-Analyse aus den gesammelten Anforderungen eine gemeinsame Zielformulierung für alle Beteiligten zu schaffen. Dies geschah dadurch daß die Anforderungen als Ziele für das zu erstellende Programm übernommen wurden, die die Zustimmung aller Beteiligten fanden. Bei strittigen Punkten wurde in Diskussionen versucht, einen Kompromiß zu finden; Anforderungen, die nicht konsensfähig waren, wurden i.d.R. nicht in die Zielneuformulierung aufgenommen. Aus der Zusammenstellung der konsensfähigen Anforderungen ergab sich dann so etwas wie ein Szenario der neuen Software.

Dieses Szenario wurde zum Ausgangspunkt genommen, in der nächsten Phase einen ersten Prototyp der neuen Software zu entwickeln und einen Terminplan für die nächsten Arbeiten zu verabreden. Bei diesen und den folgenden Phasen arbeiteten weiterhin die vier genannten Gruppen zusammen, wobei die Federführung nun bei den Softwareentwicklern lag.

In der folgenden Phase, im Problemlöse-Diagramm Selbstreflexion/Bewertung genannt, wird dieser Prototyp nun bei verschiedenen Anwendern getestet. Dabei wird sowohl auf ältere Facharbeiter zugegangen, die z.Z. an Weiterbildungskursen zur CNC-Programmierung im Rahmen des Projekts "Lernen und Fertigen" teilnehmen, als auch Facharbeiter unterschiedlicher Alters- und Erfahrungsstufen in verschiedenen Unternehmen beteiligt. Ausgangspunkt dieser Tests ist i.d.R. die Zeichnung eines repräsentativen oder aus dem Produktspektrum des jeweiligen Unternehmens stammenden Werkstücks, das mit dem Prototyp der neuen Software programmiert werden soll. Teilnehmende Beobachtung, mündliche und schiftliche Befragung sowie Video-Reflektion sind die Erfassungsmethoden für die Einschätzung der testenden Nutzer. Die Hauptaufgabe der Wissenschaftler liegt in diesen Phasen in der Organisation der Tests und in der Rückmeldung an die Softwareentwickler und die anderen Beteiligten des Projektteams.

Zum aktuellen Zeitpunkt befindet sich das Projekt in dieser Testphase des ersten Prototypen. Die weiteren Phasen des geplanten Ablaufs können Bild 3 entnommen werden, sollen aber an dieser Stelle nicht näher beschrieben werden.

Nachdem nun der methodische Rahmen der Softwareentwicklung beschrieben wurde, wird in Kapitel 4 auf den deduktiven Ansatz der Wissenschaftler und in Kapitel 5 auf einige beispielhafte Ergebnisse der einzelnen Prozeßphasen eingegangen.

4 Der deduktive Standpunkt der Wissenschaftler

Wie bereits erwähnt, sind wir als Wissenschaftler nicht ohne einen eigenen Standpunkt in dieses Projekt gegangen, sondern wir haben bereits eine vorläufige Anforderungsliste für die Gestaltung eines facharbeitergerechten CNC-Programmiersystems als unseren deduktiven Ansatz mit in dieses Projekt gebracht. Diese Anforderungen fussen natürlich in Teilen auf früher gemachten Erfahrungen mit der Facharbeiter(un)tauglichkeit von CNC-Programmiersystemen und also auch auf Anforderungen von Nutzern, die wir selbst erfragt oder der Literatur entnommen haben. Nichtsdestotrotz sind sie in diesem Projekt nicht durch Partizipationsprozesse sondern als deduktive Anforderungen der Wissenschaftler eingebracht worden. Im folgenden sollen diese Anforderungen kurz erläutert werden (vgl. Hartmann/Fuchs, in Vorb.).

Den Ausgangspunkt bildet die Betrachtung von Unternehmen als soziotechnische Systeme, wie es in Bild 4 dargestellt ist.

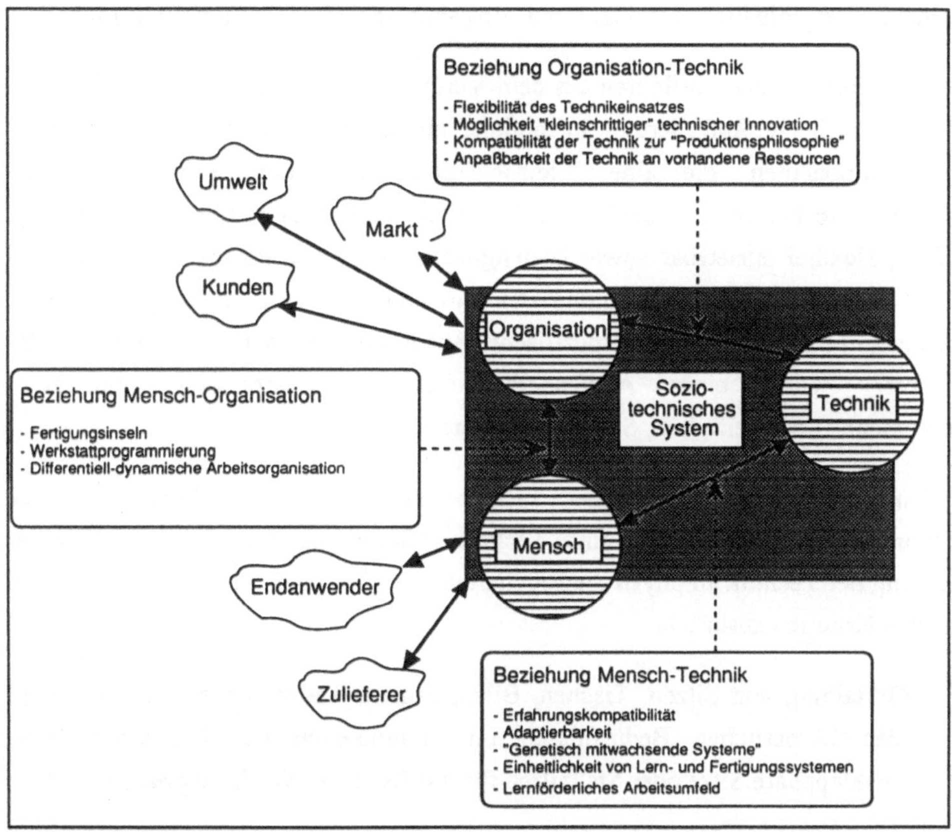

Bild 4: Soziotechnisches System als Orientierungsrahmen für die Gestaltung von CNC-Technik

Wird dabei das Verhältnis von Organisation und Individuum betrachtet, dann ergibt sich aus der Organisationsanforderung nach "Tauglichkeit für die Arbeit in

Fertigungsinseln" die Anforderung, daß die Programmierung mit gleichen Programmiermethoden und Benutzeroberflächen sowohl an der Maschine wie auch an maschinennahen oder externen Programmierplätzen möglich sein muß. Da in Fertigungsinseln gewöhnlich mehrere (Zerspanungs)technologien zum Einsatz kommen, sollten diese Methoden und Oberflächen - soweit es die Sache zuläßt - technologieübergreifend möglichst einheitlich sein. Ferner sollten die technischen System an unterschiedliche Benutzer und Aufgaben anpaßbar ("adaptierbar") sein.

Weitere Anforderungen resultieren aus dem Verhältnis der Organisation zur Technik. Hier ergibt sich die Anforderung an modular aufgebaute und einfach erweiterbare Technikkomponenten, die eine "kleinschrittige" Innovation ermöglichen, an vorhandene technische, organisatorische und qualifikatorische Bedingungen anpaßbar, flexibel einsetzbar sowie kostengünstig sind (was gerade für kleine und mittlere Unternehmen von Bedeutung ist). Mit eingeschlossen ist hier die Anpaßbarkeit der Technik an betriebsspezifische Anforderungen der Produktion (z. B. besonderer Bedarf eines Anwenderbetriebes an Bearbeitungsdurchmesser, Drehmoment, Biegesteifigkeit, Speicherplatz etc.).

Im Zentrum der Kriterien einer facharbeitsgerechten CNC-Technik stehen Beziehungen zwischen Mensch und Technik. Hierbei ist zuerst die notwendige Anpassung der Technik an physische Eigenarten des Menschen zu nennen, die sich in folgenden Kriterien ausdrückt:

- Gestaltung von Sitzen, Tischen, Bildschirmen, Tastaturen etc. entsprechend den körperlichen Bedürfnissen und Fähigkeiten des Menschen (z.B. ausklappbare Sitze oder Stehhilfen für die Arbeit an Werkzeugmaschinen);

- Gestaltung und Anordnung von Ein- und Ausgabemedien so, daß der Mensch sie ohne Zwangshaltungen betätigen kann (z. B. Ein- und Ausgabeelemente so angeordnet, daß im Bedarfsfall parallele Sicht auf den Bearbeitungsprozeß bzw. Bearbeitungsraum möglich ist; hier sind flexible - z. B. auf Führungsschienen verschiebbare - Ein-/Augabeelemente von großem Nutzen)

- Gestaltung des Bildschirmarbeitsplatzes entsprechend ergonomischer Kriterien:
  - Strahlung ("schwedische Normen"),
  - Bildwechselfrequenz (270Hz),
  - genügende Größe des Bildschirms,
  - Buchstabengröße,
  - Übersichtlichkeit, Vermeidung von Informationsüberfrachtung,
  - Grafikauflösung in Abhängigkeit von der Bildschirmgröße.

In engem Bezug hierzu stehen Anforderungen, die sich auf die Wahrnehmung und Bewegungssteuerung des Menschen beziehen.

- Technische Systeme sollen Interaktionsformen zulassen, die sich an einer engen Kopplung motorischer und perzeptueller Systeme orientieren und die Erfahrbarkeit realer Prozesse durch möglichst viele Sinnesorgane zulassen.

Als Umsetzungsmöglichkeit hierfür wird z.B. die Integration von Meldungen über optische, akustische und haptischer Signale aus dem Prozeß in die Steuerungs- bzw. Programmiersoftware angesehen, aber auch die Entwicklung einer multifunktionalen Werkzeugmaschine, die sowohl für konventionelle wie CNC-Fertigung geeignet sind sowie "Record-Playback"-Steuerungen, die eine "implizite" Programmerstellung durch konventionelle Bearbeitung des Werkstücks ermöglichen.

Ein bedeutender Komplex von Gestaltungsanforderungen steht im Zusammenhang mit kognitiven Prozessen und Strukturen des Menschen (Lernen, Denken, Wissen; die Abgrenzung zur sinnlichen Wahmehmung und der Psychomotorik ist teilweise willkürlich). Es hat sich für diesen Forschungsbereich der (leider nicht gegenstandsangemessene) Begriff "Software-Ergonomie" eingebürgert. Im Bereich der Zerspanung wurde auch im Zusammenhang mit der Debatte um "Erfahrungswissen" (Böhle & Milkau 1988, Martin & Rose 1990, Institut für

Arbeitswissenschaft der GhK 1992) die Gestaltungsanforderung formuliert, daß technische Systeme Arbeitsweisen ermöglichen sollen, die mit kognitiven Strukturen und Prozessen ihrer Benutzer kompatibel sind. Dabei wird hierunter auch der intuitive,"nach Gefühl" vorgehende Ansatz zur Problemlösung gefaßt, der oft die Facharbeiter auszeichnet. Einen weiteren wesentlichen Aspekt benennt Greif (1989) mit dem Begriff des "genetisch mitwachsenden Systems":

- Systeme sollen kleinschrittig und flexibel an den jeweiligen Qualifikationsfortschritt der Benutzer anpaßbar sein und dabei

- exploratives (entdeckendes) Lernen unterstützen (was u. a. eine Fehlerrobustheit des Systems voraussetzt).

Weitere Anforderungen, die sich aus den psychischen Bediirfnissen des Menschen ergeben, sind Handlungssicherheit und Handlungsspielraum. Handlungssicherheit (Effizienz) erfordert ein hohes Maß an Zuverlässigkeit des Systems. Handlungsspielraum bedeutet, daß der Benutzer über die Methode seines Vorgehens und die einzelnen Arbeitsschritte selbst entscheiden können muß. Dies sollte "bis ins Detail" möglich sein (Beispiel CNC-Programmierung: Beeinflussung einzelner Werkzeugwege).

Als letzte Anforderung ergibt sich aus den inter- und intraindividuellen Unterschieden (jeder Mensch ist anders und der gleiche Mensch hat je nach Verfassung unterschiedliche Herangehensweisen an ein Problem) die Forderung nach Anpaßbarkeit technischer Systeme an individuelle psychische wie physische Merkmale, z. B. durch frei konfigurierbare Bedienelemente und Anzeigen und wählbare Formen der Mensch-Rechner-Interaktion (Kommandosprache, Menütechnik Direkte Manipulation usw.) bzw. der Programmerstellungsmethode (Textuelle Programmierung, Record-Playback, grafisch-interaktive Konturerstellung).

5 Ergebnisse aus der partizipativen Gestaltung des Entwicklungsprozesses der CNCplusSoftware

In diesem Kapitel werden einige ausgewählte Ergebnisse des in Kapitel 3 beschriebenen beteiligungsorientierten Entwicklungsprozesses vorgestellt. Es geht dabei nicht um eine ausführliche Darstellung der inhaltlichen Arbeiten im Projektteam, sondern um eine punktuelle und auszugsweise Darstellung einzelner Teilergebnisse, um die Wirksamkeit der beschriebenen methodischen Vorgehensweise zu verdeutlichen.

Als Problem-, Zielformulierung wurde die Entwicklung einer facharbeitergerechten Programmiersoftware für CNC-Werkzeugmaschinen vorgegeben, die insbesondere älteren Facharbeitern einen

Arbeiten Sie lieber mit dem Handrad oder mit Tipptasten ?

	TASTEN	HANDRAD
älter als 40 Jahre	1	5
jünger als 40 Jahre	7	1

	TASTEN	HANDRAD
über 1 Jahr CNC-Praxis	6	1
unter 1 Jahr CNC-Praxis	2	5

Bild 5: Ergebnisse der Anwender-Befragung zur Wunsch-Analyse (Sauter, 1992, S.20)

leichten Einstieg in die CNC-Technik ermöglichen soll und den Anforderungen der Produktion gerecht wird. Als ein wesentliches Kennzeichen eines solchen Programmiersystems wurden bereits zu Beginn des Prozesses die Eingabemedien angesehen (vgl. Steinkamp, 1990, Bluml Hartmann, 1988). So bezog sich in der Anwenderbefragung zu Beginn der Ist- und WunschAnalyse eine wesentliche Frage auf diese Eingabemedien.

IST	WUNSCH
- leistungsfähige werkstattaugliche Programmiersysteme erfordern hohen Lernaufwand und bieten wenig Komfort	- der Benutzer sollte mit möglichst wenig Aufwand an Eingaben und Daten ans Ziel kommen
- es gibt eine PC- und eine Workstation-Welt mit Klüften dazwischen	- das Programmiersystem sollte sowohl in der Werkstatt direkt an der Maschine als auch maschinenfern einsetzbar sein
- es gibt keinen Standard im WOP-Bereich	- Im Falle eines Ziel-Konflikts sollten WOP-Kriterien nicht dominieren
- grafisch komfortable Systeme sind sehr zeitaufwendig in der Handhabung	- Das Programmiersystem sollte vom Kunden an verschiedene Steuerungen anpaßbar sein
- das Arbeiten mit Pictogrammen bei GKE/CAM hat sich bewährt	- Geometrie- und Technologieeingaben sollten nicht in getrennten Programmteilen erfolgen
- bestehende Programmiersysteme sind nur für jeweils eine Benutzergruppe gut geeignet	- uvm. ...
- uvm. ...	

Bild 6: Einzelne Aussagen aus der Ist- bzw. Wunschphase

In Bild 5 ist das Ergebnis dieser Befragung zu diesem Punkt wiedergegeben.In Bild 6 werden beispielhaft einige der Nennungen wiedergegeben, die in der Ist- bzw. in der Wunsch-Analyse gemacht wurden.

Über die weiteren Ergebnisse der Entwicklungsarbeiten im Hause Keller soll hier nicht detaillierter berichtet werden, da es ja in diesem Aufsatz um Methoden der Nutzerbeteiligung und nicht um Ergebnisse der Softwareentwicklung im Hause Keller geht. Abschließend seien nur noch einige bunt zusammengewürfelte, noch nicht systematisierteAussagen aus den ersten Tests der Prototypen erwähnt:

" ... Ein Handrad mit Umschalttaste ist besser als zwei Handräder.... Handrad ist für Einrichtbetrieb gut nutzbar.... Handrad verursacht schlechte Oberfläche wegen diskontinuierlichen Vorschubs.... Diese Art der Programmierung ist leicht erlernbar.... Ich würde damit gerne meine Gildemeister direkt steuern und programmieren können. ... In der Handrad-Oberfläche sollten Schnittgeschwindigkeiten und Vorschübe änderbar sein.... Das ist eine tolle Art zu programmieren, aber verliert dadurch nicht meine CNC-Qualifikation an Bedeutung? ...."

6 Bewertung und Ausblick

Mit dem hier beschriebenen Ansatz, Softwareentwicklung nach den Prinzipien eines iterativen dialektischen Problemlöseprozesses zu gestalten, wurden insgesamt positive Erfahrungen gemacht.

Die Sammelphasen der Ist- und Wunsch-Analyse haben zu umfangreichen Beschreibungskriterien und Anforderungslisten geführt. Problematisch war hier teilweise der unterschiedliche gedankliche Bezugspunkt (Software-Entwicklung vs. Fertigung), von dem ausgehend Facharbeiter und Entwickler in diesen Prozeß eingestiegen sind und die oft doch recht allgemeine Formulierung von Anforderungen als Ergebnis dieser Arbeitsphasen.

Wesentlich für den Erfolg eines solchen Vorgehens in einem gruppenübergreifenden Projektteam ist erstens eine Moderation, die Sammel- und Entscheidungsphasen trennt und alle Beteiligten auf Konsens- und Kompromißlösungen orientiert. Der zweite wesentliche Erfolgsfaktor ist die aktive Unterstützung der Vorgehensweise durch die in das Projektteam integrierten Vorgesetzten.

Durch die frühzeitige Erstellung und den praxisnahen Test von Prototypen können in den Testund Bewertungs-Phasen des beschriebenen Ablaufschemas schnell Konkretisierungen der Nutzeranforderungen erreicht werden.

Abschließend läßt sich sagen, daß in dem hier dargestellten Projekt zur Entwicklung facharbeitergerechter Programmiersoftware für Werkzeugmaschinen gute Erfahrungen mit der umfassenden Nutzerbeteiligung gemacht wurden. Die hier vorgeschlagene Vorgehensweise sollte weiter getestet und für unterschiedliche Software-Entwicklungsaufgaben angepaßt werden.

7 Literatur

Blum,U./Hartmann,E.:Facharbeiterorientierte CNC-Steuerungs und Vernetzungskonzepte. Werkstatt und Betrieb, 121, S.441-445, 1988

Bödker,S./Greenbaum,J./Kyng,M.: Setting the stage for design as action; in Greenbaum/Kyng, 1991,S.139-154

Böhle, F. & Milkau, B.: Vom Handrad zum Bildschirm - eine Untersuchun zur sinnlichen Erfahrung im Arbeitsprozeß. Frankfurt 1988.

Greenbaum, J. & Kyng, M.: Design at Work. Hillsdale 1991.

Greif, S.: Exploratorisches Lernen durch Fehler und qualifikationsorientiertes Software-Design, in: Maaß, S. & Oberquelle, H. (Hrsg.): Software-Ergonomie '89, Aufgabenorientierte Systemgestaltung und Funktionalität. Stuttgart 1989.

Hartmann, E.A./Fuchs,P.: Von Menschen und Handrädern - Anforderungen an eine facharbeitsgerechte CNC-Technik; Veröffentlichung in Vorbereitung;

Henning, K./Kutscha, S.:Informatik im Maschinenbau; Vorlesungsmanuskript, Verlag der Augustinus Buchhandlung, 2. Auflage, Aachen 1992

Institut für Arbeitswissenschaft der GhK (Hrsg.): Erfahrungsgeleitete Arbeit mit CNC-Werkzeugmaschinen und deren technische Unterstützung. Kassel 1992.

Martin, H. & Rose, H.: Erfahrungswissen sichern statt ausschalten. Technische Rundschau, Heft 12,S.34-41,1990.

Sauter, G.: Technologische Merkmale werkstattgerechter CNC-Programmiersysteme. Studienarbeit am Lehr- und Forschungsgebiet Kybernetische Verfahren und Didaktik der Ingenieurwissenschaft. RWTH Aachen 1992.

Sell, R.: Angewandtes Problemlösungsverhalten; Springer-Verlag, Berlin, 1988

Sell, R. & Fuchs, P.: Gestaltung von Arbeit und Technik durch Beteiligungsqualifizierung. Veröffentlichung in Vorbereitung.

Steinkamp, D.: Zur Verbesserung der Programmierung von CNC-Werkzeugmaschinen durch konventionelle Eingabeelemente. Studienarbeit am Lehr- und Forschungsgebiet Kybernetische Verfahren und Didaktik der Ingenieurwissenschaft. RWTH Aachen 1990.

VDI (Hrsg.): Handlungsempfehlung zur sozialverträglichen Gestaltung von Automatisierungsvorhaben; Düsseldorf, 1989

Anwendung der Simulationstechnik zur präventiven Bewertung manueller Belastungen im Bereich der Logistik - ein Beitrag zur Entwicklung ganzheitlicher Planungsinstrumente

Henry Herper Ina Ehrhardt Peter Lorenz	Hansjürgen Gebhardt Bernd Hans Müller	Christoph Vornholt
TU "Otto von Guericke" Magdeburg Institut für Simulation und Graphik	Institut für Arbeitsmedizin, Sicherheitstechnik und Ergonomie an der Bergischen Universität - GH Wuppertal	Fraunhofer-Institut für Material-fluß und Logistik Dortmund

Zusammenfassung

Komplexe logistische Fragestellungen sind ohne Einsatz der Simulationstechnik nur unzureichend zu beantworten, wobei die Verbesserung des technischen Anlagenverhaltens im Vordergrund der Arbeiten steht. Trotz zunehmender Automatisierung übernimmt aber auch der Mensch in der Produktion und in der Logistik wichtige Aufgaben. Die heute am Markt befindlichen Simulationsinstrumente bieten bei der Abbildung des menschlichen Verhaltens, insbesondere manueller Tätigkeiten, hier unterschiedliche Unterstützung. Durch das vom BMFT geförderte Projekt EMSIG wird erstmals ein Modell zur Beschreibung manueller Belastungen in logistischen Systemen entwickelt werden.

Abstract

Without the use of simulation methods and technology complex logistical issues can only be dealt with insufficiently. While current research concentrates on technological aspects in the improvement of the system behaviour, vital tasks in the field of production and logistics are, in spite of increasing automation, undoubtedly assigned to humanresources. Present simulation instruments, with are on manual activities. The project EMSIG, supported by the BMFT (German Ministry for Research and Technology), develops a model for the description of manual loads in logistic systems.

1 Einführung

Die Simulationstechnik ist ein leistungsfähiges Werkzeug zur Gestaltung und Analyse komplexer Systeme. Gegenwärtig wird die Simulation hauptsächlich als Hilfsmittel zur Planung, zur Entwicklung und zur Erprobung neuer technischer Systeme eingesetzt. Sie bildet damit ein Hilfsmittel zur Entscheidungsfindung für Ingenieure, Planer und Manager.

Viele Simulatoren sind in der Lage, Materialflußsysteme in verschiedenen Abstraktionsgraden mit verschiedenen Zielstellungen nachzubilden. Neben den universellen Simulationssprachen sind besonders für den Einsatz auf dem Gebiet der Fertigungssysteme viele Spezialsimulatoren entwickelt worden. Diese Werkzeuge sind in der Regel in der Lage, Komponenten von Fertigungs- und logistischen Systemen sowie deren Steuerungen nachzubilden. Es ist möglich, vor Inbetriebnahme einer Anlage bzw. vor Durchführung einer Umstrukturierung Leistungs- und Belastungsdaten von Komponenten technischer Systeme zu ermitteln.

In vielen Bereichen von Materialfluß- und Fertigungssystemen ist der Mensch unentbehrlich. Gründe dafür sind:
- die Flexibilität des Menschen,
- die Kreativität des Menschen,
- die Grenzen wirtschaftlicher Mechanisierung oder Automatisierung.

Die Entwicklung detaillierter Modelle von Fertigungs- und logistischen Systemen erfordert auch die detaillierte Abbildung von Arbeitsplätzen, Werkern und Tätigkeiten. Mit den verfügbaren Simulatoren lassen sich Tätigkeiten derzeit häufig nur sehr vereinfacht oder mit sehr hohem Programmieraufwand nachbilden. Daraus resultiert, daß Simulationsexperimente kaum werkerspezifische Resultatdaten liefern.

Für eine ganzheitliche Planung von Fertigungssystemen ist es erforderlich, neben der Leistungsfähigkeit technischer Systeme auch das Verhalten der Werker zu analysieren. Es bietet sich an, die Simulationswerkzeuge um Komponenten, in die arbeitswissenschaftliche Verfahren integriert werden, zu erweitern. Gleichzeitig bieten sich für den Bereich der Arbeitswissenschaft neue Umsetzungsmöglichkeiten ihrer Erkenntnisse.

Im Rahmen des Projektes EMSIG (Ergonomie in MaterialflußSimulatoren InteGrieren) wird ein Weg zur Integration solcher Simulatorkomponenten am Beispiel der detaillierten Nachbildung manueller Tätigkeiten aufgezeigt. Mit der Bereitstellung von Daten zur Belastung und Beanspruchung wird die

Systemkomponente Werker erweitert. Die zu entwickelnden Komponenten sollen in der Lage sein, detaillierte Daten über die Belastungen und Beanspruchung der einzelnen Werker zu erfassen, aufzubereiten und in einer für Planer und Arbeitswissenschaftler verwertbaren Form auszugeben.

Werden manuelle Tätigkeiten in einem Simulationsmodell detailliert nachgebildet, so sind zusätzlich werkerspezifische Eingabedaten erforderlich. Daraus resultiert, daß der Einsatz dieser Komponenten nur bei Simulationsstudien auf der Feinplanungsebene sinnvoll ist und nur bei der Nachbildung der einzelnen Arbeitsplätze und der einzelnen Tätigkeiten auswertbare Resultatdaten für die einzelnen Werker bereitgestellt werden können.

Mit den zu entwickelnden Werkzeugen wird es den Anwendern von Simulatoren ermöglicht, in der Planungsphase umfassendere Aussagen bezüglich der Ergonomie und der Ökonomie von Arbeitssystemen zu treffen.

2 Simulationswerkzeuge

Simulationswerkzeuge haben die Aufgabe, den Anwender bei der Erstellung, der Verifikation und Validierung des Modells und bei der Beschreibung und Auswertung der Experimente zu unterstützen.

Es gibt verschiedene Möglichkeiten der Klassifikation. Die hier verwendete Einteilung bezieht sich auf die Unterstützung des Anwenders bei der Modellbildung und Experimentdurchführung. Nachfolgend werden die Klassen kurz vorgestellt und ihre Merkmale bezüglich der Fähigkeiten zur Abbildung manueller Tätigkeiten erörtert.

Anwendung höherer Programmiersprachen

Die erste und älteste Stufe ist die Simulation unter Nutzung höherer Programmiersprachen. Diese Methode erfordert einen sehr hohen Aufwand bei der Modellerstellung, da keine Algorithmen und Anweisungen bereitgestellt werden, die die

Modellierung unterstützen. Der Programmierer muß alle Modellkomponenten und die Verwaltung der Systemdynamik selbst implementieren. Alle Routinen zur Dateneingabe, zur Resultatdatenerfassung und -auswertung müssen selbst erstellt werden. Der Vorteil dieser Methode liegt in der Möglichkeit einer optimierten Modellgestaltung, die auch Echtzeit-Simulation ermöglicht. Es gibt keine Einschränkungen bei der Gestaltung des Modells und der Wahl des Abstraktionsgrades. Ein Nachteil dieser Methode besteht darin, daß die geschaffenen Modelle Speziallösungen für einen konkreten Anwendungsfall sind. Modifikationen der Modelle sind in der Regel nur mit erheblichem Aufwand möglich.

Die Nachbildung manueller Tätigkeiten kann durch Nutzung höherer Programmiersprachen in verschiedenen Abstraktionsgraden ermöglicht werden. Der Aufwand für diese Speziallösung ist sehr hoch und ökonomisch nur in wenigen Ausnahmefällen vertretbar. Ein Hauptanwendungsgebiet sind Simulatoren, die Echtzeiteigenschaften besitzen müssen. Verbreitet ist die Nutzung höherer Programmiersprachen zur Erstellung von Moduln zur Erweiterung von Simulationssprachen und Simulatoren. Diese Erweiterung ist häufig über definierte Programmierschnittstellen realisierbar. Hauptanwendungsgebiete sind dabei die Dateneingabe sowie die Resultatdatenerfassung und -aufbereitung.

Anwendung von Simulationssprachen

Eine zweite Methode ist die Simulation unter Nutzung von Simulationssprachen. Es erfolgt eine Beschränkung auf Simulationssprachen zur Nachbildung diskreter Systeme. Diese Sprachen sind speziell zur Modellentwicklung und Experimentdurchführung geschaffen worden. Sie enthalten bereits Sprachelemente, die die Grundlagen der Bedienungstheorie berücksichtigen. Die Simulationssprachen lassen sich universell einsetzen, da die Anweisungen einen hohen Abstraktionsgrad besitzen. Die Verwaltung der Ereignislisten und der Systemuhr wird von der internen Steuerung übernommen. Es werden Anweisungen zur Nachbildung zeitparalleler Abläufe zur Verfügung gestellt.

Die aktuellen Versionen der Simulationssprachen enthalten Module zur Datenerfassung, Resultataufbereitung und - ausgabe. Weiterhin können vielfach Dateischnittstellen, Schnittstellen zur Standardsoftware, Anbindung von CAD-Systemen und Kopplungsmöglichkeiten zur Post-Run-Animation genutzt werden.

Zur Modellerstellung werden in der Regel Simulationsspezialisten benötigt, da die Anweisungen vielfach sehr komplex sind und einem hohen Abstraktionsniveau entsprechen. Die erstellten Simulationsmodelle können von Anwendern ohne umfangreiche Kenntnisse auf dem Gebiet der Simulationssprachen für Simulationsexperimente eingesetzt werden, da die Experimente vielfach durch Variation der Eingabeparameter realisierbar sind. Durch Einführung der Modularisierung und Parametrisierbarkeit dieser Moduln verfügen heute viele Simulationssprachen zusätzlich über Eigenschaften, die für bausteinorientierte Simulatoren typisch sind.

Damit sind die Simulationssprachen zur Entwicklung von Moduln zur detaillierten Nachbildung manueller Tätigkeiten geeignet. Durch die Möglichkeit der Anbindung von ausführbaren Programmen höherer Programmiersprachen können universelle Auswertungsmodule integriert werden.

Anwendung bausteinorientierter Simulatoren

Die dritte Methode ist die Nutzung bausteinorientierter Simulatoren. Diese Simulatoren sind in der Regel für spezielle Einsatzgebiete entwickelt. Das häufigste Einsatzgebiet ist derzeit die Simulation flexibler Fertigungs- und logistischer Systeme. Mit den bausteinorientierten Simulatoren wird dem Anwender die Möglichkeit gegeben, mit geringem Einarbeitungsaufwand Simulationsmodelle zu erstellen und als Werkzeuge einzusetzen. In diesen Simulatoren ist schon viel Wissen über das Einsatzgebiet in Form von vordefinierten Daten und Algorithmen integriert.

Die aktuellen Implementationen bausteinorientierter Simulatoren sind überwiegend mit graphischen Benutzeroberflächen ausgestattet. Dem Anwender wird ein Bausteinsatz bereitgestellt, aus dem die benötigten Bausteine ausgewählt und parametrisiert werden. Der Abstraktionsgrad der Bausteine ist bei den verschiedenen

Simulatoren unterschiedlich. Damit wird häufig der Abstraktionsgrad des Modells durch den Bausteinsatz bestimmt. Die Parametrisierung der Bausteine kann durch integrierte Beschreibungssprachen erweitert werden. Einige Produkte bieten die Möglichkeit, den Bausteinsatz durch den Anwender zu erweitern. Damit bieten diese Simulatoren Möglichkeiten, die traditionell den Simulationssprachen vorbehalten waren.

Die Durchführung und Auswertung von Simulationsexperimenten wird durch integrierte Moduln, durch Dateischnittstellen und durch Konkurrent- oder Post-Run-Animation unterstützt.

Einige bausteinorientierte Simulatoren besitzen Bausteine oder Komponenten zur Nachbildung von Werkern und manuellen Tätigkeiten. Diese verwalten die Werker als Ressourcen und bilden sie mit einem hohen Abstraktionsgrad ab. Vielfach werden auch andere Bausteine, wie z.B. Roboter, Maschinen oder Fördersysteme zur Nachbildung von Werkern eingesetzt.

Eine Analyse der derzeit gebräuchlichen Simulatoren für Materialfluß- und logistische Systeme hat ergeben, daß bei den meisten die Nachbildung manueller Tätigkeiten auf einem hohen Abstraktionsgrad möglich ist. Simulationsmodelle, die Werker mit abbilden, liefern als Resultatdaten Informationen über die Auslastung und gegebenenfalls die ausgeführten Tätigkeiten der Werker. Einige Simulatoren ermöglichen die Integration von Qualifikationen der Werkern und Qualifikationsanforderungen an Werker durch Tätigkeiten. Die Rückwirkungen auf das Materialflußsystem werden realisiert, indem ein Prozeß, der die Zuordnung von Werkern erfordert, solange unterbrochen wird, bis die Ressource Werker für diesen Prozeß zugeordnet und verfügbar ist oder die Steuerung den Materialfluß verändert.

Aus den Ergebnissen von Simulationsmodellen mit diesem Abstraktionsgrad lassen sich keine präventiven Bewertungen der Beanspruchung ableiten. Zur Umsetzung dieser Forderung ist ein höherer Detailliertheitsgrad bei der Abbildung des Systems erforderlich. Die zu analysierenden Komponenten des realen Systems müssen im

Simulationsmodell auf Arbeitsplatz- und Tätigkeitsebene abgebildet werden. Dieser Abstraktionsgrad ist mit Simulationssprachen realisierbar. Bei der Nutzung bausteinorientierter Simulatoren ist zu beachten, daß die Abbildung manueller Tätigkeiten innerhalb der Bausteine festgelegt werden muß. Detailliertere Abbildungen erfordern in der Regel zusätzliche Hilfsmittel oder Kombinationen mehrerer Bausteine mit artfremden Einsatz im Simulationsmodell.

Die Qualität der Simulationsresultate ist in jeder der aufgeführten Klassen stark von der Qualität der verwendeten Eingabedaten abhängig. Zur detaillierten Nachbildung bedarf es auch für manuelle Tätigkeiten exakter Eingabedaten. Diese können aus einer arbeitswissenschaftlichen Analyse manueller Tätigkeiten abgeleitet werden.

3 Analyse manueller Tätigkeiten

Für die Beschreibung und Bewertung der Belastung erweist sich eine Systematisierung auf der Grundlage von "Arbeitsvorgängen" als für Simulationsanwendungen geeignet. Ebenso lassen sich bestehende Ansätze zur Simulation der Beanspruchungsreaktion für die Bewertung kombinierter physischer Belastungen umsetzen. Dabei bilden Arbeitsvorgänge charakteristische, organisatorisch abgrenzbare und zeitlich aufeinanderfolgende Tätigkeitssequenzen, die in der Regel aus mehreren Tätigkeiten (im weiteren als Arbeitsteilvorgänge bezeichnet) bestehen und die Anforderungen des Arbeitssystems umfassend beschreiben können.

Ein Arbeitsplan wird definiert als eine Folge von Arbeitsvorgängen, die sich zu Gruppen zusammenfassen lassen. Beispiele für solche Gruppen von Arbeitsvorgängen sind:

- Montagearbeiten
- Rüsten
- Teilebearbeitung
- Wartung
- Störungsbeseitigung

- Wartezeiten

Diese Unterscheidung hinsichtlich der Arbeitsaufgabe wird bereits in verschiedenen Simulatoren zur Ableitung von Auslastungsgraden getroffen und kann für die Ermittlung der Belastung genutzt werden.

Bei manuellen Tätigkeiten wird die Beanspruchung meist dominierend von muskulären Belastungsanteilen bestimmt. Hierbei müssen die Belastungsanteile durch statische und dynamische Arbeitsformen gesondert betrachtet werden. Als wesentliche Belastungsfaktoren für die Arbeitsumgebung lassen sich Klima, Lärm, Vibrationen sowie die Beleuchtungssituation ausweisen.

Die Festlegung der einen Arbeitsvorgang bestimmenden Zeitanteile für einzelne Teilvorgänge erfolgt auf der Grundlage der im Rahmen von Ablaufstudien gewonnenen Informationen. Dabei werden Dauer und zeitliche Abfolge der beteiligten Teilvorgänge registriert.

Die **muskulären Belastungsfaktoren** werden in der Regel anhand von Vergleichssituationen und Tabellenwerten ermittelt. Hierzu wird für jeden Teilvorgang die muskuläre Anforderung bestimmt und über eine lineare Mittelwertbildung ein vorgangsbezogener Kennwert abgeleitet.

Die **Klimasituation** - beschrieben durch Lufttemperatur, Luftgeschwindigkeit, Luftfeuchte und Wärmestrahlung - kann ebenso wie der vorgangsorientierte **Schallpegel** und die **Beleuchtungsstärke** meßtechnisch erfaßt werden. Durch die Anbindung arbeitswissenschaftlicher Datenbanken besteht direkter Zugriff auf an realen Arbeitsplätzen erhobene Daten. Während die Beleuchtung und die Klimasituation in der Regel direkt dem Arbeitsvorgang zugeordnet werden kann, erfolgt die Ermittlung des äquivalenten Dauerschallpegels auf der Grundlage von Teilvorgängen. Über eine logarithmische Mittelwertbildung wird ein für den Arbeitsvorgang relevanter Schallpegel abgeleitet.

Vibrationen werden nahezu ausschließlich durch den Einsatz von Betriebsmitteln erzeugt. Entsprechend wird die Vibrationsbelastung aus dem eingesetzten Betriebsmittel unter Verwendung von Tabellenwerten abgeleitet.

	Belastungsfaktoren	Einflußgrößen	Bewertungsgröße
1.	**durch die Arbeitsaufgabe**		
1.1	dynamisch-muskulär	Arbeitsgeschwindigkeit, Art der Arbeit	Arbeitsenergieumsatz (AU)
1.2 1.2.1 1.2.2	statisch-muskulär Heben und Umsetzen Körperhaltung	Kraftaufwand Gewichte,Frequenz Körperhaltung Belastungswechsel	Kraft-zu-Maximalkraft-Relation Kontrollgrenze nach NIOSH (KG)
2.	**durch die Arbeitsumgebung**		
2.1	Klima - Temperaturen	Temperatur Luftfeuchte Luftgeschwindigkeit	Normal-Effektivtemperatur (NET)
2.2	Klima - Wärmestrahlung	Wärmestrahlung	Effektive Bestrahlungsstärke (E_{eff})
2.3	Lärm	Umgebung, Betriebsmittel	äquiv. Dauerschallpegel (L_{eq})
2.4	Vibrationen	Betriebsmittel	äquiv. K-Wert (KH_{eq})
2.5	Beleuchtung	Beleuchtungsmittel, Farbe, Richtung	Beleuchtungsstärke (E)

Bild 1: Überblick über ausgewählte Belastungsfaktoren

Bild 1 gibt einen Überblick über ausgewählte Belastungsfaktoren sowie wesentliche Einflußgrößen. Die Auswahl der Einflußfaktoren bildet dabei einen Kompromiß zwischen wünschenswerter Exaktheit und Praktikabilität im Sinne der geforderten betrieblichen Umsetzung.

Belastungs- und Beanspruchungsintensität			Arbeits umsatz	Effektivtemperatur							Effektive Bestrahlungs-stärke	Beur-teilungs-pegel	Arbeits-puls-frequenz
			(kJ·min⁻¹)	(°C NET)							(W·m⁻²)	(dB(A))	(min⁻¹)
Über -belastung -beanspruchung	sehr wahrscheinlich	VII	25<AU								300<E_{eff}	95<L_r	52<AP
				40	36	33	30	28	26	25			
	wahrscheinlich	VI	23<AU≤25								260<E_{eff}≤300	90<L_r≤95	48<AP<52
				37	33	29	26	23	21	19			
	möglich	V	20<AU≤23								220<E_{eff}≤260	85<L_r≤90	42<AP≤48
				33	31	27	23	19	15	11			
Grenzbereich		IV	16<AU≤20								160<E_{eff}≤220	80<L_r≤85	34<AP≤42
				31	29	25	21	17	13	9			
belastend / beanspruchend		III	12<AU≤16								95<E_{eff}≤160	75<L_r≤80	26<AP≤34
				25	22	19	16	14	11	8			
gering belastend / beanspruchend		II	8<AU≤12								35<E_{eff}≤95	65<L_r≤75	17<AP≤26
				19	17	15	13	11	9	7			
sehr gering belastend / beanspruchend		I	AU≤8								E_{eff}≤35	L_r≤65	AP≤17
			Arbeitsumsatzstufe	I	II	III	IV	V	VI	VII			

Bild 2: Arbeitswissenschaftliche Bewertung ausgewählter Belastungs- und Beanspruchungsgrößen

Die angegebenen Bewertungsgrößen können direkt in das Bewertungsschema nach MÜLLER und HETTINGER übernommen und interpretiert werden. Bild 2 zeigt für ausgewählte Belastungs- und Beanspruchungsgrößen die Stufeneinteilung gemäß dieser 7-stufigen Skala.

Die Stufe IV schließt dabei jeweils die Dauerleistungsgrenze ein, die Stufen I bis III kennzeichnen den geringer belastenden Bereich, der stärker belastende, im Schichtmittel überbelastende Bereich wird durch die Stufe V bis zur einseitig offenen Stufe VII abgedeckt.

4 EMSIG - ein Werkzeug zur Erweiterung von Simulatoren

Mit EMSIG wird die Möglichkeit geschaffen, für Simulatoren, die wie in Kap. 2 dargestellt, im allgemeinen nur eine sehr einfache Abbildung des Menschen im Materialfluß erlauben, Hilfsmittel zur Beschreibung der Belastung des Menschen und des Einflusses manueller Tätigkeiten im innerbetrieblichen Materialfluß bereitzustellen. EMSIG ist dabei keine Speziallösung für einen Simulator, sondern wird für verschiedene Simulationssprachen und Simulatoren nutzbar sein. Besonderer Wert wird auch auf die Implementation auf PC-Technik gelegt, da diese Technik derzeit im Bereich der Klein- und mittelständischen Industrie dominierend ist. Parallel zu den PC-Lösungen werden Implementationen auf Workstations erarbeitet.

Die Abbildung manueller Tätigkeiten in logistischen Systemen erfordert die Integration zusätzlicher Eingabedaten und Bewertungskriterien. Eine Analyse des zukünftigen Einsatzspektrums des Werkzeugs EMSIG hat ergeben, daß eine stufenweise Realisierung der Implementation notwendig ist. Daraus resultiert die aufeinander aufbauende Integration von Moduln

- zur Post-Run-Auswertung von Trace-Daten,
- zur belastungsabhängigen Entscheidungsfindung in der Disposition und
- zur belastungsabhängigen Intervention im Materialfluß

in Simulationssysteme.

Im folgenden wird die Vorgehensweise bei der Realisierung der Post-Run-Auswertung von Ergebnisdaten der Simulation vorgestellt. Bild 3 zeigt die Einordnung dieses Grundmoduls in das Simulationssystem.

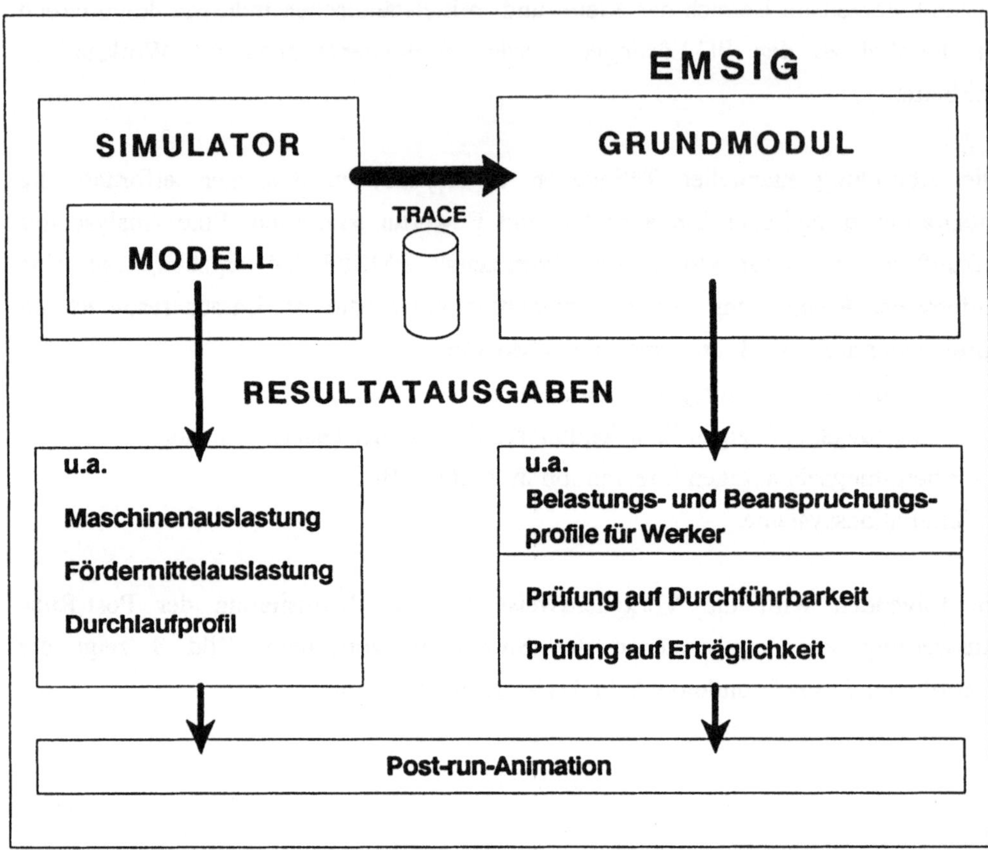

Bild 3: Einordnung des Grundmoduls von EMSIG in ein Simulationssystem

Über die Zuordnung von Belastungs- und Beanspruchungsinformationen zu jedem Arbeitsvorgang lassen sich neben herkömmlichen Ergebnisgrößen einer Simulation, wie z.B. Durchlaufzeiten, Bearbeitungszeiten, Auslastung solche generieren, die die Belastungs- und Beanspruchungssituation am konzipierten Arbeitssystem kennzeichnen. Die Entscheidung für oder gegen ein Konzept kann so zum einen auf einer breiteren Informationsbasis erfolgen, zum anderen können Überbelastungen bereits in der Planungsphase eines Arbeitssystems erkannt und durch geeignete Maßnahmen vermieden werden.

Damit bietet das Grundmodul bereits die Möglichkeit
- der Bereitstellung von Belastungs- und Beanspruchungsinformationen mit dem Ziel der erweiterten Entscheidungsfindung bei der Auslegung von Arbeitssystemen,
- der Prüfung von Arbeitsabläufen auf Ausführbarkeit und Erträglichkeit mit dem Ziel der Steigerung der Abbildungsgenauigkeit und
- der Prüfung von Arbeitsabläufen unter Belastungs-Beanspruchungsaspekten mit dem Ziel der präventiven Arbeitsgestaltung.

Den strukturellen Aufbau des Grundmoduls zeigt Bild 4.

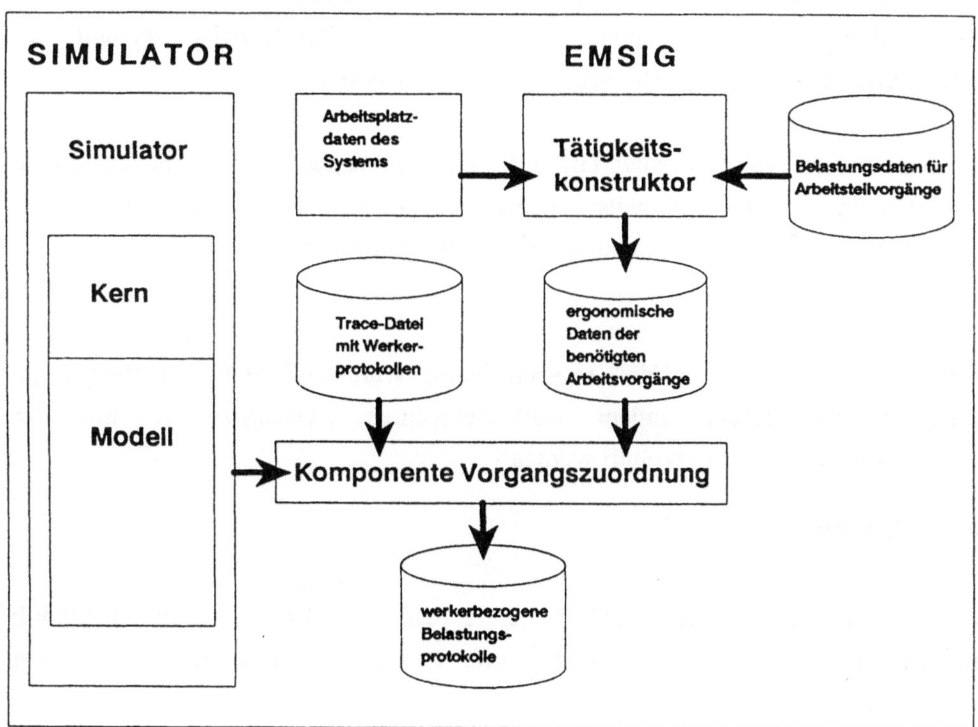

Bild 4: Struktureller Aufbau des Grundmoduls

Die Hauptaufgabe dieses Moduls besteht darin, vom Simulator erzeugte Werker-TRACE-Daten um arbeitswissenschaftliche Daten zu erweitern, diese aufzubereiten und auszugeben. Das setzt voraus, daß der Simulator in der Lage ist, Werker nachzubilden und Daten über deren Ereigniszeitpunkte und Zustände zu speichern. Damit sind die TRACE-Informationen mit den Ergebnissen einer Arbeitsablaufstudie, wie sie in arbeitswissenschaftlichen Untersuchungen durchgeführt wird, vergleichbar. Zur Gewährleistung einer breiten Anwendbarkeit wird die TRACE-Datei im ASCII-Format verwaltet.

Wie in Kap. 3 dargestellt, erfolgt die Beschreibung und Bewertung der Belastung auf der Grundlage von Arbeitsvorgängen. Hierzu besteht Zugriff auf Datenbanken arbeitswissenschaftlicher Untersuchungen aus verschiedenen Industriebereichen. Diese bilden Referenzsituationen und können beispielsweise anhand der Arbeitsaufgabe, z.B. "Teilebearbeitung" abgerufen werden.

Darüber hinaus sind an Materialflußsimulatoren angepaßte Komponenten zur Beschreibung von Tätigkeitselementen verfügbar, die gleichermaßen die Möglichkeit der Zusammenfassung zu Arbeitsvorgängen und deren Bewertung bieten.

Innerhalb der Komponente "Vorgangszuordnung" werden TRACE- und Belastungsdaten zusammengefügt, indem werkerrelevanten Systemzustände mit den Vorgangsinformationen verknüpft werden.

5 Ausblick

Aufbauend auf den im Projekt EMSIG bereits realisierten bzw. konzipierten Moduln eröffnen sich Möglichkeiten für planvolle Erweiterungen in unterschiedlichen Dimensionen:

Auf der Ebene der Planungsinstrumente sind weitere technische Lösungen für die

Umsetzung in Betracht zu ziehen, wobei die gewonnenen Erfahrungen auf andere Planungsinstrumente übertragen werden können. Beispielhaft seien hier Anwendungen im Bereich der Arbeitsvorbereitung und der Layoutplanung genannt, für die bereits entsprechende Konzeptionen vorliegen.

Ebenso lassen sich die Möglichkeiten zur Umsetzung arbeitswissenschaftlicher Erkenntnisse weiter verbessern. Für die Übertragung auf andere als im wesentlichen manuelle Arbeitssysteme ist die Erweiterung der Merkmalebene zur Beschreibung des Mensch-Bezuges erforderlich. Ebenso ist die Einbeziehung von Sicherheits- und Qualifikationsaspekten konzipiert.

Letztlich kann durch Einbeziehung von anwenderbezogenen Visualisierungselementen eine breite Anwendung und Akzeptanz erreicht werden. Eher im Sinne einer Zielgröße soll hier das Schlagwort "Virtuelle Realität" genannt werden, mit deren Hilfe eine wirklichkeitsnahe Darstellung von Arbeitssystemen möglich ist, gleichzeitig lassen sich Änderungen auf "eindrucksvolle" Art durchführen.

Literaturverzeichnis

HERPER, H., STEFANIACK, M.
Gegenüberstellung von Resultatdarstellungsformen verschiedener universeller ereignisorientierter Simulatoren
Erste Fachtagung "Visualisierung und Präsentation von Modellen und Resultaten der Simulation", veröffentlicht in ASIM, Mitteilungen aus den Arbeitskreisen
Heft 31, 1992

MÜLLER, B. H.
Vorgangsbezogene Analyse und Bewertung von Arbeitssituationen
Z.Arb.Wiss. 45 (1991), 129

MÜLLER, B. H., Th. HETTINGER
Interpretations- und Bewertungsverfahren arbeitswissenschaftlich-ergonomischer Felddaten
Z.Arb.Wiss. 35 (1981), 82

MÜLLER, B.H., Hj. GEBHARDT, T. KORZEC, Th. HETTINGER
Entwicklung eines Verfahrens zur Prognose der Auswirkungen kombinierter physischer Belastungen am Arbeitsplatz

EGKS Projekt 7249/14/075, Endbericht, 199

NOCHE, B., WENZEL, S.
Marktspiegel Simulationstechnik in Produktion und Logistik
Verlag TÜV Rheinland, Köln 1991

VDI-RICHTLINIE 3633 (Entwurf)
Simulation von Logistik-, Materialfluß- und Produktionssystemen, 1992

Workshop 4

Werkzeugentwicklung für die Softwaregestaltung
Teil 2

Wissensorientierte Unterstützung von Arbeit und Lernen - Technologien und Einsatzkriterien

Jürgen Ziegler und Franz Koller
Fraunhofer-Institut für Arbeitswirtschaft und Organisation, Stuttgart

Zusammenfassung
Neben dem allgemeinen Vordringen neuer Informations- und Kommunikationstechnologien in allen Bereichen der Arbeitswelt gewinnt auch der Einsatz wissensbasierter bzw. auf der Abbildung von Wissen beruhender Systeme an Bedeutung. Zu diesem Bereich kann eine Vielzahl unterschiedlicher Systeme wie z.B. Expertensysteme, Entscheidungs- und Planungsunterstützungssysteme oder Hypermediasysteme gerechnet werden. Ziel des Vorhabens WEDA ist es, Grundlagen und Methoden für die Entwicklung, die Gestaltung und den Einsatz von wissensbasierten bzw. auf der Abbildung von Wissen beruhenden Systemen für rechnergestützte Arbeits- und Lernprozesse zu erarbeiten und daraus umsetzungsorientierte Empfehlungen für eine menschengerechte Gestaltung und Anwendung solcher Systeme zu entwickeln.

Abstract
New information and communication systems are increasingly penetrating all areas of the working world. Knowledge-based systems are beginning to play an important role for supporting work processes. A variety of systems is based on the representation of knowledge as opposed to conventional data processing applications. Expert systems, decision and planning support or hypermedia systems can be considered as examples of such knowledge-oriented systems. The aim of the project WEDA is to develop principles and methods for the development, the design and the application of a range of knowledge-based support tools and to set up guidelines for a user-centered approach for designing and introducing such systems.

Résumé
Avec les technologies nouvelles d'information et de communication qui touchent de plus en plus tous les domaines du monde de travail, les systèmes à base de connaissances commencent à jouer un rôle de soutien important. Par opposition aux applications conventionelles d'informatique, nombre de systèmes sont basés sur la représentation de connaissances, comme, par exemple, les systèmes expert, les systèmes de soutien à la décision et au planning, ou les systèmes hypermédia. Le projet WEDA s'est fixé l'objectif d'évoluer des principes et des méthodes pour le développement, la conception et l'application de systèmes à base de connaissances respectivement reposants sur la représentation des connaissances qui soutiennent des processus informatisés de travail et d'apprentissage, et d'établir à partir de ces théories des lignes directrices visées à réaliser la conception et l'application de tels systèmes d'une façon conviviale et facile à utiliser.

1 Einleitung

1.1 Überblick über das Vorhaben WEDA

In vielen Bereichen der Arbeitswelt ist gegenwärtig ein rasches Vordringen neuer Informations- und Kommunikationstechnologien zu beobachten, wobei auch der Einsatz wissensbasierter bzw. auf der Abbildung von Wissen beruhender Systeme eine wachsende Bedeutung erlangt. Dazu können z.B. Expertensysteme, Entscheidungs- und Planungsunterstützungssysteme oder Hypermediasysteme gerechnet werden.

Ziel des Vorhabens WEDA ist es, Grundlagen und Methoden für die Entwicklung, die Gestaltung und den Einsatz von wissensbasierten bzw. auf der Abbildung von Wissen beruhenden Systemen für rechnergestützte Arbeits- und Lernprozesse zu erarbeiten und daraus umsetzungsorientierte Empfehlungen für eine menschengerechte Gestaltung und Anwendung solcher Systeme zu entwickeln.

Das Projekt wird im Rahmen des Programms "Arbeit und Technik" des BMFT als Verbundvorhaben mit einer Laufzeit von drei Jahren von folgenden Einrichtungen bearbeitet:

(1) Fraunhofer-Institut für Arbeitswirtschaft und Organisation (IAO), Stuttgart,

(2) Fachbereich Psychologie der Humboldt-Universtität zu Berlin (HUB),

(3) Institut für Psychologie der Technischen Universität Dresden (TUD),

(4) FAW Ulm (im Unterauftrag des IAO)

Im Rahmen des Projektes werden unterschiedliche wissensbasierte Ansätze untersucht, die von stark formalisierten Wissensdarstellungen (z.B. bei Expertensystemen) bis zu informelleren Formen (z.B. bei Hypermedia-Systemen) reichen. Durch dieses Vorgehen sollen sowohl Hinweise zur Gestaltung der einzelnen Techniken als auch zur Auswahl und Integration der Technik für eine benutzergerechte Unterstützung von Arbeitstätigkeiten entwickelt werden. Ausgewählte Tätigkeitsbereiche (CNC, Konstruktion und Softwareentwicklung) werden analysiert und prototypische Unterstützungswerkzeuge für diese Bereiche realisiert, um die Gestaltungsempfehlungen zu veranschaulichen und zur Umsetzung aufzubereiten. Begleitend dazu sollen methodische Ergebnisse hinsichtlich der

Fragen von Wissensgewinnung, -darstellung und -vermittlung erarbeitet werden.

1.2 Vorgehen

Das Vorhaben gliedert sich in folgende drei Phasen:

1. Für drei Anwendungsbereiche - Maschinenbau-Konstruktion, CNC-Maschinenbedienung, Software-Entwicklung - wird analysiert, welcher Unterstützungsbedarf für diese komplexen geistigen Arbeitstätigkeiten vorliegt. Zu diesem Zweck wurden schriftliche Befragungen bei einer repräsentativen Auswahl von Unternehmen sowie in ausgewählten Bereichen Fallstudien unter Einsatz arbeitsanalytischer Methoden und Verfahren durchgeführt.

2. Ausgehend von dem ermittelten Unterstützungsbedarf werden empirische und experimentelle Untersuchungen zur Wissensgewinnung, -darstellung und -vermittlung durchgeführt. Dabei werden vor allem gestaltungsorientierte Untersuchungen durchgeführt. Dabei stehen folgende Untersuchungsschwerpunkte im Vordergrund:
   - Wissensdarstellung: Es werden unterschiedliche Wissensrepräsentations- und -strukturierungsmöglichkeiten, Darstellungsmedien und technische Realisierungsmöglichkeiten für unterschiedliche Formen von Wissen und unterschiedliche Einsatzbereiche untersucht.
   - Steuerbarkeit der Wissensnutzung: Es existiert eine große Spannweite zwischen vorwiegend systemgesteuerten (z.B. Expertensysteme) und vorwiegend benutzergesteuerten Lösungen (z.B. Hypermedia-Systeme). Es werden sinnvolle (Misch-) formen aus aufgaben- und benutzerorientierter Sicht erarbeitet und in konkreten Gestaltungsvarianten umgesetzt.
   - Entscheidungshilfen: Hier wird untersucht, inwieweit und in welcher Form wissensbasierte Systeme Unterstützung in Entscheidungssituationen liefern können und welche Inforamtionen bereitgestellt werden müssen.

3. Die erhaltenen Ergebnisse sollen in Form von prototypischen Unterstützungssystemen mit praktisch anwendbaren Gestaltungs- und

Einsatzempfehlungen aufbereitet werden. Im wesentlichen wird es sich dabei um Leitlinien für die Ermittlung von Unterstützungserfordernissen und für die Wissensermittlung und -modellierung, sowie um Richtlinien und Kataloge für die anforderungsabhängige Wissensdarstellung und die Unterstützung selbständigen Lernens handeln.

Diese Vorgehensweise wird von allen drei Partnern gleichermaßen auf die verschiedenen Anwendungsbereiche angewandt. Die gemeinsame Methodologie, erlaubt die Ableitung von verallgemeinerbaren Aussagen zu verschiedenen Anwendungsbereichen über eingesetzte Methoden und Verfahren.

1.3 Anforderungsstand hinsichtlich Systemunterstützung

Die erste Phase, die Analyse des Unterstützungsbedarfs in den zu untersuchenden Anwendungsbereichen, ist mittlerweile abgeschlossen. In allen drei Bereichen konnte dabei insgesamt ein hoher Unterstützungsbedarf mit folgenden Schwer-punkten ermittelt werden:

- Befragungen und experimentelle Ergebnisse von Software-Entwicklern zeigen Wissensdefizite im Bereich software-ergonomischen Gestaltungswissens. In diesem Anwendungsbereich wird ein wissensbasiertes Auskunfts- und Beratungssystem zur Gestaltung von Benutzerschnittstellen entwickelt und evaluiert.
- Unter Berücksichtigung von ermittelten Gestaltungs- und Unterstützungsschwerpunkten im Konstruktionsbereich wird ein rechnergestütztes Entscheidungshilfesystem entwickelt, welches auf der Basis eines additiven, eliminativen und lexikographischen Regelsystems arbeitet.
- Im CNC-Bereich ist der Unterstützungsbedarf sowohl bei der Maschinenbedienung als auch bei der Ausbildung an CNC-Maschinen als sehr hoch bewertet worden. Bevorzugt werden praxisnahe Materialien, welche auch durch Animationen, Zeichnungen und Bilder eine effizientere Informationsvermittlung ermöglichen. Auf der Basis der bisher gewonnenen Ergebnisse wird ein prototypisches Hypermedia-Unterstützungssystem für den CNC-Maschinenbediener entwickelt und evaluiert.

2 Wissenorientierte Systeme

Eine wesentliche Zielsetzung des WEDA-Projektes ist es, einen Bezugs- und Bewertungsrahmen für wissensbasierte Systeme aufzustellen, um daran Gestaltungsempfehlungen für die Entwicklung benutzergerechter Systeme anzubinden. Der Begriff "wissensbasiertes System" wird dabei nicht in dem oft verwendeten engen Sinn von "Expertensystem" verstanden, sondern soll einen Gestaltungsraum kennzeichnen, der ein ganzes Spektrum an wissensspeichernden, -verarbeitenden oder transportierenden Systemen umfaßt. Hierfür kann sicher nicht eine einzelne Dimension zur Einordnung herangezogen werden, es müssen hingegen charakteristische und relevante Merkmale wissensbasierter Systeme entwickelt und für eine anwendungsorientierte Klassifikation aufbereitet werden.

Ein Beispiel einer solchen Dimension könnte etwa der Grad der Automatisierung der Wissensverarbeitung stehen, an dessen einem Ende Expertensysteme als stark automatisierte Systeme der Wissensverarbeitung stehen, während z.B. Hypermediasysteme die Verarbeitung und nutzungsmäßige Integration des Wissens weitgehend dem Benutzer überlassen.

Aufgrund der vielfältigen Gestaltungsoptionen soll im Zusammenhang dieses Beitrags von 'wissensorientierten Systemen' anstelle von wissensbasierten die Rede sein. Damit soll schon durch die Begrifflichkeit verhindert werden, daß eine Gestaltungsentscheidung voreilig in Richtung eines stark automatisierten, wissensbasierten Systems fällt, bevor nicht andere, im jeweiligen Fall, eventuell effektivere Möglichkeiten berücksichtigt werden.

Nur wenn ein Raum an Gestaltungsmöglichkeiten aufgespannt wird, können in der Wechselwirkung von technischem System, Benutzer und Aufgabenstellung Bewertungen abgegeben werden, die sich auch gestaltungsorientiert umsetzen lassen. Pauschalurteile über wissensbasierte Systeme sind in diesem Kontext wenig hilfreich. Vielmehr sind für individuelle Kombinationen Benutzer-Aufgabe-Systemlösung Bewertungen aufzustellen, z.B. auf der Basis software-ergonomischer Hauptkriterien, wie etwa aus VDI 5005 die Kriterien Kompetenzförderlichkeit, Handlungsflexibilität und Aufgabenangemessenheit oder der in DIN 66234, Teil 8 verwendete Satz.

Schließlich muß als wesentliche Zielsetzung für das Aufstellen eines Gestaltungsraums auch der Aspekt der Systeminnovation angegeben werden. Hier liegen erhebliche Gestaltungspotentiale insbesondere in der Integration unterschiedlicher Funktionalitäten in einem einzigen System. Während bislang streng unterschiedliche Systemlinien wie etwa regelbasierte Expertensysteme auf der einen Seite und Hypertext-/Hypermediasysteme auf der anderen Seite entwickelt wurden, wird zukünftig zu fragen sein, wie diese unterschiedlichen Aspekte aus aufgabenorientierter Sicht sinnvoll in einem System integriert werden können. Möglicherweise können dadurch miteinander konkurrierende Gütekriterien in ausgewogenerer Weise erfüllt werden, als dies bei herkömmlicher Systemgestaltung möglich ist. Die Entwicklung eines Gestaltungsraums für wissensbasierte Systeme ist hierfür ein wichtiges Hilfsmittel.

3 Ziele bei der Gestaltung wissensorientierter Systeme

Den Arbeiten im WEDA-Vorhaben liegen eine Reihe von Zielvorstellungen zugrunde, die in thesenartiger Form aufgestellt wurden und die als Ausgangspunkt für eine benutzerorientierte Gestaltung von Systemen dienen sollen.

Expertenunterstützung statt -ersatz

Wissensbasierte Systeme sind als expertenunterstützende und nicht als expertenersetzende Systeme zu konzipieren und zu gestalten. Die Debatte um moderne Produktionskonzepte (Fertigungsinseln, lean production) zeigt, daß reine Automatisierungsansätze in eine Sackgasse führen und nicht die gewünschte Gesamteffektivität erbringen. Damit rücken Hilfsmittel in den Mittelpunkt, die als expertenunterstützende Systeme zu einer besseren Nutzung des Potentials an Erfahrungswissen führen, welches beim menschlichen Experten vorliegt, und dadurch die Effektivität der menschlichen Arbeitsleistung erhöhen. Die zukünftigen Benutzer sind von Anfang an in alle Phasen der Entwicklung und des Einsatzes von wissensbasierten Systemen einzubeziehen.

Systemunterstützung muß abhängig von der Art des Wissens und der Aufgabe gestaltet werden

Vom Bedeutungsgehalt unabhängig besitzt Wissen Eigenschaften, die für die Systementwicklung relevant sind und die unterschiedliche Wissensarten konstituieren. Aus pragmatischer Sicht sind dies insbesondere:

- deklaratives Wissen über Eigenschaften von Objekten, Sachverhalten, Ereignissen und deren Zusammenhänge vs. prozedurales Wissen über Handlungen, Vorgehensweisen, Strategien zur Lösung von Aufgaben in einem Wissensbereich,
- Wissen, das bereits extern, z.B. in Dokumenten, gespeichert ist vs. Wissen, das zunächst nur im Gedächtnis von Experten vorhanden ist,
- eindeutiges, sicheres Wissen vs. vages, unsicheres Wissen,
- stabiles Wissen vs. sich in kurzen Zeiträumen veränderndes, variables Wissen bzgl. der Eigenschaften von Objekten, Ereignissen, Vorgängen und
- Wissen, das in einem bestimmten Arbeitsbereich häufig gebraucht wird vs. selten gebrauchtes Wissen.

Ebenso müssen die unterschiedlichen Aufgabenstellungen untersucht werden, für die wissensbasierte Systeme eingesetzt werden sollen. Wesentliche Hauptbereiche sind hierbei:

- Vermittlung beruflichen Wissens im Rahmen von Aus- und Weiterbildung
- Unterstützung bei der Lösung von Arbeitsaufgaben
- Transfer von Wissen aus einem Arbeitsbereich in den anderen

Neben diesen allgemeinen Bereichen müssen aber insbesondere die konkreten Anforderungen aus der aktuellen Arbeits- bzw. Lernsituation berücksichtigt werden, um geeignete Formen der Wissensdarstellung zu wählen.

Wissensorientierte Systeme können arbeitsnahes Lernen unterstützen

Bei der Komplexität und Innovationsgeschwindigkeit technischer und organisatorischer Prozesse kann der stark steigende Weiterbildungsbedarf mit den traditionellen Lehr- und Lernformen nicht befriedigt werden. Deshalb sind Formen des Weiterlernens zu entwickeln, die bedarfs- und erwachsenengerecht sind, d.h. z.B. aufgabenorientiert und individualisierbar (Lernzeit, -inhalt, Präsentationsform).

Neue Informationstechniken eröffnen hier Möglichkeiten z.B. durch Multimedia- und Hypermedia-Systeme, die eine Verbindung von Ton, Animation, Text und Grafik zur Präsentation von singulären Informationen und komplexeren (vernetzten) Informationseinheiten ermöglichen. Früher getrennte Systemkomponenten wie Informationssysteme, Hilfesysteme, Beratungssysteme und tutorielle Systeme wachsen zu wissensorientierten Lernunterstützungssystemen zusammen. Am Beispiel konkreter Nutzungsformen sind die Möglichkeiten und auch die Grenzen zu untersuchen, die der Einsatz solcher Systeme zur Unterstützung dezentralen, aufgabenorientierten Lernens bietet.

4 Methodik der Wissensgewinnung

Der Entwicklungsprozeß für Systeme, die sehr stark auf dem fachspezifischen Wissen menschlicher Experten beruhen, stellt oftmals den Flaschenhals für deren rasche, effiziente Einsetzbarkeit und die daraus resultierenden Unterstützungsfunktionen dar. Die Gründe hierfür sind vielfältig: mangelnde Flexibilität der verwendeten Softwarewerkzeuge, Schwierigkeiten bei ihrer Handhabung durch nicht DV-erfahrene Fachleute, ungenügender Einsatz von geeigneten Strukturierungshilfen, ermüdungs- und zeitintensive Beanspruchung von menschlichen Experten und - in vielen Fällen - mangelhafte Einbeziehung bereits verfügbarer Informationsquellen in den Entwicklungsprozeß.

Insbesondere im Bereich der technischen Fehlerdiagnose und der Konfiguration zeigt sich jedoch, daß in Unternehmen eine Vielzahl von Daten vorliegt, die durch Anwendung geeigneter Methoden sinnvoll in die System-Entwicklung und Weiterentwicklung miteinbezogen werden können. Service- und Wartungsberichte, statistische Daten über Komponentenausfälle und Wirkzusammenhänge können ebenso die Entwicklung von Diagnosesystemen unterstützen, wie die Ergebnisse rechnergestützer FMEA oder Fehlerbaumanalysen.

Allerdings fehlt hierzu noch eine geeignete Methodik, die den Einsatz dieser Verfahren und ihrer Ergebnisse bei der Wissensgewinnung für rechnerbasierte Unterstützungswerkzeuge effizient unterstützt und den menschlichen Experten bei der Entwicklung möglichst wenig mit ermüdenden und oftmals monotonen, für ihn schwer nachvollziehbaren Methoden der Wissensakquisition belastet.

Deshalb werden im Rahmen des WEDA-Projektes Untersuchungen durchgeführt, deren Ergebnisse dazu beitragen,

- methodische Instrumentarien zu entwickeln und zu bewerten, die die rationelle Erfassung fachspezifischen Wissens für wissensbasierte Unterstützungssysteme ermöglichen,
- bekannte KI-Ansätze hinsichtlich ihrer Eignung zur systemunabhängigen Wissensmodellierung bei unterschiedlichen Wissensarten zu prüfen,
- Methoden und Kriterien für die Evaluation von Wissenskörpern zu erarbeiten.

Grundlage für die Entwicklung von Wissenserfassungsmethodiken bildet ein breites Spektrum psychologischer und ingenieurwissenschaftlicher Methoden, die im wesentlichen folgenden Kategorien zugeordnet werden können:

- Interviewtechniken und schriftliche Befragungen
- Beobachtungstechniken
- Methoden des "lauten Denkens"
- Gruppendiskussionen
- Gedächtnispsychologische Methoden
- Induktionsmethoden
- formalisierte Methoden (z. B. Entscheidungsbaumanalyse, multidimensionale Skalierung, Informatiosanalyse)
- Text-und Dokumentanalysen

Da keine Einzelmethode ermöglicht, das Wissen einer Domäne vollständig und valide zu erfassen, sind in Abhängigkeit von Art und Umfang des zu implementierenden Wissens, dessen Verfügbarkeit und Zugänglichkeit (bzgl. Dokumente, technisch vorverarbeitete Daten, Experten) sowie der geforderten Leistungscharakteristik des wissenbasierten Systems ausgewählte Methoden kombiniert und evtl. iterativ einzusetzen.

Wenn der Experte nicht zugleich Systementwickler ist, bzw. wenn er nicht selbst unter Nutzung einer Shell das fachspezifische Wissen implementiert, dann empfiehlt es sich für den Wissensingenieur, das von ihm erfaßte Wissen vor der Implementierung zu modellieren, d.h. in einer systematisierten und formalisierten Form darzustellen. Die dafür nutzbaren Ansätze entstammen Forschungen zur

“Künstlichen Intelligenz”:

- logikbasierte Ansätze (Prädikatenlogik, Fuzzylogik, nichtmonotone Logiken)
- netzwerkbasierte Ansätze (semantische Netze, OR-Graphen, ER-Diagramme, Hypertext, Hypermedia)
- objektbasierte Ansätze (Frames, Scripts, Objekt-Attribut-Wert-Tripel)
- regelbasierte Ansätze (Produktionssysteme)

Da Wissensmodelle einerseits möglichst valide Nachbildungen der Wissensrepräsentation im menschlichen Gedächtnis sein sollen, andererseits bei vorgegebener Systemarchitektur eine möglichst effektive Wissensimplementierung garantieren sollen, bedarf es bzgl. der o.g. Ansätze kritischer Vergleichsuntersuchungen bei verschiedenen Wissensdomänen und -arten.

Entsprechend dieser allgemeinen Zielstellungen sollen zunächst bisherige Erfahrungen mit dem Diagnosesystem SIMTRACE ausgewertet und darauf aufbauend ein spezifisches Vorgehen zur Wissensgewinnung, -modellierung und -evaluation entwickelt und eingesetzt werden. Schließlich sollen daraus dann Schlußfolgerungen für die Gestaltung von SIMTRACE gezogen werden.

5 Unterstützung von Tätigkeiten im CNC-Bereich

Wie bereits eingangs erwähnt, sollen anhand ausgewählter Tätigkeitsbereiche (CNC, Konstruktion und Softwareentwicklung) praktisch anwendbare Gestaltungs- und Einsatzempfehlungen hinsichtlich der Fragen von Wissensgewinnung, -darstellung und -vermittlung erstellt werden. Im folgenden werden beispielhaft erste Ergebnisse aus dem CNC-Bereich vorgestellt.

	Unterstützung durch Handbücher		Unterstützung durch Kollegen/Meister		zusätzlich benötigte Unterstützung durch verbesserte Handbücher (in %)
Tätigkeiten	Nutzung (in %)	Nutzen hoch ● mittel ◑ gering ○	Nutzung (in %)	Nutzen hoch ● mittel ◑ gering ○	
Program-mieren	46	●	30	●	24,5
Einrichten/ Rüsten	18	◑	36	●	9
Einfahren	14	◑	33	◑	11
Produzieren	14	○	37	◑	7,5
Püfen/ Messen	15	○	34	◑	9
Maschinen-wartung	33	●	25	◑	21
Diagnose	21	◑	24	◑	21

Tabelle 1: Vorhandene und benötigte Unterstützung

Der Unterstützungsbedarf im CNC-Bereich wurde mittels einer Fragebogenaktion erhoben. Dabei wird ein allgemein formulierter Bedarf bezüglich verbesserter "guter und klarer Handbücher mit Beispielen" geäußert. Insbesondere die visuelle Aufbereitung und Strukturierung der Informationen für die Aufgabenbearbeitung an der Werkzeugmaschine wird als unzulänglich kritisiert. Handbücher erweisen sich beim Programmieren und bei der Maschinenwartung als nützlich und werden für diese Tätigkeiten vorwiegend eingesetzt. Bei allen anderen Tätigkeiten wird in der Befragung die Unterstützung durch die Kollegen/Meister bevorzugt. Speziell beim Programmieren und beim Einrichten und Rüsten werden die Hilfen von den Kollegen als sehr nützlich bewertet. Beim Einfahren, Produzieren und Prüfen/Messen, also solchen Tätigkeiten, die stark durch Erfahrungswissen geprägt sind, versagen Handbücher sehr schnell. Ihr Nutzen wird dabei als "gering" bezeichnet (siehe Tabelle 1).

In weiterführenden Interviews mit Experten aus dem CNC-Bereich wurde die Forderung nach einfachen und einheitlich zu nutzenden Systemen in der Fertigung genannt, die den Maschinennutzer ganzheitlich bei ihrer Tätigkeit an der CNC-Werkzeugmaschine unterstützt. Als ein prototypischer Ansatz in diesem Bereich ist das Konzept der "Steuerung 2000" zu nennen, welches am IAO entwickelt wurde.

5.1 Unterstützung an der Steuerung 2000

Ausgehend von einem ganzheitlichen Handlungsablauf bei der NC-Fertigung von Dreh- und Frästeilen, werden an der Steuerung 2000 sechs Funktionsbereiche angeboten, welche die Tätigkeiten im Handlungsablauf technisch unterstützen:

- Auftragsvorbereitung
- Produzieren
- Programmieren
- Prüfen
- Wartung
- Fehlerdiagnose und -behebung

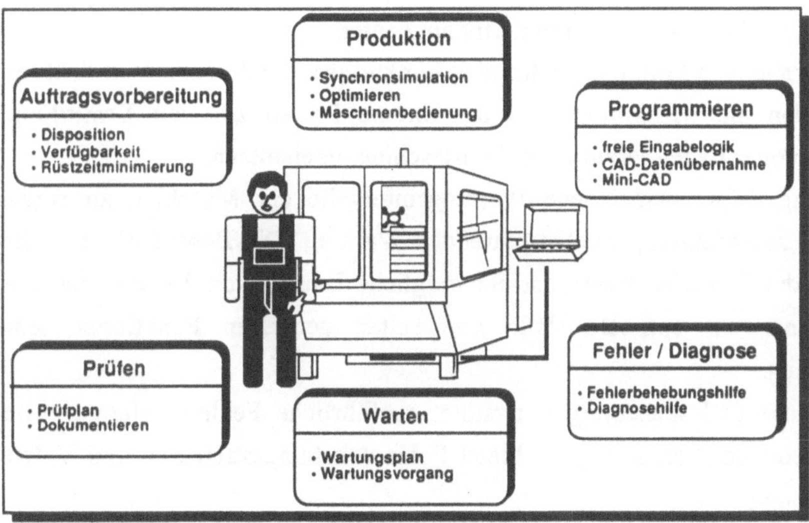

Abbildung 1: Funktionsbereiche der Steuerung 2000

Die Auftragsvorbereitung ist die Basis der täglichen Arbeit an der CNC-Maschine. Sie entscheidet darüber, wie reibungslos Aufträge durch den Betrieb geschleust werden. Dieses Modul dient bei der qualifizierten Einzelarbeit dazu, einen von einem übergeordneten Planungssystem erhaltenen Auftragspool an der Maschine zu disponieren, die Verfügbarkeit von Material, Werkzeuge und Programme zu prüfen und dadurch Rüstzeiten zu minimieren. Es bietet eine Übersicht über den gesamten Auftragspool einer Arbeitsgruppe und ermöglicht optimale Einplanungsstrategien.
Der Funktionsbereich Produzieren beinhaltet alle Funktionen, um die Maschine zu Rüsten, das Programm zu starten, Werkzeuge zu verwalten, Teach-in Makros zu definieren etc. Darüberhinaus unterstützt er ein Optimiermenü, um NC-Programme schnell und übersichtlich optimieren zu können, sowie eine Synchronsimulation, um den Bearbeitungsprozeß zu überwachen.
Programmieren beinhaltet in etwa das Vorgehen und den Funktionsumfang von heutigen WOP-Programmiermodulen inklusive der Funktionalität, um CAD-Daten zu übernehmen. Zusätzlich gibt es neben der Eingabelogik von WOP-Systemen (Geometrie - Werkzeug, Technologie) die DIN-Logik (Werkzeug, Technologie - Geometrie). Dabei wird auf die Kommandosprache DIN 66025 verzichtet, deren Eingabelogik jedoch graphisch-interaktiv angeboten.
Im Funktionsbereich Prüfen befinden sich Funktionen, die den externen Prüfvorgang nach Prüfplan mit Meßmitteln und das interne Prüfen z.B. zur Ermittlung von Nullpunkten oder Lagetoleranzen in der Maschine unterstützen.
Die Wartung zeigt verschiedene Wartungsintervalle der Maschine an sowie die Restzeit bis zur nächsten, durchzuführenden Wartung. Die Besonderheit in diesem, wie im Modul Fehlerbehebung, ist der mögliche Einsatz von Videosequenzen, um dem Bediener ein optimales Bild von selten genutzten Funktionen jederzeit bereitzustellen.
Fehlerdiagnose und -behebung unterstützt ausführliche Fehlermeldungen von der Maschine bzw. der Steuerung und bietet Fehlerbehebungsstrategien und Videos zur Fehlerbehebung.
Durch das transparente und am Produktionsablauf orientierte Vorgehen ist insbesondere ein Anfänger oder seltener Benutzer optimal unterstützt. Die wesentliche Neuerung der Module besteht in ihrer Einheitlichkeit und Integriertheit,

sowie der Möglichkeit den Ablauf des Programms bei der Produktion auch graphisch darzustellen. Dadurch kann sich der Benutzer ein besseres Bild über den Ablauf machen und unter Nutzung dieser Erfahrung auch weitere Schlüsse ziehen.

5.2 Unterstützung von Wartungstätigkeiten

Am Beispiel des Bereiches Wartung soll verdeutlicht werden, durch welche Möglicjkeiten dem CNC-Benutzer Informationen zur Unterstützung bei seiner Tätigkeit vermittelt werden können. Der Funktionsbereich "Wartung " der Steuerung 2000 beinhaltet die Untermenüs für die entsprechenden Wartungsintervalle (z.B. 100h, 200h) des jeweiligen Maschinentyps. Das Vorgehen in diesem Modul richtet sich nach dem Prinzip:

- fällige Wartung erkennen
- Information über fälligen Wartungsumfang und Vorgehen bei dieser Wartung
- durchgeführte Wartung quittieren

Der Benutzer sieht im Grundfenster die jeweilige Zeit bis zum nächsten, fälligen Wartungsintervall in Form von ablaufenden Uhren. Das System muß daher eine Echtzeituhr besitzen. Fällige Wartungen werden darüber hinaus auch ohne Aufruf des Moduls "Wartung" am System über ein Meldefenster gemeldet.

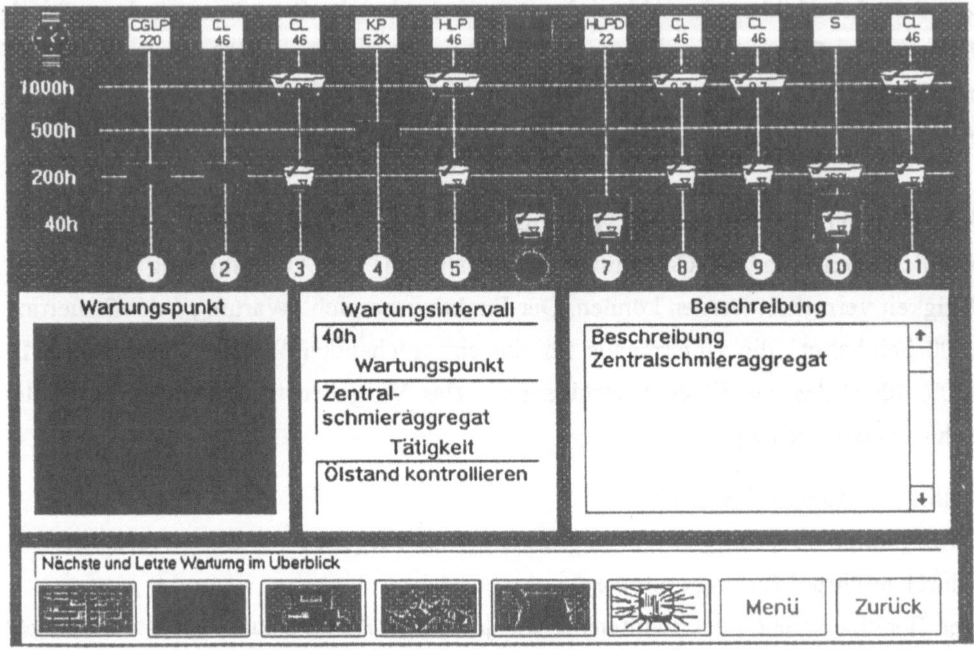

Abbildung 2: Bildschirmabzug eines Wartungsplans in der Steuerung 2000

Der Benutzer kann nun das entsprechende Wartungsintervall aufrufen. Daraufhin erhält er eine textuelle Beschreibung des Wartungsvorgangs. Da die Wartung eine nicht häufig zu verrichtende Tätigkeit ist, muß sie auf jeden Fall entsprechend graphisch z.B. über Bilderfolgen unterstützt werden. Eine sehr gute Unterstützung bieten hier Videofilme, die die optimale Vorgehensweise zur Wartung der Maschine in Bild und Ton zeigen und durch den Benutzer interaktiv steuerbar sind.

Die Wartung der CNC-Maschine durch den Facharbeiter selbst führt zu einem erhöhten Verantwortungsgefühl für dieses zentrale Betriebsmittel. Bei regelmäßiger Wartung ist der Maschinenbenutzer immer über den momentanen Zustand der Maschine informiert. Er beschäftigt sich über seine eigentliche Produktionstätigkeit hinaus mit der Maschine und kann das erworbene Wissen wieder in den Produktionsprozess zurückführen. Die Maschine bleibt kein anonymes Arbeitsmittel.

5.3 Vermittlung von Wissen im CNC-Bereich

Durch entsprechende Unterstützungsmaterialien direkt am Arbeitsplatz sollte eine Reduzierung von Fehlhandlungen und damit der personenbedingten Fehler möglich sein. Gleichzeitig können dadurch zusätzliche Möglichkeiten für den Erwerb von Erfahrungswissen geschaffen werden. Im Rahmen des WEDA-Projektes wird momentan untersucht, wie die verschiedenen Tätigkeiten an CNC-Werkzeugmaschinen am sinnvollsten unterstützt werden können und welche Materialen hierzu wie angeboten werden sollten. Insbesondere wird der Aspekt der multimedialen Wissenspräsentation vertieft, Möglichkeiten des Zusammenspiels von Expertensystemgestützten Ansätzen und Multimedia untersucht und für Teilbereiche prototypisch realisiert.
Eine erste Einschätzung von verschiedenen Unterstützungsmitteln hinsichtlich ihrer Eignung für verschiedene Tätigkeitsbereiche findet sich in Tabelle 2.

	Kontext-sensitive Hilfe	Simulator	Experten-system	Hyper-media/ Hypertext
Planung	Text	Text, Graphik	Text, Graphik	Text, Graphik
Program-mierung	Text	Text, Graphik	Text	Text, Graphik
Einrichtung/ Rüsten				Text, Graphik, Audio, Video
Einfahren	Text, Graphik, Video	Graphik		Text, Graphik, Video
Produzieren	Audio, Video			
Prüfen/ Messen	Graphik			Text, Graphik
Maschinen-Wartung	Text, Graphik			Text, Graphik, Audio, Video
Diagnose	Text, Graphik		Text, Graphik, Audio, Video	Text, Graphik, Audio, Video

Graphik Text Audio Video

Tabelle 2: Erwarteter Nutzen von Unterstützungsmitteln für verschiedene Tätigkeiten im CNC-Bereich

Es wird untersucht, wie Wissensinhalte unter Verwendung unterschiedlicher Medien und Darstellungsmechanismen bestmöglich dargestellt und dem Benutzer verfügbar gemacht werden können. Neben den Aspekten der Darstellung/Präsentation von Wissen ist die Art und Weise der Verfügbarmachung des Wissens im Arbeitsablauf von entscheidender Bedeutung. Deshalb ist geplant, zum einen die verschiedenen Zugriffsmöglichkeiten auf Wissen und die Eignung von Interaktionsformen für den Zugriff auf Wissen zu untersuchen, zum anderen die Verfügbarkeit deduzierter Wisseneinheiten im Kontext der bisher erfolgten Interaktionen und dem Vorwissen des Benutzers zu betrachten. Der Schwerpunkt der Untersuchungen wird auf den

Bereichen Wartung und Diagnose liegen.

Von besonderem Interesse ist hierbei der Diagnose-Bereich, da in diesem Bereich die Verbindung von Expertensystem-Ansätzen mit Hypermedia-Ansätzen sehr gut exploriert werden können (siehe auch Tab. 2). Neben den Auswirkungen von multimedialer Wissensdarstellung in Verbindung mit Expertensystemen soll insbesondere untersucht werden, welche Zugriffsmöglichkeiten auf Wissen die Arbeit im CNC-Bereich optimal unterstützen können. Dabei sollen vergleichende Untersuchungen für Teilbereiche durchgeführt werden, die die Nutzung von Hypermediatechniken zeigen: Z.B. um Informationen aus der Wissensbasis eines Expertensystems zugänglich zu machen, oder zur Eingabe von Hinweisen, Spezifikation von Werten von in der Wissensbasis repräsentierten Objekten.

6 Literatur

Conklin, J. 1987: "A Survey of Hypertext", MCC Technical Report STP-356-86, Rev. 2, Dec, 2, 1987

Halasz, F. 1988: "Reflections on Notecards: Seven Issues for the next Generation of Hypermedia Systems." Communications of the ACM, July 1988, Vol. 31, Number 7, 836-852, 1988

Harmon, P., King, D. 1985: Expert Systems, Artificial Intelligence in Business, John Wiley & Sons

Koller, F., Ziegler, J. 1989: MULTEX - Eine multimediale Benutzungsoberfläche für ein Expertensystem zur Maschinendiagnose, in: M. Paul (Ed.)*Informatik Fachberichte 222 GI - 19. Jahrestagung I*, Springer Verlag, 1989, pp. 96 - 107

Marmolin, H. 1992: "Multimedia from the Perspectives of Psychology", In: L. Kjelldahl (Ed.): Multimedia: systems, interaction, and applications/1st Eurographics Workshop, Stockholm, Sweden, April 18/19, 1991, Springer-Verlag Berlin Heidelberg New York, 1992

Nielsen, J. 1990: "Hypertext and Hypermedia", Academic Press Inc., Boston San Diego New York London ., 1990

Yankelovich, N., Smith, K.E., Garrett, L.N., Meyrowitz, N. 1988: "Issues in Designing a Hypermedia Document System" In: S. Ambron & K. Hopper (Hrsg.): Interaktive Multimedia, Microsoft Press, 1988

Yoder, E., Akscyn, R., McCracken, D. 1989: "Collaboration in KMS, A Shared Hypermedia System" In: Proceedings of CHI `89, ACM Press, Austin, Texas April 30 - May 4 1989

Entwicklung lernförderlicher Expertensysteme

Frank Puppe, Karsten Poeck
Universität Würzburg, Lehrstuhl für Informatik VI

Zusammenfassung
In diesem Beitrag skizzieren wir einige Grundideen für die Entwicklung lernförderlicher Expertensysteme und zeigen deren Umsetzung anhand eines Beispieldialoges. Dazu gehören die Unterstützung von aktivem Lernen, bei dem der Tutand selbständig Fälle löst und vom Expertensystem kritisiert wird, das Angebot verschiedener diagnostischer Problemlösungsmethoden an den Tutanden, sowie die Integration von informellem und formalisiertem Wissen durch ein Hypertextsystem.

Abstract
Basic ideas for the development of tutorial expert systems and their implementation along with an example dialog are presentented. The ideas include supporting active learning, where the tutand solves cases on his or her own while the problem solving behaviour is critized by the expert system, the availability of different diagnostic problem solving methods from which the tutand can choose, and the integration of formal and informal knowledge with a hypertext system.

Résumé
Des idées fondamentales pour le developpment des systèmes experts tutoriels et leur application concrète sont présentées et démonstrées avec un example illusté. De tels programmes facilitent et aident le processus d'apprendre par présentation des problèmes aux étudiants, critique de leur solutions, présentation des methodes diverses pour résoudre les problèmes et intégration de l'information informelle et formalisée par un système hypertext.

1 Einleitung

Expertensysteme sind Programme, mit denen das Spezialwissen und die Schlußfolgerungsfähigkeit von qualifizierten Fachleuten nachgebildet werden soll. Obwohl die Diffusion in die industrielle Praxis langsamer als erwartet stattfindet, werden sie zunehmend zu einer routinemäßig eingesetzten Technik für bestimmte Problemklassen wie z.B. wissensbasierte Diagnostik und Konfigurierung eingesetzt [Feigenbaum et al. 88, Mertens et al. 90, Zarri 91]. Ihr Potential umfaßt jedoch nicht nur die Problemlösung, sondern auch die Wissensvermittlung zur Aus- und Weiterbildung von Technikern [Puppe 92]. In Kap. 2 vergleichen wir die

Wissensmedien Buch und Expertensystem und beschreiben die tutorielle Nutzung von letzterem im Kontext der technischen Diagnostik. In Kap. 3 skizzieren wir adäquate Wissensdarstellungen und Problemlösungsmethoden und gehen in Kap. 4 auf das praktische Problem des Wissenserwerbs ein. Das Konzept des Kritikmodus, mit dessen Hilfe der Tutand aktiv lernt, indem sein Problemlösungsverhalten nicht gesteuert, sondern nur kritisiert wird, beschreibt Kap. 5 und Kap. 6 zeigt einen Beispieldialog dazu. Offene Frage werden in Kap. 7 diskutiert. Erfolgsfaktoren und praktische Erfahrungen aus einer Pilotanwendung mit dem hier vorgestellten Tutorsystem werden in [Daniel 93] diskutiert.

2 Tutorielle Nutzung von Expertensystemen

Im Vergleich zu Büchern haben Expertensysteme den grundsätzlichen Vorteil, daß ihr Wissen leicht kritisierbar ist, indem man dem Expertensystem Fälle präsentiert und seine Lösungen und dessen Begründungen überprüft. Für die Ausbildung ist hervorzuheben, daß eine Wissensbasis im Gegensatz zum Buch in verschiedenen, attraktiven Modi genutzt werden kann. Wir beschreiben die Modi in der Reihenfolge ihrer typischen Nutzung:

- Im *Handbuchmodus* dient das Expertensystem als Nachschlagewerk. Das formale Wissen kann übersichtlich in Tabellen und Diagrammen dargestellt werden und durch ein Hypertextsystem mit informellem Wissen, das z.B. aus konventionellen Handbüchern eingescannt wurde, verknüpft werden.
- Im *Beratungsmodus* kann der Tutand den Diagnostik-Prozeß schrittweise nachvollziehen oder direkt das Ergebnis als eine gewichtete Liste von Diagnosen anzeigen und begründen lassen.
- Im *Experimentiermodus* kann der Tutand einen Fall variieren, um die Auswirkungen einzelner Symptome auf die Liste der Diagnosen zu betrachten. Umgekehrt kann er auch die Konsequenzen verschiedener Diagnosen in einem funktionalen oder Fehler-Modell (s.u.) auf die Symptome studieren.
- Im *Kritikmodus* löst der Tutand reale oder in einer Falldatenbank vorgegebene Fälle selbst und wird vom Expertensystem kritisiert. Dabei kann nicht nur das

Endergebnis kommentiert werden, sondern auch der Diagnostikprozeß, d.h. die zwischenzeitlichen Verdachtsdiagnosen und die zusätzlichen Tests, die der Tutand zur Abklärung der Diagnose indiziert.

Natürlich kann ein Expertensystem praktische Erfahrungen eines Technikers nicht ersetzen. Es soll jedoch dem Tutanden eine schnelle und an praktischen Bedürfnissen orientierte Einarbeitung in ein abgrenzbares technisches Problemfeld ermöglichen, wobei der Tutand sein Lernverhalten in gewissem Rahmen selbst steuern kann.

Durch die Möglichkeit, im *Handbuchmodus* mit dem Hypertext-System einfach und schnell zwischen formalisiertem Wissen aus dem Expertensystem und informellem Wissen einschließlich Bildern aus Handbüchern hin- und herzuspringen, kann der Tutand die Vorzüge von beiden kombinieren. Formalisiertes und informelles Wissen wird über die Fachterminolgie gekoppelt. Wenn auf dem Bildschirm ein bestimmter Fachbegriff wie z.B. "Luftfilter" in Abb. 3 sichtbar ist, können sowohl formalisierte Assoziationen wie Herleitungs- und Bedeutungsregeln, verwandte Konzepte, Tests zur Abklärung, usw., als auch informelle Beschreibungen aus einem Handbuch einschl. gegebenenfalls Bildern durch einfachen "Mausklick" abgefragt werden.

Wenn der Tutand genügend Grundwissen erworben hat, kann er im Kritikmodus seine diagnostischen Fähigkeiten erproben. Dabei ist der Tutand in einer simulierten Umgebung aktiv und kann die wesentlichen diagnostischen Aktionen - Tests zur Erhebung zusätzlicher Symptome anordnen und Diagnosen bewerten - durchführen. Das Tutorsystem vollzieht die Aktion des Tutanden nach und kommentiert sie nach Bedarf, wobei die Kritik umso detaillierter wird, je genauer der Tutand seine Aktionen begründet.
Das Besondere an der Kritikkomponente ist, daß sie ausschließlich auf dem normalen, zur Problemlösung verwendeten Expertenwissen aufbaut, d.h. kein zusätzlicher Wissenserwerbsaufwand erforderlich ist.

3 Wissensarten und Problemlösungsmethoden

Wenn Expertensysteme zur Aus- und Weiterbildung genutzt werden, geht es nicht nur darum, daß sie richtige Diagnosen finden, sondern auch, daß ihre Vorgehensweise der von Menschen ähnelt. Das wird allerdings erst bei einer detaillierten Kritik relevant. Dafür scheiden statistische Verfahren wie das Theorem von Bayes aus, und Entscheidungsbäumen fehlt die für Menschen typische Flexibilität; außerdem werden sie für größere und komplexere Bereiche schnell unübersichtlich. Die Expertensystemforschung hat jedoch unser Verständnis des Diagnostik-Prozesses erheblich verbessert und verständlichere und flexiblere Wissensdarstellungen mit zugehörigen Problemlösungsmethoden bereitgestellt [Puppe 90]:

- Heuristische (assoziative) Diagnostik, mit unsicheren Regeln der Art: "wenn Symptom A und Symptom B zutreffen, dann wird die Diagnose X wahrscheinlicher". Dabei wird nicht direkt von Symptomen auf Diagnosen geschlossen, sondern über einen ausgeprägten diagnostischen Mittelbau.
- Überdeckende Diagnostik mit Fehlermodellen, bei denen eine Ursache-Wirkungskette aufgebaut wird, die zeigt, wie Diagnosen Symptome hervorrufen. Im Gegensatz zum heuristischen Wissen können dabei auch Schweregrade und Rückkopplungsschleifen berücksichtigt werden. Die Diagnosen werden danach bewertet, wie gut sie die beobachteten Symptome überdecken, d.h. entsprechend der Ursache-Wirkungs-Regeln erklären.
- Funktionale Diagnostik, bei der im Gegensatz zu Fehlermodellen von der korrekten Funktionsweise des Systems ausgegangen wird und Diagnosen als geändertes Verhalten einzelner Funktionseinheiten dargestellt werden. Das Bewertungskriterium entspricht dem der überdeckenden Diagnostik.
- Fallvergleichende Diagnostik, die ganz ohne Regeln auskommt. Das Wissen besteht aus einer großen Menge von Fallbeispielen und Angaben über die diagnoseunabhängige Bedeutung und Ähnlichkeit von Symptomen. Zu einem neuen Fall wird der ähnlichste Fall aus der Fallsammlung herausgesucht und bei ausreichender Ähnlichkeit dessen Ergebnis übernommen.

In einem zukünftigen Ausbildungssystem sollten alle Wissensdarstellungen angeboten werden, so daß der Tutand die ihm adäquate Darstellung wählen und in fortgeschrittenem Stadium auch wechseln kann. Als Basis-Problemlösungsmethode der genannten "höheren" Problemlösungsmethoden scheint die hypothetisch-deduktive Vorgehensweise, bei der zyklisch mit relativ einfachem Wissen Verdachtsdiagnosen generiert und die besten dann genauer überprüft werden, allen anderen Basis-Verfahren (Vorwärtsverkettung, Rückwärtsverkettung, Establish-Refine, vgl. [Puppe 90]) überlegen zu sein.

4 Graphischer Wissenserwerb

Da sich technische Systeme rasch ändern, haben tutorielle Expertensysteme nur eine Chance, wenn die Wissenspflege langfristig gesichert sind. Der Weg über "Wissensingenieure", die Experten befragen und deren Wissen im Computer formalisieren, ist nicht nur teuer, sondern auch sehr fehleranfällig, da Verständnisschwierigkeiten fast unvermeidbar sind. Weil eine automatische Wissensübertragung aus Handbüchern und Fallbeispielen beim heutigen Stand der Forschung ebenfalls ausscheidet, kommt eigentlich nur die Formulierung des Wissens durch die Experten selbst in Betracht. Die Fortschritte in der Computer-Graphik und in der Expertensystem-Technik lassen dabei die Möglichkeit realistisch erscheinen, daß die Experten mit problemspezifischen Werkzeugen (Schalen) ihr Wissen in graphischer Form selbst eingeben und testen, ohne sich mit Programmierung im herkömmlichen Sinne auskennen zu müssen.
Ein Beispiel für eine solches problemspezifisches Werkzeug mit einer graphischen Wissenserwerbskomponente ist die heuristische Diagnostikkomponente in D3 [D3 92], auf der auch die Kap. 6 beschriebene Tutorkomponente aufbaut. Der Wissenserwerb ist in [Puppe & Gappa 92] ausführlich beschrieben. Grob gesagt, erfolgt er in drei Stufen: Zunächst legt der Experte die Terminologie fest und ordnet die Namen der Symptome und Diagnosen in graphischen Hierarchien an. Danach füllt er für jeden Begriff ein Formular mit allgemeinen Angaben aus. In der dritten Stufe gibt er heuristische Regeln in Tabellen ein. Die Tabellen sind im Computer

genauso leicht auszufüllen wie auf dem Papier. Sie sind auch eine übersichtliche Ausgabeform des Wissens für das eingangs erwähnte Handbuch.

5 Konzept des Kritikmodus

Der Kritikmodus soll dem Tutanden ermöglichen, sein diagnostisches Wissen zu erproben, indem er einen Fall selbständig löst und sich dabei vom System beraten bzw. kritisieren läßt. Ziel ist es, dem Tutanden eine möglichst natürliche Problemlösungsumgebung zu simulieren und ihm möglichst viel Handlungsfreiheit zu lassen. Als Voraussetzung wird ein Expertensystem in mindestens einer diagnostischen Wissensart benötigt sowie eine Menge von Beispielfällen.

Nachdem einer der Beispielfälle für den Tutanden ausgewählt wurde, werden ihm zunächst nur die Anfangssymptome gezeigt. Wenn man gleich alle Symptome zeigen würde, nähme man dem Tutanden einen wesentlichen Teil der diagnostischen Arbeit ab, da die Suche nach den aussagekräftigsten Symptomen oft viel Wissen erfordert. Die Symptome werden z.Z. noch in einer verbalisierten Form gezeigt. Auch dadurch wird dem Tutanden Arbeit abgenommen, da er normalerweise erst die Symptome erkennen muß, indem aus Bildern, Geräuschen oder mehr oder weniger weitschweifigen Kundenäußerungen das Wesentliche extrahieren muß. Eine entsprechende Komponente, die auf einem Hypertextsystem aufbauen soll, befindet sich in Entwicklung.

Als nächstes muß der Tutand sich überlegen, welchen Test er zur Klärung des Falles machen möchte. Er kann sich bei der Auswahl des Testes vom Tutorsystem beraten oder sich zu den von ihm ausgewählten Test einen Kommentar geben lassen. Meist dient der Test der Überprüfung einer Verdachtsdiagnose. Der Tutand kann dann sowohl seine Gründe für die Testauswahl als auch für die Wahl von Verdachtsdiagnosen angeben und kritisieren lassen. Bei der Begründung kann man prinzipiell drei Ebenen unterscheiden:

1. *Ohne Begründung:* Sind die vorgeschlagenen Tutandenaktionen überhaupt sinnvoll?
2. *Einstufige Begründung*: Welche Ausgangsbeobachtungen stützen die vorgeschlagenen Tutandendenaktionen?
3. *Mehrstufige Begründungen:* Über welche Zwischenstufen unterstützen die Ausgangsbeobachungen die vorgeschlagenen Tutandenaktionen?

Eine wichtige Beobachtung ist die, daß einstufige Begründungen unabhängig von der gewählten Wissensart oder Problemlösungsmethode sind, da diese sich nur in den Zwischenstufen unterscheiden und daher nur für mehrstufige Begründungen relevant sind. Für die Implementierung der Kritik der Tutandenvorschläge mit einstufiger Begründung ist ein Abstraktionsmechanismus erforderlich, der die Zwischenstufen herausrechnet. Im folgenden zeigen wir, wie eine vereinfachte Sitzung für einen Tutanden aussieht. Eine ausführlichere Beschreibung der Tutorkomponente findet sich in [Poeck & Tins 93].

6 Beispiel

In den folgenden fünf Abbildungen zeigen wir einen Ausschnitt aus dem interaktiven Kritikmodus mit einer Wissensbasis über Defekte am Automotor.
Abb. 1 zeigt die Ausgangssituation, d.h. die Hauptbeschwerden und Rahmendaten des Kunden. Der Tutand muß sich überlegen, welcher Test ihm in der Situation am meisten weiterhilft.

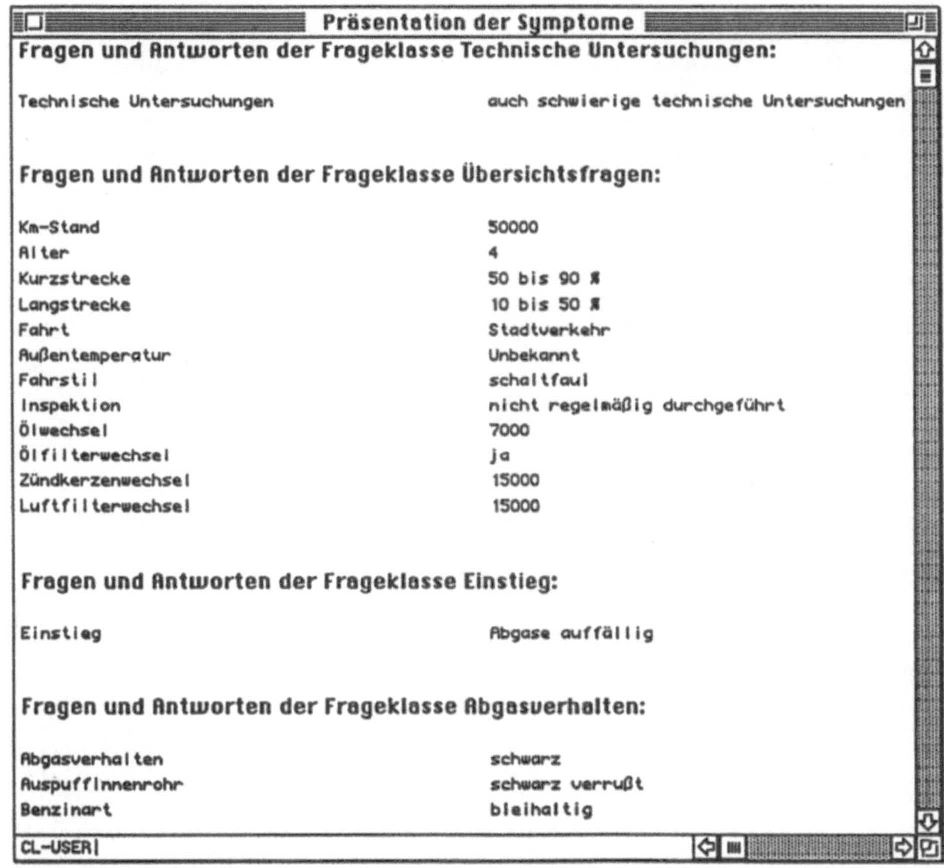

Abb. 1: Präsentation der Ausgangssituation. In diesem Fenster werden dem Tutanden die bisher erfaßten Daten präsentiert. Die Symptome sind in Frageklassen gegliedert und werden jeweils durch ihren Namen und ihren Wert angezeigt. Die für diesen Fall wichtigen Daten sind das unübliche Abgasverhalten und die nicht regelmäßig durchgeführten Inspektionen.

Er entscheidet sich für eine Überprüfung des Luftfilters (Abb. 2), weil er die Diagnose "Luftfiltereinsatz verschmutzt" verdächtigt. Wenn gerade nicht der "Prüfungsmodus" eingeschaltet ist, kann der Tutand mittels der Hypertext-Komponente auch informelles Wissen zum Luftfiltereinsatz abfragen (Abb. 3).

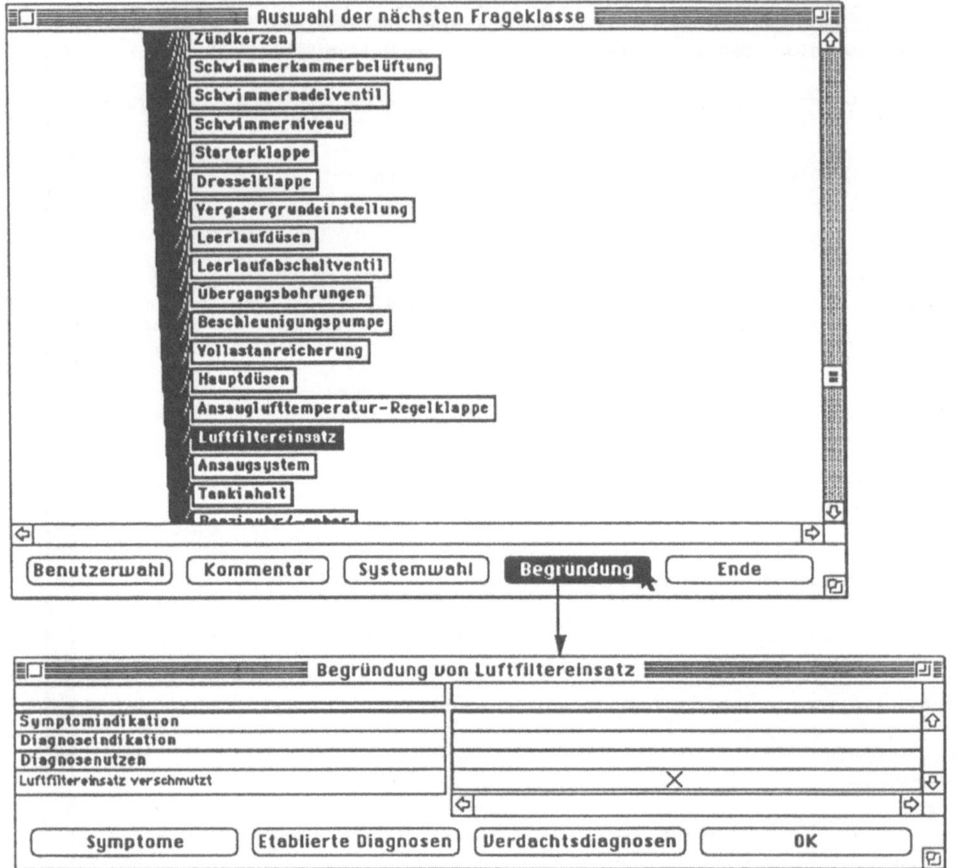

Abb. 2: Auswahl und Begründung der Frageklasse "Luftfilter". Im Fenster im oberen Teil der Abbildung kann der Tutand Frageklassen auswählen, die er für den weiteren Diagnostikprozeß benötigt, sich von System einen Kommentar zu seiner Auswahl geben lassen, das System die nächste Fragegruppe auswählen lassen, seine Auswahl näher begründen und schließlich den Fall abschließen. Im unteren Fenster begründet der Tutand seine Auswahl der Frageklasse "Luftfilter"; sie dient zur Überprüfung der Verdachtsdiagnose "Luftfiltereinsatz verschmutzt". Zur Begründung einer Frageklasse gibt es drei verschiedene Möglichkeiten: die sichere Indikation durch ein Symptom oder eine Diagnose oder die Angabe von Diagnosen, die durch die Frageklasse überprüft werden sollen. Die entsprechenden Objekte kann der Tutand aus Hierarchien analog zur der im oberen Teil der Abbildung übertragen. Die Kritik des Systems zu seiner Begründung findet sich in Abbildung 3.

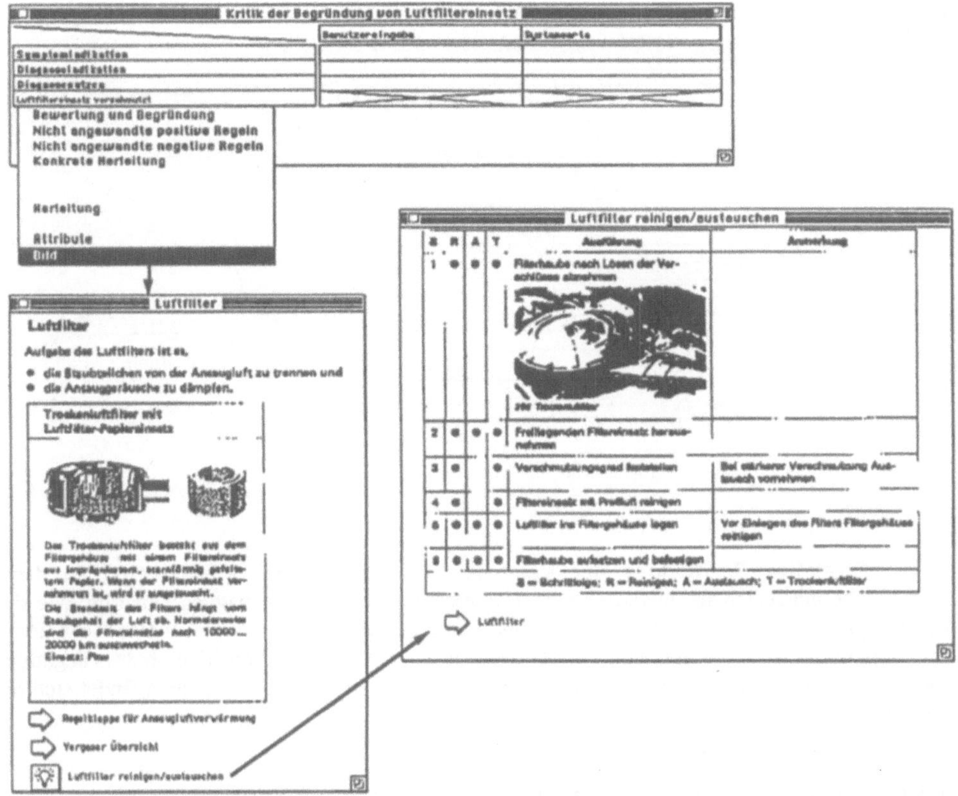

Abb. 3. Kritik der Begründung der Auswahl der Frageklasse "Luftfilter" und Verbindung zur Hypertext-Komponente. Im oberen Teil der Abbildung wird die Begründung des Tutanden zur Auswahl der Frageklasse "Luftfilter" durch das System bestätigt. Von den in den Tabellenzeilen angegebenen Objekten kann der Tutand in die Erklärungs- bzw. Hypertextkomponente verzweigen. Die Abbildung "Luftfilter" zeigt detailliertes informelles Wissen zur entsprechenden Diagnose. Von dem Bild gibt es mehrere Verzweigungsmöglichkeiten, ein mögliches Folgebild rechts unten zeigt, wie man einen defekten Luftfilter reinigen bzw. austauschen kann.

Als nächstes begründet der Tutand einstufig, warum er die Diagnose "Luftfiltereinsatz verschmutzt" verdächtigt (Abb. 4).

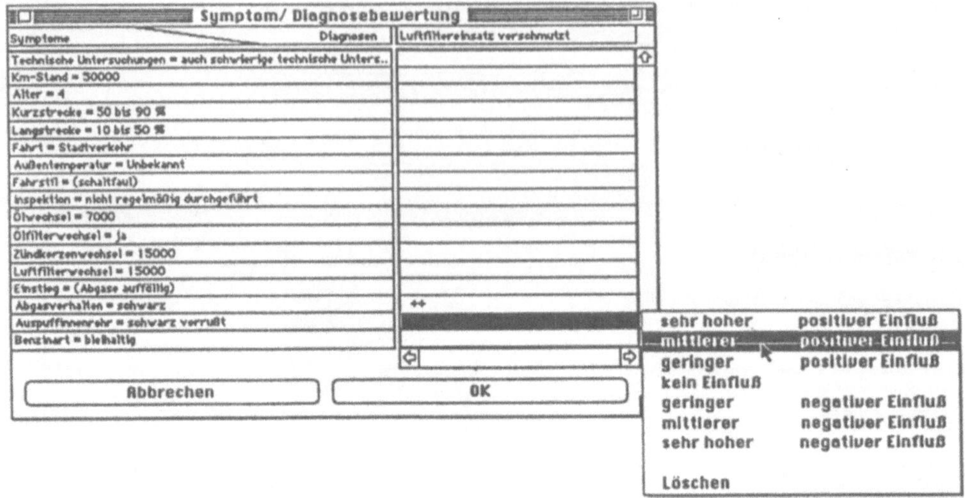

Abb. 4. Einstufige Begründung der Diagnose "Luftfiltereinsatz verschmutzt". In den Tabellenzeilen befinden sich automatisch die Basissymptome der aktuellen Diagnosesituation, wie sie auch in Abb 1 präsentiert wurden. Der Tutand kann nun angeben, welche der vielen Beobachtungen für die Diagnose wie relevant sind, wobei er drei verschiedene positive bzw. negative Gewichtungsmöglichkeiten hat. Eine Bewertung dieser Beziehungen durch das System findet sich in Abbildung 5.

In der Kritikkomponente wird seine Begründung bestätigt; er wird aber noch auf ein kleines Detail aufmerksam gemacht, nämlich, daß es für diesen Fall wichtig ist, daß der Autofahrer bleihaltiges Benzin tankt. Der Tutand will sich diese Beziehung genauer erläutern lassen und fordert dazu die mehrstufige Begründung aus der heuristischen Wissensbasis an (Abb. 5).

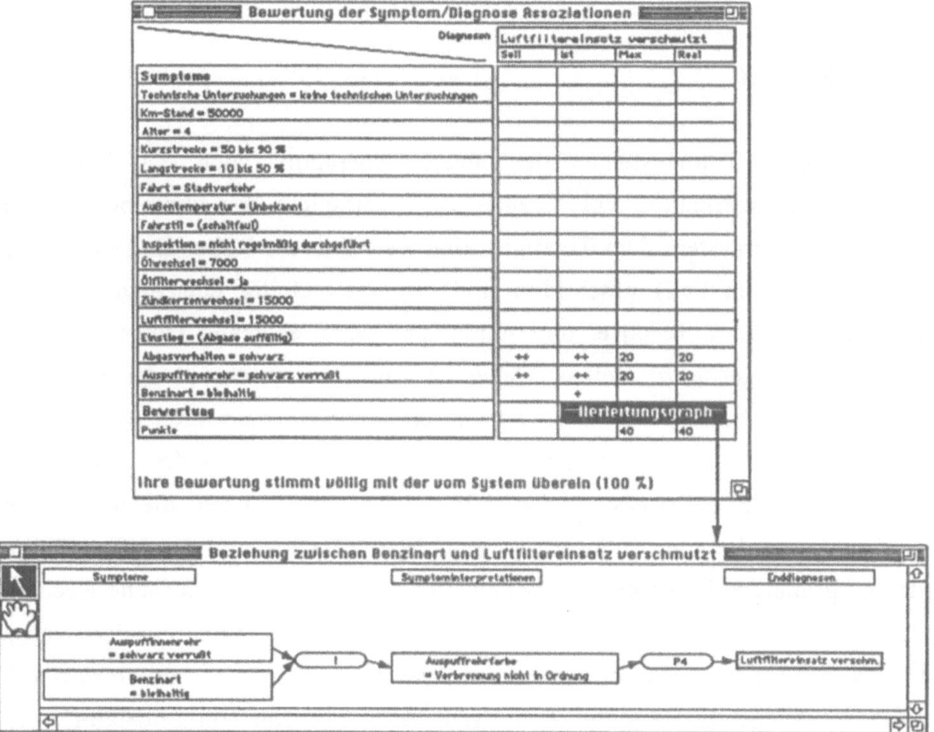

Abb. 5. Kritik der einstufigen Bewertung von "Luftfiltereinsatz verschmutzt" und genauere Begründung der Beziehung zwischen "Benzinart = bleihaltig" und "Luftfiltereinsatz verschmutzt". Im oberen Fenster der Abbildung findet sich die Kritik des Systems an der einstufigen Begründung des Benutzers aus Abbildung 4. Die Zeilen entsprechen denen des Eingabefensters, die Spalten sind in 4 Unterspalten unterteilt. In der ersten Spalte "Soll" werden die Eingaben des Benutzers wiederholt, in der Spalte "Ist" finden sich die vom System errechneten (korrekten) Werte. Die Spalte "Max" zeigt, wieviel Punkte der Tutand bei korrekter Angabe der Beziehung maximal bekommen konnte und die Spalte "Real", wieviel der möglichen Punkte er bekommen hat. Die maximal mögliche Punktzahl hängt von der Stärke der tatsächlichen Beziehungen ab, wobei stärkere Beziehungen höher gewichtet werden. Die von System berechneten Beziehungen kann sich der Tutand durch Angabe des vollständigen Herleitungsgraphen zwischen dem Symptom und der Diagnose näher begründen lassen (unteres Fenster der Abbildung). Dieser Graph zeigt die vollständigen Beziehungen mit allen Zwischenschritten, die in der Wissensbasis verwendet wurden, und ist nach Symptomen, Symptominterpretationen, gegebenenfalls Grob- und schließlich Feindiagnosen geordnet.

Da sich bei der Durchführung des Testes herausstellt, daß der Luftfiltereinsatz tatsächlich verschmutzt ist, ist damit der Fall zu Ende und wurde vom Tutanden korrekt gelöst.

7 Diskussion

Im Vergleich zu Tutorsystemen der ersten Generation (auch CAI-Systeme = Computer-Aided-Instruction, vgl. [Puppe 92]) ermöglicht das oben beschriebene "intelligente" Tutorsystem dem Tutanden eine weit aktivere Rolle: Er bekommt ein Problem (d.h. einen Fall) geschildert und muß selbständig entscheiden, welche weitere Aktionen (d.h. Tests) er unternimmt und wann er genug Daten gesammelt hat, um eine Diagnose zu stellen. Dabei ist das Tutorsystem in der Lage, dem Tutanden auch in Sackgassen zu folgen, da es keiner vorgefertigten Sequenz von Aktionen wie bei einem CAI-System folgt. Stattdessen löst das dem Tutorsystem zugrundeliegende Expertensystem den Fall mit denselben Daten, die dem Tutand bekannt sind, und die vom Tutanden vorgeschlagene Aktion und deren Begründung werden aufgrund des Expertenwissens bewertet. Damit wird der Tatsache Rechnung getragen, daß bei vielen technischen Diagnoseproblemen die Indikation der richtigen Tests bzw. das Stellen der richtigen Fragen das Kernproblem ist. Andererseits sollte der bisher vorliegende Prototyp, auch wenn er schon voll funktionsfähig ist, in verschiedenen Richtungen weiterentwickelt werden. Derzeit arbeiten wir an folgenden Problemen:

1. Um dem Ziel, dem Tutanden eine möglichst realistische Problemumgebung zu simulieren, näher zu kommen, sollte das Problem nicht nur verbal, sondern auch mittels Bildern und Geräuschen dargeboten werden. In dem gezeigten Beispiel hätte man statt der verbalen Informationen "Auspuffinnenrohr schwarz verrußt" oder "Luftfiltereinsatz verschmutzt" ein Bild eines verrußten Auspuffinnenrohrs oder eines verschmutzten Luftfilters zeigen können, auf dem der Tutand die relevanten Informationen selbständig erkennen und interpretieren muß. Entsprechend hätte man statt der Aussage "Motor klopft" das entsprechende Fahrgeräusch eines Motors einblenden können. Die Basis-Technologie für ein solches multimediales Tutorsystem ist zu erschwinglichen Preisen bereits vorhanden und braucht "nur" eingebunden werden. Entscheidend ist wiederum,

den Aufwand des Experten beim Wissenserwerb für die Integration von Bildern und Geräuschen gering zu halten.

2. Die derzeitige Ausgabe des Tutorsystems erfolgt mit Tabellen, die sehr viel Information enthalten. Für einen gelegentlichen Benutzer des Tutorsystems wäre es oft besser, einen kurzen Kommentar in natürlicher Sprache zu geben, der sich auf das Wesentliche konzentriert, z.B. in Abb. 5 "Ihre Begründung für die Diagnose "Luftfiltereinsatz verschmutzt" ist richtig, aber ein Detail haben sie vergessen, nämlich die Bedeutung der bleihaltigen Benzinart für die Diagnose". Die Tabellen sollten erst auf besondere Anforderung des Benutzers erscheinen. Hierzu ist eine Komponente zur Textgenerierung erforderlich, die jedoch überwiegend mit "Textschablonen", d.h. vorgefertigten Texten auskommen kann. Für die flexiblen Teile der generierten Texte ist jedoch ebenfalls eine komfortable Wissenserwerbskomponente notwendig.
3. Das Tutorsystem sollte sich über mehrere Sitzungen hinweg merken, in welchen Bereichen der Tutand gut ist und wo er Schwächen hat, um ihn gezielt auf letztere hinzuweisen bzw. entsprechende Problemfälle auszuwählen. Dazu muß ein Tutandenmodell aufgebaut werden. Die Voraussetzungen dafür sind vorhanden, da man auf dem zugrundeliegenden Expertensystem ein Overlay-Modell aufbauen kann. Allerdings waren bisherige Tutandenmodelle nur in relativ kleinen Domänen erfolgreich; ob in großen Domänen eine ausreichend hohe Qualität erreicht werden kann, ist eine offene Frage.
4. Mehrstufige Begründungen - wie in Abb. 5. gezeigt - sollten für alle in Kap. 3 erwähnten Wissenarten verfügbar sein.
5. Schließlich fehlt zu einem vollen Tutorsystem auch eine Erstpräsentation des Wissens für den Tutanden, bevor er sein Wissens durch Lösen simulierter Problemfällen testet.

8 Literatur

Daniel, M., Seidel, G. und Striebel, D.: Erfolgsfaktoren für die Anwendung lernförderlicher Expertensysteme, in diesem Band, 1993.

[D3 92] Bamberger, S., Gappa, U., Goos, K., Meinl, A., Poeck, K. und Puppe, F.: Das Diagnostik-Expertensystem-Shell D3, Handbuch, Version 1.0, Universität Karlsruhe, Institut für Logik,

Komplexität und Deduktionssysteme, 1992.
Feigenbaum, E. Mc Corduck, P. and Nii, P.: The Rise of the Expert Company, Times Book, 1988.
Mertens, P., Borkowski, V. und Geis, W.: Betriebliche Expertensystem-Anwendungen, Springer, 2. Auflage, 1990.
Poeck, K. und Tins, M.: An Intelligent Tutoring System for Classification Problem Solving, Proc. GWAI-92, Springer, Informatik-Fachberichte, erscheint 1993.
Puppe, F.: Intelligente Tutorsysteme, Informatik-Spektrum 15, 195-207, 1992.
Puppe, F. and Gappa, U.: Towards Knowledge Acquisition by Experts, Proc. of 5. International Conference on Industrial and Engineering Application of Artificial Intelligence and Expert Systems (IEA/AIE), Springer, Lecture Notes of AI 604, 546-555, 1992.
Puppe, F.: Problemlösungsmethoden in Expertensytemen, Springer-Verlag, 1990.
Zarri, P. (ed.): Operational Expert System Applications in Europe, Pergamon Press, 1991.

Erfolgsfaktoren für die Anwendung lernförderlicher Expertensysteme

Gabriele Seidel, Dieter Striebel, Manfred Daniel
ibek GmbH, Karlsruhe

Zusammenfassung
In diesem Beitrag beschreiben wir Erfolgsfaktoren für die Anwendung lernförderlicher Expertensysteme. Qualifikationsorientierte Expertensystementwicklung und -nutzung erfordert nicht nur ein gut gestaltetes technisches System, sondern auch die bewußte Organisation des Entwicklungsprozesses im Hinblick auf Qualifizierungsmöglichkeiten. Durch die Beachtung und Förderung der Erfolgsfaktoren gelingt es, das Potential der Expertensystemtechnologie nicht nur für die unmittelbare Arbeitsunterstützung, sondern auch für die Qualifizierung der Beteiligten einzusetzen.

Abstract
This article presents some success factors for qualifying users by means of expert systems. The development and usage of qualifying expert systems needs not only a well-designed technical system, it also includes the organization of the development process. By paying attention to the success factors you will succeed by using the expert system technology not only for work assistance but also for the qualification of the users.

Résumé
En cet article, nous allons décrire des facteurs de succès par l½emploi des systèmes experts encourageant la qualification des utilisateurs. Pour développer un système expert orienté à la qualification, il est nécessaire d½avoir un bon système technique et aussi d½organiser le procédé du développement intentionellement. En regardant aux facteurs de succès, on réussit par utiliser la technologie des systèmes experts pas seulement pour avoir des systèmes d½assistance pour le travail, mais aussi pour qualifiquer les utilisateurs.

1 Einleitung

Im Rahmen des Verbundprojektes "Qualifizierende Arbeitsgestaltung mit tutoriellen Expertensystemen für technische Diagnoseaufgaben", das vom Bundesministerium für Forschung und Technologie im Programm "Arbeit und Technik" gefördert wird, übernahm die ibek GmbH den arbeitswissenschaftlichen Teil. Die Hauptziele des arbeitswissenschaftlichen Projektteils waren:

- Mitgestaltung der Expertensystem-Shell D3 aus softwareergonomischer und medienpädagogischer Sicht.
- Exemplarische Entwicklung und Erprobung eines qualifikationsorientierten Prozesses der Arbeitssystementwicklung.
- Evaluation der Anwendungserfahrungen und des Entwicklungsprozesses.

In diesem Beitrag wollen wir unsere Vorgehensweise zum Erreichen dieser Ziele beschreiben, die wichtigsten Erfolgsfaktoren für die qualifizierende Arbeitsgestaltung mit tutoriellen Expertensystemen benennen und belegen.
In Kapitel 2 stellen wir den Pilotbetrieb vor, bei dem wir unseren qualifikationsorientierten Expertensystem-Entwicklungsansatz umgesetzt und evaluiert haben. Das Qualifizierungsangebot, das im technischen System D3 steckt, beschreiben wir kurz in Kapitel 3. Wie dieses Qualifizierungsangebot umfassend genutzt werden kann, zeigen wir in Kapitel 4 auf, indem wir die wichtigsten Erfolgsfaktoren benennen und mit unseren Erfahrungen belegen. Eine abschließende Zusammenfassung geben wir in Kapitel 5.

2 Der Pilotbetrieb

Als Pilotbetrieb konnten wir die Firma J.M.Voith GmbH gewinnen. Die Voith GmbH produziert Papiermaschinen, Altpapieraufbereitungsanlagen, Turbinen, Schiffsantriebe, etc. Im Projekt arbeiten wir mit der Abteilung pik (Papiermaschinen Inbetriebnahme und Kundendienst) zusammen. Die Mitarbeiter dieser Abteilung sind für die Beseitigung von Störungen bei der Papierproduktion, die von den Papiermachern nicht selbst beseitigt werden können, verantwortlich. Fallweise werden auch Fachexperten aus anderen Abteilungen hinzugezogen.
Mit der Abteilung pik entwickeln wir ein Expertensystem, mit dem Papierfehler diagnostiziert werden können, d.h. Probleme, die sich im Endprodukt Papier in Form von Falten, Rissen, Profilschwankungen etc. niederschlagen.

Die Bedingungen in dieser Abteilung sind für ein Expertensystemprojekt geradezu klassisch: Der Abteilungsleiter wird Mitte 1993 aus Altersgründen aus der Firma

ausscheiden, nachdem er seit über 30 Jahren in diesem Bereich tätig war. Er suchte bereits seit längerem nach einer Möglichkeit, sein Wissen der Firma in einer nutzbaren Form zu hinterlassen, damit seine Mitarbeiter auch weiterhin von seinen Erfahrungen profitieren können.
Gleichzeitig suchte er nach einem Werkzeug zur Unterstützung der Servicetechniker. Die steigende Komplexität der Anlagen und die immer höheren Anforderungen an Qualität und Durchsatz haben zur Folge, daß niemand mehr alles notwendige Wissen im Kopf haben kann.
Es wurde daher vereinbart, daß das Expertensystem sowohl zur Serviceunterstützung (Telefondiagnose oder vor Ort in der Papierfabrik) als auch zur Dokumentation des Wissens über die Ursachen von Papierfehler eingesetzt sein soll.

3 Welches Wissen steckt in einem mit D3 entwickelten Expertensystem ?

Ein mit D3 entwickeltes diagnostisches Expertensystem enthält sowohl allgemeingültiges Wissen über Diagnostik-Prozesse als auch domänenspezifisches Wissen. Damit der Anwender dieses Wissen für seine Qualifizierung nutzen kann, muß ihm zu einen bekannt sein, welches Wissen angeboten wird und zu anderen, ob und wie es für ihn zugänglich ist.

Die Shell stellt Mechanismen zur Wissensdarstellung und Problemlösungsmethoden [D3 92] zur Verfügung, die in der Expertensystem-Forschung entwickelt wurden und sich als besonders geeignet für die Problemklasse Diagnostik erwiesen haben. Dieses Wissen ist in weiten Teilen jedoch nur implizit im System vorhanden. In der Inferenzkomponente wird als Problemlösungsmethode allgemeines Diagnostikwissen angewendet, das aber nicht explizit zugänglich ist.
Nur ein kleiner Teil des allgemeinen Problemlösungswissens ist explizit in Form von Regeln zur Frageklassen- oder Folgefragenauswahl zugänglich. Explizit vorhanden sind Elemente für die Wissensdarstellung wie Symptome, Diagnosen und heuristische Regeln.

Mit der Wissensbasis wird Domänenwissen zur Verfügung gestellt. Dieses Wissen ist explizit im Expertensystem vorhanden, da von den Fachexperten eingegeben werden muß. Den Kern des Systems bildet formalisiertes Wissen; die Diagnose- und die Symptomhierarchie sind Beispiele für dieses Wissen.
Das formalisierte Wissen kann durch informelles Wissen ergänzt werden. Prinzipiell kann jedes Objekt der Wissensbasis durch einen informellen Kommentar ergänzt werden. Die Wissensbasisentwickler können so beispielsweise Hinweise zu bestimmten Fragen oder Regeln geben.
Auch mit der Handbuchkomponente kann eine große Menge von informellem Domänenwissen in mehr oder weniger strukturierter Form zur Verfügung gestellt werden.

4 Qualifizierende Arbeitsgestaltung mit einem lernförderlichen Expertensystem: Wichtige Erfolgsfaktoren

Im folgenden Kapitel wollen wir die aus unserer Sicht wichtigsten Erfolgsfaktoren für eine qualifikationsorientierte Expertensystementwicklung und -nutzung benennen. Anzumerken ist dabei, daß alle Faktoren gleich wichtig sind, d.h. die Reihenfolge ihrer Auflistung stellt keine Wertung ihrer Bedeutung dar.
Die Erfolgsfaktoren sind teilweise aus einer Reihe von Thesen [Striebel, Daniel 91] hervorgegangen, die wir zu Beginn des Projektes hatte und methodisch überprüft haben. Teilweise haben wir ihre Bedeutung auch erst im Verlauf des Projektes erkannt, indem wir den Entwicklungsprozeß reflektiert haben und in regelmäßigen Abständen Interviews mit den Beteiligten geführt haben. Sie geben unter anderem an, daß sie gelernt haben, gezielter und reflektierter bei der Fehlersuche vorgehen. Sie achten inzwischen auf Symptome, die ihnen früher unwesentlich erschienen und deren Bedeutung sie erst während der Expertensystementwicklung erkannt haben. Das System ist mittlerweile zu einem wichtigen Arbeitsmittel in der Abteilung geworden.

- **Softwareergonomisch gute Gestaltung des Expertensystems**

Diese Forderung bezieht sich im allgemeinen auf die Dialogschnittstelle für den Endanwender, d.h. für denjenige, der mit einem einsatzfähigen Expertensystem arbeitet. Da D3 jedoch ein Werkzeug ist, das den Fachexperten selbst den Aufbau und die Pflege einer Wissensbasis ermöglichen soll, muß auch die Wissenserwerbskomponente über eine besonders gute Benutzungsschnittstelle verfügen.

Im Rahmen des Projektes wurde zunächst eine umfangreiche software-ergonomische Laborevaluation durchgeführt [Seidel 91], in der die existierenden Systemkomponenten analysiert, Schwachstellen identifiziert und Verbesserungsvorschläge ausgearbeitet wurden. Durch die Berücksichtigung dieser Vorschläge bei der Weiterentwicklung wurde die Benutzungsschnittstelle von D3 bereits vor dem Einsatz in der betriebliche Praxis erheblich aufgewertet.

Da die volle Komplexität des Systems allerdings erst beim Aufbau einer leistungsfähigen Wissensbasis für den realen Anwendungsfall ausgeschöpft wird, wurde die Laborevaluation durch weitere Untersuchungen während des betrieblichen Einsatzes ergänzt. Probleme bei der Handhabung des Systems und weitergehende Verbesserungsvorschläge der Servicetechniker wurden dokumentiert, regelmäßig an die Entwickler weitergeleitet und sind weitgehend in die Weiterentwicklung der Shell eingeflossen.

In Interviews haben die Nutzer immer wieder betont, daß die Systembedienung sehr einfach zu erlernen ist und keine grundsätzlichen Schwierigkeiten bereitet. Auch die Verbesserungen an der Software, die im Verlauf des Projektes vorgenommen wurden, wurden lobend erwähnt. Da die meisten Nutzer lediglich über Erfahrungen mit kommandosprachlichen Computersystemen verfügen, stellt die Technik der Direkten Manipulation ein Novum für sie dar. Sie sagen einheitlich aus, daß diese Art der Dialogtechnik ihnen die Arbeit wesentlich erleichtert.
Zudem ermutigt die erwartungskonforme, flexible und fehlerrobuste Gestaltung der

D3-Benutzungsschnittstelle die Anwender auch zu Experimenten, in denen sie bisher unbekannte Möglichkeiten des Systems erkunden. Wenn die Anwender die Grundstruktur verstanden haben und die wichtigsten Funktionen beherrschen, fällt es ihnen leicht, verschiedene Vorgehensweisen z.B. bei Änderungen an der Wissensbasis auszuprobieren. Die Erfolgserlebnisse, die sie dabei haben, fördern ihre Motivation bei der Arbeit mit dem System.

- **Qualifizierungbereitschaft der Beteiligten**

Dieser trivial wirkende Faktor muß erwähnt werden, um keine falschen Vorstellungen über die Wirksamkeit des Qualifizierungpotentials eines Expertensystems per se aufkommen zu lassen. Welches Qualifizierungspotential in der Wissenstechnologie D3 steckt, wurde in Kapitel 3 genauer erläutert. Was und wieviel davon genutzt wird, hängt von dem einzelnen Nutzer ab. Allerdings kann man die Qualifizierungsbereitschaft meist durch gezielte Schulungsmaßnahmen wecken und fördern. Die Aussage, daß die Wahrnehmung eines Qualifizierungsangebots eine wichtige Voraussetzung für die Nutzung desselben ist [Frei u.a. 84], bestätigt sich in der betrieblichen Praxis immer wieder.

In der Abteilung pik sind fast alle Mitarbeiter qualifizierungsbereit. Bei der Arbeit sind sie meist auf sich gestellt und haben in der Regel wenig Kontakt zu Kollegen, d.h. auch wenig Möglichkeiten zum Erfahrungsaustausch. Sie wollen von ihrem Vorgesetzten und anderen Kollegen lernen und nutzen die Möglichkeit des _zielgerichteten", institutionalisierten Erfahrungsaustauschs bei der Entwicklung des Expertensystems. Da weitere Wissensgebiete in das Expertensystem integriert werden und neue Erfahrungen in die Weiterentwicklung einfließen sollen, bekommt der Erfahrungsaustausch einen neuen Stellenwert in der Abteilung.
Einzelne Servicetechniker sind jedoch wenig daran interessiert, von anderen zu lernen und nicht bereit, sich auf neue Technologien einzulassen. Von ihrem Vorgesetzten und den Kollegen werden sie als wenig kooperativ und aufgeschlossen geschildert. Ob sie doch noch einen Nutzen der Expertensystemnutzung für sich selbst erkennen können und wollen, wird sich im Lauf der nächsten Monate zeigen.

- **Motivierung zur Wahrnehmung des Qualifizierungsangebots**

Je besser die Servicetechniker darüber informiert sind, welches Wissen im Expertensystem steckt und wie es zugänglich ist, desto stärker sind sie auch daran interessiert, dieses Wissen für ihre eigene Qualifizierung zu nutzen. Ob und wie dieses Angebot wahrgenommen wird, hängt von der Qualität der Schulungen und von den didaktischen Fähigkeiten des Schulenden ab.
In einem mit D3 entwickelten Expertensystem stecken zum einen Qualifizierungsangebote bezüglich des allgemeinen Diagnostikwissens. Wie schon erwähnt wurde, ist dieses Angebot nur implizit vorhanden. Wenn dieses Wissen an die Servicetechniker vermittelt werden soll, muß es Inhalt einer Schulungseinheit sein.

Wir haben die Erfahrung gemacht, daß Hintergrundwissen zum System das Verständnis und die Nachvollziehbarkeit des Problemlösungsprozesses erleichtern. Beispielsweise regt das Wissen, daß im Expertensystem mit den vorhandenen Fallinformationen zuerst eine Hypothese gebildet und dann überprüft wird, die Nutzer dazu an, eigene Vermutungen über die weiteren Schritte des Systems anzustellen. Sie reflektieren ihre eigene Vorgehensweise und ihre theoretischen Kenntnisse der Materie und machen Aussagen darüber, welche Fragen im nächsten Schritt gestellt werden müßten. Wenn diese Fragen vom System tatsächlich gestellt werden, werden die Nutzer bestätigt, wenn nicht, stellen sie weitere Überlegungen an, warum andere als die erwarteten Informationen eingeholt werden. Diese Möglichkeit des aktiven Lernens wird auch durch den Kritikmodus von D3 unterstützt, der in [Puppe, Poeck 93] detailliert beschrieben wird.
Welche konkreten Qualifizierungsangebote in einem Expertensystem stecken, hängt aber auch von der Quantität und der Qualität des eingegebenen Expertenwissens ab.

- **Qualifikationsorientierte Systementwicklung mit einer evolutionären, partizipativen Entwicklungsmethodik**

Für die Projektdurchführung und die Zusammenarbeit mit allen Beteiligten haben wir den an der Technischen Universität Berlin entwickelten Projektansatz STEPS (Softwareentwicklung für evolutionäre, partizipative Systementwicklung) [Floyd u.a. 89] ausgewählt und projektspezifisch angepaßt.
Kernidee dieses Ansatzes ist es, die herkömmliche technikzentrierte Softwaretechnik zu überwinden. Wir gehen davon aus, daß kooperative Arbeitsprozesse zwischen Benutzern und Entwicklern wichtige kreative Aktivitäten in einem Softwareprojekt sind. Ihr Verlauf soll nicht dem Zufall überlassen, sondern mit dieser Methodik unterstützt, gefördert und geplant werden.

Der wichtigste Unterschied unseres Projektmodells zu dem ursprünglichen STEPS-Modell liegt darin, daß wir es nicht mit einer betrieblichen Individualsoftware-Entwicklung zu tun haben, sondern mit der parallelen Entwicklung eines Expertensystem-Werkzeuges einerseits und andererseits seiner betrieblichen Anwendung zur Erstellung einer aufgaben- und wissensgebietspezifischen Wissensbasis beim Pilotanwenderunternehmen. Diese Parallelität ist im Schemabild auf der folgenden Seite als doppelter Entwicklungszyklus dargestellt.

Aus mehreren Gründen hat sich diese Vorgehensweise als erfolgreich erwiesen:

- Die Vorgehensweise bei der Systementwicklung, die Aufgaben und die Verantwortlichkeiten der Beteiligten wird transparent gemacht. Bisher hatten die Beteiligten eher negative Erfahrungen mit Systemen gemacht, die nach dem traditionellen Wasserfallmodell entwickelt wurden. Insbesondere das Wissen über den gezielten Wechsel zwischen Systementwicklung und Evaluation ist für alle Beteiligten wichtig, da sie wissen, daß praktische Erfahrungen in die Weiterentwicklung einfließen werden.

- In jede neue Version des Systems können Erfahrungen, die man im Umgang mit der alten Version gemacht hat, einfließen. In der Anfangsphase ist ein gewisser Charakter der Vorläufigkeit hilfreich, da insbesondere perfektionistisch veranlagte Fachexperten Schwierigkeiten damit haben, eine Version als abgeschlossen zu betrachten. Das Wissen, daß sie alle Verbesserungen in die nächste Version einarbeiten können, wirkt sich motivationsfördernd aus.

- Die bisher weniger qualifizierten Nutzer werden durch die frühzeitige Einbeziehung in die Systementwicklung motiviert, da auch ihre Fachkenntnisse berücksichtigt werden. Außerdem wird die Qualität der Wissensbasis durch ihre Einbeziehung wesentlich verbessert.
Da die direkte Systementwicklung mit einer kleinen Gruppe von Fachexperten erfolgte, wurde jede Version der Wissensbasis, auch wenn sie noch nicht voll einsatzfähig war, durch die Nutzer getestet. Die Evaluationsergebnisse sind für die Weiterentwicklung von größter Bedeutung, da sie den Topexperten Hinweise auf Mängel, Inkonsistenzen und Lücken in der Wissensbasis liefern.
Die Nutzer liefern damit ebenso einen Beitrag zum System wie die Fachexperten und sehen das System auch als _ihres" an. Dieser Faktor hat große Bedeutung, da die Nutzer künftig für die Weiterentwicklung zuständig sein werden.

- Das Projektmodell fördert gezielt die Teamarbeit. Sowohl die Systementwicklung als auch die Evaluation wird in Gruppen durchgeführt, was ein zusätzliches Qualifizierungspotential darstellt. Die Vorzüge dieser Arbeitsweise werden im nächsten Abschnitt erläutert.

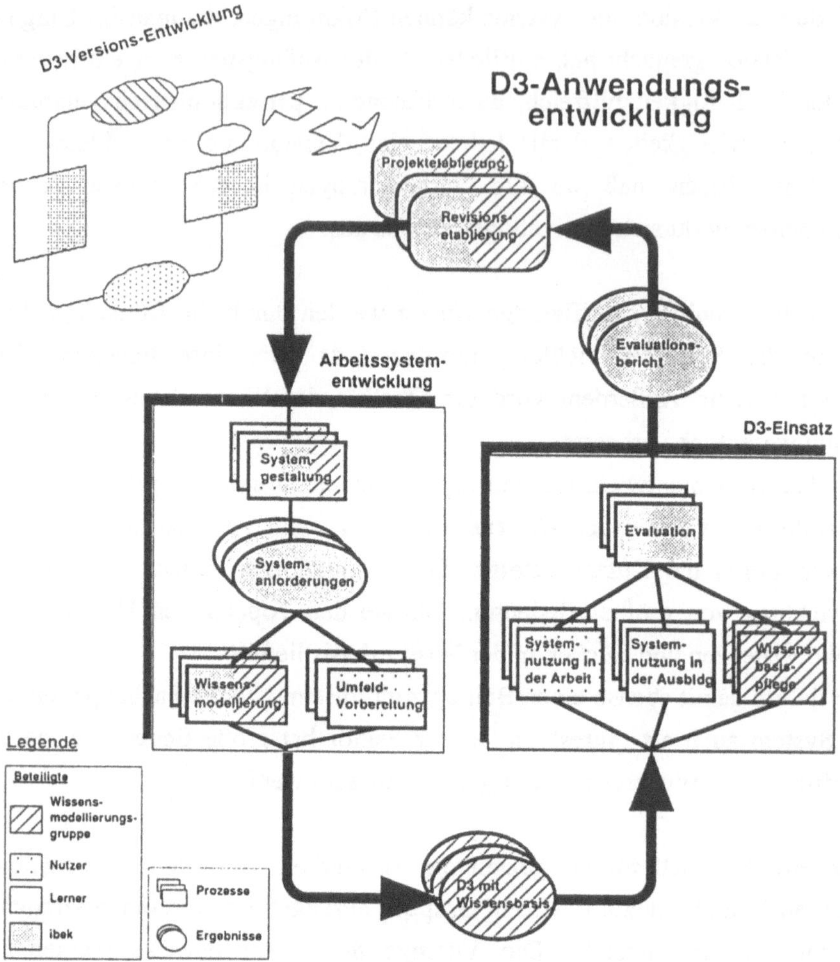

Abb. 1.0: Projektmodell

- **Qualifizierungseffekte durch Teamarbeit bewußt einsetzen**

Sowohl die Wissensmodellierung als auch die Wissensbasisevaluation wurden bewußt von Arbeitsgruppen durchgeführt. Zum Aufbau der Wissensbasis wurde ein Team gebildet, das sich aus dem Abteilungsleiter, zwei Servicetechnikern und fallweise aus Experten anderen Fachabteilungen zusammensetzt. Dieses

Wissensmodellierungsteam übernahm die Hauptaufgabe der Erstellung der Wissensbasis und wurde von einem Mitarbeiter von ibek geschult und unterstützt. Während der Wissensmodellierung diskutieren die Fachexperten Erfahrungen, die sie mit Störungen, möglichen Ursachen und Vorgehensweisen bei der Fehlersuche haben, wobei immer wieder die Schwierigkeit der Verbalisierung auftaucht. Um jeweils einen geeigneten Modellierungsansatz zu finden, sind die Experten zur begrifflichen Überformung ihres Wissens gezwungen, weil sie Sachverhalte und Erfahrungen detailliert erklären müssen. Dabei trafen häufig verschiedene Sichtweisen aufeinander, die solange diskutiert wurden, bis man sich auf eine konsistente Perspektive geeinigt hatte. Durch die Arbeit in der Gruppe wurden alle Beteiligten verstärkt zur Reflexion angeregt. Die Fachexperten haben immer wieder bestätigt, daß sie sich noch nie so intensiv mit bestimmten Problemen auseinandergesetzt hätten und viel dabei lernen.
Obwohl die Fachexperten prinzipiell selbständig mit D3 arbeiten können, hat die Rolle eines Knowledge Engineers im Wissensmodellierungsteam große Bedeutung. Die Qualität der Wissensmodellierung wird durch ihn wesentlich beeinflußt, da die Experten ihm, d.h. einem Unerfahrenen, ihre Kenntnisse erklären müssen. Dabei sind sie zu einem Abstraktionsgrad, aber auch einem Detaillierungsgrad ihrer Aussagen gezwungen, der unter Kollegen normalerweise nicht üblich ist, sich aber positiv auf die Qualität der Wissensmodellierung auswirkt. Diese Rolle wurde bisher von einem ibek-Mitarbeiter übernommen und künftig an einen jüngerer Servicetechniker übergeben.

Auch die Evaluation der Wissensbasis wurde von einem Nutzerteam durchgeführt. In dieser Gruppe ergaben sich ähnliche Diskussionen wie im Wissensmodellierungsteam. Dabei haben die Testnutzer sich die Struktur der Wissensbasis so weit wie möglich erschlossen. Wenn ihnen dabei zu einem im System abgelegten Symptom-Diagnose-Zusammenhang der entsprechende Ursache-Wirkungs-Zusammenhang nicht klar war, wurde der Abteilungsleiter um weitere Erklärungen gebeten. Außerdem haben sie detaillierte Verbesserungsvorschläge für das Wissensmodellierungsteam ausgearbeitet, die auch mit den Wissensbasisentwicklern diskutiert wurden.

- **Expertensystem-Pflege und -Wartung als Wissensaustauschprozeß**

Damit ein Expertensystem über längere Zeit hinweg ein hilfreiches Arbeitsmittel darstellen kann, muß es gewartet und gepflegt werden. Alle Beteiligten sind sich einig, daß die Systemweiterentwicklung notwendig und sinnvoll ist, und daß dieser Prozeß organisiert werden muß.
Der Weiterentwicklungsprozeß umfaßt die ausführliche Dokumentation aller Störfälle und den regelmäßigen Erfahrungsaustausch der Servicetechniker. Bislang hatte man die Bedeutung des Erfahrungsaustausches unterschätzt. Auch das Management, die die Expertensystementwicklung zu Anfang eher als Hobby des Abteilungsleiters ansah, hat mittlerweile die Bedeutung des Systems für die Abteilung und die Firma erkannt und beabsichtigt, die Arbeit mit dem Expertensystem zu institutionalisieren, indem es als Bestandteil im firmeninternen Qualitätssicherungshandbuch aufgeführt wird. Gleichzeitig wird den Verantwortlichen mehr Arbeitszeit für die Aufgabe der Expertensystempflege und -wartung zugestanden.

5 Zusammenfassung und Ausblick

Eine qualifikationsorientierte Expertensystementwicklung und -nutzung erfordert ein gut gestaltetes technisches System, aber auch eine bewußte Organisation des Entwicklungsprozesses im Hinblick auf Qualifizierungsmöglichkeiten. Durch die Beachtung und Förderung der Erfolgsfaktoren gelingt es, das Potential der Expertensystemtechnologie nicht nur für die unmittelbare Arbeitsunterstützung, sondern auch für die Qualifizierung der Beteiligten einzusetzen.
Die Ergebnisse des Projektes werden wir in Form eines Leitfadens für die Qualifizierende Arbeitsgestaltung mit Expertensystemen für technische Diagnoseaufgaben zusammenfassen, der zu Projektende Mitte 1993 erscheinen wird.

6 Literatur

[D3 92]: Bamberger, S., Gappa, U., Goos, K., Meinl, A., Poeck, K. und Puppe, F.: Die Diagnostik-Expertensystem-Shell D3, Handbuch, Version 1.0, Universität Karlsruhe, Institut für Logik, Komplexität und Deduktionssysteme, 1992.

Frei, F.; Duell, W.; Baitsch, C.: Arbeit und Kompetenzentwicklung. Theoretische Konzepte zur Psychologie arbeitsimmanenter Qualifizierung. Bern, Stuttgart, Wien 1984.

Floyd, Ch.; Reisin, F.-M.; Schmidt, G.: STEPS to Software Development With Users. In C. Ghezzi, J.A. McDermid (Eds.). ESEC ½89- 2nd European Software Engineering Conference, University of Warwick, Coventry, Berlin, Heidelberg, New York 1989.

Puppe,F.; Poeck, K.: Entwicklung lernförderlicher Expertensysteme, im selben Band, 1993.

Seidel, Gabriele: Softwareergonomische Evaluation des Expertensystem-Werkzeugs D3. Diplomarbeit am Institut für Betriebs- und Dialogsysteme der Universität Karlsruhe 1991.

Striebel, Dieter; Daniel, Manfred: Qualifizierende Arbeitsgestaltung mit tutoriellen Expertensystemen für technische Diagnoseaufgaben. Tagungsband zum Europäischen Symposium _Qualifikation: Schlüssel für eine soziale Innovation". Universität Bremen 1991.

Auf dem Weg zur benutzerspezifischen Systemanpassung

Reinhard Oppermann, Christoph Thomas

GMD FIT

Zusammenfassung
Heutige Softwaresysteme sind komplex und für unterschiedlichste Aufgabenkontexte geschaffen. Individuelle Bedürfnisse von spezifischen Benutzern bzw. Benutzergruppen werden gar nicht oder nur sehr unzulänglich unterstützt. In Problemsituationen ist der Benutzer oft allein gelassen, Hilfeinformationen sind schwer zu finden und auf den aktuellen Aufgabenkontext nicht abgestimmt. Im Projekt SAGA[1] (Software-ergonomische Analyse und Gestaltung der Adaptivität) wurde nach Wegen gesucht, gezielte Hilfe- und Individualisierungsleistungen durch Systemkomponenten zu unterstützen. Es wurde nach einer Verbindung von adaptierbaren und adaptiven Leistungen gesucht. Die Zielsetzung bestand darin, die Leistungsfähigkeit und Grenzen der Adaptivität einzuschätzen und Gestaltungsempfehlungen für die praktische Entwicklung zu geben. Iner efficiently with help and adaptive diesem Papier werden wichtige Ergebnisse des Projektes behandelt und die Erfahrungen mit zwei implementierte Systemkonzepten (HYPLAN: einer hypermediale Hilfeumgebung aufgrund von Planerkennung und FLEXCEL: einer Umgebung zur system- und benutzerinitiierten Anpassung der Benutzungsschnittstelle) diskutiert.

Abstract
Software systems developed in recent years are becoming increasingly powerful, but in most cases they tend to abandon the user to deal with the complexity of the system alone. The-e is an immense need for systems with individual, context-sensitive support. Within the project SAGA (a german acronym for "Software-ergonomical analysis and design of adaptivity") we looked for system concepts to support the usfacilities. We asked for a combination of adaptable and adaptive system features. Our goal was to identify the power and the limits of adaptivity and to set up and validate general guidelines for the developement of adaptive systems. In this paper we describe important results of this project and discuss the experiences with two systems which have been fully implemented and evaluated: HYPLAN - a hypermedia help environment based on plan-recognition and FLEXCEL - an adaptive and adaptable environment for a user interface.

Résumé
Aujourd'hui, les logiciels sont non seulement très complexes mais également destinés à résourdre les problèmes les plus divers. Les besoins individuels d'utilisateurs ou de groupes d'utilisateurs spécifiques ne sont plus assistés, ou seulement d'une manière très insuffisante. En cas de problèmes, l'utilisateur est fréquement livré à soi-meme. Les aides sont difficiles à trouver et mal adaptées au

1 Das Projekt SAGA wurde von Dezember 1988 bis November 1991 im Rahmen des Programms "Arbeit und Technik" durch das Bundesministerium für Forschung und Technologie unter dem Förderkennzeichen 01HK537/0 gefördert.

problème en question. Dans le cadre du project SAGA (Analyse de l'ergonomie du logiciel et conception de l'adaptivité), on a ainsi tenté de trouver de nouvelles voies permettant d'assister les prestations ciblées d'aide et d'individualisation au moyen de composants système. On a recherché le lien entre les prestations adaptables et les prestations adaptives. L'objectif était d'estimer les limites et les performances de l'adaptivité et de formuler des recommandations pour le développement pratique. Le présent exposé étudie les principaux résultats du projet ainsi que les expériences acquises avec deux concepts implémentés (HYPLAN: environnement d'aide Hypermédia sur la base de la reconnaissance de plan et FLEXCEL: environnement pour l'adaption de l'interface utilisateur initiée par le système et l'utilisateur).

In einem Leitvorhaben des Instituts für angewandte Informationstechnik (FIT) der GMD wird an Ansätzen zur Entwicklung eines "Assistenz-Computers" gearbeitet. Diese Metapher sucht nach einer neuen Arbeitsteilung zwischen Mensch und Maschine. Systeme sollen danach die Arbeit von Menschen nicht automatisieren, sondern assistieren. Sie sollen sich von herkömmlichen Systemen dadurch unterscheiden, daß sie

- kompetente Unterstützung aufgrund von Wissen über Fachaufgaben bieten,
- Kooperation bei zeitlich und örtlich verteilter Arbeit unterstützen und
- diese Aufgaben in einer Weise erbringen, die sich an Eigenschaften menschlicher Assistenz orientieren.

Dieser Beitrag wird sich mit der Assistenzeigenschaft Anpassungsfähigkeit befassen, die neben der Verarbeitung ungenauer Anweisungen und Erklärungsfähigkeit die Art der Vermittlung von Assistenzleistungen gegenüber dem Benutzer ausmachen soll.

Primat der Anforderungen gegenüber technischen Möglichkeiten

Oft ist es für Informatiker und Ingenieure verlockend, faszinierende Ideen technischer Möglichkeiten praktisch umzusetzen. Sie orientieren sich leicht an dem, was die Technik oder sie selbst mit Hilfe der Technik zu bieten vermögen. Aber dabei gerät die Anwendungssituation, das zu lösende Problem, die zu unterstützende Aufgabe leicht aus dem Blick. Diese Gefahr schwebte auch permanent über dem vorzustellenden Projekt. Ihr wurde zu begegnen gesucht durch eine ständige Bemühung um Anbindung von Entwurf und Implementation an Aufgaben- und Anforderungsanalysen und eine empirische Evaluation von Gestaltungsergebnissen (vgl. Grunst/Oppermann/Thomas 1991). Im Grunde handelt es sich hier um eine konsequente Verfolgung von evolutionären Ansätzen. Evolutionäre Ansätze der Technikentwicklung (vgl. Gilb 1987; Eason 1982) gehen von einer zyklischen Abfolge von Gestaltung und Analyse aus. Systeme werden gestaltet, unmittelbar in praktischer Nutzung getestet und aufgrund der Ergebnisse verworfen oder verändert. Der Prozeß ist nach hinten offen, er ist nie abgeschlossen. Wir wollen hier nicht das Ende, sondern den Einstiegsaspekt betonen. Der Prozeß ist auch am Anfang offen. Er setzt auf vielfältigen Erfahrungen der Beteiligten auf: auf Wünschen und Enttäuschungen, auf Machbarem und Gescheitertem. Gelingende Prozesse beziehen ihre Faszinationswirkung aus der Kombination von technischer Idee und praktischer Anwendung. Adaptivität ist zum Beispiel als technische Idee solange blutleer, wie man nicht zeigen kann, wozu sie praktisch dient. Wir haben in dem Projekt bescheidene Anwendungen der technischen Idee versucht, diese aber aus einer Aufgabenanalyse eines Anwendungsfeldes abgeleitet. Interaktionsanalysen von Benutzern einer gegebenen Anwendungen stellten die Basis dar für die Entwicklung adaptiver Hilfe- und Anpassungsvorschläge. Die aufzuzeigenden Ergebnisse sind von daher hinsichtlich ihrer kontextangemessenen Antworten auf Benutzbarkeitsdefizite zu bewerten. Nicht ob Adaptivität schlechthin gut oder schlecht ist, kann geprüft werden, sondern ob sie geeignete Lösungen für bestimmte Probleme bereitstellen kann und welche Eigenschaften von Problemen mit welchen Eigenschaften von Lösungen verbunden werden können.

Anpassung zwischen software-technischer und software-ergonomischer Sicht

Aus software-technischer Sicht dient Systemanpassung hauptsächlich der Überbrückung der Distanz zwischen Systementwicklung und Anwendung. Eines der grundlegenden Probleme bei der Entwicklung von Anwendungssoftware ist es, die potentielle Einsatz- und Anwendungssituation für das zu entwickelnde Produkt so weit zu bestimmen, daß dies "aufgabenangemessen" und "benutzerangemessen" die Tätigkeit der angepeilten Zielgruppe unterstützen kann. Dies gelingt um so eher, je dichter die Software-Entwicklung an den Anwendungsbereich gekoppelt ist, je enger die zu unterstützenden Arbeitstätigkeiten eingegrenzt werden können und je genauer die besonderen Arbeitsstile der betreffenden Personen bekannt sind. Anwendungssysteme werden jedoch nicht für einen einzelnen Benutzer, für eine einzelne Aufgabe entwickelt. Sie sollen vielmehr vielfältig einsetzbar sein: für viele Benutzer, für ein Aufgabenspektrum, über einen längeren Zeitraum. Dies gilt bereits für Spezialentwicklungen für einen bestimmten Anwender, dies gilt erst recht für die verbreitete Standardsoftware. Damit vergrößert sich prinzipiell der Abstand zwischen Entwicklung und Benutzung.

Eine Antwort auf diese Problematik liegt in der Ausweitung der Entwicklungsphase in die Benutzungsphase, um die Distanz zwischen Entwicklung und Anwendung in einer für Anwender und Benutzer beherrschbaren Form zu verringern. Die Möglichkeiten der Systemwartung und Anpassung durch den Entwickler sind aber aus ökonomischen und organisatorischen Gründen begrenzt — erst recht bei Standard-Software. Daher werden Wege gesucht, dem Endbenutzer selbst Möglichkeiten und Werkzeuge zur Systemanpassung an die zu bearbeitenden Aufgaben und die spezifischen Gewohnheiten und Bedürfnisse zu bieten. Diese Möglichkeiten entlasten nicht nur die Anforderung treffsicherer Systemgestaltung durch den Entwickler, sie tragen auch Differenzierungsforderungen der Arbeitswissenschaft Rechnung. Arbeitssysteme zu entwickeln, die einem "One-Best-Way" aller denkbaren Arbeitsformen folgen, werden grundsätzlich für fragwürdig gehalten. Der Benutzer soll unterstützt werden, Handlungsspielräume zu entdecken oder zu schaffen, traditionelle Formen der Aufgabenbewältigung verändernd zu beeinflussen, sie in einer dynamischen Weise neuen Situationen anzupassen. Im Projekt SAGA sind Ideen und Realisierungsmöglichkeiten aufgezeigt worden, wie man schrittweise diesen Weg zur Individualisierung von Anwendungssoftware erreichen kann (vgl. Oppermann 1991 und 1992).

Individualisierung trägt der Tatsache Rechnung, daß Systeme in der Konzeptionsphase nicht zureichend spezifiziert werden können (vgl. Edmonds 1981). Selbst bei einer Einbeziehung der künftigen Benutzer im Sinne einer partizipativen Entwicklung; können die Anforderungen an die Systemeigenschaften in späteren Benutzungssituationen nicht ausreichend beschrieben werden. Die Auswahl von Gestaltungsvarianten; oder gar die Anlage von eigenen Systemgestaltungen sind nicht übertragbar auf andere Benutzer, sondern sind gebunden an die auswählende oder gestaltende Person (vgl. Ackermann 1987, Ulich 1978). Dies betont die

Notwendigkeit, den Systemgestaltungsprozeß offen zu halten über die Zeit und über den einbezogenen Benutzerkreis einer Entwicklung hinaus. Spezifikationen von Anforderungen gelten für die zum Zeitpunkt der Durchführung vorgestellten Arbeitsinhalte und Arbeitsabläufe (Reisin/Schmitt 88). Wenn es laut Edmonds (1981) bereits für die Benutzer schwierig ist, Spezifikationen ihrer Anforderungen vorzunehmen, so ist es erst recht schwierig, von beteiligten Benutzern für andere zukünftige Benutzer zu erwarten, gültige und abschließende Systemfestlegungen zu treffen. Hier kommt eine Orientierung an den erwähnten evolutionären Entwicklungskonzepten (vgl. Gilb 1987; Eason 1982) zum Tragen, die eine Systemgestaltung nicht zu einem abschließenden Produkt werden läßt, sondern Offenheit durch Veränderbarkeit einschließt.

Individualisierung setzt in gewisser Weise den Prozeß einer partizipativen Systementwicklung über die Phase der Entwicklung in der Phase der Benutzung fort. Sie bietet dem Benutzer Einfluß- oder Eingriffsmöglichkeiten in die Systemgestaltung über seine Teilnahme an dem Festlegungsprozeß von Gestaltungseigenschaften hinaus. Sie stärkt die Handlungskompetenz des Benutzers gegenüber der des Entwicklers.

Anpassungsfähigkeit unterstützt die allgemeine ergonomische Eigenschaft der Flexibilität. Systeme sollen so gestaltet sein, daß sie dem Benutzer nicht eine bestimmte Vorgehensweise oder Präsentation aufzwingen, sondern Variation zulassen. Diese Variation kann in einer Vielfalt der zugänglichen Interaktionstechniken bestehen, die parallel angeboten werden. Menüs, direkte Manipulation und Kommandosprache werden z.B. in vielen heutigen Systemen wahlweise angeboten. Die so entstehende Vielfalt kommt verschiedenen Lernphasen und Vorlieben von Benutzern entgegen. Man kann diese Vielfalt allerdings nicht zum alleinigen Prinzip erheben. Sie erfordert erstens eine höhere Komplexität von System(oberfläch)en, die parallel angeboten und konsistent verwaltet werden müssen. Sie erfordert zweitens eine vorherige Bestimmung der Anzahl und der Ausprägung der verschiedenen Varianten an Interaktions- und Präsentationsmöglichkeiten. Der Entwickler legt sie fest, der Benutzer kann (nur) auswählen. Viele Variationsnotwendigkeiten ergeben sich jedoch erst während der

Benutzung. Sie ergeben sich aus den Besonderheiten der jeweiligen Aufgaben oder den Vorlieben und Gewohnheiten der jeweiligen Personen. Der Benutzer sollte also selbst Gestaltungsmöglichkeiten haben.

Der Benutzer ist gegenwärtig auf eine Gestaltungsaufgabe seines Systems nicht ausreichend vorbereitet. Er nutzt nach vorliegenden Erkenntnissen die bereits existierenden Anpassungsmöglichkeiten nur unzureichend (vgl. Karger/Oppermann 1991). Dies liegt an den umständlichen und wenig übersichtlichen Anpassungswerkzeugen, dies liegt an der geringen Übung des Benutzers, an seiner Aufgaben- und nicht Werkzeugorientierung (der Benutzer bearbeitet beim Anpassen nicht seine Fachaufgabe, sondern wendet sich von dieser zeitweise ab und gestaltet sich sein Werkzeug; dies ist eine Meta-Aufgabe, die nicht überhand nehmen und nicht zu kompliziert sein darf) und dies liegt an Vorbehalten von Organisatoren, die den teilweise entstandenen Wildwuchs an Systemen nicht noch durch individuelle Änderungsmöglichkeiten einzelner Anwendungen potenziert sehen wollen.

Beherrschung steigender Systemkomplexität durch Individualisierung

Im Projekt SAGA (Software-ergonomische Analyse und Gestaltung der Adaptivität) wurde nach Wegen gesucht, die Beherrschbarkeit von immer komplexeren Anwendungen durch Individualisierungsleistungen zu verbessern, indem die Anpassung nicht dem Benutzer allein überlassen, sondern durch Systemleistungen unterstützt wird. Es wurde nach einer Verbindung von adaptierbaren und adaptiven Leistungen gesucht. Adaptierbare Systeme stellen dem Benutzer Gestaltungswerkzeuge zur Anpassung von Benutzungsoberflächen oder auch Funktionalitäten zur Verfügung. Bei adaptiven Systemen passen sich diese aufgrund der Beobachtung der Benutzung selbst an die Aufgabe und den Benutzer an. Diese Anpassung durch das technische System stellt allerdings - so die Kritiker dieses Konzeptes - mit dem Anlegen von Protokollen über die Art des Benutzerverhaltens eine Gefährdung des Daten- bzw. des Personenschutzes dar und entzieht dem Benutzer die Kontrolle über seine Anwendung. Im Projekt SAGA wurde der Versuch gemacht, die Vorteile beider Konzepte so zu verbinden, daß deren jeweilige Nachteile vermieden werden. Die Zielsetzung bestand darin, die Leistungsfähigkeit und Grenzen der Adaptivität einzuschätzen und Gestaltungsempfehlungen für die praktische Entwicklung zu geben.

Gestaltung und Analyse adaptiver und adaptierbarer Systeme

Die Frage nach angemessener Gestaltung adaptiver und adaptierbarer Konzepte läßt sich nicht global und ohne empirische Basis beantworten. Es bedarf vielmehr der Identifizierung adaptiver und adaptierbarer Leistungen aus der Aufgabenbearbeitung in konkreten Systemen. Für solche Leistungserfordernisse wurden adaptive und adaptierbare Angebote exemplarisch entwickelt und hinsichtlich der Bedeutung für den Benutzer evaluiert. Die Evaluation erfolgte unter drei Perspektiven: Unter lernpsychologischen Gesichtspunkten wurde untersucht, wie der Prozeß der Aneignung von Adaptivitätsleistungen und des Aufbaus von Vorstellungen über Systemleistungen in mentalen Modellen des Benutzers erfolgt und wie adaptive und adaptierbare Handhabungsmöglichkeiten miteinander verbindbar sind. Unter interaktionsanalytischen Gesichtspunkten wurde untersucht, welche Unterstützung dem Benutzer beim Abarbeiten von Handlungsplänen durch systemseitige kontextsensitive Hilfen in Form von multimedialen Demonstrationen und Tutorien gegeben werden können. Diese Leistungen wurden zunächst in menschlich tutoriellen Interaktionen erkundet, schrittweise in die Mensch-Maschine-Interaktion eingebaut und letztlich in wissensbasierte technische Komponenten überführt. Unter arbeitssoziologischen Gesichtspunkten wurde nach den Wirkungen adaptiver Systeme unter Berücksichtigung des Tätigkeitskontextes, in dem solche Systeme eingesetzt werden sollen, gefragt. Die Analyse und Bewertung erfolgte vor dem Hintergrund der Analyse von organisatorischen Anwendungskonzepten neuer Informations- und Kommunikationstechnik in der betrieblichen Planung und Praxis.

Die Adaptivitätsleistungen wurden prototypisch für eine kommerzielle Tabellenkalkulation umgesetzt, um mit den interessierenden Schnittstellenleistungen auf einer ausgereiften und komplexen Anwendung aufzusetzen und authentische Testaufgaben bearbeiten zu können.

Abbildung 1 zeigt, wie die beiden Leistungen "kontextsensitive Hilfe" und "Anpassungsvorschläge" durch Protokollanalyse der Benutzeraktionen in den Prototypen HYPLAN (hypermediale Hilfe) und FLEXCEL (adaptive

Schnittstellenenerweiterung) auf einer gemeinsamen Softwarebasis realisiert wurden.

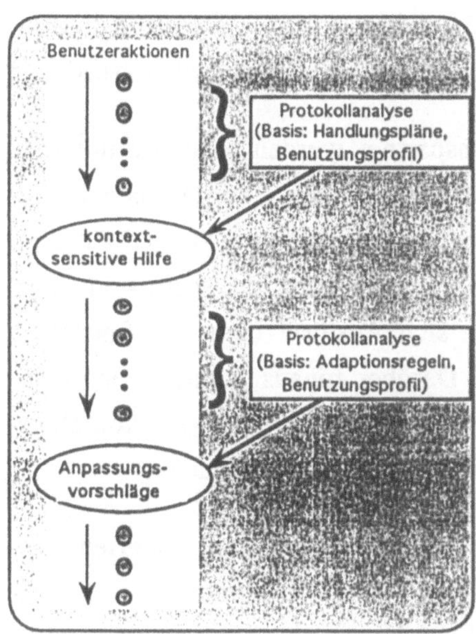

Die Benutzeraktionen mit der Anwendung werden fortlaufend protokolliert. Auf dieser Basis werden zwei Gruppen von Leistungen generiert.

Aufgrund von Handlungsplänen werden kontextsensitive Hilfen angeboten, die dem Benutzer in schwierigen Situationen die Bearbeitung seiner Aufgabe ermöglichen (HYPLAN).

Aufgrund von Adaptionsregeln werden Anpassungsvorschläge angeboten, die dem Benutzer eine aufgaben- und benutzerspezifische Gestaltung seines Systems ermöglichen (FLEXCEL).

Abbildung 1: Struktur der adaptiven Benutzerunterstützung

HYPLAN : Hypermediale Hilfe aufgrund von Planerkennung

Mit HYPLAN wurde eine kontextsensitive Hilfeumgebung realisiert. Die Leistung besteht aus zwei Modulen, dem Planerkennungsprogramm PLANET (vgl. Quast 1993) und der interaktiv nutzbaren multimedialen Hilfeumgebung HYTASK. Die Planerkennung identifiziert während der Arbeit den evtl. Unterstützungsbedarf und bietet auf Anfrage gezielte Hilfen in Form von Hilfetexten oder Tutorien an.

Die Modelle zur Entwicklung der Systemkonzepte von HYPLAN wurden in Analysen tutorieller Interaktionen gewonnen. Experten zeigten hier weitgehend ungeschulten Gelegenheitsbenutzern von EXCEL effiziente Problemlösungen für deren Aufgaben. Die Versuchsmethode wurde durch qualitative Inhaltsanalysen von

Video-Aufzeichnungen bestimmt. Inhaltlich begann eine Versuchsreihe mit vorbereitenden Tutorien, die auf den Aufgabenbereich der Versuchspersonen zugeschnitten waren. Neu erworbene Systemkenntnisse wurden dann in der Bearbeitung authentischer Aufgaben aus dem Tätigkeitsbereich der Versuchspersonen überprüft. In dieser Anwendungsphase traten Klärungsdialoge in den Vordergrund, die durch Fragen der Testbenutzer von EXCEL ausgelöst wurden.

Die Aktivitäten und Äußerungen der Interaktionspartner wurden synchron mit den Bildschirmausgaben des Computers auf zwei Rekordern aufgezeichnet. In Transkripten problematischer Sequenzen wurden Bildschirmanzeigen, verbale und nonverbale Reaktionen sowie Aktivitäten der Testperson oder des Tutors in ihrer genauen zeitlichen Beziehung notiert. So lassen sich Auslöser bzw. das Entstehen bestimmter (Fehl-)Vorstellungen identifizieren. Darüber hinaus können vor allem wechselseitig aufeinander bezogene Hinweise nachgezeichnet werden, die komplexe Interaktionsmuster, wie "Beratung", "Korrektur" oder "Kritik" konstituieren.

Anschauliche Zugriffe auf situativ passende Hilfebeispiele und Tutorien zur Verfügung zu stellen, erwies sich als ebenso wichtig wie die Gestaltung instruktiver Hilfen. Die Operationalisierung und technische Umsetzung dieser Forderungen führte zur Entwicklung einer Einstiegsbox in Form eines strukturierten Browsers sowie der wissensbasierten Planerkennungskomponente PLANET. Die Leistung dieses Moduls wurde in vorherigen Simulationsexperimenten in einem Wizard of Oz-Versuchsaufbau mit menschlichen Experten im Hintergrund spezifiziert. Im Gegensatz zum oben illustrierten Versuchsaufbau sind Experte(n) und Laie(n) hier räumlich getrennt. Verbale und nonverbale Hinweise auf Problemempfindungen der Versuchsperson(en) werden unterbunden. Die Experten können - wie denkbare Planerkennungssysteme - nur aus den am Terminal identifizierbaren Eingaben Hypothesen ableiten. Den Analysen stehen dagegen sowohl die Äußerungen der kooperierenden Versuchspersonen als auch die der Experten zur Verfügung. Sowohl die Schwierigkeiten der Laien als auch die Hypothesen der Experten hierzu werden durch die doppelte Dialogkonstellation nachvollziehbar.

Die Rekonstruktion der Anhaltspunkte, die von den Experten bei ihren Plan- bzw.

Problemhypothesen genutzt werden, läßt sich vergröbernd zwei unterschiedlichen kognitiven Prozeduren zuordnen. Einerseits wird nach und nach ein inhaltliches Verständnis der gesamten Aufgabensituation aufgebaut und die einzelne Eingabe vor diesem Hintergrund beurteilt. Andererseits lösen aber auch einzelne Elementaroperationen oder Fehlermeldungen des Systems komplexe Hypothesen aus. Die erste Form der Situationsinterpretation stützt sich auch auf Informationen, wie die inhaltlich Bewertung von Spaltenüberschriften, die in einem technischen System kaum nachzugestalten sind. Sehr viel unmittelbarer konnten identifizierte "Schlüsselindikatoren" für komplexe Handlungsziele durch die Planerkennungskomponente PLANET reflektiert werden. Die technische Operationalisierung der offenkundig gewordenen unterschiedlichen Aussagekraft verschiedener Elementaroperationen wirkte sich in der Struktur der PLANET-Wissensbasis aus. Im hierarchisch aufgebauten Netzwerk der Handlungspläne wurden die Gewichtungen durch unterschiedliche Kanten reflektiert, über die protokollierte Operationen komplexere Handlungshypothesen aktivieren.

Die Planerkennungskomponente PLANET

Die Protokollkomponente PLANET ist in CLOS (Common LISP Object System) auf einem MacIvory_, einer Kombination von einem Macintosh_ und einer Symbolics LISP-Maschine, entwickelt. An zwei Stellen bestehen Anbindungen an Macintosh Programme. Sie erhält in festen Zeitintervallen und bei Hilfeaufrufen durch den Benutzer Listen von Makroprotokolleinträgen, die aktuelle EXCEL-Operationen auf der Ebene semantischer Elementarhandlungen notieren. PLANET gibt selbst an HyperCard Listen erschlossener Handlungsziele ab, die von HYTASK in Hilfeangebote übertragen werden. Die folgende Abbildung enthält eine Übersichtsdarstellung der Architektur von PLANET.

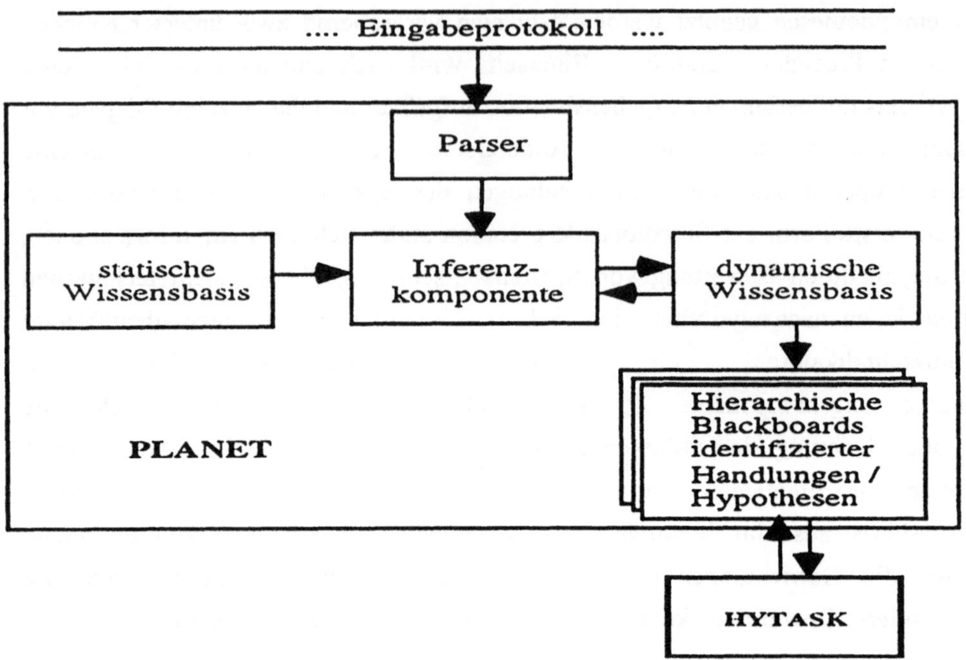

Abbildung 2: Struktur und Datenfluß von PLANET

Das EXCEL-Makroprotokoll wird durch einen einfachen Parser vorverarbeitet, der die Eingabestrings für die Inferenzkomponente bereinigt. Der Hauptprozeß aktualisiert aus den Protokollen laufend das Blackboard der identifizierten Elementaroperationen. Zudem löst er Spreadingprozesse aus, die Objektinstanzen solcher Handlungstypen erzeugen, die erkannte Operationen als Elemente enthalten. Dies erfolgt in Anlehnung an die hierarchisch geordneten Handlungsplanmodule der statischen Wissensbasis. In einem weiteren Prozeß aktivieren als Schlüsseloperationen definierte Operationen komplexe Handlungseinheiten, die in gesonderte Hypothesen-Blackboards geschrieben werden.

Die statische Wissensbasis enthält strukturelle Informationen über die konstituierenden Elemente komplexer Handlungseinheiten. Den Objektklassen zugeordnet sind zeit- und inhaltslogische Constraints. Die dynamische Wissensbasis erzeugt und verwaltet einen Historiebaum, der aktivierte Handlungsalternativen mit den weiterhin eingehenden Protokolldaten abstimmt. Identifizierte, d.h. in einer

Realisierungsvariante vollständig bestätigte Operationseinheiten werden in hierarchische Blackboards geschrieben und geben einen Impuls an alle übergeordneten Handlungsalternativen weiter. Dies umfaßt die Referenz auf die auslösende Einheit und eine Zeitmarke.

Die Interaktionselemente von HYTASK

HYTASK bietet dem Benutzer hypermedialen Hilfen und Tutorien an, die entweder direkt aus einem generellen Konfigurator ausgewählt oder durch PLANET vorselektiert wurden. Die Abbildung 3 gibt eine Übersicht der Interaktionskomponenten in HYTASK.

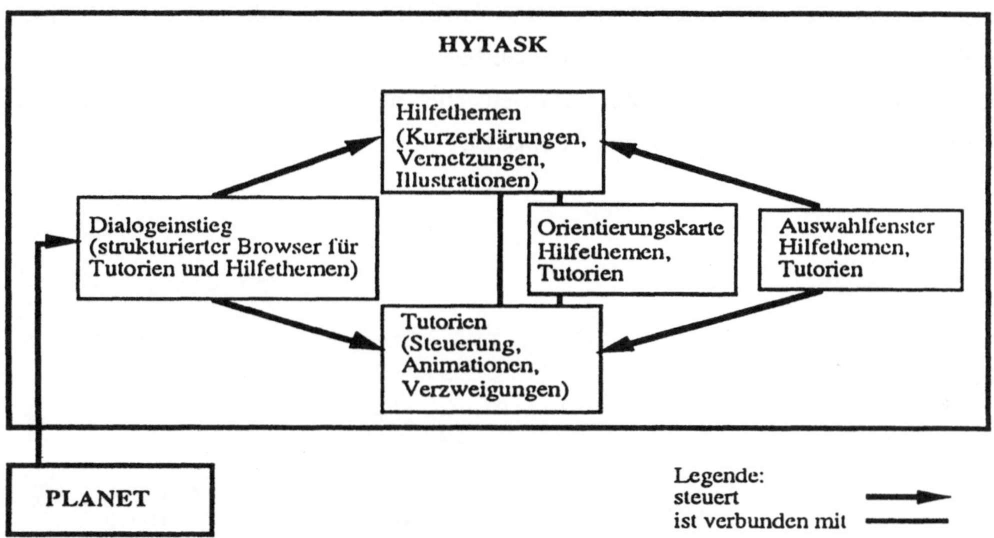

Abbildung 3: Struktur und Datenfluß von HYPLAN

Die Module erscheinen dem Benutzer als Dialogfenster, Informationskarten und lautsprachlich kommentierte Bildsequenzen mit verschiedenen Erklärungen und Steuerungsmöglichkeiten. Sie enthalten sensitive Icons oder Textzeilen, über die er zu (weiteren) Hilfethemen und Tutorien gelangt oder erklärende Illustrationen, Animationen bzw. Texte anwählt.

FLEXCEL: "Flexibles EXCEL" zur system- oder benutzerinitiierten Anpassung

Mit FLEXCEL (vgl. Thomas/Krogsæter 1993) wurde eine unterstützte

Adaptierungsumgebung geschaffen. Das Adaptierungswerkzeug erlaubt dem Benutzer, Anpassungen am Funktionszugang und an der Dialogdynamik vorzunehmen (*adaptierbare Komponente*). Aufgrund einer Planerkennung schlägt das System ggfl. dem Benutzer Adaptierungen bzw. deren Nutzung vor (*adaptive Komponente*). Eine *Kritikkomponente* analysiert den Umgang des Benutzers mit den Adaptierungswerkzeugen und bietet Verbesserungsvorschläge an.

FLEXCEL wurde wie HYTASK auf einem MacIvory_ entwickelt. FLEXCEL besteht aus einem EXCEL-Teil mit der Funktionalität und der Benutzerschnittstelle und einem wissensbasierten Teil mit Regeln für die Generierung von Anpassungsvorschlägen und Kritik. Der EXCEL-Teil wurde in der EXCEL-Makrosprache implementiert, der wissensbasierte Teil in CLOS. Die beiden Komponenten kommunizieren über Dateien. Die folgende Skizze zeigt vereinfacht die Struktur und den Datenfluß von FLEXCEL.

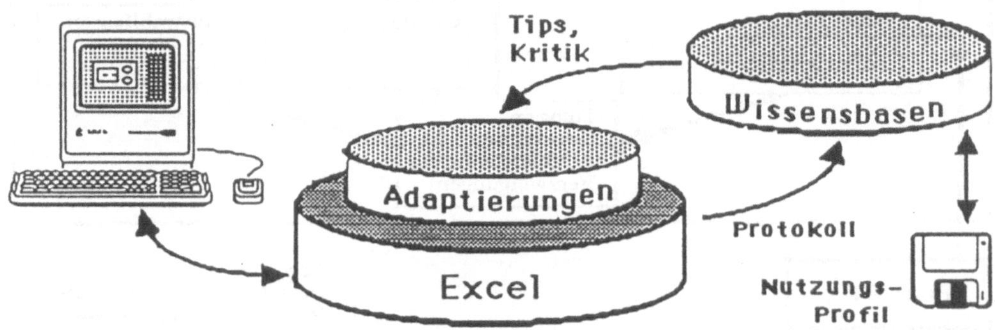

Abbildung 4: Struktur und Datenfluß von FLEXCEL

Die Benutzerschnittstelle stimmt hauptsächlich mit der vom (nicht-adaptierbaren) EXCEL überein; die normale Funktionalität wurde um die Adaptierbarkeit erweitert. In der Arbeit mit einem Tabellenkalkulationsprogramm kann es z.B. vorkommen, daß der Benutzer mehrmals eine Funktion mit identischen Parametern aufrufen muß. Ein Beispiel soll dies illustrieren: bei der Gestaltung einer Tabelle mit einer Produktliste sollen mehrere Sonderangebote mit einem dicken, blauen Rahmen versehen werden. Dies verlangt vom Benutzer, daß er den Befehl "Rahmenart" vom

Menü auswählt, in der Dialogbox nacheinander die Optionen "gesamt", "dick" und "blau" ausfüllt und schließlich den "OK"-Knopf anklickt. In FLEXCEL kann diese umständliche Arbeit durch Definition eines neuen Menü-Eintrags oder eines Tastenkürzels für diese Parametrisierung umgangen werden. Die Systemanpassungen können auf eine Benutzungsprofil-Diskette gesichert werden.

Für die adaptive Komponente von FLEXCEL werden die Benutzeraktionen in eine Protokolldatei geschrieben und von dem wissensbasierten Teil von FLEXCEL interpretiert. Regeln versuchen, mehrmalige Funktionsaufrufe mit identischen Parametern zu identifizieren. Die Regeln beinhalten über diese funktionsorientierten Besonderheiten (identische Parameterwerte, häufigste Defaults) auch benutzerorientierte Aspekte (Nutzung der Adaptionsmöglichkeiten, Präferenzen von Menü- oder Tastenalternativen). Wenn die Regelhaftigkeiten von Funktionsaufrufen einen benutzerspezifischen Schwellwert überschreiten, wird daraus geschlossen, daß ein *Adaptierungstip* dem Benutzer präsentiert werden soll. Das ständig aktuell gehaltene Benutzungsprofil mit verschiedenen Daten über die Interaktion des Benutzers mit dem System sorgt dafür, daß die Empfehlungen in den Tips auf den spezifischen Benutzer zugeschnitten werden: Wenn zum Beispiel die Person als typischer Benutzer von Kürzeln identifiziert ist (sie ruft überwiegend Funktionen über Tastenkürzel, nicht über das Menü auf), wird der Tip empfehlen, für die aktuelle Parametrisierung ein neues Kürzel zu definieren.

Andere Regeln können *Nutzungstips* generieren. Ein Nutzungstip macht den Benutzer auf eine schon definierte Einstellung (z.B. einen Menüeintrag) aufmerksam, die er gegenwärtig nicht benutzt, sondern die volle Dialogfolge für die entsprechende Funktionsausführung durchläuft.

Die *Kritikregeln* werden nur auf Abfrage des Benutzers gefeuert. Eine Analyse der im Benutzungsprofil gesammelten Daten können zu Vorschägen zur besseren Ausnutzung der Adaptierungsmöglichkeiten führen. Wenn der Benutzer zum Beispiel grundsätzlich neue Tastenkürzel anlegt, diese aber nicht benutzt oder bei der Benutzung der Tastenkürzeln viele Fehler macht, wird ihm empfohlen, statt (oder zusätzlich zu) Tastenkürzeln Menüeinträge anzulegen.

Der Benutzer hat Zugang zu den Adaptierungswerkzeugen in der Dialogbox jeder adaptierbaren Funktion. Er erweitert die normale Dialogbox durch Ankreuzen eines Adaptionskästchens um einen Anpassungsteil, der eine Auswahl- und Definitionsumgebung für die Anlage von aufgaben- bzw. benutzerspezifischen Kommandos enthält. Der Benutzer kann Tastenkürzel oder neue Menüeinträge für die gewünschten Parameter anlegen oder neue Parameterdefaults definieren. Er kann dafür freie Kürzel selektieren, belegte Definitionen abrufen, Menü-Optionen frei benennen. Die folgende Abbildung zeigt als Beispiel für die Adaptierbarkeit die erweiterte Dialogbox für die Funktion "Inhalte einfügen". Der obere Teil der Dialogbox entspricht der üblichen EXCEL-Dialogbox — bis auf das zusätzliche Wahlkästchen "mit Einstellungen", das den unteren Teil der gezeigten Dialogbox zusätzlich öffnet (die gestrichelte Abgrenzungslinie ist nur in dieser Abbildung zur Verdeutlichung der beiden Teile der Dialogbox eingefügt).

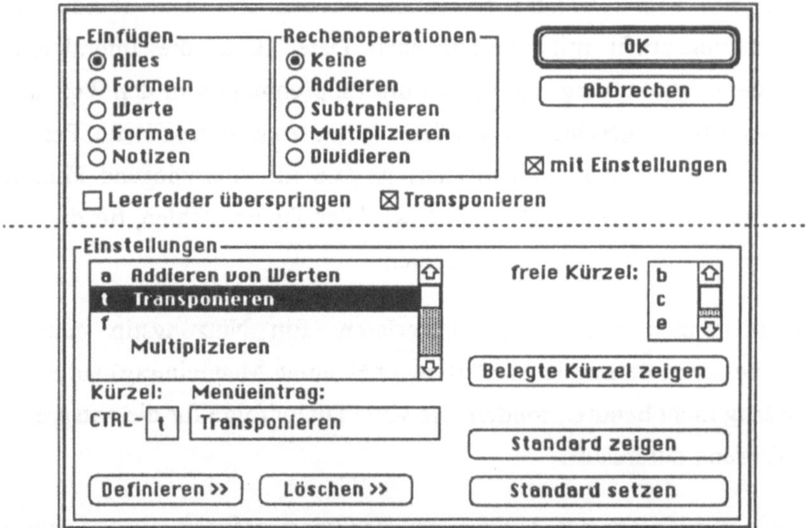

Abbildung 5: Kombinierte Ausführungs- und Dialogbox für die Funktion "Inhalte einfügen"

Neben diesem *lokalen* Zugang zu den Adaptionsmöglichkeiten gibt es für den Benutzer auch einen *zentralen* Zugang über die "Anpassungsleiste". Diese Anpassungsleiste ist als generisches Werkzeug gedacht, das dem Benutzer die

Anpassungen des Systems ermöglichen soll. Sie enthält Buttons, die die adaptiven und die adaptierbaren Leistungen miteinander verbinden sollen. Die Leistungen werden im folgenden kurz beschrieben.

Abbildung 6: Adaptationsleiste von FLEXCEL

Wenn ein Tip von FLEXCEL inferiert worden ist, ertönt ein akustisches Signal und der Button „Der Tip" blinkt dreimal. Nach Aktivierung des Tips „erstrahlt" um die Tip-Birne eine Korona als fortdauerndes Zeichen eines aufbereiteten Tips. Um den Tip zu lesen, muß der Benutzer diesen Button anklicken.

Die noch nicht gelesenen Tips werden gespeichert und können über den Button „Tip-Liste" jederzeit abgerufen werden. Dies ermöglicht auf Wunsch das Konzentrieren der Anpassungen für mehrere Tips in einer besonderen Anpassungsphase, ohne den aktuellen Aufgabenvollzug zu unterbrechen.

Beim Anklicken des Buttons „Einstellen" erscheint eine Liste aller adaptierbaren Funktionen. Für die ausgewählte zu adaptierende Funktionen wird die oben gezeigte Erweiterung der Dialogbox mit der Anpassungsumgebung präsentiert.

Für eine Übersicht aller definierten Anpassungen kann der Button „Übersicht" geklickt werden. Name und Inhalt der definierten persönlichen Kommandos werden angezeigt.

Der „Kritik"-Button aktiviert die Kritik-Regeln. Die Kritikkomponente ist also prinzipiell passiv ausgelegt. Eine Benutzeranfrage wird mit einer Liste von Vorschlägen zu einer effizienteren Nutzung der Adaptierungsmöglichkeiten beantwortet.

Beim Anklicken des „Tutorium"-Buttons wird ein Tutorium (mit MediaTracks™ erzeugt) aufgerufen, das den Umgang mit der FLEXCEL Adaptierungsumgebung erläutert.

Evaluation der Entwicklungen von HYPLAN und FLEXCEL

Die Tests der Entwicklungen von HYPLAN und FLEXCEL erfolgte in mehrfachen Zyklen von Design, Evaluation und Redesign. Sie haben gezeigt, daß Hilfen und Möglichkeiten zur Adaption nur unter bestimmten Bedingungen genutzt werden:

- Der Aufgabenvollzug sollte nicht durch eine Intervention des Systems in Form eines Hilfeangebots oder eines Anpassungsvorschlags unterbrochen werden. Der Benutzer muß immer selbst entscheiden können, ob jetzt gerade Hilfe oder Anpassung notwendig oder sinnvoll ist; er sollte höchstens unaufdringliche Hinweise auf Unterstützungspotentiale erhalten, die ihn aber nicht zu einer Unterbrechung seines Handlungsplanes zwingen. In einer Vorversion von FLEXCEL wurde eine vom System vorgeschlagene Anpassung durch eine Meldung im Dialogablauf präsentiert, auf die der Benutzer antworten mußte. Obwohl er die Möglichkeit hatte, den Vorschlag durch einfachen Mausklick zurückzuweisen, war diese Form der aktiven Präsentation nicht akzeptabel. Der Zwang zur bewußten Auseinandersetzung mit bestimmten Vorschlägen zu bestimmten Zeiten hat den Benutzer aus seinem Arbeitsfluß gerissen. Der in der zweiten Version von FLEXCEL gewählte Weg der nebenläufigen Anzeige von Tips über eine Kombination von akustischen und optischen Signalen hat sich als weitaus besser erwiesen. Die Hilfekomponente HYPLAN ist grundsätzlich passiv geblieben (vgl. Überlegungen zur Auslegung der Kritikkomponente weiter unten).

- Angebote zur Hilfe und Anpassung können in den seltensten Fällen punktgenau generiert werden. Nicht einmal menschliche Berater sind nach unseren empirischen Versuchen in der Lage, den Unterstützungsbedarf in Inhalt und Zeitpunkt exakt zu bestimmen, wenn sie auf Informationen beschränkt sind, die dem Rechner prinzipiell auch verfügbar sind. Die Unterstützungen sollten daher versuchen, den Bedarf des Benutzers in der Form eines Spektrums von möglichen Alternativen möglichst genau einzugrenzen, dem Benutzer aber die Möglichkeit der Detailauswahl und der weiteren Verzweigung nahebringen.
- Die Steuerungskompetenz des Benutzers sollte nicht nur hinsichtlich der Entscheidung über den Zeitpunkt und den Inhalt der Unterstützungsvorschläge - über die Möglichkeit einer bloßen Zurückweisung von Angeboten hinaus - erhalten bleiben. Der Benutzer sollte auch von sich aus Hilfen zu ihn interessierenden Themen aufrufen und Anpassungen vornehmen können, ohne auf Vorschläge des Systems warten zu müssen. Adaptive Anpassungstips lassen sich in diesem Sinne als eine Hinführung zur Adaptierung durch den Benutzer verstehen.

- Adaptionen durch den Benutzer sind grundsätzlich unterstützungsbedürftig. Zumindest am Anfang sollte das System den Benutzer dabei unterstützen,
  - das Rationale von Anpassungsmöglichkeiten zu erkennen (Gründe, Inhalt, Konsequenzen),
  - die Anpassungen praktisch auszuführen (Umgebung anbieten mit Selektions-/Definitionsmöglichkeiten etc.),
  - eine Übersicht über Anpassungen zu gewinnen und
  - Änderungen an Anpassungen vorzunehmen.

  Anpassungen sind kein einmaliger Akt, sondern werden erst nach einiger Zeit des Vertrautwerdens mit der entsprechenden Anwendung und den eigenen Aufgaben vorgenommen; sie bilden oft einen iterativen Prozeß, nehmen manchmal aber auch einen Exkurscharakter an, was durch eine Möglichkeit zur zusammenhängenden Ausführung und Kontrolle der Adaption unterstützt werden muß.
- Anlage und Benennung der Anpassungen können Gegenstand der Beratung werden. Manchmal sind Benutzer schon von sich aus in der Lage, die eigenen Maßnahmen zu kritisieren, wenn sie ihr Ergebnis im Systemzusammenhang wahrnehmen. Manchmal ist auch ein menschlicher Berater erforderlich, sowohl für die Anlage und Verwaltung von individuellen Anpassungen, erst recht für die Gestaltung von Anpassungen an kooperative Arbeitszusammenhänge. Manchmal kann auch eine Kritik auf das System verlagert werden, wie dies in der Kritikkomponente von FLEXCEL bezüglich der Nutzung der Anpassungsmöglichkeiten oder in HYPLAN in bezug auf die Systemfunktionalität geschehen ist._ Hier kommt es noch mehr als bei Anpassungsangeboten auf Zurückhaltung und angemessene Formulierungen und Präsentationen an ("konstruktive" Kritik, multimediale Vermittlung).
- Die Anpassungsergebnisse sind in die vorhandene Anwendung einzupassen und sollten einen integralen Bestandteil bilden. Die Schaffung einer separaten Menge von individuellen Befehlen in Form eines zusätzlichen Menüs (vgl. "Mod."-Menü bei MS-Word auf dem Macintosh) oder einer zusätzlichen anwendungsspezifischen Werkzeugleiste (vgl. "button bar" bei

WordPerfect für DOS-Rechner) ist nicht unbedingt der richtige Weg, da dadurch eine neue Welt neben der vertrauten entsteht und einen unnötigen Lernaufwand erfordert. Bei FLEXCEL werden die zusätzlichen benutzerspezifischen Kommandos im normalen Menü eingerückt unter der zugehörigen Funktion präsentiert, so daß die Benutzer in den Test auch ohne vorherige Erläuterung keine Schwierigkeiten hatten, sie zu finden und im Bedarfsfall zu nutzen.

- Anpassungen sollten mit verschiedenen *Aufgabenklassen* des Benutzers abgestimmt werden können. Benutzer arbeiten bei der Benutzung einer generischen Anwendung nicht unbedingt nur an einer Aufgabenklasse und sollten daher die Möglichkeit haben, sich für verschiedene Klassen spezifische Arbeitsumgebungen mit der zugrundeliegenden Anwendung zu schaffen. Eine solche Klassifizierung von Anpassungen kann auch hilfreich sein als Basis für die Gestaltung von Anwendungskonfigurationen für *Arbeitsgruppen*. Die Möglichkeit hierfür wird in dem Anpassungskonzept von FLEXCEL durch eine Konzentration der Anpassungen in einem "Profil" geboten, das der Benutzer auf einer Diskette sichern und bei Bedarf aus einer Auswahl von verfügbaren Profilen laden kann. Das jeweils aktuelle Profil wird in der Kopfzeile des Hauptmenüs angezeigt. Durch die Auslagerung des Profils auf Diskette und die Separierung von der Anwendung wird zumindest ein minimaler Datenschutz der sensiblen Benutzerdaten erreicht - die Daten stehen erst gar nicht für zentrale Auswertungen von Benutzereigenschaften zur Verfügung.

Die Arbeiten im Projekt SAGA haben gezeigt, daß der oftmals diskutierte Gegensatz von Adaptierbarkeit und automatischer Adaption durch das System irreführend ist. Beide Ansätze isoliert haben ihre Schwächen und sollten besser in Kombination realisiert werden. Ansätze hierfür wurden in den Prototypen HYPLAN und FLEXCEL entwickelt und getestet. Die Arbeiten haben außerdem gezeigt, daß eine alleinige Orientierung der Anpassung an dem einzelnen Benutzer im Sinne einer Individualisierung zu einer Isolierung führen kann. Statt dessen sollten Anpassungen in und für Gruppen möglich sein und kooperatives Arbeiten durch Austauschbarkeit und Verwaltung von gruppen- und personspezifischen Anpassungskonfigurationen (Profilen) unterstützen. Dann und nur dann können sie in Organisationen einen Beitrag zur Bewältigung steigender Systemkomplexität leisten.

Refernzen:

Ackermann, David (1987):
Handlungsspielraum, Mentale Repräsentation und Handlungsregulation am Beispiel der Mensch-Computer-Interaktion; Untersuchung zum Prinzip der differentiellen und dynamischen Arbeitsgestaltung (sensu Ulich). Zürich: ADAG Administration & Druck AG. Dissertation.

Eason, K. D. (1982):
The Process of Introducing Information Technology. Behaviour and Information Technology 1 (1982), 2, 197-213.

Edmonds, Ernest A. (1981):
Adaptive Man-Computer Interfaces. In: M.C. Coombs/J.L. Alty (Eds.) (1981): Computing Skills and the User Interface. London: Academic Press, pp. 389-426.

Gilb, Tom (1987):
Evolutionäres Entwickeln. Computer Magazin Heft 1-2.

Grunst, Gernoth/Reinhard Oppermann/Christoph Thomas (1991):
Intelligente Benutzerschnittstellen. Kontext-sensitive Hilfen und Adaptivität. In: R. Katzsch (Ed.). Benutzerschnittstelle. HMD 160, 28 (1991), 3, 35-47. Forkel-Verlag, Wiesbaden 1991.

Karger, Cornelia/Reinhard Oppermann (1991):
Empirische Nutzungsuntersuchung adaptierbarer Schnittstelleneigenschaften. In: David Ackermann/Eberhard Ulich (Hrsg.) (1991): Software-Ergonomie 91. Benutzerorientierte Software-Entwicklung. Stuttgart: Teubner, S. 272-280. ISBN 3-519-02674-0.

Oppermann, Reinhard (1991): Ansätze zur individualisierten Systemnutzung durch manuell und automatisch anpaßbare Software. In: M. Frese et al. (Hrsg.) (1991): Software für die Arbeit von morgen. Berlin, Heidelberg, New York: Springer-Verlag, S. 81 - 92.

Oppermann, Reinhard (1992):
Adaptively supported Adaptability. Proceedings ECCE-6. 6th European Conference on Cognitive Ergonomics. Human-Computer Interaction: Tasks and Organization. Sept. 6 - 11, 1992, Hungary.

Paetau, Michael (1991):
Zur Relevanz individualisierbarer Software in neueren Gestaltungskonzeptionen der Büroarbeit. In: Michael Frese/Christoph Kasten/Constantin Skarpelis/Birgit Zang-Scheucher (Hrsg.) (1991): Software für die Arbeit von morgen. Berlin, Heidelberg, New York: Springer-Verlag, S. 253 - 264. ISBN 3-540-53559-4.

Paetau, Michael (1991):
Systemanpassung als Kooperationsproblem. In: David Ackermann/Eberhard Ulich (Hrsg.) (1991): Software-Ergonomie 91. Benutzerorientierte Software-Entwicklung. Stuttgart: Teubner, S. 281 - 290. ISBN 3-519-02674-0.

Quast, Klaus-Jürgen (1991):
Plan Recognition for Context Sensitive Help. In W.D. Graye, W.E. Hefley, and D. Murray (Eds.), Proceedings of the 1993 International Workshop on Intelligent User Interfaces. Orlando, Florida. New York: ACM Press, pp. 89 - 96.

Reisin, Michaela/G. Schmidt (1988):
Evolutionär und Partizipativ. Computer Magazin, Heft 7 - 8.

Simm, Helmut (1991):
Adaptierbarkeit in marktgängigen Systemen. Sankt Augustin: Arbeitspapiere der GMD 504.

Thomas, Christoph G./Mette Krogsæter (1993):
An Adaptive Environment for the User Interface of Excel. In W.D. Graye, W.E. Hefley, and D. Murray (Eds.), Proceedings of the 1993 International Workshop on Intelligent User Interfaces. Orlando, Florida. New York: ACM Press, pp. 123 - 130.

Ulich, Eberhard (1978):
Über das Prinzip der differentiellen Arbeitsgestaltung. Industrielle Organisation 47 (1978), 566-568.

Unterstützung des Software-Design-Prozesses durch EXPOSE

Peter Forbrig, Universität Rostock

Peter Gorny, Axel Viereck, Universität Oldenburg

Zusammenfassung

Durch den Design-Prozeß der Benutzungsoberfläche von Software wird festgelegt, wie der Benutzer das System für seine Zwecke einsetzen kann und handhaben muß. In der Software-Ergonomie sind unter dem Stichwort Benutzerfreundlichkeit eine Fülle von Kriterien und Regeln für eine human-orientierte Systemgestaltung aufgestellt worden. Dieses in der Praxis schwer handhabbare software-ergonomische Wissen stellt das System EXPOSE (Expertensystem zur phasenorientierten Software-Ergonomie-Beratung bei der Benutzerschnittstellen-Entwicklung) dem Entwickler während des Design-Prozesses beratend und kontextbezogen zur Verfügung, damit Gestaltungsentscheidungen begründet getroffen und vollzogene Entscheidungen prozeßbegleitend überprüft werden können.

Abstract

The paper describes a knowledge-based design support and tutoring system for user interface development: EXPOSE (Expert system for phase-oriented software-ergonomic engineering). EXPOSE supports the software developer during the design of a user interface for a specific application program by advising him with respect to software-ergonomic rules and guidelines and by presenting examples of good practice in order to enhance the usability and appropriateness of the application software.

Résumé

Cet article présente le système experts EXPOSE (Expert system for phase-oriented software-ergonomic engineering), qui soutient le développement de l'interface du logiciel. Le système EXPOSE donne des indications, des examples et des règles pour l'ergonomie de l'élaboration et conception de la communication homme-machine pour le développement des systèmes d'application.

1 Ausgangslage für das Projekt EXPOSE

Die Software-Ergonomie als interdisziplinäre Wissenschaft lebt aus vielen Einflüssen verschiedener Wissenschaftsdisziplinen, deren Anforderungen sich in einer Vielzahl von software-ergonomischen Richtliniensammlungen,

Standards, Normen usw. niederschlägt. Diese Anforderungen sind für den Software-Entwickler bei der Software-Entwicklung schwer "handhabbar". Wir unterstellen, daß der gesunde Menschenverstand und das Engineering- und Werkzeugwissen des durchschnittlichen Entwicklers *nicht* ausreichend sind für eine software-ergonomisch begründete Arbeitsmittel-Gestaltung. Eine entsprechende Aus- oder Weiterbildung hat er im allgemeinen nicht erhalten. Es bleibt also seiner Erfahrung und Intuition überlassen, wie er aus einem Ist-Zustand zu einem Konzept für seine Anforderungsdefinition kommt.

Hier setzt das Projekt EXPOSE an: Das fehlende software-ergonomische Wissen soll dem Software-Entwickler durch ein wissensbasiertes System beratend zur Verfügung gestellt werden.

EXPOSE wird seit Mitte 1991 in einem BMFT-geförderten Verbundprojekt an den Universitäten Oldenburg und Rostock entwickelt. Zuerst werden dazu die theoretischen Ansätze aus arbeitswissenschaftlicher, informatischer und psychologischer Sicht zusammengetragen, um das projektierte Beratungssystem in den Arbeitsablauf eines Software-Entwicklers optimal integrieren zu können. Anschließend wird für das System die notwendige Wissensbasis in ihrer Struktur festgelegt und mit Wissen über software-ergonomische Gestaltungsregeln einerseits und mit Wissen zu den Darstellungsmöglichkeiten, Dialogformen und -techniken für Benutzungsschnittstellen andererseits gefüllt. Das zu entwickelnde Software-System EXPOSE gibt zum einen dem Software-Entwickler - im Sinne eines Auskunftssystems - auf Anfrage situationsbezogene Ratschläge. Zum anderen ist es - im Sinne eines Evaluationssystems - für die Überprüfung von bereits vollzogenen Entscheidungen konzipiert. Der Entwickler erhält so durch EXPOSE Anstöße zum Erwerb des Software-Ergonomie-Wissens und zum methodischen Vorgehen beim Entwurf von Benutzungsoberflächen.

2 MUSE: Eine Methode für das Design von Benutzungsoberflächen

Der Designprozeß für die Software-Entwicklung verlangt software-ergonomische Entscheidungen für die Organisations-, die Werkzeug-, die Dialog- und die Ein-/Ausgabeschnittstelle der Benutzungsoberfläche. Dem unterschiedlichen Niveau dieser Betrachtungsebenen entsprechend liegt es nahe, den Designprozeß methodisch so zu gliedern, daß Designentscheidungen zu globalen und abstrakten Gesichtspunkten der Organisations- und Werkzeugschnittstelle von solchen zu konkreten Details der Dialog- und Ein-/Ausgabeschnittstelle konsequent getrennt werden. Dies hat den Vorteil, daß das jeweils zu berücksichtigende Problemfeld überschaubarer wird, daß der Umfang der zu beachtenden software-ergonomischen Kriterien schrumpft und daß Entscheidungen inhaltlich aufeinander aufbauend gefällt werden können.

Zur Unterstützung des Designprozesses wird deswegen eine Methode (MUSE: Method for Usage Surface Engineering) vorgeschlagen, die das Vorgehen des Entwicklers in vier iterativ zu durchlaufenden Phasen aufteilt (Gorny, 1987; Viereck, 1991). Die einzelnen Phasen sind die Konzeptphase mit der Erarbeitung von Lösungen zu Aspekten der Organisations- und Werkzeugschnittstelle, die Strukturierungsphase auf der Grundlage der Werkzeug- und der Dialogschnittstelle, die Konkretisierungsphase für Festlegungen zur Dialogschnittstelle und die Realisierungsphase zur Lösungsfindung für Probleme der Ein-/Ausgabeschnittstelle.

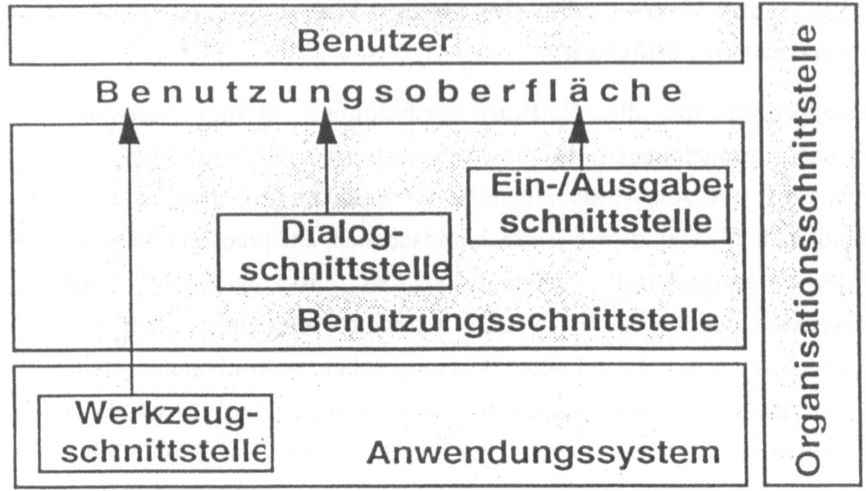

Abb. 1: Wirkungen an der Benutzungsoberfläche

Festlegen des Konzept-Design in der Konzeptphase

Ausgangspunkt für das software-ergonomische Design der Benutzungsoberfläche von Computersystemen ist die Betrachtung des organisatorischen Umfeldes (d.h. der Organisationsschnittstelle). Hierzu gehört zu allererst die Arbeitsaufgabe an einem Arbeitsplatz, die bestimmt wird vom organisatorischen Ablauf der Arbeit einer Organisation mit der damit verbundenen Mensch-Mensch- und Mensch-Rechner-Funktionsteilung. In der Konzeptphase gilt es zunächst - unter software-ergonomischen Gesichtspunkten - den Ist-Zustand des organisatorischen Umfeldes zu erfassen, zu beschreiben und zu analysieren. Dazu werden auf der Grundlage von Unterlagenstudien, Fragebögen, Interviews und Beobachtungen am Arbeitsplatz Erkenntnisse zur organisatorischen Einheit, zum Arbeitsplatz und zur Arbeitsaufgabe gewonnen.

Auf der Grundlage der Analyse des Ist-Zustandes wird in der Konzeptphase dann das Konzept-Design erstellt. Dieses umfaßt Festlegungen zu den Arbeitsabläufen und Kommunikationsstrukturen von Organisationseinheiten, zu den Arbeitsinhalten und -objekten an Arbeitsplätzen, zum Leistungs- und Funktionsumfang des Computersystems und zu den Qualifizierungs- und Schulungsmaßnahmen im Rahmen des Einführungsprozesses der Technik.

In Bezug auf die Funktionalität des zu gestaltenden Systems können nach pragmatischen Gesichtspunkten *Anwendungsfunktionen* (die Essenz), *Steuerfunktionen* zur Handhabung des Werkzeugs, *Adaptierfunktionen* zur Regelung des Dialogverhaltens und *Metafunktionen* zur Unterstützung des Benutzers bei der Anwendung des Systems unterschieden werden (Gorny, 1987; Viereck, 1991). Die einzelnen Funktionen beschreiben Operationsmöglichkeiten auf Objekten, die am Arbeitsplatz zur Aufgabenerledigung bearbeitet werden müssen.

Festlegen des Struktur-Design in der Strukturierungsphase

Solche Objekte können z.B. Rechnungen, Verträge, Bauteil-Kataloge oder Archive eines Anwendungsfeldes sein, ebenso können aber auch allgemein verfügbare Systemeinrichtungen als spezielle Objekte beschrieben werden: Drucker, Telefon, Telefax usw. Objekte besitzen Eigenschaften wie Zustände, Inhalte und Relationen zu ihrer Manipulation. Alle diese Eigenschaften werden durch Repräsentationen dargeboten. In der Strukturierungsphase wird der Manipulations-Aspekt aufgegriffen.

Ausgehend von den in der Konzeptphase begründeten Objekten, Objekt-Hierarchien und Operationen auf Objekten zur Bewältigung von Arbeitsaufgaben wird in der Strukturierungsphase festgelegt, welche Operationen durch welche Dialogformen und in welcher Abfolge auf der Benutzungsoberfläche zur Verfügung gestellt werden. Dadurch werden alle Möglichkeiten, die ein Benutzers bei der Abfolge der Aufgabenbearbeitung hat im Detail ausgearbeitet.

Die Beschränkung auf diese Aspekte vereinfacht die Interpretation von allgemeinen software-ergonomischen Regeln. Durch Möglichkeiten für Generalisierungen aus Objektklassen, Aufzeigen von Gemeinsamkeiten zwischen Objekten und deren Operationen, Herausarbeiten von typischen und alternativen Arbeitsabfolgen bei der Aufgabenbearbeitung lassen sich Kriterien wie Aufgabenangemessenheit, Selbstbeschreibungsfähigkeit, Steuerbarkeit und Erwartungskonformität direkt auf die Dialogformen anwenden und in Beziehung zu den betroffenen Benutzern und den Arbeitsplätzen setzen (DIN, 1987).

Festlegen des Konkret-Design in der Konkretisierungsphase

Die Darstellungsmöglichkeiten für Objekte und Operatoren auf der Benutzungsoberfläche von Computer-Systemen prägen das mentale Modell des Benutzers vom Dialoginhalt. In der Konkretisierungsphase wird für die innerhalb des Struktur-Design auftretenden Operationsfolgen und die dadurch in unterschiedlichen Zuständen auftretenden Objekte festgelegt, in welcher Art Information im Dialog repräsentiert wird. Als Grundformen zur Informationsdarstellung für die Benutzungsoberfläche lassen sich dem Stand der Technik entsprechend visuell-bildhafte Darstellungen - hier sieht oder erzeugt der Benutzer Bilder, Figuren, schematische Zeichnungen oder Piktogramme -, visuell-textuelle Darstellungen - hier liest oder schreibt der Benutzer Text -, audio-schematische Darstellungen - hier werden Töne zum Informationsaustausch generiert - und audio-textuelle Darstellungen - hier werden Sprachein- und Sprachausgabe für den Informationsaustausch verwendet - unterscheiden.

Die Zuordnung von Darstellungsarten erfolgt in Relation zu den Prinzipien, Kriterien und Richtlinien der software-ergonomischen Systemgestaltung. Wieder wird durch die Beschränkung auf diese abgegrenzte Abstraktionsebene der Benutzungsoberfläche die Interpretation von Kriterien vereinfacht. Auf dem Niveau der Konkretisierungsphase sind dabei vor allem psychologische Erkenntnisse zur Informationsaufnahme und zur Gedächtnisorganisation bei Menschen anzuwenden. Als Stichwörter hierzu sei das Verwenden von Metaphern und der Aufbau von geeigneten mentalen Modellen genannt.

Festlegen des Real-Design in der Realisierungsphase

Mit den Arbeiten in der Konkretisierungsphase ist die Dialogschnittstelle für die Benutzungsoberfläche abgeschlossen: Form und Inhalt von Dialogen ist exakt beschrieben. Es fehlen jetzt noch die Festlegungen für die E/A-Schnittstelle. In der Realisierungsphase von MUSE erfolgt deshalb die Zuordnung von Ein- und Ausgabegeräten der Benutzungsoberfläche zu den beschriebenen konkreten Strukturen und - darauf aufbauend - folgen die Layoutfestlegungen für Ein- und Ausgaben.

Während die bisherigen Designentscheidungen losgelöst von der Hardware und von speziellen Software-Techniken getroffen wurden - auch wenn natürlich von Anfang an eine grobe Vorstellung über die einzusetzenden Geräte und Techniken in den Prozeß eingeht -, formen die Festlegungen dieser Phase ein reales Modell der zu gestaltenden Benutzungsoberfläche.

Die Entscheidungen werden auf der Grundlage der software-ergonomischen Kriterien in Abhängigkeit der Eigenschaften der einzusetzenden E/A-Geräte und in Abhängigkeit der für das Computersystem durch Werkzeuge zur Verfügung stehenden Interaktionsobjekte getroffen. Die Ermittlung von relevanten Kriterien und ihre situative Interpretation ist durch die Beschränkung auf diese eine Gestaltungsebene vereinfacht.

Als Quelle für diese Ebene betreffende Kriterien seien Smith und Mosier (Smith, 1986) angeführt, die zahlreiche Regeln für ein software-ergonomisches Layout von Texten, Tabellen und Grafiken in Ein- und Ausgaben auflisten. Daneben sind allgemeine wahrnehmungspsychologische Belange beispielsweise zur Form- und Farb-Wahrnehmung heranzuziehen.

Zur Beschreibung können die Designentscheidungen im Sinne des Prototyping direkt unter Verwendung entsprechender Werkzeuge mit Interaktionsobjekten auf E/A-Geräten ausgedrückt werden. Als Ergebnis der Realisierungsphase erhält man das reale Modell der Benutzungsoberfläche also in Form eines Prototypen als - ohne Anwendungsfunktionalität - funktionstüchtiges Programm. Dieser Prototyp dient dann als Grundlage für die Entwicklung der Benutzungsschnittstelle in Verbindung mit dem Anwendungsprogramm.

3 Funktionskomplexe von EXPOSE

Innerhalb des Designprozesses nach MUSE dient EXPOSE dem Entwickler als ein neues Wissensmedium und vermittelt in einer beratenden, kritisierenden und vorschlagenden Rolle problembezogenes Wissen. Der Entwickler erhält Anstöße zum Erwerb des Software-Ergonomie-Wissens und zum methodischen Vorgehen bei der Gestaltung von Benutzungsoberflächen. EXPOSE ist in dem Sinn also kein problemlösendes System, sondern unterstützt den problemlösenden Entwickler bei seinen Designentscheidungen. Es gehört zur Klasse der knowledge-based design support and tutoring systems.

Zur Umsetzung dieses Ansatzes werden für EXPOSE unterschiedliche Funktionskomplexe vorgesehen. Der *wissensbasierte Beratungskomplex* bildet den Kern des Systems. Er stellt aufgrund von Anfragen benötigtes software-ergonomisches Wissen, Expertenvorschläge oder Beispiele für Designmöglichkeiten situationsbezogen zur Verfügung. Dazu ist in der Wissensbasis das software-ergonomische Wissen entsprechend der Methode MUSE strukturiert. Der Designer greift die Vorschläge auf, entwickelt seine Ideen aufgrund der Hinweise und führt das Design selbst durch.

Hinsichtlich des methodischen Vorgehens erhält der Entwickler Erläuterungen und Erklärungen durch einen *Meta-Unterstützungskomplex*. Dieser Komplex leitet den Entwickler an, nach der Methode MUSE vorzugehen, gibt dem momentanen Arbeitsstand entsprechende Hinweise zu weiteren Arbeitsschritten oder allgemeine software-ergonomische Hilfen. Er führt so in das dem Designprozeß zugrundeliegende Problemfeld ein und hilft dem Entwickler auf tutorielle Weise, sich in dem Feld zurechtzufinden.

Ob der Designer infolge der Beratung software-ergonomisch "gute" Festlegungen getroffen hat, wird durch den *wissensbasierten*

Evaluationskomplex ermittelt. Dieser Systemkomplex überprüft einen Entwurf anhand der durch Regeln formalisierten software-ergonomischen Kriterien und gibt die nicht ausreichend erfüllten Regeln in Form einer Liste bekannt. Darauf aufbauend kann dann der Entwickler eine Korrektur bzw. Revidierung von bemängelten Entscheidungen vornehmen.

Damit eine solche Evaluation möglich wird, müssen die Designentscheidungen für EXPOSE geeignet beschrieben werden. Für eine solche interne Notation von Design(zwischen)ergebnissen wird ein *Beschreibungskomplex* vorgesehen. Dieser stellt Mittel und Techniken zur Verfügung, die es einerseits erlauben, entsprechend dem MUSE-Vorgehen die unterschiedlichen Zustände der in der Entwicklung befindlichen Benutzungsoberfläche zu veranschaulichen und andererseits als formales Modell einen Zustand bewertbar machen. Letztendlich dient diese Beschreibung dann als Prototyp der entworfenen Benutzungsoberfläche und ist Ausgangspunkt für ihre Realisierung.

Wegen der Niveauunterschiede in den einzelnen Phasen von MUSE und der sich daraus ergebenden unterschiedlichen Anforderungen an die skizzierten Komplexe werden für die Realisierung von EXPOSE den Phasen aus MUSE entsprechende Sub-Systeme der Komplexe betrachtet. Im Folgenden sollen am Beispiel der Konzeptphase die Funktionsweisen des Beratungskomplexes und des Beschreibungskomplexes erläutert werden.

4 Beratung durch EXPOSE in der Konzeptphase

Ausgehend von der konkreten Arbeitssituation werden in den frühen Phasen des Software-Engineering-Prozeß in einer Kooperation zwischen Anwender und Entwickler die einzelnen Arbeitsaufgaben, die zu bearbeitenden Objekte und die dazugehörigen Arbeitsschritte analysiert, um mit dem Verständnis vom Gesamtprofil der zugrundeliegenden Tätigkeiten das zukünftige Software-Produkt in Form eines Soll-Konzeptes zu modellieren. Hierdurch werden Fragen der Verteilung und Gestaltung der Arbeitsaufgabe zwischen

Mensch und Rechner und zwischen den in der Organisation tätigen Menschen geklärt.

In der Terminologie von MUSE betreffen die Festlegungen des Soll-Konzeptes zum einen die Organisationsschnittstelle und legen weiter für die Werkzeugschnittstelle die Anwendungsfunktionen des geplanten Software-Produkts sowie die durch sie zu bearbeitenden Objekte fest. Um die Werkzeugschnittstelle mit ihren Wirkungen an der Benutzungsoberfläche zu vervollständigen, gestaltet der Entwickler in der Konzeptphase die Art und Weise, wie die Bearbeitung der Objekte durch die Anwendungsfunktionen erfolgen soll. Dazu legt er auf der Grundlage der zur Manipulation der Objekte vorgesehenen Anwendungsfunktionen die einzelnen Situationen zur Aufgabenbearbeitung im Detail fest, indem er die aus ergonomischen Gründen in einer Situation notwendigen Steuer-, Adaptier- und Metafunktionen definiert. Aus arbeitswissenschaftlicher Sicht steht dabei die zu unterstützende Aufgabenbearbeitung im Vordergrund. Aus interaktionstechnischer Sicht muß der zukünftige Benutzer des Systems und die Art und Weise seiner Benutzung berücksichtigt werden.

An dieser Stelle setzt der Beratungskomplex von EXPOSE ein. Der Entwickler beschreibt - zur Auswertung durch EXPOSE - die Objekte mit den dazugehörigen Anwendungsfunktionen aus dem Soll-Konzept und gibt die aus der vorangegangenen Analyse erhaltenen arbeitswissenschaftlichen und interaktionstechnischen Sachverhalte an. Durch Anwendung des in der Wissensbasis formalisierten software-ergonomischen Wissens auf diese Angaben erhält der Entwickler durch den Beratungskomplex Hinweise für ein software-ergonomisches Design der Aufgabenbearbeitung mit der Werkzeugschnittstelle der Benutzungsoberfläche. Die Arbeit mit EXPOSE wird dabei in der Regel so verlaufen, daß der Entwickler zunächst nur das Soll-Konzept (SK) mit wenigen arbeitswissenschaftlichen und interaktionstechnischen Angaben beschreibt und durch Interaktionen zwischen dem Entwickler und EXPOSE das Modell nach und nach vervollständigt wird (graduell), bevor Hinweise ausgegeben werden können (vgl. Abb. 2). Diese Vervollständigung erfolgt durch Eingabe der Ausprägungen von software-ergonomischen Merkmalen.

Durch dieses Vorgehen wird der Entwickler software-ergonomisch geschult. Da EXPOSE ihm detaillierte Angaben zu diversen arbeitswissenschaftlichen und interaktionstechnischen Gesichtspunkten in Zusammenhang mit dem Soll-Konzept abverlangt (und dies bei Bedarf durch den Meta-Unterstützungskomplex auch begründet), erkennt der Entwickler die Bedeutung dieser Aspekte für das Design der Benutzungsoberfläche. Im Bedarfsfall hält er zur Klärung einzelner Fragen Rücksprache mit den Benutzern und/oder dem Anwender und wird bei zukünftigen Entwicklungen schon früher Augenmerk auf diese Aspekte legen.

Die Güte von Hinweisen des Beratungskomplexes für die Konzeptphase hängt davon ab, wie weit es gelingt, für die Objekte mit ihren Anwendungsfunktionen aus dem Soll-Konzept durch arbeitswissenschaftliche und interaktionstechnische Merkmale eine aussagekräftige Darstellung des zugrundeliegenden Gesamtkontextes zu geben. Für EXPOSE wurde dazu eine Menge von Merkmalen definiert, durch die für die Ableitung von Hinweisen ein Aufgabenmodell, eine Benutzercharakteristik und ein Benutzungsmodell gebildet werden.

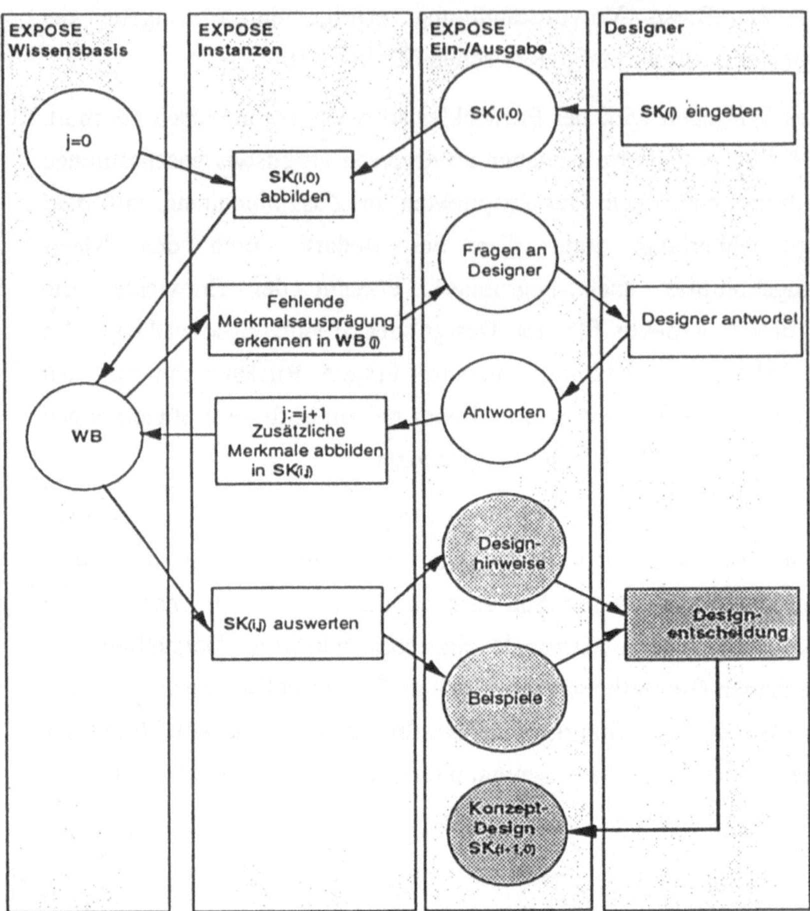

Abb. 2: Beratung durch EXPOSE

Aufgabenmodell

Für den Kontext einer Aufgabe ist zu klären, was mit welchen Objekten wann, wozu und unter Einbeziehung welcher Mittel zum Erreichen was für eines Ergebnisses zu tun ist. Zum Teil ist diese Information durch die Anwendungsfunktionen und Objekte aus dem Soll-Konzept dann verfügbar, wenn sie einer Aufgabe zugeordnet sind. Die fehlende Information wird vom

Entwickler durch Angabe der Ausprägungen von Aufgabenmerkmalen, wie z.B. "Grad der qualitativen und quantitativen Festlegung von Arbeitsergebnissen", "Grad der Strukturiertheit von Arbeitsschritten und Arbeitsabläufen des Arbeitsauftrages", "Ermessensspielraum", "Verfügbarkeit, Aktualität, Parallelität, Fluß und Medium von zur Erledigung der Aufgabe benötigter Information" zusätzlich eingegeben. Die Gesamtheit von Merkmalsausprägungen, Anwendungsfunktionen und manipulierten Objekten zu einer Aufgabe formen das Aufgabenmodell zur Ableitung von Hinweisen durch EXPOSE

Benutzercharakteristik

Anforderungen für die Werkzeugschnittstelle an der Benutzungsoberfläche des geplanten Systems ergeben sich weiter durch die Fähigkeiten und Fertigkeiten der zukünftigen Benutzer. Um diese Aspekte bei den Hinweisen berücksichtigen zu können sind Ausprägungen für z.B. die Merkmale "Fachkenntnisse", "Dialogerfahrung" und "System-Kenntnisse" in EXPOSE einzugeben.

Benutzungsmodell

Software-ergonomische Bedeutung für die Gestaltung von Benutzungsoberflächen haben neben Eigenschaften, die in der Aufgabe und im Benutzer liegen auch Aspekte, die sich auf die Benutzung des Werkzeugs bei der Aufgabenbearbeitung beziehen. So können Vorgehensweisen für täglich benutzte Programme anders gewählt werden als für Programm, die nur selten benötigt werden. Für EXPOSE formen dementsprechend Merkmale, wie z.B. "Benutzungshäufigkeit", "Intensität der Benutzung" und "Regelmäßigkeit der Benutzung" oder "Unterbrechungen bei der Benutzung" ein Benutzungsmodell, das den Hinweisen des Beratungskomplex zugrundegelegt wird.

Insgesamt entsteht durch die Angaben zu den beschriebenen Modellen ein Rahmen, der es erlaubt, Aussagen zu humanorientierten, interaktionsinhaltlichen und interaktionstechnischen Kriterien für die zugrundeliegende Problemstellung abzuleiten und Design-Hinweise auszugeben. Die beurteilten und den Hinweisen zugrundeliegenden humanorientierten Kriterien sind: Entscheidungsspielraum, Kommunikationserfordernis und Regulationshindernis. Die interaktionsinhaltlichen Kriterien sind: Erforderlicher Grad an Transparenz, Konsistenz, Flexibilität, Selbstbeschreibungsfähigkeit und Kompatibilität sowie der Grad der Unterstützung von Erlernbarkeit und Fehlermanagement. Die interaktionstechnischen Kriterien Verantwortung und Initiative kennzeichnen schließlich das Rollenverständnis des Benutzers bei seiner Arbeit mit dem System.

Beispiel: WENN das Arbeitsergebnis qualitativ teilweise festgelegt ist
und der Arbeitsauftrag vorgegebene Arbeitsschritte erfordert
und die Arbeitsaufgabe geringen Ermessensspielraum hat
und der Benutzer nur geringe Dialogerfahrung hat
und die Benutzungshäufigkeit gering ist,
DANN gelten die Hypothesen:
1. der Benutzer hat einen geringen Entscheidungsspielraum,
2. der Benutzer hat geringes Kommunikationserfordernis,
3. eine hohe Selbstbeschreibungsfähigkeit ist erforderlich
UND es wird der Design-Hinweis ausgegeben:
"Auskunft oder Beratung ist als Metafunktion vorzusehen"

Die Hinweise geben dabei eine direkte Unterstützung für das Design einer spezifischen Situation für die Werkzeugschnittstelle. Durch die zusätzliche Ausgabe humanorientierter, interaktionsinhaltlicher und interaktionstechnischer Eigenschaften für die Situation werden einerseits

Begründungen für die Hinweise gegeben, andererseits kann der Entwickler die Bedeutung eines Kriteriums für die Situation einschätzen und auf den an der Benutzungsoberfläche nötigen Aufwand zu seiner adäquaten Berücksichtigung schließen.

5 Beschreibung der Information zur Konzeptphase

Die zur Beratung erforderlichen Informationen müssen in EXPOSE eingegeben und in einer die formale Wissensverarbeitung unterstützenden Form dargestellt werden. Diese Aufgabe erfüllt in EXPOSE der Beschreibungskomplex, der sämtliche Eingaben des Entwicklers für die zu gestaltende Benutzungsoberfläche in eine interne Darstellung zur Weiterverarbeitung durch andere Komplexe überführt. In den Bearbeitungszuständen nach MUSE entsteht so eine graduelle und partielle Beschreibung der zu entwickelnden Benutzungsoberfläche, die zum Abschluß der Realisierungsphase als Prototyp die weiteren Arbeiten zur Anforderungsdefinition und letztlich zur Implementierung unterstützt.

In der Konzeptphase beinhaltet die graduelle und partielle Beschreibung der zu gestaltenden Benutzungsoberfläche zunächst das Soll-Konzept, bestehend aus Anwendungsfunktionen und den durch sie zu manipulierenden Objekten sowie ihr statischer und dynamischer Bezug zu Arbeitsaufgaben. Hinzu kommt der aus dem Aufgaben-, dem Benutzungsmodell und der Benutzercharakteristik sich ergebende Designkontext. Während der Arbeit mit EXPOSE wird die Beschreibung durch die Design-Entscheidungen des Entwicklers um Steuer-, Adaptier- und Metafunktionen ergänzt.

Des weiteren ist der Ablauf des Designprozesses durch den Beschreibungskomplex zu dokumentieren, um die Herleitung von Design-Hinweisen des Beratungskomplexes oder Erklärungen durch den Meta-Unterstützungskomplex prozeßorientiert durchführen zu können.

Im Rahmen des Software-Engineering, des Requirements Engineering und der Software-Ergonomie gibt es eine Reihe von Methoden und Verfahren zur

Darstellung von Soll-Konzepten, Anforderungsdefinitionen oder Dialogabläufen. Die Verfahren unterscheiden sich in ihrem grundätzlichen Ansatzpunkt (objektorientiert, funktionsorientiert, datenflußorientiert), in ihrer Eignung zur Darstellung dynamischer Aspekte, in ihrer formalen Fundierung, in ihrer Anschaulichkeit und in ihrer Verbreit ung.

Keine der verfügbaren Methoden eignet sich direkt zur Darstellung der aufgeführten Gesichtspunkte von Design(zwischen)ergebnissen der Benutzungsoberfläche durch den Beschreibungskomplex. Derzeit wird deswegen im Rahmen des Forschungsprojektes EXPOSE am Aufbau geeigneter Methoden gearbeitet. Ausgehend von der objektorientierten Sichtweise, die wegen ihres "Werkzeug-Material-Leitbildes" für die Beschreibung der skizzierten Problembereiche besonders geeignet erscheint, folgen die Arbeiten dem Ansatz, auf dieser Sichtweise basierende Methoden um dynamische und datenfluß-orientierte Aspekte einerseits und benutzer- und aufgabenbezogene Merkmale andererseits zu ergänzen.

6 Schlußbemerkungen

Neben den Arbeiten zum Beschreibungskomplex werden zur Zeit schwerpunktmäßig Arbeiten zum Aufbau der Wissensbasis von EXPOSE durchgeführt. Hier werden die software-ergonomischen Kriterien aus der Literatur gesammelt, entsprechend der MUSE-Phasen klassifiziert und mit dem oben beschriebenen Beratungsmodell in Einklang gebracht und für die Verarbeitung durch eine Inferenzmaschine formalisiert.

Eine erste Präsentation der Ergebnisse des Projektes findet im Frühjahr 1993 statt: In Form eines Workshops werden die Arbeiten zur Diskussion gestellt und Expertenmeinungen eingeholt. Die Fertigstellung eines ersten Prototypen von EXPOSE auf der Grundlage des Beratungs- und Beschreibungsmodells ist für Mitte 1993 vorgesehen.

Literatur

DIN, 1987 — DIN 66234, Teil 8: Bildschirmarbeitsplätze, Grundsätze der Dialoggestaltung. Beuth, Berlin, 1987

Gorny, 1987 — Gorny, P. und Viereck, A.: Eine Vorgehensweise zur Entwicklung interaktiver Prgramme. In: Fähnrich (Hrsg): State of the Art 5, Software Ergonomie. München: Oldenbourg, 1987

Smith, 1986 — Smith, S., Mosier, J.: Guidelines for designing user interface software. Bedford, Mass: The Mitre Corporation, 1986

Viereck, 1991 — Viereck, Axel: Ein Phasenmodell zur Gestaltung von Benutzungsoberflächen. Oldenburg: Projekt EXPOSE, interner Bericht Expose.UO.9101, 1991

Workshop 5

Prozeßgestaltung der Softwareentwicklung

Methoden- und Werkzeugunterstützung von Software-Entwicklern - Ergebnisse einer Praxis-Untersuchung

U.Bittner, W.Hesse
Fachbereich Mathematik, Fachgebiet Informatik
Universität Marburg

Zusammenfassung
Im Rahmen des Projekts IPAS* wurden Software-Entwickler, Projektleiter und Benutzervertreter über die Arbeitssituation in der Software-Entwicklung befragt. Einer der Schwerpunkte der Untersuchungen bezog sich auf die Einführung und den Einsatz von Methoden und Werkzeugen für die Software-Entwicklung sowie auf die Wünsche von Entwicklern an ihre künftige Arbeitsgestaltung und -unterstützung. Die Ergebnisse zeigen, daß sich die Software-Entwickler in der Regel mit der ihnen gebotenen Arbeitsumgebung eingerichtet haben und daß ihre Wünsche weitgehend von den gegebenen Vergleichsmöglichkeiten bestimmt sind. Während für etablierte Bereiche wie etwa den der Programmiersprachen die Werkzeugunterstützung kaum zu wünschen übrig läßt, ist das für neuere Sektoren wie z.B. für die CASE-Tools noch keineswegs der Fall.

Abstract
The project IPAS aimed at investigating how software developers, project managers and user representatives assess their present and future work situation. One focus of the investigation regarded the introduction and the use of methods and tools and included questions about the wishes of software developers for their future work design and support. As the results show, the majority of software developers have come to live with the work environment being offered. Their wishes depend largely on the given facilities for comparison with other work places. Whereas well-established techniques such as programming languages are best supported by tools, there is still a considerable demand for tool support in newer areas like the CASE sector.

1 Einleitung

Das Projekt IPAS hatte das Ziel, durch einen interdisziplinären Ansatz von Informatikern, Arbeitspsychologen und Soziologen ein umfassendes Bild von der

---

* Das Projekt IPAS (Interdisziplinäres Projekt zur Arbeitssituation in der Software-Entwicklung) besteht aus den drei Bereichen Informatik (W. Hesse, U. Bittner, J. Schnath), Arbeitspsychologie (M. Frese, F. Brodbeck, T. Heinbokel, S. Sonnentag, W. Stolte) und Soziologie (F. Weltz, R. Ortmann). Es wird vom Bundesministerium für Forschung und Technologie (Projektträger Arbeit und Technik) unterstützt (01 HK 319). Die Verantwortung liegt bei den Autoren. Besonderer Dank gilt den beteiligten Unternehmen.

gegenwärtigen Arbeitssituation in der Software-Entwicklung zu gewinnen und daraus Gestaltungshinweise für die künftige Arbeit von Software-Entwicklern abzuleiten. Dazu wurden in einer breit angelegten Untersuchung Software-Entwickler, Projektleiter und Benutzervertreter über ihre Tätigkeiten, ihre Arbeitssituation und -unterstützung befragt. Einer der Schwerpunkte der Untersuchungen bezog sich auf die Einführung und den Einsatz von Methoden und Werkzeugen für die Software-Entwicklung sowie auf die Wünsche von Entwicklern an ihre künftige Arbeitsgestaltung und -unterstützung.

Den in den folgenden Abschnitten dargestellten Ergebnissen liegt die Untersuchung von 29 Projekten in 19 Firmen zugrunde, in deren Verlauf 189 Mitarbeiter schriftlich und in Interviews befragt wurden. Darunter waren 100 Software-Entwickler, 41 Projekt- oder Teilprojektleiter, 19 Benutzervertreter und 3 nicht unmittelbar der Software-Entwicklung zuzuordnende Personen.

Für die folgende Darstellung wurden einige wesentliche Ergebnisse aus der genannten Untersuchung zu drei Themenkomplexen zusammengestellt:

(1) Wünsche von Software-Entwicklern an ihre Entwicklung-situation

Diese "Wunschliste" bezieht sich auf die Arbeitssituation insgesamt und hat noch keinen spezifischen Bezug zu einzelnen Methoden oder Werkzeugen.

(2) Methodenunterstützung

Hierbei geht es um die Häufigkeitsverteilung verschiedener bekannter Methoden im Einsatz, um deren Unterstützung durch Werkzeuge und um die Art, wie Entwickler sich ihr Wissen über Methoden aneignen.

(3) Werkzeugunterstützung

Ein Vergleich von Einsatzwunsch und tatsächlichem Einsatz verschiedener Werkzeug-Kategorien läßt Schlüsse auf vorhandene Sättigung bzw. noch bestehende Lücken bei der Werkzeugunterstützung zu. Die Wünsche der Entwickler an Werkzeuge geben wichtige Hinweise darauf, wo bei der Entwicklung und Gestaltung künftiger Werkzeuge die Schwerpunkte gelegt werden sollten.

2 Wünsche von Software-Entwicklern an ihre Entwicklungssituation

Um einen Aussage über den Stellenwert der Methoden- und Werkzeugunterstützung von Software-Entwicklern zu erhalten, wurden diese gebeten, folgende 12 Aussagen auf einer 5-stufigen Intervallskala einzuschätzen:

Ich hätte gerne mehr Zeit und/oder Möglichkeiten...

mir Informationen vom Anwender zu holen.
mir mehr Fachwissen aus dem Anwendungsbereich anzueignen.
alternative Lösungsideen für Teilaufgaben a uszuprobieren.
mit Kollegen deren Programme zu besprechen und zu verstehen.
den Systementwurf mitzugestalten.
meine Programme auf Änderbarkeit zu überarbeiten.
neue Werkzeuge und Methoden kennenzulernen.
zum Nachdenken vor der Realisierung.
zur Ausgestaltung der Bedienoberfläche.
zur generellen Überarbeitung meiner Programme.
nach Projektende mein Produkt im Einsatz zu sehen.
mit den Abnehmern meiner Module diese zu diskutieren.

Die durchschnittlichen Einschätzungen sind in Abb. 1 angegeben. Auffallend ist generell, daß mehr Zeit und Möglichkeiten gewünscht werden, sich neues Wissen anzueignen. Dabei steht der Wunsch, neue Methoden und Werkzeuge kennenzulernen mit Abstand an vorderster Stelle. Dies ergänzt sich sehr gut mit der Beobachtung, daß nur diejenigen Entwickler, die von früheren Arbeitsplätzen oder von der Ausbildung her andere Methoden und Werkzeuge kannten, in den Interviews auch sagen konnten, welche Verbesserungen sie sich wünschen oder welche Tätigkeiten sie Werkzeugunterstützung haben wollten. Das heißt: eine konstruktive und kreative Mitarbeit der Software-Entwickler an ihrer Arbeitsumgebung setzt voraus, daß man sie vorher mit den existierenden Alternativen vertraut macht.

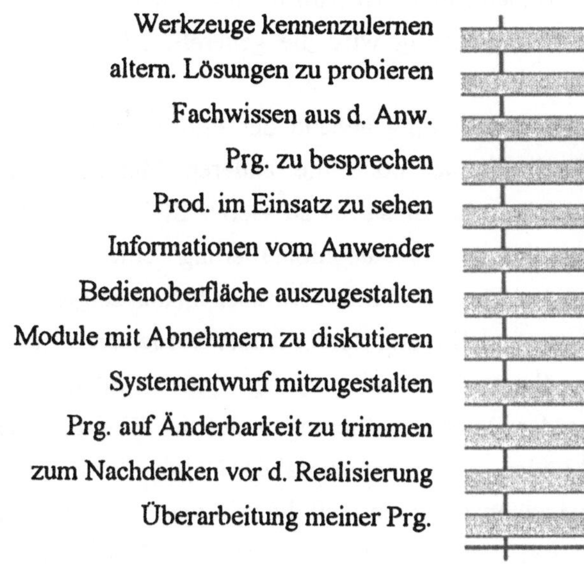

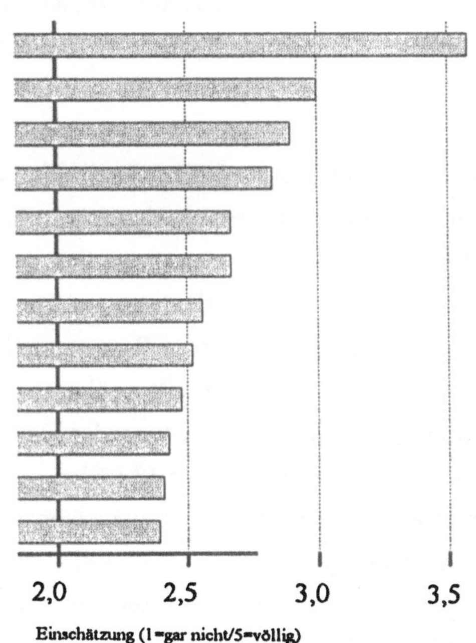

Abb. 1: Durchschnittliche Einschätzungen der obigen Aussagen
(n=150,; 5-stufige Intervallskala mit 1='trifft gar nicht zu', 5='trifft völlig zu')

Ansonsten ergab sich deutlich das Bild, daß die untersuchten Software-Entwickler sich in der gegebenen Umgebung ein-richten.

Die Software-Entwickler unterscheiden sich somit nicht von den normalen Benutzern. Auch diese fordern bei einem neuen Produkt oft wieder die gleiche oder eine ähnliche Funktionalität, die sie vom alten Produkt her kennen. Es obliegt somit den Werkzeug-Anbietern, ihnen vorzuführen was möglich ist, ohne sie dabei wiederum zu bevormunden.

3 Methodenunterstützung von Software-Entwicklern

Die Häufigkeit des Einsatzes der einzelnen Methoden wird in Abbildung 2 durch die Gesamtlänge der Balken dargestellt. Gleichzeitig wird die generelle Einschätzung angegeben.

Mit 24 Einsätzen rangiert die Datenmodellierung anhand der Entity/Relationship-Methode an vorderster Stelle. Rechnet man noch die anderen Methoden zur Datenmodellierung (die in der Häufigkeit des Einsatzes an vierter Stelle rangieren) mit hinzu, so erkennt man deutlich, daß Datenmodellierung eine gewisse Schlüsselstellung in der Methoden-Landschaft einnimmt. Darüber hinaus zeigte sich, daß in Projekten, in denen eine Datenmodellierung durchgeführt wurde, der Einsatz anderer Methoden ebenfalls überproportional häufig zu finden ist. Neben der dominierenden Stellung der Datenmodellierung mutet der Einsatz eines expliziten Vorgehensmodells in 12 Fällen - also nicht einmal der Hälfte aller Projekte - eher zweitrangig an. Hierzu ist jedoch anzumerken, daß die rein verbale Einteilung des Entwicklungsverlaufs in Phasen von uns noch nicht als Einsatz eines Vorgehensmodell gewertet, sondern zumindest die Erstellung dedizierter Zwischenprodukte gefordert wurde.

An dritter Stelle steht Structured Analysis mit 9 Einsätzen. Im allgemeinen beschränkt sich der Einsatz jedoch auf die Erstellung von Datenflußdiagrammen.

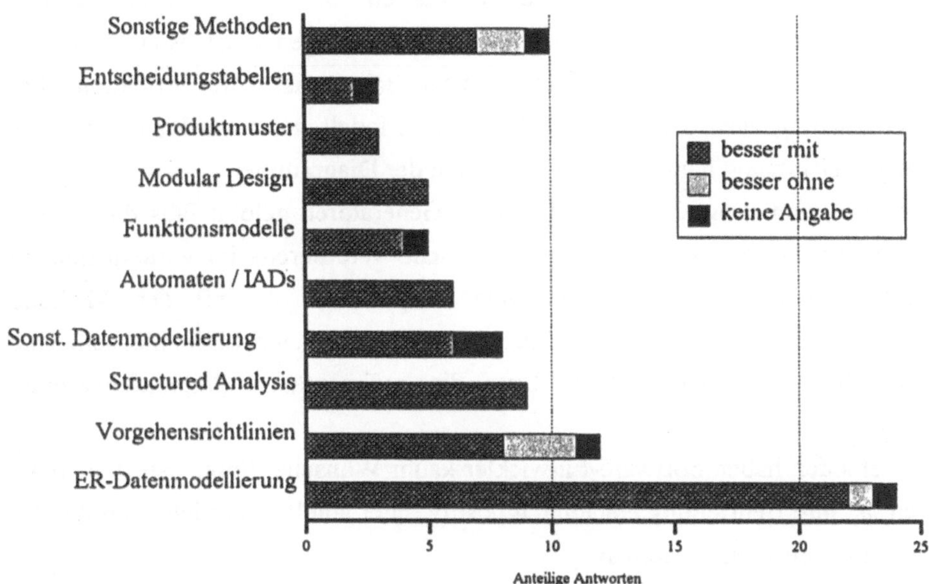

Abb. 2: Häufigkeit des Einsatzes von Methoden und generelle Einschätzung

Insgesamt war es überraschend, daß von den befragten Entwicklern kaum Verbesserungsvorschläge zu den Methoden gemacht wurden. Ebenso waren viele der geäußerten Nachteile der Methoden eigentlich Nachteile des Werkzeugs, z.B. "Sie (Structured Analysis, Anm. der Autoren) ist nicht multi-user-fähig". Eine Erklärung hierfür wurde aus den Daten zur Methodenschulung abgeleitet und durch die Beobachtungen während der Tiefenuntersuchung bestätigt (siehe Abschnitt "Vermittlung von Methodenwissen").

Wenn firmen- oder projektspezifische Anpassungen von Methoden durchgeführt wurden, handelte es sich fast ausschließlich um Vereinfachungen bzw. Weglassungen. Das deutet darauf hin, daß einfache Erlernbarkeit und Handhabbarkeit bei den Methoden eine entscheidende Rolle spielt.

Werkzeugunterstützung von Methoden

Structured Analysis und Modular Design wurden immer in Verbindung mit Werkzeugen eingesetzt. Vorgehensmodelle existieren dagegen meistens auf Papier in Form von Entwicklungshandbüchern. Ausgeglichen ist die Situation bei Datenmodellierung nach dem Entity/Relationship-Modell. Hier beschränkt sich die Werkzeugunterstützung häufig auf die Erstellung der Diagramme.
Bei Methoden zum Programmentwurf werden Generatoren gelobt; falls diese nicht vorhanden sind, werden sie dringendst gewünscht. Wie bereits im vorhergehenden Abschnitt erwähnt, wurde von den Interviewpartnern oft mit der Methode gleichzeitig das Werkzeug beurteilt. Dabei werden in erster Linie die schlechte Integration von Text und Graphik bzw. die rudimentären Graphikfähigkeiten bemängelt.
An die Methoden haben Software-Entwickler kaum Wünsche. Sofern sie Methoden einsetzen, ist ihre Beurteilung erstaunlich positiv. Hier spielt sicherlich auch die Art der Wissensvermittlung mit hinein.

Vermittlung von Methodenwissen

Abbildung 3 zeigt die prozentuale Verteilung der Art und Weise, nach der die befragten Personen mit Methoden vertraut gemacht wurden - aufgeschlüsselt nach Informatikern und Nicht-Informatikern. Dabei zeigten sich keine gravierenden Unterschiede; die Informatiker brachten etwas mehr Wissen mit, während die Nicht-Informatiker sich häufiger im Selbststudium (unter Sonstiges aufgeführt) Methodenwissen aneigneten.Es konnte dabei jedoch kein methodenspezifischer Unterschied des Wissenserwerbs zwischen Informatikern und Nicht-Informatikern festgestellt werden.

Methodeneinsatz : Schulung/Wissensvermittlung

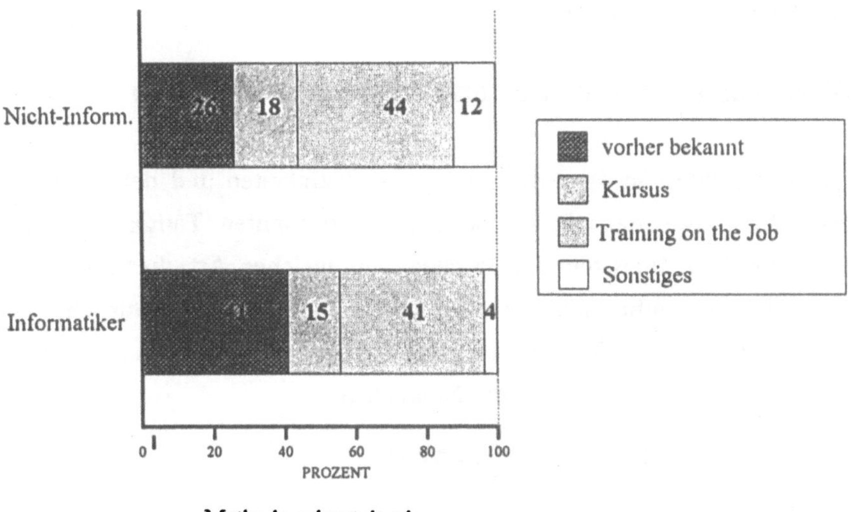

Methode gelernt durch ...

Abb. 3: Methodenwissen von Informatikern und Nicht-Informatikern

Im Gesamtbild ist festzustellen, daß 'Training on the Job' derzeit mit über 40% eine Schlüsselstellung bei der Vermittlung von Methodenwissen einnimmt. Hier liegt auch der Schlüssel zur Erklärung der Tatsache, daß zwischen Methode und Werkzeug schlecht unterschieden wurde. Die Methode wird gewissermaßen als integraler Bestandteil der Einarbeitung eines neuen Mitarbeiters unter der Devise 'das machen wir hier so' vermittelt. Es kam sogar mehrfach vor, daß Interviewpartner die Auskunft gaben: "Methoden setzen wir hier nicht ein", während neben dem Schreibtisch z.B. Entity/Relationship-Diagramme oder Automatendarstellungen an der Wand hingen. Dies hat natürlich auch Konsequenzen, was die Fähigkeit zum souveränen Umgang mit einer Methode betrifft - wie sie etwa durch die Kenntnis von Einsätzen in anderen Bereichen vermittelt wird. Ebenso fehlt dann die Kenntnis, was die Methode in ihrer ursprünglichen Ausprägung bietet und fordert und aus welchen praktischen Erwägungen heraus sie vereinfacht oder abgewandelt wurde. Es kann dann in späteren Projekten nicht mehr erkannt werden, daß diese Erwägungen keine Gültigkeit mehr haben, sondern es wird aus Unkenntnis mit der mittlerweile 'falsch angepaßten' Methode weitergearbeitet.

4 Werkzeugunterstützung von Software-Entwicklern

Fragt man im Anschluß an die Bestimmung der Tätigkeiten und der dabei aktuell eingesetzten Werkzeuge danach, für welche der genannten Tätigkeiten sich die jeweiligen Entwickler Werkzeuge wünschen und welcher Art die Unterstützung dabei sein soll, so ergibt sich eine Verteilung der Werkzeugwünsche gemäß Abbildung 4. Zum besseren Vergleich von benutzten und gewünschten Werkzeuge erfolgt die Angabe jeweils in Prozent der Nennungen.

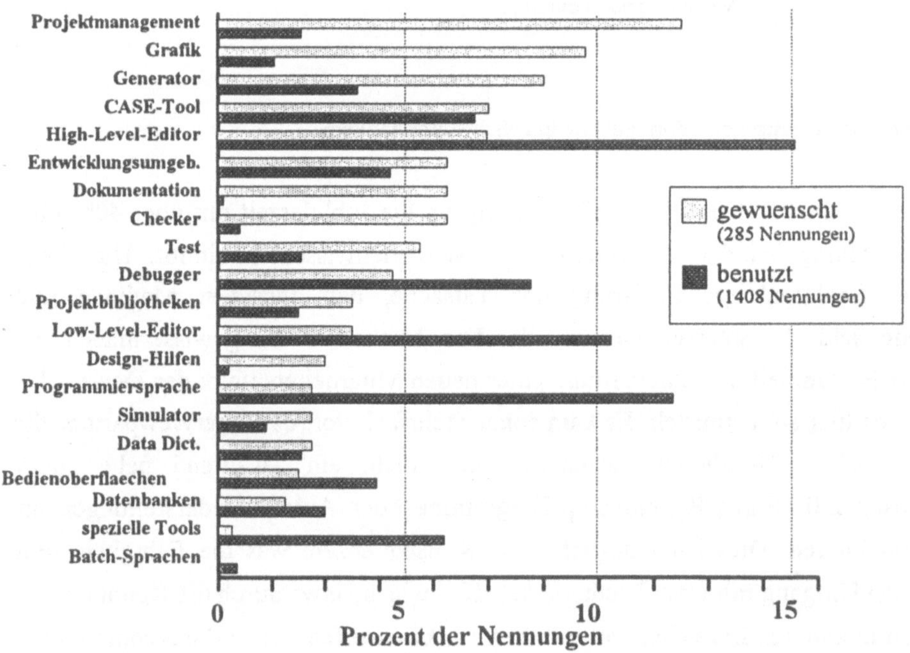

Abb. 4: Werkzeugeinsatz und Wünsche nach verbesserter Werkzeugunterstützung

Die wesentlich geringere Zahl an Wünschen war überraschend (285 Nennungen bei über 1679 Tätigkeiten). Ursprünglich war davon ausgegangen worden, bei dieser Frage eine Fülle von detaillierten Aussagen zu erhalten, die Hinweise auf eine Verbesserung der Werkzeugunterstützung von Software-Entwicklern geben würden. Tatsächlich zeigte sich jedoch, daß sich die Entwickler in der von ihnen vorgefundenen Umgebung einrichten. Am deutlichsten wurden Wünsche von denjenigen Entwicklern genannt, die Alternativen vom Studium oder früheren Arbeitsplätzen schon kannten. Dies deckt sich exakt mit den Ergebnissen in [HR85]. Wünscht man sich also eine konstruktive Mitarbeit der Entwickler bei der Ausstattung ihres Arbeitsplatzes, so setzt dies voraus, daß man ihnen vorher die Möglichkeit gibt, die in Frage kommenden Werkzeuge kennenzulernen.

Die Werkzeugklassen in Abb. 4 sind nach abnehmender Zahl von Wünschen sortiert. Die meisten Wünsche nach Werkzeugen oder Verbesserung der bisherigen Werkzeugunterstützung fallen demzufolge in den Bereich Projektmanagement, Grafik und Generatoren.

Interessant ist das Verhältnis zwischen der Zahl benutzter und gewünschter Werkzeuge. Hier wird am deutlichsten, wo der größte Handlungsbedarf besteht. Programmiersprachen beispielsweise werden sehr häufig benutzt, lassen aber offensichtlich kaum etwas zu wünschen übrig. Werden für eine Tätigkeit kaum Werkzeuge eingesetzt aber häufig gewünscht, so fehlen offensichtlich Werkzeuge wie etwa bei Projektmanagement oder Graphikunterstützung. Werden häufig Werkzeuge eingesetzt und wird trotzdem Werkzeugunterstützung gewünscht, so läßt dies den Einsatz schlecht geeigneter Werkzeuge vermuten.

Ein Sonderfall liegt bei den Editoren vor. Die Wünsche nach High-Level-Editoren stammen in erster Linie von Entwicklern, die für Textverarbeitungsaufgaben Low-Level-Editoren verwenden mußten, die eigentlich eher zur Eingabe von Programmcode gedacht sind.

Ein wichtiges Ergebnis ist auch, daß generell ein Werkzeug vermißt wird, das speziell zur Dokumentation geeignet ist, d.h. zur Erstellung von Texten, in die leicht Skizzen und die im Rahmen der Entwicklung anfallenden Diagramme eingebunden werden können und die bei Änderung eines Diagramms auch die betroffenen Texte aktualisieren. Derzeit wird dies entweder manuell über DTP-Programme - soweit vorhanden - gelöst oder als Unterfunktion eines CASE-Systems, wobei wiederum große Einschränkungen bezüglich der Einbindung anderweitig erstellter Graphiken bestehen.

Werkzeugeinschätzung

Wie schon eingangs angesprochen, haben Software-Entwickler an ihre Werkzeuge durchaus vergleichbare Wünsche wie Benutzer. Diagramm 5a gibt einen Überblick über die Verteilung der von Software-Entwicklern geäußerten Wünsche an ihre Werkzeuge. Im Vordergrund stehen Wünsche zur leichten Erlernbarkeit und komfortablen Bedienoberfläche. Dabei zeigte sich, daß diese Verteilung der Wünsche unabhängig davon ist, wieviele Werkzeuge die Entwickler bereits haben. Eine einfache und auch nach längerer Zeit noch nachvollziehbare Bedienung eines Werkzeugs wurde beispielsweise nicht nur von den Entwicklern gefordert, die mit sehr vielen verschiedenen Werkzeugen umgehen, sondern stand allgemein im Vordergrund. Eine detailliertere Darstellung und Diskussion findet sich in [BHS93].

Auffallend war generell, daß nur diejenigen Entwickler, die von früheren Arbeitsplätzen oder von der Ausbildung her andere Methoden und Werkzeuge kannten, in den Interviews auch sagen konnten, welche Verbesserungen sie sich wünschen oder welche Tätigkeiten sie werkzeugunterstützt haben wollten. Das bestätigt den Eindruck der Untersuchung der Methodenunterstützung, daß eine konstruktive und kreative Mitarbeit der Software-Entwickler an ihrer Arbeitsumgebung voraussetzt, daß man sie vorher mit den existierenden Alternativen vetraut macht (Vergleiche auch [HBSS92]). Ansonsten ergab sich deutlich das Bild, daß die untersuchten Software-Entwickler sich in der gegebenen Umgebung einrichten.

Wünsche an Werkzeuge

(265 Nennungen)

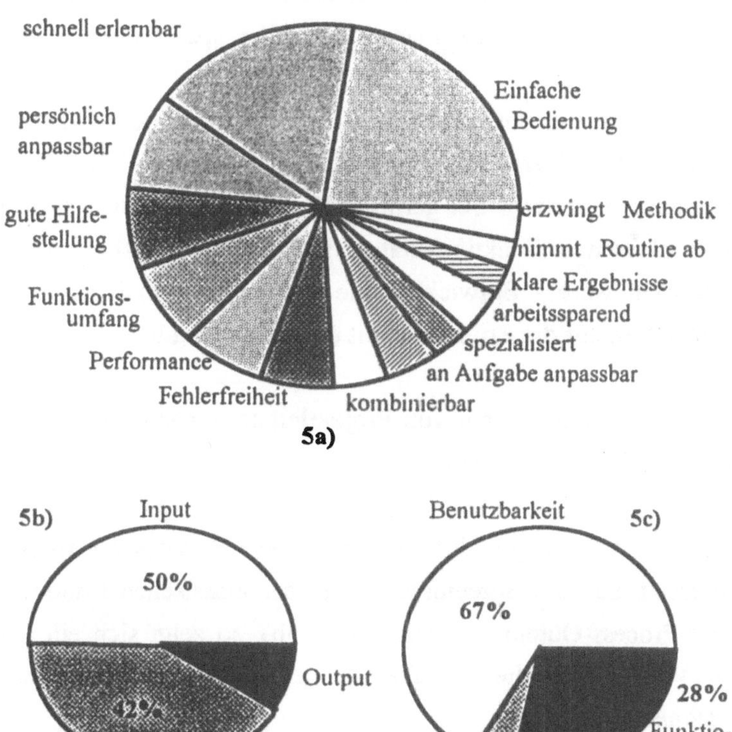

Abb.5: Merkmale eines guten Werkzeugs

Diagramm 5a zeigt die Verteilung der Antworten auf die einzelnen Kategorien. Festzuhalten ist, daß es von den Entwicklern genauso wichtig erachtet wird, ein Werkzeug auch nach einiger Zeit sofort wieder bedienen zu können, wie die schnelle Erlernbarkeit. Dies erstaunt niemenden, der selbst in der Software-Entwicklung gearbeitet hat. Speziell die Realisierungsphase zeichnet sich dadurch aus, daß eine Vielzahl von Werkzeugen gleichzeitig eingesetzt wird, wie auch in der Werkzeuglandschaft deutlich zu erkennen. Aus eigener Erfahrung weiß man, wie

frustrierend es sein kann, wenn sich gleiche Funktionen in der Bedienung von Werkzeug zu Werkzeug unterscheiden. Öfters wendet man ein Werkzeug auch nur in größeren Zeitabständen an. Wenn man dann mehrmals erst wieder umständlich die Befehle nachschlagen muß, vemeidet man früher oder später den Gebrauch des Werkzeugs gänzlich.
Bemerkenswert ist in diesem Zusammenhang auch, daß sich die Verteilung der Wünsche zwischen Entwicklern kaum danach unterscheidet, ob diese viele Werkzeuge oder wenige einsetzen. Bei geringer Werkzeug-Ausstattung ist lediglich der Wunsch nach umfassender Funktionalität ausgeprägter. Es ist aber nicht der Fall daß - wie zu erwarten wäre - Entwickler, die viele Werkzeuge benutzen, einen wesentlich größeren Wert auf die Erinnerbarkeit der Bedienung legen.

Mit 5% relativ unwichtig und fast nur von Projektleitern genannt wird die Eignung des Werkzeug für organisatorische Maßnahmen.

Zwei anschließende Auswertungen differenzieren nach Einsatzschwerpunkten der Werkzeuge. Schlüsselt man die Ergebnisse gemäß der klassischen Einteilung eines Prozesses in Input-Process-Output auf (Diagramm 5b), so zeigt sich ein deutliches Übergewicht der Wünsche an die Eingabeseite gegenüber den Wünschen an die produzierten Ergebnisse.

Diese Verteilung steht in Widerspruch zu den meisten Werkzeugentwicklungen, bei denen großer Wert auf die breite Funktionalität und Vollständigkeit gelegt wird, während man den Entwickler eigentlich glaubte zumuten zu können, mit Low-Level-Eingaben oder einer Überfrachtung mit einzustellenden Parametern zufrieden zu sein. Ein Slogan eines Werkzeugherstellers zur Zeit der ersten sich verbreitenden Personal Computer war 'real men don't need menus, I want to have the full power'.

Noch deutlicher wird die Bedeutung der leichten Bedienbarkeit, wenn man die Daten nach Bedienoberfläche, Funktionalität und Eignung für Managementaufgaben aufschlüsselt, wie in Diagramm5c dargestellt.

5 Zusammenfassung

Eine Befragung von Software-Entwicklern aus 29 Projekten im Rahmen von Projekt IPAS ergab, daß an der Spitze der Wünsche an ihre Arbeit die Verbesserung der Möglichkeiten zu Erweiterung ihres Wissens steht. Vorrangig ist dabei der Wunsch, neue Methoden und Werkzeuge kennenzulernen. Dies ist gleichzeitig auch eine notwendige Voraussetzung, daß Entwickler konstruktive Vorschläge zur Verbesserung ihrer Arbeitsumgebung machen können.

Die gegenwärtige Praxis des Methodeneinsatzes in der Software-Entwicklung ist dadurch geprägt, daß Methodenwissen hauptsächlich während der Arbeit von den bereits damit vertrauten Kollegen erworben wird. Gezielte Schulungen stehen dahinter weit zurück. Ausgebildete Informatiker bringen zwar mehr Methodenwissen durch ihre Ausbildung mit, jedoch ist das in der Praxis geforderte Wissen damit bei weitem noch nicht abgedeckt. Folge dieser Situation ist eine mangelnde Fähigkeit zu unterscheiden, welche Forderungen und Einschränkungen des 'Methodenein-satzes' auf die Methode selbst, das zugrundeliegende Werk-zeug oder die im Unternehmen historisch gewachsene Praxis zurückgehen.
Insgesamt ist die Beurteilung des Methodeneinsatzes positiv. Verbesserungswünsche von Seiten der Entwickler zielen meist auf eine Verbesserung der Werkzeugunterstützung.
Von allen im Einsatz befindlichen Methoden haben sich nur die Methoden zur Datenmodellierung und hier insbesondere die Modellierung nach dem Entity/Relationship-Ansatz auf breiter Front durchgesetzt. Von dieser Methode wird in erster Linie ihre Eignung zur Klärung von Sachverhalten und Anforderungen aufgrund ihrer Einfachheit und Anwendernähe hervorgehoben.

Eine verbesserte Werkzeugunterstützung wird vor allen Dingen in den Bereichen Analyse und Spezifikation gefordert. Ebenso fehlen Werkzeuge, die durch leichte Erstellung von Dokumenten mit eingebundener Graphik speziell zu Dokumentationszwecken geeignet sind.
Im wesentlichen richten sich Software-Entwickler jedoch in der von ihnen

vorgefndenen Werkzeuglandschaft ein.

In ihren Anforderungen an ein gutes Werkzeug unterscheiden sich Software-Entwickler nicht von anderen Benutzern. Auch sie wollen zunächst eine einfache Bedienung und gute Unterstützung durch Help-Funktionen und Handbücher. Dieser Wunsch rangiert mit Abstand vor einer breiten Funktionaliät. Überraschend war der Wunsch nach leichter Wiedererlernbarkeit, der aber verständlich ist, wenn man sich vergegenwärtigt, daß viele Werkzeuge erst Monate später beim nächsten Projekt wieder benutzt werden.

Literatur

[BHS91] Bittner, U.; Hesse, W.; Schnath, J. (1991). Untersuchungen zur Arbeitssituation und Werkzeugunterstützung von Software-Entwicklern - Ein erster Zwischenbericht. In: Frese, M. (Hrsg.): Software für die Arbeit von morgen: Bilanz, Perspektiven.

[BHS92] Bittner U, Hesse W, Schnath J (1992) Praxis des Methodeneinsatzes in Software-Entwicklungsprojekten. Softwaretechnik-Trends Band 12, Heft 3, August 1992:48-60

[BHS93] Bittner, U.; Hesse, W.; Schnath, J. (1991). Praxis des Werkzeugeinsatzes in Software-Entwicklungsprojekten. in Softwaretechnik-Trends Band 13, Heft 1

[HBS92] Hesse W, Bittner U, Schnath J (1992) Results of the IPAS Project: Influences of Methods and Tools, Change Requirements and Project Management on the Work Situation of Software Developers. Proceedings of the Workshop on Experience with the Management of Software Projects, MSP-92, May 92, Graz

[HBSS92] Heinbokel T., Bittner U., Stolte W., Schnath J. (1992) 'The Use of Tools in Software Development Projects: Results from an Empirical Investigation'. Preceedings 'Work With Display Units' , WWDU '92 in Berlin

[HBS93] Hesse W., Bittner U., Schnath J. (1993). Abschlußbericht Projekt IPAS, Teilprojekt Informatik: Analyse und Gestaltung von Entwicklungsprozessen, Methoden und Werkzeugen aus Sicht der Informatik. in Vorbereitung

[HR85] Hanson Stephen Jose, Rosinski Richard R. (1985). Programmer Perceptions of Productivity and Programming Tools. In Edgar H. Sibley (Ed.), Communications of the ACM Vol. 28 (2), pp. 180-189.

Eine iterative Software-Entwicklungsstrategie mit gezielter Benutzerbeteiligung und systematischer Evaluation der Benutzungsfreundlichkeit[2]

Carl Graf Hoyos, Bernd Holz auf der Heide & Sybille OrtliebLehrstuhl für Psychologie, Technische Universität München,

Zusammenfassung

Die Entwicklung benutzungsfreundlicher Software erfordert zum Einen die gezielte Beteiligung der späteren Benutzer und zum Anderen ein zyklisches, rückgekoppeltes Vorgehen, bei dem Protoypen des zu entwickelnden Systems erstellt und in Hinblick auf ihre Benutzungsfreundlichkeit evaluiert werden. Im Projekt PROTOS wurde eine Software-Entwicklungsstrategie konzipiert und erprobt, die diese beiden Prinzipien praxisgerecht verwirklicht: *Prototyping in einem Designteam*. Zentrale Voraussetzungen für eine breite Umsetzung dieser Strategie - eine Qualifizierungsmaßnahme für Designteam-Mitglieder sowie Verfahren zur empirischen Prüfung von Software-Prototypen - wurden im Projekt erarbeitet. Im Text werden unser Vorgehen und die dabei gewonnenen Erfahrungen skizziert.

Abstract

The development of userfriendly software demands the participation of the subsequent users on the one hand, and an iterative procedure with feedback-loops including the design of prototypes and their evaluation with regard to their userfriendliness on the other hand. A strategy for software-development was created and tested, which realizes these two demands in the project PROTOS. We call this strategy *Prototyping within a designteam*. Essential requirements of this strategy - training of the members of the software-designteam and methods for the empirical evaluation of the software-prototypes - were worked out within the project. Our procedure and the obtained experiences are presented in the text.

1 Die Entwicklung benutzungsfreundlicher Software

Die informationsverarbeitenden Technologien haben sich in den zurückliegenden Jahren rasant weiterentwickelt und sind dabei in immer weitere Arbeits- und Lebensbereiche vorgedrungen. Analog dazu sind die Ansprüche an die Qualität der Software gestiegen, wobei die Benutzungsfreundlichkeit - oder auch Bedienbarkeit bzw. Benutzbarkeit - zu einem Gütekriterium ersten Ranges avanciert ist.

---

2 Der vorliegende Beitrag entstand im Rahmen des Forschungsprojekts PROTOS - Methoden zur Entwicklung und Bewertung von Prototypen für Dialogsysteme (01 HK 088), das vom BMFT (AuT-Programm) gefördert wird. Projektleitung: Prof. Dr. C. Graf Hoyos. Kooperationspartner: Siemens AG München.

Zahlreiche Experten[2] versuchen seit geraumer Zeit, Kriterien dafür zu formulieren, wie benutzungsfreundliche Systeme auszusehen haben (z.B. Smith & Mosier, 1986; Apple, 1987; DIN 66234 Teil 8, 1988; IBM, 1991; ISO 9241 Part 10, 1992). Will man derartige allgemeingültig formulierte Anforderungen an die Softwaregestaltung im konkreten Entwicklungsprozeß angemessen berücksichtigen, treten jedoch häufig Umsetzungsprobleme auf: Was den Erfordernissen der Aufgaben, die EDV-unterstützt bearbeitet werden sollen, und den Bedürfnissen der Benutzer, die mit dem EDV-System umgehen sollen, angemessen ist, kann im voraus nur schwer und nur auf sehr abstraktem Niveau geklärt werden.

Zunehmend gerät daher der Software-Entwicklungsprozeß selbst ins Zentrum des Interesses (Floyd, 1984). Nicht so sehr, *was* Benutzungsfreundlichkeit ist, sondern *wie* man zu benutzungsfreundlichen Systemen kommen kann, wird dabei thematisiert. In der betrieblichen Praxis wird Software aber immer noch überwiegend nach einem *linearen* Ablaufmodell entwickelt, das durch starke Arbeitsteilung zwischen Entwicklungsplanung und -ausführung sowie durch fehlende Zusammenarbeit mit den späteren Benutzern dieser Systeme charakterisiert werden kann. Auf diese Weise werden immer noch viele Endnutzer mit bereits fertigen Systemen konfrontiert, die ihren Ansprüchen, Schwierigkeiten und Bedürfnissen nicht gerecht werden.

Um diese Probleme zu vermeiden, ist eine grundsätzlich andere Entwicklungsstrategie und -philosophie vonnöten. Diese kann durch folgende Prinzipien charakterisiert werden (vgl. Gould & Lewis, 1984):

- *Gezielte Benutzerbeteiligung:* Arbeitsaufgaben und Anforderungen der späteren Benutzer stehen von Anfang an im Mittelpunkt der Systemgestaltung. Entwickler und Benutzer arbeiten deshalb bei der Systementwicklung eng zusammen, idealerweise in Form eines *Designteams.*
- *Empirische Bewertungen:* Die Benutzungsfreundlichkeit der entworfenen Systeme wird durch systematische empirische Tests mit (potentiellen) Benutzern anhand typischer Arbeitsaufgaben geprüft.
- *Iteratives Design:* Der Entwicklungsprozeß verläuft zyklisch mit *systematischen* Rückkoppelungsschleifen, durch die schnelle Korrekturen des Systementwurfs

[2]Aus Gründen der Lesbarkeit verwenden wir im vorliegenden Text die männliche Pluralform, beziehen uns aber de facto auf Männer und Frauen.

möglich werden.

Ein Software-Entwicklungskonzept, bei dem diese Forderungen erfüllt werden, ist das *Prototyping in einem Designteam*. Hierbei bilden Benutzer und Entwickler ein gemeinsames Team, das auf der Basis der konkreten Arbeitsaufgaben Prototypen der Benutzerschnittstelle erarbeitet, die dann empirisch überprüft und in einem iterativen Prozeß verbessert werden.

Dieses Vorgehen bietet gegenüber einem linearen Entwicklungskonzept eine Reihe von Vorteilen. So können ungeeignete Designkonzepte und Schwachstellen frühzeitig erkannt und leicht korrigiert werden, wobei die Anschaulichkeit der Prototypen den Benutzern hilft, konstruktive Beiträge zur Gestaltung zu leisten. Zudem können mit geringem Aufwand alternative Wege parallel ausprobiert werden. Systeme, die auf der Basis eines solchen benutzerorientierten Entwicklungskonzepts erstellt werden, entsprechen mit größerer Wahrscheinlichkeit den Wünschen und Anforderungen der Benutzer sowie den Erfordernissen, die sich aus deren Arbeitszusammenhang ergeben (Müller, Aschersleben & Hacker, 1989).

Trotz vieler Vorteile werden jedoch solche Strategien bei der Software-Entwicklung im kommerziellen Bereich bisher kaum realisiert, wie in der Planungsphase unseres Projekts durchgeführte Befragungen ergaben (Aschersleben & Zang-Scheucher, 1989). Ein großes Hindernis war zum Einen der Mangel an Erfahrungen, die bis dato mit dieser Prototyping-Entwicklungsstrategie gemacht worden waren: Ein iterativer, von einem Designteam gesteuerter Entwicklungsprozeß stellte deshalb für viele Unternehmen ein kaum kalkulierbares Risiko dar. Zum Anderen waren wichtige Voraussetzungen für eine breite Umsetzung dieses Konzepts noch nicht erfüllt.

Im Projekt PROTOS, das am Lehrstuhl für Psychologie der Technischen Universität München durchgeführt wurde, realisierten wir deshalb einen Prototyping-Entwicklungsprozeß, indem wir exemplarisch in Zusammenarbeit mit der Firma Siemens AG (Abteilung Private Kommunikationssysteme, Dr. Helmreich) eine Büroanwendung entwickelten.

Als Voraussetzung dafür erarbeiteten wir

- ein Konzept zur Qualifizierung der Mitglieder eines Prototyping-Designteams und
- ein Inventar an Bewertungsverfahren, die im Rahmen von Prototyping nützlich und

praktikabel sind.

Im folgenden stellen wir unser Vorgehen bei der Realisierung von *Prototyping in einem Designteam* vor und diskutieren die Erfahrungen, die wir dabei gewinnen konnten. Wir werden zuerst unser Entwicklungskonzept (Pkt. 2), die Qualifizierung der Designteam-Mitglieder (Pkt. 3), und die Bewertungsmethoden (Pkt. 4) erläutern, um dann auf die Durchführung der Software-Entwicklung und die hierbei realisierten Formen der Benutzerbeteiligung einzugehen (Pkt. 5). Auf die erforderliche Entwicklungsumgebung (Hard- und Software) kann hier nicht eingegangen werden (vgl. hierzu Holz auf der Heide, Hacker & Bartsch, 1991).

Unsere Ausführungen beziehen sich somit auf einen Ausschnitt aus einem System-Entwicklungsprozeß, der im Projekt PROTOS zu Forschungszwecken herausgegriffen wurde. Ein vollständiger System-Entwicklungsprozeß umfaßt neben der eigentlichen Entwicklungsarbeit natürlich auch sämtliche vor- und nachgelagerten Schritte - von der Gestaltung der in Frage stehenden Arbeitsaufgabe nach arbeitspsychologischen Gesichtspunkten bis hin zur Systemeinführung und der Qualifizierung der Benutzer (z.B. Rödiger, 1985; Frese & Brodbeck, 1989; Oppermann, Murchner, Reiterer & Koch, 1992). Das *Prototyping in einem Designteam* bildet jedoch das zentrale Element einer benutzerorientierten Software-Gestaltung.

2 Das Entwicklungskonzept

Für die exemplarische Durchführung von *Prototyping in einem Designteam* wurde in Zusammenarbeit mit unserem Kooperationspartner eine Arbeitsaufgabe ausgewählt, die rechnergestützt bearbeitet werden sollte. Hierbei handelte es sich um eine spezielle Datenbankanwendung, die einen großen Gestaltungsspielraum zuließ. Für die Entwicklungsarbeit bildeten wir ein Designteam, das sich aus einem Informatiker, einem Psychologen und zwei Benutzern zusammensetzte. Durch die Zusammenarbeit dieser Personen(gruppen) sollte sichergestellt werden, daß die zentralen Aspekte bei der Entwicklung von Software angemessen berücksichtigt werden: Der Informatiker vertrat die EDV-Seite und war für alle EDV-technischen Belange beim Entwurf und dessen Realisierung zuständig. Der Psychologe stellte psychologische und software-ergonomische Kenntnisse bereit und begleitete die Arbeit im Designteam als Moderator. Die Benutzer brachten als Experten für die Arbeitsaufgabe ihre Fachkenntnisse und Erfahrungen, aber auch ihre entsprechenden Bedürfnisse und Anforderungen an die Software ein.

Alle Festlegungen über den Prototypen wurden von den Designteam-Mitgliedern gemeinsam erarbeitet und beschlossen. Der Arbeit im Designteam lag somit ein Team-Modell zugrunde, das von unterschiedlichen Fachkompetenzen der Mitglieder bei gleichberechtigter Entscheidungsstruktur ausgeht. D.h. das Expertenwissen, das von den Beteiligten eingebracht wurde, diente als Entscheidungshilfe, auf dessen Basis Beschlüsse ausgehandelt wurden.

Die Systementwicklung orientierte sich an folgendem Ablaufmodell zum *Prototyping in einem Designteam* (vgl. Abbildung 1).

Zunächst wird die Arbeitsaufgabe analysiert und auf dieser Grundlage die Funktionsteilung durchgeführt: Das Designteam entscheidet, welche Teilaufgaben der Rechner übernimmt und welche beim Benutzer verbleiben (vgl. Holz auf der Heide& Hacker, 1991). Anschließend werden die einzelnen Systemfunktionen spezifiziert und ein erster Entwurf erstellt. Dieser wird im sog. "walk through" anhand typischer Arbeitsabläufe durchgespielt und so lange überarbeitet, bis ein befriedigendes Grundkonzept erstellt ist. Darauf aufbauend erfolgt das eigentliche Design und schließlich außerhalb des Designteams die technische Realisierung des Prototypen. Ebenfalls außerhalb des Designteams wird der Prototyp in Hinblick auf seine Benutzungsfreundlichkeit evaluiert, wobei (potentielle) Benutzer typische Arbeitsaufgaben mit dem Prototypen bearbeiten. Die Evaluationsergebnisse werden in das Designteam rückgemeldet und dort in ein Redesign des Prototypen umgesetzt. Der Zyklus aus (Re)Design, technischer Realisierung und Evaluation wird so oft wiederholt, bis die Tests befriedigende Ergebnisse liefern. Das *Prototyping in einem Designteam* ist damit abgeschlossen.

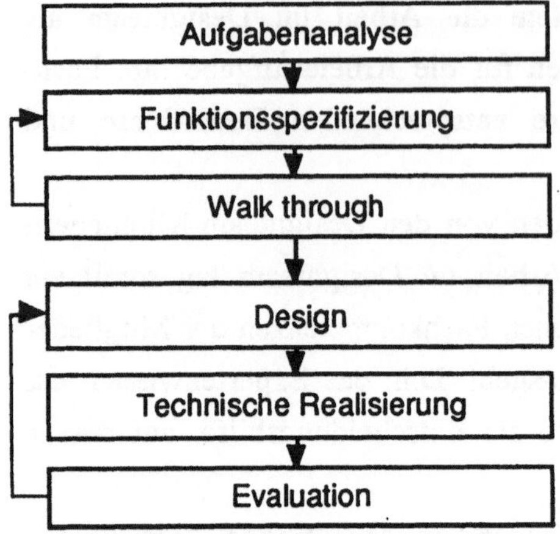

Abb. 1: Das Prototyping-Entwicklungskonzept

Der optimierte Prototyp wird anschließend von Programmierern in ein voll funktionsfähiges Programm umgesetzt. Einige Zeit nach der betrieblichen Einführung wird die Gebrauchstauglichkeit des Systems in der Praxis mit Hilfe der damit arbeitenden Benutzer erneut überprüft. Die dabei gewonnenen Erkenntnisse fließen in die Erstellung neuerer Versionen des Systems ein.

3 Das Qualifizierungskonzept

Eine konstruktive Zusammenarbeit in einem Designteam stellt hohe Anforderungen an die fachliche und soziale Kompetenz der einzelnen Mitglieder und erfordert ihre Bereitschaft, sich auf den Teamprozeß einzulassen. In der Regel sind damit die Übernahme einer ungewohnten Berufsrolle und - gerade für die Entwickler - neue Methoden und Arbeitstechniken verbunden, häufig auch eine Zusatzbelastung. Die Bereitschaft zu konstruktiver Auseinandersetzung, die Wertschätzung der jeweils anderen Beteiligten als Experten sowie die Fähigkeit, Belange aus dem eigenen Fachgebiet allgemeinverständlich darzustellen, sind sowohl die Grundlagen für die Kooperation im Team, als auch Ergebnis eines Lernprozesses, der durch die Teamarbeit selbst entsteht. Um diese individuellen Voraussetzungen zu unterstützen, ist es sinnvoll, vor Beginn der Teamarbeit eine Qualifizierungsmaßnahme durchzuführen.

Dazu haben wir im Projekt PROTOS ein Konzept erarbeitet, das die Vermittlung fachspezifischer Kenntnisse mit dem Training sozialer Fertigkeiten kombiniert. Ausgangspunkt unserer Konzeption waren die Arbeitsschritte, die von den Designteam-Mitgliedern in den einzelnen Phasen der Software-Entwicklung bewältigt werden mußten. Aus diesen Aufgaben leiteten wir die zur Bearbeitung benötigten Kenntnisse - und damit die Lernziele der fachlichen Qualifizierung - ab. Um diese Lernziele zu erreichen, wurden die Qualifizierungsbausteine *'EDV-Grundlagen'* und *'Software-Ergonomie'* entwickelt. Zusätzlich zu diesen beiden fachlichen Bereichen konzipierten wir den Qualifizierungsbaustein *'Kommunikation und Kooperation'*, durch den die Zusammenarbeit im Designteam gefördert werden sollte (Holz auf der Heide, 1990).

- Der *Qualifizierungsbaustein 'EDV-Grundlagen'* sieht die Vermittlung elementarer EDV-Kenntnisse vor. Ziel ist die Entwicklung einer gemeinsamen Sprach- und Wissensbasis, die es dem Team ermöglicht, die Funktionalität des Prototypen festzulegen und den Prototypen zu gestalten.
- Der *Qualifizierungsbaustein 'Software-Ergonomie'* beinhaltet die Vermittlung von Grundwissen zum Thema Software-Ergonomie, das es den Designteam-Mitgliedern ermöglicht, ergonomische Probleme bei der Gestaltung des Prototypen zu erkennen und adäquate Lösungsvorschläge zu erarbeiten.
- Im *Qualifizierungsbaustein 'Kommunikation und Kooperation'* lernen die Teilnehmer, eigenes und fremdes Kommunikationsverhalten differenziert wahrzunehmen und die Möglichkeiten eines offenen, problemorientierten Dialogs zu erkennen und zu nutzen. Auf diese Weise wird eine partnerschaftliche Zusammenarbeit und eine kreative Aufgabenbearbeitung in den späteren Designteam-Sitzungen gefördert.

Für die Durchführung der beiden fachlichen Qualifizierungsbausteine wird je nach Vorkenntnissen der Teilnehmer jeweils etwa 1 Tag benötigt, für den dritten Qualifizierungsbaustein sind je nach Gruppengröße 2 - 4 Tage erforderlich.

Die jeweiligen Seminarinhalte werden in Lehrgesprächen oder Kurzvorträgen eingeführt und anschließend von den Teilnehmern durch Diskussionen und Übungen (z.B. Arbeiten am Rechner, Rollenspiele) erweitert und vertieft. Dadurch wird den

Teilnehmern die Möglichkeit zur intensiven Auseinandersetzung mit den Themen gegeben und ein Transfer des Erlernten auf die spätere Designteam-Situation erleichtert.

Wir haben die vorgestellte Qualifizierungsmaßnahme in unserem Designteam durchgeführt. Wie sich in der Abschlußbesprechung zeigte, wurden die vermittelten Inhalte und die entsprechenden Arbeitsformen bzw. -methoden durchweg positiv aufgenommen. Auch bei einer 12 Monate später durchgeführten Nachbefragung zeigte sich dieses Ergebnis. Demzufolge konnten einige grundsätzliche Fragen und Probleme, die in den späteren Designteam-Sitzungen auftraten, bereits in der Qualifizierungsphase erörtert und geklärt werden. Insbesondere dem Qualifizierungsbaustein *'Kommunikation und Kooperation'* maßen die Teilnehmer dabei eine wesentliche Bedeutung für den Teamprozeß zu.

4 Systematische Evaluation

Eines der Hauptziele im Projekt PROTOS bestand darin, anwendungsreife Verfahren zur Evaluation von Software-Prototypen zu entwickeln. Dazu haben wir zunächst zentrale, in der software-ergonomischen Forschung und Praxis häufig eingesetzte Evaluationsansätze zusammengestellt und hinsichtlich ihrer zugrundeliegenden Evaluationsziele, -kriterien und -mittel systematisiert. Die praxisrelevanten Ansätze wurden im Rahmen von *Querschnittstudien* mit Systemen unterschiedlicher Funktionalität und Komplexität erprobt und weiterentwickelt. Anschließend wurden diese Verfahren in einer *Längsschnittstudie* - in deren Verlauf mehrere Software-Prototypen iterativ entwickelt wurden - parallel eingesetzt und hinsichtlich ihrer Vor- und Nachteile sowie den in der Praxis sinnvollen Einsatzbereichen und -bedingungen verglichen (Holz auf der Heide, Aschersleben, Hacker & Bartsch, 1991; Holz auf der Heide, 1993).

Dieses aufwendige Vorgehen und die dabei gewonnenen Ergebnisse können hier natürlich nicht umfassend beschrieben, sondern nur exemplarisch skizziert werden. Dazu werden zunächst Anforderungen an entsprechend geeignete Evaluationsverfahren formuliert und die in der Längsschnittstudie eingesetzten Verfahren vorgestellt, um daran anknüpfend einige der dabei gewonnenen Ergebnisse zu diskutieren.

4.1 Anforderungen an geeignete Evaluationsverfahren

Verfahren zur Bewertung der Benutzungsfreundlichkeit von Dialogsystemen im Rahmen von Prototyping müssen vielfältigen Anforderungen genügen. Sie müssen zum Einen Antworten auf die Frage "Why bad?", d.h. direkte Hinweise auf Schwachstellen im System und Gestaltungsvorschläge liefern. Zum Anderen müssen sie - das wird ab der 2. Iteration wichtig - die Frage "How good?" beantworten, d.h. die (je nach den Rahmenbedingungen der Systementwicklung unterschiedlich definierte) Benutzungsfreundlichkeit des Systems messen, um dadurch einen Vergleich zwischen den Iterationen eines Prototypen zu ermöglichen.

Die Ökonomie eines Verfahrens nimmt hierbei einen großen Stellenwert ein, denn die Schleife von Bewertung und Veränderung des Prototypen wird ja mehrmals durchlaufen. Der Einsatz der Methoden und die Auswertung der Ergebnisse dürfen deshalb nur einen möglichst geringen finanziellen, zeitlichen und technischen Aufwand erfordern, um wirklich praxisrelevant zu sein. Zudem sollten die Methoden wenig störanfällig gegenüber situativen Veränderungen und universell einsetzbar sein, um ihre Anwendbarkeit nicht auf bestimmte Prototypen oder Programmarten einzuschränken.

4.2 Die eingesetzten Verfahren

Im folgenden werden die Evaluationsverfahren skizziert, die wir in der Längsschnittsudie eingesetzt haben und auf die sich die vorgestallten Ergebnisse beziehen:

Rechnerkontrolle - Durch Rechnerprotokolle (Logfiles) werden überlicherweise Tastendrücke und Mausklicks der Benutzer automatisch registriert und mit einer Zeitmarke versehen, d. h. es werden Daten über die konkrete Interaktionsebene erfaßt. Um die per Logfile aufgezeichneten Daten inhaltich interpretieren zu können, protokollieren wir bei unseren Logfiles zusätzlich Informationen über die Semantik und den Kontext der Benutzereingaben (z. B. welche Systemfunktion in welche Programmteil ausgewählt wurde). Abbildung 2 zeigt einen Ausschnitt aus einem derartien Logfile.

```
1:04.6 "Nummernvergabe" ausgewählt
1:12.5 *********** Nummernvergabe ***********
1:20.7 "Bezeichnung" ausgewählt
1:31.5 Feld Bezeichnung durch Return-Taste verlassen Text: "PV-Datenbank "
1:36.4 "Systeme" ausgewählt
1:39.4 Menue Systeme erschienen
1:42.8 "Menue" ausgewählt
1:43.7 "Hicom 100 "selektiert
1:46.3 "Menue OK" ausgewählt
1:51.7 "Produktgruppe" ausgewählt
1:54.2 Menue Produktgruppe erschienen
1:58.0 "Menue" ausgewählt
1:58.9 "Bürosysteme"selektiert
2:01.9 "Menue OK" ausgewählt
2:03.7 System erzeugt Produktvertrag-Nr: B90/100-
```

Abb. 2: Logfile (Ausschnitt)

Beobachterprotokolle. - Für die direkte Beobachtung durch den Versuchsleiter wurde ein Beobachtungsprotokoll konzipiert, das es erlaubt, die Beobachtungsdaten (z.B. das Auftreten spezifischer Fehler, Äußerungen der Benutzer etc.) per Graphiktablett direkt mit den Logfile-Daten zu verknüpfen.

Videoaufzeichnung. - Die Versuchssitzungen wurden mittels zweier Kameras auf Videoband aufgezeichnet. Hierbei war eine Kamera auf die Benutzer und die andere auf den Computermonitor gerichtet. Über ein Videomischpult wurden beide Aufnahmen auf einem Bildschirm dargestellt sowie mit dem dazugehörigen Rechnerprotokoll synchronisiert.

Fragebogen. - Wir entwickelten den "Fragebogen zur software-ergonomischen Bewertung von Dialogsystemen" (FBD), mit dem die Benutzer Aspekte der Benutzungsfreundlichkeit eines Dialogsystems aus ihrer Sicht bewerten. Der Fragebogen besteht aus fünf Teilen: Zunächst schätzen die Benutzer ihre allgemeine Zufriedenheit mit dem Programm ein. Im zweiten Teil beurteilen sie ihre Arbeitstätigkeit hinsichtlich verschiedener "Humankriterien" (Hacker, 1978; 1980). Der dritte Teil sieht die Einstufung einzelner software-ergonomischer Merkmale des Systems vor, die sich an ein von uns entworfenes Modell der Mensch-Computer Interaktion anlehnen und erfassen sollen, inwieweit das zu beurteilende System die verschiedenen Prozesse bei dieser Interaktion unterstützt. Im letzten Teil schließlich können die Benutzer ihr Lob, ihre Kritik und ihre Verbesserungsvorschläge notieren. Der Fragebogen ist programmunabhängig formuliert und testtheoretisch breit erprobt, so daß er zur Bewertung unterschiedlicher Dialogsysteme eingesetzt werden kann.

Expertencheckliste. - Wir konzipierten die "Expertencheckliste zur software-ergonomischen Bewertung von Dialogsystemen" (EBD), durch die arbeitspsychologische und software-ergonomische Aspekte eines rechnergestützten Arbeitssytems bewertet werden. Der Leitfaden soll jedoch nicht in "Konkurrenz" zu aufwendigeren Verfahren wie z.B. dem *EVADIS II* (Oppermann, Murchner, Reiterer & Koch, 1992) treten, sondern versteht sich als schnell durchzuführendes "Screening-Verfahren". Eingestuft wird sowohl die *Ausprägung* eines Kriteriums als auch dessen *Bedeutung* für das konkrete System. Die programmgestützte Auswertung liefert anschauliche Soll-Ist-Vergleiche.

4.3 Durchführung der Versuche

Wie bereits oben ausgeführt, wurden die vom Designteam konzipierten Software-Prototypen jeweils extern in Hinblick auf ihre Benutzungsfreundlichkeit evaluiert, wobei wobei (potentielle) Benutzer typische Arbeitsaufgaben mit dem Prototypen bearbeiteten. Die gewonnen Evaluationsergebnisse wurden in das Designteam rückgemeldet und dort in ein Redesign des Prototypen umgesetzt. Dieser Zyklus aus (Re)Design und Evaluation wurde viermal durchlaufen. An der Evaluation der

Prototypen nahmen insgesamt 48 Bürokräfte teil (12 Personen pro Iteration), wobei wir Bürokräfte mit unterschiedlicher EDV-Vorfahrung auswählten. Der Ablauf der 3-4 Stunden dauernden Einzelversuche gliederte sich in vier Phasen:

Einführungsphase. - Hier wurden die Bürokrafte über Ablauf und Hintergrund der Untersuchung informiert und es wurden demographische Daten, die Erfahrungen im Umgang mit Computern sowie die Einstellung gegenüber EDV erhoben.

Lern- und Explorationsphase. - Sie diente dem Kennenlernen des Prototypen. Hierzu wurden die Benutzer in die Arbeit mit dem Prototypen eingeführt und aufgefordert, Systemfunktionen selbständig auszuprobieren und Fragen, Anmerkungen oder Kritik direkt zu äußern. Durch gezieltes Nachfragen wurden die von den Benutzern eingebrachten Hinweise konkretisiert. Im Anschluß erfolgte eine Überprüfung der Kenntnisse über den Prototypen und ggfs. eine Nachschulung, um bei allen Versuchsteilnehmern vergleichbare Eingangsbedingungen für die Testphase zu erreichen.

Testphase. - Hier bearbeiteten die Bürokräfte sieben für das System typische Arbeitsaufgaben, die auf der Grundlage der Aufgabenanalyse erstellt wurden. Die Aufgabenbearbeitung wurde durch *Logfiles*, *Videoaufzeichnung* sowie ***direkte Protokollierung*** durch den Evaluationsleiter festgehalten.

Nachbesprechungsphase. - Hier schätzten die Bürokräfte zunächst anhand unseres Fragebogens *FBD* ihre allgemeine Zufriedenheit mit dem Prototypen ein und gaben eine differenzierte Beurteilung einzelner software-ergonomischer Eigenschaften. Daran anknüpfend wurden anhand der Videoaufzeichnung auffällige Stellen im Bearbeitungsablauf zusammen mit den Benutzern durchgegangen - d.h. es wurde eine *Videokonfrontation* durchgeführt.

4.4 Einige Ergebnisse

Im folgenden werden wir aus der Fülle der im Rahmen der Längsschnittstudie gewonnenen Ergebnisse einige herausgreifen, die eine in sich geschlossene Diskussion erlauben. Wir werden drei der vorgestellten Verfahren hinsichtlich der

Erfassung von Benutzerfehlern miteinander vergleichen sowie unsere Erfahrungen bei der Erhebung direkter Gestaltungshinweise erläutern. Zum Abschluß dieses Kapitels werden wir die Verbesserung der software-ergonomischen Qualität der Prototypen über die vier Iterationen betrachten.

Die Erfassung von Benutzerfehlern. - Zum direkten Vergleich zwischen den Iterationen des Prototypen werteten wir u.a. die Fehler der Benutzer bei der Bearbeitung der Testaufgaben aus. Dabei interessierte uns die Leistungsfähigkeit der drei Erhebungsmittel *Rechnerprotokoll (Logfile)*, *Beobachterprotokoll* und *Videoaufzeichnung* hinsichtlich der Erfassung der Benutzerfehler.

Grundlage für einen entsprechenden quantitativen Vergleich bildete eine sog. "Ideale Erhebung" - eine *kombinierte* Auswertung der Daten aller eingesetzten Evaluationsverfahren, wobei eine vollständige Erfassung aller Fehler durch diese Ideale Erhebung postuliert wird.

Bezogen auf unsere Längsschnittuntersuchung zeigte sich, daß von den 48 Bürokräften insgesamt 859 Fehler gemacht wurden. Hinsichtlich der Erfassung dieser Fehler erwies sich die Videoaufzeichnung mit 756 erfaßten Fehlern als leistungsfähigstes Verfahren, während durch die Rechnerprotokolle (621 Fehler) und vor allem durch die direkte Beobachtung (390 Fehler) deutlich weniger Fehler erfaßt wurden.

Wir haben die Benutzerfehler nicht nur global erhoben, sondern u.a. eine *interaktionsbezogene Fehleranalyse* durchgeführt. In der Literatur finden sich hierzu eine ganze Reihe unterschiedlich fundierter und differenzierter Fehler-Taxonomien (z.B. Rasmussen, 1987; Arnold & Roe, 1987; Frese & Zapf, 1991). Unabhängig von den Möglichkeiten und Nutzen einzelner Taxonomien ist die zuverlässige Erfassung die Voraussetzung für eine weitere Analyse von Fehlern. Um diese Zuverlässigkeit zu prüfen, haben wir die drei Verfahren im Zusammenhang mit verschiedenen Fehlertaxonomien eingesetzt. Die dabei gewonnenen Erkenntnisse werden hier stellvertretend am Beispiel der im Projekt *FAUST* erarbeiteten Fehlertaxonomie verdeutlicht (vgl. Frese & Zapf, 1991). Diese handlungstheoretisch ausgerichtete Fehler-Taxonomie umfaßt insgesamt 15 Kategorien, von denen hier exemplarisch zwei Kategorien herausgegriffen werden, die ohne Hintergrundwissen verständlich sind.

Es handelt sich um die "Wissensfehler" und die "Bewegungsfehler". Wissensfehler zeichnen sich dadurch aus, daß der Benutzer Handlungen nicht planen und ausführen kann, weil ihm dazu notwendige Informationen nicht zur Verfügung stehen. Unter die Bewegungsfehler fallen alle Fehler, die bei hochgeübten sensumotorischen Handlungen auftreten.

Bei Voruntersuchungen hatte sich gezeigt, daß für einen differenzierten Vergleich der drei Verfahren eine einfache Unterscheidung zwischen *Fehler erkannt* und *Fehler nicht erkannt* nicht ausreicht. Es gibt Benutzeraktionen, die zwar erfaßt werden, bei denen aber eine Zuordnung zur jeweiligen Fehlerkategorie je nach dem von der Methode miterfaßten Kontext schwierig oder unsicher ist. Um diese qualitativen Unterschiede berücksichtigen zu können, unterschieden wir bei der Auswertung zwischen *richtig erkannt, unsicher erkannt*, *falsch erkannt* und überhaupt *nicht erkannt*. *Unsicher erkannt* ist ein Fehler immer dann, wenn die von der Erhebungsmethode gelieferten Informationen für eine eindeutige Zuordnung nicht ausreichen, so daß der Auswerter seine Einstufung auf Erfahrungswerte und Plausibilitätsannahmen stützen muß. *Falsch erkannt* ist ein Fehler, wenn der Auswerter seine Einstufung subjektiv sicher vornimmt, sich aber im nachhinein anhand der Idealen Erhebung herausstellt, daß die Einstufung objektiv falsch war.

Die Ergebnisse, die sich bei dieser differenzierten Betrachtung ergeben, zeigen Abbildung 3 (Wissensfehler) und Abbildung 4 (Bewegungsfehler).

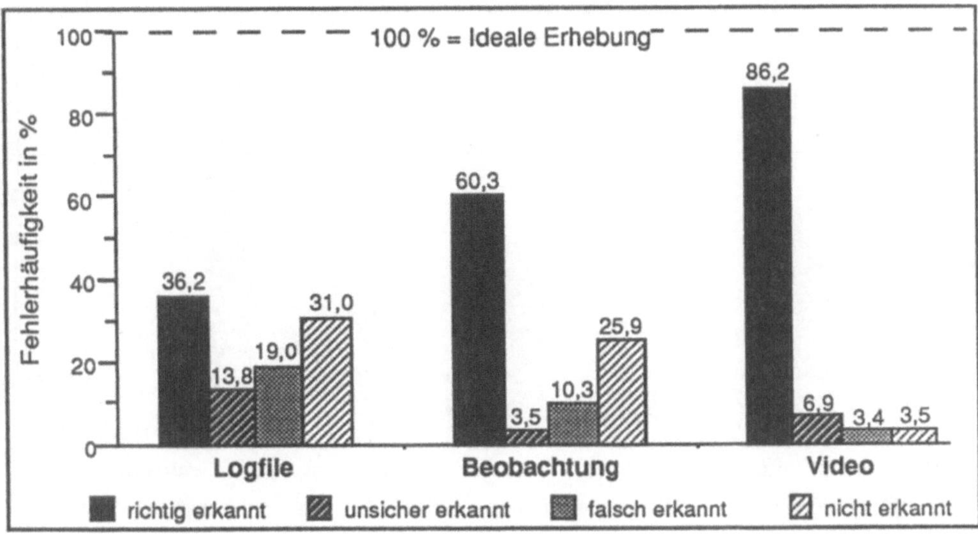

Abb. 3: Die Erfassung von Wissensfehlern

Bei den *Wissensfehlern* erweist sich die Videoaufzeichnung mit rund 86 % richtig erkannter Fehler deutlich als das leistungsfähigste Erhebungsmittel. Die beiden anderen Methoden schneiden wesentlich schlechter ab, wobei die Beobachtung dem Logfile noch klar überlegen ist. Dieses Ergebnis ist plausibel, denn Wissensfehler zeichnen sich häufig dadurch aus, daß die Benutzer tatenlos vor dem Bildschirm sitzen und quasi nicht mehr weiter wissen. Das Erkennen solcher Situationen aus einem Logfile ist kaum möglich.

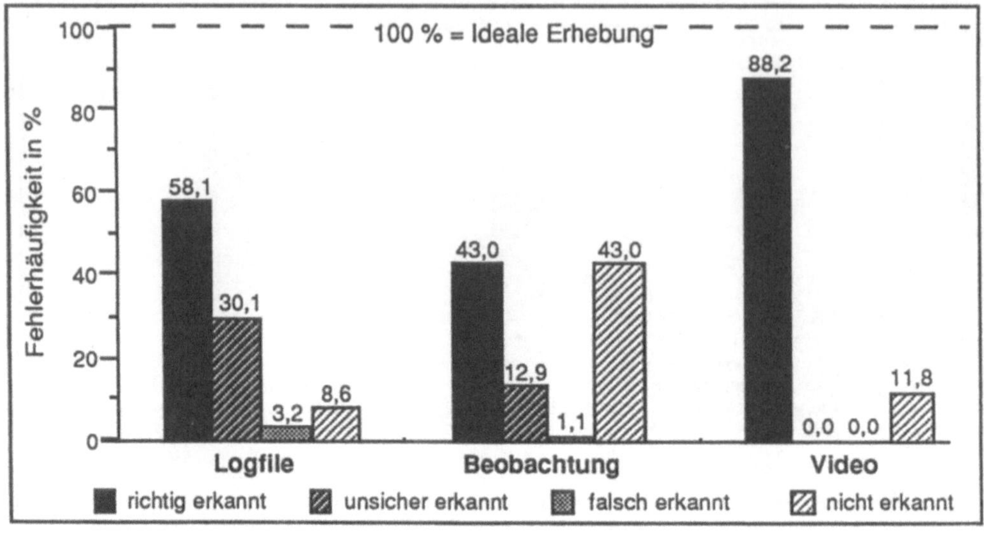

Abb. 4: Die Erfassung von Bewegungsfehlern

Auch bei der Erfassung von *Bewegungsfehlern* ist die Videoaufzeichnung mit rund 88 % richtig erkannter Fehler das leistungsfähigste Erhebungsmittel. Im Gegensatz zu den Wissensfehlern ist hier jedoch das Logfile der Beobachtung hinsichtlich der richtig erkannten Fehler überlegen. Dies ist naheliegend, denn bei Bewegungsfehlern handelt es sich um schnell ablaufende Prozesse, deren Beobachtung und Protokollierung einen Beobachter leicht überfordern können.

Auch bei allen weiteren Untersuchungen erwies sich eine *geeignete* Videoaufnahme als das leistungsfähigste Erhebungsmittel. Geeignet bedeutet hier, daß sowohl die Versuchsteilnehmer und die Eingabegeräte als auch die Benutzungsoberfläche zeitsynchron dargestellt werden. Bezüglich der beiden anderen Verfahren sind die Ergebnisse nicht so eindeutig: So sind die Rechnerprotokolle hinsichtlich der Datenerfassung der Beobachtung insgesamt leicht überlegen, während die durch die Beobachtung erhobenen Daten einfacher und sicherer interpretiert werden können. Abbildung 5 faßt die Ergebnisse zu den drei Erhebungsmitteln zusammen.

	Aufwand Realisierung	Aufwand Auswertung*	Daten-Erfassung	Daten-Interpretation
Beobachterprotokolle	gering	x 0,25	+	++
Rechnerprotokolle	mittel	x 0,5 - 0,8	++	+
Videoaufzeichnung	hoch	x 1,5 - 2	+++	+++

*(*Als Faktor der Aufgabenbearbeitungszeit)*

Abb. 5: Überblick über die drei Evaluationsmittel

Die Erfassung von Gestaltungshinweisen. - Ziel des Methodeneinsatzes im Rahmen von *Prototyping in einem Designteam* ist es nicht nur, objektive Leistungsdaten für die Bewertung und den Vergleich verschiedener Iterationen des Prototypen zu gewinnen, sondern auch direkte Gestaltungshinweise zur Verbesserung der nächsten Iteration zu erhalten.

Dazu sind Rechnerprotokolle, Videoaufzeichnungen und direkte Beobachtungen insofern geeignet, als durch eine systembezogene Analyse bestimmte Schwachstellen identifiziert werden können. So deutet beispielsweise die Häufung von Fehlern oder eine vermehrte Hilfenutzung an bestimmten Stellen der Aufgabenbearbeitung auf Problembereiche hin.

Um nun *direkte* Gestaltungshinweise und Verbesserungsvorschläge zu erhalten, haben sich jedoch andere, mehr prozeßbezogene Vorgehensweisen besser bewährt: die *Systemexploration* durch die Benutzer in Verbindung mit einer *freien Befragung*, das Mitprotokollieren von Kommentaren und Kritik der Benutzer während der Aufgabenbearbeitung und die *Videokonfrontation*.

Durch diese Verfahren konnten beispielsweise bei der Evaluation der 1. Iteration des Prototypen insgesamt 154 konkrete Gestaltungshinweise von den 12 Bürofachkräften gewonnen werden (z.B. "Man hat einen schlechten Überblick über vorhandene Produktgruppen, eine Auflistung wäre hier besser"). Hierbei zeigten sich insbesondere zwei Ergebnisse:

- Benutzer mit großer EDV-Vorerfahrung gaben im Durchschnitt doppelt so viele Gestaltungshinweise wie unerfahrene Benutzer, wobei sie rund 2/3 ihrer Hinweise bereits in der Explorationsphase äußerten, also *bevor* sie die Testaufgaben bearbeitet hatten. Sie nannten mehr konkrete Verbesserungsvorschläge und kritisierten öfter bestimmte Eigenschaften des Prototypen, wobei sie sich häufig auf ihre Erfahrungen mit anderen Programmen bezogen. Dagegen äußerten Benutzer mit geringer EDV-Vorerfahrung nur etwa 1/3 ihrer Kritik und Gestaltungshinweise in der Lernphase, der überwiegende Teil wurde während und nach der Bearbeitung der Testaufgaben genannt. Die Hinweise waren insgesamt nicht so gestaltungsnah, sondern bezogen sich mehr auf die Schwierigkeiten, die die Benutzer mit dem Prototypen hatten. Man könnte nun meinen, daß man unter diesen Umständen auf die Bearbeitung von Testaufgaben verzichten und nur erfahrene Benutzer befragen sollte. Dies wäre jedoch nicht sinnvoll, da es deutliche *qualitative* Unterschiede zwischen den jeweiligen Gestaltungshinweisen gibt. Ein Teil der Hinweise ginge deshalb verloren, würde man nur EDV-Fortgeschrittene in die Evaluation einbeziehen.

- Nach etwa 6 Personen (davon 3 mit großer EDV-Erfahrung) wurden kaum noch neue Hinweise genannt. Es ist somit nicht erforderlich, Versuche mit vielen Benutzern durchzuführen, um praxisrelevante Ergebnisse zu erhalten.

4.5 Vergleich über die Iterationen

Um Analysen über den gesamten Entwicklungsprozeß des Prototypen durchführen zu können, rechneten wir die durch die einzelnen Evaluationsverfahren gewonnenen Daten in prozentuale Werte um. Die Anzahl der Gestaltungshinweise, die Bearbeitungszeiten und die Fehlerzahlen der *1. Iteration* wurden dazu jeweils als "100%-Wert" festgelegt, während das Experten- und das Benutzerurteil bereits prozentual erhoben wurde. Auf diese Weise wurde einerseits eine anschauliche Erfolgskontrolle unserer Software-Entwicklung über vier Iterationen und andererseits ein direkter trendorientierter Vergleich zwischen den jeweiligen Ergebnissen der verschiedenen Evaluationsverfahren möglich.

Bezogen auf den *Entwicklungsprozeß* zeigte sich dabei eine stetige Verbesserung des Prototypen über die vier Iterationen: Die Bearbeitungszeiten und Fehler typischer Benutzer reduzierten sich drastisch, während sich die Zufriedenheit der Benutzer mit dem Prototypen und die Bewertung durch Experten für Software-Ergonomie stetig verbesserte. Die größte Verbesserung wurde dabei durch die Überarbeitung der ersten Iteration des Prototypen erzielt.

Bezogen auf die *Evaluationsverfahren* selbst wird der starke (statistisch abgesicherte) Zusammenhang zwischen den Aussagen der einzelnen Evaluationsverfahren deutlich. Dieses Ergebnis hat wichtige Implikationen für die software-ergonomische Forschung und Praxis. So deutet es u.a. an, daß bei etlichen Problemstellungen auf die Anwendung aufwendiger Evaluationsverfahren zugunsten ökonomischerer Vorgehensweisen verzichtet werden kann.

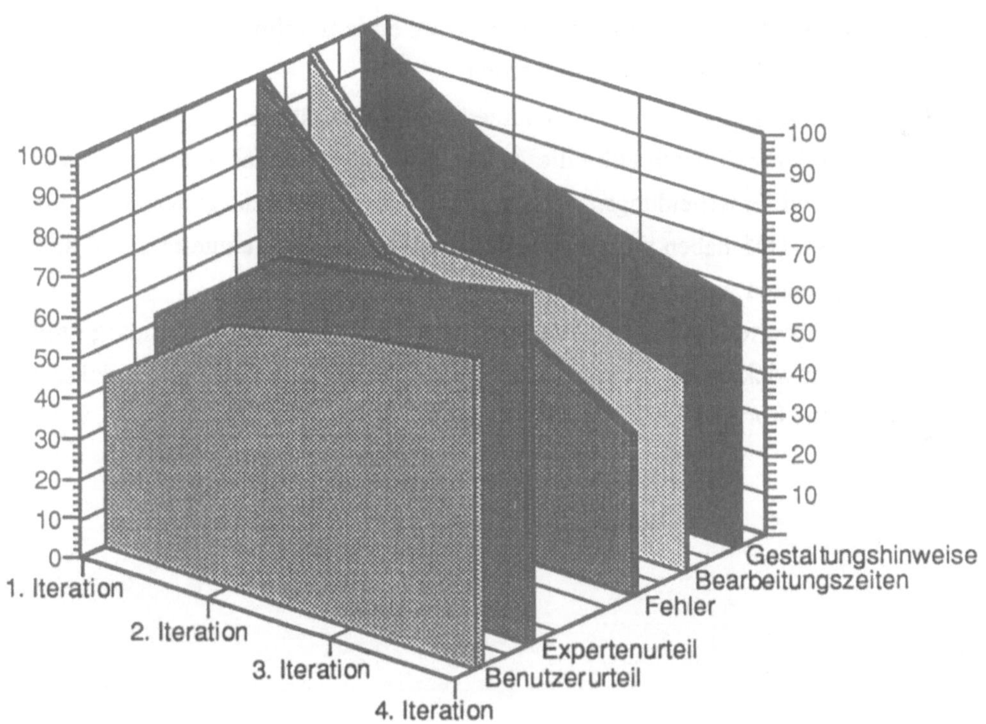

Abb. 6: Ergebnisse der Evaluationsverfahren über die vier Iterationen des Prototypen

5 Die gezielte Beteiligung von Benutzern

Wir unterscheiden drei verschiedene Ausprägungen der Benutzerbeteiligung (vgl. z.B. Heilmann, 1981):

- Bei der *passiven Mitwirkung* wird die Meinung der Benutzer hinsichtlich des zu entwickelnden Systems gehört und eher willkürlich bei der Gestaltung der Software berücksichtigt.
- Bei der *aktiven Mitentscheidung* treffen die Benutzer zusammen mit weiteren Verantwortlichen grundsätzliche Entscheidungen zum Systementwurf.
- Bei der *aktiven Partizipation* können die Benutzer darüberhinaus bei der Software-Entwicklung direkt gestaltend tätig werden.

Für jede dieser Ausprägungen von Benutzerbeteiligung müssen geeignete Methoden verwendet werden, mit deren Hilfe die Äußerungen der Benutzer festgehalten und im Gestaltungs- und Entscheidungsprozeß angemessen berücksichtigt werden können. Im Projekt PROTOS haben wir eine Reihe derartiger Ansätze eingesetzt und anhand unserer Erfahrungen weiterentwickelt.

Hierbei realisierten wir an verschiedenen Stellen des oben dargestellten Prototyping-Entwicklungskonzepts sowie bei der Evaluation fertiger Produkte drei unterschiedliche Formen der Benutzerbeteiligung (siehe Abb. 7):

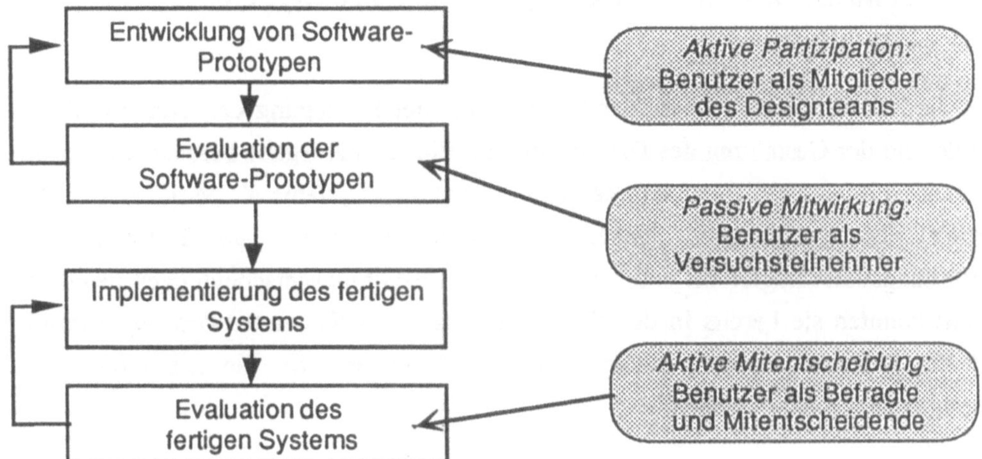

Abb. 7: Benutzerbeteiligung im Forschungsprojekt PROTOS

- *Benutzer als Mitglieder im Designteam* wirkten im Sinne einer aktiven Partizipation an der Gestaltung und Entwicklung von Prototypen des zu entwickelnden Systems mit.
- Mit Hilfe der *Benutzer als Versuchsteilnehmer* unterzogen wir die Benutzungsfreundlichkeit der Prototypen einer empirischen Überprüfung. Diese Benutzergruppe war somit im Sinne einer passiven Mitwirkung bei der Software-Gestaltung involviert.
- *Benutzer als Befragte und Mitentscheidende* wirkten durch ihre Bewertung des betrieblich eingeführten Systems aktiv und stimmberechtigt bei der Überarbeitung des fertigen Systems mit.

Im folgenden werden wir diese drei verschiedenen Formen der Beteiligung von Benutzern im Projekt PROTOS genauer darstellen. Wir werden dazu auf die jeweiligen Ziele zu sprechen kommen, unser genaues Vorgehen einschließlich der dabei eingesetzten Methoden darstellen und unsere Erfahrungen skizzieren.

5.1 Benutzer als direkte Beteiligte an der Prototypen-Gestaltung

Um die Ziele und Bedürfnisse der Benutzer bei der Festlegung der Systemfunktionalität und der Gestaltung des Dialogs und der Ein- und Ausgabe berücksichtigen zu können, wurden zwei Benutzer des zu entwickelnden Systems als Mitglieder in die Arbeit des Designteams einbezogen. Diese arbeiteten am Entwurf von Gestaltungsvorschlägen mit und waren an allen Gestaltungsentscheidungen beteiligt. Somit konnten sie bereits in den frühesten Phasen der Systementwicklung Einfluß auf die Softwaregestaltung nehmen und die "Weichen" für ein aus ihrer Sicht angemessenes System stellen.

Vorgehen. - Im Anschluß an die Qualifizierung nahm das Designteam seine Entwicklungsarbeit auf. Das Team traf sich in der Regel einmal monatlich ganztägig. Zwischen den Sitzungen wurde das Erarbeitete aufbereitet und dokumentiert und die Gestaltungsentscheidungen auf einem Macintosh-System umgesetzt.

Voraussetzungen. - Die Arbeit des Designteams war an verschiedene Voraussetzungen gebunden: So war z.B. für die Teamarbeit ein adäquates Zeitbudget einzuplanen, und die im Designteam mitarbeitenden Benutzer waren entsprechend freizustellen. Dem Designteam mußten angemessene technische Ressourcen (Hardware und Entwicklungsumgebung) zur Verfügung gestellt werden. Ferner waren die Kompetenzen und Verantwortlichkeiten der einzelnen Designteam-Mitglieder sowie verbindliche Regeln für den internen Teamprozeß vor Beginn der Arbeit des Designteams festzulegen.

Erfahrungen. - Wie in einem gemeinsamen Rückblick nach einem Jahr Arbeit im Designteam deutlich wurde, bewerteten alle Designteam-Mitglieder ihre Erfahrungen mit dem Designteam und dem zugrundeliegenden Team-Modell positiv.

Als wichtiges Element erwies sich die Moderation Designteams. Aufgrund fehlender Erfahrungen - als Folge einer mangelhaften Beteiligungstradition - verhielten sich die Benutzer zuerst recht passiv und nahmen ihre Möglichkeiten zur Einflußnahme auf den Software-Gestaltungsprozeß kaum wahr. Die Moderation des Psychologen hatte deshalb zunächst das Ziel, die sozialen und gruppendynamischen

Bedingungen für den Teamprozeß zu verbessern. Nachdem dieses erreicht war, half die Moderation, die verschiedenen berufsspezifischen Wissensinhalte zusammenzuführen und zum Austausch zu bringen. Der Moderator hatte somit die Funktion eines sozialen und fachlichen Vermittlers.

Von großer Bedeutung für die Teamarbeit war es auch, diese nicht statisch zu verstehen, sondern in größeren Abständen das bisherige Vorgehen zu reflektieren. So kann nach unseren Erfahrungen, insbesondere in den fortgeschrittenen Projektphasen, eine Modifikation der dargestellten Vorgehensweise nötig werden. Wir haben deshalb zwei Reflexionsphasen während der Entwicklung des Prototypen im Designteam durchgeführt. Diese hatten zum Einen den Vorteil, daß sie zu einer Verbesserung der Zusammenarbeit in der ursprünglichen Form führten, zum Anderen wurden in der zweiten Reflexionsphase einige Veränderungen beschlossen, die sich auf die weitere Arbeit des Designteams positiv auswirkten: So hatte es sich im Verlauf des Software-Entwicklungsprozesses gezeigt, daß sich die Rollen und Aufgaben der Mitglieder des Designteams verändert hatten, insbesondere die der Benutzer. In den frühen Phasen war eine enge und ständige Zusammenarbeit aller Designteam-Mitglieder unverzichtbar. Bei späteren Software-Entwicklungsschleifen dagegen war die Fachkompetenz der Benutzer als Experten für die Arbeitsaufgabe seltener gefragt. Deshalb wurden in diesen späteren Pasen, in denen vor allem spezielle Fragen des Bildschirmlayouts im Vordergrund standen, die Benutzer von der Designarbeit im engeren Sinne entlastet und nur noch punktuell zu Entscheidungen zugezogen. Stattdessen wurden weitere Experten beratend einbezogen, beispielsweise ein spezialisierter Grafik-Designer.

Ein - möglicherweise - erhöhter zeitlicher Aufwand wird häufig als Argument gegen die aktive Partizipation der Benutzer an der Software-Entwicklung angeführt. Unsere Erfahrungen zeigen jedoch, daß dies höchstens für die ersten Phasen des Prototyping-Entwicklungsprozesses zutrifft. So benötigte unser Designteam bis zur Testung des ersten Prototypen insgesamt sieben ganztägige Sitzungen. Hierbei darf jedoch nicht übersehen werden, daß in diesen ersten Phasen ein Großteil der konzeptionellen Arbeit geleistet wurde. Der zeitliche Aufwand für die späteren Phasen des Prototyping-Prozesses sank deutlich. So benötigte das Designteam für das Redesign der ersten Prototyp-Iteration drei Sitzungen, für das der zweiten Iteration zwei

Sitzungen und für die Überarbeitung der dritten Iteration war nur noch eine Designteam-Sitzung erforderlich. Somit können wir der Annahme bzw. Befürchtung, die Durchführung eines Prototyping-Entwicklungsprozesses mit Benutzerbeteiligung könnte zu einer drastischen Erhöhung der Entwicklungskosten führen, aufgrund unserer Erfahrungen nur widersprechen - es scheint sogar eher das Gegenteil der Fall zu sein.

5.2 Benutzer als Mitwirkende an der Evaluation von Software-Prototypen

Die alleinige Beteiligung interessierter Benutzer an der Software-Entwicklung birgt Risiken: So ist es z.B. denkbar, daß gerade die Benutzer, die sich freiwillig für die Arbeit im Designteam melden, bereits mehr Erfahrungen mit informationsverarbeitenden Technologien mitbringen und deshalb die Bedürfnisse der anderen Benutzer, die mit einem anderen Erfahrungshintergrund an das System herangehen, nicht ausreichend vertreten. Ferner identifizieren sich u.U. die im Designteam integrierten Benutzer im Laufe ihrer Arbeit zunehmend mit dem zu entwickelnden System, was möglicherweise ihre Fähigkeit zur (selbst-)kritischen Einschätzung von Gestaltungsentscheidungen beeinträchtigt.

Deshalb haben wir die vom Designteam erarbeiteten Prototypen systematisch einer empirischen Überprüfung unterzogen (vgl. Kap. 4), bei der die Benutzer im Sinne einer passiven Mitwirkung beteiligt wurden.

Vorgehen. - Um die Benutzer an der Evaluation angemessen zu beteiligen, führten wir Einzelversuche durch, in denen sie jeweils typische Arbeitsaufgaben mit den Prototypen bearbeiteten. Bei den Versuchsteilnehmern handelte es sich um potentielle Benutzer des zu entwickelnden Systems, die sich nach Bekanntmachung durch unseren betrieblichen Kooperationspartner freiwillig für den Versuch zur Verfügung gestellt hatten. Da diese bereits in der überwiegenden Mehrzahl der Fälle über EDV-Erfahrung verfügten, gewannen wir mit Hilfe von Zeitungsannoncen noch weitere Versuchsteilnehmer, die in anderen Firmen vergleichbare Arbeitsaufgaben zu bearbeiten hatten, aber noch keine Vorerfahrungen mit EDV mitbrachten. (Die Durchführung der Versuche wird in Kap. 4.3 beschrieben.)

Erfahrungen. - Bei der Rückmeldung der Evaluationsergebnisse zeigte sich, daß diese dem Designteam in einer systembezogenen Form zur Verfügung gestellt werden mußten, um ein schnelles und gezieltes Redesign des Prototypen zu ermöglichen. So wurden beispielsweise Fehler- und Problemschwerpunkte der Versuchsteilnehmer nach Funktionsbereichen geordnet und direkt am Prototypen oder per Videoeinspielung erläutert. Vor allem eine anschauliche und konkrete Darstellung der Ergebnisse war wichtig, möglichst mit Erläuterungen am Prototypen selbst. Abstrahierte "psychologische Aussagen" haben sich nicht bewährt. Ferner ist es von entscheidender Bedeutung, zusätzlich zu den einzelnen Ergebnissen zugleich die arbeitspsychologischen Implikationen aus diesen Ergebnissen zu vermitteln. Dabei sollte auch der Verbindlichkeitsgrad der durch die Ergebnisse nahegelegten Änderungen gewichtet werden (z.B. durch eine Differenzierung nach "Muß-, Sollte- und Kann-Änderungen").

Bei der Auswertung der Gestaltungshinweise von Seiten der Versuchsteilnehmer zeigte sich, daß die EDV-Vorerfahrung der Versuchsteilnehmer von ausschlaggebender Bedeutung dafür war, welche Gestaltungshinweise sie äußerten und zu welchem Zeitpunkt (siehe Kap. 4.4). Somit ist es wichtig, bei der Software-Evaluation Benutzer mit breit gestreuter Expertise einzubeziehen. Dies ist umso wichtiger, je unspezifischer der spätere Einsatzbereich der Software ist und je mehr Benutzer mit unterschiedlicher EDV-Erfahrung mit dem System später arbeiten werden.

5.3 Benutzer als Beteiligte an der Evaluation des fertigen Systems

Die Berücksichtigung von benutzerspezifischen Interessen bei der Gestaltung von Dialogsystemen garantiert noch nicht die mittel- und langfristig optimale Anpassung des Systems an die Wünsche und Bedürfnisse der Benutzer sowie an die Erfordernisse der Arbeitsaufgaben. Beides kann sich auch nach Abschluß der Software-Entwicklung verändern. Um die Eignung des auf der Grundlage des Prototypen erstellten fertigen Systems für die verschiedenen, in der Praxis auftretenden Arbeitsaufgaben sowie seine Benutzungsfreundlichkeit für die realen Benutzer zu überprüfen, haben wir nach der Realisierung unseres Prototypen und dessen Einführung als fertiges Software-Produkt eine weitere Evaluation angesetzt. Die Ergebnisse dieser Evaluation dienen als Grundlage für entsprechende Systemänderungen, über die in Zusammenarbeit mit den Benutzern des Systems entschieden wird. Da die Evaluation jedoch nicht mehr im Rahmen der Projektlaufzeit erfolgen konnte, führten wir - um auch mit diesem Vorgehen Erfahrungen zu sammeln - Benutzerbefragungen in Kooperation mit verschiedenen Software-Herstellern für bereits betrieblich etablierte Systeme durch.

Vorgehen. - Für diese praxisbezogene Evaluation setzten wir den von uns entwickelten Fragebogen FBD ein (siehe Kap. 4.2) mit dessen Hilfe es möglich ist, die Meinung der Benutzer des Systems zu erfassen. Zusätzlich zu dieser Befragung führten wir ausführliche halb-strukturierte Interviews mit einigen Benutzern durch. Diese Benutzer wurden von uns entweder aufgrund ihrer, uns als "typisch" erscheinenden Arbeitsaufgaben, oder nach dem Zufallsprinzip ausgewählt.

Erfahrungen. - Der von uns entwickelte FBD hat sich nach unseren Erfahrungen als Instrument zur Erhebung der Akzeptanz eines Systems und der Bewertung einzelner Systemeigenschaften durch die Benutzer bewährt. Er kann schnell ausgefüllt und mit Hilfe von Schablonen zügig ausgewertet werden, so daß normalerweise die Meinungen aller Benutzer eines Systems erfaßt werden können. Um nun ganz detaillierte Gestaltungsvorschläge zur erhalten, war es zusätzlich nötig, zusätzliche freie Interviews mit einigen Benutzern durchzuführen. Dabei erwies es sich als sinnvoll, die Benutzer als Diskussionsgrundlage auf einige der im Fragebogen kritisierten Systemeigenschaften anzusprechen, und mit ihnen Möglichkeiten einer verbesserten Systemgestaltung zu erörtern.

6 Resümee

Die hier vorgestellte Software-Entwicklungsstrategie *Prototyping in einem Designteam* basiert auf zwei entscheidenden Prinzipien: der gezielten Beteiligung von Benutzern und der systematischen Evaluation der Benutzungsfreundlichkeit der erstellten Prototypen.

Bezüglich der Benutzerbeteiligung halten wir die direkte Mitarbeit und

Mitbestimmung der Benutzer in einem Designteam für die wichtigste Form, auf die keinesfalls verzichtet werden sollte. Nach unseren Erfahrungen ist sie insbesondere in den frühen Phasen des Entwicklungsprozesses von entscheidender Bedeutung, denn nachträgliche Änderungen fehlgeleiteter Konzepte sind nur mit hohem Aufwand realisierbar (vgl. Strohm, 1991). Insbesondere bei Fragen der Funktionsteilung zwischen Mensch und Computer und der Funktionalität des zu entwickelnden Systems sollte auf die Fachkompetenz der Benutzer als "Experten für die Arbeitsaufgabe" nicht verzichtet werden. Aber auch bei der Gestaltung der Dialogabläufe können die Benutzer oftmals entscheidende Beiträge leisten, denn sie wissen in der Regel am besten, wann welche Eingaben und Funktionsaufrufe nötig sind, in welcher Form ihnen bestimmte Daten zur Verfügung gestellt werden müssen usw.

Als unverzichtbares Korrektiv der Entscheidungen des Designteams hat sich die systematische Evaluation der Prototypen mit Hilfe externer Benutzer erwiesen. Hierzu wurden im Projekt PROTOS praxistaugliche Verfahren entwickelt und erprobt. Die Anwendung dieser Verfahren sollte nach unseren Erfahrungen zweigleisig erfolgen: Anhand *prozeßbezogener* Verfahren sollten direkte Gestaltungshinweise erhoben, anhand *leistungsbezogener* Verfahren alternative Prototypen und konkurrierende Designkonzepte direkt miteinander verglichen werden. Die entsprechenden Evaluationsergebnisse sollten anschaulich und nach ihrer Bedeutung gewichtet in das Designteam rückgemeldet werden, um das Team optimal bei der Überarbeitung des Prototypen zu unterstützen.

Die im Projekt PROTOS auf der Grundlage dieser beiden Prinzipien realisierte exemplarische Software-Entwicklung erwies sich als überaus erfolgreich. Dieser Erfolg zeigt sich zunächst sehr deutlich an den subjektiven (Zufriedenheit der Benutzer) und objektiven (Fehler und Zeiten der Benutzer bei der Arbeit mit dem System) Evaluationsdaten - auch im Vergleich zu marktgängigen Systemen.

Dieser Erfolg zeigt sich aber auch - und das läßt sich nicht in harten Zahlen ausdrücken - in der Bereitschaft und dem Interesse der in den Längs- und Querschnittstudien involvierten Softwareproduzenten, das Prototyping in einem Designteam in Zukunft verstärkt zu realisieren.

Wir werten dies als Bestätigung, nicht nur ein erfolgreiches, sondern auch ein folgenreiches Forschungsprojekt durchgeführt zu haben.

Literatur

Apple (1987). Human Computer Interface Guidelines. The Apple Desktop Interface. Addison Wesley.

Arnold, B. & Roe, R. (1987). User errors in human-computer interaction. In M. Frese, E. Ulich & W. Dzida (Eds.), Psychological issues of human-computer interaction in the work place (pp. 203-220). Amsterdam: North Holland.

Aschersleben, G. & Zang-Scheucher, B. (1989). Der Prozeß der Software-Gestaltung. Eine Bestandsaufnahme in Wissenschaft und Industrie. In S. Maaß & H. Oberquelle (Hrsg.), Software-Ergonomie`89 (S. 244-253). Stuttgart: Teubner.

DIN 66234 Teil 8. (1988). Bildschirmarbeitsplätze, Grundsätze ergonomischer Dialoggestaltung.

Floyd, C. (1984). A Systematic Look at Prototyping. In: R. Budde, K. Kuhlenkamp, L. Matiassen & H. Züllighoven (Eds.), Approaches to Prototyping. Heidelberg: Springer.

Frese, M. & Brodbeck, F. (1989). Computer in Büro und Verwaltung. Berlin: Springer.

Frese, M. & Zapf, D. (Hrsg.) (1991). Fehler bei der Arbeit mit dem Computer. Ergebnisse von Beobachtungen und Befragungen im Bürobereich. Bern: Huber.

Gould, J. D. & Lewis, C. (1984). Designing for usability - key principles and what designers think. Human-Computer Interaction, Proceedings of the ACM, 50-53.

Hacker, S., Holz auf der Heide, B. & Aschersleben, G. (1991). Prototyping in einem Designteam: Vorgehen und Erfahrungen bei einer Software-Entwicklung unter Benutzerbeteiligung. In: M. Frese, C. Kasten, C. Skarpelis & B. Zang-Scheucher (Hrsg.), Software für die Arbeit von morgen: Bilanz und Perspektiven anwendungsorientierter Forschung. Heidelberg: Springer.

Hacker, W. (1978). Allgemeine Arbeits- und Ingenieurpsychologie. Bern: Huber.

Hacker, W. (1980). Spezielle Ingenieurpsychologie. Lehrtext 1: Psychologische Bewertung von Arbeitsgestaltungsmaßnahmen. Berlin: Deutscher Verlag der Wissenschaften.

Heilmann, H. (1981). Modelle und Methoden der Benutzermitwirkung in Mensch-Computer-Systemen. Stuttgart: Forkel.

Holz auf der Heide, B. (1990). Ein Qualifizierungskonzept für Mitglieder in einem Designteam. Unveröff. Manuskript, Technische Universität München.

Holz auf der Heide, B. (1993). Welche software-ergonomischen Evaluationsverfahren können was leisten? In Software-Ergonomie`93. Stuttgart: Teubner.

Holz auf der Heide, B., Aschersleben, G. Hacker, S. & Bartsch, T. (1991). Methoden zur empirischen Bewertung der Benutzerfreundlichkeit von Bürosoftware im Rahmen von Prototyping. In M. Frese, C. Kasten, C. Skarpelis & B. Zang-Scheucher (Eds.), Software für die Arbeit von morgen: Bilanz und Perspektiven anwendungsorientierter Forschung. Heidelberg: Springer.

Holz auf der Heide, B. & Hacker, S. (1991). Prototyping in einem Designteam: Vorgehen und Erfahrungen bei einer Software-Entwicklung unter Benutzerbeteiligung. In: D. Ackermann & E. Ulich (Hrsg.), Software-Ergonomie _91. Stuttgart: Teubner.

IBM (1991). Systems Application Architecture. CUA. Advanced Interface Design Guide.

ISO 9241 Part 10 (1992). Ergonomic requirements for office work with visual display terminals (VDTs). Dialogue principles - Second committee draft, June 1992.

Müller, B., Aschersleben, G. & Hacker, S. (1989). Benutzerfreundlichere Software durch Prototyping. In S. Höfling & W. Butollo (Eds.), Psychologie für Menschenwürde und Lebensqualität: aktuelle Herausforderung und Chancen für die Zukunft (S. 363-370). Bonn: Deutscher Psychologen Verlag.

Oppermann, R., Murchner, B., Reiterer, H. & Koch, M. (1992). Software-ergonomische Evaluation. Der Leitfaden EVADIS II. Berlin: DeGruyter.

Rasmussen, J., Duncan, K. & Leplat, J. (Eds.) (1987). New Technology And Human Error. Chichester: John Wiley.

Rödiger, K.H. (1985). Beiträge der Softwareergonomie zu den frühen Phasen der Software-Entwicklung. In: H.-J. Bullinger (Hrsg.), Software-Ergonomie _85. Stuttgart: Teubner.

Smith, S. L. & Mosier, J. (1986). Guidelines for Designing Interface Software. Bedford: MITRE.

Strohm, O. (1991). Projektmanagement bei der Software-Entwicklung. Eine arbeitspsychologische Analyse und Bestandsaufnahme. In: D. Ackermann & E. Ulich (Hrsg.), Software-Ergonomie _91 (S. 46-58). Stuttgart: Teubner.

Computerunterstütztes Problemlösen und Verbesserung der Wissenskommunikation als humanorientierte Gestaltungsaufgaben

Dipl.- Inf. Manfred Daniel
ibek GmbH, Karlsruhe

Zusammenfassung
Ausgehend von einer Kritik der Expertensystementwicklung wird mit WORKS (Work Oriented Design of Knowledge Systems) ein Ansatz zur Integration von arbeits- und organisationswissenschaftlichen Sichtweisen in das Knowledge Engineering vorgestellt. Unter Bezug auf die prinzipielle Andersartigkeit von Mensch und Computersystem werden Bedingungen für die Computerunterstützung menschlichen Problemlösens diskutiert, die sich ergeben, wenn man arbeitspsychologische Erkenntnisse und Normen beachtet. Abschließend wird gezeigt, wie die Entwicklung wissensbasierter Systeme genutzt werden kann, um positive Wirkungen im soziotechnischen Wissenssystem des Anwendungsfeldes zu erreichen.

Abstract
Based on a critical view on expert systems development we present the approach WORKS (Work Oriented Design of Knowledge Systems). WORKS tries to integrate work oriented and organizational perspectives into knowledge engineering. Looking at the fundamental difference in between humans and computer systems we will discuss some conditions of computer supported human problem solving with respect to the results and standards coming from the psychology of work. Finally we show how the development of knowledge based systems can be used to achieve positive effects in the sociotechnical knowledge system surrounding the application.

Résumé
Ë partir de la critique d'évolution des *systèmes experts* la conception WORKS (Work Oriented Design of Knowledge Systems) est presenté comme la tentative d'integration des ideés du système scientifique d'organisation et du travail dans *knowledge engineering*. Concernant la difference de l'être humaine et le système du computer nous discutons les conditions de l'aide du computer pour trouver des solutions compatibles avec la nature humaine, en considerant les cognitions et les normes de la psycholgy du travail. Ë la fin on presente le mode d'emploi de l'évolution de *systèmes experts* pour atteindre des effets positifs dans le système sociologique et technique du système appliquée.

Wir stellen im folgenden die ersten Ergebnisse eines Forschungsprojektes[1] vor, das sich z. Zt. noch in der Vorphase befindet. Ziel des Projektes ist es, das vorhandene und entstehende Wissen zur menschengerechten Gestaltung von Expertensystemen zusammenzufassen und in praktikable Verfahren zur Einführung wissensbasierter

---

1 Das Forschungsprojekt _Entwicklung von Methoden zur Ermittlung der Gestaltungsanforderungen an expertensystemgestützte Arbeitssysteme" wird vom Bundesminister für Forschung und Technologie im Programm _Arbeit und Technik" gefördert.

Systeme umzusetzen. Dabei werden insbesondere aufgaben- und arbeitsorientierte Gestaltungsziele berücksichtigt.

Bestimmende Prämisse unserer Arbeit ist, daß bei Entwicklung und Anwendung der Expertensystemtechnik eine Umorientierung aus empirischen und theoretischen Gründen dringend angezeigt, normativ wünschenswert und technisch möglich ist. Da sich aus diesen Erfahrungen heraus wesentliche Schlußfolgerungen für unseren Gestaltungsansatz ergeben, seien zunächst die Gründe für eine Umorientierung zusammengefasst [s.a. Daniel, Fieguth 92a].

1 Gründe für eine Umorientierung der Expertensystemtechnik

Das gewichtigste Argument ergibt sich aus den bisher gemachten Praxiserfahrungen, die in verschiedenen Studien kritisch aufgearbeitet wurden [vgl. Bachmann et al. 92; Krcmar 91; Ziegler 92]. In diesen Studien wird jeweils auf die**fehlende Aufgaben- und Benutzerorientierung** von Anwendungen und den daraus resultierenden Problemen hingewiesen.

Weitere Gründe für eine Neuorientierung liegen in der erkenntnistheoretischen Kritik an dem in der KI vorherrschenden Verständnis von Wissen und Wissensverarbeitung [z. B. Dreyfus, Dreyfus 87, Varela 90]. Gestützt oder erweitert werden die kritischen Argumente auch aus der arbeits- und problemlösepsychologischen Position. Auf dieser Basis ist das Verständnis des Knowledge Engineering und der Rolle von Expertensystemen grundlegend zu revidieren.

Schließlich ist auch eine Reorientierung nach den von der neueren Arbeitspsychologie und -wissenschaft erarbeiteten Kriterien für die Gestaltung von Arbeitssystemen normativ wünschenswert [Dunckel 89]. Die hier geforderte Persönlichkeitsförderlichkeit von Arbeitsbedingungen setzt eine Abkehr vom bestehenden technikzentrierten Entwicklungsansatz voraus. In der technischen Entwicklung ist die geforderte Perspektivenerweiterung längst an den Erweiterungen der Expertensystemtechnik zu beobachten. Es ist ein Zusammenwachsen verschiedener Technologien (Expertensystem, Hypertext, Datenbanken usw.) festzustellen, die es ermöglichen beim Problemlösen auch andere Unterstützungsformen als die wissenbasierter Systeme zu nutzen.

2 WORKS: ein Ansatz zur arbeitsorientierten Gestaltung von Wissenssystemen

Ausgehend von den genannten Defiziten in Entwicklung und Anwendung der Expertensystemtechnik wird im folgenden ein Ansatz zur arbeitsorientierten Gestaltung von Wissenssystemen skizziert (WORKS: Work Oriented Design of Knowledge Systems). Mit Wissenssystemen sind einerseits soziotechnische Wissenssysteme (siehe Abschnitt 4) und andererseits wissensbasierte Systeme im Sinne der Expertensystemtechnik gemeint.

Zentrale Fragestellung von WORKS ist, wie die Technologie wissensbasierter Systeme benutzer- und aufgabenorientiert zur Unterstützung des menschlichen Problemlösens genutzt werden kann. Darüber hinaus sollen bisher wenig beachtete sekundäre Effekte bei der Systementwicklung gezielt gefördert werden. WORKS versucht arbeits- und organisationswissenschaftliche Sichtweisen mit solchen des Knowledge Engineering zu integrieren. WORKS ist zur Zeit im Grundansatz ausformuliert und soll bis hin zu einem Methodenrepertoire operationalisiert werden, das handlungsanleitenden Charakter für die anwendungsorientierte Entwicklung von Wissenssystemen hat.

Tabelle 1 vergleicht den WORKS-Ansatz mit Positionen der traditionellen KI und dem sich gegenwärtig noch in Entwicklung befindlichen CommonKADS-Ansatz [de Hoog et al. 92, Porter 92]. In der Tabelle werden die Ansätze in drei Aspekten verglichen:
- in ihrem Verständnis menschlichen und maschinellen Problemlösens,
- in ihrer Vorgehensweisen bei der Systementwicklung und
- in ihren Leitbildern für die Nutzung wissensbasierter Systeme beim menschlichen Problemlösen.

Von den drei Positionen bilden die traditionelle KI und WORKS die beiden Extreme und CommonKADS nimmt eine vermittelnde Position ein. CommonKADS ist ein Knowledge Engineering Ansatz, der die erkenntnistheoretisch problematischen Annahmen der starken KI-Hypothese zu überwinden versucht. Die Arbeiten an CommonKADS werden von der EG im Rahmen des Esprit-II-Programms gefördert und sollen zu einem europäischen Knowledge-Engineering-Standard führen. CommonKADS wird dadurch zu einem wichtigen Referenzkonzept unserer Arbeit.

Aus arbeitsorientierter Sicht zeigen sich einige Schwächen von CommonKADS. Es führt zwar verbal die Wichtigkeit der Einbettung wissensbasierter Systeme in den Organisations- und Aufgabenzusammenhang an, problematisiert diese aber nicht eingehend genug und bietet dazu wenig methodische Unterstützung. Die Hauptarbeiten konzentrieren sich auf die Modellierung rationalen Problemlöseverhaltens und auf den Aufbau einer Bibliothek von generischen Problemlösemethoden. Zudem wird davon ausgegangen, daß Mensch und wissensbasierte Systeme als tendenziell gleich geartete Agenten kooperieren. WORKS geht dem gegenüber von der prinzipiellen Andersartigkeit von Mensch und Computersystemen aus und fragt, welche Bedingungen sich daraus für eine Computerunterstützung menschlicher Problemlösetätigkeiten (CUP) ergeben.

	Traditionelle KI	CommonKADS	WORKS
Menschliches Problemlösen	Menschliches Problemlösen ist rationales Problemlösen.	Menschliches Problemlösen ist die rationale (oder zumindest rationalisierbare) Anwendung von geeignetem bereichs- und aufgabenspezifischem Wissen.	Beim menschlichen Problemlöser sind analytisch-rational beschreibbare und einer solchen Beschreibung nicht zugängliche Prozesse ganzheitlich miteinander verwoben.
Entwicklung wissensbasierter Systeme	Objektiv vorhandenes und erkennbares Problemlösewissen soll erhoben, analysiert und durch Formalisierung in ein wissensbasiertes CS übertragen werden.	Konstruktion einer Menge von Modellen, die Problemlöseverhalten beschreiben, das in seinem konkreten Organisations- und Anwendungskontext zu betrachten ist.	Verschiedene Träger von Wissen und unterschiedlichen Erfahrungshintergründen konstruieren in einem verständigungs- und lernorientierten Kommunikationsprozeß ein formales Wissensmodell.
Nutzung wissensbasierter Systeme	Das wissensbasierte System entspricht (zumindest angenähert) einem menschlichen Experten und soll wie ein solcher als (anleitender) Partner beim Problemlösen eingesetzt werden.	System und Benutzer werden allgemein als Agenten betrachtet, die miteinander kooperieren.	Menschliche Problembearbeiter ziehen zur Unterstützung wissensbasierte Systeme heran, indem sie unter anderem z. B. Teilaufgaben, die rational und mit eng begrenztem Wissen bearbeitbar sind, an das System übergeben.

Tabelle 1: **Positionen zum computerunterstützten Problemlösen**

Dem Schema der Tabelle folgend behandelt das folgende Kapitel die Aspekte menschlichen Problemlösens und die Nutzung wissensbasierter Systeme aus der WORKS-Perspektive. Kapitel 4 stellt das Konzept der soziotechnischen Wissenssystementwicklung als Alternative zum traditionellen Knowledge Engineering vor.

Darin spiegeln sich unseren bisherigen Arbeitsschwerpunkte wieder. Wir gehen aus von der Erkenntnis, daß die Entwicklung und Nutzung wissensbasierter Systeme einerseits die betroffenen Problemlösetätigkeiten und andererseits das umgebende soziotechnische Wissenssystem stark verändern. Daraus ergeben sich die beiden Gestaltungsfelder _Computerunterstütztes Problemlösen" und _Soziotechnisches Wissenssystem", die im folgenden vorgestellt werden. Dem entspricht auch die Zweiteilung von Rasmussen [vgl. den Artikel von Höhn, Nikov in diesem Buch].

3 Bedingungen computerunterstützten Problemlösens

Unter Problemlösung wird die Bearbeitung von Aufgabenstellungen verstanden, bei denen das konkrete Endergebnis und/oder der Weg, auf dem dieses zu erreichen ist, unbekannt sind. Allenfalls existieren Anforderungen an das Ergebnis oder den Weg. Wir fragen danach, wie menschliche Problembearbeiter nach arbeitspsychologischen Kriterien optimal durch Computersysteme unterstützt werden können. Erst in sekundärer Linie interessiert die Frage, auf welche Weise menschliche Arbeitstätigkeiten und insbesondere Problemlöseprozesse rechnergerecht modelliert oder gar strukturell simuliert werden können.

Beim computerunterstützten Problemlösen ist der verantwortliche, autonome und führende Problemlöser der Mensch. Dieser kann das Computersystem in sehr unterschiedlichen Unterstützungsarten nutzen, versteht es jedoch nicht als menschähnlichen Partner. Darin unterscheidet sich unser Ansatz von dem des HCCW (Human Computer Cooperative Work) [Steiner 92], der Mensch und Rechner als tendenziell gleichwertige Agenten betrachtet, die kooperieren können. Wegen der grundlegenden Differenz zwischen menschlichen Problemlösern und Computern erscheint aus unserer Sicht diese Kooperationsmetapher nicht angebracht zu sein.

Im folgenden konzentrieren wir uns auf die Nutzung von Computersystemen als Logikmaschinen bzw. als Problemlöser. Es werden Grundlagen, Bedingungen und Probleme diskutiert, die sich aus Sicht von WORKS bei der Unterstützung menschlicher Problemlösetätigkeiten durch wissensbasierte Systeme ergeben und die bei der Entwicklung einer Gestaltungsmethodik beachtet werden müssen.

Es muß davon ausgegangen werden, daß die empirisch zu beobachtenden Akzeptanzprobleme und fehlgeschlagenen Expertensystemprojekte - neben technischen und wirtschaftlichen Problemen - im wesentlichen in der Mißachtung der im folgenden diskutierten Probleme und Risiken begründet liegen. Dabei spielen die zunächst aufgegriffenen Probleme auch aus einer rein effizienzorientierten Sicht eine Rolle. In einem zweiten Fragenkomplex werden zusätzliche Risiken aus einer normativ-arbeitspsychologischen Perspektive aufgezeigt.

Ganzheitlichkeit menschlicher Problemlösetätigkeiten

Aus arbeitsorientierter Sicht sind bei der Gestaltung von Arbeitssystemen vollständige Arbeitsprozesse zu betrachten. Das heißt bei Problemlösetätigkeiten, daß auch Teilprozesse beinhaltet sind, die nicht als Problemlösen bezeichnet werden können, wie z. B. das Suchen einer Information anhand eines Stichworts. Wohl aber ist die Auswahl des richtigen Stichwortes eine Problemaufgabe. Beim Problemlösen selbst können sowohl analytisch rationale Prozeßanteile ebenso wie nicht-analytische (z. B. assoziative, intuitive, kreative) Prozeßanteile identifiziert werden. Zu beachten ist, daß dies begriffliche Zuschreibungen zu kognitiven Prozessen sind, die nicht direkt zugänglich sind. Es muß davon ausgegangen werden, daß prinzipiell analytische und nicht-analytische kognitive Prozeßweisen untrennbar miteinander verwoben sind, und allenfalls durch Beobachter analytisch getrennt werden.

Durch psychologisch-empirische Methoden können Problemlösephasen unterschieden werden, die eher analytischen oder nicht-analytischen Charakter besitzen. Dabei erweisen sich die nicht-analytischen Prozesse als besonders effektiv und effizient beim Problemlösen [Müller 92]. Hier spielt im wesentlichen das als implizit oder _schweigend" bezeichnete Erfahrungswissen eine Rolle [Hacker 92]. Der Wechsel zwischen solchen Prozeßweisen geschieht fall- und situationsspezifisch, so daß zum Beispiel beim Versagen nicht-analytischer Vorgehensweisen zu einem stärker analytisch reflektierten Problemlösen übergegangen wird.

Im Vergleich zum menschlichen Problemlösen muß das Problemlösen durch Computersysteme - zumindest, wenn sie als logische symbolverarbeitende Maschinen genutzt werden (wie die wissensbasierten Systeme) - als rein analytisch beschrieben werden. Damit ist von einer **prinzipiellen Inkompatibilität menschlicher und computerimplementierter Problemlöseprozesse** auszuge-hen.

Selbst die situationsspezifische, punktuelle Nutzung des Computersystems als Problemlöser verlangt ein Heraustreten aus dem ganzheitlichen Problemlöseprozeß und das Einlassen auf eine analytische Vorgehensweise. Dies bedeutet prinzipiell eine Störung des Prozeßflusses beim Menschen. Diese ist allerdings weniger gravierend, wenn der menschliche Problemlöser sich schon in einem eher analytischen Vorgehen befindet. Kontraproduktiv ist allerdings ein Übergang zum Computersystem, wenn der menschliche Problemlöser im intuitiven Flow arbeitet.

Für die Bestimmung möglicher Aufgabenteilungen zwischen Mensch und Rechner heißt das:

1. Primär bieten sich Brüche im Problemlösefluß (Stockungen, Nicht-Weiter-Wissen, Information einholen müssen usw.) für die Nutzung des Computersystems an.

2. Andererseits sollten effiziente nicht-analytische Arbeitsabläufe nicht durch erzwungene Computersystem-Anwendungen gestört werden.

Der Versuch, Problemlöseprozesse in analytische und nicht-analytische Teile zu zerlegen, um einfach die analytischen Prozesse einem Computersystem zu übertragen, erscheint als kaum möglich und wenig sinnvoll.

Ist beim computerunterstützten Problemlösen der Rechner der führende "Problemlöser" (was nach WORKS nur für kleine Teilaufgaben gelten sollte), dann muß sich der menschliche Bearbeiter gänzlich auf das implementierte analytischrationale Problemlösemodell einlassen, will er ein Mindestverständnis für das Systemverhalten und die gelieferten Ergebnisse erreichen.

Angemessenheit der Aufgabenzuteilung

Daraus ergibt sich, daß eine Aufgabenverteilung zwischen Mensch und Rechner nicht einfach nach lokalen Bewertungen, die sich auf eine isolierte Teilaufgabe beziehen, verlaufen kann. Es reicht nicht aus, kontextfrei zu fragen, ob eine Teilaufgabe besser vom Mensch oder vom Rechner bewältigt werden kann. Für eine optimale Arbeitsteilung ist der größere Kontext des Arbeitsflusses zu berücksichtigen.

Bei der Zuweisung von Problemlöseaufgaben an das Computersystem ist darüber hinaus zu klären, ob erstens das gewählte Expertisemodell und zweitens seine Implementierung ausreichende **Problemlöseperformanz** bieten können. Prinzipiell ist hier eine vorsichtige und risikobewußte Zuweisung von Problemaufgaben an das System vorzunehmen. Weiterhin braucht der Systemnutzer Anleitung und Qualifizierung, wie er situationsspezifisch die Problemangemessenheit der Systemkompetenz einschätzen kann, um eventuell von einer Aktivierung des Systems abzusehen bzw. ein fehlerhaftes Ergebnis zu erkennen.

Ein weiteres Prinzip der arbeitsorientierten Gestaltung des CUP ist die Berücksichtigung des **Unterstützungsbedarfs** menschlicher Problemlöser. Unterstützungsfunktionen sollen nur für solche Aufgaben angeboten werden, für die ein potentieller Bedarf identifiziert wurde. Eine Übertragung möglichst vieler Aufgaben auf das Computersystem oder die schematische Vorschrift zur Nutzung bestimmter Funktionen ist aus arbeitspsychologischer Sicht nicht angebracht.

Variabilität von Problemlösetätigkeiten

Problemlösetätigkeiten zeichnen sich gegenüber anderen Arbeitstätigkeiten durch ihre besonders große Variabilität aus. Menschliches Problemlösen ist extrem subjekt-, fall- und situationsabhängig und kann allenfalls durch sehr allgemeine methodische

Hinweise unterstützt werden, die jeweils wieder durch viele Bedingungen eingeschränkt werden. Für die Gestaltung von CUP ergeben sich drei zentrale Prinzipien:

1. Bei den Aufgaben- und Arbeitsanalysen zu Beginn eines Gestaltungsprozesses ist eine **differentiell-dynamische Betrachtung** im Sinne der Arbeitspsychologie anzulegen. Es müssen sowohl die interindividuellen Differenzen als auch die dynamischen intraindividuellen Entwicklungen der betroffenen Arbeitenden bei der Systemgestaltung berücksichtigt werden. Wie weit eine solche Untersuchung ins Detail gehen kann, und wie weit identifizierte Varianzen als Anforderungen an das System bezüglich Flexibilität und Anpaßbarkeit formuliert und umgesetzt werden, wird auch eine Frage ökonomischer Überlegungen sein. Die Adaptionsanforderungen sollten aber zumindest in Form einer Grobanalyse untersucht werden. Ein System ohne Adaptionsmöglichkeiten wird leicht zu einer Arbeitsbelastung statt zu einer Hilfe.

2. Zwei weitere Gestaltungsprinzipien ergeben sich aus dem Problem der**Variabilität und unvorhersehbaren Vielfalt** möglicher zu bearbeitender Fälle. Jedes System ist charakterisiert durch eine prinzipielle Blindheit gegenüber allem, was nicht zu seiner "Welt" gehört. Die Welt des Computersystem und damit auch der Umfang der zu bearbeitenden Problemfälle ist prinzipiell beschränkt und führt zu **Nutzungsbrüchen**, das heißt zu Situationen, in denen das System versagen muß oder nicht mehr sinnvoll anzuwenden ist. Dieses Problem ist prinzipiell nicht aufzulösen, und es müssen daher Möglichkeiten vorgesehen werden, wie der menschliche Bearbeiter bei solchen Systembrüchen alleine weiterarbeiten kann und das System eventuell später wieder zu Rate zieht.

3. Eine andere Möglichkeit, mit Nutzungsbrüchen umzugehen, besteht darin, daß der Bearbeiter eine ihm inadäquat erscheinende "Weltsicht" des Systems korrigiert und dann damit weiterarbeitet. Es bleibt dann allerdings die Frage, ob damit nicht eine prinzipiell inadäquate Perspektive des Systems (d. h. des Systementwicklers) nur kurzfristig überspielt wird. Bedenkt man, wie eng prinzipiell die

implementierbaren Weltausschnitte im Vergleich zu der ganzheitlichen Welteinbettung der Menschen sind, dann erscheint es sinnvoll, Forschungs- und Entwicklungsarbeiten stärker auf die Frage der situativen Flexibilität und Anpaßbarkeit von Systemen [Pfeifer, Rademakers 91] zu richten, als sie - wenn auch nur angenähert - mit Weltwissen ausstatten zu wollen.

Interaktionsaufwand

Bei einer Kosten-, Nutzen- und Risiko-Abwägung von CUP-Systemen muß vor allem auch der durch die Systemnutzung entstehende Interaktionsaufwand berücksichtigt werden. Er fällt bei Problemlösetätigkeiten meist deshalb besonders ins Gewicht, weil die Interaktionsaktivitäten gegenüber dem rechner-ungestützten Problemlösen einen echten **Zusatzaufwand** bedeuten. Dieses Problem stellt sich insbesondere bei Diagnosetätigkeiten, da beim CUP Situationsmerkmale (z. B. Fehlersymptome) nicht nur mehr oder weniger bewußt wahrgenommen, sondern auch noch in explizite Begriffe gefaßt und per Tastatur oder sonstigem Eingabemedium an das System übergeben werden müssen. Durch diesen Zusatzaufwand wird die Akzeptanz wissensbasierter Systeme beeinträchtigt.

Ein weiterer wenig beachteter Aufwand beim CUP ergibt sich aus der Notwendigkeit, daß die Systemergebnisse vom menschlichen Bearbeiter prinzipiell auf Plausibilität hin kontrolliert werden müssen. Dieser Kontrollaufwand ebenso wie der Aufwand der Problemeingabe, können als **Delegationskosten** aufgefaßt werden, für die zu prüfen ist, ob sie durch den erwarteten Nutzen tatsächlich aufgewogen werden können.

Humankriterien

Neben diesen effizienzorientierten Aspekten sollen im Rahmen von WORKS bei der Gestaltung von CUP-Arbeitssystemen auch arbeitspsychologisch begründete Humankriterien berücksichtigt werden. Die folgende Zusammenstellung greift folgende aus der kontrastiven Aufgabenanalyse von Mensch und Rechner heraus entwickelten Kriterien [vgl. Dunckel et al. 89 und Dunckel, Volpert 90] auf:

Entscheidungsspielraum

Zeitspielraum

Strukturierbarkeit (Durchschaubarkeit und Gestaltbarkeit)

Belastungsanalyse

Variabilität

Körperliche Aktivität

Kontakt zu konkreten Gegenständen

Vielfältige Sinnesqualitäten und

Kommunikation.

Zusätzlich zu diesen aus der KABA übernommenen Humankriterien erscheinen aufgrund des spezifischen Charakters der Expertensystemtechnik noch die Kriterien Qualifikationsförderlichkeit und Sicherheit relevant und sollen deshalb in diese Verfahren übernommen und wie die anderen Kriterien durch CUP-relevante Fragen spezifiziert werden. Der so entstandene Fragenkatalog kann als Checkliste zu einer arbeitspschologischen Risikoabschätzung für geplante CUP-Systeme herangezogen werden [vgl. Daniel, Fieguth 92b]. Beispielhaft sind folgende Auszüge:

Entscheidungsspielraum

- An welchen Stellen des Problemlösungsprozesses mit dem Expertensystem hat der Arbeitende welche Entscheidungsmöglichkeiten?
- Welche Entscheidungen schlägt das Expertensystem vor und welche Möglichkeit hat der Arbeitende, damit umzugehen?
- Wie ändert sich der Entscheidungsspielraum gegenüber der Arbeit ohne Expertensystem?
- ...

Zeitspielraum

- Besteht ein besonderer Zeitdruck bei den Diagnosen?
- Sind die Zeitspielräume begründet durch die Expertensystemnutzung enger geworden?
- Ermöglicht das Expertensystem eine schnellere Problembearbeitung?
- Bestehen ausreichende Zeitspielräume, um Ergebnisse des

Expertensystems zu überprüfen?

- ...

Strukturierbarkeit (Durchschaubarkeit und Gestaltbarkeit)

- Ist das verwendete Expertensystem anpaßbar an wechselnde Aufgabenerfordernisse, Arbeitsstile, Arbeitsabläufe, Qualifikationsvoraussetzungen?
- Kann der Arbeitende über das Wann und Wie der Expertensystemnutzung selbst entscheiden?
- Ist das Expertensystem so strukturiert, daß sich der Benutzer ein angemessenes mentales Modell vom System bilden kann?
- Sind die Systemergebnisse leicht auf Plausibilität hin kontrollierbar?
- Besitzt der Arbeitende ausreichende Kompetenz dazu?
- Entspricht die Funktionsweise und die Art der Wissensrepräsentation des Systems der Denkweise des Arbeitenden?
- Kann der Arbeitende die Möglichkeiten und Grenzen des Systems richtig einschätzen?
- Bietet das System besondere Möglichkeiten des experimentellen Kennenlernens? (z. B. Navigieren in der Wissensbasis)
- ...

Belastungen

- Welche Belastungen werden durch das Expertensystem gemindert?
- Mindert die Nutzung des Expertensystems vorherige informatorische Erschwerungen (z. B. schlechte Handbücher) durch komfortableren Informationszugang? (z. B. Hypertextsystem)
- Entstehen neue informatorische Erschwerungen?
- Entstehen neue Überforderungen?
  (z. B. durch Übertragung von komplexen Problemaufgaben an nicht ausreichend Qualifizierte)
- Entstehen neue Unterforderungen?
  (z. B. durch Übernahme von Entscheidungsaufgaben durch das System)

4 Soziotechnische Wissenssystementwicklung

Während im vorausgegangenen Kapitel diskutiert wurde, wie die Nutzung wissensbasierter Systeme menschliche Problemlösetätigkeiten verändert, ist im folgenden die Frage leitend, wie Entwicklung, Nutzung und Wartung von wissensbasierten Systemen für die Weiterentwicklung der Dynamik und der Kommunikationsbeziehungen des soziotechnischen Wissenssystems fruchtbar gemacht werden können.

Die Betrachtung von soziotechnischen Systemen als Wissenssystemen rückt - zunächst unabhängig von wissensbasierten Systemen - Fragen nach dem Umgang mit Wissen in den Vordergrund: Wie entsteht Wissen (besser: wie wird es im jeweiligen Wissenssystem konstruiert), wie wird es verteilt, wie genutzt, gespeichert und entsorgt? Diese Fragen stellen sich vor dem Hintergrund beständig steigender Wissensmengen und der erhöhten Dynamik betrieblicher Wissenssysteme.

In Systemen, in denen Erfahrungswissen für die Qualität der Produkte entscheidend ist - wie etwa in Kundendienstabteilungen - soll die Wissenssystementwicklung (WSE) den Austausch und die Vermittlung von Wissen verbessert werden. WSE ist dabei primär als ein Organisationsentwicklungsansatz zu verstehen, bei dem die Dynamik des sozialen Austausches von Erfahrungswissen gefördert werden soll. Gleichzeitig sollen die Möglichkeiten der Wissenstechnologie zur medialen Unterstützung (etwa nicht-lineare Zugriffsmöglichkeiten auf Texte, Bilder und Videosequenzen) genutzt und ihre Risiken vermieden werden.

Unsere Leitvorstellung für ein solchermaßen erweitertes Knowledge Engineering lautet: Förderung zwischenmenschlicher Kommunikationsbeziehungen mit Lerncharakter. Das umfasst die

- o Entwicklung auch der individuellen Wissenssysteme, d. h. der menschlichen Kompetenzen (Kompetenz im Sinne von Duell/Frei, z. B. die Fähigkeit Wissen zu entwickeln, aufzunehmen, zu bewerten, zu vermitteln) und die o Schaffung der organisatorischen und technischen Voraussetzungen für einen intensiveren Austausch von Erfahrungswissen und damit bisher kaum genutzter Weiterbildungsmöglichkeiten.

Diese Ziele gehen über die des klassischen Knowledge Engineering hinaus, sind z. T. auch ohne den Einsatz wissensbasierter technischer Systeme vorstellbar. Allerdings kann durch eine solche Erweiterung der Perspektive das Knowledge Engineering fruchtbarer gestaltet und das Scheitern von XPS-Projekten erklärt bzw. verhindert werden.

Anwendungsbedingungen

WSE bezieht sich in erster Linie auf soziotechnische Systeme, in denen Wissen immer wieder neu entsteht und in die Arbeit integriert werden muß. Oder anders ausgedrückt: es geht um Wissenssysteme, die von Fehlern leben bzw. in denen aus Fehlern gelernt werden muß. Fehler sind eine wichtige Lernquelle, denn gerade durch ihr Nichterreichen der Problemlösung können sie dazu beitragen, eben diese genauer zu fassen.

Hier sind Fehler gemeint, die beim Problemlösen auftreten. Bei einem im Unternehmen etablierten Verständnis von Fehlern als natürliche und heilsame Teile der Arbeit von Problemlösern kann die Kommunikation über Fehler - als ein Teil der Wissenskommunikation - für das Unternehmen ökonomisch sehr effektiv sein. Für die Wissenskommunikation ist ein "fehlerfreundliches" Klima notwendig. Dies umfasst Verfahrensweisen, wie mit Fehlern beim Problemlösen umgegangen und wie das daraus gezogene Wissen in das Wissenssystem zurückfließt und integriert wird.

Auch für das Knowledge Engineering selbst ist ein offener Umgang mit Fehlern unbedingt notwendig, sowohl was die Wissensakquisition als auch die Vorgehensweise des Knowledge Engineering selbst betrifft. Dementsprechende Qualifikationen (Fehler erkennen, eigene Fehler "zugestehen", Fehler reflektieren etc.) sind bei der Auswahl der Teilnehmer für das Knowledge Engineering zu berücksichtigen.

Mit unserer erweiterten Perspektive hoffen wir auch, die Motivation zur WSE in Organisationen zu erhöhen. Diese zusätzliche Motivation besteht darin, daß bisher eher zufällig erreichte Effekte wie Initiierung und Verbesserung der Kommunikationsflüsse, Verbesserung der Lern- und Reaktionsfähigkeit in Gebieten mit einem hohen Anteil von Erfahrungswissen, Verbesserung der Qualifikationsstruktur etc. bewußt als Primärziele angestrebt werden. Die WSE bietet durch ihre integrative Konzeption von organisatorischen, personellen und technischen Aspekten bislang wenig genutzte Rationalisierungspotentiale.

Praktische Hinweise

Generell gelten für die WSE die aus der Organisationsentwicklung bekannten Erfahrungen und Regeln. An dieser Stelle von besonderem Interesse ist die Integration des Knowledge Engineering in die Wissenssystementwicklung, wobei insbesondere folgende Punkte zu beachten sind:

- Interessen an WSE transparent machen und abstimmen
- Verantwortlichkeiten für WSE festlegen
- Auswahlkriterien für Knowledge Engineering-Teilnehmer beachten
- Methodenmix beim KE einsetzen

Noch vor Beginn des eigentlichen Knowledge Engineering gilt es, die verschiedenen betrieblichen Interessen an einer WSE zu identifizieren, die Erwartungen transparent zu machen und abzustimmen. Der Erfolg einer WSE - und damit auch der Erfolg des Knowledge Engineering - hängt davon ab, wie diese im Unternehmen verankert und gefördert wird. Neben Personal- und Weiterbildungsverantwortlichen sind Entscheidungsträger aus dem DV- und dem Organisationsbereich sowie wichtige Wissensträger an der Abstimmung zu beteiligen und hinsichtlich der Verantwortlichkeiten bei der Umsetzung zu verpflichten.

Die Auswahl der Teilnehmer ist ein einflußreicher Faktor, dem in der Praxis zu wenig Aufmerksamkeit geschenkt wird [vgl. Becker, Steven 92]. Bei der offenen und anspruchsvollen Aufgabe des Knowledge Engineering sind persönliche Eigenschaften der Teilnehmer sowie Größe und Zusammensetzung des Teams entscheidend. "Katalysatoren", die dem KE-Team helfen, konstruktiv zusammenzuarbeiten, sind für den Prozeß und seine Ergebnisse wichtiger als Mitglieder, die "nur" kompetent sind [DeMarco, Lister 91]. Insbesondere für die Reflexion der Expertenhandlungen und die kritische Beurteilung von erreichten Wissensrepräsentationen existieren Formen der Gruppenarbeit, bei denen die Teilnahme von Nicht-Experten konstruktiv wirkt.

Als Auswahlkriterien sind daher, neben der Kompetenz, Kooperations-, Kommunikations-, Kritikfähigkeit sowie Kreativität, eine konstruktive Orientierung und Reflexionsfähigkeit gefragt und durch entsprechende Weiterbildungsmaßnahmen zu fördern. Während die ersten Qualifikationen generell die Arbeit in Gruppen verbessern, so sind Kreativität und konstruktive Orientierung speziell für die Wissens(re)konstruktion im Knowledge Engineeringvon Bedeutung. Die Reflexionsfähigkeit der Teilnehmerinnen, sowohl bezogen auf die eigene Rolle als auch auf die divergierenden Sichtweisen der Mitglieder im KE-Team, ist für das Verständnis von Systementwicklung als multiperspektivische Realitätskonstruktion eine wichtige Stütze [Floyd 89].

Die Unterstützung dieser multiperspektivischen Herangehensweise erfolgt mit einem Methodenmix, das dem Verständnis von Knowledge Engineering als einer Konstruktion von Wissen gerecht zu werden hat. Hierfür bieten sich eine Vielzahl von Methoden an [vgl. etwa Hacker 92]. Ihre Mischung und Kombination orientiert sich an der Unterstützung des gesamten Organisationsentwicklungsprozesses. Dabei ist stets zu fragen, wie sich die verschiedenen Methoden - über das eigentliche Ziel des Knowledge Engineering hinaus - als Instrumente für individuelle und kooperative Lernprozesse einsetzen lassen und die Synthese von Einzelperspektiven unterstützen.

5 Zusammenfassung und Ausblick

Die Grundprinzipien von WORKS lassen sich in zwei zielbezogenen Grundsätzen zusammenfassen:

1. Ziel von Projekten ist die ganzheitliche Gestaltung soziotechnischer Arbeitssysteme ausgehend von Problemen im Bereich der Wissensproduktion, -verteilung oder -anwendung. Dabei sind prinzipiell auch nichttechnische Lösungskonzepte, die organisatorische, qualifikatorischen, personalentwickelnde oder ähnliche Maßnahmen umfassen, in Betracht zu ziehen.

2. Ziel des Einsatzes von Informationstechnik ist die Unterstützung menschlicher Problemlösetätigkeit und nicht deren Ersetzung. Bei der Bestimmung der Funktionsteilung zwischen Mensch und Rechner sind allgemeine arbeitspsychologische Kriterien sowie konkrete Unterstützungsbedarfsanalysen zu berücksichtigen. Ziel sind nicht perfekte problemlösende Systeme, sondern solche, die situationsgemäß das Wissen der Systembenutzer und verantwortlicher menschlicher Problemlöser ergänzen können.

Daraus ergeben sich Anforderungen an die Gestaltung des Prozesses und den Einsatz bestimmter Methoden, die in der Hauptphase des Projekts entwickelt werden sollen:

1. Grundlegend ist eine umfassende **Problemanalyse**, bei der die Ursachen für die zunächst benannten Wissensprobleme gesucht werden. Dazu ist eine entsprechende Analyse des soziotechnischen Wissenssystems (etwa einer Abteilung) geeignet.

2. Es ist eine differentiell-dynamische **Analyse des Unterstützungsbedarfs** bei Problemlösetätigkeiten notwendig. Bisher wird beim Knowledge Engineering fast ausschließlich eine Kompetenzanalyse [im Sinne von Roth, Woods 89] durchgeführt. Dies ist zu ergänzen um eine **Performanzanalyse**, d. h. eine Untersuchung tatsächlicher und nicht nur idealer Arbeitstätigkeiten mit dem Ziel, die möglichen Unterstützungsbedarfe aufzudecken.

3. Arbeitspsychologische Kriterien, wie sie etwa in KABA formuliert werden,

können zur **humanorientierten Risikoabschätzung** und zur Auswahl unterschiedlicher Zielalternativen herangezogen werden.

4. Knowledge Engineering ist weder Transfer von objektivem Wissen aus dem Kopf eines menschlichen Experten in ein Computersystem noch kognitive Modellierung (d. h. die strukturelle Modellierung menschlicher Problemlöseprozesse und des dafür nötigen Wissens), sondern die formale **Rekonstruktion** eines Systems, das eine gewisse Problemlöseperformanz zeigen soll. An diese konstruktiven Tätigkeiten sind die Träger des Wissens und der bzw. die Knowledge Engineers gleichberechtigt und voneinander lernend beteiligt.

5. Die **sekundären Effekte** des Knowledge Engineering (wie neuentstehendes intersubjektives Wissen, individuelle Qaualifizierungseffekte, Vereinheitlichung der Terminologie und neue Kommunikationsbeziehungen) sind gezielt auszubauen.

6. Nach einer intensiven Schulungs- und Einlernphase sollte es möglich sein, daß die Wissensbasis durch betriebliche Fachexperten selbst weiterentwickelt und gewartet werden kann. Dazu ist ein entsprechendes **Wartungskonzept** zu erstellen.

7. Mit laufenden Systemen sind **Nutzenevaluationen** möglichst unter realen Bedingungen vorzunehmen. Dabei wird nicht nur die technische und Problemlöseperformanz des Systems getestet, sondern auch der Unterstützungsnutzen für den menschlichen Problemlöser.

8. Insgesamt sind die einzelnen Projektschritte in ein partizipativ-**evolutionär orientiertes Projektvorgehensmodell** einzubetten.

Unsere Arbeiten zur Operationalisierung dieser allgemeinen Anforderungen haben sich bisher auf die Punkte 2. und 3. (vgl. Abschnitt 2) konzentriert. Zu 2. wurde die im Rahmen von KADS entwickelte Methode MAC (Methodology for the Analysis of Cooperation) [de Greef et al. 88] experimentell zur Beschreibung alternativer Unterstützungsformen von Diagnosetätigkeiten eingesetzt [Daniel 93].

6 Literatur

[Bachmann et al. 92]
R. Bachmann, Th. Malsch, S. Ziegler:
Erfolg und Mißerfolg von Expertensystem-Projekten in der Industrie. Zwischenergebnisse eines empirischen Forschungsprojektes, Universität Dortmund 1992

[Beuschel 91]
W. Beuschel:
Expertensysteme im Betrieb. Fallstudien in den USA zu Auswirkungen auf Arbeitsorganisation und Qualifikation, Discussion Paper FS I 91-5, Wissenschaftszentrum Berlin für empirische Sozialforschung 1991

[Brauer, Hernández 91]
W. Brauer, D. Hernández (ed.):
Verteilte Künstliche Intelligenz und kooperatives Arbeiten, 4. Internationaler GI-Kongreß Wissensbasierte Systeme (München), Berlin 1991

[Daniel 93]
M. Daniel:
Formen der Unterstützung von Diagnosetätigkeiten, WORKS-Bericht Nr. 3, Karlsruhe 1993

[Daniel, Fieguth 92a]
M. Daniel, G. Fieguth:
Literaturanalyse (Kurzfassung): Humanorientierte Gestaltung von computergestützten Expertenarbeitssystemen, WORKS-Bericht Nr. 1, Karlsruhe 1992

[Daniel, Fieguth 92b]
M. Daniel, G. Fieguth:
Möglichkeiten der Anwendung von Kriterien der kontrastiven Aufgabenanalyse auf die Entwicklung wissensbasierter Systeme, WORKS-Bericht Nr. 2, Karlsruhe 1992

[de Greef et al. 88]
P. de Greef, J. Breuker, T. de Jong:
Modality - an analysis of functions, user control and communication in knowledge based systems, Projektbericht ESPRIT Project P 1098
(KADS), University of Amsterdam 1988

[de Greef, Breuker 92]
H.P. de Greef, J.A. Breuker:

Analysing system-user cooperation in KADS, in: Knowledge Acquisition 4 (1992), S. 89-108

[de Hoog et al. 92]
R. de Hoog et al.:
The Common KADS model set, KADS II/WP I-II/RR/UvA/018/4.0, University of Amsterdam 1992

[DeMarco, Lister 91]
Wien wartet auf Dich! Der Faktor Mensch im DV-Management, München 1991

[Dreyfus, Dreyfus 87]
H.L. Dreyfus, S.E. Dreyfus:
Künstliche Intelligenz. Von den Grenzen der Denkmaschine und dem Wert der Intuition, Hamburg 1987

[Dunckel 89]
H. Dunckel:
Arbeitspsychologische Kriterien zur Beurteilung und Gestaltung von Arbeitsaufgaben im Zusammenhang mit EDV-Systemen, in: H. Oberquelle, S. Maaß (ed.): Software-Ergonomie '89, Stuttgart 1989, S. 69-79

[Dunckel et al. 89]
H. Dunckel et al.:
Leitfaden zur Kontrastiven Aufgabenanalyse. Manual (Version 2), TU Berlin 1989

[Dunckel, Volpert 90]
H. Dunckel, W. Volpert:
Anforderungsanalyse und professionelles Wissen und Können, Vortrag auf dem 37. Kongreß der Deutschen Gesellschaft für Psychologie, Kiel 1990

[Floyd 89]
Ch. Floyd:
Software Entwicklung als Realitätskonstruktion, in: W.-M. Lippe (ed.): Software-Entwicklung, Berlin 1989

[Hacker 92]
W. Hacker:
Expertenkönnen. Erkennen und Vermitteln, Stuttgart 1992

[Hoitsch, Albrecht 92]
H.-J. Hoitsch, F. Albrecht :
Strategisches Management der Ressource Wissen. Ziele und Aufgaben des strategischen Wissensmanagements, Manuskript, Berlin 1992

[Krcmar 91]
H. Krcmar:
Einsatzkriterien für Expertensysteme, in: St. Spang et al. (ed.): Expertensysteme - Entscheidungsgrundlage für das Management, Wiesbaden 1991, S. 35-54

[Müller 92]
J. Müller:
Akzeptanzbarrieren beim Praktiker gegenüber Methodik, CAD und Wissenssystemen. Erscheinungen, Ursachen, Möglichkeiten weiterzukommen, Gutachten, Chemnitz 1992

[Pfeifer, Rademakers 91]
R. Pfeifer, P. Rademakers:
Situated Adaptive Design: Toward a New Methodology for Knowledge Systems Development, in: W. Brauer, D. Hernández (ed.): Verteilte Künstliche Intelligenz und kooperatives Arbeiten, Berlin 1991, S.53-64

[Porter 92]
D. Porter:
Overview of the differences between KADS and CommonKADS, KADS II/T5.1.2/PP/TRMC/002/0.1, London 1992

[Roth, Woods 89]
E.M. Roth, D.D. Woods:
Cognitive Task Analysis: An Approach to Knowledge Acquisition for Intelligent System Design, in: P.Guida, G. Tasso (eds.): Topics in Expert System Design, Amsterdam 1989, S.233-264

[Steiner et al. 92]
D. Steiner et al.:
Mensch-Maschine Kooperation, in: KI 1 (1992), S. 59-63

[Varela 90]
F.J. Varela:
Kognitionswissenschaft - Kognitionstechnik, Frankfurt 1990

[Wielinga et al. 91]
B. J. Wielinga, A. Th. Schreiber, J. A. Breuker:
KADS: A Modelling Approach to Knowledge Engineering, ESPRIT Project P5248 KADS-II, University of Amsterdam 1991, auch erschienen in: Knowledge Acquisition 1 (1992) 4, S. 5-53

[Ziegler 92]
S. Ziegler:
Expertensysteme in der Industrie. Arbeitsorganisatorische Voraussetzungen sowie Folgen ihres Einsatzes, in: Informationen zur Technikfolgenabschätzung der Informationstechnik, VDI/VDE-Technologiezentrum Informationstechnik GmbH, Nr. 1/1992

Methodische Untersuchungen zum computerunterstützten Problemlösen im Industrie-Design

F. Höhn, Hochschule für Kunst und Design, Halle

Zusammenfassung

Im Rahmen des vom BMFT geförderten Verbundprojektes "Entwicklung von Methoden zum Entwurf wissensbasierter Arbeitssysteme..." gewonnene Erkenntnisse (des Projektpartners - Burg Giebichenstein, Halle) werden hier zur Diskussion gestellt.

Aufbauend auf vorliegenden Forschungsergebnissen aus zwei ESPRIT-Projekten -

1. Die modellbasierte Entwicklungsmethodologie für wissensbasierte Systeme KADS (Knowledge Acquisition and Documentation Structuring) und
2. Die Methodologie zur kognitiven Arbeitsanalyse TCWA (Taxonomy of Cognitive Work Analysis)

wurde eine Verknüpfung dieser Ergebnisse mit vorhandenem Methodenwissen und eine Anwendung im Industrie-Design angestrebt.

Unter Ausnutzung synergetischen Potentials beider Methodologien ist das Konzept einer Methodologie zur human-orientierten Gestaltung wissensbasierter Systeme im Industrie-Design entstanden. Die von uns konzipierte Methodologie beschäftigt sich mit den methodischen Aspekten des computerunterstützten Problemlösens im Industrie-Design. Im evolutionären Referenzmodell dieser Methodologie sind die einzelnen Gestaltungsaspekte als zusammenwirkende Facetten dargestellt. Diesen Facetten sind relevante Analyse- bzw. Gestaltungsinstrumente wie Methoden, Techniken, Anforderungen usw. zugeordnet.

Durch Verbal-Protokoll-Analysen und Prüflisten erfolgte eine Untersuchung beispielhafter 2D- und 3D-Designaufgaben, die mit dem CA(I)D-System "ALIAS" bearbeitet wurden. Dadurch konnten generische Wissensmodelle einer Bibliothek zur Modellierung des Wissens für das Design sowie Gestaltungsempfehlungen erstellt werden.

Das Konzept eines auf fuzzy-Logik basierenden Analyse- bzw. Gestaltungsinstrumentes für zwei Facetten wurde entwickelt.

Vor- und Nachteile sowie die weitere Entwicklungrichtung unserer Methodologie werden diskutiert.

Abstract

The gained knowledge (of project partner Burg Giebichenstein, Halle) within the scope of the project "Development of methods for design of knowledge-based work systems..." funded by the German Federal Ministry of Research and Technology is discussed.

Based on the results of two ESPRIT research projects:

1. Model-based methodology for development of knowledge-based systems KADS (Knowledge Acquisition and Documentation Structuring) and
2. Methodology for cognitive work analysis TCWA (Taxonomy of Cognitive Work Analysis)

at a connection of these results with the existing method knowledge and at an application in industrial design was aimed.

By using the synergetic potentials of both methodologies a conception of a methodology for human-

oriented design of knowledge-based systems in industrial design is developed. The methodology concepted by us deals with the methodological aspects of computer-aided problem solving in industrial design. In the evolutionary reference model of this methodology the single design aspects are represented as facets. To these facets relevant analysis/design instruments like methods, techniques, requirements, etc. are assigned.
An investigation of sample 2D and 3D design tasks by use of the CA(I)D system ALIAS by help of verbal protocol analysis was carried out. By it generic knowledge models of a library for modelling of industrial design knowledge as well as design recommendations were created. A conception of an analysis/design instrument based on fuzzy logic for two facets was developed. Advantages, disadvantages and further development of our methodology are discussed.

Résumé

Dans le cadre des expériences (faites par le coopérant au projet -Burg Giebichenstein, Halle) résultant du projet collectif assisté par le ministère fédéral de la Recherche et Technologie: "Développement de méthodes pour le projet de systèmes de travail basées sur les connaissances..." les points suivants sont soumis à la discussion.
Partant des résultats de la recherche obtenus par deux projets ESPRIT:

1. La méthodologie de développement à base de modèles pour les systèmes basée sur les connaissances KADS (Knowledge Acquisition and Documentation Structuring) et
2. La méthodologie pour l'analyse de travail cognitive TCWA (Taxonomy of Cognitive Work Analysis)

il fut tenté de rapporter ces résultats à la connaissance méthodique existante et de les appliquer dans le domaine de l'esthétique industrielle.

Le potentiel synergique de ces deux méthodologies aidant, est née la conception d'une méthodologie visant à la création de systèmes à base de connaissances de l'esthétique industrielle à la mesure de l'homme. La méthodologie que nous avons conçue se penche sur les aspects méthodiques de l'application assistée par ordinateurs en esthétique industrielle. Au sein du modèle évolutif de référence de cette méthodologie sont présentés les différents aspects de création en tant que facettes concomitantes. Ces facettes sont conjuguées à des éléments d'analyse et de création significatifs comme les méthodes, techniques, exigences, etc.

Une analyse d'exemples de tâches d'esthétique industrielle en 2D et 3D, élaborées au moyen du système de CA(I)D *ALIAS*, fut faite au moyen d'analyses de procès-verbaux et de listes de vérification. Ce qui a permis de réaliser des modèles génériques de connaissances d'une bibliothèque afin de modeler les connaissances pour l'esthétique industrielle et des recommandations de création.

La conception d'un instrument d'analyse et de création à base d'une fuzzy-logique fut développée pour deux facettes.

Les avantages et inconvénients ainsi que le sens à donner au développement de notre méthodologie sont soumis à la discussion.

1 Einleitung

In den von uns ausgewerteten Literaturquellen gibt es keine Hinweise auf wissensbasierte Industrie-Design-Systeme, was darauf hindeutet, daß im Bereich des Industrie-Designs bisher keine oder nur ganz vereinzelte Entwicklungen solcher

Systeme erfolgten.

Folgende *Definition* für wissensbasierte Industrie-Design-Systeme (WBIDS) könnte formuliert werden:

> Wissensbasierte Industrie-Design-Systeme sind Soft- und Hardwaresysteme, mit deren Unterstützung die Abschnitte des Industrie-Designprozesses teilweise oder vollständig automatisch durchgeführt werden können, die bisher Domänen menschlicher Intelligenz waren.

Nach unserer Einschätzung sind die Gründe für das Fehlen von WBIDS:

- die im Design grundsätzliche Infragestellung des Computereinsatzes, speziell durch die antizipatorisch-kreative Charakteristik der Haupttätigkeiten
- die Problematik oder vielleicht sogar Unmöglichkeit des Bewußtmachens und Beschreibens der kreativen Arbeitsphasen;
- das zur Erstellung von WBIDS erforderliche umfangreiche und sehr komplexe Fach- und Erfahrungswissen, das eigentlich nicht in einer Person vereint vorhanden sein kann, weil das Spektrum der möglichen Aufgabenstellungen, das Spektrum der individuellen Vorgehensweisen und das Spektrum der Lösungsmöglichkeiten nahezu unendlich ist;
- die notwendige Zusammenarbeit vieler Fachleute (Industrie-Designer/Experten, Industrie-Design-Methodiker/Wissensingenieure, Informatiker/Software-Ingenieure, Programmierer, Industrie-Designer) und die fachspezifischen Barrieren zwischen ihnen;
- erst seit wenigen Jahren ist die Hard- und Software für den 3D-Design-Entwurf in der erforderlichen hohen Qualität verfügbar.

Das Industrie-Design ist am ehesten mit der Konstruktion zu vergleichen. Einige Autoren betrachten es sogar als Bestandteil der modernen Konstruktionsmethodik [SEEGER 92]. Deshalb wurde eine Literaturanalyse der wissensbasierten Konstruktionsysteme (WBKS) durchgeführt. In den letzten Jahren schenkt man diesen Systemen große Aufmerksamkeit, so befassen sich ca. 30 % der Publikationen mit dieser Thematik (z. B. [GROGER90], [MERTENS 92], [SCHWENKE 92], [VÖTTER 92], [ZEILER 92]). Die Entwicklung von WBKS befindet sich noch in der Anfangsphase (vgl. Tab. 1-2), aber man kann bereits das Fehlen einer einheitlichen methodischen Vorgehensweise feststellen. Normalerweise versucht man, vorhandene CAD-Systeme mit einer Expertensystem-Shell zu koppeln (z. B. [VOGT 92]). Das Ergebnis entspricht dann oft nicht der Arbeitsweise des späteren Anwenders - des Konstrukteurs.

Erst in den letzten 2-3 Jahren haben sich CAD-Systeme für das Industrie-Design (CAID), wie z. B. "ALIAS", für Workstations der mittleren Leistungsklasse etabliert. Im Industrie-Design bestehen zahlreiche Möglichkeiten zum Einsatz von Computern [BÜRDEK 91]:

- Textverarbeitung, Dokumentation, Publikationen, Desk-Top-Publishing
- technische Zeichnungen und Prinzipzeichnungen
- Kommunikation mit anderen Abteilungen oder Unternehmen
- Darstellung formaler und farbiger Produktvarianten
- Computer-Simulation
- Computer-Animation
- Anfertigung von Designmodellen oder Kleinserienprodukten mit CNC-Technologien
- künstlerische Computergraphiken
- Elektronische Bildverarbeitung
- Zugang zu Datenbanken

Quellen	Anzahl	%
Arbeitende WBKS	41	17
Prototyp-WBKS + Beispiele	55	23
Konzeptions-WBKS + Beispiele	32	13
Tendenzen, Methoden u. a.	90	38
Andere + überlappende	20	9
Total	388	100

Tabelle 1: Verteilung inhaltlicher Schwerpunkte der Literaturquellen über WBKS

Wissensbasierte Konstruktionssysteme	Anzahl	%
Arbeitende WBKS	41	32
Prototyp-WBKS + Beispiele	55	43
Konzept-WBKS + Beispiele	32	25
Total	128	100

Tabelle 2: Anteil der arbeitenden, der Prototyp- und der Konzept-WBKS

Es ist zu erwarten, daß in den nächsten Jahren wie im Konstruktionsbereich auch im Industrie-Design-Bereich versucht werden wird, WBIDS zu entwickeln. Um nicht die Umwege und Fehler der Konstrukteure zu wiederholen und um besser gerüstet zu sein, wird im Rahmen dieses BMFT-Forschungsprojekts versucht, eine praxisrelevante Methodologie zur humanorientierten Gestaltung sinnvoller WBIDS zu erarbeiten.

2 Konzept der Methodologie

Unsere Methodologie zielt auf die Bereitstellung eines Instruments mit dessen Hilfe die primären Zielgruppen - Systementwickler (z. B.Wissensigenieure, Arbeitsorganisatoren) als auch die späteren Nutzer (z. B. Industrie-Designer, Konstrukteure, usw.) in der Lage sind, menschengerechte wissensbasierte Industrie-Design-Arbeitssysteme (WBIDAS) zu gestalten.

Die Methodologie betrachtet das WBIDAS als sozio-technisches System. Die Aufgaben im Industrie-Design und diejenigen, die diese Aufgaben bearbeiten, stehen beim Entwurf der Methodologie im Mittelpunkt. Diese aufgabenorientierte Sichtweise impliziert, daß die Gestaltung von WBIDAS aus dem Blickwinkel der Organisation, aufgaben- und nutzergerecht zu erfolgen hat.
In unserer Methodologie werden zwei fundamentale Kategorien vorgeschlagen:

- das sozio-technische System und seine Interaktion mit der Umwelt;
- die Agenten des Arbeitssystems, ihre Interpretation des Systemzustandes und die Handlungsalternativen.

Fundamentale Prinzipien der Methodologie (vgl. auch [RASSMUSEN 90])sind:

- Evolutionäres System
- Zielorientiertes System
- Handlungsalternativen

Es wird eine evolutionäre Vorgehensweise vorgeschlagen. Dadurch kommen die Prinzipien und Richtlinien der Methodologie während der gesamten Lebensdauer des Systems zur Anwendung. Zur Unterstützung dieser Vorgehensweise werden verschiedene Arten von Analyse- bzw. Gestaltungs-Instrumenten (neu entwickelte oder schon bekannte), vorgeschlagen. Sie können für beliebige Industrie-Design-Situationen durch geeignete flexible Anpassung (tayloring) angewendet werden (vgl. [SCHÄFER 88])

Da das WBIDAS sehr komplex ist, lassen sich die Gestaltungsanforderungen nicht auf das gesamte System, sondern nur auf bestimmte Aspekte oder Komponenten beziehen. Eine Gliederung ergibt sich aus dem entwickelten Referenzmodell (vgl. Bild 1 und Tabelle 1). Das WBIDAS wird in einzelne zusammenwirkende Komponenten - Facetten unterteilt. Die Facetten sind nicht an eine hierarchische Struktur gebunden, sondern können relativ frei kombiniert werden. Durch diese Facetten sind die einzelnen Gestaltungsaspekte (ein)geordnet und können weitgehend unabhängig voneinander diskutiert werden. Die Flexibilität der Facetten-Klassiffizierung hängt auch mit der Benutzung von Cross-Klassifizierungen innerhalb der Facetten zusammen, welche die Wiederholung von allgemeinen Facetten und Klassen innerhalb von allen relevanten Facetten gestattet. Jeder Facette sind Analyse- bzw. Gestaltungsinstrumente wie Klassifikationsschemata, Methoden, Techniken, Gestaltungsempfehlungen usw. zuzuordnen.

Es werden drei Dimensionen definiert:

Dimension 1: Identifizieren der Aktivitäten (Facetten 1, 2, 3 und 4)
Dimension 2: Identifizieren der Agenten (Facetten 5, 6 und 7)
Dimension 3: Die Interaktion (Facette 8)

Die detaillierte Entwicklung der einzelnen Facetten kann etappenweise durchgeführt werden. Man sollte mit den wichtigeren Facetten anfangen. Die größten Probleme bei der Entwicklung von wissensbasierten Systemen bereiten die Wissensakquisition und -modellierung (vgl. KADS-Methodologie [WIELINGA 91], [BREUKER 91]); deshalb beginnen wir mit der Facette konzeptuelles Modell.

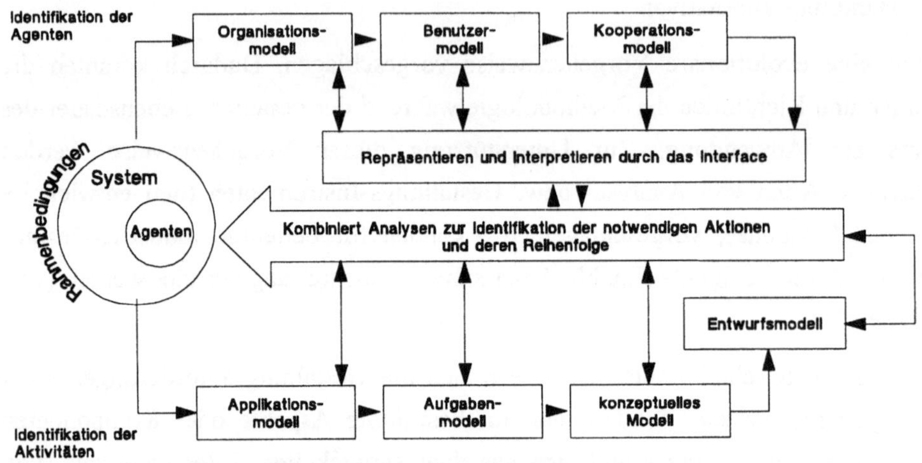

Bild 1: Referenzmodell der Methodologie

Facettennamen	Facetteninhalte	Facetten-Analyse-/ Gestaltungstechniken
Facette 1: Applikationsmodell	• zu lösende Probleme • Funktionen des WBIDAS • äußere Rahmenbedingungen	• Klassifizierungschema • FAOR-Leitfaden zur Funktions-analyse (unstrukturierte Interviews) [SCHÄFER 88] • quantitative Methoden zur Analyse von Computereinsatzmöglichkeiten
Facette 2: Aufgabenmodell	• Spezifiziert, wie die WBIDAS-Funktion durch eine Reihenfolge erreicht wird * • Aufgaben zerlegen • Randbedingungen der Aufgaben	• Klassifizierungschemata • verbale Protokolle • Beobachtungen • strukturierte Interviews
Facette 3: Konzeptuelles Modell	• Modell des gesamten Wissens des Realweltausschnittes, eingeteilt in vier Ebenen: **Domänenebene** zur Beschreibung von Fachbegriffen der Domäne, darauf aufbauenden Strukturen und Relationen **Inferenzebene** zur Einteilung der Fachbegriffe und Relationen gemäß ihrer Rolle beim Problemlösen **Aufgabenebene** zur Formulierung spezieller Problem-lösungsstrategien unter Verwendung der in der Inferenzebene getroffenen Einteilung **Strategieebene** zur Erfolgsüberwachung und flexiblen Handhabung verschiedener Problem-lösungsstrategien	• KADS, generische konzeptuelle Elemente, die in einer Bibliothek zur Wissensmodellierung zur Verfügung gestellt werden • Bibliothek mit generischen Problemlösungsmethoden • vorgefertigte Inferenzstrukturen für elementare Schlußfolgerungs-mechanismen in einer Baustein-bibliothek • Methode der lernenden Evaluations-Funktionen (vgl. [3]))
Facette 4: Entwurfsmodell	• funktionales Entwurfsmodell werkzeugunabhängige Darstellung des Systemverhaltens • physikalisches Entwurfsmodell aus einzelnen Implementierungsmodulen, zusammengesetzte Systemarchitektur	• Klassifizierungsschemata
Facette 5: Organisationsmodell	• Funktionen • Aufgaben • Probleme in der Organisation • Technikfolgenabschätzung	• Klassifizierungsschemata • Methoden der Technikfolgen-abschätzung- (vgl. [NIKOV 93]) • FAOR-Instrumente [SCHÄFER 88]
Facette 6: Benutzermodell	• Kompetenz und Vorzüge • Wissensgrad • Meta-kognitives Wissen über eigene Erfahrungen, Fähigkeiten und Vorzüge • Subjektive Durchführungskriterien zur Auswahl der möglichen Strategien	• Klassifizierungsschema • Methode der lernenden Evaluations-Funktionen
Facette 7: Kooperationsmodell	• Arbeitsteilung	• Klassifizierungsschemata • MAC-Instrumente [GREEF 88]
Facette 8: Interaktionsmodell	• Benutzungsoberfläche: • Ein- und Ausgabe • Dialog • Werkzeuge	• Klassifizierungschema • Prüflisten (z. B. [MASON 89], [RAVDEN 89]) • Menüstandard ISO 9241-14 usw.

Tabelle 3: Facetten entsprechend des Referenzmodells der Methodologie

3 Konzeptuelles Modell des Industrie-Design-Prozesses

Da zur Zeit keine praktische Erfahrung bei der Entwicklung von wissensbasierten Systemen im Industrie-Design vorliegt, betrachten wir zunächst wieder die wissensbasierten Konstruktionssysteme. Die meisten wissensbasierten Konstruktionssysteme werden nach dem Rapid-Prototyping-Verfahren entwickelt und mit Hilfe einer Shell implementiert (vgl. [HELD 91]). Auf eine explizite, methodisch gestützte Wissensakquisition oder -modellierung wird normalerweise verzichtet, weil keine geeigneten Methoden und Software-Tools vorhanden waren. So hängt die Qualität der wissensbasierten Konstruktionssysteme nahezu ausschließlich vom Erfahrungshintergrund und dem Geschick des Entwicklers ab.

Es ist sinnvoll, in diesem Fall die modellbasierte Entwicklungsmethodologie KADS [WIELINGA 91] anzuwenden. So wird eine strukturierte Vorgehensweise bei der WBIDAS-Entwicklung erzwungen und unterstützt. Besonders in der Analysephase könnte diese Methodologie durch die abstrakte Beschreibung des Problemlösens im Industrie-Design wichtige Hilfestellung leisten.

Aufgrund der Literaturanalyse und der durchgeführten Verbal-Protokoll-Analyse beim Produktdesign mit dem CA(I)D-System "ALIAS" wurde ein konzeptuelles KADS-Modell für die entsprechende Facette in unserem Modell erstellt, das im Folgenden kurz vorgestellt wird.

Die Entwicklung einer Lösungsgestalt zu vorgegebenen Anforderungen ist nie ein linearer Prozeß, sondern verläuft immer iterativ, aber nach Meinung der meisten Autoren vorwiegend im Rahmen einer Entwicklungsphase. Wir benutzen ein evolutionäres Gliederungsmodell des Industrie-Design-Prozesses (vgl. Bild 2), das sieben Phasen, sowie relevante Arbeitsschritte, Aktivitäten und Aktionen beinhaltet.

Es zeigte sich, daß im Zusammenhang mit dem rechnerunterstützten Industrie-Design eine neue Gliederung der Arbeitsschritte und Aktivitäten entwickelt werden mußte (vgl. Tab.4). Aufbauend auf unsere Untersuchungen des Industrie-Design-Prozesses konzentrierten wir uns bei der Nutzung von "ALIAS" auf die Phasen Prinziplösung, Grob- und Feinentwurf und Dokumentation. Die Aktivitäten unterteilen sich in

Aktionen. Für jeden spezifischen Arbeitsschritt bzw. jede Aktivität, der (die) mit Rechnerunterstützung erfolgt, wurde bzw. wird eine Gliederung entwickelt (vgl. Tab 5-6). Anhand dieser Tabellen ist es leicht festzustellen, welche neuen Arbeitsschritte, Aktivitäten und/oder Aktionen im Zusammenhang mit der Rechnerunterstützung auftauchen.

Ausgehend von der Produktentwicklung bzw. -gestaltung mit dem CA(I)D-System ALIAS, sind für die Phasen

- Prinziplösung
- Grobentwurf
- Feinentwurf
- Dokumentation

konzeptuelle KADS-Modelle entwickelt worden.

Die Symbolik der Modelldarstellung folgt [WIELINGA 91] und [BURGER 92]. Als Schnittstellen werden Systeme bzw. Modellgrenzen (z. B. zum Nutzer, zu anderen Systemkomponenten oder zu weiteren Teilmodellen) bezeichnet.

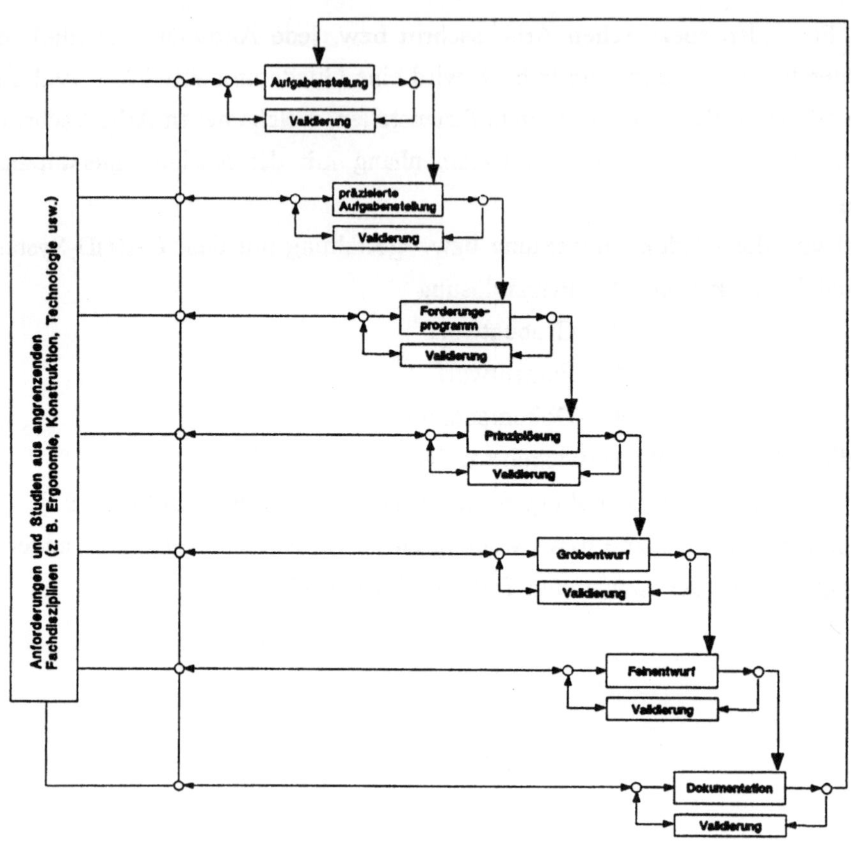

Bild 2: Evolutionäres Modell des gestalterischen Produktentwicklungsprozesses

Die hierarchischen Strukturen in den Tabellen 4-6 lassen sich relativ leicht mit den KADS-Modellen beschreiben. Ein Teil der Metaklassen sind z. B.:

- Current-Phase
- Available-Phase
- Current-Product-Variant
- Available-Product-Variant
- Product-Data
- Available-Step
- Current-Step

und der Wissensquellen

- Select-Next-Phase
- Select-Current-Product-Variant
- Obtain-Evaluation
- Select-Current-Step
- Specify-Step-Adaptation
- Specify-Phase-Adaptation
- Select-Noncurrent-Phase.

Phasen des gestalterischen Entwicklungsprozesses (GEP)	Arbeitsschritte	Arbeitsergebnisse	Aktivitäten	Rechneruntestützung der Aktivitäten
Aufgabenstellung (Formblatt)	Produktidee (Brainstorming)	Aufgabenstellung formuliert		
Präzisierte Aufgabenstellung Hauptanforderungen und Lösungsweg formuliert	Markt- und Konkurrenzanalyse Erste Skizze nur intern Defizitanalyse (Bedarfsanalyse)	• Pflichtenheft • (gestalterischer Teil) • Ästhetische, Faktibilitäre, Kommunikative, Ökologische, Operationale Forderungen • Wertung • Funktionsgestalt • Bedienungsgestalt • Tragwerksgestalt	• Analysieren • Informieren • Bewerten • Zielegenerieren	sinnvol als Designdatenbank für Aufgabenstellungen Suchen nach ähnlichen Aufgabenstellungen durch - Katalogisieren - Belegung mit Stichwörtern
Forderungsprogramm (-topologie) entwickelt	Ist - Soll Vergleich	Anforderungsliste		Strukturbäume aus Hauptmerkmalen und Untermerkmalen Kreativmethoden
Gestalterische Prinziplösung durch Bestimmung der ästhetischen und wertmäßigen Charakteristik festgelegt	1. Ermitteln von Funktionen und deren Strukturen	• Grundkonzeption zur Realisierung der Funktionen • Funktionsstrukturen	• Analyse der funktionalen Forderungen • Synthese: Generierung der Lösungsvorstellung	nicht sinnvoll
	2. Suchen nach Lösungsprinzipien und deren Strukturen	Prinzipielle Lösungen als: Skizzen mit realen Proportionen, Schemata, Vormodell ohne Details	• Skizzieren • Zeichnen • Modellieren • Fotografieren • Ausprobieren	konventionell: 1 Perspektive, nur 2-D-Skizzen rechnerunterstützt: möglich, aber nicht in jedem Fall als effektiv empfunden mehrere Perspektiven
	3. Konzeptentwurfs-Bewertung und Konzeptvarianten-Auswahl	ausgewählte Konzeprvariante	• Bewerten • Selektion	konventionell: 2D-Varianten computerunterstützt: 3D-Varianten
gestalterischer Grobentwurf durch Festlegen des Erscheinungsbildes der entscheidenden gestaltbestimmenden Elemente Top-Down und Bottom-Up fixiert	1. Gliedern in realisierbare Module	Modulare Strukturen	Prioritäten festlegen Dekomposieren	konventionell: nur 2D-Skizzen computerunterstützt: 3D-Skizzen
	2. Gliedern der Module in sinnvollen Grundkörper, realisierbar mit Computer	gedankliche Grundkörper	Dekomposieren	neu, nur mit Computer sinnvoll
	3. Gestalten der Grundkörper	• detaillierte Skizzen, • Grobmodelle, • Farbkonzeptionen	Gestalten	neu, nur mit Computer sinnvoll
	4. Gestalten der maßgebenden Module	gestaltete Module	Aggregieren	konventionell: keine Manipulation rechnergestützt: 3D-Manipulation, Varianten-Erstellung
	5. Ergonomische Studien	Nach erg. Gesichtspunkte veränderte Module		konventionell: Schablonen, Standards rechnerunterstützt: Energetik, 3D-Man-Modelle Normendatenbank
	6. Konstruktions-Studien	Nach konstr. Gesichtspunkte veränderte Module		——
	7. Gestalten der gesamten Produktgestalt	Grobentwurfsvariante	Aggregieren	konventionell: keine Manipulation rechnergestützt: 3D-Manipulation, Varianten-Erstellung
	8. Grobentwurfs-Bewertung und Grobentwurfsvarianten-Auswahl	ausgewählte Grobentwurfsvariante	• Bewerten • Selektion	konventionell: 1-3 2D-Varianten rechnergestützt: mehrere 3D-Varianten
gestalterischer Feinentwurf durch Festlegen des Erscheinungsbildes aller gestaltbestimmenden Elemente fixiert	die selben Arbeitsschritte wie beim Grobentwurf	• Zeichnungen, • Schaum-, Holz-, Kunststoffmodelle u.a. • Fotografien, • techn.Zeichnungen, • Materiallisten	die selben Aktivitäten wie beim Grobentwurf	konventionell: Modellbau rechnergestützt: schattierte 3D-Computermodelle Rendering und Texturen erforderlich in Abhängigkeit von der Computerleistung
gestalterische Dokumentation durch detaillierte Quantifizierung aller Parameter bearbeitet	• Ausarbeiten der Ausführungs- und Nutzungsaufgaben • Modellbau • Präsentationsdarstellung • technische Zeichnung • Erstellen der Fotodokumention • Erstellen des Erläuterungsberichts	• mehrdimensionale Zeichnungen, • Detaillierte Modelle, • Erläuterungsberichte, • Fotodokumentationen		konventionell: Modellbau rechnergestützt: NC-Fertigung, Stereolithodraphie-Modelle Text Raytracing -Bilder Simulation/Animation

Tabelle 4: Prozeßorientierte Produktgestaltung

Bild 3 zeigt die der Inferenzebene entsprechende Struktur der Phasen Problemlösung, Grobentwurf und Feinentwurf. Die o. g. Beispiele stellen einen Teil der entwickelten konzeptuellen Modelle dar, die zur Bausteinbibliothek der generischen Designwissensmodelle gehören und wiederverwendbare Analysemodelle darstellen.

Der Aufgaben-Layer beschreibt, wie der "Problemlöser" seine Handlungen als eine Sequenz von Aufrufen verschiedener Wissensquellen organisieren kann; ein Beispiel zeigt Bild 4.

Aktivitäten	Aktionen	ALIAS-Werkzeuge	Optionen
Erstellen der räumlichen Grundstrukturen	• Erstellen einer Kugel • Erstellen eines Kegels • Erstellen eines Quaders • Erstellen eines Zylinders	primitives	• Position • Größe • Verzerrungen
Kontrolle der 3D-Darstellung	• Kontrolle im Perspektiv-Fenster am Gittermodell • Quickrendering • Quickshading	• Licht-Positionieren • Kamera-Positionieren • Bestimmung der Hintergründe • Bestimmung der Oberflächen-Charakteristika (nur bei Feinentwurf)	• Farbe • Textur • Schattenmodell • andere Charakteristika, wie z. B. Transparenz, Refraktion, Reflexion usw. • Lichtart • Licht- + Schattenfarbe • Hintergrund

Tabelle 5: Arbeitsschritt - Erstellung eines 3D-Grundkörpers mit Standard-Oberfläche

Aktivitäten	Aktionen	ALIAS-Werkzeuge	Optionen
Erstellen einer Profilkurve (Free-Form-Curve)	• Eingabe von Stützpunkten • Picken der CV's (Control vertices) • Bewegen der CV's • Einfügen zusätzlicher CV's • Umkehrung der Richtung (UV Vektor) • Zuordnung von Wertigkeiten für CVs (weights) • Interpolieren • Ausrichten der CV's	• new curve • add points • duplicate curve • combine curve • rebuild curve • curve editor	• Wichtungsfaktor • Genauigkeit • mathematische Methoden
Erstellung der Oberfläche	• Oberfläche mit Grenze • Oberfläche mit Fleck (Flicken) • Oberfläche zwischen 2 Konstruktionskurven • Oberfläche mit Haut • Face(s)	• revolve • boundary • patch • skin • set face • extrude	• Anzahl der Begrenzungen • Art der Begrenzungen • Genauigkeit • Orientierung
Kontrolle der 3D-Darstellung	• Kontrolle im Perspektiv-Fenster am Gittermodell • Quickrendering • Quickshading	• Licht-Positionieren • Kamera-Positionieren • Bestimmung der Hintergründe • Bestimmung der Oberflächen-Charakteristika (nur bei Feinentwurf)	• Farbe • Textur • Schattenmodell • andere Charakteristika, wie z. B. Transparenz, Refraktion, Reflexion usw. • Lichtart • Licht- + Schattenfarbe • Hintergrund

Tabelle 6: Arbeitsschritt - Erstellung eines Grundkörpers mit Freiformoberfläche

Bild 3: Inferenzstruktur für die Phasen Prinziplösung und Feinentwurf

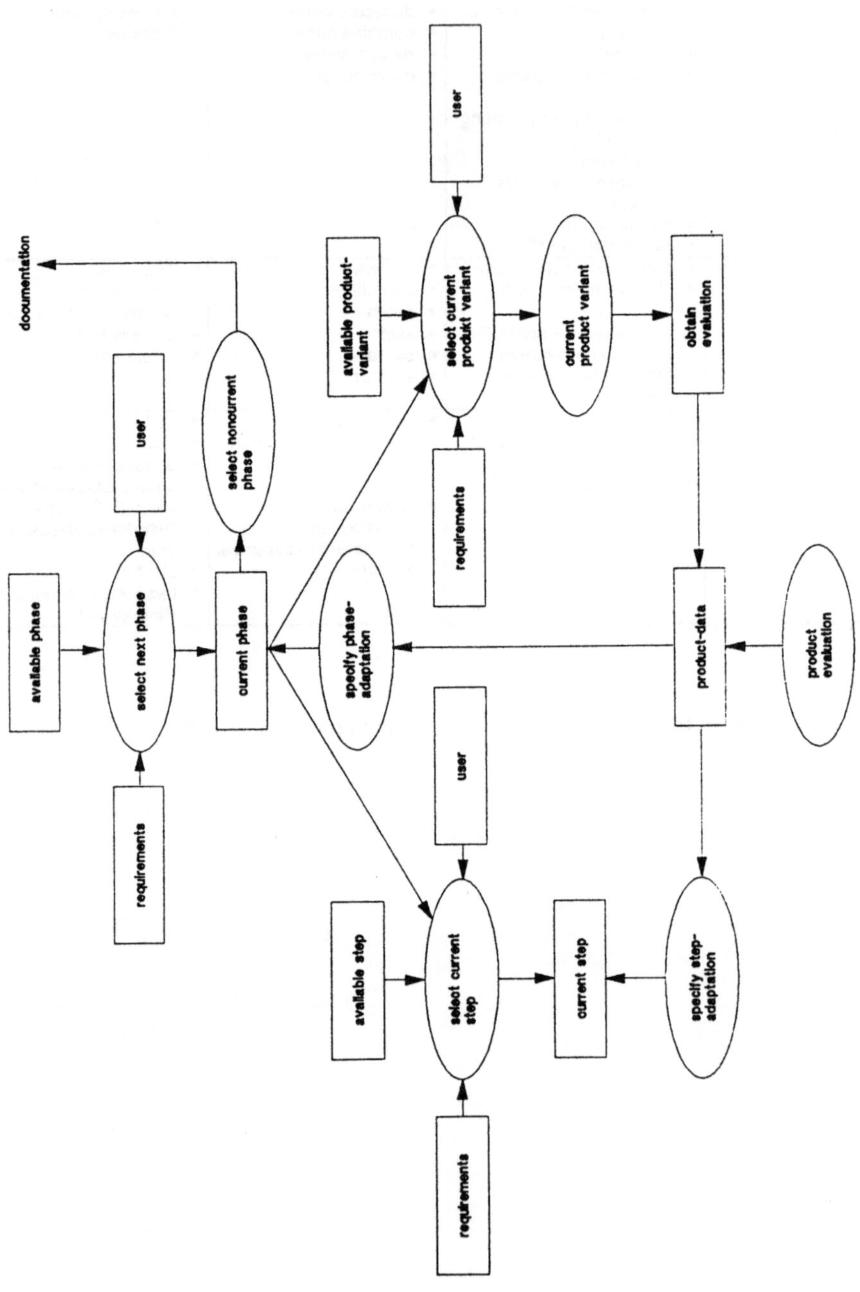

Bild 4: Ausschnitt des Aufgaben-Layers

4. Konzept einer Methode zur Wissensmodellierung im Industrie-Design (Methode der lernenden Evaluations-Funktionen)

Beim Industrie-Design muß man davon auszugehen, daß es für jeden Arbeitsschritt eine endliche Menge von Lösungsmöglichkeiten (Vorschriften, Normen, zu beachtende Verfahren, nächster Arbeitsschritt, Aktivitäten, usw.) gibt. Eine Kombination über die Arbeitsschritte bildet die Gesamtlösung. So kann das Industrie-Design als ein Prozeß des Findens der möglichen Lösungskombinationen betrachtet werden.

Dieses Problem kann als eine hierarchische Struktur dargestellt werden (vgl. Bild 5). Die Ebenen der Hierarchie stellen dabei die Arbeitsschritte dar, die Knoten einer Ebene sind die Lösungsmöglichkeiten eines Arbeitsschrittes. Das Durchsuchen der Hierarchie (Top-Down und Bottom-Up) mit einem bestimmten Ziel kann auch als horizontales und vertikales Problemlösen bezeichnet werden [vgl. SEEGER 92]. So kann für jede Phase, Arbeitsschritt, usw. eine endliche Menge von Problemlösungsmöglichkeiten mit dem entsprechenden erforderlichen Wissen erstellt werden.

Die Auswahl und die Reihenfolge der Arbeitsschritte hängen von der zu lösenden Aufgabe und - in unserem Fall - vom Designer (seiner Kompetenz, Erfahrung, individuellen Ausprägungen usw.) ab. Es soll dem Benutzer eine "...wohlverstandene Gestaltung des Interaktionsprozesses..." ermöglicht und damit "...die Eigenentwicklung der Bearbeiter stimuliert und angeregt..." werden [MÜLLER 92]. Der Systembenutzer soll ohne Einschränkungen durch das wissensbasierte System geleitet werden oder völlig frei entscheiden können, welche Arbeitsschritte er wann und wie ausführen möchte. Erforderlich wäre also eine Methode, die von der Menge der Lösungsmöglichkeiten in Abhängigkeit von der Aufgabenart und vom konkreten Benutzer eine geeignete Untermenge von Lösungsmöglichkeiten für jeden Arbeitsschritt auswählt und die entsprechende Reihenfolge vorschlägt. So kann man implizit auch ein Benutzermodell generieren.

Für diesen Zweck ist die sich in Entwicklung befindende Methode der lernenden Evaluations-Funktionen (vgl. [3]), die auf der fuzzy Logik beruht, gut geeignet. Diese Methode skaliert die Gewichte der Elemente jeder Hierarchie-Ebene (vgl. Bild 5) im Zusammenhang mit dem entsprechenden Element von der nächsten höheren Ebene. Durch die Gewichte werden die Prioritäten, d. h., die Reihenfolge bei der Ausführung der Arbeitsschritte bestimmt. Diese Methode stellt eine Kombination der Methoden des maschinellen Lernens [KRÜGER 92] und der Wissensakquisition dar. Ohne größeren Aufwand und Notwendigkeit zur expliziten Darstellung des Expertenwissens in Form von Zugehörigkeitsfunktionen kann diese Methode zum Lösen der o. g. Probleme benutzt werden und als rechnerunterstütztes Analyse- bzw. Gestaltungsinstrument der Methodologie für die Facetten des konzeptuellen Modells und in das Benutzermodell implementiert werden.

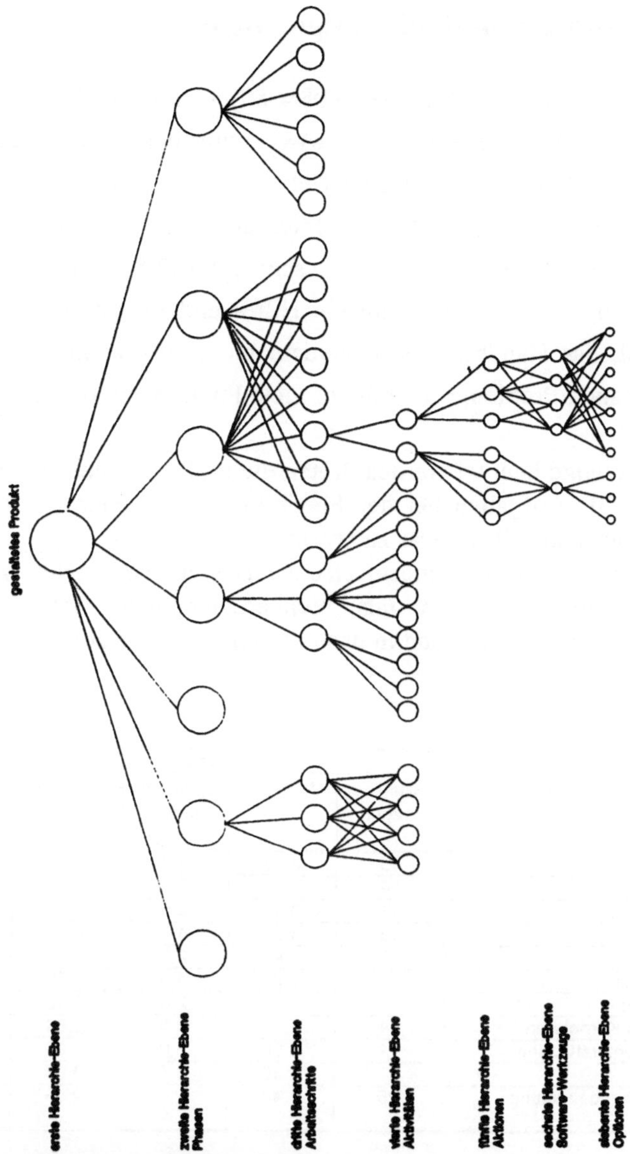

Bild 5: Exemplarische Hierarchie für Prioritäten der Phasen, Arbeitsschritte, etc. bei der gestalterischen Produktentwicklung
(für zweite, dritte und vierte Hierarchie-Ebene vgl. Tabelle 4
für fünfte, sechste und siebente Hierarchie-Ebene vgl. Tabelle 5)

5 Fallstudie der Nutzbarkeitsbewertung des Benutzerinterfaces bei der Lösung von 2D- und 3D-Designaufgaben

Mit Hilfe der Checklisten von RAVDEN [RAVDEN 89] wurde die Nutzbarkeit des Benutzerinterfaces des CA(I)D-Systems "ALIAS" untersucht (vgl. Tabelle 7). Aufgrund dieser Untersuchungen wurde eine Defizit- bzw. Schwachstellenanaylse durchgeführt und die relevanten Gestaltungsempfehlungen für die entsprechenden Facetten formuliert. Der größte Mangel bei diesem CA(I)D-System liegt bei der Benutzerleitung und Unterstützung. Es fehlt ein Hilfe- und Lernsystem, das in die Software integriert ist; das Handbuch ist außerdem nicht gut handhabbar. Bei der Funktionalität gibt es auch Probleme: Es gibt zu viele Funktionen, die sich teilweise überlappen.

Da verschiedene Werkzeuge benutzt werden, treten die größten Unterschiede bei der Lösung von 2D- und 3D-Aufgaben bei der Flexibilität und Steuerung, sowie den angewendeten Funktionen auf; dieses war zu erwarten.

Es ist vorgesehen den fuzzy Bewertungsmechanismus von NIKOV [NIKOV 91] zur Lösung dieser Aufgabe anzupassen, als rechnerunterstütztes Analyse- bzw. Gestaltungsinstrument zu entwickeln und in unserer Methodologie anzuwenden.

Nr.	Kriterien		2D-Aufgabe		3D-Aufgabe	
	Inhalt	Anzahl der Fragen	Mittelwert	Experten-einschätzung	Mittelwert	Experten-einschätzung
1	Visuelle Klarheit	15	3.73	4.0	3.73	4.0
2	Konsistenz	14	1.71	2.0	1.71	2.0
3	Kompatibilität	17	3.53	4.0	3.53	4.0
4	Informative Rückkopplung	16	4.50	4.0	4.50	4.0
5	Explizität	13	2.40	2.5	2.90	4.0
6	Geeignete Funktionalität	11	3.27	4.0	4.55	5.0
7	Flexibilität und Steuerung	15	1.86	2.0	3.92	4.0
8	Fehelerprevention und Korrigieren	14	3.71	4.0	3.86	4.0
9	Benutzerleitung und -unterstützung	11	5.00	5.0	6.00	6.0
	Mittelwert		3.30	3.5	3.86	4.1
10	Probleme bei der Systembenutzung - allgemein	25	1.48		2.16	

Tabelle 7: Nutzbarkeitsbewertung des Benutzerinterfaces des CA(I)D-Systems "ALIAS" (Bewertungsskala: 1 - keine Probleme, 7 - sehr große Probleme)

6 Schlußfolgerungen

Wissensbasierte Industrie-Design-Systeme sind nur das Industrie-Design unterstützende Systeme:

Ziel der wissensbasierten Industrie-Design-Systeme sollte in erster Linie eine verbesserte Informationsbereitstellung sein. Sie werden nicht den "gestandenen" Industrie-Designer ersetzen, aber ihn in z. T. zeitaufwendigen Detailfragen unterstützen. Die wissensbasierten Industrie-Design-Systeme sollten auf keinen Fall den Versuch unternehmen, "automatisches Industrie-Design" anzustreben. Die eigene Kreativität und das kritisches Abwägen aller erkannten Fakten müssen dem sachkundigen Industrie-Designer nach wie vor vorbehalten bleiben.

Klein anfangen, allmählich erweitern

Zunächst sollten wichtige aber nebengeordnete Sachgebiete des Industrie-Designs aufgegriffen und nicht alle Maximalforderungen an wissensbasierte Industrie-Design-Systeme zugleich gestellt werden. Eine Beschränkung auf "verbraucherspezifische" Gesichtspunkte dürfte zweckmäßig sein.

Entlastung des Industrie-Designers von Routinetätigkeiten:

Eine konsequente Automatisierung abgrenzbarer Detaillierungsschritte mit CA(I)D-Anwenderprozeduren hat die Entlastung der Industrie-Designer von Routinetätigkeiten zum Ergebnis.

Ziel der WBIDAS:

Ziel der WBIDS sollte einerseits das Anpassen spezifischer Systeme an die Arbeitsweise und Methodik des Industrie-Designers und andererseits die Benutzer-Führung sein, um (auch mit Computer-Systemen) schneller zu besseren Ergebnissen zu gelangen.

Anforderungen an das WBIDAS:

1. Das System muß offen sein, d. h., jederzeit durch ergänzende Applikationen (z. B. Werkstoffauswahl) erweitert werden können.
2. Möglichst viele der bereits vorhandenen Wissens-Bausteine sollten verwendet werden (kein Neuerfinden des Rads!)
3. Sowohl die Bedürfnisse von Industrie-Designern als auch von Konstrukteuren, Technologen, usw. müssen berücksichtigt werden.
4. Das System muß sehr schnell reagieren, um Frustrationen über lange Wartezeiten zu vermeiden.
5. Das System soll fehlertolerant sein, d. h., durch redundante Auslegung von Komponenten und entsprechende Software, soll ein möglichst unterbrechungsfreier Betrieb möglich sein.
6. Die Nutzer-Oberfläche sollte auf vorhandenen Standards aufbauen.
7. Die Entwicklungsumgebung sollte hardwareunabhängig sein.

6.1 Vorteile

- Durch die modellbasierte Methodologie kann man strukturierte und bereits vor der Implementierung durchdachte Systeme entwickeln.
- Die konzeptuellen Modelle eignen sich besonders gut für Gruppenarbeit. Auf der Grundlage der einzelnen Ebenen der Modelle können die Aufgaben abgegrenzt und die Lösungsvarianten durchdacht werden.
- Bei der Entwicklung von wissensbasierten Systemen könne die einzelnen Wissensquellen als funktionale Modelle und die Metaklassen als Rahmen (Frames) dargestellt werden.

6.2 Nachteile

- Das Fehlen von Software-Tools, die das modellbasierte Knowledge-Engineering methodisch und ablauf-organisatorisch unterstützen. Erster Versuch in dieser Richtung ist die Programmiersprache KARL [FENSEL 91], die aber derzeit nur beschränkt anwendbar ist.

6.3 Weitere Entwicklung

- Die Facette "konzeptuelles Modell" ist zu detaillieren und weiterzuentwickeln, einschließlich der Baukastenbibliothek und der relevanten rechnerunterstützten Gestaltungswerkzeuge wie die lernende-Evaluationsfunktionen-Methode.
- Auch die anderen Facetten sind weiterzuentwickeln besonders auch entsprechend dem neuesten Stand der KADS- und der TCWA-Methodologien mit ihren Werkzeugen.
- Ein anwendungsfähiges System ist zu entwickeln; es muß in der Praxis eingesetzt und auf seine Tauglichkeit hin untersucht werden. Dabei ist es sehr wichtig, daß dieses System in reale Arbeitsabläufe integriert wird.

7 Literaturverzeichnis

7.1. Eigene, im Zusammenhang mit dem Forschungsprojekt geplante Publikationen

[1] Methodologie zur Ermittlung von Gestaltungsanforderungen an wissensbasierte Industrie-Design-Systeme (In der Zeitschrift: Ergonomics in Design, USA)

[2] Nutzbarkeitsanalysen des Benutzerinterfaces von Industrie-Design-Systemen (In der Zeitschrift: Form, Deutschland)

[3] A fuzzy knowledge based approach to evaluation function learning (In der Zeitschrift: Artificail Intelligence, USA)

7.2. Referenzliteraturverzeichnis

ALIAS:
Making Models in ALIAS. ALIAS Studio V3.2. Alias Research Inc. October 1992.

BREUKER, J. ET AL.:
Model-driven knowledge acquisition interpretation models.

ESPRIT Project 1098. Amsterdam: University of Amsterdam, 1991.

BÜRDEK, B.E.:
Design. Geschichte, Theorie und Praxis der Produktgestaltung. Köln: DuMont, 1991.

BURGER, C.; MEHLING, D.:
Computer-aided knowledge engineering (CAKE). In: Künstliche Intelligenz, 6 (1992) 1, S. 51-56.

FENSEL, D.:
An introduction to KADS and KARL. Karlsruhe: Universität Karlsruhe, Bericht 226, Juni 1991.

GREEF, P. DE; BREUKER, J.; JONG, T. DE:
MODALITY: an analysis of function, user control and communication in knowledge based systems. Report ESPRIT Project P1098. Amsterdam: University of Amsterdam, 1988.

GROEGER, B.:
Ein System zur rechnerunterstützten und wissensbasierten Bearbeitung des Konstruktionsprozesses. In: Konstruktion, 42 (1990), S. 91-96.

GÜNTER, W.; SAßE, J.:
Unterstützung konstruktiver Entwicklungsprozesse durch Methoden der Wissensverarbeitung. In: Konstruktion, 43 (1991), S. 207-213.

HELD, H.-J.; OREL, P.; WEINBRENNER, V.:
Wissensbasierte Unterstützung des Konstruktionsprozesses. In: CAD-CAM Report, 9 (1991) 3, S. 64-68.

KRAUSE, F.-L.; KRAMER, S.; RIEGER, S.:
Featurebasierte Produktentwicklung. ZwF, 87 (1992) 5, S. 247-252.

KRÜGER, J.; SUWALSKI, I.:
Fuzzy Logik und neuronale Netze in der Maschinendiagnose. ZwF, 87 (1992) 11, S. 611-615.

MASON, J. A.; EDWARDS, J. L.:
Surveying projects on intelligent dialogue. Int. J. Man-Machine-Studies, 28 (1989), S. 259-307.

MERTENS, H.; HEIDEN, T. K.:
Ein wissensbasierter Ansatz zur Unterstützung des Konstruktionsprozesses bei Anwendung von Berechnungsmethoden. In: Konstruktion, 44 (1992), S. 139-144.

MÜLLER, J.:
Akzeptanzbarrieren beim Praktiker gegenüber Methodik. CAD und Wissenssystemen - Erscheinungen, Ursachen, Möglichkeiten der Überwindung. nicht veröffentlichter Report. 1992.

NIKOV, A; MATARAZZO, G.; ORLANDO, A.:
A methodology for human factors analysis of office automation systems. Technological Forecasting and Social Change, 44 (1993) 2. p 1-XX.

NIKOV, A.; STOEVA, S.:
A fuzzy knowledge-based mechanism for computer-aided ergonomic evaluation of industrial products. In: Modelling, Simulation & Control, 21 (1991) 3, S. 27-35.

RASSMUSEN, J.; PEJTERSEN, A. M.; SCHMIDT, K.:
Taxonomy of cognitive work analysis. Riso-M-2871. Roskilde: Riso National Laboratory, September 1990.

RAVDEN, S.; JOHNSON, G.:
Evaluating usability of human-computer interfaces: a practical method. Chichester, Ellis Horwood

Limited, 1989.

SCHÄFER, G.:
Functional analysis of office requirements. A multiperspective approach. Chichester: wiley. 1988.

SCHWENKE, H.; TEGEL, O.:
Wissensverarbeitung in CAD-Anwenderprozeduren. In: Konstruktion, 44 (1992), S. 71-76.

SEEGER, H.
Design. Springer-Verlag. 1992.

VOGT, C.; KEISSENER, J.:
Kommunikation-Interface integriert Expertensystem-Shell und CAD-System. ZwF, 87 (1992) 5, S. 252-256.

VÖTTER, M.; MANTWILL, F.; SCHLECHT, M.;
Vision: Der Computer als Konstrukteur oder Konstruktionspartner. In: Konstruktion, 44 (1992), S. 51-56.

WIELINGA, B. J.; SCHREIBER, A. TH.; BREUKER, J. A.:
KADS: A modelling approach to knowledge engineering.
Report ESPRIT Project P5248 KADS-II, Amsterdam, University of Amsterdam, 1991.

ZEILER, W.:
Object-oriented hybrid intelligent CAD systems. In: Computers in industry, 20 (1992), S. 1-9.

Phasenmodell ist Out
Benutzerbeteiligung jetzt auch bei Standardtsoftware-Entwicklung[1]

Matthias Rauterberg ETH-Zürich
Raimund Mollenhauer ADI-Karlsruhe
Philipp Spinas ETH-Zürich

Zusammenfassung
Die wachsende Komplexität der Anwendungen wird von Softwareentwicklern häufig nicht mehr hinreichend durchschaut und bewältigt. Eine enge Zusammenarbeit von Benutzern als Experten für das Anwendungsgebiet und Entwicklern als Experten für Informatikwerkzeuge ist erforderlich. Probleme bereitet allerdings häufig die praktische Realisierung von Benutzerbeteiligung. In dem Verbundprojekt 'Entwicklung und empirische Überprüfung von Kriterien, Methoden und Modellen zur benutzerorientierten Software-Entwicklung und Dialoggestaltung' (Förderkennzeichen 01HK706) wurden deshalb Kriterien, Methoden und Modelle zur benutzerorientierten Softwareentwicklung und Schnittstellengestaltung (weiter-) entwickelt und empirisch überprüft. Nach der Aufarbeitung der Ergebnisse aus den Experimental- und Felduntersuchungen wird ein praxisorientierter Leitfaden für Software-Entwickler und Organisatoren erstellt. Im folgenden werden exemplarisch einzelne Untersuchungen und ihre Ergebnisse dargestellt.

Abstract
The current state of traditional software development is surveyed and essential problems are investigated on the basis of system theoretical considerations. The concept of user participation is proposed as a solution. The relation of several different methods of user participation to the specifications, the communications, and the optimisation barrier is integrated into a concept of participatory software development. The pros and cons of essential problems known to obstruct optimal software development and possible ways of solving them are considered. The preparation of this paper was supported by the BMFT (AuT programme) grant number 01 HK 706-0 as part of the BOSS "User oriented Software Development and Interface Design" research project.

1 Einleitung

Bei Vorhaben zur Computerunterstützung von Bürotätigkeiten stellt sich die Grundfrage: wie können Benutzerbedürfnisse bzw. Anforderungen von Fachabteilungen nach Computerunterstützung von Arbeitsabläufen so in Software umgesetzt werden, daß diese den Anforderungen auch wirklich entspricht und dadurch eine echte Hilfe bei der Bewältigung der anfallenden Aufgaben darstellt? Allzuoft sind Entwicklungsprojekte gescheitert oder haben die entwickelten Lösungen den

[1] "Entwicklung und empirische Überprüfung von Kriterien, Methoden und Modellen zur benutzerorientierten Software-Entwicklung und Dialoggestaltung; ADI Software GmbH, Karlsruhe/Institut für Arbeitspsychologie der ETH-Zürich; gefördert durch das Bundesministerium für Forschung und Technologie, Projektträger "Arbeit und Technik", Bonn Förderkennzeichen 01 HK 706)

Benutzern nicht die erwartete Unterstützung gebracht, weil ihre Bedürfnisse und Aufgaben im Prozeß der Software-Entwicklung zu wenig berücksichtigt wurden. Die Erfahrungen der letzten Jahre haben auch gezeigt, daß die Akzeptanz angebotener Computerunterstützung wesentlich von deren Benutzungsfreundlichkeit abhängt. Zur Entwicklung software-ergonomisch optimierter Anwendungen gibt es bereits eine Reihe von Erkenntnissen, die in dem Forschungsprojekt BOSS erarbeitet wurden. Die Komplexität heutiger Anwendungen verlangt aber darüber hinaus bei der Software-Entwicklung vielfach die Mitarbeit von Benutzern, um optimale, auf die konkrete Situation angepasste Lösungen zu finden. Die Vorteile einer Benutzerorientierung haben sich schon in manchen Projekten gezeigt (Strohm 1991a, 1991b, Strohm & Ulich 1991, Rauterberg & Strohm 1992, Spinas 1992); in der Praxis herrscht jedoch häufig Ungewißheit über die Realisierungsmöglichkeiten für den Einbezug von Benutzern und den Einsatz von Prototyping. Im folgenden werden verschiedene Möglichkeiten und ihre praktische Umsetzung im Prozeß der Software-Entwicklung von Standardsoftware aufgezeigt. Darüberhinaus lassen sich auch Benutzervertreter bei der Erstellung von Individual- oder Branchen-Software sinnvoll in das Projektteam integrieren (Spinas et al. 1993).

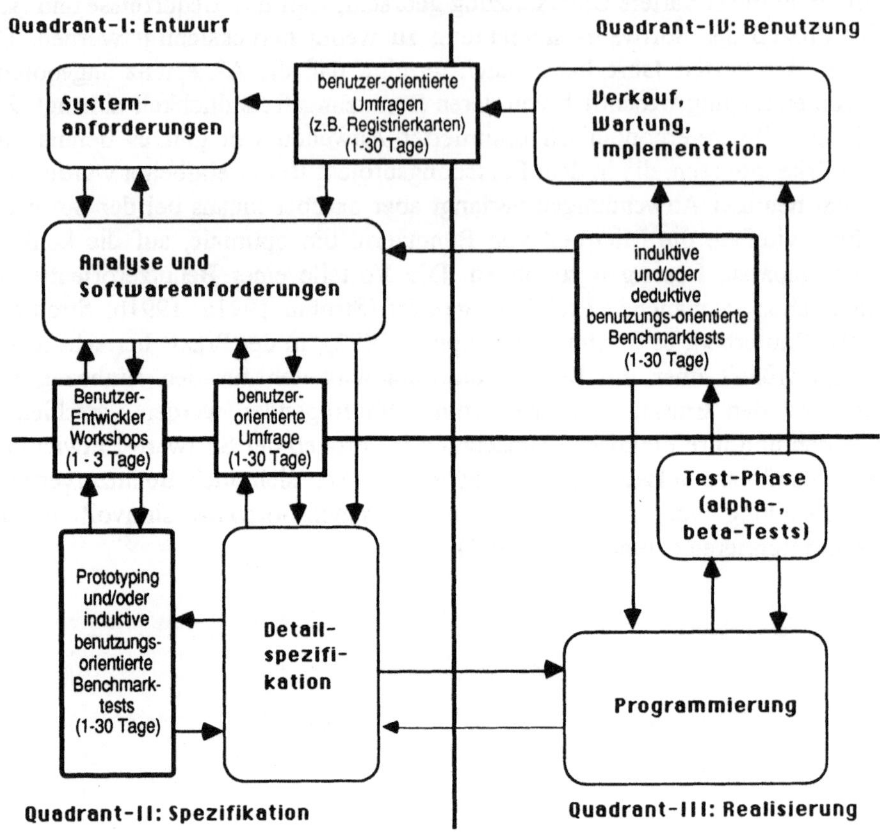

Abbildung 1: Übersicht über verschiedene Methoden der Benutzerbeteiligung bei Standardsoftwareentwicklung im Rahmen des zyklischen Quadrantenmodells (Rauterberg 1991f, 1992b, 1992g, 1992h).

Mittels Fallstudien und einer schriftlichen Umfrage in mehr als 100 Betrieben wurden Entwicklungsprozesse für Applikationssoftware untersucht (Strohm 1990a). Die Ergebnisse zeigen, daß eine stark arbeitsteilige Entwicklungsorganisation und die konsequente Einhaltung eines Phasenmodells im Projektablauf nicht nur eine Beteiligung von Benutzern erschweren, sondern auch - neben Kosten- und Terminüberschreitungen wegen notwendiger Rückschritte in frühere Phasen - die Zielerreichung im Projekt insgesamt gefährden können (Rauterberg & Strohm 1992). Die Grundannahme dieses Modells - daß nämlich alle Anforderungen in der Anfangsphase vollständig bekannt sind, exakt beschrieben werden können und sich nicht verändern - kann nicht länger aufrecht erhalten werden (Rauterberg 1991f). Das Endprodukt entfernt sich, z.B. durch Modifikationen oder Restriktionen bei der Programmierung, von den ursprünglichen Benutzeranforderungen. Ferner wurde deutlich, daß schriftliche Systembeschreibungen, Pflichtenhefte und Diagramme von den Benutzern schwer verstanden und Konsequenzen für die spätere Systembenutzung kaum erkannt werden können (Waeber 1991).

Innovative, erfolgreiche Entwicklungsprojekte hingegen weisen folgende Merkmale auf: ganzheitliche Aufgaben für die ProjektmitarbeiterInnen, aktive Benutzerbeteiligung, einkalkulierter Mehraufwand für analytische und konzeptionelle Arbeiten in den Anfangsphasen, Durchführung von Aufgabenanalysen, iterativ-zyklische Vorgehensweise im Projektablauf sowie Einsatz von Prototyping zur Anforderungspräzisierung und zur Gestaltung der Benutzungsoberfläche. Prototypen eignen sich nicht nur als anschauliche 'Verhandlungsobjekte' für Diskussionen zwischen Benutzern und Entwicklern, sondern tragen auch zur besseren Strukturierung von Ideen der Entwickler bei. Auf diesen Erkenntnissen aufbauend wurden die Organisation benutzerorientierter Softwareentwicklungsprozesse in konkreten Entwicklungsprojekten untersucht und mitgestaltet. In einem Softwareprojekt zur Entwicklung und Einführung eines Bürokommunikationssystem war das mit traditionellem Vorgehen (Phasenmodell/keine Partizipation) entwickelte Produkt dem mit einem innovativen Vorgehen (Arbeitsanalysen, Prototyping, Benutzerbeteiligung) entwickelten System hinsichtlich Benutzerfreundlichkeit und Aufgabenangemessenheit deutlich unterlegen.

2 Verbesserung von Standardsoftware

Die Zusammenarbeit zwischen dem Institut für Arbeitspsychologie (IfAP) an der ETH-Zürich und der ADI-Karlsruhe im Verbundprojekt "BOSS" zeigte, daß auch bei der (Weiter-) Entwicklung von Standardsoftware – das relationale Datenbanksystem ADIMENS (Mollenhauer 1989, 1990, 1991a, 1991b) – Benutzerbeteiligung erfolgreich praktiziert werden kann: Benutzer-Entwickler Workshops (Waeber 1990), verschiedene benutzungsorientierte Benchmarktests (mit echten Benutzern), eine Umfrage in einer Fachzeitschrift und Benutzertreffen trugen wesentlich zur software-ergonomischen Optimierung des Systems bei! Die Verbesserung verschiedener Veränderungen der grafischen Benutzungsoberfläche von ADIMENS konnte in *benutzungsorientierten Benchmarktests* aufgezeigt werden (Rauterberg 1989b, 1989c, 1990a, 1990b). Insbesondere durch den Umstieg auf grafische Benutzungsoberflächen und die Entwicklung von "aktiven Joins" konnte ein Großteil der Schwächen traditioneller Datenbanksysteme nachweislich überwunden werden (Rauterberg 1991a, 1991d, 1992d).

Einen weiteren Schwerpunkt des Verbundprojektes bildeten die empirischen Untersuchungen zu den verschiedenen Kriterien eines benutzungsorientierten Dialogdesigns. Die Transparenz von Benutzungsoberflächen läßt sich durch den Einsatz von Farbe unter bestimmten Bedingungen erhöhen (Rauterberg 1992c). Je höher die Flexibilität der Dialogstruktur ist, desto mehr wird das Programm den verschiedenen Aufgabenstellungen, als auch den unterschiedlichen individuellen Bedürfnissen und Anforderungen der Benutzer gerecht (Rauterberg 1992a). Um dem Softwareentwickler eine anwendungsnahe Umsetzung der Gestaltungskriterien zu ermöglichen, wurde das Beschreibungskonzept der "*Interaktionspunkte*" entwickelt (Rauterberg 1991e, 1993). Mit Hilfe dieses Konzeptes lassen sich verschiedene Gestaltungskriterien anwendungsnah beschreiben. Feldstudien zeigten, daß durch individuell angepaßte Oberflächen die Lösungsgüte von Textverarbeitungsaufgaben signifikant ansteigt (Spinas & Rauterberg 1992). Dennoch ergab eine Umfrage unter 2000 BenutzerInnen eines Textverarbeitungsprogrammes, daß Angebote zur individuellen Gestaltung nur zu einem geringen Anteil genutzt werden.

3 Benutzungs-orientierte Benchmark-Tests (bBTs)[*2]

Benutzungs-orientierte Benchmark-Tests (bBTs) lassen sich in zwei Typen unterteilen: *induktive* und *deduktive bBTs* (Rauterberg 1990c, 1991b, 1991c). Die induktiven bBTs sind bei der Evaluation eines (z.B. vertikalen) Prototypen, oder einer (Vor)-Version zur Gewinnung von Gestaltungs- und Verbesserungsvorschlägen, bzw. zur Analyse von Schwachstellen in der Benutzbarkeit einsetzbar. Induktive bBTs können immer dann zum Einsatz kommen, wenn nur *ein* Prototyp, bzw. *eine* Version der zu testenden Software vorliegt. Demgegenüber verfolgen deduktive bBTs primär den Zweck, zwischen mehreren Alternativen (mindestens zwei Prototypen, bzw. Versionen) zu entscheiden. Zusätzlich lassen sich jedoch auch mit deduktiven bBTs Gestaltungs- und Verbesserungsvorschläge gewinnen (Rauterberg 1989a, 1990b, 1991a).

---

*2 bBT=benutzungs-orientierter Benchmark-Test; mit dem Adjektiv "benutzungs-orientiert" soll eine Verwechslung mit den sonst üblichen, rein system-technischen Benchmark-Tests vermieden werden.

PRODUKT	JAHR	MASSNAHME	ERGEBNIS
ADIMENS-ascii	1987	Kriterien-geleitete Softwareentwicklung	Entwicklung der Desktop-Oberfläche GT
ADIMENS-GT	1988	induktiver Benchmarktest "GT" (N=8)	Gestaltungsvorschläge -> GT+
		1. Entwickler Workshop	konsensfähiger Entwurf
		deduktiver Benchmarktest "GT <-> ASCII" (N=24)	Entscheidung zugunsten der Desktop-Oberflächen GT, GT+
ADIMENS-GT+ Vers. 3.0	1989	europaweite Umfrage im ST-Magazin (220 Rücksendungen)	Gestaltungsvorschläge -> GT+
		Benutzer-Entwickler Workshop	Gestaltungsvorschläge -> Desk
ADIMENS-GT+ Vers. 3.1	1990	Methodenvergleich für Ikon-Konstruktionen (N=194)	Vorgehensmodell
		2. Entwickler Workshop	konsensfähiger Entwurf -> Desk
ADIMENS-Desk	1991	deduktiver Benchmarktest "GT <-> GT+" (N=30)	empirische Prüfung der Gestaltungsvorschläge

Abbildung 2: Übersicht über die durchgeführten Workshops, Benchmark-Tests und benutzer-orientierte Umfragen (fett umrandete Maßnahmen) im Rahmen der Standardsoftware-Entwicklung von ADIMENS in den Jahren 1988 bis 1991.

3.1 Induktive benutzungs-orientierte Benchmark-Tests (ibBTs)

Bei der Durchführung eines induktiven bBTs sind die im folgenden aufgeführten Bedingungen zu beachten. Da die meisten Bedingungen zur Durchführung eines induktiven bBTs mit denen eines deduktiven bBTs übereinstimmen, werden dann später bei der Darstellung deduktiver bBTs nur noch die Änderungen und Ergänzungen erwähnt.

Um Artefakte bei der Benutzung - hervorgerufen durch unvollständige System-funktionalität - zu vermeiden, sollte im Bereich der zu testenden Systemfunktionen ein möglichst realitätsgerechtes Systemverhalten gegeben sein. Um die einzelnen Aktionen der Benutzer später auswerten zu können, empfiehlt es sich, eine automatische Aufzeichnung der Tastendrucke in das Test-System einzubauen.

Als erstes sollte man eine oder mehrere Benchmark-Aufgaben abgestimmt auf die zu testenden Systemteile festlegen. Diese Benchmark-Aufgaben sind dem typischen

Aufgabenkontext des zukünftigen End-Benutzers zu entnehmen. Sofern dieser Aufgabenkontext nicht oder nur recht vage gegeben ist, sollten die Benchmark-Aufgaben zumindest jedoch typische Teil-Aufgaben enthalten. Eine einzelne Benchmark-Aufgabe sollte nicht zu komplex, aber auch nicht zu einfach sein; die Bearbeitungszeiten sollten ungefähr zwischen fünf und fünfzehn Minuten liegen. Die Formulierung der Aufgaben sollte als schriftliche Fassung den Benutzern während der Aufgabenbearbeitung zugänglich sein. Je nach fach-spezifischem Vorwissen der Benutzer über den Aufgabenkontext ist es sinnvoll, die Aufgabenbeschreibung unterschiedlich abzufassen; bei hohem fach-spezifischem Vorwissen ist die Beschreibung möglichst *problem-orientiert* abzufassen, bei geringem, bzw. keinem fach-spezifischen Vorwissen ist die Beschreibung *handlungs-orientiert* zu halten (Rauterberg 1991b, 1991c). Die handlungs-orientierte Aufgabenbeschreibung soll verhindern helfen, daß die beobachteten Benutzungsprobleme überwiegend aufgrund fehlenden Fachwissens zustande gekommen sind.

Die Benutzergruppe sollte möglichst *repräsentativ* für die Population der End-Benutzer sein. Die Auswahl der Benutzer muß daher *zufällig* aus dem potentiellen oder aktuellen Benutzerkreis erfolgen. Die ausgewählten Benutzer sollten das zu testende System nicht kennen. Da sich diese Bedingung oftmals bei größeren Entwicklungsphasen, bzw. Weiterentwicklungen nicht einhalten läßt, muß die Vorerfahrung der Benutzer mit dem System, bzw. ähnlichen Systemen kontrolliert werden. Die Gruppengröße sollte aus statistischen Gründen zwischen sechs und zwanzig Personen liegen. Wenn kein oder nur sehr wenig Wissen über die Population der End-Benutzer vorliegt, lohnt es sich, die Benutzergruppe hinsichtlich der folgenden Parameter möglichst *heterogen* zusammenzusetzen: EDV-Vorerfahrung, Alter, Geschlecht, Ausbildung, Beruf, sowie der zu unterstützenden Aufgaben (Spinas et al. 1993).

Anzustreben ist eine möglichst den realen Einsatzbedingungen entsprechende Beobachtungs-Umgebung. Da es für die spätere Auswertung jedoch oftmals sehr wichtig ist, das Verhalten der einzelnen Benutzer sowie das entsprechende Systemverhalten auf Video, Tonband, "Screen-recording", etc. aufzuzeichnen, empfiehlt es sich, einen ruhigen, abgeschlossenen Raum mit entsprechendem Mobiliar zu benutzen. Stehen keine speziellen Aufzeichnungsgeräte zur Verfügung, sind für den Beobachter einfach auszufüllende Protokollbögen (z.B. mittels Strichlisten für vorgegebene Problem-, Fehler-Kategorien, etc.) schon sehr nützlich.

Der Beobachter sollte sich stets darum bemühen, jedem Benutzer das Gefühl der Wichtigkeit und Wertschätzung zu vermitteln. Die folgenden drei Aspekte sind für die Schaffung eines vertrauensvollen und für Kritik offenen Klimas hilfreich. Mit möglichst allgemein verständlichen Worten wird dem Benutzer Ziel und Zweck des bBTs erläutert (z.B. Test eines Prototypen in einem frühen Entwicklungsstadium, etc.). Es ist besonders wichtig, dem Benutzer verständlich zu machen, daß das System und *nicht* der Benutzer getestet werden soll. Jede Art von Schwierigkeiten seitens des Benutzers bei der Aufgabenbearbeitung sind von besonderem Interesse! Jedem Benutzer muß zugesichert werden, daß er die Durchführung des bBTs jederzeit unter- und sogar abbrechen kann, ohne daß irgendwelche negativen Konsequenzen (z.B. Wegfall einer zugesagten Bezahlung, etc.) erfolgen. Die vollständige Freiwilligkeit der Teilnahme und Zusicherung der Anonymität ist unabdingbar für die Gewinnung von brauchbaren Beobachtungen.

Jedem Benutzer werden alle für die Durchführung des Benchmark-Tests in dem Beobachtungsraum vorhandenen Geräte (Computer, Video-Kamera, Mikrophone, etc.) hinsichtlich Einsatzzweck und Funktionsweise erläutert. Als besonders wichtig erweist sich eine möglichst standardisierte Einführung in die Handhabungs- und Bedienungsweise der zu testenden Software (Rauterberg 1991c). Je nach Vorerfahrung des Benutzers können unterschiedliche Schwerpunkte gesetzt werden. Um die Motivation der Benutzer bei einer längeren Einführungsphase (in die Benutzung der Software) aufrechtzuerhalten, hat es sich als sinnvoll gezeigt, den Benutzer zur Generierung von Frage- und Problemstellungen über die "Welt der Anwendungsobjekte" zu stimulieren und zur selbstständigen Exploration anzuregen. Dennoch muß unbedingt darauf geachtet werden, daß jeder Benutzer das gleiche Vorwissen erhält. Da diese Bedingung nur schwer zu kontrollieren ist, begnügt man sich oftmals mit Personen *ohne* jegliches EDV-Vorwissen.

Viele Benutzer haben Schwierigkeiten, ihre Gedanken während der Bearbeitung einer Aufgabe laut zu äußern. Es empfiehlt sich daher, dem Benutzer zu verdeutlichen, was mit "lautem Denken" gemeint ist, und mit ihm einige Übungsbeispiele gemeinsam durchzugehen. Trotzdem neigen Benutzer einerseits bei hoch routinisierten Handlungen, andererseits bei komplexen Problemlösungsprozessen dazu, das "laute Denken" einzustellen. Dies kann man durch folgende Maßnahmen umgehen: a) der Beobachter fordert den Benutzer in solchen Situationen zum "lauten Denken" auf; b) es werden *zwei* Benutzer als Paar mit der Aufgabenbearbeitung betraut, wodurch die verbale Kommunikation zwischen beiden Partnern das "laute Denken" ersetzt; c) man führt nach Beendigung des bBTs dem Benutzer problematische Ausschnitte per Videoaufzeichnungen vor und bespricht mit ihm seine jeweiligen Ziele und Handlungsabsichten (Moll 1989).

Es empfiehlt sich, vor Beginn einer Beobachtungsserie, ein bis zwei Probe-Durchläufe zur Optimierung der gesamten Beobachtungsprozedur durchzuführen. Als bedeutsame Einflußgrößen auf die Art und Weise der Aufgabenbearbeitung haben sich die EDV-Vorerfahrung der Benutzer und die Hilfestellungen durch den Beobachter herausgestellt (Rauterberg 1990b). Beide Variablen sollten gemessen werden, um sie später bei der statistischen Auswertung berücksichtigen zu können. Die Vorerfahrung läßt sich mittels Fragebogen erfassen. Die Art und die Anzahl der gegebenen Hilfestellungen des Beobachters wird von diesem während des bBTs auf einem Protokollbogen vermerkt.

Als "abhängige" Variablen werden alle erhobenen Meßwerte bezeichnet, welche bei der Auswertung Aufschluß über die Güte der Benutzbarkeit des zu testenden Systems Auskunft geben können. Die Menge der abhängigen Variablen teilt sich auf in die Menge der *qualitativen* Variablen (problematische Benutzungssituationen, handlungs-psychologische Bedingungskomplexe, etc.) und die Menge der *quantitativen* Variabeln auf (Bearbeitungsdauer, Einlernzeit, Überlegungszeit, Anzahl Tastendrucke, Anzahl Fehler) (Rauterberg 1992e, 1992f).

Es gibt grundsätzlich zwei verschiedene Vorgehensweisen für die Gestaltung des zeitlichen Rahmens: 1. der Benutzer wird aufgefordert, die gestellte Aufgabe solange zu bearbeiten, bis er sie vollständig gelöst hat oder die Bearbeitung auf eigenen Wunsch abbricht; 2. dem Benutzer wird eine maximale Zeitspanne für die Aufgabenbearbeitung zur Verfügung gestellt. Falls die Aufgabenbearbeitungszeit als ein relevanter Indikator für Benutzungseigenschaften des zu testenden Systems herangezogen werden soll, empfiehlt sich die erste Variante. Bei der zweiten Variante muß man für die Auswertung den erreichten Lösungsgrad der Aufgabe bewerten. Diese Bewertung ist oft nicht einfach möglich.

Der Beobachter hält sich während der Aufgabenbearbeitung ruhig im Hintergrund. Für ihn ist es sehr wichtig, seinen natürlichen Impuls, dem Benutzer in problematischen Situationen sofort zu helfen, "im Zaume zu halten". Hier kann eine klare Absprache zwischen Beobachter und Benutzer hilfreich sein: nur wenn sich der Benutzer explizit an den Beobachter wendet und um Hilfe nachfragt, wird der Beobachter aktiv. Ein zu frühes Eingreifen des Beobachters hindert den Benutzer, eine eigene Lösung zu finden. Als Beobachter sollten daher keine an der Entwicklung des zu testenden Systems unmittelbar beteiligten Personen eingesetzt werden. Es wird sogar empfohlen, um eine möglichst realistische Beobachtungssituation herzustellen, daß der Beobachter sich völlig passiv verhält und dies dem Benutzer vorher deutlich macht.

Jedem Benutzer muß die Gelegenheit gegeben werden, sofern dies nicht schon im

Rahmen der Video-Konfrontation eingeplant ist, für ihn wichtige und noch offene Fragen zu Zwecken und Zielen des bBTs, problematische Situationen während der Aufgabenbearbeitung, etc. in einem Gespräch nach Beendigung der Aufgabenbearbeitung mit dem Beobachter klären zu können. Meistens erhält man sehr zutreffende Problemsichten aus diesen Gesprächen (Moll 1989). In dieser Nachbereitung lassen sich auch Fragebögen mit standardisierten oder offenen Fragen zur Beantwortung spezieller Benutzungsaspekte einsetzen.

Während der Durchführung eines bBTs wird man immer wieder überraschende und sehr informative Benutzungsweisen beobachten können. Es lohnt sich, diese auf Video aufzuzeichnen, um sie dann mit den Entwicklern später detailliert diskutieren zu können. Wichtig ist dabei, daß die beobachtbaren Schwierigkeiten niemals dem Benutzer, sondern ausschließlich der Benutzbarkeit des zu testenden Systems angelastet werden.

Die aufgezeichneten Beobachtungsdaten (Video, Tonband, Logfile, 'screenrecording') müssen hinsichtlich der design-relevanten Informationen ausgewertet werden. Dazu empfiehlt es sich, auf der Grundlage der durchgeführten Beobachtungen ein Auswertungsraster aufzustellen und dieses Raster systematisch auf die Beobachtungsdaten aller Benutzer anzuwenden. Aufwendig und schwierig sind die qualitativen Auswertungen von Logfile-Daten, weil es sich hierbei oftmals um komplexe Mustererkennungsprozesse handelt, welche bisher nur begrenzt automatisch ausführbar sind.

Als eine besonders informative Quelle für design-relevante Entscheidungen hat sich die Analyse von Videoaufzeichnungen ergeben. Hierbei werden Erklärungsmodelle für bestimmtes Benutzungsverhalten aufgestellt, um das beobachtbare Verhalten in problematischen Situationen handlungspsychologisch begründen zu können. Die eingehendere Beschäftigung mit diesen Situationen führt dann unter Berücksichtigung des Kriterienkonzeptes von Ulich (1985, 1986, 1991) zu konstruktiven, tragfähigen Gestaltungsvorschlägen (Rauterberg 1991d, 1992d).

Um die in der qualitativen Auswertung gewonnenen Erklärungsmodelle für einzelne Benutzungsprobleme auf eine möglichst breite Basis zu stellen (Problem der 'Generalisierbarkeit'), sind statistische Auswertungen unumgänglich. Diese können von einfachen Häufigkeitszählungen bestimmter Problemklassen, bis hin zu komplexen inferenz-statistischen Zusammenhangsanalysen gehen. Dazu ist es notwendig, daß die verschiedenen Benutzungseigenschaften (Dauer der Aufgabenbearbeitung, mittlere Überlegungszeit, Fehlerart, Ausmaß an Beanspruchung, etc.) pro Benutzer in quantifizierter Form vorliegen (Rauterberg 1992e, 1992f).

3.2 Deduktiver benutzungsorientierter Benchmark-Test (dbBT)

Deduktive bBTs dienen primär der Entscheidungsfindung zwischen verschiedenen System-Alternativen, bzw. zur Kontrolle der erreichten Verbesserung (siehe zum Stichwort "Oberflächen-Effekt" bei Rauterberg 1991c) und erst sekundär der Gewinnung von Gestaltungsvorschlägen. Es ergeben sich daher einige unterschiedliche Anforderungen an die Durchführung von deduktiven bBTs.

Im Gegensatz zu induktiven bBTs müssen die verschiedenen zu testenden, alternativen Systemversionen beim deduktiven bBT verstärkt der Forderung nach einem - an realen Einsatzbedingungen gemessenen - realistischen Systemverhalten (d.h. möglichst funktionale Vollständigkeit, adäquates Systemantwortzeitverhalten, etc.) genügen. Diese Anforderungen sind deshalb wichtig, weil die Entscheidung zwischen den System-Alternativen primär mittels quantitativer Meßgrößen gefällt wird. Je nachdem, ob viele Benutzer wenig Zeit haben (Fall-I), oder, ob wenige Benutzer viel Zeit haben (Fall-II), an einem bBT teilzunehmen, wird die Gruppenbildung unterschiedlich vorgenommen. Im Fall-I wird pro System-Alternative eine eigene Gruppe gebildet. Im Fall-II hat lediglich eine Gruppe alle System-Alternativen zu testen. Um Lerneffekte zu kontrollieren, muß dann die Reihenfolge der zu testenden Systeme innerhalb dieser einen Gruppe ausbalanciert werden. Im Fall-II müssen für jede System-Alternative *parallele* Benchmark-Aufgaben entwickelt werden (siehe als Beispiel Rauterberg 1991a, 1991c).

Die Gruppengröße sollte aus statistischen Gründen mindestens sechs Personen pro Gruppe betragen. Wenn man plausible Annahmen über den zu erwartenden Oberflächeneffekt hinsichtlich einer quantitativ zu messenden Benutzungseigenschaft (z.B. Dauer der Aufgabenbearbeitung, Anzahl Fehler, etc.) für die Alternativen hat, kann man die genau benötigte Gruppengröße auch ausrechnen. Die einzelnen Gruppen müssen hinsichtlich verschiedener Parameter möglichst homogen sein: EDV-Vorerfahrung, Geschlecht, Alter, Beruf. Mittels inferenzstatistischer Auswertungsverfahren können die gewonnenen Beobachtungsergebnisse auf ihre *Generalisierbarkeit* hin getestet werden (Rauterberg 1989b, 1989c, 1991a, 1991d, 1992a, 1992c, 1992d).

3.3 Ergebnisse von benutzungsorientierten Benchmarktests

Weitere benutzungsorientierte Benchmarktests beschäftigten sich mit der Analyse, Bewertung und Gestaltung rechnergestützter Lern- und Arbeitshilfen. Die Ergebnisse zeigten, daß die Unterstützung der Benutzer durch ein system-orientiertes Hilfesystem nicht ausreichend war; die Entwicklung und Gestaltung *aufgabenorientierter Lern- und Arbeitshilfen* führte zu einer nachweislichen Verbesserung der Unterstützung (Moll 1989; Moll & Fischbacher 1989).

Im Jahre 1991 wurden zur weiteren Erforschung der "Individualisierbarkeit" in der Mensch-Computer Interaktion zwei bBTs und eine Feldstudie durchgeführt. Die Ergebnisse des ersten bBTs zeigten, dass die Resultate einer Datenbankrecherche bei der Benutzungsoberfläche mit einer individuell auswählbaren akustischen Rückmeldung (N=6) genauso gut waren wie bei der voreingestellten Standard-Benutzungsoberfläche ohne akustische Rückmeldung (N=6). Bei dem zweiten bBT wurde der Frage nachgegangen, ob und gegebenenfalls in welchem Ausmass Benutzer die Farbeinstellungen unter MsWindows während einer Textverarbeitungsaufgabe individuell ändern (N=17). Es zeigte sich, dass die individuell erreichte Farbeinstellung umso mehr von einer ergonomisch sinnvollen Konfiguration abwich, je öfter während der Untersuchung geändert wurde (Rauterberg 1992c).

Zu dem Kriterium "*Flexibilität*" wurde ein bBT mit 12 Informatik-Studenten der ETH durchgeführt, bei dem der Effekt der drei folgenden Interaktionsarten getestet wurde: (1) Interaktionssteuerung mit der "Maus", (2) Interaktionssteuerung mit den "Cursor-Tasten" und (3) über die einfach belegten "Funktionstasten". Es zeigte sich, dass die Bedingung "Maus" und einfach belegte "Funktionstaste" aufgrund ihres geringeren interaktiven Aufwandes gegenüber der Bedingung "Cursor-Taste" signifikant besser abschnitt. Im Rahmen eines weiteren bBT zur Untersuchung des Oberflächeneffektes zwischen einer traditionellen Menüoberfläche (CUI, "character user interface") und einer grafischen Desktop-Oberfläche (GUI, "graphical user interface") konnte eine signifikante negative Korrelation zwischen dem Verhältnis der Bearbeitungszeit der CUI-Oberfläche zu der Bearbeitungszeit der GUI-Oberfläche und der Anzahl an möglichen Lösungsstrategien bei der GUI-Oberfläche gefunden werden; diese Korrelation bedeutet, dass die Benutzer der GUI-Oberfläche besonders dann gegenüber der CUI-Oberfläche im zeitlichen Vorteil waren, wenn ihnen möglichst verschiedene Lösungsalternativen von dem Dialogsystem zur Verfügung gestellt wurden (Rauterberg, 1992a).

Zu dem Kriterium "*Unterstützung*" wurde in einem Projekt die Analyse, Bewertung und Entwicklung rechnergestützter Lern- und Arbeitshilfen für ein interaktives "Numeric Control"-Programmiersystem, welches für die Programmierung und Steuerung von Werkzeugmaschinen eingesetzt wird, durchgeführt (Moll, 1989). Mit einer Methodenkombination (Standardaufgaben, "Logfile"-Aufzeichnungen, "lautes Denken", Videokonfrontation) wurde zunächst das Benutzerverhalten untersucht.

Auswertungen des beobachteten Benutzerverhaltens zeigten, dass die Unterstützung der Benutzer durch das vorhandene systemorientierte Hilfesystem nicht ausreichend war. Deshalb wurde an der Gestaltung und Evaluation einer aufgabenorientierten, rechnergestützten Lernumgebung gearbeitet. Diese Lernumgebung ist im NC-Programmiersystem implementiert worden und wurde auf zwei Schulungskursen eingesetzt und evaluiert (Moll & Fischbacher 1989a, 1989b). Untersuchungen mit insgesamt 15 Benutzern (Werkzeugmacher) zeigten, dass sich die Unterstützung der Benutzer durch das neue aufgabenorientierte Hilfesystem signifikant verbessert hat (Moll 1989).

Zu den Kriterien "*Transparenz*" und "*Feedback*" wurden vier bBTs, eine elektronische Umfrage und eine Methodenvergleichsstudie über den Einsatz und die Verwendung von Farbbildschirmen durchgeführt. Farbige Benutzungsoberflächen wurden im Vergleich zu monochromen Benutzungsoberflächen insgesamt von den Benutzern subjektiv besser bewertet. Die Ergebnisse aus drei der vier dbBTs lassen eine objektive Überlegenheit farbiger Benutzungsoberflächen allerdings nur dann erkennen, wenn die Farbgebung handlungsleitend zur Erhöhung der Transparenz der Dialogstruktur eingesetzt wird (Rauterberg 1992c).

3.4 Ergebnisse von benutzungsorientierten Umfragen

Eine Umfrage bei 61 Entwicklern, 65 Benutzern und 31 Führungskräften zeigte, daß etwa 70% der Befragten den Einbezug von Benutzern befürworten und den Benutzern vermehrt Entscheidungskompetenzen zugestanden werden sollten. Unsicherheiten und unterschiedliche Vorstellungen zeigten sich allerdings in bezug auf ein adäquates Vorgehen (Spinas & Waeber 1991).

Im Jahre 1991 wurden zur weiteren Erforschung der "Individualisierbarkeit" in der Mensch-Computer Interaktion zwei Umfrageaktionen durchgeführt. Aus einer "electronic-mail"-Umfrage unter ETH-Angestellten (N=181; erste Umfrageaktion) erfuhren wir, dass ca. 90% aller Benutzer mit einem Farbbildschirm aus den verschiedensten Gründen die vorgegebene Farbeinstellung individuell anpassen. Aus den Ergebnissen des induktiven bBTs unter Berücksichtigung des "electronic-mail"-Umfrageergebnisses kann gefolgert werden, daß die individuelle Konfigurierbarkeit von farbigen Oberflächen auf eine Menge von vorgegebenen, ergonomisch vertretbaren Farbkombinationen ("configuration sets") beschränkt und nicht der völlig freien Gestaltung durch den Benutzer überlassen bleiben sollte (Rauterberg 1992c).

Die oben schon erwähnte "electronic-mail"- Umfrage ergab, daß Monochrombildschirme primär bei Textbearbeitungssystemen (75% bei monochromen Anwendungen) und Farbbildschirme primär im Grafik/CAD-Bereich (84% bei farbigen Anwendungen) Verwendung finden.

Für die zweite Umfrageaktion wurde ein Fragebogen konstruiert, welcher die drei Dimensionen "*individuelle Anpassung*", "*individuelle Auswahl*" und "*Flexibilität*" bei der Nutzung des Textverarbeitungsprogrammes MsWord abfragt. Von den 2000 angeschriebenen MsWord Benutzern im süddeutschen Raum (Bayern und Baden-Würtemberg) erhielten wir 559 beantwortete Fragebögen zurück. Die Analyse dieser Fragebogendaten ergab eine signifikante positive Korrelation zwischen dem Ausmass an individueller Nutzungsweise und der EDV-Vorerfahrung; d.h., je länger die Benutzer mit EDV Unterstützung ihre Aufgaben erledigen, desto stärker neigen sie dazu, sich die Benutzungsoberflächen an ihre individuellen Bedürfnisse anzupassen (Spinas & Rauterberg 1992). Aus allen 559 beantworteten Fragebögen dieser zweiten Umfrageaktion wurden acht "Hoch-Individualisierer" und acht "Standard"-Benutzer ausgewählt, welche den Hoch-Individualisierern ansonsten möglichst ähnlich waren. Diese 16 Benutzer wurden dann in einer quasi-experimentellen Feldstudie bei der Bearbeitung von drei Benchmarkaufgaben (Erstellung und Formatierung von Texten) in ihrer normalen Arbeitsumgebung (zu Hause mit ihrem eigenen PC) untersucht. Die Hoch-Individualisierer waren hinsichtlich der Bearbeitungszeit zwar genauso gut wie die Standardbenutzer, aber bei der Vollständigkeit der Aufgabenbearbeitung (Produktgüte) der zu erstellenden Textdokumente schnitten die Hoch-Individualisierer signifikant besser ab.

4 Partizipationsmöglichkeiten

Im Jahre 1990 wurde eine Methodenvergleichsstudie zwischen verschiedenen Verfahren zum Benutzereinbezug ("Partizipationsmethoden") durchgeführt. Wir wollten herausfinden, ob und gegebenenfalls inwieweit das Ergebnis eines neu zu gestaltenden Ikon-Satzes von der Art und Methode der Gestaltung abhängt. In dieser Vergleichsstudie wurde in einem ersten Schritt ein Ikon-Satz für eine vollgrafische Datenbankoberfläche durch vier verschiedene Methoden entwickelt: (1) durch eine Expertengruppe (N=3), (2) durch eine Benutzergruppe (N=6), (3) durch eine Fragebogenaktion mit vorgegebenen Ikons, bei der die Benutzer die Bedeutung des jeweils gezeigten Ikons anzugeben hatten (N=140), und (4) durch eine Fragebogenaktion mit vorgegebener sprachlich formulierter Funktion, bei der die Benutzer das für die jeweilige Funktion passende Ikon selbst malen mussten (N=45). In einem zweiten Schritt wurden dann die durch die vier verschiedenen Methoden gewonnenen Ikonsätze einer Bewertung durch 94 Informatikstudenten der ETH, welche an der Erstellung der verschiedenen Ikonsätze nicht beteiligt waren, auf ihre Interpretierbarkeit unterzogen. Es zeigte sich, daß diejenigen Ikons, welche sowohl im Ikonsatz der Expertengruppe, als auch im Ikonsatz der Fragebogenaktion mit den vorgegebenen Ikons gemeinsam vorkamen, insgesamt als am besten interpretierbar bewertet wurden.

Die Möglichkeiten partizipativer Software-Entwicklung sind vielfältig und reichen von schlichter Information der zukünftigen Benutzer und Rückmeldungen über schriftliche oder mündliche Umfragen, Durchführung von Workshops/Seminaren (Waeber 1990), Mitwirkung von Benutzervertretern in Projektgruppen und anderen Gremien (Spinas 1992) bis hin zur Ausführung von Entwicklungsarbeiten durch die Benutzer selbst (z.B. Maskengestaltung mittels Maskengenerator). Die praktische Realisierung in konkreten Fällen ist vom Umfang, vom Inhalt und der Neuartigkeit des Vorhabens, der Anzahl der betroffenen Mitarbeiter sowie von den personellen und infrastrukturellen Voraussetzungen abhängig (Spinas et al. 1993). Die Effizienz des Entwicklungsprozesses und die Qualität des Produktes werden dabei maßgeblich von der Projektorganisation (Rollenverteilung, Kompetenzen, Informationsfluß, Ablaufkonzept usw.), den fachlichen und vor allem sozialen Qualifikationen der Beteiligten sowie den vorhandenen Methoden und Werkzeugen beeinflußt (Strohm 1991b, Strohm & Ulich 1991, Rauterberg & Strohm 1992).

5 Praktische Anforderungen

Die gemachten Erfahrungen können im Hinblick auf eine benutzerorientierte Software-Entwicklung im Bereich von Standardsoftware aus der Sicht des entwickelnden Softwarehauses zu drei miteinander in Wechselwirkung stehenden Anforderungen zusammengefaßt werden (Mollenhauer 1990).

1. In der Aufbauorganisation des Softwarehauses sind Maßnahmen zu treffen, die über die marktnotwendige Kundenorientierung und damit verbundene verkaufsfördernde Strategien zum Absatz der entwickelten Produkte hinausgehen in Bezug auf: (a) die Förderung der Orientierung am Benutzer in *allen* Unternehmensbereichen; (b) die Auffächerung des Kundenkontaktes; sowie (c) die Verfügbarkeit einer Ablauforganisation für die Resultate der Benutzerbeteiligung.

2. Benutzerorientierte Software-Entwicklung benötigt für ihre konsequente Umsetzung ein Qualitätssicherungssystem, das durch hinreichende Systematisierung die fortlaufende Verbesserung der Produkte mit dem Ziel einer menschengerechten Gestaltung von Software fördert.

3. Als wesentliche Instrumente der hier erprobten Software-Entwicklungsmethode,

die eine benutzerorientierte Software-Entwicklung im Detail gewährleisten, sind zu nennen: (a) Benutzerprofil und -kontakt; (b) Mitarbeiterbeteiligung; (c) Produktqualität.
Die entstandenen Strukturen und Instrumente können neben Bewertungs- und Gestaltungsschemata ein Software-Engineering für eine menschengerechte Gestaltung von Software unterstützen. Die gemachten Erfahrungen zeigen deutlich, daß Innovationen unter einer ganzheitlichen Sichtweise erforderlich sind. Einer Sichtweise, die die BenutzerInnen im Rahmen aller genannten Maßnahmen als autonomes, sich qualifizierende Subjekte sieht (Ulich 1991).

6 Zusammenfassung

Die Methode der benutzungs-orientierten Benchmark-Tests (bBTs) läßt sich nicht nur zur Gewinnung von Gestaltungsvorschlägen (induktive bBTs), sondern auch zur Entscheidung zwischen Systemalternativen, bzw. zur Überprüfung von getroffenen Designentscheidungen (deduktive bBTs) sinnvoll im Rahmen der partizipativen Entwicklung von Standardsoftware einsetzen. Sehr verkürzt lassen sich so die Ergebnisse des vom BMFT geförderten und jetzt abgeschlossenen Forschungsprojektes zur "Entwicklung und empirischen Überprüfung von Kriterien, Methoden und Modellen zur benutzerorientierten Software-Entwicklung und Dialoggestaltung", kurz "BOSS" darstellen. Denn die gemeinsam über die letzten 5 Jahre zwischen der Karlsruher ADI Software und dem Institut für Arbeitspsycholgie der ETH Zürich durchgeführten Forschungsarbeiten konnten neue Alternativen aufzeigen und erproben, die in einem praxisorientierten Leitfaden für Software-Entwickler und Organisatoren dargestellt werden. In naher Zukunft lautet die Frage nicht mehr, ob Benutzer beteiligt werden sollen, sondern wie durch Benutzerbeteiligung das Fachwissen der Benutzer zur Entwicklung guter, aufgaben- und benutzerorientierter Software genutzt werden kann!

Danksagung

Im Forschungsprojekt "BOSS" zur "Entwicklung und empirischen Überprüfung von Kriterien, Methoden und Modellen zur benutzerorientierten Software-Entwicklung und Dialoggestaltung" haben mitgewirkt: J. Dobrinski, D. Geiss, J. Geiss, C. Heer, M. Lüders, T. Moll, R. Mollenhauer, H. Nibel, M. Rauterberg, C. Rolfsen, K. Schlagenhauf, P. Spinas, O. Strohm, K. Thalmann, E. Ulich, D. Waeber und eine Vielzahl von InformatikstudentInnen der ETH-Zürich. Alle diese Personen haben zum Gelingen des Forschungsprojektes einen wesentlichen Beitrag geleistet. Ohne die Förderung durch das BMFT und die Betreuung durch das AuT-Programm wäre dieses Projekt nicht möglich gewesen. Dafür möchten wir allen Beteiligten an dieser Stelle ganz herzlich danken.

Literaturangaben zum Forschungsprojekt BOSS

Baitsch, C., Katz, C., Spinas, P. & Ulich, E. (1991) Computerunterstützte Büroarbeit. Ein Leitfaden für Organisation und Gestaltung. 2. Auflage. Reihe Arbeitswelt (Hrsg. A. Alioth), Band 8. Zürich: Verlag der Fachvereine

Geiss, D. (1987) Ein endbenutzerorientiertes Datenbanksystem auf der grafischen Benutzerschnittstelle GEM. unveröffentlichte Diplomarbeit. Fachbereich Informatik. Universität Karlsruhe.

Moll, T. (1989) Unterstützung von Softwarebenutzern: Aufgaben- versus systemorientierte Lern- und Arbeitshil-fen. Unveröff. Diss. Bern: Uni-versität.

Moll, T. & Fischbacher, U. (1989a) Über die Verbesserung der Benutzerunterstützung durch ein Online-Tutorial. In S. Maass & H. Oberquelle (Hrsg.), Software-Ergonomie 89: Aufgabenorientierte Systemgestaltung und Funktionalität (S. 223-232). Stuttgart: Teubner.

Moll, T. & Fischbacher, U. (1989b) Online assistance: The development of a help-system and an on-line tutorial. In G. Salvendy & M.J. Smith (Eds.), Designing and using human-computer interfaces and knowledge based systems (pp. 97-104). Amsterdam: Elsevier.

Mollenhauer, R. (1989) Das Adimens Praxis-Buch zum Atari-St. München: Markt & Technik.

Mollenhauer, R. (1990) Benutzerorientierte Softwareentwicklung im Rahmen der Weiterentwicklung der Standardsoftware Adimens. In: H. Bullinger (Hrsg.), Software-Ergonomie in der Praxis (S. 157-168). Berlin: Springer.

Mollenhauer, R. (1991a) Benutzerorientierte Softwareentwicklung des vollgrafischen Datenbanksystems Adimens. In: M. Frese, C. Karsten, C. Skarpelis & B. Zang-Scheucher (Hrsg.), Software für die Arbeit von morgen. Bilanz und Perspektiven anwendungsorientierter Forschung. Ergänzung zum Tagungsband (S. 353-360). Krefeld: Vennekel & Partner.

Mollenhauer, R. (1991b) Benutzerorientierte Softwareentwicklung eines vollgrafischen Datenbanksystems. In: M. Frese, C. Karsten, C. Skarpelis & B. Zang-Scheucher (Hrsg.), Software für die Arbeit von morgen. Bilanz und Perspektiven anwendungsorientierter Forschung. Ergänzung zum Tagungsband (S. 400-401). Krefeld: Vennekel & Partner.

Rauterberg, M. (1989a) ADIMENS ST und ADIMENS ST Plus: Ein qualitativer Vergleich nach software-ergonomischen Kriterien. Adimens News Letter, Nr. 3, 1-6.

Rauterberg, M. (1989b) Ein empirischer Vergleich einer desktop- mit einer menüorientierten Benutzungsoberfläche für ein relationales DBMS. In: M. Paul (Hrsg.), Proceedings der GI-Jahrestagung 1989. Informatik Fachberichte Nr. 222, Band 1 (S. 243-258). Berlin: Springer.

Rauterberg, M. (1989c) Maus versus Funktionstaste: Ein empirischer Vergleich einer desktop- mit einer ascii-orientierten Benutzungsoberfläche. In: S. Maass & H. Oberquelle (Hrsg.), Software-Ergonomie 89: Aufgabenorientierte Systemgestaltung und Funktionalität (S. 313-323). Stuttgart: Teubner.

Rauterberg, M. (1990a) Ein empirischer Vergleich einer direkt-manipulativen mit einer ascii-orientier-ten Benutzungsoberfläche für ein relationales Datenbanksystem. In: Gesellschaft für Arbeitswissenschaft (Hrsg.), Bericht zum 36. Arbeitswissenschaftlichen Kongress Zürich (S. 30-31). Köln: Otto Schmidt.

Rauterberg, M. (1990b) Experimentelle Untersuchungen zur Gestaltung der Benutzungsoberfläche eines relationalen Datenbanksystems. In: P. Spinas, M. Rauterberg, O. Strohm, D. Waeber, & E. Ulich (Hrsg.), Projektbericht Nr. 3 zum Forschungsprojekt BOSS 'Benutzerorientierte Softwareentwicklung und Schnittstellengestaltung'. Zürich: ETH, Institut für Arbeitspsychologie.

Rauterberg, M. (1990c) Über die Notwendigkeit des Einsatzes psychologischer Methoden zur Lösung von Gestaltungsproblemen in der Informatik. In: D. Frey (Hrsg.), Bericht über den 37. Kongress der Deutschen Gesellschaft für Psychologie in Kiel 1990, Band 1 (S. 111-112). Göttingen: Hogrefe.

Rauterberg, M. (1991a) Benutzungsorientierte Benchmark-Tests: Anwendung auf die Gestaltung der

Benutzungsoberfläche von ADIMENS GT hin zu GT+. In: M. Rauterberg & E. Ulich (Hrsg.), Posterband zur Software-Ergonomie'91 (S. 151-162). Zürich: ETH, Institut für Arbeitspsychologie.

Rauterberg, M. (1991b) Benutzungsorientierte Benchmark-Tests: eine Methode zur Benutzerbeteiligung bei Standardsoftware-Entwicklungen. In: D. Ackermann & E. Ulich (Hrsg.), German Chapter of the ACM Berichte Nr. 32 "Software-Ergonomie'91" (S. 96-107). Stuttgart: Teubner.

Rauterberg, M. (1991c) Benutzungsorientierte Benchmarktests: Eine Methode zur Benutzerbeteiligung bei der Entwicklung von Standardsoftware. In: P. Spinas, M. Rauterberg, O. Strohm, D. Waeber & E. Ulich (Hrsg.), Projektberichte zum Forschungsprojekt "Benutzerorientierte Softwareentwicklung und Schnittstellengestaltung" Nr. 6 (S. 1-62). Zürich: ETH, Institut für Arbeitspsychologie.

Rauterberg, M. (1991d) From passive to active joins: A task oriented desktop interface conception for a relational DataBaseManagement-System. Proceedings of the Conference "Intelligent Text and Information Handling RIAO 91" Barcelona (Spain) - April 2-5,1991. Vol. 2 (pp. 809-821).

Rauterberg, M. (1991e) Interaktive Aufsetzpunkte: Ein Konzept zur Beschreibung und Klassifizierung von Benutzungsoberflächen interaktiver Software. In: M. Frese, C. Kasten, C. Skarpelis & B. Zang-Scheucher (Hrsg.), Ergänzung zum Tagungsband "Software für die Arbeit von morgen" (S. 21-34). Bonn: BMFT-DLR/ Projekträgerschaft "AuT".

Rauterberg, M. (1991f) Partizipative Konzepte, Methoden und Techniken zur Optimierung der Softwareentwicklung. In: P. Brödner, G. Simonis & H. Paul (Hrsg.), Arbeitsgestaltung und partizipative Systementwicklung (S. 95-125). Opladen: Leske & Budrich.

Rauterberg, M. (1992a) An empirical comparison of menu-selection (CUI) and desktop (GUI) computer programs carried out by beginners and experts. Behaviour and Information Technology. 11(4):227-236.

Rauterberg, M. (1992b) An iterative-cyclic software process model. In: Proceedings of 4th. International Conference on Software Engineering and Knowledge Engineering held in Capri (Italy), June 17-19, 1992; Los Alamitos: IEEE Computer Society Press; pp. 600-607.

Rauterberg, M. (1992c) Der Einsatz von Farbe bei der Gestaltung von Benutzungsoberflächen in der Mensch-Computer Interaktion. Zeitschrift für Arbeitswissenschaft. 46(18 NF/4):233-242.

Rauterberg, M. (1992d) Designing and testing the usability of a relational data base system with end-user oriented benchmark tasks. In: P. Brödner & W. Karwowski (eds.), Ergonomics of Hybrid Automated System III (pp. 301-306). Amsterdam London Tokyo: Elsevier.

Rauterberg, M. (1992e) Lässt sich die Gebrauchstauglichkeit interaktiver Software messen? Und wenn ja, wie?. Ergonomie & Informatik. 16:3-18.

Rauterberg, M. (1992f) Messung der Gebrauchstauglichkeit interaktiver Software. In: W. Görke, H. Rininsland & M. Syrbe (Hrsg.), Information als Produktionsfaktor (S. 211-221). Berlin Heidelberg New York: Springer.

Rauterberg, M. (1992g) Optimisation Cycle: a Concept for Optimal Software Development. In: R. Trappl (ed.), Cybernetics and System Research, vol.1 (pp.279-286). Singapore London: World Scientific.

Rauterberg, M. (1992h) Partizipative Modellbildung zur Optimierung der Softwareentwicklung. In: R. Studer (Hrsg.), Informationssysteme und Künstliche Intelligenz: Modellierung (S. 113-128). Berlin : Springer.

Rauterberg, M. (1992i) Quantitative measures to evaluate human-computer interfaces. In: H. Luczak, A. Cakir & G. Cakir (eds.), Abstract Book of 3rd.International Scientific Conference on "Work With Display Units (WWDU)" (pp. E45-E46). Berlin: Technische Universität - Institut für Arbeitswissenschaften.

Rauterberg, M. (1993, in press) A product oriented approach to quantify usability attributes and the interactive quality of user interfaces. In: H. Luczak, A. Cakir & G. Cakir (eds.), Work With Display

Units (WWDU). Amsterdam: Elsevier.
Rauterberg, M. & Strohm, O. (1992) Work Organization and Software Development. In: P. Elzer & V. Haase (eds.), Proceedings of 4th IFAC/IFIP Workshop on "Experience with the Management of Software Projects". Annual Review of Automatic Programming. Vol. 16 (2), Pergamon Press.
Spinas, P. & Rauterberg, M. (1992) Von der Listenverarbeitung zur interaktiven, computergestützten Sachbearbeitung am Bildschirm. In: Institut für Arbeitspsychologie (Hrsg.), Arbeitspsychologie an der ETH Zürich 1972-1992, eine Zwischenbilanz (S. 62-70). ETH-Zürich: Institut für Arbeitspsychologie.
Spinas, P. & Waeber, D. (1991) Benutzerbeteiligung aus der Sicht von Endbenutzern, Softwareentwicklern und Führungskräften. In: D. Ackermann & E. Ulich (Hrsg.), Software-Ergonomie '91. Benutzerorientierte Software-Entwicklung (S. 36-45). Stuttgart: Teubner.
Spinas, P. (1989) User oriented software development and dialogue design. In: M.J. Smith & G. Salvendy (Eds.), Work with computers: Organizational, management, stress and health aspects (pp. 200-207). Amsterdam: Elsevier.
Spinas, P. (1990) Benutzerfreundlichkeit von Dialogsystemen und Benutzerbeteiligung bei der Software-Entwicklung. In: F. Frei & I. Udris (Hrsg.), Das Bild der Arbeit (S. 158-171). Bern: Huber.
Spinas, P. (1992) Benutzerfreundlichkeit von ETHICS: Ergebnisse einer Untersuchung des Online-Kataloges der ETH-Bibliothek. ABI-Technik, 12, 55-59.
Spinas, P. (1993, in Druck) Benutzerbeteiligung bei der Software-Entwicklung. In: Brodbeck, F. & Frese, M. (Hrsg.), Software-Entwicklung zwischen Anforderung und Realität. Giessen.
Spinas, P., Rauterberg, M., Strohm, O., Waeber, D. & Ulich, E. (1993, in Druck). Benutzerorientierte Software-Entwicklung. Konzepte, Methoden und Vorgehen zur Benutzerbeteiligung. Schriftenreihe Mensch, Technik, Organisation (Hrsg. E. Ulich), Band 3. Zürich: Verlag der Fachvereine, Stuttgart: Teubner.
Spinas, P., Waeber, D. & Strohm, O. (1990) Kriterien benutzerorientierter Dialoggestaltung und partizipative Softwareentwicklung: Eine Literaturaufarbeitung. In: P. Spinas, M. Rauterberg, O. Strohm, D. Waeber & E. Ulich (Hrsg.), Projektbericht Nr. 1 zum Forschungsprojekt BOSS 'Benutzerorientierte Softwareentwicklung und Schnittstellengestaltung'. Zürich: ETH, Institut für Arbeitspsychologie.
Strohm, O. (1990a) Arbeitsorganisation, Methodik und Benutzerorientierung bei der Softwareentwicklung. In: P. Spinas, M. Rauterberg, O. Strohm, D. Waeber & E. Ulich (Hrsg.), Projektbericht Nr. 2 zum Forschungsprojekt BOSS 'Benutzerorientierte Softwareentwicklung und Schnittstellengestaltung'. Zürich: ETH, Institut für Arbeitspsychologie.
Strohm, O. (1990b) Benutzerorientierung und Probleme bei der Softwareentwicklung. Output, 7, 27-31.
Strohm, O. (1991a) Arbeitsorganisation, Methodik und Benutzerorientierung bei der Software--Entwicklung. In: M. Frese, C. Karsten, C. Skarpelis & B. Zang-Scheucher (Hrsg.), Software für die Arbeit von morgen. Bilanz und Perspektiven anwendungsorientierter Forschung (S. 431-441). Berlin: Springer.
Strohm, O. (1991b) Projektmanagement bei der Softwareentwicklung. In: D. Ackermann & E. Ulich (Hrsg.), Software-Ergonomie '91. Benutzerorientierte Software-Entwicklung (S. 46-58). Stuttgart: Teubner.
Strohm, O. (1993, in Druck) Arbeitsorganisation bei der Software-Entwicklung - arbeitspsychologische Konzepte und empirische Befunde. In: F. Brodbeck & M. Frese (Hrsg.), Software-Entwicklung zwischen Anforderung und Realität. Giessen.
Strohm, O. & Ulich, E. (1991) Arbeitsteilung und Benutzerorientierung bei der Software-Entwicklung. In: P. Elzer (Hrsg.), Mulitdimensionales Software-Projektmanagement (S. 261-289). Hallbergmoos: AIT Angewandte Informationstechnik.
Ulich, E. (1985) Einige Anmerkungen zur Software-Psychologie. sysdata. Nr. 10, S. 53-58.
Ulich, E. (1986) Aspekte der Benutzerfreundlichkeit. In: W. Remmele & M. Sommer (Hrsg.), Arbeits-

plätze von morgen. Berichte des German Chapter of the ACM, Band 27. (S. 102-121), Stuttgart: Teubner.

Ulich, E. (1989a) Arbeitspsychologische Konzepte der Aufgabengestaltung. In: S. Maass & H. Oberquelle (Hrsg.), Software-Ergonomie '89: Aufgabenorientierte Systemgestaltung und Funktionalität (S. 51-65). Stuttgart: Teubner.

Ulich, E. (1989b) Bürotechnologie zwischen Effizienz und Menschlichkeit. In: M. Rist (Hrsg.), Gesichter des technischen Fortschritts (S. 52-65). Zürich: Verlag Neue Zürcher Zeitung.

Ulich, E. (1990) Towards the design of user-oriented dialogue-systems: Experiments. In: Dy, F.J. (Ed.), New technologies in commerce and offices. A study prepared for the ILO (pp. 54-56). Sydney: Avebury.

Ulich, E. (1991) Arbeitspsychologie. Stuttgart: Poeschel-Verlag.

Ulich, E. & Spinas, P. (1990) Arbeitspsychologische Konzepte für die Arbeit mit Bildschirmsystemen. Die Volkswirtschaft, 7, 18-21.

Ulich, E., Rauterberg, M., Moll, T., Greutmann, T. & Strohm, O. (1991) Task orientation and User-Oriented Dialog Design. International Journal of Human-Computer Interaction, 3 (2), 117-144.

Waeber, D. (1989) User oriented software development and dialogue design. Sammelband der Referate des 1. Kongresses der Schweizerischen Gesellschaft für Psychologie (S. 286-292). Bern: Schweizerische Gesellschaft für Psychologie.

Waeber, D. (1990) Entwicklung und Umsetzung von Modellen partizipativer Softwareentwicklung. In: P. Spinas, M. Rauterberg, O. Strohm, D. Waeber & E. Ulich (Hrsg.), Projektbericht Nr. 4 zum Forschungsprojekt BOSS 'Benutzerorientierte Softwareentwicklung und Schnittstellengestaltung'. Zürich: ETH, Institut für Arbeitspsychologie.

Waeber, D. (1991) Aufgabenanalyse und Anforderungsermittlung in der Softwareentwicklung: Zur Konzeption einer integrierten Entwurfsstratgie. In: M. Frese, C. Karsten, C. Skarpelis & B. Zang-Scheucher (Hrsg.), Software für die Arbeit von morgen. Bilanz und Perspektiven anwendungsorientierter Forschung. Ergänzung zum Tagungsband (S. 35-45). Krefeld: Vennekel & Partner.

Waeber, D. & Spinas, P. (1989) Partizipative Softwareentwicklung und benutzerorientierte Dialoggestaltung. Softwaretechnik-Trends. Mitteilungen der Fachgruppe "Software-Engineering" der Gesellschaft für Informatik. Band 9, Heft 2, 32-41.

Anforderungen an die Prozessgestaltung der Softwareentwicklung.

Matthias Rauterberg, ETH-Zürich

1 Bestandsaufnahme der Software-Entwicklung

Analysiert man aktuelle Softwareentwicklungsprozeße, so erkennt man eine Reihe von Problemen und Schwachstellen. Die Ursachen hierfür sind sowohl in den verwendeten theoretischen Konzepten und den traditionellen Vorgehensweisen (insbesondere Projektmanagement), als auch unzureichenden Kostenrechnungsmodellen begründet. Aufgrund verschiedener Ansätze in der konkreten Praxis der Softwareentwicklung liegt bereits eine zahlreiche Sammlung von Lösungsmöglichkeiten in der Literatur vor, welche auf die Bedeutung der Partizipation aller betroffenen Gruppen hinweist. Bei der Analyse dieser Fallbeispiele lassen sich drei wesentliche Barrieren erkennen: die Spezifikations-Barriere, die Kommunikations-Barriere und die Optimierungs-Barriere (Rauterberg 1991f).

Eines der wichtigsten Probleme besteht ganz allgemein darin, ein gemeinsames Verständnis aller betroffenen Personengruppen über den zu automatisierenden Anteil im betroffenen Arbeitssystem herzustellen (Weltz, Lullies & Ortmann 1991), also gemeinsam verbindliche Antworten auf die Fragen "ob", "wo" und "wie" des geplanten Technikeinsatzes zu finden. Hierzu gehört insbesondere die Bestimmung aller Eigenschaften des neu zu gestaltenden Arbeitssystems. Jedes Arbeitssystem besteht aus einem sozialen und einem technischen Teilsystem (Ulich 1991:151f). es gilt nun beide Teilsysteme gemeinsam in ein optimales Gesamtsystem zu integrieren. Um die gemeinsame Optimierung jedoch durchführen zu können, bedarf es unter anderem valider Kriterien für die Mensch-Maschine-Funktionsteilung (Ziegler 1988, Hoyos 1990, Beck & Janssen 1993).

Für die optimale Gestaltung des gesamten Arbeitssystems kommt es vorrangig darauf an, das soziale Teilsystem als ein mit für dieses Teilsystem spezifischen Eigenschaften und Bedingungen ausgestattetes System zu betrachten, welches es in seiner Verkoppelung mit dem technischen Teilsystem zu optimieren gilt: "human resources are at the core of future growth and Europe´s innovation capability" (CEC 1989:2). Die verschiedenen Arten der Verkoppelungen lassen sich zB. mittels des Kontingenzmodells von Cummings und Blumberg (1987) bestimmen (siehe hierzu Ulich 1989). Dabei kommt der Arbeitsaufgabe als 'Schnittpunkt' zwischen der Organisation und dem Individuum eine zentrale Rolle zu (Volpert 1987:14).

2 Perspektiven der Softwareentwicklung

2.1 Mensch-Maschine-Funktionsteilung

Eine sehr verbreitete Strategie zur Funktionsverteilung zwischen Mensch und Maschine ist die "maximale Automatisierung". Will man jedoch den spezifischen Fähigkeiten des Menschen Rechnung tragen, so wird ein Vergleich zwischen Mensch und Maschine angestellt (Hoyos 1990). Es lassen sich nach Bailey (1989:189) die folgenden fünf Strategien für eine Mensch-Maschine-Funktionsteilung (MMF) unterscheiden:

(1) *comparison allocation:* die MMF wird gemäß den MABA-MABA-Listen*1 (Hoyos 1990) vorgenommen; diese Strategie setzt jedoch voraus, daß sich der Mensch mit der Maschine vergleichen läßt (siehe auch das KABA-Projekt; Zölch & Dunckel 1991).

(2) *leftover allocation:* diese – im technischen Kontext sehr beliebte – Strategie ist auf maximale Automatisierung ausgerichtet und beläßt lediglich die nicht automatisierbaren Funktionen in Menschenhand.

(3) *economic allocation:* bei dieser Strategie wird versucht, eine gemeinsame Optimierung der technischen und menschlichen Ressourcen durch die Realisierung der insgesamt preiswertesten Lösung zu erreichen.

(4) *humanized task approach:* bei dieser Strategie sollen durch die gefundene Lösung primär die menschlichen Fähigkeiten gefördert werden; der Technikeinsatz dient lediglich der Unterstützung und Kompensation menschlicher Schwächen (siehe auch Ulich 1991).

(5) *flexibel allocation:* hierbei kann der Benutzer weitgehend frei entscheiden, wie und mit welchen Mitteln, bzw. Werkzeugen er seine Aufgaben erledigt; durch dies Strategie wird dem differentiell-dynamischen Gestaltungsprinzip nach Ulich (1978) optimal Rechnung getragen.

---

*1 "man-are-better-at, machine-are-better-at" (Lance 1975)

Funktionen, die der Mensch besser bewältigt als die Maschine	Funktionen, die eine Maschine besser bewältigen kann als ein Mensch
1. Detektion energetisch sehr schwacher Signale und deren Verstärkung; 2. Flexibilität und Improvisation (schnelles Finden einer Alternativlösung); 3. Wechsel von einer bestimmten Strategie zu einer anderen (Übergang zu einer anderen Lösung); 4. Langfristiges Behalten von großen Informationsmengen (2,8 x 10^{20} bit, nach Neumann) und schnellerer Suchvorgang; 5. Räumliche Wahrnehmung (Wahrnehmung von Raumtiefe und Formen); 6. Interpolation (Bestimmung der Werte zwischen fixen Punkten bzw. Werten); 7. Prädiktion und Antizipation (Vorhersage weiterer Entwicklung in logisch schwer definierbaren Bedingungen); 8. Induktive Urteilsprozeße (Verallgemeinerung) bzw. Bildung einer Ansicht; 9. Realisierung homöostatischer Prozeße (Beibehalten einer stabilen Lage bei Änderung der äußeren Bedingungen); 10. Adaptation und Lernen; 11. Durchführung komplexer Entscheidungen; Lösung komplizierter unvollkommen definierter Situationen bzw. unvorhergesehener Situationen;	1. Lösung einfacher arithmetischer Aufgaben mit großer Geschwindigkeit, Fähigkeit zu sehr schnellen Reaktionen (10^{-6} - 10^{7} s); 2. Differenzierung, d. h. Durchführung der mathematischen Operation d/dt; 4. Integrierung, d. h. Durchführung des Integrals einer Funktion; 4. Einsatz großer Kraft oder Leistung bei großer Präzision und genau definiertem Ablauf (bei der Maschine ist die Leistung im Praxisbezug unbeschränkt); 5. Exakte Wiederholung bestimmter Prozesse nach einem vorgegebenen Programm über einen beliebigen Zeitraum; 6. Langfristige Wachsamkeit, keine Ermüdungserscheinungen; 7. Kurzzeitiges Behalten einer Information, kurzzeitige Speicherung; 8. Durchführung von komplexen simultanen Funktionen mit großer Geschwindigkeit bzw. nach genauer zeitlicher Abfolge; 9. Deduktive Urteilsprozesse; 10. Einfache Entscheidungen von dem Typ ja-nein mit großer Geschwindigkeit (allerdings mit weniger Möglichkeit, die Ergebnisse zu korrigieren); 11. Detektion von Signalen, deren Qualität mit den menschlichen Sinnesorganen nicht wahrgenommen werden kann, mit wesentlich größerer Genauigkeit, als dies der Mensch in seinem Bereich kann.

Tabelle 1 Vergleich der Fähigkeiten von Menschen und Maschinen (MABA-MABA - Liste; Hoyos, 1990:14)

2.2 Analyse des Arbeitssystems

Um eine Optimierung der Human-Ressourcen in einem Arbeitssystem zu ermöglichen, muß ein Paradigmenwechsel beim Management erfolgen (Klotz 1993). Nicht mehr die primäre Optimierung des Technikeinsatzes ist gefragt, sondern eine verstärkte Hinwendung zu der Organisation der Arbeit ist notwendig. Daraus folgt unmittelbar, daß die Gestaltung von Software – als Mittel der Arbeitsgestaltung – zunächst sich an der Analyse, Bewertung und Gestaltung der Organisationsformen des Arbeitssystems auszurichten hat. Die fehlende Effizienz einer schlecht gestalteten Organisation ist auch durch eine noch so ausgereifte Software nicht auszugleichen; es sei denn, die Softwaregestaltung wird zur impliziten Arbeitsgestaltung (Weltz & Ortmann 1992: 112ff.)! Die Organisationsentwicklung und der dabei erreichbare Reifegrad des Unternehmens ist von ausschlaggebender Bedeutung für die Optimierung eines Arbeitssystems (Humphrey 1989).

2.3 Ablaufmodell für den Softwareentwicklungsprozeß

Ein wesentliches Problem der adäquaten Verzahnung der verschiedenen Optimierungs-Zyklen im Quadranten-Modell iterativer Softwareentwicklung besteht in der *Synchronisation* dieser Zyklen. Sind an verschiedenen Stellen im partizipativen Softwareentwicklungs-Konzept (Rauterberg 1991; Hesse, Merbeth & Frölich 1992; Rauterberg, Mollenhauer & Spinas 1993) gleichzeitig mehrere Optimierungs-Zyklen aktiv, so müssen diese adäquat synchronisiert werden. Dieser Aspekt ist deshalb besonders wichtig, weil nur so das Ausmaß an Inkonsistenzen innerhalb des gesamten Entwicklungsprozesses minimiert werden kann (–> "simultaneous engineering"). Wenn z.B. parallel zur Implementationsphase weitere Rücksprachen und Anforderungsanalysen mit dem Anwender stattfinden, passiert es leicht, daß die Entwickler gemäß der stets veralteten Spezifikationen oftmals für den "Papierkorb" programmieren. Die Ursache hierfür ist bei fehlender oder mangelnder Synchronisation dieser beiden Optimierungs-Zyklen in ihrer unterschiedlichen Zyklus-Dauer zu sehen (Rauterberg 1991). Einen wesentlichen Einfluß auf die Qualität des Softwareproduktes hat die Art und Weise der Kommunikation zwischen Entwickler und Anwender, sowie der Entwickler untereinander (Kraut & Streeter 1990; Brodbeck & Sonnentag 1993).

2.4 Aufbaumodell für den Softwareentwicklungsprozeß

Software-Projekte sind durch komplexe, innovative und zeitkritische Problemstellungen gekennzeichnet. Das Projektmangement dient dazu, diese schwierige Situation zu bewältigen und sollte daher als ganzheitliches System verstanden werden. Eine ganzheitliche Organisationsform umfaßt die für ein Projekt notwendigen organisatorischen, planenden, überwachenden, steuernden, methodischen und personalbezogenen Aktivitäten. Als Erfolgskriterien sind ergebnisbezogen die Leistung und Qualität des Systems, der Kosten- und Zeitaufwand für dessen Ent-wicklung sowie prozeßbezogen die Zufriedenheit aller Projektbeteiligten und -betroffenen mit dem Projektverlauf und dessen Ergebnis von Relevanz.(Rauterberg 1991; Weltz & Ortmann 1992; Spinas et al. 1993). Man kann feststellen (Weltz & Ortmann 1992), daß traditionelle Organisationsmodelle bei der Softwareentwicklung mit Problemen verbunden sind, welche Zweifel daran aufkommen lassen (Ulich 1991), ob in solchen Projektstrukturen in effizienter Weise benutzer- und aufgabenangemessene Software entstehen kann (Spinas et al. 1993).

2.5 Qualitätssicherung im Software-Produktionsprozeß

Zuverlässige Methoden, Verfahren und Werkzeuge der Qualitätssicherung im Software-Produktionsprozeß sind eine wesentliche Voraussetzung für den Einsatz informationstechnischer Systeme in Industrie und Dienstleistung (Wallmüller 1990). Qualitätssicherungsmaßnahmen müssen in den Software-Produktionsprozeß eingebettet sein. Sie können i.a. nicht nach einem starren Raster erfolgen, sondern sollten an den Bedarf eines Projektes angepaßt werden. Die Planung des Qualitätssicherungsprozesses kann selbst wieder als Teil des Software-Produktionsprozesses vorgesehen werden. Qualitätssicherungsmaßnahmen können entweder selbst Bestandteil des Softwareentwicklungsprozesses sein oder es kann sich um selbständige Aktivitäten handeln. Neben allgemeinen Maßnahmen zur Qualitätssicherung müssen für einzelne Klassen von Softwaresystemen detaillierte Definitionen des Qualitätsbegriffs und Heuristiken zur Planung und Anwendung von Techniken entwickelt werden. In wie weit eine Normung (z.B. ISO 9000) hilfreich ist, läßt sich vorerst nur schwer abschätzen.

3 Bezug zum Programm "Arbeit und Technik"

Eines der Hauptprobleme traditioneller Softwareentwicklung liegt darin, daß alle bisher primär an Softwareentwicklungen beteiligten Personengruppen nicht wahrhaben wollen, daß Softwareentwicklung in den meisten Fällen primär Arbeits- und/oder Organisationsgestaltung ist. Um mit dieser Perspektive an Softwareentwicklung heranzugehen, hieße, von vornherein Experten für Arbeits- und Organisationsgestaltungsmaßnahmen mit in den Prozeß der Softwareentwicklung einzuplanen. Dies erfordert jedoch notwendiger Weise eine interdisziplinäre Zusammenarbeit zwischen Arbeits- und Organisations-Experten einerseits und Softwareentwicklungs-Experten andererseits (Waeber 1991). Wegen der umfangreichen Qualifikation in dem jeweiligen Fachgebiet ist es nur sehr begrenzt möglich, auf eine interdisziplinäre Zusammenarbeit zu verzichten.
In einer Reihe von Projekten (z.B. MBQ, BOSS, PROTOS) im Rahmen des Förderprogrammes des BMFT "Arbeit und Technik" wurden verschiedene Ansätze für den Einsatz von Methoden zur Benutzerbeteiligung und iterativ-zyklischem Vorgehen entwickelt und im Einzelfall erprobt. "In den meisten dieser Projekte ist es zwar gelungen, Möglichkeiten und die Produktivität von Nutzerbeteiligung aufzuweisen, fraglich erscheint allerdings, wie stabil sich solche Beteiligungsexperimente außerhalb des schützenden Rahmens subventionierter Projekte erweisen und welche Breitenwirkung sie auf die normale Praxis haben" (Weltz & Ortmann 1992:72).
Zur Zeit ist das Förderprogramm des BMFT "Arbeit und Technik" das einzige Förderprogramm auf nationaler Ebene im Gegensatz zu den EG-Förderprogrammen,

in dem auch Projekte mit interdisziplinärem Charakter möglich sind, welche auf Anwenderbedürfnisse eingehen, einen ganzheitlichen Gestaltungsansatz verfolgen und damit auf eine Optimierung des ganzen Arbeitssystems ausgerichtet sind (siehe hierzu auch Bullinger 1993).

4 Forschungs- und Entwicklungsbedarf

Es werden Methoden zum "Management der sozialen Prozesse im Arbeitssystem" benötigt, welche zur Zeit von Unternehmensberatern mit einer leider ausschließlich organisatorischen Perspektive eingesetzt werden. Es fehlen Methoden, welche die Analyse, Bewertung und Gestaltung von Unternehmen ermöglichen, bei denen von Anfang an systematisch der Einsatz von Technik mitgedacht und geplant wird. Hierzu ist es notwendig, daß speziell qualifizierte Arbeits- und Organisationsgestalter mit fundierten Kenntnissen über formale Spezifikationsmethoden eingesetzt werden.
Es werden Methoden zum "Management der sozialen Prozesse im Softwareentwicklungsprozeß" benötigt, welche primär auf die Gestaltung der sozialen und kommunikativen Aspekte ausgerichtet sind. Diese Methoden können über entsprechend qualifizierte Projektmanager zum Einsatz gelangen und weiterentwickelt werden.
Es fehlen grundlegende Methodenvergleichsstudien. Die bisher bekannten Studien sind in ihrer Aussagekraft oftmals viel zu begrenzt, als daß sich daraus zwingende Schlußfolgerungen ableiten ließen. Die folgende Liste stellt eine Positiv-Auswahl der wenigen bekannten Methodenvergleichsstudien dar: Boehm, Gray & Seewaldt 1981; Müller-Holz auf der Heide et al. 1991; Kirsch 1991; Jeffries et al. 1991; Jeffries & Desurvire 1992.
Es bedarf verstärkt der "Hilfe zur Selbsthilfe". Projekte, bei denen die Aufgabe der Begleitforscher auf die Rolle des Beraters begrenzt ist, sind unterrepräsentiert. Für diesen Projekttyp sind Experten für Organisations- und Technikgestaltung unabdingbar.

Literaturangaben

Bailey, R.W. (1989). Human Performance Engineering. New Jersey: Prentice.

Beck, A. & Ilg, R. (1991) Aufgabenorientierte Analyse und Gestaltung mit TASK. In: Frese, M., Kasten, C., Skarpelis, C. & Zang-Scheucher, B. (eds.) Software für die Arbeit von morgen (S. 95-106). Berlin Heidelberg New York: Springer.

Boehm, B W., Gray, T. & Seewaldt, T (1981) Prototyping versus specifying: a multiproject experiment. IEEE Transactions on Software Engineering, SE-10(3):224-236

Brodbeck, F. & Sonnentag, S. (1993) Arbeitsanforderungen und soziale Prozesse in der Software-Entwicklung. (in diesem Band).

Bullinger, H. (1993) Benutzergerechte Gestaltung von Software - eine Herausforderung an den Industriestandort Bundesrepublik Deutschland. (in diesem Band).

C.E.C. Commission of the European Communities (1989) Science, Technology and Societies: European Priorities. Results and Recommendations of the FAST II Programme. Summary Report.

Directorate-General Science, Research and Development, Brussels.
Cummings, T., Blumberg, M. (1987) Advanced manufacturing technology and work design. in: Wall, T., Clegg, C. & Kemp, N. (eds.) The Human Side of Advanced Manufacturing Technology (pp. 37-60). Chichester: Wiley.
Dunn, R. & Ullmann, R. (1982) Quality assurance for computer software. New York: McGraw-Hill.
Greif, S. & Hamborg, K. (1991) Aufgabenorientierte Softwaregestaltung und Funktionalität. In: Frese, M., Kasten, C., Skarpelis, C. & Zang-Scheucher, B. (eds.) Software für die Arbeit von morgen (S. 107-119). Berlin Heidelberg New York: Springer.
Hesse, W., Merbeth, G. & Frölich, R. (1992) Software-Entwicklung. München Wien: Oldenbourg.
Hoyos, C. (1990). Menschliches Handeln in technischen Systemen. In: C. Hoyos & B. Zimolong (Hrsg.) Enzyklopädie der Psychologie, Band D III 2, Ingenieurpsychologie (S. 1-30). Göttingen: Hogrefe.
Hoyos, C., Holz auf der Heide, B. & Ortlieb, S. (1993) Eine iterative Software-Entwicklungsstrategie mit gezielter Benutzerbeteiliogung und systematischer Evaluation der Benutzerfreundlichkeit. (in diesem Band).
Humphrey, W. (1989) Managing the software process. Amsterdam: Addison Wesley.
Jeffries, R., Miller, J., Wharton, C. & Uyeda, K. (1991) User interface evaluation in the real world: a comparison of four techniques. In: S. Robertson, G. Olson & J. Olson (eds.) Human Factors in Computing Systems: Reaching through technology CHI'91 (pp.119-124). New York: ACM.
Jeffries, R. & Desurvire, H. (1992) Usability testing vs. heuristic evaluation: was there a contest? SIGCHI Bulletin, 24(4):39-41.
Kirsch, C. (1991) Benutzerbeteiligung bei der Datenmodellierung. Softwaretechnik-Trends. 11(3):93-103.
Klotz, U. (1993) Software als Wettbewerbsfaktor - Perspektiven von Technologiepolitik und Informatikindustrie vor dem Hintergrund der aktuellen Standort-Diskussion. (in diesem Band).
Kraut R. & Streeter L. (1990) Satisfying the need to know: interpersonal information access. In: D. Diaper et al. (eds.) Human-Computer Interaction – INTERACT'90 (pp. 909-915). Amsterdam: Elsevier.
Lanc, O. (1975) Ergonomie. (Urban Taschenbücher, Band 197). Stuttgart: Kohlhammer.
Lullies, V., Weltz, F. & Bollinger, H. (1990) Konfliktfeld Informationstechnik. Frankfurt: Campus.
Martin, C F. (1988) User-Centered Requirements Analysis. Englewood Cliffs: Prentice Hall.
Müller-Holz auf der Heide, B., Aschersleben, G., Hacker, S. & Bartsch, T. (1991) Methoden zur empirischen Bewertung der Benutzerfreundlichkeit von Bürosoftware im Rahmen von Prototyping. In: Frese, M., Kasten, C., Skarpelis, C. & Zang-Scheucher, B. (eds.) Software für die Arbeit von morgen (S. 409-420). Berlin Heidelberg New York: Springer.
Rauterberg, M. (1991) Partizipative Konzepte, Methoden und Techniken zur Optimierung der Softwareentwicklung. In: P. Brödner, G. Simonis & H. Paul (Hrsg.), Arbeitsgestaltung und partizipative Systementwicklung (S. 95-125). Opladen: Leske & Budrich.
Rauterberg, M. (1992a) An iterative-cyclic software process model. In: Proceedings of 4th. International Conference on Software Engineering and Knowledge Engineering held in Capri (Italy), June 17-19, 1992; Los Alamitos: IEEE Computer Society Press; pp. 600-607.
Rauterberg, M. (1992b) Optimisation Cycle: a Concept for Optimal Software Development. In: R. Trappl (ed.), Cybernetics and System Research, vol.1 (pp.279-286). Singapore London: World Scientific.
Rauterberg, M. (1992c) Partizipative Modellbildung zur Optimierung der Softwareentwicklung. In: R. Studer (Hrsg.), Informationssysteme und Künstliche Intelligenz: Modellierung (S. 113-128). Berlin : Springer.
Rauterberg, M., Mollenhauer, R. & Spinas, P. (1993) Phasenmodell ist OUT: Benutzerbeteiligung

jetzt auch bei Standardsoftware-Entwicklung. (in diesem Band).
Rauterberg, M. & Strohm, O. (1992) Work Organization and Software Development. In: P. Elzer & V. Haase (eds.), Proceedings of 4th IFAC/IFIP Workshop on "Experience with the Management of Software Projects". Annual Review of Automatic Programming. 16 (2):121-128.
Spinas, P. & Waeber, D. (1991) Benutzerbeteiligung aus der Sicht von Endbenutzern, Softwareentwicklern und Führungskräften. In: D. Ackermann & E. Ulich (Hrsg.), Software-Ergonomie '91. Benutzerorientierte Software-Entwicklung (S. 36-45). Stuttgart: Teubner.
Spinas, P., Rauterberg, M., Strohm, O., Waeber, D. & Ulich, E. (1993, in Druck) Benutzerorientierte Software-Entwicklung. Konzepte, Methoden und Vorgehen zur Benutzerbeteiligung. Schriftenreihe Mensch, Technik, Organisation (Hrsg. E. Ulich), Band 3. Zürich: Verlag der Fachvereine.
Strohm, O. (1991b) Projektmanagement bei der Softwareentwicklung. In: D. Ackermann & E. Ulich (Hrsg.), Software-Ergonomie '91. Benutzerorientierte Software-Entwicklung (S. 46-58). Stuttgart: Teubner.
Ulich, E. (1978) Über das Prinzip der differentiellen Arbeitsgestaltung. Industrielle Organisation, 47, 566-568.
Ulich, E. (1989a) Arbeitspsychologische Konzepte der Aufgabengestaltung. In: S. Maass & H. Oberquelle (Hrsg.), Software-Ergonomie '89: Aufgabenorientierte Systemgestaltung und Funktionalität (S. 51-65). Stuttgart: Teubner.
Ulich, E. (1991) Arbeitspsychologie. Stuttgart: Poeschel-Verlag.
Waeber, D. (1991) Aufgabenanalyse und Anforderungsermittlung in der Softwareentwicklung: Zur Konzeption einer integrierten Entwurfsstratgie. In: M. Frese, C. Karsten, C. Skarpelis & B. Zang-Scheucher (Hrsg.), Software für die Arbeit von morgen. Bilanz und Perspektiven anwendungsorientierter Forschung. Ergänzung zum Tagungsband (S. 35-45). Krefeld: Vennekel & Partner.
Wallmüller, E. (1990) Software-Qualitätssicherung in der Praxis. München: Oldenbourg.
Weisbecker, A. (1993) Unterstützungswerkzeuge zur benutzergerechten Gestaltung der Mensch-Computer-Schnittstelle. (in diesem Band).
Weltz, F., Lullies, V. & Ortmann, R G. (1991) Softwareentwicklung als Prozeß der Arbeitsstrukturierung. In: Ackermann, D. & Ulich, E (Hrsg.) Software-Ergonomie '91 (S. 70-75). (Berichte des German Chapter of the ACM, Vol. 33). Stuttgart: Teubner.
Weltz, F. & Ortmann, R. (1992) Das Softwareprojekt – Projektmanagement in der Praxis. Frankfurt: Campus.
Zölch, M. & Dunckel, H (1991) Erste Ergebnisse des Einsatzes der "Kontrastiven Aufgabenanalyse". In: D. Ackermann & E. Ulich (Hrsg.) Software-Ergonomie '91 (S. 363-372). (Berichte des German Chapter of the ACM, Vol. 33). Stuttgart: Teubner.

Nest auch bei Standardsoftware-Entwicklung. (In diesem Band).
Kuhnberg, M. & Goldman, J. (1993) Work Organization and Software Development. In: Taylor & Williams (eds.), Proceedings of the IFAC/IFIP Workshop on "Experience with the Management of Software Projects". Annual Review of Automatic Programming, 16(2):111-118.
Frings, F. & Weber, B. (1993) Anforderungsermittlung aus der Sicht von Endbenutzern, Softwareentwicklern und Führungskräften. In: D. Ackermann & E. Ulich (Hrsg.), Software-Ergonomie '91: Benutzerorientierte Software-Entwicklung (S. 16-43). Stuttgart: Teubner.
Spinas, P., Rauterberg, M., Strohm, O., Waeber, D. & Ulich, E. (1993, in Druck) Benutzerorientierte Software-Entwicklung. Konzepte, Methoden und Vorgehen zur Benutzerbeteiligung. Schriftenreihe Mensch - Technik - Organisation (Hrsg. E. Ulich), Band 3. Zürich: Verlag der Fachvereine.
Strohm, O. (1991b) Projektmanagement bei der Softwareentwicklung. In: D. Ackermann & E. Ulich (Hrsg.), Software-Ergonomie '91: Benutzerorientierte Software-Entwicklung (S. 46-58). Stuttgart: Teubner.
Ulich, E. (1978) Über das Prinzip der differentiellen Arbeitsgestaltung. Industrielle Organisation, 47, 566-568.
Ulich, E. (1989a) Arbeitspsychologische Konzepte der Aufgabengestaltung. In: S. Maass & H. Oberquelle (Hrsg.), Software-Ergonomie '89: Aufgabenorientierte Systemgestaltung und Funktionalität (S. 1-65). Stuttgart: Teubner.
Ulich, E. (1991) Arbeitspsychologie. Stuttgart: Poeschel-Verlag.
Waeber, D. (1991) Aufgabenanalyse und Anforderungsermittlung in der Softwareentwicklung. Zum Konzept einer "integrierten Entwicklung". In: M. Frese, C. Kasten, C. Skarpelis & B. Zang-Scheucher (Hrsg.), Software für die Arbeit von morgen. Bilanz und Perspektiven anwendungsorientierter Forschung. Ergebnisband (S. 55-63). Berlin: Springer.
Wallmüller, E. (1990) Software-Qualitätssicherung in der Praxis. München: Oldenbourg.
Weinberger, A. (1993) Unterstützungswerkzeuge zur benutzergerechten Gestaltung der Mensch-Computer-Schnittstelle. (In diesem Band).
Wolle, P., Laitko, V. & Gunzenhäuser, R. (1993) Software-Ergonomie als Bestandteil der Ausbildung. In: K.-H. Rödiger (Hrsg.), Software-Ergonomie '93 (S. 75-90). (Berichte des German Chapter of the ACM, Vol. 39). Stuttgart: Teubner.
Wältz, F. & Chrobok, R. (1993) Der Softwareprozess - Projektmanagement in der Praxis. Frankfurt: Campus.
Zülch, M. & Rauterberg, M. (1991) Das Kriterium der Grösse des Entwurfs zur Konstruktion benutzerorientierter Software. In: D. Ackermann & E. Ulich (Hrsg.), Software-Ergonomie '91 (S. 363-372). (Berichte des German Chapter of the ACM, Vol. 33). Stuttgart: Teubner.

Workshop 6

Anwendung-Dienstleistungsnahe Vorhaben

Defizite der Software-Ergonomie Ergebnisse einer Bilanzierung vorliegender Forschungsergebnisse zur Arbeit an Bildschirmgeräten

Friedhelm Nachreiner
Elke Mesenholl

Carl-von-Ossietzky Universität Oldenburg
AG Arbeits- und Organisationspsychologie

Zusammenfassung

Dieser Beitrag berichtet über Defizite im Bereich der Software-Ergonomie, wie sie sich bei einer Bilanzierung vorliegender Erkenntnisse zur Bildschirmarbeit zeigten. Defizite bestehen in den Bereichen der Gegenstandsbestimmung, Konzepte, Kriterien, Methoden und der untersuchten Fragestellungen. Insgesamt ergibt sich das Bild einer wenig strukturierten Disziplin, die zur vollen Entfaltung ihres Potentials dringend der Systematisierung ihrer Fragestellungen, Methoden und Ergebnisse und eines Rückbezuges auf die klassische Ergonomie bedarf.

Summary
This contribution reports on deficits in the field of software ergonomics which have been observed in a survey of published iterature on work with visual display units. Deficits appear in definitions, concepts, methods and the research problems dealt with in this discipline. In general it appears that software ergonomics is a field which lacks structuring of its research questions, methods and results and an integration of basic ergonomics principles in order to be able to develop its potential for improving working conditions in man computer interaction.

Résumé
Cette contribution rapporte sur des déficits spécifiés qui se montraient dans la domaine d´ergonomie logicielle. Ils se faisaient voir en établissant le bilan de recherches publiées en l´espèce du travail á l´écran. Ces déficits consistent dans les domaines des définitions, des concepts, des critères, des méthodes et des problèmes examinés à ce suject. En total, on a l´impression qu´il s´agit d´une discipline peu structurée qui a grand besoin d´obtenir une systématisation de ses thèses, méthodes et résultats et d´intégrer une vue rétrospective en faveur du bien de l´ergonomie classique pour pouvoir réaliser son potentiel.

Fragestellung und Hintergrund

Die hier vorgetragenen Ergebnisse zu Defiziten der Software-Ergonomie beruhen auf einer "Bilanzierung vorliegender Forschungsergebnisse zur Arbeit an Bildschirmgeräten" (NACHREINER und MESENHOLL 1992), die im

Zusammenhang mit Fragen der Umsetzung der "Richtlinie des Rates vom 29. Mai 1990 über die Mindestvorschriften bezüglich der Sicherheit und des Gesundheitsschutzes an Bildschirmgeräten" (90/270/EWG) der europäischen Gemeinschaft entstand. Ziel dieses Projektes war eine Bilanzierung gesicherter Erkenntnisse, die sich, neben bestehenden bzw. in Entwicklung befindlichen nationalen und internationalen Normen, bei der Umsetzung der EG-Richtlinie in nationales Recht heranziehen lassen. Da die EG-Richtlinie u.a. auch Aussagen zur Software-Schnittstelle enthält, war in dieser Bilanzierung u.a. auch zur Frage der Umsetzbarkeit von Erkenntnissen der Software-Ergonomie Stellung zu nehmen. Nur über diesen Teil der Ergebnisse soll hier berichtet werden.

Vorgehensweise

Grundlage der durchgeführten Literaturrecherche waren die letzten 10 bzw. 15 Jahrgänge nationaler und internationaler arbeitswissenschaftlicher Fachzeitschriften sowie einschlägige Monographien, Forschungs- und Kongreßberichte. Nach Überprüfung auf Minimalanforderungen bezüglich interner und externer Validität verblieben schließlich etwa 200 ausgewählte Literaturstellen, die für die Beantwortung der in dem Projekt aufgeworfenen Fragestellungen ausgewertet wurden (vgl. NACHREINER und MESENHOLL 1992). Die Reduktion auf diesen Kernbestand an Literatur resultiert aus der Tatsache einer hohen Anzahl von Mehrfachpublikationen, der ungeprüften Weitergabe von Ergebnissen oder Interpretationen sowie der teilweise nur geringen Validität und Relevanz der Studien.

Ergebnisse

Diese geringe Validität und Relevanz der Ergebnisse ist das erste auffällige Ergebnis unserer Recherche. Nur ca. 50% der erfaßten Arbeiten stellen Originalarbeiten dar, der Rest besteht aus theoretischen Arbeiten, Sammelreferaten oder Überblicksartikeln, die zum Teil empirisch unbasierte Empfehlungen aussprechen, die dann in weiteren Publikationen wiedergegeben und weiterempfohlen werden. Insgesamt erhält man das Bild einer ungeprüften Weitergabe ungeprüfter Aussagen (vgl. auch CAKIR 1991). Auf die methodischen Probleme der analysierten Studien werden wir später noch einmal zurückkommen. Hier soll als ein erstes Defizit der insgesamt eher unbefriedigende Stand der Forschungen zur Software-Ergonomie - von der Gegenstandsbestimmung über die Definition der Konzepte, die berücksichtigten Kriterien, die angewandten Methoden und die untersuchten Fragestellungen - herausgestellt werden, auf den im Folgenden näher eingegangen werden soll.

Dabei soll nur am Rande bemerkt werden, daß auch für einen Großteil der Regelungstatbestände, wie sie etwa bereits in den DIN - bzw. ISO - Normen vorliegen, nicht immer hinreichend gesicherte Erkenntnisse vorliegen. Zu einem ähnlichen Ergebnis kommen BEIMEL et al. (o.J.) anhand einer Umfrage zu Verständnis und Akzeptanz des Teils 10 der ISO 9241 bei einer internationalen Stichprobe von Experten.

Defizite in der Gegenstandsbestimmung

Während unter Arbeitswissenschaftlern einigermaßen klar ist, was unter Ergonomie zu verstehen ist, auch wenn Inhalte und Ansatzpunkte nicht immer völlig identisch sind, sind schlüssige Definitionen dessen, was Software, und damit wohl auch der Gegenstand der Software-Ergonomie, ist, ausgesprochen schwer zu finden. Der Hinweis, daß es sich dabei um die nicht festverdrahteten Bestandteile einer EDV-Anlage handelt, ist auch nicht besonders hilfreich, weil Software damit zur Restkategorie für alles, was nicht Hardware ist, wird. Dies wäre sicher eine Überfrachtung. Eine präzise Definition wäre aber wichtig, um den Gegenstandsbereich der Software-Ergonomie abgrenzen zu können, wenn etwa die EG-Richtlinie darauf abhebt, Mindestanforderungen für die die Mensch-Maschine-Schnittstelle bestimmende Software festzulegen. Damit müßte festlegbar sein, was zur Software gehört und was nicht. Im Falle der Zeichendarstellung auf dem Bildschirm etwa erscheint dies relevant, wenn zu prüfen ist, ob bestimmte Geräte bestimmte Anforderungen an die Zeichendarstellung garantieren können, wenn diese in erheblichem Umfang durch die Hardware, das Betriebssystem, die Anwendungsprogramme und deren Wechselwirkungen mitbeeinflußt wird (vgl.

WILKE 1991).
Obwohl also nicht ganz klar zu sein scheint, was Software ist, scheint über das was Software-Ergonomie ist, (vermeintlich) größere Klarheit zu bestehen. Nach TRIEBE et al. (1987, S.9, in Anlehnung an CAKIR 1983) z.B. handelt es sich dabei um "die Lehre von der Anpassung eines 'dialog'-fähigen rechnergestützten Arbeitssystems an die physischen und psychischen Eigenschaften des Menschen, der in einem organisatorischen Kontext arbeitet". Abgesehen von der inakzeptablen Reduktion auf (1) eine Lehre (2) von der Anpassung erhebt sich hier die Frage, ob damit das gesamte dialogfähige rechnergestützte Arbeitssystem als Software betrachtet wird. Dies wäre sicherlich eine erhebliche Überfrachtung des Begriffs.
Bei genauerem Hinsehen wird damit auch zweifelhaft, ob 'Software-Ergonomie' als Disziplin klar definiert ist. Allem Anschein nach handelt es sich um eine Spezial-Ergonomie, die durch einen (nicht genau definierten, aber im Vergleich zur Ergonomie eingegrenzten) Gegenstandsbereich gekennzeichnet wird. Eine derartige Abgrenzung ist in der Ergonomie unüblich, so gibt es z.B. auch keine Hammer-Ergonomie oder PKW-Ergonomie als eigene oder selbständige Disziplinen oder Subdisziplinen, und verlangt zumindest nach einer Begründung der damit offensichtlich unterstellten Spezifität. Diese ist jedoch nicht zu finden (abgesehen von der faktischen Einschränkung des ergonomischen Ansatzes auf Leistung und Akzeptanz - wobei es sich bei der Leistung in der Regel um kurzfristig zu erbringende Leistungen handelt -, sodaß gelegentlich der Eindruck entsteht, hier handele es sich um eine Spezial-Ergonomie ohne oder mit nur sehr eingeschränkter ergonomischer Basis, ähnlich wie bei der sog. cognitiven Ergonomie). Im Rahmen der Ergonomie ist vielmehr ein gegenläufiger Trend zu verzeichnen, nämlich Arbeitssysteme als Ganze mit ihren impliziten Wechselbeziehungen zu betrachten anstatt sich auf Einzelkomponenten zu kaprizieren.
Als deutliches Defizit der Software-Ergonomie wäre damit die theoretische Unbestimmtheit ihres Gegenstandsbereiches zu nennen, das beliebige Arbeiten als diesem Gegenstandsbereich zuordenbar erscheinen läßt, womit die tatsächliche Praxis nicht völlig falsch gekennzeichnet wäre. Nötig wäre also eine empirisch basierte theoretische Reflexion darüber, ob und warum eine solche Spezialdisziplin sinnvoll und notwendig ist, was ihr Gegenstand ist und mit welchen Konzepten,

Konstrukten und Methoden sie arbeitet und wo die Unterschiede zu benachbarten Disziplinen liegen.

Defizite in den Konzepten

Neben dem Gegenstandsbereich selbst erscheinen auch die verwendeten Konzepte und Konstrukte äußerst unscharf, sodaß deren angemessene und valide Operationalisierung äußerst schwer fällt. So ist etwa das Konstrukt 'Benutzerfreundlichkeit' kaum eindeutig definiert oder zu definieren. Wann etwa ist eine Mensch-Maschine-Schnittstelle benutzerfreundlich oder 'benutzergerecht' und wann nicht? Da hilft es wohl auch kaum weiter, wenn solche (oder vergleichbare) ausgesprochen unscharfe Konstrukte auf die diese Konstrukte konstituierenden Unterkonstrukte zurückgeführt werden, solange diese ähnlich unscharf formuliert bzw. expliziert sind. Diese Konstrukte sind in der Regel lediglich unscharf verbal beschrieben und mit Beispielen erläutert - z.B. in DIN 66 234 Teil 8 oder ISO 9241 Teil 10 - ohne jedoch klar definiert zu sein, so daß es schwer fällt, zu entscheiden, ob ein Programm etwa aufgabenangemessen ist oder nicht oder welches von zwei Programmen aufgabenangemessener ist, wenn beide unterschiedliche Einzelmerkmale der gesamten, aber nicht erschöpfenden Merkmalsmenge der gegebenen Beschreibung erfüllen.

Für normative Regelungen erscheint dies weniger bedeutsam, weil sich hier verlangen bzw. zeigen läßt, gegen welche Regeln oder Prinzipien nicht verstoßen werden darf, auch wenn diese nicht vollständig sind. Es ist auch nicht unabdingbar, Quantifizierungen des Erfüllungsgrades eines Konstruktes oder Kriteriums zu verlangen, für Leitsätze, und um solche handelt es sich bei den Normen, sind Hinweise bzw. Empfehlungen ausreichend, wie man sich Zielkriterien annähern kann, wenn konsensuell gesichert ist, daß das so ist. Für wissenschaftliche Untersuchungen wie für die Entwicklung von Gestaltungsleitlinien erscheinen jedoch vernünftig operationalisierbare Konstrukte unverzichtbar, insbesondere wenn es darum geht, Hypothesen über Zusammenhänge zwischen unterschiedlichen Ausprägungsgraden dieser Konstrukte und anderen Kriterien, z.B. Beanspruchung oder Beanspruchungsfolgen, zu prüfen, die dann in Gestaltungsleitlinien umgesetzt werden. Zusammenhänge zwischen Konstrukten können aber bekanntlich nicht valide überprüft werden, wenn diese Konstrukte selbst nicht valide operationalisiert werden (können). Nebenbei bemerkt dürfte es wenig hilfreich sein, für in der klassischen Ergonomie differenzierter und schärfer definierte Konstrukte im Rahmen der Software-Ergonomie neue und weniger scharfe Begriffe (z.B. Erwartungskonformität für Kompatibilität) einzuführen.

Defizite in den verwendeten Kriterien

Es fällt auf, daß in der Software-Ergonomie im wesentlichen Kriterien aus den Bereichen Leistung und Zufriedenheit zur Beurteilung von Gestaltungsalternativen herangezogen werden. Beanspruchungsindikatoren fehlen dagegen weitestgehend. Wenn doch einmal Beanspruchungsmerkmale erfaßt werden, beschränken sich diese in der Regel auf subjektive Angaben, größtenteils auf ad hoc konstruierten Skalen, über deren Reliabilität und Validität keine Angaben vorliegen. Werden standardisierte Skalen eingesetzt, so werden die dort vorgefundenen Effekte referiert, unabhängig davon ob die Ergebnisse arbeitspsychologisch Sinn machen oder nicht. Psychophysiologische Indikatoren für die durch die mit der Bewältigung einer Aufgabe mit Hilfe einer Software ausgelösten Beanspruchung werden dagegen nicht verwendet. Dabei böte sich dies bei den vorgetragenen Hypothesen über mangelnde Fehlertoleranz und deren Effekte, z.B. Stress (was immer auch darunter in der Software-Ergonomie verstanden werden mag) förmlich an.
Aber selbst bei den Leistungsindikatoren fällt auf, daß es sich im wesentlichen um kurzfristige Leistungserfassung handelt, Leistungsverläufe über einen längeren Zeitraum, die Beanspruchungsfolgen indizieren könnten, finden sich kaum einmal (insofern sind darüber dann auch keine Aussagen möglich). Damit belegt auch die Kriterienwahl eine defizitäre Konstruktbildung. Wo sind im 'normalen Arbeitsleben' schon kurzfristige (Höchst-)Leistungen entscheidend? Zumindest sollten sie es nirgendwo sein.
Es mag sein, daß sich darin eine deutliche anglo-amerikanische psychologische Tendenz der Ergonomie widerspiegelt, sich lediglich auf die (kurzfristige) Effektivität und nicht auf den zur Erbringung der Leistung notwendigen Aufwand zu

konzentrieren. Dies ist unter einer genuin ergonomischen Perspektive jedoch deutlich defizitär und im Prinzip nicht zu verantworten.
Nach übereinstimmender arbeitswissenschaftlicher Anschauung sollten Aufgaben mit den zur Verfügung gestellten Werkzeugen nicht nur (kurzfristig) ausführbar sein, sondern dabei auch (auf Dauer) nicht zu Schädigungen oder Beeinträchtigungen führen und die vorhandenen Fertigkeiten und Fähigkeiten weiterentwickeln. Sieht man einmal von (Un-)Zufriedenheitsindikatoren als relativ einfach zu erfassender aber ausgesprochen unspezifischer Indikatoren einer Beeinträchtigung durch die Arbeit ab, so hat die Software-Ergonomie in dieser Hinsicht nicht viel zu bieten. Ermüdung, Monotonie und Sättigung - klassische Themen der Ergonomie - sind ganz offensichtlich keine Themen der Software-Ergonomie; Hauptsache die Leistung, wie auch immer erfaßt, stimmt. Dabei ließen sich durchaus Beziehungen zwischen Software-Kriterien und klassischen ergonomischen Kriterien herstellen. Hier scheint allerdings ein ganz erheblicher Nachholbedarf zu bestehen.

Defizite in den Methoden

Trotz der oben andiskutierten Wurzeln in der anglo-amerikanischen psychologischen Ergonomie läßt auch der methodische Standard in der Software-Ergonomie erhebliche Defizite erkennen. Dies führt zu der weiter oben schon erwähnten mangelnden internen und externen Validität vieler Studien. Dabei gewinnt man manchmal den Eindruck als hätten die Verfasser noch nie etwas über Grundsätze der Versuchsplanung gehört. Erhebliche Konfundierungen von Variablen, die eine Zuordnung von Ursache und Effekt nicht mehr zulassen, sind an der Tagesordnung, wie z.B. die Konfundierung von Dialogform (z.B. Menu vs. Direktmanipulation) mit Eingabemodalitäten (Taste vs. Maus). Das hindert die Verfasser jedoch nicht daran, die Ergebnisse in ihrem Sinne zu interpretieren. Daß es beim Experiment auch darum geht, Drittverursachung auszuschließen bzw. zu kontrollieren und damit die interne Validität sicherzustellen, scheint sich nicht ausreichend herumgesprochen zu haben.
Beispiele für ungeeinete Versuchs-Designs, lehrbuchhaft für einen Einführungskurs, lassen sich en masse finden. So wird etwa mit mehrfach wiederholten Messungen gearbeitet (wie überhaupt auffällig häufig mit Meßwiederholungs-Designs gearbeitet

wird, ohne daß diese zwingend notwendig oder versuchstechnisch überlegen wären), die keine vernünftige Schätzung des experimentellen Fehlers mehr zulassen. Und es darf auch nicht verwundern, wenn solche Designs dann schließlich auch noch so ausgewertet werden, als lägen keine oder nur teilweise Meßwiederholungen vor, obwohl der einzige between - Faktor die unterschiedliche Reihenfolge der Meßwiederholungsfaktoren war (wahrscheinlich als Tribut an die klassische experimentelle Methodologie).

Auch bei der statistischen Validität sieht die Sache oftmals nicht viel besser aus. So werden t-Tests präsentiert, obwohl ein Blick auf die Varianzen der zu vergleichenden Gruppen diese als (signifikant) inhomogen und damit als unterschiedlich und dmit nicht der gleichen Grundgesamtheit zugehörig erkennen läßt. An anderer Stelle werden univariate Ergebnisse aus MANOVAs für multiple Indikatoren (z.B. der Leistung) präsentiert. Das ist kaum noch zu übertreffen.

Nicht viel besser sieht es mit der externen Validität aus. Wir hatten oben schon auf die Defizite der Explikation oder Definition der zentralen Konstrukte verwiesen. Damit läßt sich (theoretisch und praktisch) nicht mehr bestimmen, wie valide die in einer Untersuchung repräsentierten Ausprägungen eines Konstruktes sind. Damit ist aber auch eine Generalisierung, worauf auch immer, nicht mehr valide möglich. In der Regel besteht aber kaum jemals Interesse lediglich an den Zusammenhängen zwischen den konkreten Untersuchungsvariablen (das wäre eine rein technische, kaum aber eine wissenschaftliche Fragestellung) sondern an Zusammenhängen zwischen Konstrukten. Wenn der Effekt des Einsatzes von Farbe z.B. an Computerspielen untersucht wird, wobei der Farbe keinerlei Codierungsfunktion zukommt, dann ist der Schluß, daß Farbe nicht leistungsbeeinflussend ist - wenn sich das im Experiment denn so ergibt - schlichtweg falsch, weil die unabhängige Variablen invalide operationalisiert wurden, abgesehen von der Operationalisierung der Leistungsmerkmale als abhängiger Variablen.

Die Versuchspersonen stellen einen anderen defizitären Aspekt dar. Studierende und Mitarbeiter der eigenen Universität sind zwar bequem zu rekrutieren, nicht aber unbedingt repräsentativ für die anvisierte Nutzerpopulation, und zwar wie bekannt aus verschiedenen Gründen. Auch die Bedingungen, unter denen die Versuche stattfinden, sind dies nicht immer. Konsequenzenlose Spielchen im Labor sind halt etwas anders als reale Arbeitsaufgaben unter realen Arbeitsbedingungen mit realen Konsequenzen. Dies ist zwar ein generelles Problem experimenteller Forschung, in der Software-Ergonomie scheint man sich aber besonders wenig darum zu kümmern. Vielleicht liegt das aber auch daran, daß manchen Software-Ergonomen die Praxis - Bedingungen nicht immer geläufig sind. Vielleicht ist auch das ein Defizit der Software-Ergonomie.

Feldstudien an realen Arbeitstätigkeiten schneiden unter methodischer Perspektive nicht viel besser ab, als Laboruntersuchungen. Zwar sind hier einige Probleme der externen Validität (obwohl nicht automatisch) in der Regel besser aufgehoben, aber mit der internen und der statistischen Validität steht es auch hier nicht zum Besten. Ein Vergleich zwischen verschiedenen Anwendungsprogrammen, die zur Lösung unterschiedlicher Aufgaben dienen, bei unterschiedlichen Stichproben verletzt elementare Regeln der Versuchsplanung und kann nicht zu validen Ergebnissen bezüglich der Anwendungsprogramme führen, schon gar nicht, wenn nicht einmal mehr statistische Kontrollen potentieller Drittverursachung möglich sind. Logisch bleiben deratige Analysen oft auf dem Niveau von Fallstudien. Auf die Verletzung statistischer Regeln bei den oft notwendigen komplexeren Datenanalyse - Techniken soll hier nicht eingegangen werden.

Defizite in den untersuchten Fragestellungen

Neben den bereits oben angemerkten Defiziten in der Operationalisierung der Konstrukte und damit auch der untersuchten Fragestellung erscheinen viele Fragestellungen eher willkürlich, ad hoc und wenig strukturiert. Man kann sich dabei oft des Eindruckes der Beliebigkeit der Untersuchungsfragestellungen nicht erwehren, z.B. nach dem Motto ob dies oder jenes wohl besser ist, Farbe oder nicht Farbe, ohne *ergonomisch* zu begründen, warum dies so sein sollte und warum dies zu untersuchen ist, oder welches Problem damit angegangen wird.

Die Frage, ob solche Untersuchungen dann für die Arbeitswelt relevant sind, sei hier zunächst nur am Rande erwähnt. Dies ist scheinbar schon deswegen evident, weil doch mit Software gearbeitet wird.

Wie irrelevant Fragestellungen, die vielleicht für Grundlagenforscher interessant sein mögen, für die Software-Ergonomie sind, läßt sich an einigen bekannten Beispielen demonstrieren, wie etwa an den Untersuchungen von CARD et al. (1983) zur Frage von Modellen des Editierens oder der Frage der Überlegenheit von Eingabemitteln. So ging es etwa bei den Editor-Untersuchungen um Probleme und Effekte, die - nach den leidvollen Erfahrungen in der Fertigung - in der Interaktion mit Rechnern im Arbeitsalltag hoffentlich nie von Bedeutung sein werden. Und ein Vergleich von Maus und Joystick, wobei die Maus softwaremäßig über eine Lage- und der Joystick über eine Geschwindigkeits - Steuerung verfügen, zur Bewältigung von Positionierungsaufgaben mit Lagecharakteristik erscheint auf dem Hintergrund vorliegender ergonomischer Kenntnisse zur Kompatibilität von Aufgaben- und Stellteil-Dynamik nicht nur trivial sondern als unnötige Quälerei von Versuchspersonen. Auch hier hindert die Konfundierung manipulierter Variablen übrigens die Autoren nicht an der (trivialen) Interpretation der Ergebnisse in ihrem Sinne, obwohl die Untersuchung dies nicht hergibt.

Auffallend ist die insgesamt geringe Strukturierung des Forschungsfeldes und seiner wichtigen Problemfelder sowie die daraus resultierende mangelnde theoretische Verortung der untersuchten Fragestellungen in einem derartig strukturierten Feld. Man erhält so gelegentlich der Eindruck eines bunten Musters unverbundener Untersuchungen von Einzelfragestellungen, zwischen denen wohl ein Zusamenhang bestehen sollte oder könnte, der aber so nicht eindeutig erkennbar und nachvollziehbar ist.

Während grundlegende Fragestellungen, wie etwa die Darstellung und Codierung von Information, kaum systematisch bearbeitet werden, sind andere, eher nebensächlich erscheinende Fragestellungen, bis in weite und z.T. belanglos erscheinende Verästelungen untersucht. Hier sei noch einmal an die Meinung der von BEIMEL et al. befragten Experten erinnert, die zu einem großen Teil die normativ im Bereich Software-Ergonomie geregelten Inhalte für unzureichend empirisch belegt halten. Das sind deutliche und gravierende Defizite.

Dies erscheint unter der Perspektive einer Anwendungsorientierung, wie sie in der Ergonomie Tradition hat, kaum länger hinnehmbar. Wenn etwa jetzt bei der Umsetzung der europäischen Bildschirmrichtlinie (90/270 EWG) in nationales Recht und die entsprechenden verbindlichen Vorschriften, in welcher Form auch immer,

Fragen auftreten, was denn auf der Basis gesicherter Erkenntnisse der Software-Ergonomie über die bestehenden nationalen und internationalen Normen und Normentwürfe hinaus in konkrete Vorschriften umgesetzt werden kann, so sieht die Bilanz ausgesprochen düster aus. In diesem tarif- und gesellschaftspolitischen Spannungsfeld, und das ist im Rahmen der Ergonomie kaum als Neuigkeit zu betrachten, werden von den beteiligten und insbesondere von den betroffenen Parteien **belastbare** Ergebnisse und gesicherte Erkenntnisse verlangt, die die vorgesehenen Regelungen, am liebsten zweifelsfrei, unterstützen und in ihrer Bedeutung zu den in diesem Bereich gängigen arbeitswissenschaftlichen Kriterien in Beziehung setzen.

Dies macht die Umsetzung der Richtlinie zur Zeit sehr schwer; es sei denn, man zieht sich auf den Standpunkt zurück, daß keine in dem Sinne gesicherten umsetzbaren Erkenntnisse der Software-Ergonomie vorliegen; und dafür ließen sich durchaus Argumente vorbringen.

Konsequenzen

Auf dem Hintergrund der hier aufgezeigten Defizite lassen sich einige Konsequenzen für die weitere Entwicklung und den Forschungsbedarf der Software-Ergonomie ableiten.

Zu fordern wäre zunächst eine gründlichere und umfassendere Bilanzierung der vorliegenden Ergebnisse der Software Ergonomie - und zwar mit dem Ziel ihrer inhaltlichen, theoretischen und empirischen Aufarbeitung und Weiterentwicklung - als dies in der von uns mit anderer Zielsetzung und unter erheblichem Zeitdruck durchgeführten Studie erfolgen konnte. Es erscheint dringend notwendig, das Gebiet systematisch aufzuarbeiten und durchzustrukturieren, um von der Beliebigkeit der Fragestellungen, Untersuchungen und ihrer Ergebnisse wegzukommen, hin zu einer systematischen Disziplin, ob eigenständig oder als Unterdisziplin der Ergonomie ist dabei zunächst weniger bedeutsam.

Zu fordern ist auch die Integration ergonomischer Erkenntnisse und Prinzipien und deren Nutzbarmachung im Rahmen der Software-Ergonomie. Es erscheint wenig sinnvoll, Fragestellungen, die im Rahmen der klassischen Ergonomie bereits behandelt wurden, im Rahmen der Software-Ergonomie noch einmal aufzugreifen, obwohl eine Generalisierung vorliegender Befunde möglich und die Spezifität für den Bereich Software nicht zu begründen ist. Und es ist aus forschungsökonomischen Gründen kaum vertretbar, 'neue' Forschungsfelder abzustecken oder zu generieren, um darunter alte Probleme in neuem Gewand erneut untersuchen zu können, u.U. auch um persönliche Hobbies oder institutionelle Strukturen zu pflegen. Eine solche Bilanzierung und Strukturierung des Feldes sollte auch dazu führen, daß Beliebigkeiten, Moden, Phrasen, Gags und Gimmicks erkennbar werden und die wirklich wichtigen Fragen herausgearbeitet und im Rahmen eines integrierten Ansatzes angegangen werden können.

Zu diesen wichtigen Untersuchungen würden wir, ohne hier ins Detail gehen zu wollen, solche zählen, die realitätsnah relevante Fragestellungen auf einem arbeitswissenschaftlichen Hintergrund aufgreifen und zu intern und extern validen Ergebnissen führen. Wichtig erscheint uns dabei, den Bezug zu ergonomischen Kriterien nicht zu verlieren, und dazu zählen eben nicht nur Leistung und Akzeptanz. Es wäre z.B. dringend nötig, die differentielle Belastungswirksamkeit unterschiedlicher Softwarelösungen und die dadurch bei den damit Arbeitenden ausgelösten Beanspruchungsprozesse und deren Folgen, neben Fragen der Leistung, die ja selbst auch beanspruchungsindizierend sein kann, valide zu untersuchen und zu belegen. Dazu sollte auch die Relation der Software-Kriterien zu den klassischen ergonomischen Kriterien belastbar belegt werden. Plausibilität von Empfehlungen ist eine Sache, der empirisch belastbare Beleg ihrer Gültigkeit, auch unter den Bedingungen des intendierten Anwendungsfeldes, eine andere, bisher nicht hinreichend gelöste.

Die Software-Ergonomie sollte sich auch darum bemühen, Software im Gesamtzusammenhang von Arbeitssystemen zu untersuchen. Software - Schnittstellen stellen nur einen Teil des Mensch - Maschine - Systems dar, wenn auch absehbar einen immer bedeutenderen. Trotzdem werden sie in konkreten Arbeitssystemen nie losgelöst von den anderen Komponenten des Arbeitssystems funktionieren und wirken, auch auf den Menschen der mit ihnen arbeitet. Von daher ist eine valide Beurteilung von Software - Schnittstellen eigentlich nur durch Untersuchungen zu erreichen, die diesem Grundsatz Rechnung tragen.

Dies sollte längerfristig zur Systematisierung von Erkenntnissen führen, die ein integriertes System von Erkenntnissen darstellen, aus dem heraus auch Generalisierungen möglich sind, so daß nicht jedes Thema mit jeder neuen Variante neu untersucht werden müßte. Wenn menschengerechte Software ein derartig wichtiger Wettbewerbsfaktor für Produktion, Verwaltung und Dienstleistung ist, wie diese Tagung zu belegen versucht, dann erscheint es wichtig, dieses Gebiet systematisch und gezielt aufzubauen und nicht als Anhängsel zu technischen Entwicklungen betreiben zu lassen. Dies dürfte einer der Gründe der Beliebigkeit und geringen Systematisierung der vorliegenden Erkenntnisse sein. Die bisherige Forschung scheint in der Tat eher an irgendwelchen (software-) technologischen Neuentwicklungen oder Neuigkeiten zu hängen als sich an der systematischen Verfolgung von strukturierten Fragestellungen zu orientieren. Insofern ist eine Förderung nicht nur an kurzfristigen wirtschaftlichen sondern auch an genuin arbeitswissenschaftlichen Zielen orientierter interessenunabhängiger Forschung im Bereich Software-Ergonomie dringender notwendig denn je, und zwar im Hinblick auf Entwicklung, Gestaltung und Einsatz sozialverträglicher Technologien. Dies gilt sowohl unter der Perspektive des Wettbewerbsvorteils im Rahmen sich öffnender Märkte wie unter der Perspektive einer Vereinheitlichung von Lebens- und Arbeitsbedingungen im Zusammenhang einheitlicher Schutzvorschriften im Rahmen eines sich in seinem Selbstverständnis wandelnden Arbeitsschutzes.

Diese Aufgaben können, wie die Erfahrung lehrt, nicht allein den Kräften eines auf kurzfristige ökonomische Vorteile ausgerichteten Marktes oder der technologischen Entwicklung überlassen werden, da es sich hier um gesellschaftspolitische Perspektiven handelt. Die Ausweitung einer unabhängigen staatlichen Förderung für ein solches Gebiet, die zur Zeit wohl ebenfalls defizitär ist, ist damit unverzichtbar.

Literatur

Beimel, J., Schindler, R., Wandke, H. (o.J.) ergonomic requirements for office work with visual display terminals (VDTs). Understanding and acceptance of the first Draft International Standard ISO 9241 Part 10. Manuscript, Humboldt University Berlin, Institute of Applied Psychology, Berlin

Cakir, A. (1991) Software Ergonomie und Arbeitsorganisation. Neue Regelungsgegenstände im Arbeitsschutz. In: Cakir, A., Cakir, G. (Hrsg.) Europa 1992. Was bringen die europäischen

Regelwerke für Bildschirmarbeitsplätze ? Berlin: Ergonomic-Institut

Cakir, A. (1983) Über der Stand der Software-Ergonomie. Office Management, 10, 862-864

Card, Moran, Newell

Nachreiner, F., Mesenholl, E. (1992) Bilanzierung vorliegender Forschungsergebnisse zur Arbeit an Bildschirmgeräten. Unveröffentlichter Forschungsbericht, Oldenburg

Triebe, J.K., Wittstock, M., Schiele, F. (1987) Arbeitswissenschaftliche Grundlagen der Software-Ergonomie. Bremerhaven: Wirtschaftsverlag NW

Wilke, K.H. (1991) Konformitätsprüfung für Produkte der Informationstechnik. In: Cakir, A., Cakir, G. (Hrsg.) Europa 1992. Was bringen die europäischen Regelwerke für Bildschirmarbeitsplätze? Berlin: Ergonomic-Institut

Organisationsentwicklung und computergestützte Sachbearbeitung im Sozialamt der Stadt Herten

Jochen Müller
Stadt Herten, Amt für Datenverarbeitung und Entwicklungsplanung

0 Zusammenfassungen

Zusammenfassung
Die Stadt Herten hat mit mehreren Verbundpartnern von 1985 bis 1989 in einem Organisationsentwicklungsprozeß ein Dialogsystem zur Sachbearbeiterunterstützung im Sozialamt entwickelt, das mittlerweile von über 400 Kommunalverwaltungen in der gesamten Bundesrepublik eingesetzt wird. Dabei sollten die Oberziele 'Humanisierung des Arbeitsplatzes', 'Bürgerfreundlichkeit' und 'Wirtschaftlichkeit des Verwaltungshandelns' erreicht werden. Dazu sollten Gestaltungsanforderungen aufgabenangemessen gestellt und informationstechnisch umgesetzt werden. Defizite bestanden vor allem bei der Qualifizierung der Mitarbeiter, bei der Kommunikation zwischen den Verbundpartnern und den Dienststellen innerhalb der Verwaltung und bei den Projektsteuerungsmöglichkeiten.

Summary
Within the framework of an organisational development program, the town of Herten developed a dialogue system from 1985 to 1989, together with several partners, to help clerical staff in social welfare departments. The program is now used by over 400 town councils in Germany. The program has three main aims: 'to ease the work load on staff', 'to provide a friendlier und better service to the public' and 'to help reduce burgeoning administrative costs'. This is achieved by breaking down problems into specific areas and allocating information to these areas. Problems have arisen through qualifying project staff, a lack of communication between the project partners and council offices and with the possibilities for controling the project.

Résumé
Dans la période de 1985 de 1989 la comune de Herten a élaboré en coopération avec plusieurs partenaires, dans la cadre de développment d'une structure organisatrice, un système de dialogue pour appuyer le travail des employés responsables du bureau de l'assistance sociale. Entre-temps çe système est employé par plus de 400 administrations communales dans toute la République Fédérale. Le project avait les buts principaux ci-après: 'humanisation du poste de travail', 'traitement obligeant des citoyens' et 'rentabilité des actions administratives'. A cet effet les exigences devaient étre définies en fonction des tâches et réalisiées du point de vue informatique. Il y avait des manques surtout en ce qui concerne la qualification des employés, la communication entre les partenaires et les différents services à l'intérieur de l'administration ainsi que les possibilités port contrôler le project.

1 Das AuT-Projekt PROSOZ

Die Statistik des Amtes für Datenverarbeitung und Entwicklungsplanung der Stadtverwaltung Herten wies im Zeitraum von 1982 bis 1984 eine Steigerung der Fallzahlen in der offenen Sozialhilfe[+1] um 18,3 % aus (bis 1987 erfolgte eine weitere Zunahme um 29,5% !).

Die Zahl der Empfänger von Leistungen nach dem Bundessozialhilfegesetz insgesamt lag bereits 1984 bei ca. 2,8 Millionen. Wie 1986 prognostiziert[+2] stieg diese Zahl im Bundesgebiet - teilweise dramatisch - an. [+3]

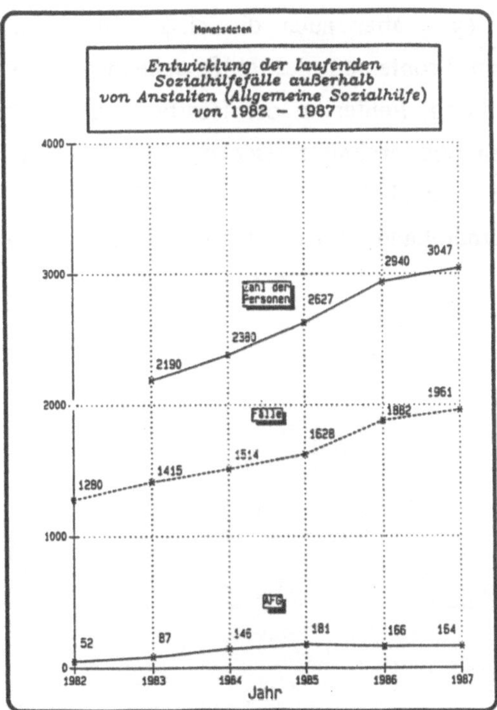

+1 Laufende Sozialhilfefälle mit Hilfe zum Lebensunterhalt oder Hilfe in besonderen Lebenslagen; jeweils außerhalb von Einrichtungen.

+2 Hasenritter/Müller: Computergestützte Sachbearbeitung im Sozialamt; Gelsenkirchen 1986, S. 1

+3 Dabei stellte sich - nach Projektende - gerade in den jüngeren Bundesländern die Situation als im besonderen Maße problematisch dar, da mit der Einführung des BSHG durch den Einigungsvertrag organisatorische, personelle und finanzielle Engpässe offenbar wurden.

Angesichts der Finanzlage der Kommunalverwaltungen war offensichtlich, daß die Zahl der Mitarbeiter dieses Bereichs nicht in gleichem Maße ansteigen konnte. Aufgrund der damit einhergehenden Belastung der Mitarbeiter in den Sozialämtern hätte jedoch auf diese Entwicklung mit erheblichen Personalverstärkungen reagiert werden müssen; gleichzeitig stieg der Druck zur Rationalisierung der Sozialhilfesachbearbeitung.

Der Personalkostenanstieg - aber auch die allgemein ungünstige Situation im Sozialamt aufgrund von Problemen der Hilfesuchenden selbst (kaum Beratung, ungleichmäßige Behandlung, Fehler in der Bearbeitung) - führte zur verstärkten Suche nach technischen und organisatorischen Möglichkeiten; es stellte sich die Frage, ob die steigende Arbeitsbelastung durch den Einsatz moderner Informationstechnik aufgefangen werden kann. Hinzu kam eine massive Kritik an dem damaligen

Stapelverfahren des für die Stadt Herten zuständigen kommunalen Rechenzentrums.

An der Abteilung Hagen der Fachhochschule für öffentliche Verwaltung Nordrhein-Westfalen (FHSöV NW) wurde 1984 ein Prototyp eines Computerprogramms zur Unterstützung der Sachbearbeitertätigkeit in der Sozialhilfeverwaltung entwickelt und kurz 'PROSOZ' genannt.

Dieses Verfahren - obwohl noch nicht praxisgerecht - erschien allen beteiligten Stellen der Verwaltung aufgrund seiner Sachbearbeiter- und Klientenorientierung als geeignet, im Sozialamt der Stadtverwaltung eingesetzt zu werden.

Im Rahmen eines Forschungs- und Entwicklungsprojektes unter der Trägerschaft des BMFT - Projektträgers AuT - sollte das Verfahren auf die örtlichen Bedingungen angepaßt und die Auswirkungen auf Mitarbeiter, Klienten (Bürgerfreundlichkeit) und Verwaltungshandeln untersucht werden.

2 Projektziele

Im Rahmen dieses Projektes - im folgenden PROSOZ-Projekt genannt - , an dem die im Schaubild 1 gezeigten Einrichtungen beteiligt waren, sollte dabei keine isolierte Veränderung in der informationstechnischen Abwicklung der Sozialhilfeberechnung, sondern ein umfassendes Konzept zur Verbesserung der Qualität des Verwaltungshandelns und der Humanisierung der Arbeit realisiert werden.

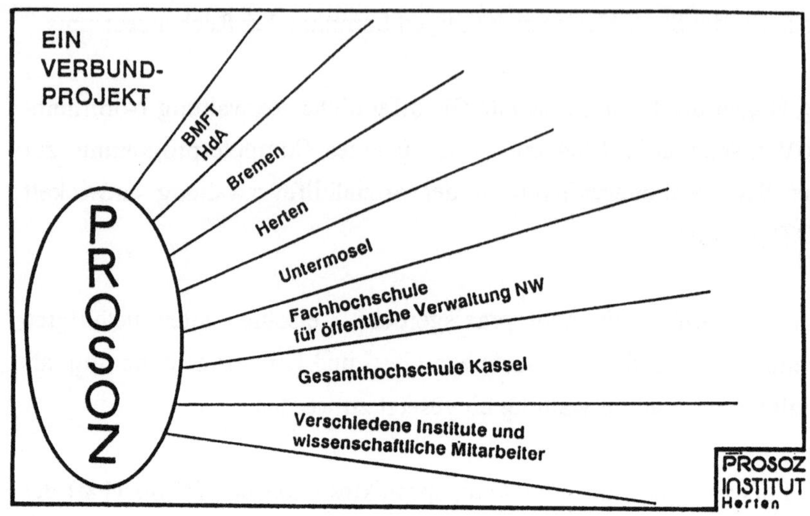

Dies sollte durch einen komplexen Ansatz im Rahmen eines Organisationsentwicklungsprozesses (OE) geschehen+4 , in dem möglichst alle Komponenten der Informationstechnologie (Schaubild 2) betrachtet werden sollten+5 Der Projektablauf war daher weitestgehend mitarbeitergesteuert.

+4 OE ist ein über die Beteiligung hinausgehender Ansatz eigenverantwortlicher Gestaltung der Organisation durch die davon Betroffenen selbst; in den Veränderungsprozeß sind ohne Vorgaben einer zentralen Stelle möglichst alle wesentlichen Elemente der Organisation einbezogen: Ziele, Programme zur Zielerreichung, Organisationsstruktur und Abläufe; Aus: Kommunale Gemeinschaftsstelle für Verwaltungsvereinfachung, Köln, KGSt-Bericht Nr. 2/84

+5 In der Praxis stellte sich dann heraus, daß der Ansatz zu umfassend war, insbesondere in der zur Verfügung stehenden Zeit.

Schaubild 2

Folgende Ziele wurden dabei von den Projektpartnern definiert+6 (vgl. Schaubild 3):

o Wirtschaftlichkeit des Verfahrens (wobei 'wirtschaftlich' in einem umfassenden Sinne gemeint ist)
  - Zeitkostenersparnisse, sowohl in der Sachbearbeitung als auch in vor- und nachgelagerten Bereichen
  - ganzheitliche Fallbearbeitung, dadurch weniger Unterbrechungen im Arbeitsablauf
  - Weniger Kommunikations- und Koordinationsaufwand

o Humanisierung der Arbeit+7
  - Streßabbau
  - Abbau monotoner Arbeitsinhalte
  - Erweiterung der Handlungsspielräume
  - Anreicherung der Tätigkeit
  - Verbesserung sozialer Beziehungen

+6 Hasenritten/Müller; ebenda, S. 113

+7 So auch Hoppe/Kempf: Programmierte Sozialhilfe: Start in die Vollrationalisierung. ÖTV Weser-Ems, S. 22

  - Erhöhung des Qualifikationsniveaus
  - Realisierung ergonomischer Prinzipien
- Bürgernähe
  - Beschleunigung der Bearbeitung
  - höhere Versorgungsgerechtigkeit
  - Transparenz des Verfahrens
  - Verständlichkeit der Bescheide
  - Erhöhung der Beratungsqualität
- Richtigkeit der Rechtsanwendung
  - Reduzierung der Fehlerquoten bei Datenerhebung und -übertragung
  - Reduzierung von Rechenfehlern
  - Vollständigkeit und Richtigkeit der Normanwendung
  - Gleichmäßigkeit in der Rechtsanwendung
  - Gewährleistung von Datenschutz

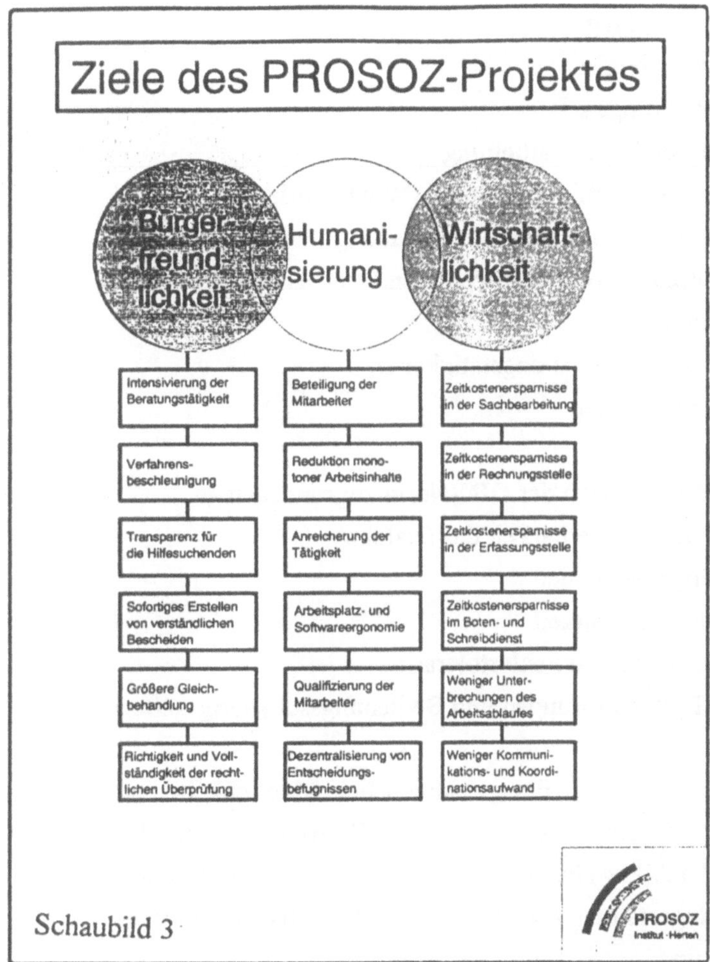

Schaubild 3

3 Gestaltungsanforderungen an eine computergestützte Sachbearbeitung im Sozialamt

Nach der Grundqualifizierung der am Projekt beteiligten Mitarbeiter wurden durch diese im Rahmen des Organisationsentwicklungsprozeßes folgende fachliche Anforderungen festgehalten:

- o Abwicklung von Hilfe zum Lebensunterhalt
- o Abwicklung von Hilfen in besonderen Lebenslagen

- o Zahlungsabwicklung
- o Massenberechnungen
- o Regelsatzänderungen
- o Integration von Textverarbeitung
- o Integration von Terminverwaltung (Wiedervorlagen)
- o Statistische Auswertungen / Sozialplanung
- o Berücksichtigung von Datenschutz und Datensicherheit
- o Bürgerfreundlichkeit
- o Reduktion von Handhabungstätigkeiten
- o Reduktion von Papier

Daneben wurden die Kriterien der DIN-Norm zugrundegelegt:

- o Flexibilität und Steuerbarkeit des Dialoges
- o Aufgabenangemessenheit
- o Selbsterklärungsfähigkeit
- o Fehlertransparenz und Fehlertoleranz
- o Hilfen bei Problemlösungen und Bedienungsschwierig-keiten

Wichtig war dabei, daß sich die gestalterischen Möglichkeiten der Projektgruppe nicht nur auf die Software, sondern auch auf alle weiteren Komplexe des PROSOZ-Projektes (vgl. Schaubild 4) bezog, so beispielsweise auf die Bereiche

- o Arbeitsplatzgestaltung (Hardware, Mobiliar, Beleuchtung)
- o Qualifizierung

  Stichwort: Wer soll
  - durch wen
  - wie lange
  - wann

  qualifiziert werden
- o Bürgerbeteiligung (Auswirkungen der PC-Technologie auf die Bürgernähe, Erprobung der Bürgerbeteiligung bei der Einführung neuer Technologien)

Schaubild 4

4 Informationstechnische Umsetzung

Aufgrund der Projektstruktur erfolgte die informationstechnische Umsetzung der von der Arbeitsgruppe Technik erarbeiteten Anforderungen durch die Fachhochschule für öffentliche Verwaltung NW, Abteilung Hagen (vgl. Schaubild 5).

Dies geschah im Wege des 'rapid prototyping'. Der Prototyp wurde im Sozialamt testweise eingesetzt und auf 'Praxistauglichkeit' und auf Einhaltung der Projektziele geprüft. Daraus wurden fachliche, aber auch strukturelle Anforderungen entwickelt und von den Entwicklern der FHSöV NW umgesetzt und in einem neuen Prototyp zur Verfügung gestellt.

Als Beispiele mögen hier dienen:

- fachliche Anforderung:

Sortierung der Einkommensarten nach Häufigkeit des Vorkommens, nicht nach der Systematik des BSHG

- strukturelle Anforderung

Zentrale Abschaltemöglichkeit für die in PROSOZ integrierte Taschenrechnerfunktion, um den Sachbearbeitern die Möglichkeit zur Unterbrechung der Bildschirmarbeit (bei Benutzung des Tischrechners) zu geben

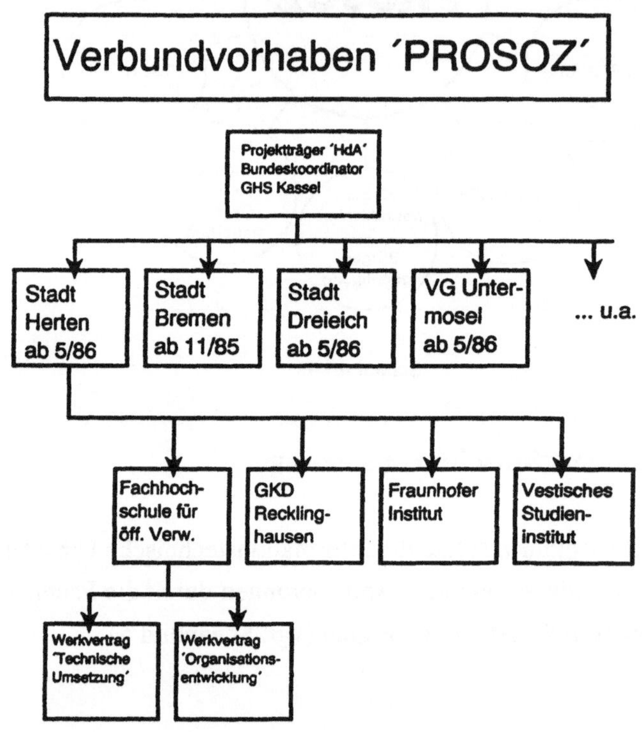

Schaubild 5

5 Defizite und weiterer Forschungsbedarf

Für das Teilprojekt Herten kann festgehalten werden, daß es von den Mitarbeitern des Sozialamtes insgesamt als Erfolg bewertet worden ist.

Dabei wurde nicht verkannt, daß einige Teilziele des Projektes nicht erreicht wurden;

die Vorteile der vielen kleinen Verbesserungen standen jedoch in der Mitarbeiterakzeptanz deutlich höher als die strategischen Grundziele.

Obwohl die Evaluierung des Grades der Zielerreichung derzeit noch nicht abgeschlossen ist, kann bereits jetzt gesagt werden, daß die Teilziele (unter dem Oberziel 'Bürgernähe') 'Transparenz des Verfahrens' und 'Verständlichkeit der Bescheide' nicht im gewünschten Umfang erreicht wurden. Auch bei der 'Richtigkeit und Vollständigkeit der Rechtsanwendung' ergab sich eine Diskrepanz zwischen der Vorstellung, den juristischen Komplex 'Sozialhilfeanspruch' vollständig und computergesteuert 'zwangsweise' abzuarbeiten und dem Anspruch der Mitarbeiter (und der DIN-Normen), jederzeit die volle Kontrolle über die Art der Fallbearbeitung zu haben.

Auch bei der Abwicklung des O/E-Prozesses ergaben sich Schwierigkeiten. Im Projektablauf wurden dazu folgende Probleme benannt:

- o Informationsunterschiede der Projektbeteiligten
- o Mißtrauen
- o Fehlender Überblick
- o Fluktuation
- o Zeitaufwand/Kosten
- o Konsenssuche statt Mehrheitsentscheid
- o Fehlende Projektsteuerungsmöglichkeiten / -instrumente
- o Mitarbeiterqualifikation
  - mangelnde Qualifizierer
  - Festlegung des Bedarfs
  - Überqualifizierung
- o Fehlende Kommunikation
- der Projektgruppen untereinander
- der Mitarbeiter der Projektgruppen untereinander
  - der Projektbeteiligten insgesamt

Thesen: (Projektergebnisse und weiterführende Fragen)

o Es ist möglich, sinnvoll und in weiten Bereichen sogar geboten, Organisationsentwicklungsprozesse für den TUI-Einsatz+8 in Kommunalverwal-

---

+8 "TUI ist der Teil der Verwaltungsarbeit, der am Arbeitsplatz technisch integriert und damit ganzheitlich erledigt wird. Bei der TUI werden Informationen (Daten, Texte, Sprache, Bilder) in einer einheitlich geplanten, ämterübergreifenden informationstechnischen Infrastruktur verarbeitet, gespeichert, gesendet oder empfangen. Die technische Infrastruktur einer Kommunalverwaltung enthält konzeptionelle Festlegungen zu Einzelaspekten aller vier Betrachtungsebenen Netze, Arbeitsplätze, Anwendungen und Rechner". Aus: Kommunale Gemeinschaftsstelle für Verwaltungsvereinfachung, KGSt - Bericht 'Informationstechnische Infrastruktur in Kommunalverwaltungen', Köln 1989

tungen zu realisieren. Als weiteres Beispiel in dieser Hinsicht kann auch die Neuorganisation der Hertener Stadtverwaltung nach dem Vorbild des ´Tilburger Modells´ dienen.

o Die Entscheidung, bereits 1985 auf die PC-Technologie für ein klassisches kommunales 'Wesen' (Sozialwesen) zu setzen, hat sich im Nachhinein als richtig erwiesen. Der Projektverlauf hat gezeigt, daß ein komplexes 'Wesen' nicht nur im Rahmen von PC-Netzwerken entwickelt und erprobt werden kann, sondern daß eine solche Lösung leicht portierbar ist+9

o Es ist möglich, spezifische kommunale Software zu entwickeln, die unter den verschiedensten informationstechnischen Infrastrukturen eingesetzt werden kann+10

o Die 1985 entwickelte Oberfläche zählt zwar heute noch zu den modernsten Mensch-Maschine-Schnittstellen in der 'kommunalen Softwarewelt', jedoch muß sie im Vergleich zu weltweit eingesetzten Standardprodukten heute als nicht mehr zeitgemäß angesehen werden.

Sinnvoll wäre in diesem Zusammenhang eine Untersuchung, welche Oberfläche für die Zwecke einer kommunalen Anwendung dem Anspruch 'Menschengerecht' am ehesten nahekommt+11.

o Die Akzeptanz bei den Mitarbeitern, die Qualifizierung der Mitarbeiter und die Qualität des Verwaltungshandeln können durch O/E-Prozesse nachhaltig verbessert werden. Die Problemfrage "Wer durch wen in welchem Umfang wann zu qualifizieren ist", konnte bisher noch nicht hinreichend beantwortet werden.

o Es ist wirtschaftlich und personell nicht möglich, daß kleinere und mittlere Verwaltungen für komplexe Aufgaben eigene TUI-Lösungen entwickeln können

---

+9 Die Verbreitung und Pflege der entwickelten Software wurde von den Projektverbundpartner auf ein Institut in privatrechtlicher Rechtsform (Gemeinnützige GmbH), jedoch mit rein öffentlich-rechtlicher Trägerschaft übertragen. Das PROSOZ-Institut zählt mittlerweile über 400 weitere Anwender des Dialogsystems PROSOZ in der gesamten Bundesrepublik.

+10 Das Dialogsystem PROSOZ wird derzeit als Stand-Alone-Lösung für kleiner Kommunalverwaltungen, als PC-Netzwerklösung (mit unterschiedlichster Netzwerksoft- und Hardware), als UNIX-Client-Server-Lösung (X/PROSOZ) und auch in Verbindung mit Anlagen der mittleren Datentechnik (z. B. IBM AS/400) eingesetzt.

+11 So überrascht z. B. das Ergebnis einer Befragung der Anwender des Dialogsystems PROSOZ, die sich anläßlich einer Tagung in Potsdam (Oktober 1992 !) mit großer Mehrheit gegen grafische Oberflächen ausgesprochen haben.

o Es erscheint wahrscheinlich (und aufgrund des hohen Interesses untersuchenswert), daß solche Verwaltungen jedoch im Rahmen von O/E-Prozessen eine TUI-Lösung in ihren Verwaltungsvollzug integrieren können

o Eine Bürgerbeteiligung im engeren Sinne bei der Einführung neuer Technologien führt zu erheblichen Problemen bei der Projektgruppenarbeit, konnte jedoch im Projektablauf nicht genügend untersucht werden.

Benutzerorientierte, iterative Software-Entwicklung in der Praxis[a]

Jochen Prümper, DATA TRAIN GmbH

Zusammenfassung

Es wird von einer Softwareentwicklung für klein- und mittelständische Verlage berichtet, die unter arbeitswissenschaftlicher Betreuung in einem iterativen Vorgehen in enger Zusammenarbeit mit den potentiellen Endbenutzern durchgeführt wurde. Zur Sprache kommen: (1) die Anforderungen an die Anwendungssoftware und an das Software-Entwicklungs-Tool; (2) die arbeitswissenschaftlichen Schulungen mit den Softwareentwicklern; (3) die Vorgehensweise bei den Arbeitsanalysen; (4) die verschiedenen an der Software-Entwicklung beteiligten Gremien.

Abstract
This article describes a software development project for small and middle publishing companies that has been carried out in an iterative process under industrial scientific supervision in close cooperation with potential end users. The following will be discussed: (1) the demands for the software application and for the software development tool; (2) the industrial scientific training procedure for the software engineers; (3) the work analysis procedure; (4) the different committees participating in the software development.

Résumé
Cet article traite du developpement d'un programme pour des maisons d'éditions de petites et moyennes tailles. Ce projet a été effectué sous un éclairage scientifique (lié au monde du travail), dans une démarche itérative, et en étroite collaboration avec les utilisateurs potentiels. Les sujets traités sont: (1) les exigences liées à l'application du programme et à l'outil de son developpement; (2) la formation de base des analystes programmeurs dans les sciences du travail; (3) le procédé d'analyse du travail; (4) les differents groupes intervenant au developpement du programme.

1 Einleitung

Eine Methode der Software-Entwicklung, die in letzter Zeit immer mehr in den Blickpunkt des Interesses rückt, ist das benutzerzentrierte Prototyping (vgl. z.B. Connell & Shafer, 1989; Gunzenhäuser, 1988; Hallmann, 1990; Heeg & Neuser, 1988; Kieback, Lichter, Schneider-Hufschmidt & Züllighoven, 1991). Dabei handelt es sich um eine Produktentwicklungsstrategie, bei der eine frühzeitige, interaktive

[a] Dieser Beitrag entstand im Rahmen des Projektes "Verlag 2000: Eine benutzerfreundliche integrierte Lösung für die mittelständische Verlags- und Druckereibranche unter Berücksichtigung von zu verbessernden Arbeitsbedingungen für die Beschäftigten." Dieses Projekt wird gefördert vom Bundesministerium für Forschung und Technologie, Projektträger "Arbeit und Technik" (Förderkennzeichen: 01 HK 601). Dank gilt an dieser Stelle Michael Anft, Michael Frese, Klaus Hartmannsgruber und Dankmar Scheuchl.

Auseinandersetzung mit den potentiellen Anwendern und ihren Arbeitsaufgaben betrieben wird. Hierzu werden in einem iterativen Designprozeß anhand typischer Arbeitsaufgaben systematische empirische Bewertungen des Produktes vorgenommen, die dann wieder in einem zyklischen Entwicklungsprozeß in den Überarbeitungen des Prototypen Verwertung finden. Trotz der Tatsache, daß eine Anzahl von Autoren den finanziellen und zeitlichen Gewinn einer derartigen Vorgehensweise propagieren (z.B. Baroudi, Olson & Ives, 1986; Bewley, Roberts, Schroit & Verplanck, 1983; Boehm, Gray & Seewald, 1984; Karat, 1990; Mantey & Teory, 1988; Strohm, 1991), so muß man im großen und ganzen feststellen, daß diese Art der Software-Entwicklung noch wenig Eingang in die Praxis gefunden hat (vgl. Aschersleben & Zang-Scheucher, 1989; Rosson, Maass & Kellogg, 1987). Der Grund hierfür ist möglicherweise darin zu sehen, daß Softwareentwickler von einer negativen Beeinflussung durch die an der Entwicklung beteiligten Benutzer sowohl auf die Qualität der Software, als auch auf den Softwareentwicklungsprozeß an sich berichten (vgl. Heinbokel, Frese, Stolte, Brodbeck & Sonnentag, 1993). Da sich jedoch an dieser Stelle die Vermutung aufdrängt, daß derartig negative Erlebnisse und Vorbehalte zu großen Teilen auch auf die geringen Erfahrungen der Softwareentwickler mit dieser Art von Produktentwicklungsstrategie zurückzuführen sind (vgl. Zang & Gstalter, 1987), soll im folgenden von einem Softwareentwicklungsprojekt berichtet werden, in dem ein benutzerzentriertes, iteratives Verfahren duchgeführt wurde. Die hier beschriebene Vorgehensweise erhebt dabei keineswegs den Anspruch, ein musterhafter Leitfaden für eine partizipative, iterative Software-Entwicklung *per se* zu sein, sondern möchte lediglich anhand eines Softwareentwicklungsprojektes aus der Praxis - im Sinne eines Erfahrungsaustausches - einige Anregungen vermitteln.

Berichtet wird im folgenden von: (1) den Anforderungen an die Anwendungssoftware und an das Software-Entwicklungs-Tool; (2) der Vorgehensweise bei den arbeitswissenschaftlichen Schulungen mit den Softwareentwicklern; (3) der Vorgehensweise bei den Arbeitsanalysen; (4) der Vorgehensweise bei den verschiedenen an der Software-Entwicklung beteiligten Gremien.

2 Anforderungen an die Anwendungssoftware und das Software-Entwicklungs-Tool

Der folgende Abschnitt liefert: (1) einen Einblick in die Anforderungen an die zu entwickelnde Verlagssoftware und (2) eine Beschreibung des Software-Entwicklungs-Tools.

2.1 Die Anwendungssoftware

Das Ziel der Entwicklung war eine Standardsoftware für klein- und mittelständische Verlage. Die zu entwickelnde Verlagssoftware sollte vier Module umfassen: ein Adreß-, Buch-, Anzeigen- und Abonnenten-Modul. Die EDV-Aufgabenstellung reicht im Verlagswesen auf der Anwenderseite von der Unterstützung für Marketing-Maßnahmen über Auftragsabwicklung mit Fakturierung und Versand, Bestell- bzw. Herstellunterstützung bis zu modernem Rechnungswesen mit Buchhaltung und Kostenrechnung und letztendlich einem integrierten Informationssystem für alle Arbeitsbereiche und Führungsebenen. Eine besondere Herausforderung bestand in der Integration der im Verlagswesen sehr breiten Vielfalt unterschiedlichster Anforderungen. Diese reicht von Anzeigenblättern und Büchern, über Loseblatt-Werke bis hin zu Zeitschriften und Zeitungen. Zudem gibt es eine Reihe von Spezialbereichen, wie z.B. Kartographische Werke oder Musikverlag-Produkte.

2.2 Das Software-Entwicklungs-Tool

Eine entscheidende Frage war die Wahl eines geeigneten Software-Entwicklungs-Tools. Eine wichtige Bedeutung wurde dabei der Frage beigemessen, inwieweit sich ein derartiges Werkzeug zum Prototyping eignet. Da die Softwareentwicklung auf einer IBM AS/400 stattfinden sollte, fiel die Entscheidung zugunsten LANSA aus. Bei LANSA (vgl. Kuscher, 1992) handelt es sich um ein CASE-Tool (CASE: Computer Aided Software Engineering), welches darauf ausgelegt ist, den Software-Entwicklungsprozeß von der Planung bis hin zur Wartung zu automatisieren (vgl. Focus, 1991; Vonk, 1990). Aufgrund der Überzeugung, daß in Zukunft Computern der mittleren Datentechnik zunehmend eine reine Server-Funktion zukommen wird und die eigentliche Mensch-Computer Interaktion so gut wie ausschließlich an Personal-Computern/Work-Stations stattfinden wird, machte der besondere Reiz bei LANSA die Möglichkeit aus, daß für dieses CASE-Tools ein GUI (Graphical User Interface) angekündigt war, welches die Möglichkeit bieten sollte, die Windows-PC-Oberfläche für AS/400-Programme nutzbar zu machen. Von diesem GUI versprachen wir uns ein wirkliches *Rapid*-Prototyping, da dadurch die Gestaltung der Benutzeroberfläche unabhängig von der Funktionalität vorgenommen werden konnte.

Die Entscheidung, ein CASE-Tool als Entwicklungswerkzeug zu verwenden, hat sich im großen und ganzen bewährt. Allerdings stellte es eine Ernüchterung dar, daß die aktuelle GUI-Version von LANSA noch zu unausgegoren war, als daß es als Rapid-Prototyping-Tool hätte eingesetzt werden können. Dadurch sahen wir uns gezwungen, statt eines "Rapid-Prototypings" mit PC-Support ein "Versioning" an der

AS/400 zu betreiben, das den Entwicklungsprozeß in einzelne kleinere Teilentwicklungen aufteilte (vgl. Peschke & Wittstock, 1987). Neben dem Umstand, daß dadurch die Maskengestaltung nicht in ihrer endgültigen Form evaluiert werden konnte, bedeutete dies insbesondere für die Softwareentwickler einen erheblichen Mehraufwand.

Zudem werden - und wurden auch in diesem Projekt - die Auswirkungen, die ein derartig mächtiges Tool auf den Software-Entwicklungsprozeß haben können, unterschätzt (vgl. Karer, 1992). CASE-Tools stellen aufgrund ihrer Komplexität höhere Anforderungen an das Projektmanagement als herkömmliche Verfahren (vgl. Mährländer, 1991). Die Einführung eines CASE-Tools, so zeigt unsere Erfahrung, sollte nicht gleichzeitig mit dem eigentlichen Softwareentwicklungsprojekt beginnen. Die Einführung eines CASE-Tools stellt ein eigenes Projekt dar und erfordert im Rahmen eines langfristig geplanten Gesamtkonzeptes eine intensive Betreuung der betroffenen Softwareentwickler.

3 Arbeitswissenschaftliche Schulungen

Eine Software-Entwicklung unter Benutzerbeteiligung stellt an die Softwareentwickler besondere Anforderungen an ihre software-ergonomischen Kenntnisse und sozialen Fertigkeiten. Ähnlich wie bei Hacker, Holz auf der Heide & Aschersleben (1991) wurden deshalb zu Beginn des Projektes mit den Softwareentwicklern eintägige arbeitswissenschaftliche Schulungen durchgeführt. Folgende Themenbereiche kamen dabei zur Sprache: (1) Einführung in eine handlungsorientierte Fehlertaxonomie in der Mensch-Computer Interaktion; (2) Software-Ergonomie und Probleme bei der Einführung neuer Technologien; (3) Partizipative, iterative Software-Entwicklung; und (4) Kommunikation mit dem Endbenutzer.

In der ersten Schulung "*Handlungsorientierte Fehlertaxonomie in der Mensch-Computer Interaktion*" erhielten die Softwareentwickler einen Einblick in ein handlungstheoretisches Kategoriensystem zur Einordnung von Fehlern in der Mensch-Computer Interaktion (vgl. Frese & Zapf, 1991; Zapf, Brodbeck & Prümper, 1989). Anschließend stellten die Softwareentwickler selbst beobachtete oder erlebte Fehler vor, und klassifizierten diese entsprechend der Taxonomie. Anhand dieser selbstgenerierten Fehler wurden mit den Softwareentwicklern mögliche Verbesserungen für die jeweiligen Softwareprogramme erarbeitet. Der inhaltliche Schwerpunkt lag dabei sowohl auf der Darstellung der Möglichkeiten zur Fehlervermeidung (vgl. Zapf, Frese, Irmer & Brodbeck, 1991) als auch zum Fehlermanagement (vgl. Frese, Irmer & Prümper, 1991).

In der zweiten Schulung "*Software-Ergonomie und Probleme bei der Einführung neuer Technologien"* wurden zum einen spezielle software-ergonomische Fragen behandelt und zum anderen Probleme bei der Einführung neuer Technologien aufgezeigt. Den Schwerpunkt des software-ergonomischen Teils bildete der von der *International Organisation for Standardisation* vorgelegte Normentwurf zur ergonomischen Dialoggestaltung (ISO 9241/10, 1992), sowie allgemeine Grundsätze der Informationsdarstellung, Methoden und Werkzeuge zur Masken- und Menügestaltung, Empfehlungen für Zeichen, Markierungen, etc. (vgl. Brown, 1989; Hoffmann, Klose & Martin, 1989; Shneiderman, 1992; Smith & Mosier, 1986). Im Vordergrund des Schwerpunktes "Probleme bei der Einführung neuer Technologien" standen die Punkte "Partizipation und Einführung neuer Techniken" und "Organisationsumfeld und neue Technologien" (vgl. Frese & Brodbeck, 1989).

In der dritten Schulung "*Partizipative, iterative Software-Entwicklung*" wurden den Softwareentwicklern das Vorgehen einer benutzerzentrierten, iterativen Softwareentwicklung vorgestellt. Zur Sprache kamen die Prinzipien für ein "design for usability" nach Gould & Lewis (1985), die Darstellung von Prototyping-Prozessen nach Floyd (1984) und Williges, Williges und Elkerton (1987) und Methoden zur Bewertung von Software (Aschersleben, Gstalter, Kaiser, Strube & Zang-Scheucher, 1989).

In der vierten Schulung "*Kommunikation mit dem Endbenutzer*" wurde mit den Softwareentwicklern Regeln zur Kommunikation mit dem Endbenutzer erarbeitet. Inhalte waren hier Regeln der Moderation (Klebert, Schrader & Straub, 1985) und Präsentation (Hierhold, 1990), Interviews entsprechend der "critical incident technique" (Flanagan, 1954), Strukturierung von Diskussionen (Bieger, Feltes, Schmalzriedt & Sieber, 1981) und die Methode der visualisierten Diskussion (Mauch, 1981).

Die arbeitswissenschaftlichen Schulungen stießen bei den Softwareentwicklern auf eine sehr positive Resonanz und trugen entscheidend dazu bei, die Bedeutung arbeitswissenschaftlicher und software-ergonomischer Ergebnisse in das Projekt zu integrieren.

Allerdings wurde bald deutlich, daß vereinzelte Schulungen alleine nicht genügen, damit aus traditionellen Softwareentwicklern benutzerorientierte Softwaredesigner werden. Darüber hinaus empfiehlt es sich nicht, einen geschlossenen Schulungsblock am Anfang eines Projektes zu plazieren.

Den Softwareentwicklern fiel es häufig schwer, während ihrer alltäglichen Arbeit software-ergonomische Überlegungen zu berücksichtigen und bei kleineren Referaten im Kreis von Benutzern eine angemessene Sprache zu finden. Die Vernachlässigung software-ergonomischer Aspekte ist dabei zu Beginn des Entwicklungsprozesses verständlich, da in dieser Zeit ein Großteil der konzeptionellen Arbeit geleistet wird und Fragen bezüglich Masken- oder Menügestaltung noch nicht so relevant sind. Im Rahmen dieser *Entwurfskonzeptuali-*

sierung stellten sich vielmehr die Fragen: (1) "Was sind die Arbeitsaufgaben der Benutzer?", (2) "Wie setze ich diese Anforderungen software-technisch um?" und (3) "Wie melde ich den Benutzern meine Überlegungen zurück?". Erst im späteren Projektverlauf der *Oberflächenkonzeptualisierung* kamen dann noch die Fragen auf: (4) "Wie übertrage ich die konzeptuellen Überlegungen auf die Oberfläche?" und (5) "Wie bewerte ich mit den Benutzern die Oberfläche?". Da in manchen Fällen die Software-Entwickler zudem mit der Aufgabe der Dokumentation und Schulung der Software betraut gemacht werden sollten, stellten sich für die *Ausbildungskonzeptualisierung* die Fragen (6) "Wie dokumentiere ich Software?" und (7) "Wie gestalte ich eine Software-Schulung?".

Entsprechend dieser Überlegungen bietet es sich an, arbeitswissenschaftlichen Schulungen im Softwareentwicklungsprozeß folgendermaßen zu gestalten (vgl. Abb. 1):

A. Schulungen zur Entwurfkonzeptualisierung
1. arbeitsanalytische Verfahren
2. Methoden zur Datenstrukturierung
3. Kommunikations- und Präsentationstechniken

B. Schulungen zur Oberflächenkonzeptualisierung
4. Software-Ergonomie
5. Kriterien und Methoden zur Bewertung von Software

C. Schulungen zur Ausbildungskonzeptualisierung
6. Dokumentation von Software
7. Schulung von Software

Abb. 1: Möglicher Aufbau einer arbeitswissenschaftlichen Schulung im Softwareentwicklungsprozeß

Von entscheidender Bedeutung ist, daß diese Schulungen nicht als "theoretische Trockenübungen" durchgeführt werden, sondern daß sie eng mit dem natürlichen Projektverlauf verknüpft werden. Dies verlangt nicht nur hohe Koordinationsanforderungen an das Projektmanagement, sondern bedeutet insbesondere, daß es unerlässlich ist, den jeweiligen Schulungen eine angemessene praktische Umsetzung folgen zu lassen. Die Software-Entwickler müssen in deutlichem Maße dazu angehalten werden, Arbeitsanalysen bei den beteiligten Benutzern in den Unternehmen durchzuführen, verschiedene Konzepte zur Datenstrukturierung zu entwerfen und mit Kollegen zu diskutieren, Referate entsprechend der gelernten Techniken vorzubereiten, alternative Oberflächenentwürfe zu konzipieren und lernen zu begründen, Methoden zur Softwareevaluation bei verschieden Systemen anzuwenden und daraus Gestaltungshinweise abzuleiten, Hilfe- und Informationstexte zu formulieren und auch diese im Rahmen des

Prototypings den Benutzern vorzulegen, Schulungseinheiten zu konzeptualisieren und anzuwenden, etc.

Die arbeitswissenschaftliche Tätigkeit darf sich dabei nicht nur auf die Durchführung der Schulungen beschränken. Sie muß insbesondere die Aufgabe erfüllen, ein ständiges Bindeglied zwischen den an der Softwarentwicklung beteiligten Entscheidungsträgern, Benutzern und Entwicklern zu sein und die praktische Umsetzung zu kontrollieren und aktiv mitzugestalten.

4 Arbeitswissenschaftliche Analysen

Da Softwaregestaltung immer auch Arbeitsgestaltung ist, gilt es nicht nur die Software nach neuesten ergonomischen Gesichtspunkten zu entwickeln, sondern auch bereits während der Planungsphase die Auswirkungen der neuen Technologie auf den gesamten Arbeitsablauf zu berücksichtigen. Dies bedeutet, daß in einem soziotechnischen Ansatz sowohl (1) eine Analyse der Software als auch (2) eine Analyse der Arbeitssituation Beachtung finden muß. Aus methodischer Sicht wollten wir uns dabei in beiden Punkten um eine Ergänzung von qualitativen und quantitativen Analysen bemühen.

4.1 Analyse der Software

Die *qualitativen Analysen der Software* fanden in den an der Entwicklung beteiligten Verlagen statt und bestanden aus einer Reihe von Beobachtungen und Befragungen an einzelnen Computerarbeitsplätzen. Das Anliegen der qualitativen Analyse der Software war eine möglichst getreue Abbildung einzelner Arbeitsabläufe, der dort auftretenden Schwierigkeiten und die Aufnahme von Verbesserungs- und Ergänzungsvorschlägen. Grundlage dieser Analysen war eine bestehende Verlagssoftware, die von der neu zu entwickelnden Verlagssoftware abgelöst werden sollte.

Nachdem wir per Interview eine *Grobanalyse* des Arbeitsablaufs erstellt hatten, baten wir die Benutzer, uns zwecks *Feinanalyse* die einzelnen Arbeitsschritte bei der Bearbeitung einer Standardaufgabe am Bildschirm möglichst so detailliert darzustellen, daß daraus ein Ablaufdiagramm erstellt werden konnte, in dem die einzelnen Arbeitsschritte nach Ober- und Unterzielen gegliedert wurden. Ergänzt wurde diese Erfassung der Bearbeitung von Standardaufgaben um die Frage nach Problemen und Schwierigkeiten, die bei *Ausnahmen von derartigen Standardaufgaben* auftreten und um die *Frage nach vorbereitenden und nachbereitenden Tätigkeiten* des Benutzers, von Kollegen und Vorgesetzten.

Abbildung 2 zeigt Auszüge einer derartigen Feinanalyse.

LN	Arbeitsschritt	Auffälligkeiten
4	Der Benutzer erhält telephonisch einen Auftragseingang.	Zur Auftragsbearbeitung benötigt der Benutzer zunächst eine Kundennummer.
4.1.1	Der Benutzer aktiviert den Menüpunkt "Adressverwaltung" um dem Kunden eine Kundennummer zuzuordnen.	Die Maske, die daraufhin erscheint, trägt den Titel "Adressbearbeitung".
4.1.2	Der Benutzer gibt in der Maske "Adressbearbeitung" die Adresse des Kunden ein und erhält daraufhin für den Kunden eine Kundennummer.	Da die Kundennummer für die eigentliche Auftragserfassung benötigt wird, notiert der Benutzer die Kundennummer auf einem Zettel. Es besteht keine Möglichkeit, diese Nummer in die folgende Auftragsbearbeitung mitzunehmen.
4.1.3	Der Benutzer verläßt die "Adressbearbeitung" und befindet sich daraufhin wieder im Hauptmenü.	
4.2.1	Der Benutzer aktiviert den Menüpunkt "Auftragsbearbeitung" und erhält eine Auftragsnummer.	Die Maske, die daraufhin erscheint, trägt den Titel "Auftragsverwaltung". Da die Auftragsnummer zu einem späteren Zeitpunkt noch einmal benötigt wird, überträgt der Benutzer auch diese Zahl auf Papier. Dies geht schneller, als diese Nummer später über das Auftragssuchprogramm ausfindig zu machen.

Abb. 2: Auszüge einer Feinanalyse: Arbeitsschritte und Auffälligkeiten

Bereits in diesen ersten Analysen wurde deutlich: die bestehende Software unterstützte die Arbeitsaufgabe der Benutzer nur unvollständig, die Menüpunkte trugen andere Bezeichnungen als die entsprechenden Masken, die Software verwendete Begriffe, die nicht aus der Arbeitswelt des Benutzers stammten, sie verlangte überflüssige Eingaben, verwendete eine unverständliche Sprache, war für den Benutzer nach nicht nachvollziehbaren Ordnungskriterien organisiert, störte den Arbeitsablauf durch unnötige Systemmeldungen, unterstützte den Benutzer nicht bei der Suche nach Informationen, verlangte umständliche Eingaberoutinen, enthielt nicht alle benötigten, dafür aber viele redundante oder für den Benutzer nicht interpretierbare Informationen und war an manchen Punkten so kompliziert gestaltet, daß der Benutzer die Aufgaben effizienter "per Hand" löste. Zudem stürzte die Software bei bestimmten Tastenkombinationen ab, oder bot Optionen an, die nicht mit Funktionalität hinterlegt waren.

Der Vorteil insbesondere der Feinanalysen war darin zu sehen, daß wir über sie einen weitgehend nahtlosen Einblick in die computerunterstützten Tätigkeiten einzelner Mitarbeiter erhielten. Zudem wurden von den Benutzern bereits schon an dieser Stelle eine Reihe von Verbesserungsvorschlägen generiert.

Einschränkend muß erwähnt werden, daß die sequentielle Erarbeitung der einzelnen Module (Adresse, Buch, Anzeige und Abonnement) mit einzelnen Benutzern dann nicht die optimale Vorgehensweise sein kann, wenn die innerbetrieblichen Abläufe eine enge Verzahnung unterschiedlicher Anforderungen verlangen. Die gesamten betrieblichen Abläufe sowie die Arbeitstätigkeit einer Vielzahl von Mitarbeitern haben einen Grad an Komplexität, Vernetztheit und Dynamik, der durch die beschriebene arbeitsanalytische Vorgehensweise noch ungenügend transparent wurde. Um einen umfangreichen Beitrag zu einer ganzheitlich orientierten Optimierung der sozialen und technischen Subsysteme zu leisten, sind weitere Analysen notwendig, die es gestatten, die synchrone Repräsentation eines integrierten Netzwerkes von Arbeits- und Organisationseinheiten abzubilden.

Zur *quantitativen Analyse der Software* wurde ein Verfahren auf Grundlage der sieben Grundsätze Aufgabenangemessenheit, Selbstbeschreibungsfähigkeit, Steuerbarkeit, Erwartungskonformität, Fehlerrobustheit, Individualisierbarkeit und Erlernbarkeit des Entwurfs zur internationalen Ergonomie-Norm ISO 9241/10 (1992) entwickelt. Neben der standardisierten Bewertung von Software soll es als Grundlage für die Moderation mit Benutzergruppen dienen, wenn mit ihnen Designanforderungen erarbeitet werden.

Im Vordergrund der Software-Entwicklung stand die Form der aktiven Partizipation (Heilmann, 1981), bei der den Benutzern die Möglichkeit gegeben wird, den Systemgestaltungsprozeß aktiv mitzubeeinflussen. Da allerdings in den meisten Fällen lediglich ein ausgewählter Kreis von Endbenutzern die Möglichkeit hat, an den Benutzergruppentreffen teilzunehmen, sollten die restlichen von der Softwarelösung betroffenen Personen zumindest den Status der passiven Partizipation erhalten. Deshalb beurteilten auch andere in den Verlagen tätige Personen ihre Software anhand dieses Verfahrens. Mittels der individuellen Fragebogenergebnisse wurden dann mit einer Anzahl von Benutzern vor Ort Interviews durchgeführt, in denen sie Verletzungen der Grundsätze erläuterten. In den Benutzergruppensitzungen wurden die kumulierten Ergebnisse dazu herangezogen, um Mittels der Technik der Kartenfrage (Klebert, Schrader & Straub, 1985) Benutzer und Entwickler im Plenum miteinander ins Gespräch zu bringen und dabei grundlegende Designprobleme zu erörtern. Das Ergebnis war letztendlich eine Fülle von konkreten Hinweisen auf Schwachstellen, die das Ergebnis der Fragebogenerhebung sinnvoll bereicherten und erweiterten (zur Vertiefung siehe: Prümper & Anft, 1993).

Zur Illustration seien exemplarisch für die beiden Grundsätze Steuerbarkeit und Erwartungskonformität jeweils eine Operationalisierung und ein Ergebnis der Kartenabfrage dargestellt (vgl. Abb. 3).

Grundsatz	Item	Verletzung des Grundsatzes
Steuerbarkeit	Die Software erzwingt eine unnötig starre Einhaltung von Bearbeitungsschritten.	Bei der Adreß-Neuanlage wird zwingend in die Erfassungsmaske für Konditionsvereinbarungen verzweigt, obwohl meist keine Konditionen benötigt werden.
Erwartungskonformität	Die Software erschwert die Orientierung durch eine uneinheitliche Gestaltung.	In der Adreß-Maske sind die Funktionstasten anders belegt als zum Beispiel in den Bereichen Auftragserfassung, Buchhaltung oder Abonnement.

Abb. 3: Die Grundsätze Steuerbarkeit und Erwartungskonformität der ISO 9241 Teil 10, Beispielitems für ihre Oper-ationalisierung und exemplarische Ergebnisse

4.2 Analyse der Arbeitssituation

Die ersten Analysen der Software vermittelten bereits: in den an der Softwareentwicklung beteiligten Verlagen bestand eindeutig ein großer Bedarf nach einer neuen, software-ergonomisch gut gestalteten Software. Naturgemäß war bei den Arbeitswissenschaftlern und den Softwareentwicklern kein umfassendes Wissen des Verlagswesens vorhanden. Zur *qualitativen Analyse der Arbeitssituation* wurde von arbeitswissenschaftlicher Seite versucht, Einsicht in die Arbeitsabläufe eines Verlages über die - insbesondere qualitative - Analyse der Software und über Interviews mit Benutzern zu erlangen. Die Softwareentwickler näherten sich dem Verlagswesen über die Beschäftigung mit der bestehenden Software.

Beide Vorgehensweisen genügen nicht, um einen für die Softwareentwicklung ausreichenden Einblick in die Anforderungen eines Unternehmens zu gewinnen.

Aus diesem Grund wurde ein Verlagsberater berufen, der seine langjährige Erfahrung mit verlagsspezifischer Software in das Projekt einbrachte. Zudem könnte es hilfreich sein, wenn - wie einige Male seitens der Benutzer angeregt - Arbeitswissenschaftler und Softwareentwickler für einige Zeit als reguläre Angestellte an dem Arbeitsprozeß teilnähmen.

Zur *quantitativen Analyse der Arbeitssituation* wurden bestehende arbeitswissenschaftliche Instrumente danach untersucht, inwiefern sie sich sowohl für unsere um Praxisnähe bemühte Herangehensweise als auch für die zu untersuchenden Büroarbeitsplätze eigneten.

In die engere Wahl kamen folgende Instrumente: der "Job Diagnostic Survey" (JDS) von Hackman und Oldham (1975), der "BMS" (Ermüdung-Monotonie-Sättigung-Streß) von Plath und Richter (1984), der "Erhebungsbogen zur Erfasssung des Betriebsklimas" von von Rosenstiel, Falkenberg, Hehn, Henschel und Warns (1983), das "Verfahren zur subjektiven Arbeitsanalyse" (SAA) von Udris und Alioth

(1980) und das "Instrument zur streßbezogenen Arbeitsanalyse" (ISTA) von Semmer (1984) bzw. ISTA-C für Computerarbeitsplätze von Zapf (1991).

Da der größte Teil dieser Instrumente eine uneinheitliche Frage- und Antwortstruktur aufweist, sich manche Items nicht als trennscharf erwiesen haben, uns der zeitliche Aufwand all dieser Instrumente zu groß erschien oder sich manche Items nicht für die Untersuchung von Büroarbeitsplätzen anboten, entschlossen wir uns, aus diesen arbeitsanalytischen Instrumenten für unsere Zwecke ein zeitökonomisches Verfahren mit einheitlicher Frage- und Antwortstruktur und ausgewählten Items zu generieren.

Der aus diesen Instrumenten erwachsene Fragebogen zur "Einschätzung der Arbeitstätigkeit" (ESAT) enthält 31 Items zu den Konstrukten "Handlungsspielraum", "Arbeitskomplexität", "Anforderungsvielfalt", "Monotonie", "Aspekte sozialer Interaktion", "Soziale Kohäsion", "Rollenkonflikt", "Ganzheitlichkeit", "Belastungen", "Betriebliche Leistungen" und "Information und Mitsprache" (zur Vertiefung siehe: Prümper & Hartmannsgruber, 1993).

Darüber hinaus wurden Items zur Klärung der Fragestellung konstruiert, ob eine intensive Computerarbeit durch den Wegfall "sinnlicher Erfahrung" (vgl. Böhle & Milkau, 1988; Rose, 1984) eine Belastung darstellt und auch dann für die Gestaltung von Mischarbeitsplätzen plädiert werden muß, wenn es um Maßnahmen zum `job-enrichment´ geht.

Diese quantitative Analyse der Arbeitssituation sollte dabei nicht nur eine standardisierte Ergänzung zu den qualitativen Arbeitsanalysen darstellen, sondern insbesondere den Einfluß einer veränderten Arbeitsplatzgestaltung im Längsschnitt Rechnung tragen.

Bislang liegen zu dem Einsatz dieses Verfahrens noch keine Ergebnisse vor. Neben der reinen quantitativen Erfassung der Arbeitssituation ist jedoch seine Anwendung ebenfalls so geplant, wie oben bei der Darstellung des Fragebogens zur Softwareevaluation beschrieben wurde: als "screening"-Instrument zur Moderation mit Benutzergruppen.

5 Arbeit in den verschieden Gremien

Im Rahmen des Projektes wurden drei Gremien ins Leben gerufen: (1) eine Benutzergruppe, (2) eine Kundengruppe und (3) ein Projektbeirat.

5.1 Die Benutzergruppe

Die Benutzergruppe definierte und überprüfte die Feinanforderungen an die zu entwickelnde Verlagssoftware. In die Benutzergruppe wurden aus jedem Verlag je nach zu entwickelndem Modul 1-3 Anwender entsandt. Die Benutzergruppe tagte drei bis fünf Mal pro Modul.

Unter der Anleitung von Arbeitswissenschaftlern kamen Anwender und Entwickler in regelmäßigen Abständen zusammen, um in zweitägigen Sitzungen die einzelnen Designphasen miteinander abzustimmen. Jede Benutzergruppensitzung bestand aus drei Bausteinen: (1) Überprüfung, ob die Festlegungen der vergangenen Benutzergruppensitzung erfüllt wurden; (2) Klärung offener Fragen; (3) Bearbeitung und Überprüfung des Prototypen anhand konkreter Arbeitsaufgaben (vgl. Abb. 4).

Festlegungen	Offene Fragen	Konkrete Arbeitsaufgaben
- Haben die Ansprechpartner die selbe Kundennummer wie die Firma? - Können zusätzliche Telephon- und Faxnummern hinterlegt werden? - Funktioniert die Änderung von Privat- zu Firmenadresse? - Gibt es in der Adreßerfassung die Funktionstaste, die direkt zum Ansprechpartner verzweigt?	- Wann werden Adressen inaktiv gesetzt? - Was passiert mit persönlichen Rechten, wenn der Mitarbeiter ausscheidet? - Reicht die Objektnummer für die Zuordnung der Bankverbindung zum Objekt? - Besteht die Möglichkeit, Vornamentabellen einzulesen? - Welche Auswirkungen hat die neue Postleitzahlenregelung?	Legen Sie folgende Adresse an und überprüfen Sie die Auswirkung auf die Browseliste und die Etikettenfunktion: Ehrwürdige Schwester Else Mack Leiterin der Berufsfachschule für Sozialwesen Kloster St. Kathrin Klostergasse 8 8000 München 80 Tel. 089 - 448 37 82 Fax: 089 - 448 08 31

Abb. 4: Drei Arbeitsblöcke einer Benutzergruppensitzung mit entsprechenden Beispielen

Die thematische Gliederung in diese drei Bausteine bewährte sich. Dadurch, daß die Liste der Festlegungen fortlaufend weitergeführt und kommentiert wurde, war über den Projektverlauf hinweg eine ständige Kontrolle über das Erreichen der Arbeitsschritte möglich. Die Beantwortung der offenen Fragen bot eine weitere Möglichkeit der Überwindung arbeitsteiliger Projektorganisation, da alle an der Benutzergruppe Beteiligten für die Beantwortung einzelner Fragen verantwortlich zeichneten. Die konkreten Arbeitsaufgaben erlaubten einen einheitlichen roten Faden der Evaluation und bildeten gleichzeitig einen Aufsatzpunkt, von dem aus die Benutzer den Prototypen selbstständig explorierten.

Bei der Formulierung der Arbeitsaufgaben ist zu beachten, daß ihr Komplexitätsgrad so gewählt wird, daß der Handlungsfluß bei der Bearbeitung des Prototypen nicht zu stark gestört wird und dennoch die Schwachstellen des Prototypen in aller Deutlichkeit zum Vorschein kommen, die für den jeweiligen Entwicklungsstand relevant sind.

Die gewählte Vorgehensweise diente sowohl der Veranschaulichung der Software für die Benutzer als auch zur Strukturierung von Ideen der Entwickler. Zudem wurde den Softwareentwicklern klar, daß bei der wachsenden Komplexität heutiger Software eine Beteiligung der Benutzer unverzichtbar ist.

Sobald die Anwender darangingen, die jeweiligen Prototypen anhand konkreter

Arbeitsaufgaben zu überprüfen, mußte allerdings immer wieder eine schlagartige Flucht von einigen Entwickler hinter ihre Bildschirme verhindert werden. Desgleichen machte sich häufig Unmut bei den Benutzern breit, wenn der zur Testung vorgelegte Prototyp nicht ihren Erwartungen entsprach, d.h. erster Linie nicht die Erledigung ihrer Arbeitsaufgaben erfüllte.

Softwareentwickler haben offenbar Schwierigkeiten, unvollständige Produkte zur Berwertung durch Benutzer vorzulegen, und Benutzer sehen nicht immer den Unterschied zwischen einer sich in der Entwicklung befindlichem Produkt - eben einem Prototypen - und einem fertigen Produkt.

Hier ist es die Aufgabe der Arbeitswissenschaft, sowohl die Softwareentwickler hinsichtlich Benutzerorientierung, d.h. stärkerer Offenheit und Toleranz gegenüber Kritik zu qualifizieren, als auch die Benutzer darüber aufzuklären, daß ein Prototyping gezielt Unvollständigkeit impliziert, um frühzeitig Korrekturen vornehmen zu können. Deshalb emfiehlt es sich aufgrund dieser Erfahrungen, neben den Schulungen mit den Entwicklern, vor den ersten Benutzergruppensitzungen eine Schulung für die Benutzer konzipieren, in der ihnen die grundlegenden Möglichkeiten und auch Restriktionen des Software-Entwicklungs-Tools und die Vorgehensweise eines Prototypings erläutert werden.

Ferner ist es wichtig, daß bei Benutzergruppensitzungen ein unabhängiger Moderator anwesend ist, der immer wieder eine Brücke zwischen Benutzern und Entwicklern schlägt. Desweiteren sollte jeder Benutzergruppensitzung ein Résumé folgen, in dem Benutzer und Softwareentwickler ihre gegenseitigen Probleme zusammenfassen.

5.2 Die Kundengruppe

Die Kundengruppe wurde mit dem Ziel installiert, die gemeinsamen Grobanforderungen an die zu entwickelnde Verlagssoftware zu definieren. An der Kundengruppe nahmen aus jedem der vier an der Entwicklung beteiligten Verlage 1-2 Personen teil. Bei diesen Personen handelte es sich um Mitglieder des höheren und mittleren Managements sowie um EDV-Leiter. Die Kundengruppe tagte ein bis zwei Mal pro Modul.

Der Gewinn dieser Kundengruppen lag darin, daß dadurch zum einen eine Partizipation von betriebliche Entscheidungsträgern an dem Entwicklungsprozeß bewirkt wurde und daß zum anderen für die Benutzergruppen eine Strukturierung der wichtigen Themenbereiche erarbeitet wurde.

Allerdings herrschte einige Male Uneinigkeit bezüglich der Anforderungen, die auf der einen Seite von der Kundengruppe und auf der anderen Seite von der Benutzergruppe formuliert wurden. Dabei lagen die Gründe nicht nur darin, daß das Management in manchen Fällen zu wenig über die aktuellen Arbeitsabläufe wußte.

Ein Problem stellte auch der Umstand dar, daß in den Verlagen der Informationsfluß zwischen der EDV-Leitung und den Benutzern der einzelnen Abteilungen nicht immer optimal war. Auch dies hatte zur Folge, daß Festlegungen und damit bereits durchgeführte Teilentwicklungen redefiniert werden mußten.

Es empfiehlt sich deshalb, sowohl vor den ersten Grobdefinitionen als auch im weiteren Verlauf einer Softwareentwicklung die arbeitswissenschaftlich Arbeit auf die beteiligten Unternehmen auszuweiten verlagern, damit dort eine bessere Kommunikation zwischen den betrieblichen Entscheidungsträgern und den Benutzern stattfindet.

5.3 Der Projektbeirat

Der Projektbeirat überprüfte den Verlauf des Vorhabens insbesondere hinsichtlich der Erfüllung der finanziellen und inhaltlichen Förderung durch den Projektträger A&T. Der Projektbeirat setzte sich aus Vertretern von Interessenverbänden, der Universität, des BMFT und des Softwarehauses zusammen.

Der Projektbeirat, der durch Quartalsberichte auf die vierteljährlich stattfindenden Sitzungen vorbereitet wurde, bewährte sich als nützlicher Ratgeber, der dazu beitrug, inhaltliche Anregungen für weitere Projektschritte zu formulieren. Obendrein wurde insbesondere durch die Teilnahme der Interessenvertreter der Zugang zu weiteren Verlagen ermöglicht. Dies schaffte die Voraussetzung dafür, daß in weiteren Verlagen mittels des Softwareevaluationsverfahrens und des arbeitsanalytischen Verfahrens bei weiteren Stichproben vergleichende Daten erhoben werden konnten (zu ersten Ergebnissen siehe: Prümper, 1993).

6 Zusammenfassung

In diesem Beitrag wurde von einer Softwareentwicklung für klein- und mittelständische Verlage berichtet, die unter arbeitswissenschaftlicher Betreuung in enger Zusammenarbeit mit den potentiellen Endbenutzern durchgeführt wurde.

Bei der Wahl des *Software-Entwicklungs-Tools* fiel die Entscheidung auf das CASE-Tool LANSA. Aufgrund des Umstandes, daß die aktuelle GUI-Version von LANSA noch zu unausgegoren war, konnte die Maskengestaltung nicht in ihrer endgültigen Form evaluiert werden. Zudem zeigte sich, daß CASE-Tools aufgrund ihrer Komplexität höhere Anforderungen an das Projektmanagement stellen als herkömmliche Verfahren.

Zu Beginn des Projektes wurden *arbeitswissenschaftliche Schulungen* duchgeführt. Es zeigte sich, daß dieser geschlossene Schulungsblock keine praxisgerechte Art der Seminarorganisation darstellt. Es wird empfohlen, eine natürlichere Verknüpfung der arbeitswissenschaftlichen Schulungen mit dem Projektverlauf anzustreben und den jeweiligen Schulungen eine intensive praktische Umsetzung folgen zu lassen.

Bei der *qualitativen Analysen der Software* stand eine Feinanalyse im Vordergrund, in der die einzelnen Arbeitsschritte und die jeweils auftretenden Probleme bei der Bearbeitung einer Standardaufgabe in ein Ablaufdiagramm gebracht wurden. Diese Vorgehensweise bewährte sich, da sie einen guten Einblick in die computerunterstützten Tätigkeiten einzelner Mitarbeiter ermöglichte. Zu einer ganzheitlich orientierten Optimierung sind allerdings weitere Analysen notwendig, welche es gestatten, die synchrone Repräsentation eines integrierten Netzwerkes von Arbeits- und Organisationseinheiten abzubilden.

Zur *quantitativen Analyse der Software* wurde ein Benutzer-Fragebogen auf Grundlage des Entwurfs zur internationalen Ergonomie-Norm ISO 9241 Teil 10 entwickelt. Neben der standardisierten Bewertung der Software diente er als Grundlage für die Moderation mit Benutzergruppen, als mit ihnen erste Designanforderungen erarbeitet wurden. Das Ergebnis dieser Vorgehensweise war eine Fülle von konkreten Hinweisen auf Schwachstellen.

Die *qualitative Analyse der Arbeitssituation* wurde über die Analyse der Software und über Interviews mit Benutzern angestrebt. Es zeigte sich, daß dies nicht genügt, um einen ausreichenden Einblick in die Abläufe eines Unternehmens zu gewinnen.

Zur *quantitativen Analyse der Arbeitssituation* wurde aus bestehenden arbeitswissenschaftlichen Instrumenten ein Fragebogen zur "Einschätzung der Arbeitstätigkeit" entwickelt. Neben der quantitativen Erfassung der Arbeitssituation bietet er sich "screening"-Instrument zur Moderation mit Benutzergruppen an.

Im Rahmen des Projektes wurden eine *Benutzergruppe*, eine *Kundengruppe* und ein *Projektbeirat* ins Leben gerufen. Die Benutzergruppe definierte und überprüfte die Feinanforderungen und die Kundengruppe die Grobanforderungen an die zu entwickelnde Verlagssoftware. Der Projektbeirat überprüfte den Verlauf des Vorhabens hinsichtlich der Erfüllung der Förderung durch den Projektträger. In den Benutzergruppen bewährte sich eine thematische Gliederung in die drei Bausteine Überprüfung von Festlegungen, Klärung offener Fragen und Überprüfung des Prototypen anhand konkreter Arbeitsaufgaben. Es zeigt sich, daß der Einbezug der Benutzer für die Gestaltung der Software unabdingbar war. Einige Male herrschte Uneinigkeit hinsichtlich der Anforderungen, die zum einen von der Kundengruppe und zum anderen von der Benutzergruppe formuliert wurden. Es empfiehlt sich, die arbeitswissenschaftliche Arbeit auf die beteiligten Unternehmen auszuweiten, um dort eine bessere Kommunikation zwischen den betrieblichen Entscheidungsträgern und den Benutzern zu koordinieren. Der Projektbeirat bewährte sich als nützlicher

Ratgeber, durch dessen Teilnahme der Zugang zu weiteren Verlagen ermöglicht wurde, in denen ergänzende Untersuchungen stattfinden konnten.

Literatur

Aschersleben, G., Gstalter, H., Kaiser, F., Strube, V., & Zang-Scheucher, B. (1989). Prototyping als Verfahren zur Software-Entwicklung. Literaturanalyse und Expertengespräche. *Zeitschrift für Arbeitswissenschaft*, 43, 42-47.

Aschersleben, G., & Zang-Scheucher, B. (1989). Der Prozeß der Software-Gestaltung - Eine Bestandsaufnahme in Wissenschaft und Industrie. In S. Maaß & H. Oberquelle (Hrsg.). *Software-Ergonomie '89*, 244-253. Stuttgart: Teubner.

Baroudi, J., Olson, M., & Ives, B. (1986). An empirical study of the impact of user involvement on system usage and information satisfaction. *Communication of the ACM*, 29, 232-238.

Bewley, W.L., Roberts, T.L., Schroit; D., & Verplanck, W.L. (1983). Human factors testing in the design of XEROX's 8010 'Star'office work station. *Proceedings of CHI'83 conference on Human factors in computing systems*, 72-77. Boston.

Bieger, E., Feltes, T., Schmalzriedt, L., & Sieber, U. (1981). *Spielregeln für Kursleiter. Wie plane ud leite ich Kommunikationskurse.* Gelnhausen: Burckhardthaus.

Böhle, F., & Milkau, B. (1988). *Vom Handrad zum Bildschirm. Eine Untersuchung zur sinnlichen Erfahrung im Arbeitsprozeß.* Frankfurt am Main: Campus.

Boehm, B.W., Gray, T., & Seewald, T. (1984). Prototyping versus specifying: a multiproject experiment. *IEEE Transactions on Software Engineering*, 10, 224-236.

Brown, C.M. (1989). *Human-Computer Interface Design Guidelines.* Norwood, New Jersey: Ablex.

Connell, J.L., & Shafer, L. (1989). *Structured rapid prototyping: an evolutionary approach to software development.* Englewood Cliffs, New York: Yourdon Press.

Flanagan, J.G. (1954). The critical incident technique. *Psychological Bulletin*, 51, 327-358.

Floyd, C. (1984). A systematic look at prototyping. In R. Budde, K. Kuhlenkamp, L. Mathiassen, & M. Züllighoven (Eds.), *Approaches to prototyping* (S.1-18). Berlin: Springer.

Focus (1991). CASE hat viele Gesichter. *Focus 3* (Beilage zur Computerwoche vom 28.6.1991).

Frese, M., & Brodbeck, F.C. (1989). *Computer in Büro und Verwaltung.* Berlin: Springer.

Frese, M., Irmer, C., & Prümper, J. (1991). Das Konzept Fehlermanagement: Eine Strategie des Umgangs mit Handlungsfehlern in der Mensch-Computer Interaktion, In M. Frese, Chr. Kasten, C. Skarpelis & B. Zang-Scheucher (Hrsg.), *Software für die Arbeit von morgen. Bilanzen und Perspektiven anwendungsorientierter Forschung*, (S.241-251). Berlin: Springer.

Frese, M. & Zapf, D. (Hrsg.) (1991). *Fehler bei der Arbeit mit dem Computer. Ergebnisse und Befragungen im Bürobereich.* Bern, Göttingen, Toronto: Huber.

Gould, J.D., & Lewis, C. (1985). Designing for usability - Key principles and what designers think. *Proceedings of CHI'83 conference on human factors in computing systems*, 50-53, Boston.

Gunzenhäuser, R. (Hrsg) (1988). *Prototypen benutzergerechter Computersysteme.* Berlin: de Gruyter.

Hacker, S., Müller-Holz auf der Heide, B., & Aschersleben, G. (1991). Prototyping in einem Designteam - Vorgehen und Erfahrungen bei einer Software-Entwicklung unter Benutzerbeteiligung. In M. Frese, Chr. Kasten, C. Skarpelis, & B. Zang -Scheucher (Hrsg.). *Software für die Arbeit von morgen: Bilanz und Perspektiven anwendungsorientierter Forschung* (S. 179-189). Berlin, Heidelberg, New York: Springer.

Hackman, J.R., & Oldham, G.R. (1975). Development of the job diagnostic survey. *Journal of Applied Psychology*, 60, 159-170.

Hallmann, M. (1990). *Prototyping komplexer Softwaresysteme: Ansätze zum Prototyping und Vorschlag einer Vorgehensweise.* Stuttgart: Teubner.

Heeg, F.J., & Neuser, R. (1988). *Nutzergerechte Ausgestaltung von Software durch Prototyping - Grundlagen, Vorgehensweise, Wirtschaftlichkeitsaspekte.* Düsseldorf: VDI-Verlag.

Heilmann, H. (1981). *Modelle und Methoden der Benutzermitwirkung in Mensch-Computer-Systemen.* Stuttgart, Wiesbaden: Forkel.

Heinbokel, T., Frese, M., Stolte, W., Brodbeck, F.C., & Sonnentag, S. (1993). *Don't underestimate the problems of user involvement in software development - there are many!* Manuscript.

Hierhold, E. (1990). *Sicher präsentieren - wirksam vortragen.* Wien: Ueberreuter.

Hoffmann, T., Klose, H.G., & Martin, H. (1989) *Handbuch zur software-ergonomischen Gestaltung von Bildschirmmasken.* Düsseldorf: VDI-Verlag.

ISO 9241: Ergonomic requirements for office work with visual display terminals (VDTs). (1992). *Part 10: Dialogue principles - 1st DIS,* November 1992.

Karat, C.M. (1990). Cost-Benefit-Analysis of Iterative Usability testing. In D. Diaper, D. Gilmore, G. Cockton, & B. Shackel (Hrsg.), *Human-Computer Interaction - INTERACT '90,* 351-356. Amsterdam: Elsevier.

Karer, A. (1992). CASE-Erfahrungen haben die "Hysterie" gebremst. *Computerwoche,* 30, 23-25.

Kieback, A., Lichter, H., Schneider-Hufschmidt, M., & Züllighoven, H. (1991) *Prototyping in industriellen Software-Projekten.* Sankt Augustin: GMD.

Klebert, K., Schrader, E., & Straub, W.G. (1985). *KurzModeration: Anwendung der Moderationsmethode in Betrieb, Schule und Hochschule, Kirche und Politik, Sozialbereich und Familie bei Besprechungen und Präsentationen.* Hamburg: Windmühle.

Kuscher, G. (1992). Sanftes Hinüberwachsen. Software-Entwicklung am Beispiel das CASE-Tool Lansa. *DV-Dialog,* 4, 18.

Mährländer, H.J. (1991). Die CASE-Einführung braucht ein gutes Projektmanagement. *Computerwoche,* 38, 12-14.

Mantey, M.M., & Teorey, T.J. (1988). Cost/benefit analysis for incoporating human factors in the software lifecycle. *Communications of the ACM,* 31, 428-439.

Mauch, H. (1981). *Werkstattzirkel - wie Arbeiter und Meister an der Lösung betrieblicher Probleme beteiligt werden können.* Quickborn: Metaplan GmbH.

Peschke, H., & Wittstock, M. (1987). Benutzerbeteiligung im Software-Entwicklungsprozeß. In K.P. Fähnrich (Hrsg.), *Software-Ergonomie* (S.81-92). München: Oldenbourg.

Plath, H.E., & Richter, P. (1984) *Ermüdung - Monotonie - Sättigung - Streß (BMS). Handanweisung.* Berlin: Psychodiagnostisches Zentrum, Sektion Psychologie der Humboldt Universität.

Prümper, J. (1993). Wie benutzerfreundlich ist Ihre Software? Eine kritische Bestandsaufnahme der Softwaresituation im Verlagswesen. *Börsenblatt,* (im Druck).

Prümper, J., & Anft, M. (1993). Die Evaluation von Software auf Grundlage des Entwurfs zur internationalen Ergonomie-Norm ISO 9241 Teil 10 als Beitrag zur partizipativen Systemgestaltung - ein Fallbeispiel, In K.H. Rödiger (Hrsg.), *Software-Ergonomie '93.* Stuttgart: Teubner, (im Druck).

Prümper, J., & Hartmannsgruber, K. (1993). *ESAT - Einschätzung der Arbeitstätigkeit aufgrund arbeitswissenschaftlicher Erkenntnisse.* Manuskript.

Rose, H. (1984). Neue Belastungsformen an computergestützten Arbeitsplätzen. In R. Crusius & J. Stebani (Hrsg.), *Neue Technologien und menschliche Arbeit: Stand und Entwicklung der Steuerungs-, Informations- und Kommunikationstechnologien in der Arbeitswelt.* Berlin: Die Arbeitswelt.

Rosenstiel, L. von, Falkenberg, T., Hehn, W., Henschel, E., & Warns, I. (1983). *Betriebsklima heute.* München: Bayerisches Staatsministerium für Arbeit- und Sozialordnung.

Rosson, M.B., Maass, S., & Kellogg, W.A. (1987). Designing for designers: An analysis of design practice in the real world. *Proceedings of CHI'87 conference on human factors in computing systems*, 137-142. Toronto.

Semmer, N. (1984). *Streßbezogene Tätigkeitsanalyse*. Weinheim, Basel: Beltz.

Shneiderman, B. (1992). *Designing the user interface: Strategies for effective human-computer interaction*. Reading, Massachusetts: Addision-Wesley.

Smith, S.L., & Mosier, J.N. (1986).*Guidelines for designing user interface software*. Bedford, Mass.: MITRE.

Strohm, O. (1991). Projektmanagement bei der Software-Entwicklung: Eine arbeitspsychologische Analyse und Bestandsaufnahme. In D. Ackermann & E. Ulich (Hrsg.),*Software-Ergonomie '91*, 46-58. Stuttgart: Teubner.

Udris, I. & Alioth, A. (1980). Fragebogen zur subjektiven Arbeitsanalyse. In E. Martin, U. Ackermann, I. Udris & K. Oegerli (Hrsg.),*Monotonie in der Industrie* (S.204-207). Bern, Göttingen, Toronto: Huber.

Vonk, R. (1990). *Prototyping: the effective use of CASE technology*. New York: Prentice Hall.

Williges, R.C., Williges, B.H., & Elkerton, J. (1987). Software interface design. In G. Salvendy (Hrsg.), *Handbook of human factors* (S.1416-1449). New York: John Wiley & Sons.

Zang, B., & Gstalter, H. (1987). Erfahrungen bei der Entwicklung und Einführung von rechnergestützten Systemen im Bürobereich.*Zeitschrift für Arbeits- und Organisationspsychologie*, 31, 115-118.

Zapf, D. (1991). Streßbezogene Arbeitsanalyse bei der Arbeit mit unterschiedlichen Bürosoftwaresystemen. *Zeitschrift für Arbeits- und Organisationspsychologie*, 35, 2-14.

Zapf, D., Brodbeck, F.C., & Prümper, J. (1989). Handlungsorientierte Fehlertaxonomie in der Mensch-Computer Interaktion. *Zeitschrift für Arbeits- und Organisationspsychologie*, 33, 178-187.

Zapf, D., Frese, M., Irmer, C., & Brodbeck, F.C. (1991). Konsequenzen von Fehleranalysen für die Softwaregestaltung. In M. Frese & D. Zapf (Hrsg.),*Fehler bei der Arbeit mit dem Computer. Ergebnisse und Befragungen im Bürobereich* (S.177-191) Bern, Göttingen, Toronto: Huber.

Berichte des German Chapter of the ACM

Band 24: **Bullinger, Software-Ergonomie '85 Mensch-Computer-Interaktion**
Tagung III/1985 am 24./25. 9. 1985 in Stuttgart. 482 Seiten, DM 78,–

Band 25: **Wedekind/Kratzer, Büroautomation '85**
Tagung IV/1985 vom 2. bis 4. 10. 1985 in Erlangen. 280 Seiten, DM 56,–

Band 26: **Wippermann, Software-Architektur und modulare Programmierung**
Tagung I/1986 am 24./25. 2. 1986 in Kaiserslautern. 181 Seiten, DM 36,–

Band 27: **Remmele/Sommer, Arbeitsplätze morgen**
Tagung II/1986 vom 11. bis 14. 3. 1986 in Marburg. 431 Seiten, DM 78,–

Band 28: **Balzert/Heyer/Lutze, Expertensysteme '87**
Tagung I/1987 am 7./8. 4. 1987 in Nürnberg. 493 Seiten, DM 82,–

Band 29: **Schönpflug/Wittstock, Software-Ergonomie '87**
Tagung II/1987 vom 27. bis 29. 4. 1987 in Berlin. 512 Seiten, DM 82,–

Band 30: **Winkler, Proceedings of the International Workshop on Software Version and Configuration Control**
January 27–29, 1988 Grassau. 478 Seiten, DM 78,–

Band 31: **Dillmann/Swiderski, WIMPEL '88**
1. Konferenz über Wissensbasierte Methoden für Produktion, Engineering und Logistik
Tagung I/1988 vom 28. bis 30. 6. 1988 in München. 479 Seiten, DM 78,–

Band 32: **Maaß/Oberquelle, Software-Ergonomie '89**
Fachtagung vom 29. bis 31. 3. 1989 in Hamburg. 509 Seiten, DM 88,–

Band 33: Ackermann/Ulich, Software-Ergonomie '91
Fachtagung vom 18. bis 20. 3. 1991 in Zürich. 383 Seiten. DM 84,–

Band 34: **Friedrich/Rödiger, Computergestützte Gruppenarbeit (CSCW)**
Fachtagung vom 30. 9. bis 2. 10. 1991 in Bremen. 314 Seiten, DM 69,–

Band 35: **Hoffmann, Eiffel**
Fachtagung am 25./26. 5. 1992 in Darmstadt. 112 Seiten, DM 42,–

Band 36: **Schweiggert, Wirtschaftlichkeit von Software-Entwicklung und -Einsatz**
Fachtagung am 21./22. 9. 1992 in Ulm. 272 Seiten, DM 62,–

Band 37: **Ludewig/Schneider, Software Engineering im Unterricht der Hochschulen SEUH '92 und Studienführer Software Engineering**
Workshop am 27./28. 2. 1992 in Stuttgart. 132 Seiten, DM 46,–

Band 38: **Raasch/Bassler, Software Engineering im Unterricht der Hochschulen SEUH '93**
Workshop am 25./26. 2. 1993 in Hamburg. 190 Seiten, DM 49,–

Band 39: **Rödiger, Software-Ergonomie '93**
Fachtagung vom 15. bis 17. 3. 1993 in Bremen. 330 Seiten, DM 78,–

Band 40: **Coy/Gorny/Kopp/Skarpelis, Menschengerechte Software als Wettbewerbsfaktor**
Arbeitstagung am 27./28. Januar 1993 in Bonn. 647 Seiten, DM 138,–

Preisänderungen vorbehalten

B. G. Teubner Stuttgart